Medizinische Informatik und Statistik

Herausgeber: S. Koller, P. L. Reichertz und K. Überla

8

Simulationsmethoden in der Medizin und Biologie

Workshop, Hannover, 29. Sept. – 1. Okt. 1977

Herausgegeben von B. Schneider und U. Ranft

Springer-Verlag
Berlin · Heidelberg · New York 1978

Reihenherausgeber

S. Koller, P. L. Reichertz, K. Überla

Mitherausgeber

J. Anderson, G. Goos, F. Gremy, H.-J. Jesdinsky, H.-J. Lange,
B. Schneider, G. Segmüller, G. Wagner

Bandherausgeber

Berthold Schneider
Ulrich Ranft
Medizinische Hochschule Hannover
Abteilung für Biometrie
Karl-Wiechert-Allee 9
3000 Hannover 61

ISBN-13:978-3-540-09050-2   e-ISBN-13:978-3-642-81283-5
DOI: 10.1007/978-3-642-81283-5

CIP-Kurztitelaufnahme der Deutschen Bibliothek. *Simulationsmethoden in der Medizin und Biologie:*
workshop, Hannover, 29. Sept. – 1. Okt. 1977 / hrsg. von B. Schneider u. U. Ranft. – Berlin, Heidelberg,
New York : Springer, 1978.
NE: Schneider, Berthold [Hrsg.]

2141/3140 - 5 4 3 2 1 0

Vorwort

Der vorliegende Band enthält alle Referate, die auf dem Workshop
"Simulationsmethoden in der Medizin und Biologie" vom 29.Sept.1977
bis 1.Okt.1977 in Hannover gehalten wurden sowie zwei Arbeiten,die
auf einer Posterausstellung des Workshop vorgestellt wurden. Auf
eine Publikation der Diskussionen mußte leider verzichtet werden,
da aus der Bandaufzeichnung keine brauchbare Reproduktion gewonnen
werden konnte. Die Referate sind nicht in der Reihenfolge, in der
sie gehalten wurden, publiziert, sondern wurden zu sieben thematisch
geschlossenen Abschnitten zusammengefaßt. Damit soll dem Leser eine
leichtere Orientierung ermöglicht werden.

Dem Rektor der Medizinischen Hochschule Hannover danken wir für die
Bereitstellung der Räume und der organisatorischen Möglichkeiten
zur Durchführung des Workshop. Unserem Kollegen, Herrn Prof. Dr.-Ing.
Chr. Hartung, der gemeinsam mit uns für die Organisation und Leitung
der Veranstaltung verantwortlich war, sind wir zu besonderem Dank
verpflichtet. Der tatkräftigen Unterstützung unserer Mitarbeiter in
der Abteilung für Biometrie sowie einer großzügigen Spende der Firma Siemens verdanken wir einen reibungslosen und, wie wir hoffen,
alle Teilnehmer zufriedenstellenden Ablauf des Workshop. Besonderen Dank schulden wir Frau Schmeetz für ihren Einsatz bei der Organisation und Durchführung des Workshop sowie beim Korrekturlesen der
Manuskripte. Schließlich gilt unser Dank auch allen Referenten und
dem Springer-Verlag, der sich bereit erklärt hat, die Referate im
Rahmen der Serie "Medizinische Informatik und Statistik" zu veröf-
fentlichen.

Hannover, im August 1978   B. Schneider

                                                     U. Ranft

Inhaltsverzeichnis

Autorenverzeichnis

BAUM, M.; Deutsches Herzzentrum München, Lothstraße 11, 8000 München 2

BOSSEL, H., Dipl.-Ing., Ph.D.; Institut für angewandte Systemforschung und Prognose (ISP), Karl-Wiechert-Allee 9, 3000 Hannover 61

BRUDERMANN, U., Dr.-Ing.; Abteilung für Biomedizinische Technik und Krankenhaustechnik, Medizinische Hochschule Hannover, Karl-Wiechert-Allee 9, 3000 Hannover 61

DÜCHTING, W., Prof. Dr.-Ing.; Lehrstuhl für Regelungstechnik, Fachbereich Elektronik I, Gesamthochschule Siegen, Fischbacherbergstraße 2, 5900 Siegen 1

EGGSTEIN, M., Prof. Dr.med.; Abteilung IV Stoffwechselkrankheiten, Medizinische Universitätsklinik, Otfried-Müller-Straße, 7400 Tübingen

FELDMANN, U., Priv.Doz. Dr.; Abteilung für Biometrie, Medizinische Hochschule Hannover, Karl-Wiechert-Allee 9, 3000 Hannover 61

GEBERT, A., Dipl.-Psych.; Lehrstuhl für Psychologie, Fachbereich Erziehungs- und Kulturwissenschaften der Universität Erlangen-Nürnberg, Regensburger Straße 160, 8500 Nürnberg

GEISELER, D., Dr.; Abteilung IV Stoffwechselkrankheiten, Medizinische Universitätsklinik, Otfried-Müller-Straße, 7400 Tübingen

GUÉRARD v., H.W., Dr.; Theodor-Körner-Straße 3, 8014 Neubiberg

HARTUNG, C., Prof. Dr.-Ing.; Abteilung für Biomedizinische Technik und Krankenhaustechnik, Medizinische Hochschule Hannover, Karl-Wiechert-Allee 9, 3000 Hannover 61

HEHN, G., Dr.; Institut für Kernenergetik der Universität Stuttgart, Pfaffenwaldring 31, 7000 Stuttgart 80

HELMEKE, H.-J., Dipl.-Phys.; Institut für Nuklearmedizin und spezielle Biophysik, Medizinische Hochschule Hannover, Karl-Wiechert-Allee 9, 3000 Hannover 61

HOFFERBERTH, B., Dr. med.; Kreiskrankenhaus Herford, Neurologische Klinik, Schwarzenmoorstraße 70, 4900 Herford

HOHENBICHLER, M.; Mathematisches Institut der Ludwig-Maximilians-Universität München, Theresienstraße 39, 8000 München 2

JACOBI, E.; II. Medizinische Klinik und Poliklinik der Universität Düsseldorf, Moorenstraße 5, 4000 Düsseldorf 1

JAHNS, E.G.H., Prof. Dr.; Institut für Nuklearmedizin und spezielle Biophysik, Department Radiologie der Medizinischen Hochschule Hannover, Karl-Wiechert-Allee 9, 3000 Hannover 61

KOHLAS, J., Prof. Dr.; Institut für Automation und Operations Research, Universität Freiburg, 1, route du Jura, CH-1700 Fribourg

KORZEN, G.; Puttkamer Straße 1, 1000 Berlin 61

KUNSTLEBEN, T.; Karl-Marx-Straße 102, 1000 Berlin 44

MAHRENHOLTZ, O., Prof. Dr.-Ing.; Lehrstuhl B für Mechanik, Technische
    Universität Hannover, Appelstraße 24 B, 3000 Hannover

MENDLER, N., Dr.; Deutsches Herzzentrum München, Lothstraße 11, 8000
    München 2

METZGER, H., Prof. Dr.; Department Physiologie, Medizinische Hoch-
    schule Hannover, Karl-Wiechert-Allee 9, 3000 Hannover 61

NEUMANN, M., M.Sc.; Institut für Patho-Physiologie, Klinikum der Ge-
    samthochschule Essen, Hufelandstraße 55, 4300 Essen

OPPEL, U.G., Dr., Wiss.Rat und Prof.; Mathematisches Institut der Lud-
    wig-Maximilians-Universität München, Theresienstraße 39, 8000
    München 2

PAGE, B., Dipl.-Inf., M.S.; Lehreinheit Statistik, Technische Univer-
    sität Berlin, Ullandstraße 4-5, 1000 Berlin 12

PAUL, W., Dr.-Ing.; Institut für Landtechnische Grundlagenforschung
    der Forschungsanstalt für Landwirtschaft, Bundesallee 50, 3300
    Braunschweig

PRETSCHNER, D.P., Dr.; Abteilung IV - Nuklearmedizin und spezielle
    Biophysik, Department Radiologie der Medizinischen Hochschule
    Hannover, Karl-Wiechert-Allee 9, 3000 Hannover 61

RANFT, U., Dr.-Ing.; Abteilung für Biometrie, Medizinische Hochschule
    Hannover, Karl-Wiechert-Allee 9, 3000 Hannover 61

RECHENBERG, I., Prof. Dr.-Ing.; Technische Universität Berlin, Fachge-
    biet Bionik und Evolutionstechnik im Fachbereich Verfahrenstech-
    nik, Kurfürstendamm 195/196, 1000 Berlin 15

RICHTER, J.A.; Deutsches Herzzentrum München, Lothstraße 11, 8000
    München 2

RICHTER, O., Dr.; Institut für medizinische Statistik und Biomathema-
    tik, Medizinische Einrichtungen der Universität Düsseldorf,
    Moorenstraße 5, 4000 Düsseldorf 1

RITTGEN, W., Dipl.-Math.; Institut für Dokumentation, Information und
    Statistik, Deutsches Krebsforschungszentrum, Im Neuenheimer Feld
    280, 6900 Heidelberg 1

ROSENBACH, B., Dipl.-Ing.; Institut für Informatik, Technische Univer-
    sität Hannover, Welfengarten 1, 3000 Hannover 1

SCHENDEL, B., Ingr. grad.; Philips GmbH Forschungslaboratorium Hamburg,
    Vogt-Kölln-Straße 30, 2000 Hamburg 54

SCHMID, D., Dr.; Deutsches Herzzentrum München, Lothstraße 11, 8000
    München 2

SCHMÜLLING, R.; Abteilung IV Stoffwechselkrankheiten, Medizinische Uni-
    versitätsklinik, Otfried-Müller-Straße, 7400 Tübingen

SCHNEIDER, B., Prof. Dr.; Abteilung für Biometrie, Medizinische Hoch-
    schule Hannover, Karl-Wiechert-Allee 9', 3000 Hannover 61

SCHWEFEL, H.-P., Dr.-Ing.; Pasqualinistraße 2, 5170 Jülich

STROBEL, M., Prof. Dr.; Département de Psychologie, Université de
    Montéal, Montreal, Canada

TAUTU, P., Prof. Dr.; Institut für Dokumentation, Information und Sta-
    tistik, Deutsches Krebsforschungszentrum, Im Neuenheimer Feld
    280, 6900 Heidelberg 1

THOMAS, B.; Institut für Entwicklungsphysiologie, Universität Köln, Gyrhofstraße 17, 5000 Köln 41

WICHMANN, H.E., Dr.; Medizinische Universitätsklinik Köln, Joseph-Stelzmann-Straße 9, 5000 Köln 41

WINTER, F., Prof. Dr.; Versuchsstation für Intensivkulturen und Agrarökologie, Universität Hohenheim, Schuhmacherhof, 7980 Ravensburg 1

ZECH, M., Dipl.-Ing.; Departement Anatomie, Medizinische Hochschule Hannover, Karl-Wiechert-Allee 9, 3000 Hannover 61

ZERBST, E., Prof. Dr.; Institut für Physiologie, Fachbereich Medizinische Grundlagenfächer, Freie Universität Berlin, Arnimallee 22, 1000 Berlin 33

ZYWIETZ, Chr., Dipl.-Ing.; Abteilung für Biometrie, Arbeitsgruppe Biosignalverarbeitung, Medizinische Hochschule Hannover, Karl-Wiechert-Allee 9, 3000 Hannover 61.

Einführung

B. Schneider, U. Ranft

Die Simulation von technischen, wirtschaftlichen, biologischen oder
allgemeinhin wissenschaftlichen Problemen mit Hilfe von elektronischen Rechenanlagen hat in den letzten 10 Jahren erheblich zugenommen und stellt inzwischen ein beachtliches Hilfsmittel der wissenschaftlichen Forschung dar.Simulationsrechnungen nehmen einen wachsen-
den Anteil der Kapazitäten elektronischer Rechenanlagen in Anspruch.
Mehrere spezielle Programmiersprachen oder Programmsysteme erleichtern die Anwendung der Simulation. Es werden ständig neue Anwendungsgebiete der Simulation erschlossen und methodische Varianten
gefunden.

Besonders im Rahmen der Biologie, Medizin, Sozialwissenschaft und
Ökonometrie scheint die Computersimulation eine methodische Lücke
zu schließen. Ist es doch in diesen Fachbereichen oft nicht möglich,
ihre meist sehr komplexen Systeme exakten Experimenten, wie in der
Physik oder Technik, zu unterziehen oder aufgrund einer geschlossenen Lösung des mathematischen Modells das Systemverhalten numerisch
exakt vorauszusagen. Die Computersimulation kann daher in den biologischen und sozialen Wissenschaften teils Ersatz, teils Ergänzung
des Experiments und Ersatz für die meist nicht vorhandenen geschlossenen numerischen Lösungsmöglichkeiten darstellen.

Um einen Überblick über die Aktivitäten zu erhalten, die vornehmlich
im deutschen Sprachraum in der Anwendung der Computer-Simulations-
methoden in der Biologie, Medizin und Ökonometrie bestehen, wurde vom
29. September bis 1. Oktober 1977 an der Medizinischen Hochschule
Hannover ein Workshop mit dem Thema "Simulationsmethoden in der Medizin und Biologie" veranstaltet. Die Referate, die auf dem Workshop
gehalten wurden, werden nun in diesem Band vorgelegt. Sie wurden in
sieben thematisch geschlossene Kapitel zusammengefaßt, wobei nicht
immer ihrer Reihenfolge während des Workshop entsprochen wurde. Diese
Zusammenfassung erscheint geeignet,um dem Leser die thematische Orientierung zu erleichtern.

Bei der Durchsicht der Themenkreise und Referate fallen zwei Gesichtspunkte auf:

1. Der Begriff "Simulation" wird so vielfältig und unterschiedlich benutzt, daß es kaum möglich erscheint, eine einheitliche und klar abgrenzende Definition zu geben.
2. Trotz dieser Vielfalt treten einige klare methodische Prinzipien bei den Simulationsanwendungen immer wieder auf, die somit an Stelle einer exakten Definition zur Kennzeichnung der Simulationsmethoden verwandt werden können.

Diese Prinzipien unterscheiden sich in der Art des zugrunde liegenden *Modells*. Damit ist eine der wichtigsten Charakteristika der Simulationsmethoden angesprochen, nämlich die Rolle, die das Modell bei der Simulation spielt.

Jede Simulation setzt voraus, daß von dem realen Vorgang zunächst ein Modell erstellt wird, das im Rahmen der Simulation dann "durchgespielt" wird. Gelegentlich wird das Modell selbst bereits als "Simulation" bezeichnet. In diesem Fall wären "Simulation" und "Modell" nur Synonyma für ein und denselben Begriff. Dies scheint allerdings zu weit zu gehen und den allgemeinen Sprachgebrauch des Wortes Simulation nicht richtig wiederzugeben. Nach diesem Sprachgebrauch wird sehr wohl zwischen Modell und Simulation unterschieden. Dies kommt z.B. in dem Wort des "Simulationsmodells" zum Ausdruck. Demnach wären die für die Simulation geeigneten Modelle eine Untermenge der allgemeinen Modelle.

Das Besondere der Simulation scheint also weniger darin zu liegen, daß die realen Gegenstände durch ein Modell abgebildet werden, sondern darin, mit welchen *Methoden* diese realen Vorgänge nachgebildet werden. Das Besondere der Simulationsmethoden besteht nun darin, daß reale Vorgänge in einer kontinuierlichen oder schrittweisen *Reihenfolge* modellmäßig nachgespielt werden, wie sie dem natürlichen Ablauf entspricht. Dieses sequentielle, oft auch iterative, Vorgehen setzt eine Strukturierung des Gesamtprozesses oder Gesamtsystems in verschiedene, räumlich und zeitlich einander zugeordnete Teile voraus, die man auch als "Kompartimentierung" bezeichnen kann. Die räumlichen und zeitlichen Verknüpfungen zwischen diesen Kompartments werden im Modell abgebildet und in der Simulation nachvollzogen.

Erfolgt die Abbildung der Systeme und damit der räumlichen und zeitlichen Verknüpfungen der Kompartments durch Differentialgleichungssysteme als mathematische Modelle, so spricht man beim Nachvollzug mittels einer Simulationstechnik von einer *kontinuierlichen* Simulation, selbst wenn, wie in einem Digitalrechner, der Simulationsablauf in diskrete Schritte aufgelöst werden muß. Werden die Änderungen der Systemzustände im Modell nicht mehr als kontinuierlich, sondern sich in Sprüngen vollziehend angesehen, so liegt eine *diskrete* Simulation vor.

Die verschiedenen Arten der Strukturierung in Kompartments und der gewählten Verknüpfungseigenschaften führen zu unterschiedlichen Simulationsmodellen und Simulationsverfahren. Wichtige Grundstrukturen biologischer Vorgänge werden durch drei im vorliegenden Buch behandelte Typen von Simulationsmodellen beschrieben:
- Evolutionsprozesse
- Physiologische Systeme
- Zellkinetische Systeme.

Das Charakteristische der *Evolutionsprozesse* ist das *Ausleseprinzip*. Als Kompartment kann man die Individuen einer Generation ansehen, die mit den Individuen der nächsten Generation durch ein Ausleseprinzip entsprechend einem vorgegebenen Optimierungskriterium verknüpft werden. Es handelt sich hierbei also um eine diskrete Simulation.

Die *physiologischen Systeme* werden meist gekennzeichnet durch die klassischen *Kompartmodelle*, nach denen das Gesamtsystem in homogene Kompartments zerlegt wird und die Übergänge (Massenübergänge, Energieübergänge, chemische Reaktionen usw.) zwischen diesen Kompartments durch lineare, oft auch nichtlineare Differentialgleichungen - im einfachsten Fall durch lineare Gleichungen - dargestellt werden. Dieses Modell umfaßt auch das klassische Diffusionsmodell mit der Darstellung durch partielle Differentialgleichungssysteme, wenn die Zahl der Kompartments gegen unendlich geht und die Kompartments durch stetige Variable (z.B. Ortskomponenten) charakterisiert werden.

Die *zellkinetischen Systeme* sind durch das Prinzip der *Reproduktion* gekennzeichnet, das als Grundprinzip jedes biologischen Wachstums angesehen werden kann. Diese zellkinetischen Systeme können als Spezialfall der allgemeinen Kompartmentsysteme angesehen werden.

Die Anwendung von Simulationsmethoden bleibt aber nicht beim Nachspielen realer biologischer Prozesse oder Systeme stehen, sondern führt zur Verbesserung und *Optimierung* der Meßverfahren an den realen Systemen und, als ein weiterer Schritt, zu einer optimalen Rückführung gestörter Systeme in ihren normalen Funktionszustand. Einige Beispiele für die Möglichkeit der Simulation bei der Optimierung von Diagnose und Therapie werden im entsprechenden Kapitel aufgezeigt.

Zu einem wichtigen Werkzeug hat sich die Simulation in der Behandlung sozio-ökonomischer Probleme entwickelt. Simulationsmethoden werden zur *Entscheidungshilfe* durch die Simulation alternativer Entscheidungsstrategien eingesetzt. Dabei wird nicht nur das Verhalten des biologischen oder ökonomischen Systems simuliert, sondern auch das menschliche Verhalten und sein Einfluß auf das biologische oder ökonomische System. Beispiele zu diesem Anwendungsbereich von Simulationsmethoden werden aus dem landwirtschaftlichen Problemkreis, dem Krankenhausmangement und dem öffentlichen Gesundheitswesen im Kapitel "Ökonomische Systeme" vorgestellt.

Ein Kapitel, in dem ein Überblick über allgemeine und spezielle Methoden der Simulation gegeben wird, eröffnet die Reihe der Referate,und ein Referat über die Bedeutung der Simulationsmodelle für das Lernverhalten beschließt das Buch.

Dem Charakter des Workshop entsprechend, kann mit den behandelten Modellen und Verfahren kein vollständiges Kompendium aller Anwendungen der Simulation in Medizin und Biologie gegeben werden. Es sind aber doch die wichtigsten Prinzipien und die wichtigsten Methoden herausgestellt. Es sind ferner auch die wichtigsten Anwendungsgebiete gestreift. Somit ist zu hoffen, daß das primäre Anliegen des Workshop, eine Übersicht über das Mögliche zu geben und Kontakte und Anregungen für die Weiterentwicklung und weitere Forschung zu vermitteln, als erfüllt angesehen werden kann. Es ist zu hoffen und zu wünschen, daß die Veröffentlichung der Referate dieses Anliegen noch weiter fördert.

Methoden

Analoge und hybride Simulationstechniken

O. Mahrenholtz[*]

Zusammenfassung

Die analoge Abbildung von Systemen erlaubt durch simultane Darstellung der funktionellen Abhängigkeiten einen direkten Einblick in die Systemzusammenhänge. Parameteränderungen können schnell durchgeführt werden, ihre Auswirkungen sind sofort sichtbar. Für Systemmodifikationen gilt entsprechendes. Optimierungen können in Echtzeit vorgenommen werden. Nachteilig wirken sich die geringe Genauigkeit der Rechenelemente, der beschränkte Systemumfang und die aufwendige Handhabung aus. Darüber hinaus ist die Darstellung logischer Verknüpfungen und Entscheidungen durch analoge Elemente schwerfällig oder nicht durchführbar. Hier hat sich die Hinzunahme digitaler Elemente bis hin zum vollständigen Prozeßrechner bewährt. Es werden die zugehörigen Simulationstechniken beschrieben.

1. Einleitung

Unter Simulation versteht man die Darstellung eines realen Vorganges durch ein mathematisches Modell. Der Begriff 'Vorgang' ist dabei weder auf physikalisch-technische Probleme eingeengt, noch muß der Vorgang zeitabhängig sein. Als unabhängige Variablen des realen Systems können beliebige Größen auftreten. So ist beispielsweise auch die mathematische Untersuchung des Ausknickens eines belasteten Stabes, also das Ermitteln der Stabkraft F in Abhängigkeit von einer Verschiebung w, F = F(w), eine Simulation. Im allgemeinen hat man es freilich mit zeitabhängigen Problemen zu tun, die als unabhängige Variable die Zeit enthalten. Entspricht die auf dem Analogrechner ablaufende Zeit dem Zeitablauf des realen Vorganges, so spricht man von Echtzeitsimulation.

*) Der Autor dankt Herrn Dipl.-Ing. V. Schlegel für seine Mithilfe beim Abfassen des Manuskripts.

Die mathematische Beschreibung des Systems, also seine Abbildung auf
einen Rechner, kann je nach Komplexität des Systems verschiedene
Abstraktionsgrade annehmen, die zu verschieden umfangreichen Problem-
darstellungen führen. Beim reinen Analogrechner spielt hier die Zahl
der verfügbaren Rechenelemente eine begrenzende Rolle. Der Hybridrechner ist hier durch Hinzunahme digitaler Operationen flexibler.

2. Analoge Simulation

2.1 Darstellung des Analogrechners

Genügt eine mathematische Formulierung mehreren Vorgängen, so nennen
wir sie einander analog, und an entsprechender Stelle der Gleichungen
stehen analoge Größen. Ein Analogrechner kann ein mathematisch for-
muliertes Problem physikalisch nachbilden. Am häufigsten begegnen wir
der Nachbildung auf dem elektronischen Analogrechner. Daneben kennt
man fluidische (pneumatische und hydraulische) Analogrechner für
Zwecke der Prozeßsteuerung und -regelung. Anders strukturiert sind
dagegen Analogrechner wie der elektrolytische Trog zur Lösung von
Potentialproblemen und mechanische Integriermaschinen. Der elektronische wie der fluidische Analogrechner enthalten als zentralen Bau-
stein den Rechenverstärker, dessen Beschaltung mit passiven Elementen seine Funktion als Rechenwerk festlegt. Durch den Einsatz eines
Rechenverstärkers als aktives Element hat man gegenüber der Verwendung rein passiver Elemente (z.B. Induktivität, Kapazität, Ohmscher
Widerstand) von der Stellung in der Rechenschaltung entkoppelte Rechenfunktionen. Die weiteren Ausführungen beziehen sich auf den elektronischen Analogrechner. Grundbaustein ist ein Gleichspannungsver-
stärker mit der Eigenschaft, eine Spannung sehr hoch, im Idealfall
unendlich, unabhängig von ihrem zeitlichen Verlauf zu verstärken.
Symbolisch wird dies wie folgt dargestellt:

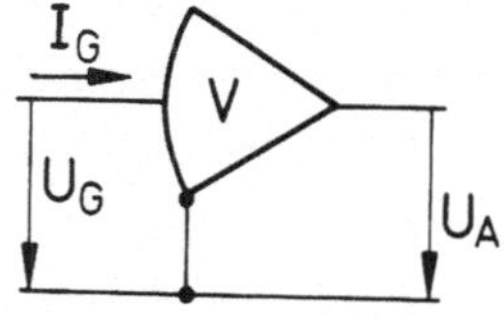

Abb. 1. Offener Verstärker

Hierbei verwirklicht der Verstärker die Beziehung

$$U_A = - V \, U_G$$

$$\text{mit} \qquad I_G = 0$$

Werden bei diesem Verstärker Ein- und Ausgang durch passive Elemente
in geeigneter Weise verbunden (auf dem realen Analogrechner muß dies
durch Stecken von Verbindungsschnüren erfolgen), erreicht man die Verwirklichung folgender mathematischer Operationen:

a) Ohmsche Widerstände $\quad \rightarrow \quad y = a_1 x_1 + a_2 x_2 + \ldots + a_n x_n$

b) Ohmsche Widerstände
   und Kapazitäten $\quad \rightarrow \quad y = \int a_1 x_1 dt + \int a_2 x_2 dt + \ldots + \int a_n x_n dt$

Die Darstellung der Differentiation ist mit einem Rechenverstärker
nur näherungsweise möglich. Andere mathematische Operationen, wie Multiplikation, Division, Wurzelbildung u.a. erfordern die Zusammenschaltung mehrerer Rechenverstärker. Spezielle Funktionen, wie z.B. Sinus-
funktionen, lassen sich nur durch Darstellen der erzeugenden Differentialgleichung herstellen.

Anders als beim sequentiellen Programmieren des Digitalrechners entsteht die analoge Rechenschaltung durch Verknüpfung der Rechenelemente zu einer Rechenschaltung. Während des Lösungsvorganges arbeiten
die Rechenwerke dann simultan.

2.2 Aufbereitung der Probleme

Die zu lösenden Aufgaben müssen sich in Rechenoperationen zerlegen
lassen, die den Rechenwerken zugänglich sind. Nach einer Festlegung
der Struktur der Rechenschaltung, also der Anordnung der Rechenwerke
zur Lösung des Problems, muß der zu untersuchende Wertebereich aller
Variablen festgelegt und der begrenzten Aussteuerbarkeit der Rechenelemente durch Normierung angepaßt werden. Dabei hängt die erreich-
bare Genauigkeit der Lösung neben der Elementgenauigkeit von einer
geschickten Wahl der Lösungsstruktur und von der Normierung (Aussteuerung) ab. Durch eine ungeeignete Zusammenschaltung kann die Rechenschaltung unabhängig von den Lösungseigenschaften des Problems

ein instabiles Verhalten zeigen. Als Beispiel der Vorgehensweise werde die Differentialgleichung des einfachen Schwingers

$$(2.2-1) \qquad m\,\frac{d^2 z}{dt^{*2}} + b\,\frac{dz}{dt^*} + cz = 0$$

behandelt. Mit den unter Abschnitt 2.1 aufgezählten Rechenelementen kann man die Gleichung wie folgt strukturell umsetzen:

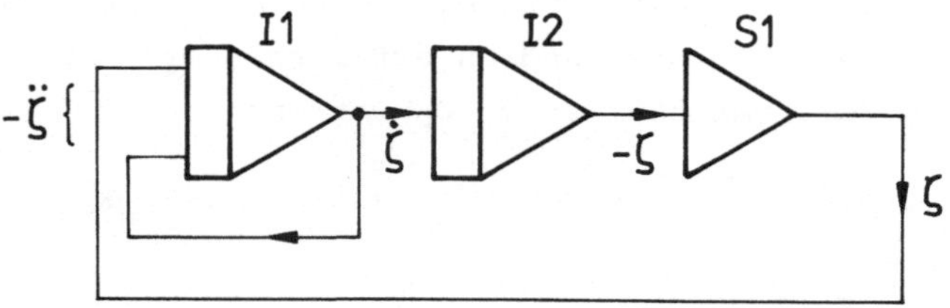

Abb. 2. Rechenstruktur zu Gl. (2.2.-1)

Hierbei sind I1 und I2 Integrierer und S1 ein Summierer, der hier lediglich zur Vorzeichenumkehr verwendet wird. Liegt am Ausgang von S1 die Funktion ζ an, so haben wir am Eingang von S1 und damit am Ausgang von I2 die Funktion $-\zeta$, folglich am Eingang von I2 und damit am Ausgang von I1 die Funktion $\frac{d\zeta}{dt} = \dot{\zeta}$. Dabei ist t die am Rechner ablaufende Zeit. Der Integrierer bewirkt wie der Summierer eine Vorzeichenumkehr der Funktion. Am Eingang von I1 haben wir ζ und $\dot{\zeta}$,die gemeinsam $\ddot{\zeta}$ bilden:

$$(2.2-2) \qquad \zeta + \dot{\zeta} = -\ddot{\zeta} \quad \text{bzw.} \quad \ddot{\zeta} + \dot{\zeta} + \zeta = 0$$

Diese DGl. hat dieselbe Struktur wie die Gl. (2.2-1), beschreibt also prinzipiell den einfachen Schwinger. Die Einarbeitung der Anfangsbedingungen und der Koeffizienten führt auf die vollständige Rechenschaltung von Abb. 3.

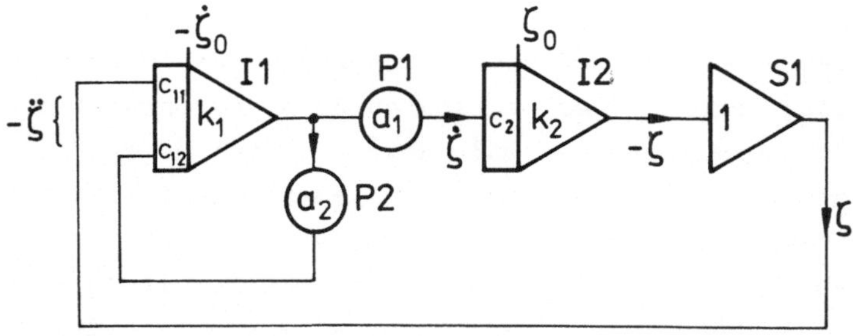

Abb. 3. Rechenschaltung zu Gl. (2.2-1)

Dieser Rechenschaltung entspricht die Rechnergleichung

$$(2.2\text{-}3) \qquad \frac{1}{a_1 c_2 k_2 c_{11} k_1}\, \ddot{\zeta} + \frac{a_2 c_{12}}{a_1 c_2 k_2 c_{11}}\, \dot{\zeta} + \zeta = 0 \quad .$$

Die Problemgleichung (2.2-1) wird angepaßt durch

- Amplitudennormierung

$$(2.2\text{-}4) \qquad \zeta = \frac{z}{z_{max}} \ , \qquad |\zeta| \le 1$$

- Zeitnormierung

$$(2.2\text{-}5) \qquad t = \kappa\, t^*$$

Es folgt

$$(2.2\text{-}6) \qquad \kappa^2\, \frac{m}{c}\, \ddot{\zeta} + \kappa\, \frac{b}{c}\, \dot{\zeta} + \zeta = 0 \quad .$$

Diese Gleichung kann unmittelbar mit (2.2-3) verglichen werden:

$$(2.2\text{-}7) \qquad \frac{1}{a_1 c_2 k_2 c_{11} k_1} = \kappa^2\, \frac{m}{c}\ ; \quad \frac{a_2 c_{12}}{a_1 c_2 k_2 c_{11}} = \kappa\, \frac{b}{c}$$

Die Normierungsgleichungen (2.2-7) müssen - ebenso wie die Normierung
der Anfangsbedingungen - eingehalten werden. Für die Aussteuerung von
Summierer S1 und Integrierer I2 sorgt die Amplitudennormierung (2.2-4)
während die Aussteuerung von Integrierer I1 durch einen geeigneten
Wert $a_1 c_2 k_2$ sicherzustellen ist.

Diese kurzen Ausführungen zeigen die Umsetzungsschritte der analogen
Simulation und lassen bereits einige Stärken und Schwächen erkennen.

Stärken:
- Simultane Rechenvorgänge, folglich hohe Rechengeschwindigkeit.
- Direkte Darstellung zahlreicher Rechenoperationen, vor allem der
  Integration. Damit ist der Analogrechner prädestiniert zur Lösung
  von Systemen gewöhnlicher Differentialgleichungen, linear wie
  nichtlinear.
- Einfache Parametervariation.

Schwächen:
- Beschränkte Genauigkeit.
  Elementgenauigkeit 10^{-3} bis 10^{-5}.
- Zeitraubende Normierungsarbeit.
- Schlechter Zuschnitt auf algebraische Probleme.

2.3 Analoge Simulationstechniken

Es ist zu unterscheiden zwischen Fällen, bei denen die Modellbildung mathematisch bereits vorliegt und solchen, bei denen das reale System nicht ausreichend beschrieben ist und bei denen daher die mathematische Struktur - zumindest teilweise - noch offen ist.

Liegt die Modellbildung vor, z.B. in Form eines Differentialgleichungssystems, so verfährt man wie im Prinzip in Abschnitt 2.2 aufgezeigt. Anfangswertprobleme lassen sich unmittelbar behandeln, während Randwertprobleme auf Anfangsprobleme umgeformt werden müssen und z.B. über die shooting-Methode gelöst werden können.

Liegt ein Problem in finiter Form vor, so ist es in vielen Fällen möglich, dazu eine erzeugende Differentialgleichung zu finden, die dann auf dem Analogrechner realisiert werden kann und die zudem noch den Vorzug besitzt, neben der gesuchten Funktion deren Ableitungen bis zur angesetzten Ordnung zu liefern. Zwei Beispiele mögen dies illustrieren.

- Sinusfunktion mit variabler Frequenz. Gesucht wird $\sin \varphi(t)$ mit vorgegebener Kreisfrequenz $\frac{d\varphi}{dt} = \dot{\varphi} \neq \text{const}$.
Aus

$$(2.3\text{-}1a) \qquad \frac{d}{dt} \sin \varphi = \dot{\varphi} \cos \varphi$$

und

$$(2.3\text{-}1b) \qquad \frac{d}{dt} \cos \varphi = - \dot{\varphi} \sin \varphi$$

folgt mit $u_1 = \sin \varphi$ und $u_2 = \cos \varphi$ das erzeugende DGl-System erster Ordnung

$$(2.3\text{-}2a) \qquad \dot{u}_1 = \dot{\varphi} \, u_2 \quad ,$$
$$(2.3\text{-}2b) \qquad \dot{u}_2 = \dot{\varphi} \, u_1 \quad .$$

- Kurbeltrieb. Für einen Kurbeltrieb, wie er in Hobelbänken verwendet wird, lautet die geometrische Zwangsbedingung

$$(2.3\text{-}3) \qquad z(t) = \frac{c \sin \varphi(t)}{\frac{a}{r} + \cos \varphi(t)} \quad .$$

Zu (2.3-3) läßt sich für $\frac{d\varphi}{dt} = \omega = \text{const}$ folgende erzeugende DGl. angeben:

$$(2.3-4) \qquad \frac{d^2z}{dt^2} - \frac{3\omega}{c} z \frac{dz}{dt} + \omega^2 z + \omega^2 \frac{z^3}{c^2} = 0 \quad .$$

Aus der Lösung z(t) dieser nichtlinearen Differentialgleichung durch
analoge Simulation läßt sich der Einfluß der Parameterkombination
H/(2c) mit dem Hub $H = z_{max} - z_{min}$ sehr anschaulich darstellen, insbesondere die Abweichung von der linearen Form H/(2c) = 0(Kurbel-
schleife).

Die Art der Steuerung des Rechenablaufs erlaubt zusätzliche Rechentechniken. Beginn und Ende einer Rechnung werden durch eine Zeitschal-
tung getaktet; dabei kann das Ende offen bleiben (Dauerrechnen).Durch
die Steuertakte werden die Speicherelemente der einzelnen Integrierer
über Relaisschaltungen angewählt. Im Normalfall werden alle Integrierer zugleich angesprochen (Normaltakt). Daneben kann man einen Teil
der Integrierer dazu komplementär steuern. Dieser Komplementärtakt,
den man bei den meisten Analogrechnern vorfindet, erlaubt die Rechenart 'Iterierendes Rechnen', bei der die Ergebnisse des einen Taktes
durch die Speicherfähigkeit der Integrierer in den Rechenpausen übertragen werden können. Diese Rechenart empfiehlt sich unter anderem
bei Optimierungsaufgaben und bei einer Aufteilung des Rechenbereiches
aus Gründen einer abschnittsweise besseren Normierung.

Der Analogrechner ist ein vorzügliches Instrument zur Steuerung und
Regelung von Versuchen und zur direkten Versuchsauswertung (on-line).
Der Versuchsablauf kann dabei so beschaffen sein, daß einzelne Integrierer unabhängig voneinander durch Versuchszustände gesteuert werden.

Bei der Behandlung von zeitabhängigen Vorgängen linearer Systeme bietet sich neben der direkten Lösung im Zeitbereich eine Untersuchung
im Bildbereich an. Den Übergang von Zeitbereich zum Bildbereich liefert eine Integraltransformation, z.B. die Fourier- oder die Laplace-
Transformation. Der Vorteil liegt in der Übersetzung von Differentialgleichungen in algebraische Gleichungen. Auf dem Analogrechner wird
die Transformation nicht tatsächlich ausgeführt, sondern dient zu
einer blockweisen Aufbereitung des Problems. Man erhält so das Blockschaltbild, das gruppenweise unmittelbar in Rechenschaltungen umge-
setzt werden kann. Das Blockschaltbild und damit auch die Rechenschaltung bieten die Möglichkeit, zu Aussagen über das Frequenzverhalten

zu gelangen. Bei Frequenzuntersuchungen kann sowohl mit deterministischen Eingangssignalen (harmonische Funktionen → Frequenzgang-
verfahren) als auch mit stochastischen Anregungen gearbeitet werden.
Der Analogrechner selbst hat allenfalls Rauschgeneratoren mit näherungsweise weißem Rauschen. Eine andere spektrale Verteilung muß entweder extern erzeugt oder durch Filterung aus dem weißen Rauschen gewonnen werden.

Der Analogrechner ist von Hause aus auf die Lösung von Problemen mit
einer unabhängigen Variablen zugeschnitten. Daher ist die Behandlung
von partiellen Differentialgleichungen direkt nur über die Umwandlung
in gewöhnliche DGln durch Einführen von Differenzenquotienten möglich.
So erhält man ein System von gekoppelten gewöhnlichen DGln, das an-
stelle der wahren Lösung eine Näherungslösung liefert, deren Genauigkeit wesentlich von der Anzahl der Diskretisierungspunkte (Stützstellen) abhängt. Die Zahl der Stützstellen ist natürlich durch den
Rechnerumfang begrenzt, so daß diese Vorgehensweise auf strukturell
einfache Probleme (Beispiel: Wärmeleitung) beschränkt bleibt.

Liegt die mathematische Beschreibung eines realen Systems noch nicht
endgültig vor, kann auf dem Analogrechner mit verhältnismäßig einfachen Mitteln die mathematische Struktur so geändert werden, daß
die Lösung die beobachteten realen Effekte besser annähert. So kann
die Hinzunahme nichtlinearer Einflüsse und ihre Ausiwrkung auf die
Lösung stufenweise untersucht werden, ohne daß, wie bei digitaler
Behandlung häufig nötig, grundlegende Änderungen vorgenommen werden
müssen.

3. Hybride Simulation

Die aufgezeigten Schwächen des Analogrechners können durch Hinzunahme
digitaler Operationen behoben werden. Für viele Anwendungsfälle lohnt
sich dies, da die Vorteile des Analogrechners die rein digitale Simulation überwiegen können. Der Komfort auf der digitalen Seite kann
bis zur Ergänzung durch einen vollständigen Digitalrechner gehen.
Folglich laufen unter dem Begriff 'Hybridrechner' unterschiedliche
Ausbaustufen, die auch unterschiedliche Rechentechniken zur Folge haben - und natürlich unterschiedliche Anwendungsbereiche.

Der Einarbeitungs- und Programmierungsaufwand für voll ausgebaute Hybridrechner ist erheblich. Daher lohnt sich der Einsatz eines solchen Rechners aus der Sicht des Bearbeiters nur, wenn der Zeitgewinn bei der Problemlösung gegenüber einer rein digitalen Bearbeitung den Aufwand der längeren Vorbereitung überwiegt. Da Digitalrechner schneller und komfortabler werden, wird der Markt für den Hybridrechner schmaler.

3.1 Darstellung des Hybridrechners

Ein voll ausgebauter Hybridrechner besteht aus einem Analogrechner und einem Digitalrechner, die durch ein Koppelwerk miteinander verbunden sind (Abb. 4).

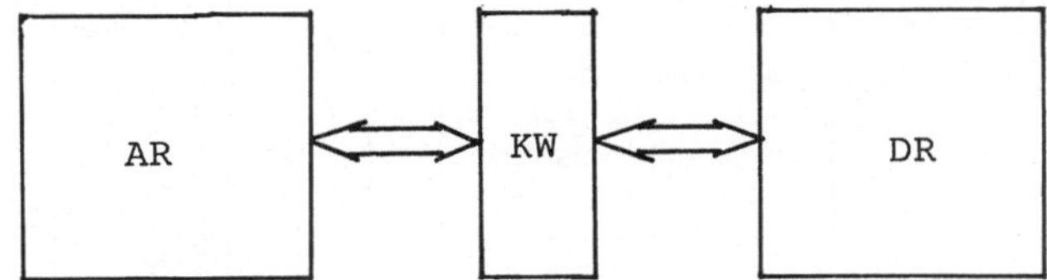

Abb. 4. Schema eines Hybridrechners
AR Analogrechner
KW Koppelwerk
DR Digitalrechner

Analogrechner und Digitalrechner müssen Zusatzeigenschaften haben. Der Analogrechner muß weitestgehend fernsteuerbar sein. Dies bedingt mindestens Ansteuerbarkeit von Integrierern und Potentiometern. Diese Potentiometer benötigen daher Stellmotore. Weitergehende Eingriffsmöglichkeiten, wie Einstellen von Rechnerkonstanten und Verknüpfung von Rechenelementen (digitales patchboard), sind bisher über das Versuchsstadium nicht hinausgekommen. Der Digitalrechner muß Prozeßrechnereigenschaften besitzen. Er muß über ein ausgebautes Interruptsystem und Abfrageleitungen verfügen. Die Verbindung zwischen beiden Rechnern übernimmt das Koppelwerk. Abb. 5 zeigt dessen wesentliche Funktionen sowie die gängigen Peripheriegeräte der beiden Rechner.

3.2 Aufbereitung der Probleme

Am Anfang steht die Entscheidung, welcher Teil des Problems analog und welcher Teil digital bearbeitet werden soll. Die analoge Darstellung folgt den in Kapitel 2 beschriebenen Methoden. Die Funktion des Digitalrechners kann dabei von einfachen Aufgaben wie Parameterberechnung zur Einstellung der Potentiometer bis zur selbständigen Übernahme von Rechenfunktionen reichen.

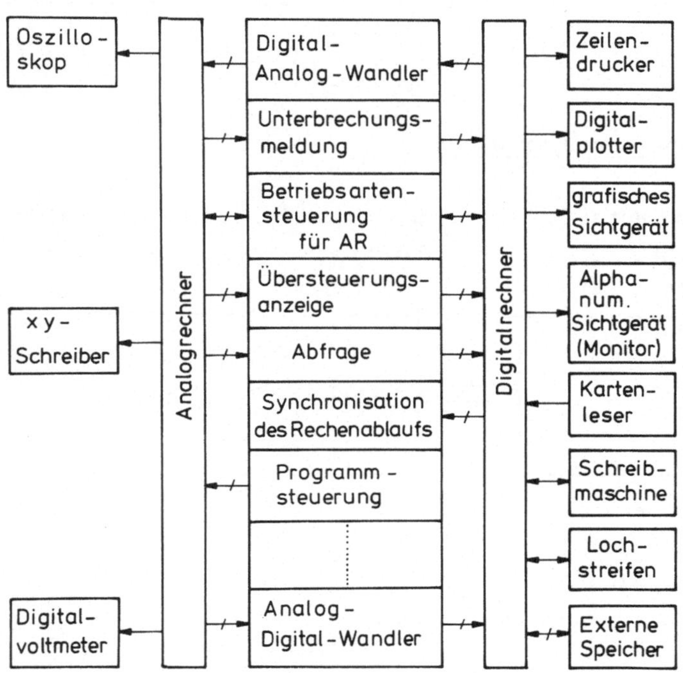

Abb. 5. Aufbau des Hybridrechners mit den wesentlichen Funktionen
des Koppelwerks und den Peripheriegeräten
——— mehrere Kanäle

Die Programmierung des Digitalrechners erfordert für seinen Einsatz als Teil eines Hybridrechners Programmsprachen, die über die üblichen Sprachen wie FORTRAN und ALGOL hinausgehen. Dazu kann entweder mit zusätzlichen Sprachelementen zur Steuerung des Analogrechners gearbeitet werden oder es müssen spezielle Echtzeitsprachen mit eigener Struktur unter stärkerer Beachtung der Echtzeitbedingungen verwendet werden.

3.3 Hybride Simulationstechniken

Anders als beim Analogrechner lassen sich hier keine generellen Simulationstechniken angeben, da sie stark von Rechnerkonfiguration und

Problemstellung abhängen.

Die wichtigste Anwendungsklasse ist die Optimierung komplexer Prozesse, wie sie aus Technik und Naturwissenschaft wohlbekannt sind, aber auch aus anderen Bereichen wie Medizin und Wirtschafts- und Sozialwissenschaft stammen können. Dabei wird der Prozeß vorzugsweise auf dem Analogrechner abgebildet. Der Digitalrechner übernimmt die Optimierungsstrategie und berechnet aus den vom Analogrechner erhaltenen Prozeßdaten die veränderten Parameter. Für die Optimierungsstrategie gelten die gleichen Überlegungen wie im Falle der digitalen Simulation.

Eine andere Gruppe bilden Probleme, die auf partielle Differentialgleichungen führen. Dabei bietet sich an, über eine unabhängige Variable auf dem Analogrechner zu integrieren und die zweite unabhängige Variable dem Digitalrechner zuzuordnen. Ein Weg führt, wie bereits in Abschnitt 2.3 beschrieben, auf Differenzen-Differentialgleichungen, ein anderer über den Separationsansatz auf die sogenannte 'Modale Simulation'. Bei der modalen Simulation, die als Hintergrund stets ein Eigenwertproblem hat, werden die wesentlichen Eigenfunktionen (eigenmodes) vorab berechnet oder anderweitig bestimmt. Mit ihrer Hilfe wird über Integraltransformationen ein gewöhnliches Differentialgleichungssystem aufgestellt, das analog simuliert wird. Über den Digitalteil, in den die Eigenfunktionen eingespeist sind, erhält man durch modale Synthese das Orts-Zeitverhalten der Lösung. Liegen partielle DGln. erster Ordnung oder solche vom hyperbolischen Typ vor, kann als dritte Methode durch Koordinatentransformation auf die charakterischen Variablen (Charakteristikenverfahren)ein System gewöhnlicher DGln. erzeugt werden. Dieses kann dann, wie schon beschrieben, weiter behandelt werden.

Eine weitere hybride Simulationstechnik besteht darin, einen realen Prozeß mit analog simulierten Teilen zu kombinieren und die Prozeßführung dem Digitalrechner zu übertragen.

Dank seiner Flexibilität und der Vereinigung der vorteilhaften Möglichkeiten von Analog- und Digitalrechner haben der Hybridrechner und mit ihm hybride Simulationstechniken prinzipiell ein weites Anwendungsfeld.

Simulation auf dem Digitalrechner

J.Kohlas

1. Der Begriff der Simulation

Die Simulationstechnik gehört zu den modernen Methoden, die im Rahmen der wissenschaftlich-technischen Anwendung der heutigen, leistungsfähigen Computer-Systeme entwickelt worden sind. Der Anwendungsbereich der Simulation erstreckt sich auf fast alle Zweige der modernen Wissenschaft und Technik. Besonders hervorzuheben sind die Gebiete der Elektronik, der automatischen Steuerung und Regelung, der Betriebs- und Volkswirtschaft, der Soziologie und Politologie und, wie dieser Workshop zeigt, auch der Medizin und Biologie. Selbst in Gebieten,die weit von der Mathematik entfernt scheinen, wie etwa den Geschichtswissenschaften, wird die Simulation als Instrument der wissenschaftlichen Forschung verwendet.

Was hat man unter dem Begriff "Simulation" zu verstehen? Man kann von einer systemtheoretischen Definition des Begriffs ausgehen. In systemtheoretischer Sicht ist ein System eine organisierte Struktur, die einen Input u aus einer Inputmenge U(S) in einen Output y aus der Outputmenge Y(S) transformiert. In der mathematischen Systemtheorie wird nun exakt definiert, was unter der Simulation eines Systems S durch ein zweites System M zu verstehen ist. Ein Output y des Systems S,der durch einen Input u erzeugt wird, muß auch dadurch erreicht werden können, daß der Input u zunächst in einen Input $u' = \alpha(u) \epsilon U(M)$ des Systems M umcodiert wird, der zugehörige Output $y' \epsilon Y(M)$ des Systems M erzeugt wird und dieser schließlich in den Output $y = \beta(y')$ des Systems S rückcodiert wird (Abb. 1). Das System M ist das Modell des Systems S. Das Modell M soll somit zu entsprechenden Inputs analoge Outputs wie aus Ursystem S produzieren. Es ist allerdings praktisch unmöglich, Modelle M zu konstruieren, die genau das gleiche Input-Output-Verhalten wie das reale Ursystem S zeigen. Man muß sich mit Annäherungen begnügen.

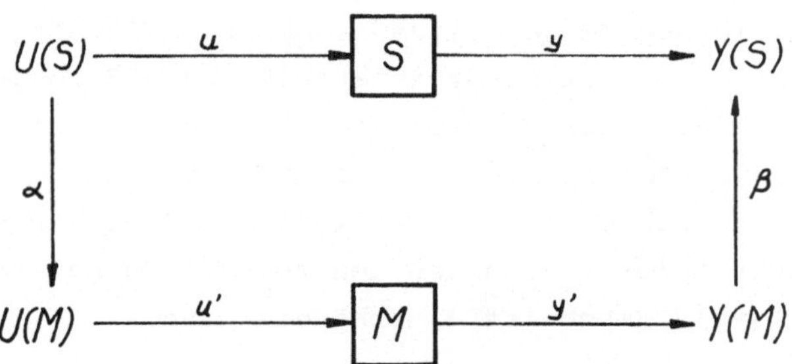

Abb. 1.

Eine Simulationsanalyse bedeutet die Berechnung der Outputs zu verschiedenen Inputs mit dem Modell M. Die Bedeutung des Modells M
liegt darin,daß das Arbeiten mit dem Modell M leichter ist als mit
dem Ursystem S. Während es in vielen Fällen undenkbar ist, mit dem
realen System S zu experimentieren, d.h.die Outputs zu verschiedenen
Inputs zu beobachten, kann dies auf dem Umweg über das Modell M ge-
tan werden (Abb. 2).

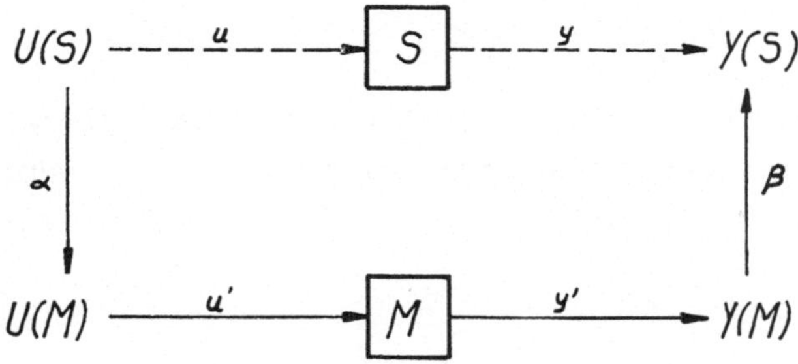

Abb. 2.

2. Modellansätze der Simulation

Der Vielfalt und Verschiedenheit der zu simulierenden Systeme entspricht eine ebensogroße Vielfalt von Modellen. Trotzdem gibt es eine
Reihe von allgemeinen Modellansätzen, die als Ausgangspunkt und Grund-

lage für die Modellierung im jeweiligen konkreten Einzelfall dienen
können. Das erlaubt eine gewisse Systematisierung und sogar Automa-
tisierung des Modellierungsprozesses. Hier können nur wenig differen-
zierend die zwei hauptsächlichsten Modellansätze umrissen werden.
Im einzelnen ergeben sich viele unterschiedliche Facetten und Nuan-
cierungen, die nicht zuletzt auch von den zur Verfügung stehenden
Programmierhilfen (vgl. Abschnitt 4) abhängig sind.

Vor allem bei technischen Systemen ist es natürlich, daß der Modell-
bauer von Differentialgleichungen ausgeht. Die Systemdynamik ist bei
technischen Systemen durch physikalische Gesetze bestimmt, die sich
eben in Form von Differentialgleichungen ausdrücken. Das gleiche dürfte auch bei vielen Systemen der Medizin und Biologie der Fall sein.

Das System wird in diesem Fall durch eine Reihe von zeitabhängigen
Zustandsvariablen $x_1(t),\ldots,x_n(t)$ beschrieben. Die Änderungsraten,
d.h. die zeitlichen Ableitungen $\dot{x}_1,\ldots,\dot{x}_n$ der Zustandsvariablen werden durch Funktionen der Zustandsvariablen selber und gewisser Inputvariablen $u_1(t),\ldots,u_m(t)$ bestimmt:

$$\dot{x}_1 = f_1(x_k,\ldots,x_n,u_1,\ldots,u_m),$$
$$\ldots\ldots\ldots$$
$$\dot{x}_n = f_n(x_1,\ldots,x_n,u_1,\ldots,u_m).$$

Die Outputvariablen $y_1(t),\ldots,y_r(t)$ können dann im allgemeinen durch
bestimmte Funktionen der Zustandsvariablen ausgedrückt werden:

$$y_1 = h_1(x_1,\ldots,x_n),$$
$$\ldots\ldots\ldots$$
$$y_r = h_r(x_1,\ldots,x_n).$$

Diese Gleichungen definieren das Modell M. Die Simulationsanalyse
besteht dann im wesentlichen in der Lösung der Differentialgleichungen für vorgegebene Inputfunktionen $u_1(t),\ldots,u_m(t)$.

Verwendet man zur Simulation einen Digitalrechner, so müssen zur Lösung der Differentialgleichungen numerische Integrationsverfahren angewendet werden. Dabei werden die Differentialgleichungen durch Differenzengleichungen ersetzt, wobei eine Reihe von mathematischen Problemen im Zusammenhang mit der Genauigkeit und Stabilität entsteht.

Die Simulation durch Auswertung der Differenzengleichungen läuft dann
in konstanten oder angepaßten, verfahrensabhängigen Zeitschritten ab.
Man spricht bei solchen Modellen von kontinuierlicher Simulation (16).

Diese Art von Modellen wird neuerdings auch vermehrt bei der Untersuchung soziotechnischer und sozioökonomischer Systeme angewandt.
FORRESTER leistete Pionierarbeit in der Anwendung der regelungstechnischen Methodologie auf Management-Probleme der Industrie (10).Sein
Ansatz wurde ursprünglich unter dem Namen "Industrial Dynamics" bekannt, wurde dann aber auch auf andere Gebiete angewandt. So entstanden Begriffe wie Urban Dynamics, World Dynamics und schließlich
allgemein System Dynamics. Soziotechnische Systeme werden dabei als
zeit-kontinuierliche, dynamische Systeme aufgefaßt, bei denen Zustandsänderungen durch Rückkoppelungen geregelt werden. Der System
Dynamics Ansatz erlaubt die Analyse qualitativer, dynamischer System-
Charakteristiken wie Schwingungen und Wachstumsvorgänge bei sozio-
technischen Systemen.

Da bei dieser Art der Systemmodellierung sowieso eine sehr starke
Aggregierung der Systemgrößen vorgenommen werden muß - das erste
Weltmodell von FORRESTER umfaßte nur fünf Zustandsvariablen - stehen nicht Fragen der numerischen Integrationsgenauigkeit der Differentialgleichungen im Vordergrund. Wichtiger sind die Probleme des
Aggregationsgrades, der Ausschöpfung der Datenquellen zur Schätzung
der Systemparameter und der Modellgültigkeit.

Bei vielen Prozessen, vor allem in betrieblich-organisatorischen
Systemen (etwa bei organisatorischen Abläufen in Spitälern oder in
Notfallversorgungssystemen), ändert sich der Systemzustand nicht kontinuierlich, wie es bei Differentialgleichungen vorausgesetzt ist,
sondern viel eher sprunghaft bei diskret verteilten Zeitpunkten.Mo-
delle zur Simulation solcher Systeme unterscheiden sich grundlegend
von den Differential- oder Differenzengleichungs-Modellen der kontinuierlichen Simulation. Insbesondere läuft die Simulationsrechnung
nicht mehr in regelmäßigen, deterministischen Zeitschritten ab, sondern springt jeweils von einer Zustandsänderung (Ereignis) zur nächsten und dies im allgemeinen in unregelmäßigen,meist zufälligen Zeitschritten. Zwischen zwei Ereignissen ändert sich der Systemzustand
nicht (Abb. 3). Als Beispiel kann etwa der Warteschlangenprozess vor
einem Postschalter dienen. Der Zustand (Zahl der Postkunden in der
Warteschlange) ändert sich nur bei der Ankunft oder beim Abgang eines

Kunden. Das sind diskrete Ereignisse, die als Zeitpunkte verteilt
über die Zeitachse auftreten.

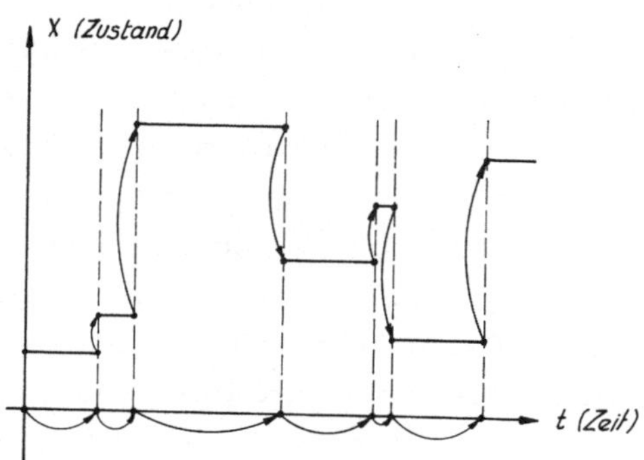

Abb. 3.

Bei derartigen Systemen hat man es typischerweise auch meistens mit
diskreten Einheiten, die im System zirkulieren, zu tun. Es ist oft
vorteilhaft oder sogar notwendig, diese Einheiten als individuelle
Elemente mit eigener Geschichte oder individuellem Schicksal in der
Simulation mitzuführen. Programmiertechnisch gesehen sind Elemente
primär Informationsträger und durch Datenfelder definiert und erfaßt.
Die dem Element zugeordneten Daten beschreiben seine Eigenschaften
und werden Elementattribute oder -parameter genannt. Elemente (z.B.
Postkunden) können im Laufe der Simulationsrechnung neu auftreten und
wieder verschwinden. Das bedeutet, daß Speicherplätze belegt und wieder verfügbar gemacht werden müssen. Es stellt sich hier das Problem
der dynamischen Speicherplatz-Zuordnung und -Verwaltung (Abb. 4,sie-
he dazu (20)).

Es kann notwendig sein, Gruppen von Elementen zu schaffen, deren Zusammensetzung sich im Laufe der Simulation ständig ändert (z.B.Grup-
pe der Postkunden in der Warteschlange). Sehr oft ist dabei wesentlich, daß die Elemente einer Gruppe nach einem bestimmten Prinzip geordnet sind (in der Reihenfolge der Ankunft beim Beispiel des Post-
schalters). Derartige geordnete Gruppen werden Listen, manchmal auch
Sets, genannt (Abb. 5). Es müssen daher die programmtechnischen Vor-

aussetzungen für die Darstellung von Listen geschaffen werden, ebenso
wie für die Ausführung der notwendigen Listenoperationen (Einfügen
von Elementen in Listen, Entlassen von Elementen aus Listen). Man gelangt damit in den Problemkreis der Listenverarbeitung, der übrigens
auch allgemeiner bei Datenbanksystemen von Bedeutung ist ([20]).

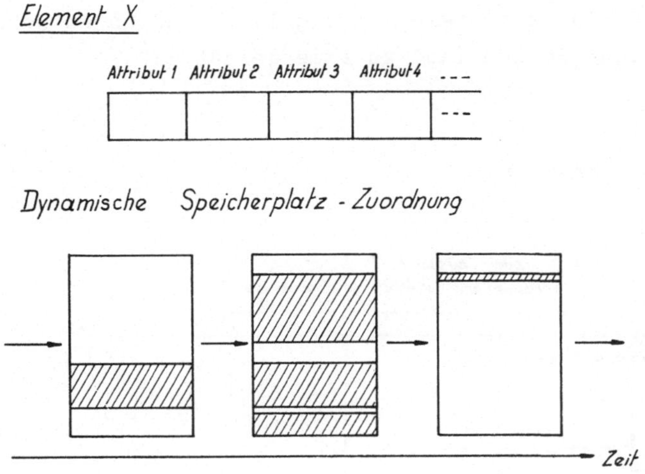

Abb. 4.

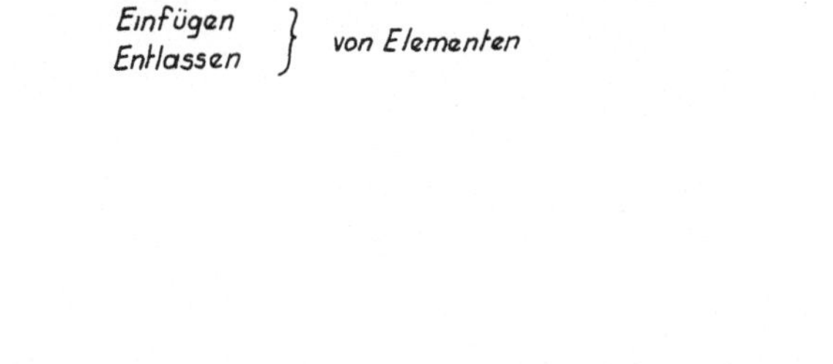

Abb. 5.

Schließlich hat man sich mit der Steuerung des Zeitablaufs der Simulation zu befassen. Grundsätzlich sind zu jedem Zeitpunkt der Simulation mehrere Ereignisse (Zustandsänderungen) zu bestimmten Zeit-

punkten für die Zukunft vorgesehen. Aus der jeweiligen Menge (oder
Liste) der vorgesehenen Ereignisse ist das zeitnächste herauszusu-
chen. Das betreffende Ereignis wird dann abgewickelt, wobei wiederum
mehrere neue Ereignisse der Zukunft erzeugt werden. Ist das Ereignis
abgelaufen, so geht die Simulation wieder zum zeitnächsten Ereignis
in der neuen Liste der zukünftigen Ereignisse über, usw. (Abb. 6).
Diese Prozeduren der Erzeugung von neuen Ereignissen und der Steuerung
des Simulationsablaufs von einem Ereignis zum nächsten werden unter
dem Begriff "Event Scheduling" zusammengefaßt (9).

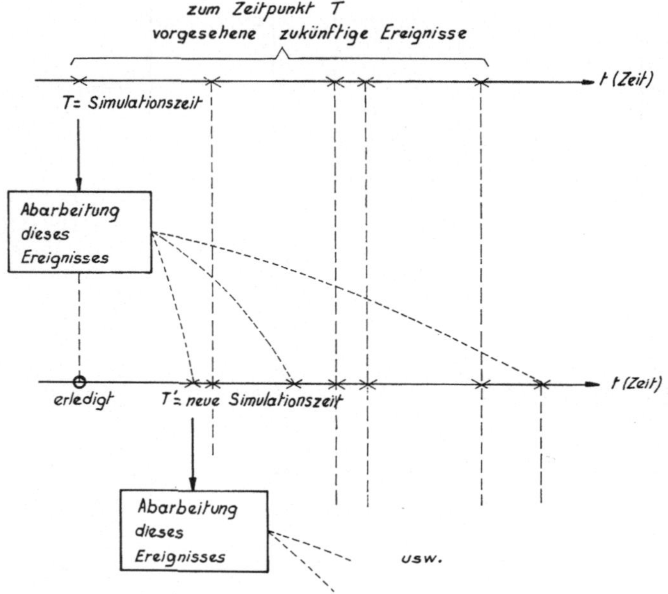

Abb. 6.

Da man es bei derartigen Modellansätzen sowohl mit diskreten Elementen als auch mit zeitdiskreten Zustandsänderungen zu tun hat, spricht
man hier von diskreter Simulation (2, 23).

3. Monte Carlo Simulation und direkte Methoden bei stochastischen Systemen

Neben der Unterscheidung zwischen kontinuierlicher und diskreter Simulation ist eine zweite, wichtige Unterscheidung diejenige zwischen deterministischen und stochastischen Modellen. Beim deterministischen Modell ist jedem Input u eindeutig ein Output y zugeordnet. Bei stochastischen Modellen dagegen ist der Output y nicht allein durch den Input u, sondern zusätzlich noch durch systeminterne Zufallsfaktoren bestimmt. Es entsteht in diesem Fall das zusätzliche Problem der Simulation des Zufalls. Zu diesem Zweck sind Computerprogramme entwickelt worden, die Zufallszahlen berechnen, sog. Zufallszahlen-Generatoren. Wie jedes Computerprogramm laufen auch Zufallszahlen-Generatoren vollständig deterministisch ab, sie liefern nur den Anschein des Zufalls. Dies tun sie idealerweise so, daß ein außenstehender Beobachter, der die Quelle der Zufallszahlen nicht kennt, nicht in der Lage ist, mit Hilfe von statistischen Tests den deterministischen Charakter der Zufallszahlen zu erkennen (21,30).

Mit Hilfe der Zufallszahlen-Generatoren können zufällige Stichproben der Zufallsprozesse konstruiert werden. Durch Analyse der simulierten Stichproben mit Methoden der mathematischen Statistik, können Schätzwerte für wahrscheinlichkeitstheoretische Parameter und Verteilungen der Outputgrößen gewonnen werden. Diese Methode der Bestimmung wahrscheinlichkeitstheoretischer Systemparameter mit Hilfe simulierter Stichproben wird Monte Carlo Methode genannt (2).

Als Alternative zur Monte Carlo Simulation stochastischer Systeme kann man in einfacheren Fällen versuchen, die fraglichen Verteilungen der Outputgrößen oder mindestens gewisse Momente davon direkt, d.h. ohne Umweg über die statistische Analyse simulierter Stichproben, zu berechnen. Dies ist etwa dann möglich, wenn es gelingt für die zu untersuchenden Prozesse Differenzen-, Differential- oder Integralgleichungen etc. aufzustellen, die numerisch gelöst werden können, wie z.B. bei nicht zu komplexen Markoff-Prozessen. Solche direkten Methoden sind aber nicht immer praktikabel und zwar allein schon deshalb nicht, weil nicht selten die Herleitung der notwendigen Systemgleichungen zu umständlich ist. Eine interessante Anwendung von direkten Methoden ist in (1) beschrieben.

4. Simulationssysteme

Bei jeder Programmierung der Modelle für Simulationsrechnungen treten je nach verwendetem Modellansatz immer wieder die gleichen mathematischen und programmiertechnischen Probleme auf. Es sind dies technische Probleme, die mit dem eigentlichen Simulationszweck wenig zu
tun haben. Der Simulations-Anwender empfindet es mit Recht als störend, sich mit diesen Problemen herumschlagen zu müssen. Daher hat
man für die verschiedenen wichtigen Modellansätze Programmiersysteme,
sog. Simulationssprachen, entwickelt, bei denen diese technischen Probleme ein für allemal gelöst sind, so daß sich der Benützer weitgehend von der Behandlung dieser Fragen entlasten kann. Er kann sich
damit auf seine eigentlichen Aufgaben der Modellierung und der Ausführung der Simulationsuntersuchung konzentrieren. Seine Arbeitsweise gestaltet sich speditiver.

Bei Differentialgleichungsmodellen stellen die Simulationssprachen
insbesondere numerische Integrationsverfahren zur Verfügung, aber
auch Hilfsmittel zur Datenbehandlung, zur Festlegung der Funktionen,
die in den Gleichungen auftreten und zur Darstellung der Resultate
(Plots der Resultate). Ein bekanntes Beispiel einer Simulationssprache für kontinuierliche Systeme ist CSMP (Continuous System Modeling
Program)(16,12). Speziell für die System Dynamics Methodologie ist
die Simulationssprache DYNAMO (10) entwickelt worden, die auch in
biologischen und medizinischen Anwendungen   weite Verbreitung gefunden hat.

Die wichtigsten Funktionen, die eine Simulationssprache bei der diskreten Simulation übernehmen muß, sind

- dynamische Speicherplatz-Zuordnung für die Elemente,
- Listenverarbeitung,
- Ereignis-Ablauf-Steuerung (Event Scheduling),
- Zufallszahlen-Erzeugung,
- statistische Aufbereitung der Ergebnisse,
- Resultat-Darstellung.

Diese Aufgaben sind von verschiedenen Simulationssprachen mit verschiedenen Konzepten gelöst worden. Die bekanntesten diskreten Simulationssprachen sind GPSS (General Purpose System Simulator (3),SIM
SCRIPT (24), SIMULA (7) und SIMPL/1 (15). Zu erwähnen ist ferner das

System GASP, das von PRITSKER (5) entwickelt wurde. GASP ist allerdings keine Programmiersprache im eigentlichen Sinn, sondern eine
Kollektion von FORTRAN-Programmen zur Lösung der oben erwähnten Aufgaben. Das hat den Vorteil, daß GASP auf jedem Computer mit FORTRAN-
Compiler läuft. Für eine eingehende Diskussion von Simulationssprachen sei auf (4,18,31,32,33) verwiesen. Man kann Simulationskonzepte
auch in allgemeinen, höheren Programmiersprachen implementieren (29,
26).

Simulationssprachen sind insofern problemorientiert, als sie wirkungsvolle Hilfsmittel zur Lösung der speziellen Simulations-Pro-
grammierprobleme bieten. Trotzdem kann der Aufbau eines Simulationsmodells, besonders bei der diskreten Simulation, selbst bei Verwendung einer Simulationssprache sehr aufwendig sein.

Man kann einen Schritt weitergehen und Simulationssysteme entwickeln,
die auf die speziellen Probleme einer spezialisierten, abgegrenzten
Fragestellung ausgelegt sind. Das kann z.B. ein System zur Simulation
von Straßenverkehrsabläufen sein, wobei das Programm flexibel genug
sein muß, um ein weites Spektrum von Straßennetzen, Verkehrssteuerun-
gen usw. zu erfassen. Ein weiteres Beispiel wäre ein Simulationssystem für Produktionsabläufe, bei dem alle denkbaren betrieblichen
Abläufe einer gegebenen Produktionsstruktur simuliert werden können.
Ähnliches ist auch im Bereich der Medizin und Biologie denkbar. Derartige Simulationssysteme unterscheiden sich von einer Simulationssprache dadurch, daß die Modell-Definition in einer benützerorien-
tierten, problembezogenen Sprache und nicht in einer programmierorien-
tierten Weise erfolgt. Man kann daher von benützer- oder problemorien-
tierten Simulationssystemen sprechen. Ein Beispiel, allerdings nicht
aus dem Bereich Medizin / Biologie findet sich bei CONNORS et al (5).

Die klassische Anwendung der Simulation auf dem Digitalrechner erfolgte und erfolgt immer noch im Batch-Betrieb. Das Simulationsprogramm
wird gelocht und getestet, worauf die Auswertungsläufe erfolgen, bei
denen mit Parameter-Änderungen verschiedene Systemvarianten untersucht werden. Die Abwicklung dieser Prozesse im Batch-Betrieb ist relativ langsam, da sie durch viele Wartezeiten unterbrochen wird. Der
heutige Entwicklungsstand der Computertechnologie erlaubt eine Verbesserung dieser Situation durch Techniken der interaktiven Simulation.

Die interaktive Simulation wird durch zwei Entwicklungstendenzen ermöglicht. Es besteht einmal eine gewisse Tendenz zur Dezentralisie-
rung der Computer-Dienstleistung durch Einführung von Mini-Computern
an den Bedarfspunkten. Andererseits findet man eine zunehmende Verbreitung von Terminals für die Datenfernverarbeitung, verbunden mit
einem Time-Sharing-Betrieb des zentralen Computers. Beide Varianten
erlauben die Einführung von Systemen für den Dialog-Verkehr zwischen
Mensch und Maschine.

Das kann für die Simulation ausgenützt werden. Der Simulationspro-
zess kann bei Bedarf unterbrochen werden, um den menschlichen Eingriff zu ermöglichen. Der Mensch kann den Simulationsoutput analysieren und dabei seine Fähigkeiten des kreativen Denkens, des Ler-
nens und der Mustererkennung nutzbringend einsetzen. Dieses interaktive Arbeiten ist sowohl beim Modellbau und bei der Modell-Varia-
tion wie auch bei der Simulationsauswertung sehr effizient. Die Entwicklung der Techniken interaktiver Simulation steht erst am Anfang,
ist aber ein aktives Forschungsgebiet (8,13,14,17,28).

5. Auswertung von Simulationen

Die Simulation ist eine experimentelle Technik. Damit stellt sich die
Frage, wie bei der Versuchsplanung und -auswertung vorzugehen ist.
Ansatzpunkte zur Lösung dieser Fragen ergeben sich vor allem für stochastische Simulationen (Monte Carlo Analysen) aus der mathematischen
Statistik, wobei aber auch spezielle, auf die Simulation zugeschnit-
tene Verfahren entwickelt worden sind (19,9,25). Einige dieser Techniken sind auch für deterministische Simulationen anwendbar.

Eine erste Problematik betrifft die Frage des Stichprobenumfangs.Der
Stichprobenumfang kann durch mehrfache Wiederholung der Monte-Carlo
Simulation mit anderen Zufallszahlen erhöht werden. Dadurch erhält
man unabhängige Stichproben. In diesem Fall gibt es bekannte, elementare statistische Verfahren, um die Streuung von Schätzwerten zu
bestimmen oder um Vertrauensintervalle zu konstruieren. Es sei betont, daß es nicht möglich ist, den notwendigen Stichprobenumfang
zur Erzielung einer vorgegebenen Schätzungsgenauigkeit zum voraus zu
bestimmen, da die dazu notwendigen Varianzen nicht zum voraus bekannt
sind, sondern erst im Verlauf der Simulationsanalyse geschätzt werden können.

Falls die Simulation abzubrechen ist, wenn ein bestimmtes Ereignis eintritt (sog. abbrechende Systeme), sind die Wiederholungen die einzige Möglichkeit zur Vergrößerung des Stichprobenumfangs. Bei gewissen Systemen, die nicht abbrechen, ist man vor allem am stationären Langzeitverhalten interessiert. Dann kann der Stichprobenumfang durch Verlängerung des Simulationslaufes vergrößert werden. In diesem Fall hat man es aber mit Problemen der Zeitreihenanalyse zu tun, bei denen die Konstruktion von Vertrauensintervallen schwieriger ist als bei unabhängigen Wiederholungen. Gewisse Systeme dieser Art weisen sog. Erneuerungspunkte auf, ab denen sich der Systemablauf im wahrscheinlichkeitstheoretischen Sinne wiederholt; das System regeneriert sich. Dann können Techniken der regenerativen Simulation angewandt werden(6).

Meistens ist ein Simulationsmodell durch die Kombination vieler Parameter oder Inputfaktoren bestimmt,und man möchte das Systemverhalten bei verschiedenen Kombinationen von Parameterwerten vergleichen. Um die Sensitivität des Simulationsoutputs bezüglich der verschiedenen Parameter übersichtlich herauszuarbeiten, versucht man, einfache funktionelle Beziehungen zwischen Parametern und Simulationsoutput herzustellen. Dazu können statistische Metamodelle, z.B. lineare oder nicht lineare Regressionsmodelle, aufgestellt und aus den simulierten Stichproben geschätzt werden. Da die Zahl der interessierenden Kombinationen von Parameterwerten kombinatorisch sehr rasch astronomische Größenordnungen annimmt,stellt sich die wichtige Frage,welche Kombinationen für die Simulation auszuwählen sind,damit das Metamodell möglichst gut bei einem vertretbaren Simulationsaufwand geschätzt werden kann. Es handelt sich hierbei um bekannte Probleme der Versuchsplanung (experimental design). Metamodelle können auch bei deterministischen Simulationen von Nutzen sein.

Es kann sich auch die Frage nach einer optimalen Kombination von Parameterwerten stellen, dies sowohl bei deterministischen wie bei stochastischen Modellen. Es sind dann geeignete Suchverfahren, etwa Gradientenverfahren, aufzustellen, die zu einer näherungsweisen Bestimmung der optimalen Parameterwerte führen. Dabei können wiederum statistische Metamodelle hilfreich sein, etwa zur quadratischen Approximation von Funktionsverläufen. Die Aufstellung des Suchverfahrens ist wieder eine Frage der Versuchsplanung.

Alle diese Fragen und Verfahren sind aus der allgemeinen, mathematischen Statistik bekannt. Die deterministische Erzeugung von Zufalls-

zahlen bei der stochastischen Simulation erlaubt aber eine sehr weitgehende Manipulation der Zufallszahlen. Das ermöglicht oft eine weitergehende Steuerung der Versuche bei Simulationen als es sonst bei
statistischen Versuchen möglich ist. Es werden damit zusätzliche Freiheitsgrade in die Versuchsplanung eingeführt, die zu wirkungsvolleren
Versuchsplänen ausgenützt werden können. Solche speziellen Monte Carlo
Techniken werden varianz- oder stichprobenreduzierende Verfahren genannt (19). Ein gutes Verständnis des simulierten Systems und intelli-
gente Ausnützung der Eigenheiten des konkreten Einzelfalls sind un-
umgänglich für eine wirkungsvolle und aussagekräftige Auswertung von
Simulationsmodellen.

Literatur

1. BAUKNECHT, K.; NEF, W.; Digitale Simulation. Lecture Notes in O.R.
   and Math. Systems, 51, Berlin-Heidelberg-New York 1971.
2. BAUKNECHT, K.; KOHLAS, J.; ZEHNDER, C.A.: Simulationstechnik.Ber-
   lin-Heidelberg-New York 1976.
3. BOBILIER, P.A.; KAHAN, B.C.; PROBST, A.R.: Simulation with GPSS
   and GPSS V. Englewood Cliffs, N.J., 1976.
4. BUXTON, J.N. (Hrsg.): Simulation Programming Languages. Amsterdam
   1968.
5. CONNORS, M.M.; CORAY, C.; COCCARO, C.J.; GREEN, W.K.; LOW, D.W.;
   MARKOWITZ, H.M.: The Distribution System Simulator. Management
   Science 18, 1972, B 425 - B 453.
6. CRANE, M.A.; IGLEHART, D.L.: Simulating Stable Stochastic Systems.
   I,II: Journal Ass. Comp.Mach. 21 (1974) S. 103-123. III: Operations Research 23 (1975) S. 33 -45.
7. DAHL, O.J.; NYGAARD, K.: SIMULA - An ALGOL-Based Simulation Language. Comm. of the ACM 9, 1966, 671 - 678.
8. FERGUSON, R.L.; JONES, C.H.: A Computer Aided Decision System.
   Management Science 15, 1969, B 550 - B 561.
9. FISHMAN, G.S.: Concepts and Methods in Discrete Events Digital
   Simulation. New York 1973.
10. FORRESTER, J.W.: Industrial Dynamics. Cambridge, Mass. 1961.
11. GOHRING, K.-W. (Hrsg.): 5th Annual Simulation Symposium, Progress
    in Simulation, Vol. 2. New York 1972.
12. GORDON, G.: Systemsimulation.München-Wien 1972.
13. HAMZA, M.H.: Proceedings of the International Symposium and Course
    SIMULATION '75. Calgary-Zürich 1975.
14. HUNTER, S.R.; REITMAN, J.: GPSS/360-Norden, A Partial Conversa-
    tional GPSS. Proc. 2nd Conference on Applications of Simulation,
    147 - 150, New York 1968.
15. IBM: SIMPL/1 (Simulation Language Based on PL/1). Program Refer-
    ence Manual. SH19-5060-0, 1970.
16. JENTSCH, W.: Digitale Simulation kontinuierlicher Systeme. Mün-
    chen-Wien 1962.
17. KATZKE, J.; REITMAN, J.: Approaching a Universal GPSS. In: K.W.
    GOHRING (Ed.): 5th Annual Simulation Symposium, Progress in Si-
    mulation , Vol. 2, New York 1972.
18. KAY, I.M.: Digital Discrete Simulation Languages: A Discussion
    and an Inventory. In: K.W. GOHRING (Ed.): 5th Annual Simulation
    Symposium, Progress in Simulation, Vol. 2, New York 1972.

19. KLEIJNEN, J.P.C.: Statistical Techniques in Simulation, 2 Vol., New York 1975.
20. KNUTH, D.E.: The Art of Computer Programming: Fundamental Algorithms, Vol. 1, Reading, Mass. 1969a.
21. KNUTH, D.E.: The Art of Computer Programming: Seminumerical Algorithms, Vol. 2, Reading, Mass. 1969b.
22. KOHLAS, J.: Monte Carlo Simulation im Operations Research. Lecture Notes in Economics and Mathematical System, Vol. 63,Berlin-Heidelberg-New York 1972.
23. KOHLAS, J: Generation of Random Numbers. In: M. HAMZA (Ed.):Proceedings of the International Symposium and Course SIMULATION '75 Acta Press, Calgary-Zürich 1975, p. 26 - 34.
24. MARKOWITZ, H.M.; HAUSNER, B.; KARR, H.W.: SIMSCRIPT - A Simulation Programming Language. Englewood Cliffs, N.J. 1963.
25. MIHRAM, G.A.: Simulation, Statistical Foundations and Methodology. New York 1972.
26. MRESSE, M.: MOSIM. Ein Simulationskonzept basierend auf PL/1. Basel-Stuttgart, 1977.
27. PRITSKER, A.B.: The GASP IV Simulation Language. New York 1975.
28. REITMAN, J. et.al.: A Complete Interactive Simulation Environment, GPSS/360-Norden. Proc. 4th Conference on Applications of Simulation, New York 1970.
29. RYTZ, R.: SIM - Ein neues Simulations-Konzept. In: K.BAUKNECHT, W.NEF, 168 - 207.
30. SCHMITZ,N.; LEHMANN, F.: Monte-Carlo-Methoden I. Erzeugen und Testen von Zufallszahlen. Meissenheim am Glan 1976.
31. TEICHROEW, D.; LUBIN, J.F.: Computer Simulation - Discussion of the Techniques and Comparison of Languages. Comm. of the ACM 9, 1966, 732 - 741.
32. TOCHER, K.D.: Review of Simulation Languages. Operations Research Quarterly 15, 1965, 189 - 217.
33. TOGNETTI, K.P.; BRETT, C.: SIMSCRIPT II and SIMULA 67 - A Comparison. The Australian Computer J. 4, 1972, 50 - 57.

Zum Problem der Konvergenzbeschleunigung bei Monte-Carlo-Simulation

H.W. v. Guérard

Meine Damen und Herren,
mit diesem Kurzreferat nehme ich die Gelegenheit wahr, Sie mit einer
Schwierigkeit bekannt zu machen oder Ihnen diese in Erinnerung zu
bringen, die in der Anwendung von Monte-Carlo-*Simulation* (MCS) auf
mehrstufige Systeme auftritt. Unter *mehrstufig* ist dabei zu verstehen, daß MCS-Ergebnisse einer k-ten Stufe nach Kombination mit weiteren Zufallsvariablen, nach Einführung von Nebenbedingungen, oder
nach Simulation von Entscheidungen auf dieser Stufe, auf einer nächsten, m + 1. Stufe weiter zu MCS verwandt werden, - und daß es dabei mindestens zwei Stufen gibt.

Die MCS hat sich aus der Monte-Carlo-*Methode* (MCM) entwickelt, die
der Quadratur vieldimensionaler Integrale dient. Das ist eine un-
zweifelhaft einstufige Simulation, - eine Methode, die vor 30-40
Jahren von v. NEUMANN, ULAM, FERMI u.a. entdeckt und ausgebaut
wurde und die zu großen Erfolgen geführt hat. In einem erstaunlich
langsamen und schwerfälligen Prozeß hat dann das mathematische Operations Research diese Methode adoptiert, wobei eklatante Mißerfolge immer wieder neue Rätsel aufgaben. Nachdem aber die Montecarlisten
so manche Kinderkrankheit hinter sich gebracht hatten, bot sich ihnen
ein weites Feld der Anwendung von MCS: Realwissenschaften, Naturwissenschaften und Technik, Biometrie und Psychologie. Zum Beispiel wurden in der BRD in den letzten Jahren beachtliche Systemanalysen dieser Art für die Reaktortechnik durchgeführt.

Gerade dabei trat ein Problem in den Vordergrund, das in jedem Anwen-
dungsgebiet von MCS auftreten mag, und für das es m.W. keinen erfolg-
versprechenden Lösungsansatz gibt. Wenn ich das auf der Basis eines
umfassenderen Referats, das ich kürzlich auf der Tagung "Technische
Zuverlässigkeit" Nürnberg 1977 (<u>1</u>) gehalten habe, hier darstelle, so
geschieht das in der Hoffnung, daß ich von jemandem erfahre, der mehr

darüber weiß oder mehr darüber herausfindet, so daß wir einer Lösung
näherkommen. Das steht mit dem Thema unserer Tagung dadurch in Zusammenhang, daß die Anwendung von mehrstufigem MCS für die theoretische Bearbeitung von speziellen Fragen der *Messung von Streß in Ar-
beitssystemen* vorgesehen ist, und zwar beim Klinikum der U. Heidelberg im Rahmen des BMFT-Großprojekts *Humanisierung der Arbeitswelt*.

Das Prinzip der MCS ist im Satz von GLIVENKO-CANTELLI festgelegt:
  Gegeben sei eine Funktion von Zufallsveränderlichen,
  $Z = F (X_1, X_2 .. X_n)$, wobei jede Veränderliche durch eine
  Verteilung definiert ist; dann ziehe man für jedes X_i einen Wert aus der zugehörigen Verteilung und berechne einen
  Wert Z. Das wird n mal wiederholt. Mit $n \longrightarrow \infty$ approximiert
  die Verteilung der so erhaltenen Werte die wahre Verteilung
  von Z.
Das ist in Abb. 1 für i = 1, 2 .. 3; n = 4, und mit Hinweis auf mögliche Korrelationen r_{ij} veranschaulicht.

Dieser Satz kann nicht anders ausgelegt werden, als daß eine MCS
äquivalent ist einer fiktiven Stichprobe gleichen Umfangs aus der
postulierten "wahren" Verteilung Z. Das klingt sehr hoffnungsvoll
und man sollte große Erfolge erwarten, - aber solche scheitern zunächst an der oft vollkommen unzureichenden Konvergenz der MCS. Dieser Nachteil war schon frühzeitig bei der weniger ehrgeizigen MCM
offenbar geworden und dort war es gelungen, die Konvergenz durch i.
allg. überraschend einfache und wirkungsvolle Operationen der mathematischen Statistik, man darf sagen, über jeden Bedarf hinaus zu er-
höhen.

Denkt man bei der MCM daran, daß ein Integral auszuwerten ist, - daß
dieses als Mittelwert aufgefaßt werden kann, - und dieser wiederum
als Erwartungswert, so wird folgendes einleuchtend: Gelingt es, die
zu simulierende Verteilung so zu transformieren, daß (bei festem n)
ihr Erwartungswert erhalten bleibt, ihre Varianz aber reduziert wird,
so wird damit auch die Streuung des Schätzwertes für den Erwartungswert reduziert, und folglich wird die Konvergenz beschleunigt.

Solche *Varianz-reduzierenden Transformationen* (VRT) sind in (2) vor-
züglich zusammengestellt. Im Hinblick auf eigentliche Systemanalyse
ist es zweckmäßig, eine VRT danach zu klassifizieren,

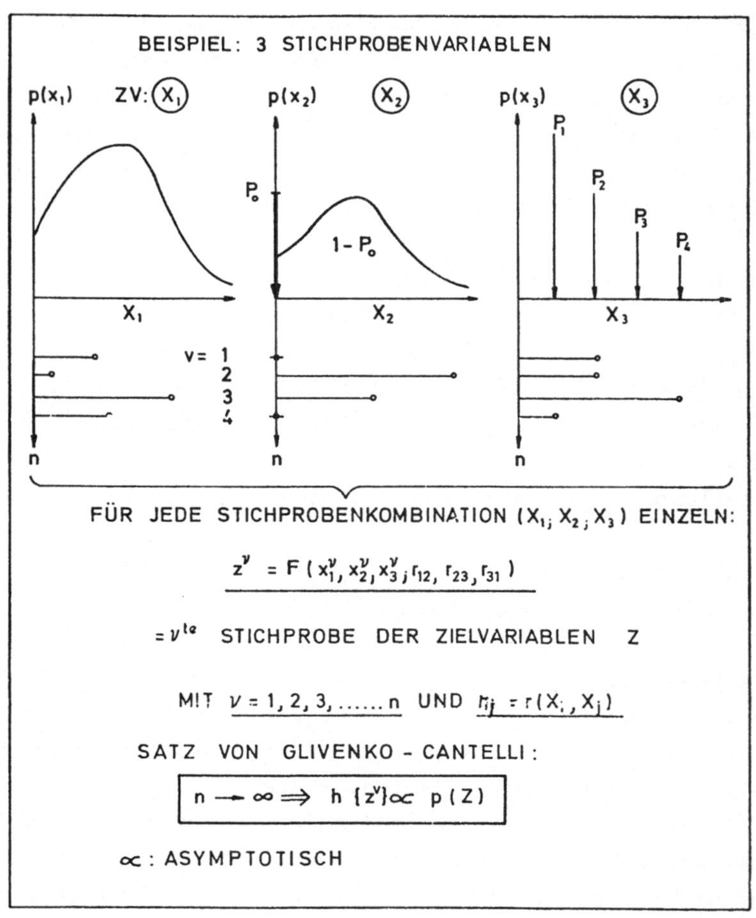

$$z^{v} = F(x_1^{v}, x_2^{v}, x_3^{v}; r_{12}, r_{23}, r_{31})$$

FÜR JEDE STICHPROBENKOMBINATION $(X_1; X_2; X_3)$ EINZELN:

$= v^{te}$ STICHPROBE DER ZIELVARIABLEN Z

MIT $v = 1, 2, 3, \ldots\ldots n$ UND $r_{ij} = r(X_i, X_j)$

SATZ VON GLIVENKO - CANTELLI :

$$n \longrightarrow \infty \Rightarrow h\{z^{v}\} \propto p(Z)$$

$\propto$: ASYMPTOTISCH

Abb. 1. Zum Satz von GLIVENKO-CANTELLI

1. ob sie auf einem Korrelationsmodell beruht –
2. ob sie Vorinformation erfordert –
3. ob diese ggf. deterministisch oder probabilistisch ist.

Wichtig ist im vorliegenden Zusammenhang folgendes: Zu (2.), daß man sich die erforderliche Vorinformation in vielen Fällen durch einfache MCS, d.h. ohne VRT, besorgen kann; zu (3.), daß probabilistische Transformationen es nicht gestatten, die unverzerrte Verteilung, d.h. die Approximation der Verteilung von Z, aus der verzerrten Verteilung zurückzurechnen. Im übrigen wird auf Abb. 2 verwiesen. Der Begriff *erwartungstreu* ist dabei so zu verstehen, daß eine Stichprobe aus einer transformierten "besseren" Verteilung mit demselben Mittelwert genommen wird.

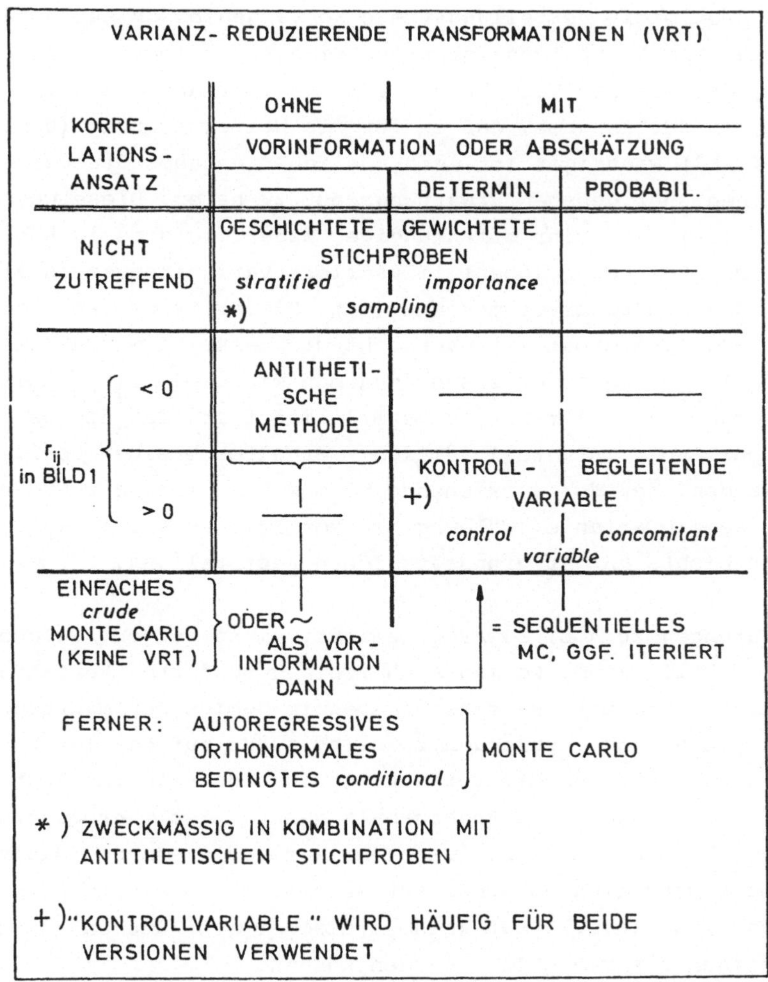

Abb. 2. Zur Systematik varianzreduzierender Transformationen

Das hier im besonderen angesprochene Problem besteht nun darin,daß,
wenn man auf der k-ten Stufe eine Verteilung von reduzierter Varianz
gewonnen hat, diese gerade deswegen zur MCS auf der k + 1. Stufe un-
geeignet ist. Falls es geht, kann man ja die Verteilungen zurück-
transformieren und behält dabei den durch VRT gut abgeschätzten Erwartungswert, - aber das macht im übrigen die Verteilung auch nicht
besser! Somit tritt die Frage auf, ob Konvergenzbeschleunigung überhaupt an Varianzreduktion gebunden ist; genauer gesagt, es gilt zu
untersuchen, ob man es vielleicht auf Konvergenzbeschleunigung für
die Verteilung anstatt für ihren Mittelwert anlegen kann.

Gibt es approximativ verteilungstreue konvergenzbeschleunigende Transformationen? Man könnte geneigt sein, eine Approximation derart zu versuchen, daß man die Varianz der Varianz (der Approximation von Z) reduziert, in der Annahme, daß es für die Weiterrechnung (Übergang von k zu k + 1) wichtiger ist, ein möglichst genaues Streuungsverhalten als einen sehr genauen Erwartungswert zu haben. Diese wohl zu naive Spekulation und ihr offenkundiger Mißerfolg sind in Abb. 3 dargestellt: Die Zeichnung (oben) illustriert Varianzreduktion als Verbesserung des Schätzwertes m von E (=μ). Dieser Trick ist möglich weil σ VRT-manipulierbar ist. Versucht man dasselbe mit s (als Schätzwert von σ), das unter gewissen Annahmen wie $\sigma^2 \cdot \frac{\chi^2}{f}$ (f = Anzahl der Freiheitsgrade) verteilt ist, so stellt man fest, daß dieses nicht mehr manipulierbar ist, weil nämlich σ erhalten bleiben soll. Man kann einwenden, daß der vorstehende Term mit χ^2 noch durch die 4.statistische Semiinvariante (Wölbung) zu korrigieren sei (s.(3)), aber das ändert nichts an der grundsätzlichen Feststellung.

Die Ausführungen zu Abb. 3 waren gemacht, um zu zeigen, welche Fallen dort gestellt sind, wo man sich von den bewährten Verfahren der VRT entfernt; aber mit VRT scheint eben im Gebiet der mehrstufigen Systemanalyse nichts anzufangen zu sein, außer auf der letzten Stufe, wenn also vorher nichts verzerrt wurde, und auch dann nur, wenn nur der Erwartungswert als Endergebnis gesucht ist; Verbesserungen nur auf der letzten Stufe bleiben aber wertlos, wenn bis dahin schon unbrauchbare Verteilungen simuliert werden! Die Definition von *Stufen* ist dabei so (s.o.), daß keine zwei oder mehr Stufen für MCS zu einer einzigen zusammengefaßt werden können.

Möglicherweise bleibt die triviale Alternative, nämlich eine dann kaum noch eindämmbare Erhöhung der Stichprobengröße. Dann liegt die Frage des Wirkungsgrades von MCS, d.h. die Frage der Konvergenz,vorwiegend bei der EDV und ist nicht mehr Gegenstand analytischer Untersuchungen vorstehender Art.

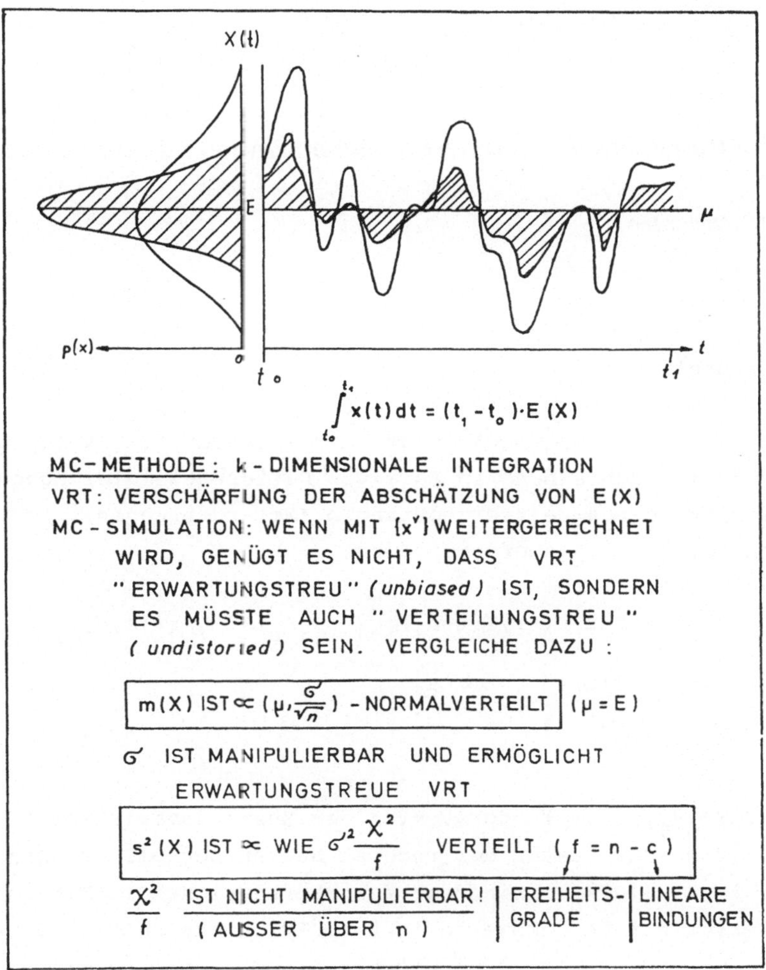

Abb. 3. Monte Carlo-Methode und -Simulation

Literatur

1. GUÉRARD, v. H.W.: *Monte-Carlo-Simulation technischer Zuverlässig-keit*, Z.f. Qualität u. Zuverlässigkeit, 22. Jg., H. 6, S.121-124 (1977).
2. HAMMERSLEY, J.M. u. D.C. HANDSCOMB: *Monte Carlo Methods*, Methuen Co. Ltd., London (1962).
3. GEBELEIN, H. u. H.-J. HEITE: *Statistische Urteilsbildung*, Springer-Verlag (1951).

Ein umfangreiches Literaturverzeichnis zu MCS/VRT ist in (1) zu finden.

Numerische Behandlung von Differentialgleichungen mit Zeitverzögerungen

B. Thomas, H.E. Wichmann

1. Problemstellung

Bei einer Vielzahl von Modellen der Biowissenschaften verlangt eine
mathematische Beschreibung in Form von Differentialgleichungen die
Berücksichtigung von Zeitverzögerungen (Retardierungen), so etwa bei
zeitverzögerten Anfangswertproblemen:

$$Y(t) = F(t,Y(t),Y(t-\alpha_i)_{i=1,\ldots,s}) \quad , \quad t\epsilon[a,b]$$

$$(1) \qquad Y(t) = \Phi(t) \quad , \quad t < a$$

$$Y(a) = Y_a$$

Dabei ist $Y=(y_1,\ldots,y_n)^T$ der Vektor der Zustandsvariablen,
$F=(f_1,\ldots,f_n)^T$ der Vektor der rechten Seiten der Differentialgleichungen. $\Phi=(\phi_1,\ldots,\phi_n)^T$ sind die Vorgabefunktionen im Bereich $t<a$,
Y_a der Vektor der Anfangswerte in $t=a$. Für nicht zeitverzögert vorkommende Zustände y_i ist die zugehörige Komponente ϕ_i als beliebig
aufzufassen, also etwa $\phi_i \equiv y_i(a)$. Die Zeitverzögerungen α_i sind im
einfachsten Fall konstant oder hängen von t und $Y(t)$ ab: $\alpha = \alpha(t,Y)$.
Damit wird das Vorlaufintervall $[a^o,a]$ definiert, wobei

$$a^o = a-\max\{\alpha_i \mid i=1,\ldots,s\} \quad \text{bzw.} \quad a^o = \min_{t\epsilon[a,b]}\{a-\alpha(t,Y(t))\}.$$

Für die numerische Behandlung ergeben sich u.a. folgende Probleme:

- Zur Berechnung der rechten Seiten muß auf zurückliegende Funktionswerte zurückgegriffen werden. Diese müssen berechnet worden sein und zur Verfügung stehen, d.h. für eine brauchbare
  Genauigkeit sehr engmaschig und genau berechnet und gespeichert werden.
- Bei Änderungen der Schrittweiten oder variabler Zeitverzögerungen muß möglicherweise mit hoher Ordnung interpoliert werden, um rasche Fehlerakkumulation zu verhindern.

- Geht, was häufig der Fall ist, Φ bei a nicht stetig oder glatt
  in Y über, so treten im Integrationsintervall Stellen auf, in
  denen die Lösung nicht glatt verläuft. Für Integrationsverfahren höherer Ordnung (Schnelligkeit und Genauigkeit) bestehen aber häufig hohe Glattheitsbedingungen.

Angesichts dieser Probleme einerseits und der hohen Leistungsfähigkeit existierender Verfahren zur Lösung gewöhnlicher Differentialgleichungen andererseits erscheint es sinnvoll, einer Idee BELLMANs
(1) folgend die Methode der Transformation auf Systeme von Anfangswertproblemen gewöhnlicher Differentialgleichungen zu einer "Lösung
in Schritten" auf (1) anzuwenden.

2. Transformation bei konstanten Verzögerungen

Es seien Mehrfachverzögerungen zugelassen, aber vorausgesetzt, daß
sich alle als ganzzahlige Vielfache einer Grundverzögerung darstellen lassen, d.h.

$$\alpha_i = k_i \bar{\alpha} \quad \text{mit } k_i \epsilon \ \mathbb{N}, \bar{\alpha} > o \quad (i=1,\ldots,s)$$

Bezeichnet man

$$(2) \qquad Y_j(\tau) = \begin{cases} \Phi(t_j(\tau)) & , \ j \leq o \\ \\ Y(t_j(\tau)) & , \ j=1,\ldots,N \end{cases}$$

mit

$$(3) \qquad t_j(\tau)=a+(j-1)\bar{\alpha}+\tau \ , \ N=\left[\frac{b-a}{\bar{\alpha}}\right] \ , \quad t_N(\tau^*)=b$$

so ist (1) äquivalent einem System von N Anfangswertproblemen

$$\dot{Y}_j(\tau)=F(t_j(\tau),Y_j(\tau),Y_{j-k_i}(\tau)_{i=1,\ldots,s}) \ , \ \tau\epsilon \ [o,\bar{\alpha}] \ ; \ j=1,\ldots,k$$

$$Y_1(o)=Y_a$$

$$(4)$$

$$Y_j(o)=Y_{j-1}(\bar{\alpha}) \ , \ j=2,\ldots,k$$

$$k=1,\ldots,N$$

Abb. 1 verdeutlicht dies für den eindimensionalen Fall mit einfacher
Verzögerung α. Das Intervall [a,b] wird in Teilintervalle der Länge

α unterteilt, auf denen die Lösung y(t) durch Abschnitte $y_j(\tau)$,
$\tau \in [o,\alpha]$ repräsentiert wird. Die Integration erfolgt "in Schritten",
für jeden Abschnitt der Lösung: im ersten Teilintervall wird
$y(t-\alpha)=\phi(t-\alpha)$, so daß eine gewöhnliche Differentialgleichung mit Anfangswert y_a über [o,α] zu lösen ist. Es ist $y_1(\alpha)$ der Wert der Lösung in t=α . Im 2. Teilintervall wird y(t) durch y_2 und y(t-α) durch
y_1 repräsentiert. Daher ergibt sich mit $y_2(o)=y_1(\alpha)$ als Anfangswert
eine gewöhnliche Differentialgleichung für y_2, in die der Wert von
y_1 eingeht. Dieser wiederum wird durch erneute, simultane Integration der Differentialgleichung für y_1 bereitgestellt. Insgesamt ergibt sich damit ein System von 2 gekoppelten gewöhnlichen Differentialgleichungen mit Anfangswerten $y_1(o)=y_a,y_2(o)=y(\alpha)=y_1(\alpha)$. Mit
$y_2(\alpha)=y(2\alpha)$ als Startwert für y_3 wird über dem dritten Teilintervall
die Lösung eines Systems von 3 gewöhnlichen Differentialgleichungen
integriert usf., bis in einem N-ten Teilintervall mit $\tau*$ der Endpunkt b erreicht wird.

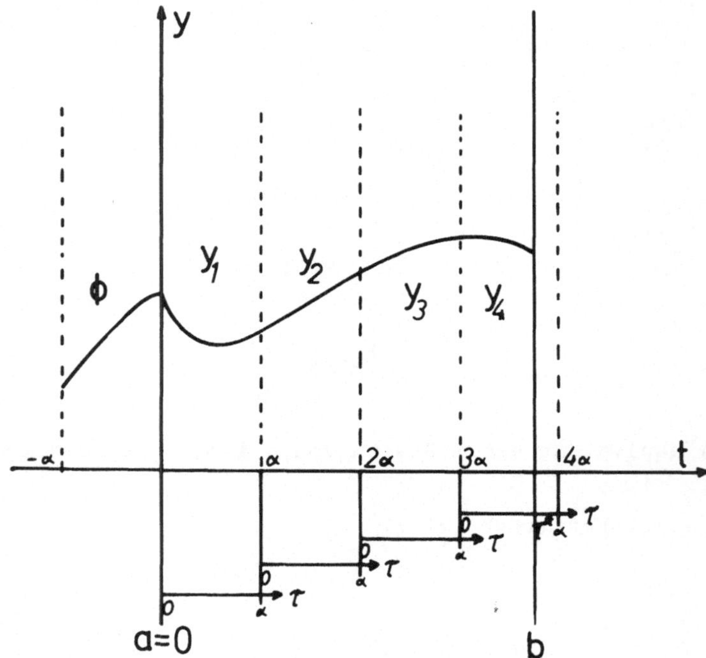

*Abb. 1. Aufteilung des Integrationsintervalls und der Lösung y
in Teilintervalle und Abschnitte der Lösung für konstante
Zeitverzögerung α.*

3. Transformation bei einer variablen Verzögerung

Es sei $s=1$ und damit in (1) $\alpha_1 = \alpha(t,Y)$ stückweise stetig differenzierbar auf $[a,b]$. Gelten die folgenden Bedingungen entlang der Lösung $Y(t)$ von (1)

$$(i) \quad \bigvee_{p>o} \quad \bigwedge_{t \in [a,b]} \quad \alpha(t,Y(t)) \geqslant p$$

$$(5) \qquad (ii) \quad \bigvee_{q<1} \quad \bigwedge_{t \in [a,b]} \quad \frac{d}{dt}\, \alpha(t,Y(t)) \leqslant q$$

dann existieren eine Menge $T = \left\{ t \in [a,b] \mid g_k(t,Y(t))=o, k=1,\ldots,N \right\}$ von einfachen Nullstellen der "Schalterfunktionen"

$$(6) \qquad g_k(t,Y(t)) = t_{k-1} - (t - \alpha(t,Y(t))), \quad \text{mit } t_o = a$$

T zerlegt $[a,b]$ in Teilintervalle $I_k = [t_{k-1}, t_k]$, $k=1,\ldots,N$.
Mit den Bezeichnungen

$$L_o(t)=t, \quad L_1(t)=t-\alpha(t,Y(t)), \quad L_{j+1}(t)=L_1(L_j(t)),$$

$$(7) \qquad Y_j(t) = \begin{cases} \Phi(L_k(t)) & , \; j=o \\[2mm] Y(L_{k-j}(t)) & , \; j>o \end{cases}$$

ist (1) äquivalent einem System von N Anfangswertproblemen

$$\dot{Y}_j(t)=F(L_{k-j}(t),Y_j(t),Y_{j-1}(t)) \cdot \frac{d}{dt}\, L_{k-j}(t), \quad t \in I_k, j=1,\ldots,k$$

$$(8) \qquad Y_1(t_{k-1})=Y_a$$

$$Y_j(t_{k-1})=Y_{j-1}(t_k) \; , \; j=2,\ldots,k$$

Hierin ist auch der Fall $\alpha=$ konst. enthalten, der hier jedoch formal aufwendiger transformiert ist als in 2.

Die Bedingung (5i) garantiert, daß die Verzögerung entlang der Lösung bzw. im Integrationsintervall stets positiv bleibt und (1) nicht in ein Problem mit vorauseilendem Argument übergeht. Bedingung (5ii) dagegen garantiert die umkehrbar eindeutige Abbildung der Teilintervalle aufeinander: Das abweichende Argument $t-\alpha(t,Y(t))$ muß innerhalb eines Teilintervalls streng monoton wachsen.

Die Schalterfunktionen g_k sind gerade so definiert, daß sie das
Überschreiten eines - u.U. noch unbekannten - Teilpunkts durch Vor-
zeichenwechsel anzeigen.

Abb. 2 verdeutlicht das Verfahren: Ähnlich wie in 2 wird $[a,b]$ in
Teilintervalle, nun unterschiedlicher Länge, aufgeteilt und entsprechend y(t) in Abschnitte y_j. Der erste Schritt liefert wie in 2 die
Lösung y(t) als Lösung einer gewöhnlichen Differentialgleichung für
$y_1(t)$ über I_1 und damit $y_1(t_1)=y(t_1)$. Im 2. Schritt ergibt sich
$y_2(t)$ als Lösung einer gewöhnlichen Differentialgleichung, in die y_1
eingeht. Der jeweils benötigte Wert von y_1 wird durch die simultane
Integration der - nunmehr auf das Teilintervall I_2 transformierten -
gewöhnlichen Differentialgleichung erzielt. Man erhält ein System
von 2 Differentialgleichungen für y_1 und y_2 über I_2 mit den Anfangswerten $y_1(t_1)=y_a$ und $y_2(t_1)=y(t_1)$ usf., bis der Endpunkt b in einem
Intervall I_N erreicht wird.

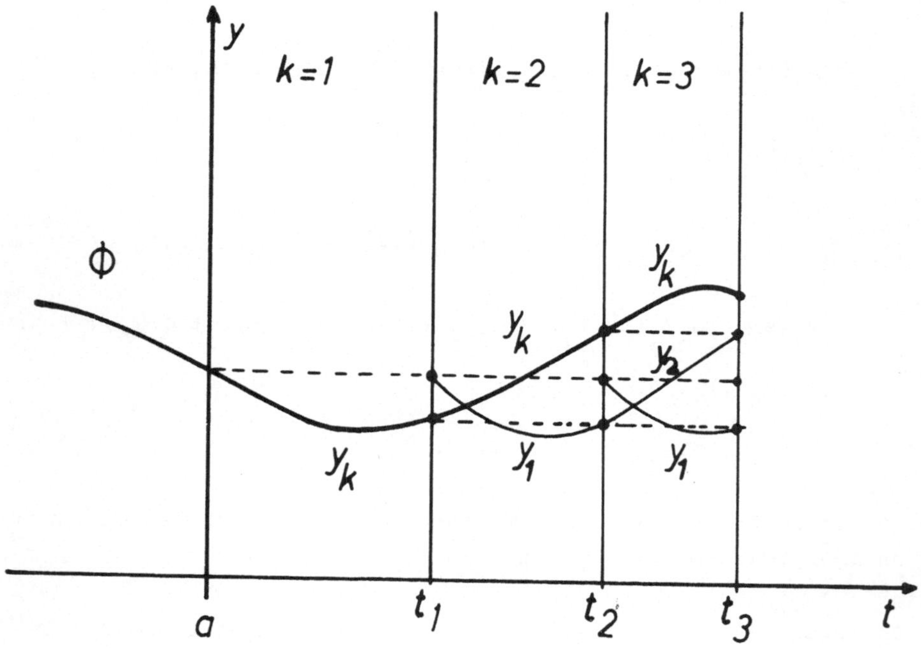

Abb. 2. *Aufteilung des Integrationsintervalls und der Lösung y in
Teilintervalle und Abschnitte der Lösung für variable Zeitverzögerung $\alpha(t,Y)$.*

4. Praktische Erwägungen

Die transformierten Systeme (4) und (8) umgehen die in 1 aufgeführten Probleme, indem zum einen die benötigten zurückliegenden Werte in der global gewünschten Genauigkeit aus dem simultan integrierten Gesamtsystem bezogen werden können. Das geschieht allerdings auf Kosten eines sich aufblähenden Gesamtsystems. Dieses Anwachsen kann häufig beträchtlich reduziert werden, wenn man berücksichtigt, daß die Transformation nur für das Teilsystem der Größen durchzuführen ist, die tatsächlich retardiert vorkommen oder zur Berechnung solcher benötigt werden.

Des weiteren bilden Punkte, in denen für (1), wie oben angedeutet, Glattheitsbedingungen verletzt sein können, jeweils den Rand der Integrationsintervalle.

Schließlich sind Schrittweiten beim Integrationsverfahren dem Problem angepaßt veränderbar, und eine Interpolation entfällt.

Die Gültigkeit der Bedingungen (5) läßt sich für $\alpha = \alpha(t)$ grundsätzlich im vorhinein prüfen, wie sich auch die benötigten Teilpunkte t_i im voraus bestimmen lassen. Dies ist nicht möglich, wenn α auch von Zustandsgrößen Y abhängt. In diesem Fall müssen die Bedingungen (5) simultan mit der Integration überprüft und eine Teilpunktsuche mit den Schaltern $g_k(t,Y)$ durchgeführt werden.

Sei hierzu $\tilde{Y}(t)$ die durch ein Integrationsverfahren gewonnene Näherung für die Lösung Y in t. Die Teilpunktsuche beginnt mit einer "Vorausschätzung" $h_t = -g_k(t,\tilde{Y}(t)) \cdot \left[\frac{d}{dt} g_k(t,\tilde{Y}(t))\right]^{-1}$ für die Lage des nächsten Teilpunktes t_k. Irgendwelche Schrittweitensteuerungen des Integrationsverfahrens sollten diese Schätzung nicht überschreiten. Zeigt sich, daß $t' = t + h_t < t_k$, so läßt sich ein weiterer Schritt mit $h_{t'}$ anschließen usf. Ergibt sich für t', daß $g_k(t',\tilde{Y}(t')) < o$, d.h. $t' > t_k$, so liefert $h_{t'} < o$ eine "Rückwärtsschätzung". In diesem Fall ist Y(t') sicher keine sinnvolle Näherung für die Lösung von (1) in t' mehr, wohl aber für die Fortsetzung der Lösung $Y_k(t)$ des gewöhnlichen Systems (8) über t_k hinaus. Damit existiert $\frac{d}{dt} g_k(t',Y_k(t'))$, stetig, auch für $t' > t_k$, und die NEWTON-Schätzung $h_{t'}$ ist sinnvoll.

Aus dem gleichen Grund ist auch das folgende, effektivere Verfahren zur Teilpunktsuche sinnvoll: Es gelte für t noch $g_k(t,\tilde{Y}(t)) > o$, es werde aber nach einem Integrationsschritt von t nach $t'=t+h$ festgestellt, daß $g_k(t',\tilde{Y}(t')) < o$, so daß also $t < t_k < t'$. Mit den Ausdrücken $\frac{d}{dt}g_k$ für t und t' läßt sich für g_k eine hermiteinterpolierende $H_k(t)$ 3. Grades festlegen und durch Newtonverfahren die Nullstelle $\tilde{t}_k$ von H_k als Näherung für t_k bestimmen. Nun läßt sich ein Integrationsschritt bis $\tilde{t}_k$ durchführen und der Vorgang wiederholen, solange $g_k(\tilde{t}_k,\tilde{Y}(\tilde{t}_k))$ nicht genügend nahe bei o liegt.

Diese Vorgehensweise kann zudem mit der angegebenen Vorausschätzung verbunden werden.

5. Realisation und Testbeispiele

Die beiden Varianten der Transformation für feste bzw. veränderliche Retardierungen wurden in zwei Programmsystemen (RESYS) so realisiert, daß für ein konkretes Problem (1) lediglich Funktionsunterprogramme für die rechte Seite von (1), die Vorgabefunktion Φ, sowie gegebenenfalls für $\alpha(t,Y)$ und $\frac{d}{dt}\alpha(t,Y)=\alpha_t(t,Y)+\alpha_y(t,Y)^T\cdot\dot{Y}(t)$ bereitzustellen sind.

Als Integrationsverfahren wird eine weiterentwickelte Fassung des DIFFSYS von BULIRSCH/STOER ($\underline{4}$) zugrundegelegt, das mit der modifizierten Midpointregel ein Extrapolationsverfahren in h^2 verbindet und eine automatische Schrittweitensteuerung enthält.

Die Eigenschaften dieses Integrators erwiesen sich als sehr nützlich bei der numerischen Behandlung eines Chemie-Reaktor Modells (CSTR) von SOLIMAN/RAY ($\underline{6},\underline{5}$) (Abb. 3). Das dynamische Verhalten des Reaktors wird in Form eines Differentialgleichungssystems mit konstanter Zeitvergrößerung beschrieben:

$$\dot{y}_1(t) = y_1(t) + 1 - (1+y_1(t))(1+y_2(t))\cdot\exp\left(\frac{25y_3(t)}{1+y_3(t)}\right)$$

$$(9)\qquad \dot{y}_2(t) = o.9u_2(t-o.o2) + o.1u_2(t) - y_2(t) - 1$$

$$\dot{y}_3(t) = -2y_3(t) - u_1(t)y_3(t-o.o15)(y_3(t)+o.125) -$$
$$-o.25(y_1(t)+\dot{y}_1(t))$$

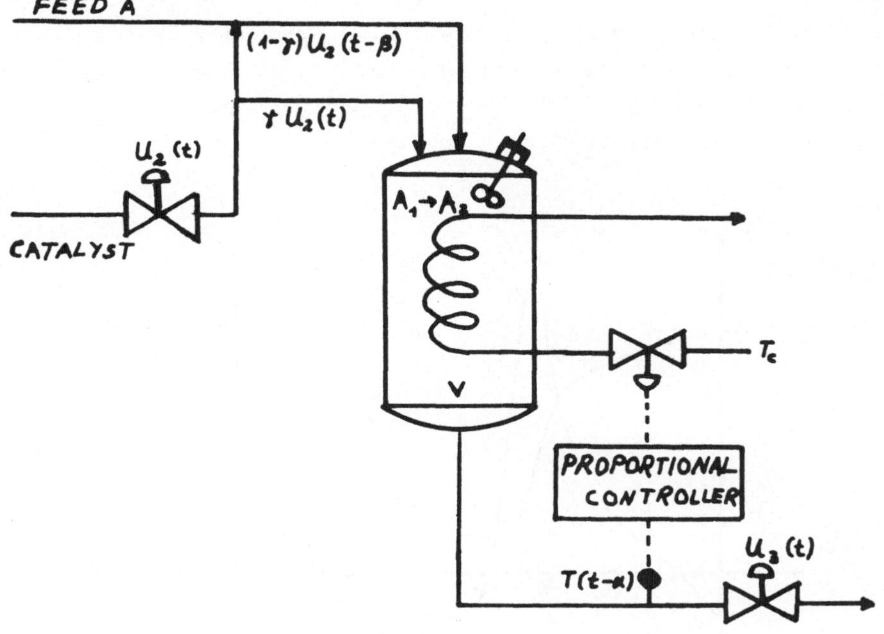

Abb. 3. Schema des CSTR von SOLIMAN/RAY

Dabei bedeuten y_1, y_2, y_3 dimensionslose Abweichungen vom Gleichgewichtswert der Konzentrationen von Reaktions- und Katalysatorsubstanz bzw. der Temperatur. Die Zeitvergrößerung in y_3 entsteht durch den Weg, den das Substrat bis zum Temperaturfühler zurücklegen muß, die Verzögerung in u_2 aufgrund der Aufteilung der Katalysatorbeigabe. Als Problem optimaler Steuerung bestand die Aufgabe darin, das System von einem Anfangszustand bei t=o mit Hilfe einer Temperatursteuerung u_1 und der Steuerung u_2 der Katalysatorbeigabe in den Gleichgewichtszustand y_1=y_2=y_3=o bei t=o.2 so zu überführen, daß das Funktional

$$(1o) \qquad I = \int_{o}^{o.2} y_1{}^2 + y_2{}^2 + y_3{}^2 + o.o1(u_2-1)^2 \, dt$$

minimiert wird.

Mit den von den Autoren angegebenen Daten, insbesondere der angegebenen Struktur der Steuerung u_1 sowie $u_2 \equiv 1$ wurde das System einschließlich Funktional numerisch integriert (<u>7</u>). Abb. 4 zeigt y_1 und
y_3 sowie die Steuerung u_1 für den Fall, daß der Zeitpunkt des zweiten Sprungs von u_1 bei $t_2 = o.o76$ liegt.

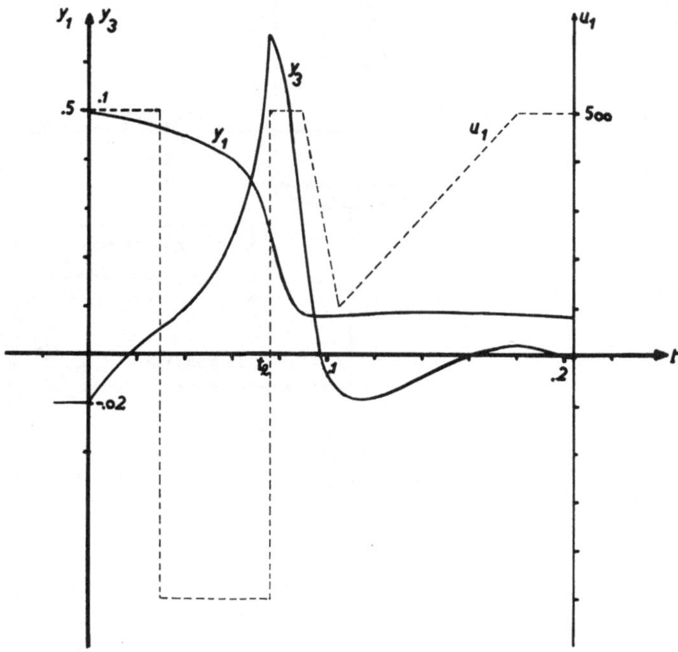

Abb. 4. Steuerung u_1 und berechnete Lösungen y_1, y_3 für $t_2 = o.o76$

Da y_1 die Randbedingung in $t=o.2$ offensichtlich nicht erfüllte, sich
aber andererseits zeigte, daß bei der gegebenen Struktur von u_1 die
Lage von t_2 wesentlich für das Erreichen des stationären Zustands
in $t=o.2$ ist, wurde ein zeitverzögertes Randwertproblem formuliert,
das t_2 als einzustellenden Parameter mit trivialer Differentialgleichung $\dot{t}_2 = o$ enthält. Mit RESYS als Integrator läßt sich ein von
BULIRSCH/DEUFLHARD (<u>2</u>,<u>3</u>) entwickeltes, allgemeines Schießverfahren
(BOUNDSOL) zur Lösung von Randwertproblemen bei gewöhnlichen Differentialgleichungen leicht modifiziert anwenden.

Schwierigkeiten waren zu erwarten wegen des sehr empfindlich von t_2

abhängenden Verhaltens von y_3 in der Nähe der Spitze (für $t_2 \approx$ o.o8
hat y_3 praktisch einen Pol in t_2), konnten aber mit der angegebenen
Methode bewältigt werden. Mit t_2=o.o77o8... werden die geforderten
Randbedingungen erfüllt, außerdem nimmt I hierfür ein Minimum an,
wie Abb. 5 zeigt.

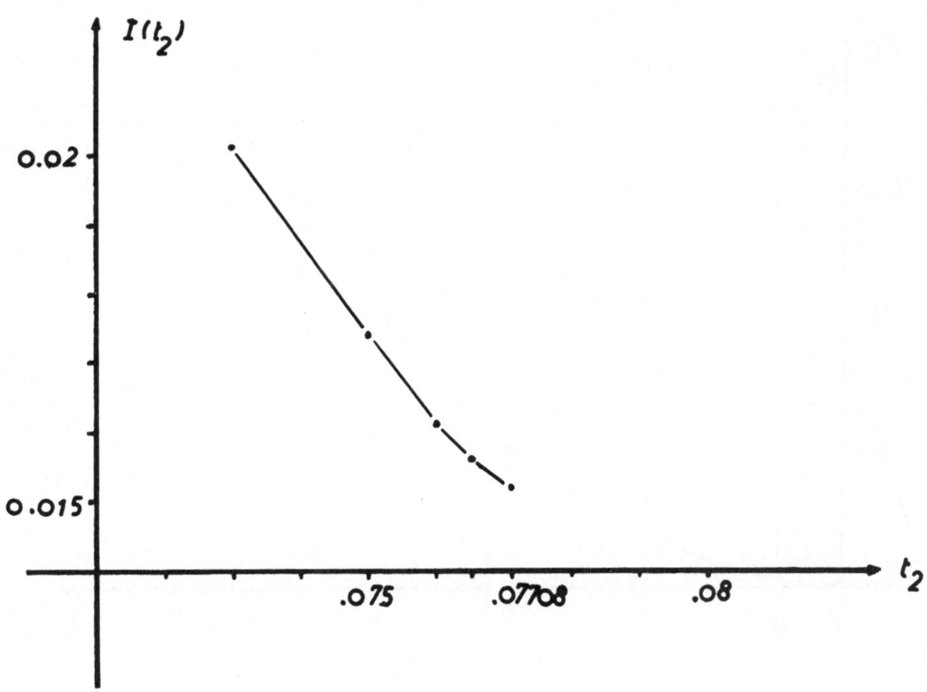

*Abb. 5. Abhängigkeit des Funktionals I von t_2 bei der vorgegebenen
Struktur (Abb. 4) der Steuerung u_1*

Aus einer Reihe von Testbeispielen mit variabler, zustandsabhängiger
Zeitverzögerung sei hier erwähnt

$$\dot{y}_1(t) = -y_1(t)^2 + \frac{1}{(t^2+1)^2}$$

$$\dot{y}_2(t) = o.5y_2(t) - 2y_2(t-\alpha(t,y_1(t))) + 2 \quad , \quad t > o$$

(11) $$\alpha(t,y_1(t)) = 1 + \frac{t^2+1}{2} y_1(t)$$

$$y_1(o) = o$$
$$y_2(t) = t^2 \quad , \quad t \leq o$$

Die Lösung ist hier (Abb. 6) - trivialerweise -

$$(12) \qquad y_1(t) = \frac{t}{t^2+1} \qquad , \qquad y_2(t) = t^2$$

und damit $\alpha(t) = 0.5t+1$ sowie $T = \{2,6,14,30,\dots\}$.

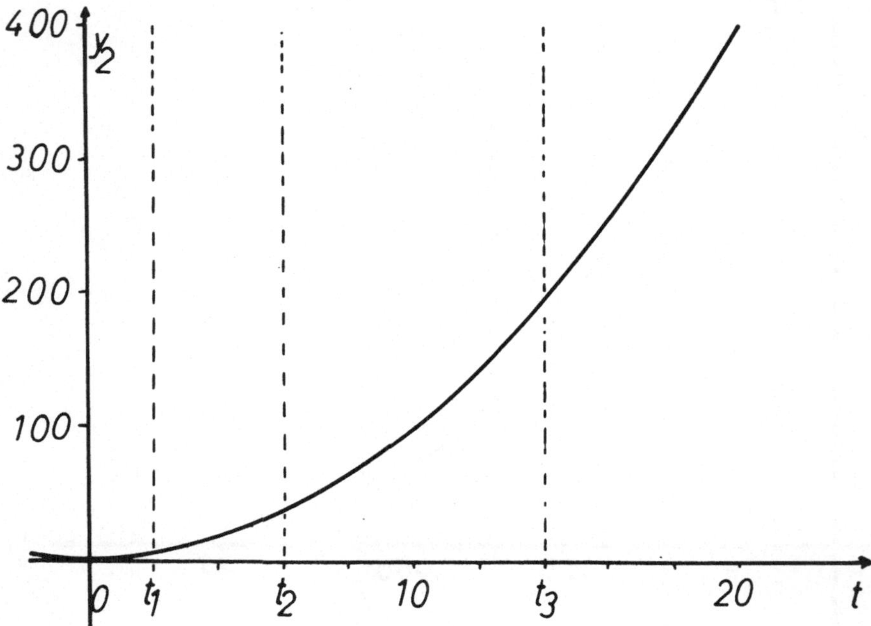

Abb. 6. Lösung y_2 von (11) und Lage der Teilpunkte

Im Rahmen der Modelluntersuchungen von WICHMANN (8) wurden unter anderem Probleme mit zustandsabhängigen Zeitverzögerungen behandelt:

$$\dot{y}_1(t) = \alpha e^{-\beta y_3(t)} - \gamma\, y_1(t)$$
$$(13) \qquad \dot{y}_2(t) = z(t) - z(t-\tau_1) + \dot{\tau}_1 \frac{\bar{y}_2}{\bar{\tau}_1}$$
$$\dot{y}_3(t) = z(t-\tau_1) - \frac{1}{\tau_2} y_3(t)$$

wobei $\quad \tau_1 = \tau_1(t, y_1(t)) = \kappa - \lambda e^{-\mu y_1(t)}$

$$(14) \qquad z(t) = a - b \cdot e^{-c y_1(t)}$$

mit bestimmten Parameterwerten a, b, c, α , β , γ , κ , λ , μ, τ_2,Gleich-
gewichtswerten $\bar{y}_2$,$\bar{\tau}_1$ sowie Anfangswerten $y_1(o)$,$y_2(o)$,$y_3(o)$ und einer
Vorgabefunktion ϕ für y_1. Das System (13),(14) entspricht dem Ansatz
(7) in (8) mit Randomabbau im Funktionskompartment und den Zuordnun-
gen y_1<—> H, y_2<—> Y_1 , y_3<—> Y_2.

Zum Abschluß sei - ohne Anspruch auf Vollständigkeit - eine Übersicht über mathematische Probleme, ihre numerische Behandlung und
Gebiete ihres Auftretens angefügt.

mathematisches Problem	numerisches Verfahren	Beispiele für Anwendungsgebiete in den Biowissenschaften
gewöhnliche Differentialgleichung	DIFFSYS (in RESYS enthalten)	Pharmakokinetik, Zellkinetik, Biochemie, Epidemiologie
Differentialgleichung mit konst. Retardierung (Anfangswertprobleme)	RESYS 1. und 2. Version	Zellsysteme mit festen Zellentwicklungszeiten, Populationsgenetik, Neuromuskuläres System
Differentialgleichung mit variabler Retardierung (Anfangswertprobleme)	RESYS 2. Version	Zellsysteme mit zustandsabhängigen Zellentwicklungs-Zeiten
Randwertprobleme bei retardierten Differentialgleichungen	RESYS mit BOUNDSOL	Probleme der Bestimmung von (optimalen) Parametern in o.a. Gebieten u.a.

Literatur

1. BELLMAN, R.: On the computational solution of differential-
   difference equations. Journ. Math. Anal. Appl.,Vol. 2(1961).
2. BULIRSCH, R.: Die Mehrzielmethode zur numerischen Lösung von
   nichtlinearen Randwertproblemen und Aufgaben der optimalen
   Steuerung. Vortrag im Lehrgang Flugbahnoptimierung der Carl
   Cranz Gesellschaft e.V., 1971.

3. BULIRSCH, R., J. STOER: Numerical treatment of ordinary differential equations by extrapolation methods, Num. Math. 8(1966).
4. DEUFLHARD, P.: Ein NEWTON-Verfahren bei fastsingulärer Funktio-
   nalmatrix zur Lösung von nichtlinearen Randwertaufgaben mit der
   Mehrzielmethode. Diss. Universität Köln, 1972.
5. RAY, H.W., M.A. SOLIMAN: The optimal control of processes containing pure time delays I. Chem. Eng. Sci.,Vol. 25 (1970).
6. SOLIMAN, M.A., H.W. RAY: Optimal control of multivariable systems with pure time delays. Automatica, Vol. 7 (1971).
7. THOMAS, B.: Numerische Behandlung von retardierten Differentialgleichungen mit Hilfe der Extrapolationsmethode und Anwendungen
   auf retardierte Randwertprobleme. Diplomarbeit, Universität Köln,
   1974.
8. WICHMANN, H.E., B. THOMAS: Variable Zeitverzögerungen bei der
   Blutbildung. Tagungsbericht des Workshops Simulationsmethoden
   in der Medizin und Biologie, Hannover, 1977.

Das Warteraum–Aktivitäten–Netz als Hilfsmittel für Modellbeschreibung und Simulation

B. Schendel

Einführung

Die Simulationstechnik als Instrument der angewandten Unternehmens-
forschung hat in den letzten Jahren zunehmend an Bedeutung gewonnen.
Das liegt zu einem wesentlichen Teil darin begründet, daß moderne
betriebliche und organisatorische Systeme wegen ihrer hohen Komplexität nur sehr schwer intuitiv oder mit den herkömmlichen analytischen
Methoden erfaßt werden können. Hier bietet sich die Simulationstechnik an. Die Erstellung eines geeigneten Simulationsmodells bereitet
im allgemeinen weniger Schwierigkeiten als die Entwicklung geeigneter analytischer Lösungsverfahren. Diese Aussage gilt allerdings häufig nur dann, wenn einfache, übersichtliche Modellbeschreibungsver-
fahren verwendet werden können.

Für die Beschreibung von Arbeitsabläufen gibt es eine Reihe unterschiedlicher Darstellungsmethoden. Sollen diese Methoden bei der Modellbildung zum Zweck der Planung eingesetzt werden, so müssen sie

- eine hinreichende Menge von Darstellungsmitteln bereitstellen,
  wie z.B. Mittel zur Beschreibung zeitlich paralleler Vorgänge,
- einen guten Überblick über die Modellstruktur geben und darüber
  hinaus bei Verwendung zum Zweck der Simulation
- sich unmittelbar als Eingabe für ein Simulationsprogramm eignen.

Zur Erfüllung dieser Forderungen entwickelte G.J. NUTT die sogenannten Auswertungsnetze (5) (engl.: evaluation nets). Sie eignen sich
zur Darstellung von zeitlich parallelen Vorgängen, Zeitabläufen und
Datenflüssen im weitesten Sinne und sind damit ein zur Modellierung
komplexer Abläufe geeignetes Mittel (4).

Im Forschungslaboratorium Hamburg der Philips GmbH wurden diese Arbeiten aufgegriffen und im Rahmen eines mit Mitteln des Bundesmini-
steriums für Forschung und Technologie geförderten Projekts (Kenn-

zeichen DV 2.008) als Beschreibungsmittel bei der Modellbildung und
Simulation eingesetzt (1,2).

Wir haben versucht, auch Abläufe in der Nuklearmedizin mit diesen Auswertungsnetzen zu modellieren. Es zeigte sich, daß diese zwar grundsätzlich geeignet sind und besonders gegenüber den Flußdiagrammen (6)
einige entscheidende Vorzüge aufweisen, daß aber durch notwendige
formale Vorschriften das Modell aufgebläht und die Vorzüge zu einem
großen Teil überdeckt werden. Deshalb wurde ausgehend von den Auswertungsnetzen das Warteraum-Aktivitäten-Netz (WA-Netz) als Darstellungs-
mittel konzipiert.

Modellbildung mit dem WA-Netz

Wesentliche Aussagen über den Betriebsablauf in einem Krankenhaus lassen sich durch Beobachtungen des Patientenstroms und der daraus ab-
gezweigten Nebenströme, wie z.B. des Dokumenten- oder Probenstroms,
gewinnen. Wege, Stärke und Fließgeschwindigkeiten des Patientenstroms
ergeben sich aus der Zusammenfassung von Wegen und Durchlaufgeschwin-
digkeiten des einzelnen Patienten durch die Leistungsstellen des Krankenhauses. In diesen Leistungsstellen beansprucht er bestimmte Leistungen für die an ihm durchzuführenden Untersuchungen. Dabei werden
bestimmte Leistungselemente, wie z.B. Räume, Geräte und Personal,
für eine bestimmte Zeit gebunden.

Dieser praxisnahen Untersuchung des realen Systems mit Hilfe der Simulation ist die Modellbeschreibungsmethode WA-Netz angepaßt. Abb. 1
zeigt schematisch den Aufbau eines allgemeinen Modells mit WA-Netzen:
Der Patientenstrom wird von einem Generator nach frei bestimmbaren
Verteilungsfunktionen in das Modell eingespeist, durchläuft die Leistungsstellen und belegt bestimmte Leistungselemente. Der Patientenstrom wird hier durch den Doppelpfeil, die Belegung und Freigabe von
Leistungselementen durch einen auf die Leistungsstelle bzw. von ihr
weg auf die Leistungselemente weisenden Pfeil dargestellt.

Die WA-Netze werden als Graph zusammen mit einer formalen Beschreibung angegeben. Durch die grafische Darstellung wird die Verständlichkeit der Modelle wesentlich verbessert und damit auch die Kommunikation des Systemanalytikers und Modellbildners mit Dritten ver-

einfacht. Die formale Beschreibung eignet sich zur direkten Eingabe
in einen Rechner zum Zweck der Simulation.

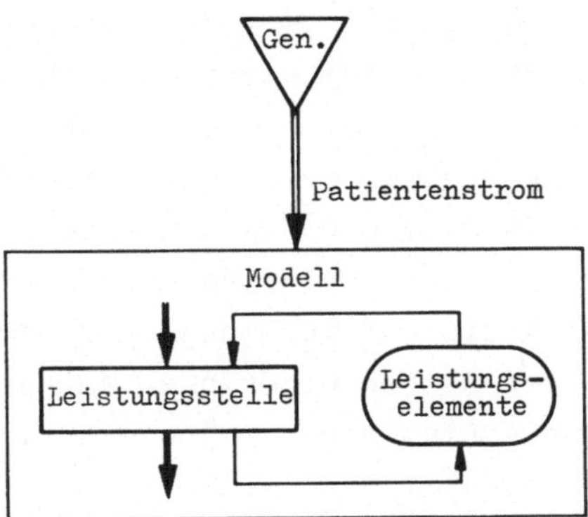

Abb. 1. Modellschema

Abb. 2 zeigt am Beispiel einer einfachen Leistungsstelle die grafische und formale Modellbeschreibung. Zur Durchführung der in der Leistungsstelle zu erbringenden Messung werden die Leistungselemente
Meßplatz (UP) und medizinisch-technische Assistentin (MTA) benötigt.
Sind diese Leistungselemente verfügbar, kann die Messung durchgeführt
werden, anderenfalls baut sich vor der Leistungsstelle eine Warteschlange auf, dargestellt durch den Rhombus QM. Formal beschrieben
wird dieses Modellbeschreibungselement durch Aufruf der Funktion
ACTIVATE.

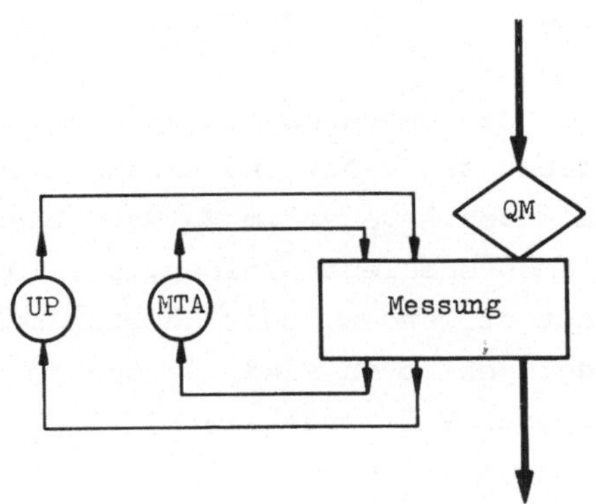

ACTIVATE (QM / MTA,UP / T(2) / MTA,UP)

Abb. 2. Grundelement zur Modellbeschreibung

Die Parameterliste im dadurch gebildeten Modellblock besteht, wie in Abb. 2 gezeigt, aus 4 Termen:

Im 1. Term kann der Name der Warteschlange genannt werden, in die die u.U. wartenden Patienten eingereiht werden. Ist der erste Term leer, so wird zwar eine Warteschlange aufgebaut, jedoch kann diese nicht statistisch ausgewertet werden. Der 2. Term nennt die Leistungselemente, die verfügbar sein müssen, damit die Patienten aus dem Patientenstrom in die Leistungsstelle bzw. in den Modellblock eintreten können. Sind nicht alle geforderten Leistungselemente verfügbar, so wird das ankommende Element in die Warteschlange vor dem Block eingereiht. Die Elemente werden in der Reihenfolge ihres Alters aus der Warteschlange entnommen (ältere Elemente vor jüngeren), wenn die geforderten Leistungselemente verfügbar sind, die Messung also durchgeführt werden kann. Der Modellblock nimmt so lange Patienten auf, wie Leistungselemente verfügbar sind. Wenn in unserem Beispiel zwei Meßplätze und zwei medizinisch-technische Assistentinnen vorhanden sind, können gleichzeitig zwei Patienten untersucht werden.

Bei Eintritt von Patienten in den Block geht der Block in die sogenannte aktive Phase über und belegt dazu die im 2. Term angegebenen Leistungselemente.

Kann ein Patient von dem Block aufgenommen werden, so wird die Simulationszeitdauer, während der der Block aktiv bleibt, ermittelt.Diese Zeitdauer wird im 3. Term definiert, in unserem Beispiel in Abb.2 als T(2). Standardmäßig wird die angegebene Dauer statistisch um $\pm$ 20% variiert, der Modellbildner kann hier aber, wie bei den Generatoren, eine eigene Verteilungsfunktion bestimmen.

Im 4. Term werden die Leistungselemente genannt, die nach Ablauf der aktiven Zeit freizugeben sind. Art und Anzahl dieser Leistungselemente müssen nicht mit den Angaben im 2. Term übereinstimmen. So können z.B. Leistungselemente belegt bleiben, die im nächsten Aktivitätsblock weiter benötigt werden, oder Leistungselemente, die vom vorigen Block her belegt geblieben sind, werden jetzt freigegeben. In Abb. 3 ist ein derartiger Fall modelliert.

Je nach den an einzelnen Patienten durchzuführenden Untersuchungen werden im realen System einzelne Leistungsstellen jeweils nur von einem bestimmten Teil aller Patienten durchlaufen. So ist z.B. in nuklearmedizinischen Abteilungen die sogenannte Nulleffekt-Messung nur an den Patienten durchzuführen, bei denen aufgrund früherer Messungen eine geringe Reststrahlung bestehen kann. In Abb. 3 ist dieser Sachverhalt modelliert. Die grafische Darstellung ist im wesentlichen aus sich heraus verständlich. Der Patientenstrom wird in zwei Teilströme von 20% und 80% aufgespalten. An 20% der Patienten wird die Nulleffekt-Messung durchgeführt, und danach werden die Teilströme wieder vereint und zur Applikation eines Nuklids weitergeführt.Deutlich erkennbar ist die mögliche gegenseitige Behinderung zwischen Messung und Applikation, da beide Leistungen nur mit Hilfe einer medizinisch-technischen Assistentin erbracht werden können. Im Falle der Applikation zeigt die Abb. 3 den Sonderfall, daß ein Leistungselement (N) belegt, aber nicht wieder freigegeben wird. Hierbei handelt es sich um appliziertes Nuklid, das auf diese Weise verbraucht wird. In Abb. 3 ist ein sehr einfacher Fall der Patientenstrom-Aufteilung modelliert. Im allgemeinen kann der Gesamtstrom in beliebig viele Teilströme aufgeteilt werden. Das Modell weist damit eine Menge nur bedingt zu durchlaufender Leistungsstellen auf.

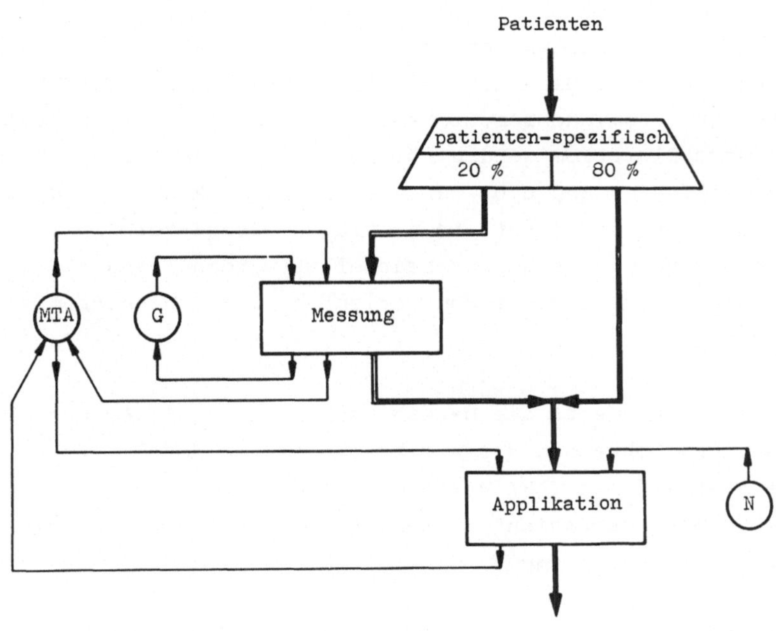


```
    %  BEGIN
20  %  ACTIVATE ( / MTA,G / T(1) / MTA,G )
    %  END
       ACTIVATE ( / MTA,N / T(2) / MTA )
```

Abb. 3. Aufspaltung des Patientenstroms in Teilströme

In der formalen Beschreibung werden bedingte, alternativ anzuspre-
chende Modellblöcke durch die Klammern %BEGIN und %END eingeschlos-
sen. Der auf einen durch %BEGIN und %END geklammerten Programmteil
treffende Patientenstrom durchläuft die einzelnen Alternativgruppen
genannten Teile, zu dem jeweils angegebenen prozentualen Anteil. Aus
dem Patientenstrom werden die einzelnen Patienten statistisch verteilt entsprechend dem jeweils angegebenen Prozentwert zu den einzelnen Alternativblöcken geschickt. Jeder Patient durchläuft somit nur
genau eine der Alternativgruppen, setzt also nach Durchlaufen seiner
Gruppe den Weg hinter dem %END fort. Das Ende einer Alternativgruppe
ist definiert durch den Anfang der nächsten Alternativgruppe (z.B.
20%) oder durch %END.

Bei der Untersuchung von Betriebsabläufen kommt es häufig darauf an,
parallel ablaufende Vorgänge zu berücksichtigen. Die Beschreibung
und Behandlung paralleler Prozesse muß deshalb mit Verfahren zur Modellbeschreibung und Simulation zeitdiskreter Prozesse möglich sein.
Abb. 4 zeigt einen Ausschnitt aus einem Modell, das parallele Abläufe enthält. Der Patientenstrom erreicht die mit Blutabnahme bezeichnete Leistungsstelle. Nach Abschluß der Blutabnahme entsteht ein
gleich starker Strom, dessen Elemente die einzelnen Blutproben bilden. An diesem Blutstrom werden völlig unabhängige von den Untersuchungen am Patienten und u.U. zur gleichen Zeit Messungen durchgeführt. Stellen wir uns jetzt einen dritten Prozeß vor, in dessen Verlauf Befundberichte erzeugt und bearbeitet werden, kann es nötig werden, den Dokumentenstrom mit dem Patienten- und Probenstrom zu syn-
chronisieren.

Abb. 4 zeigt, daß hierzu die bereits bekannten Beschreibungselemente
ausreichen. Das Schreiben der Arztbriefe ist im Modell erst möglich,
wenn eine Arzthelferin (AH) verfügbar ist und die Leistungselemente
Befunde (BEF)aus der Patientenuntersuchung und Ergebnisse (ERG) aus
der Probenmessung vorliegen.

Kompliziertere Methoden müssen in einzelnen Moduln beschrieben werden, wie schematisch in Abb. 5 dargestellt ist. Nur modular beschriebene Modelle erlauben das Testen und Verifizieren mit vertretbarem
Aufwand. Abb. 5 zeigt im oberen Teil zwei unabhängig beschriebene
Teilmodelle von Leistungsstellen, in die von je drei Generatoren je
ein Patientenstrom unterschiedlicher zeitlicher Verteilung und Art,
z.B. stationäre, ambulante und Notfallpatienten,eingespeist wird.

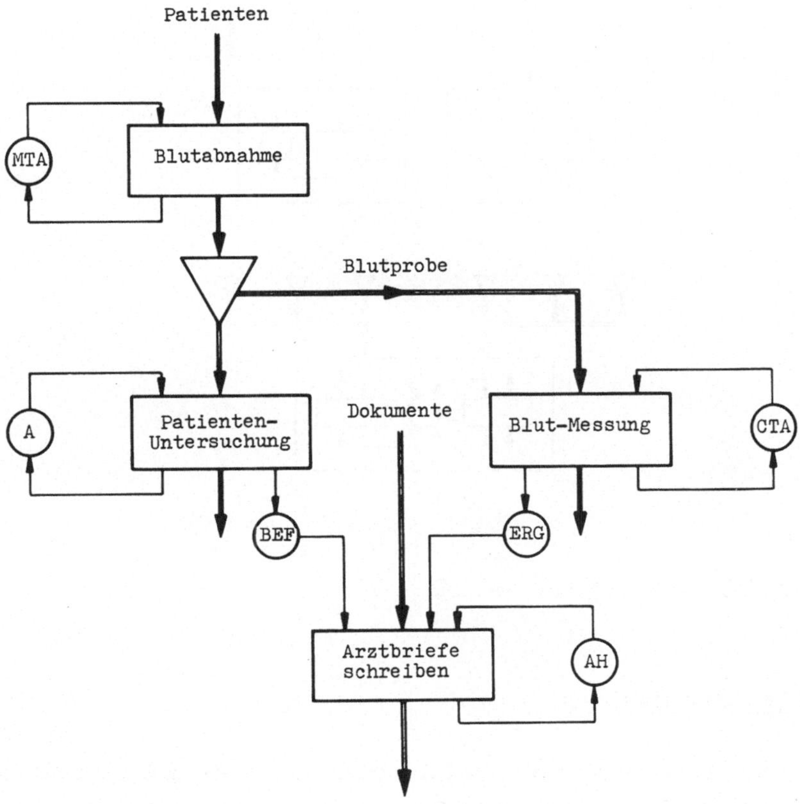

Abb. 4. Erzeugung und Synchronisation paralleler Prozesse

Diese Teilmodelle können dann zunächst getrennt ausgetestet und anschließend mit geringem Aufwand zum Gesamtmodell vereinigt werden.
Die abschließende Verifizierung kann zwar erst am Gesamtmodell vorgenommen werden, jedoch mit der Gewißheit, daß die Teilmodelle fehlerfrei sind.

Erste Erfahrungen bei der praktischen Anwendung von WA-Netzen zeigen,
daß komplexe Systeme in relativ kurzer Zeit übersichtlich modelliert
werden können.

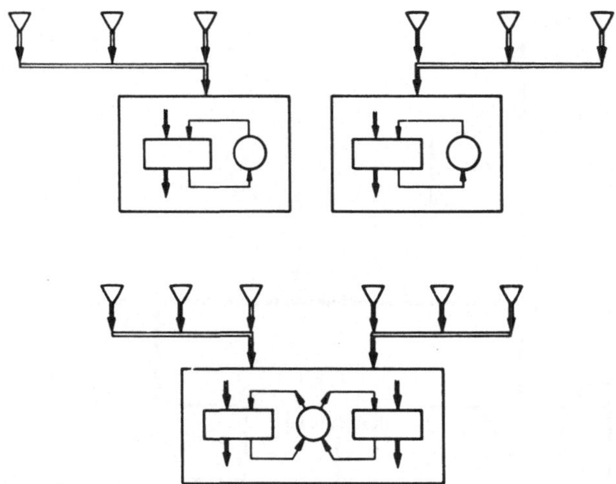

Abb. 5. Modulare Modellbeschreibung

Das Simulationsverfahren

Ziel bei der Entwicklung des Modellbeschreibungs- und Simulations-
verfahrens war, neben der möglichst leichten Erlernbarkeit und einfachen Anwendbarkeit ein Werkzeug zu schaffen, das auf möglichst allen gängigen Rechnern ohne großen Aufwand implementiert werden kann.
Das bedeutet die Festlegung auf die Programmiersprache FORTRAN IV,
wenn auch Mini-Rechner wie PDP10 oder Philips P857 einbezogen werden.

Das Konzept der Simulationssprache GPSS zur Warteschlangensimula-
tion kommt der Vorstellung, die den WA-Netz-Modellen zugrunde liegt,
sehr nahe. Sie wurde deshalb als Grundlage für das Simulationsverfahren für WA-Netze gewählt.

Das Grundkonzept von GPSS basiert auf der Vorstellung, daß mobile
Systemkomponenten, z.B. Patienten, durch einen Verbund von stationären Systemkomponenten, z.B. Leistungsstellen mit den Leistungselementen, laufen und auf ihrem Weg verschiedene Zustandsänderungen aus-
lösen. Verändert werden dabei sowohl die Zustände der stationären
als auch der mobilen Systemkomponenten. Auslösendes Moment für diese

Zustandsänderung ist stets das Auftreffen einer mobilen auf eine stationäre Komponente.

Da GPSS nur auf einigen Großrechnern läuft, wurde eine GPSS-M genannte FORTRAN-Version, ähnlich der von NIEMEYER in (3) beschriebenen Version, geschaffen, die jedoch das genormte FORTRAN nach DIN 66027 benutzt. Der Kern der Arbeit bei der Implementierung des GPSS bestand darin, die Funktionsweise des GPSS unter Wahrung größtmöglicher Übereinstimmung in FORTRAN nach DIN 66027 darzustellen. Anwender, die mit der Sprache GPSS vertraut sind, werden deshalb das als Ergebnis der WA-Netz-Übersetzung erzeugte GPSS-M-Programm ohne größeren Lernaufwand verstehen können. Nicht mit GPSS vertraute Anwender können sich aufgrund der Programmierung in FORTRAN leicht in das Simulationskonzept einarbeiten. Die Kenntnis über das Simulationskonzept kann hilfreich sein, wenn es gilt, Modellierungsfehler aufzuspüren.

Abb. 6 gibt einen Überblick über die Struktur des Programmpakets zur Bearbeitung von WA-Netz-Modellen. Der in DIN-FORTRAN geschriebene Übersetzer bearbeitet neu beschriebene und, soweit vorhanden, vordefinierte Modellteile. Ist das Modell fehlerfrei, wird das Simulationsprogramm in GPSS-M erzeugt und wie jedes andere FORTRAN-Programm weiterbearbeitet. Erkennt der WA-Netz-Übersetzer Fehler, werden diese protokolliert, und das Simulationsprogramm wird nicht erzeugt.

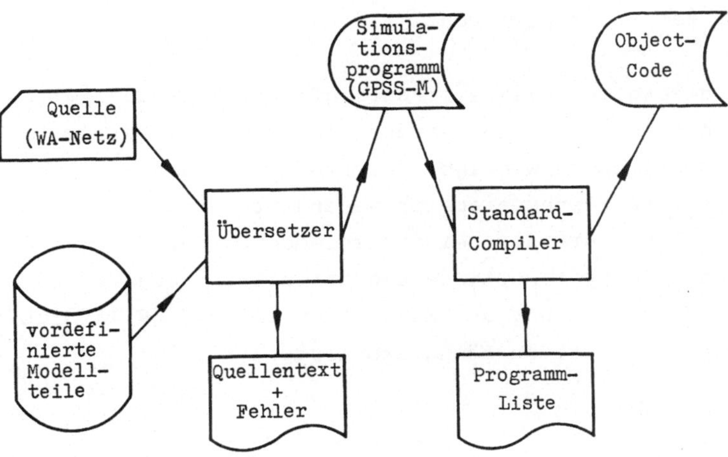

Abb. 6. Struktur des Programmpakets

Die ausschließliche Programmierung des Übersetzers und der Simulationsprogramme in FORTRAN nach DIN 66027 ist die bestmögliche Voraussetzung für eine Übertragung des Verfahrens auf andere Rechner.

Ergebnisausgabe

Es soll hier darauf verzichtet werden, konkrete Modelle vorzustellen. Die in den Abb. 7 bis 11 dargestellten Ergebnisse sollen vielmehr nur die Ergebnisform zeigen. Durch die Wahl von FORTRAN als Programmiersprache können darüber hinaus leicht beliebige andere Formen der Ergebnisausgabe programmiert werden. Die in den Abb. 7 bis 11 gezeigten Ergebnisse wurden über den Schnelldrucker als Sterndiagramme ausgegeben und von Hand nachgezeichnet. Die Bilder zeigen, über der Zeit aufgetragen, die Anzahl der in das System eintretenden und es verlassenden Patienten, die Auslastung aller Leistungselemente des Systems und die Längen aller im Modell vorkommenden Warteschlangen.

Die Abb. 7, 8 und 9 zeigen das Systemverhalten, wenn alle Patienten um 8.15 Uhr in das System eintreten. Wie Abb. 9 zeigt, baut sich eine Warteschlange auf, die durch die Untersuchungen an den Patienten nur langsam abgebaut wird. Allein durch gleichmäßige Verteilung der Termine für ankommende Patienten (Abb. 10) gelingt es, die Warteschlangenlänge wesentlich zu reduzieren (Abb. 11), ohne den Arbeitstag zu verlängern (Abb. 10), d.h. ohne die Auslastung der Leistungsstelle und die Durchsatzrate zu reduzieren.

In dem hier gezeigten Beispiel konnte die zur Systemoptimierung geeignete Maßnahme einfach erkannt werden. Im konkreten Fall wird die Optimierung wesentlich schwieriger durchzuführen sein, da neben der Terminvergabe weitere Systemparameter verändert werden können und müssen, wie z.B. Anzahl und Art der Leistungselemente oder Anordnung der Leistungsstellen. Die Systemoptimierung ist allein Aufgabe des Systemanalytikers, Modellbildung und Simulation sind nur Hilfsmittel zum Vergleich von alternativen Lösungskonzepten.

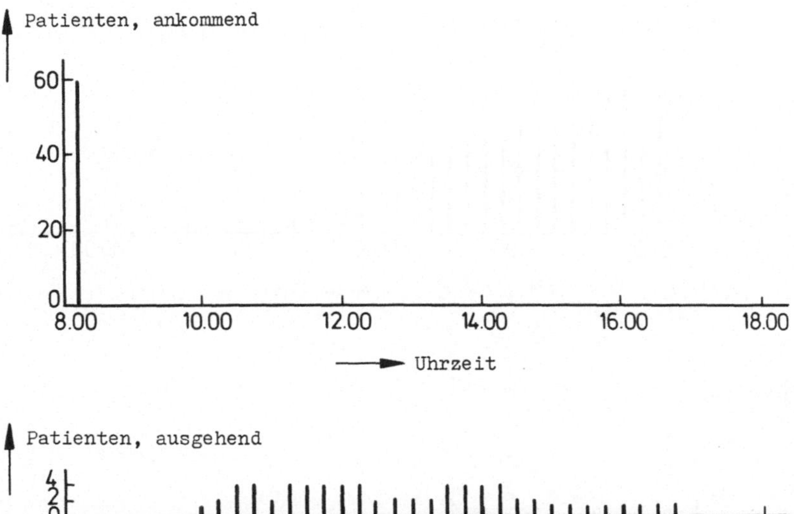

Abb. 7. *Zeitliche Verteilung der ankommenden und ausgehenden Patienten*

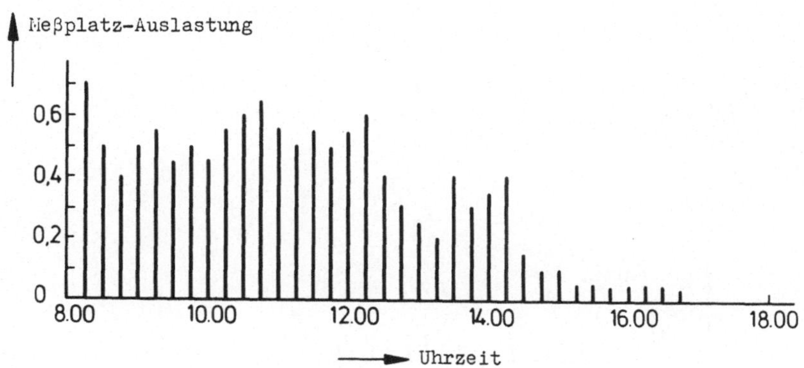

Abb. 8. *Auslastung eines Leistungselements*

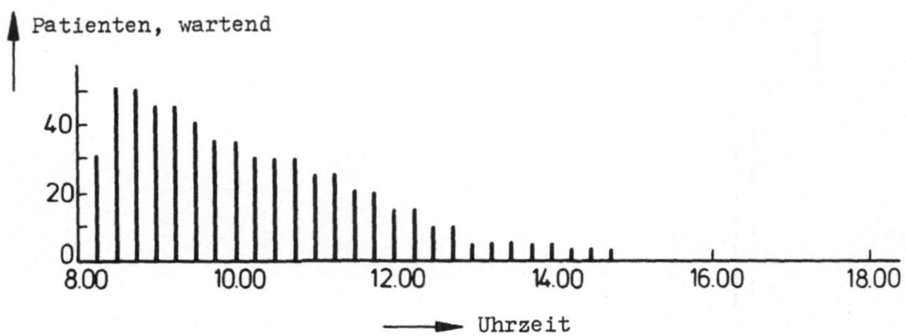

Abb. 9. Zeitliches Verhalten einer Warteschlange

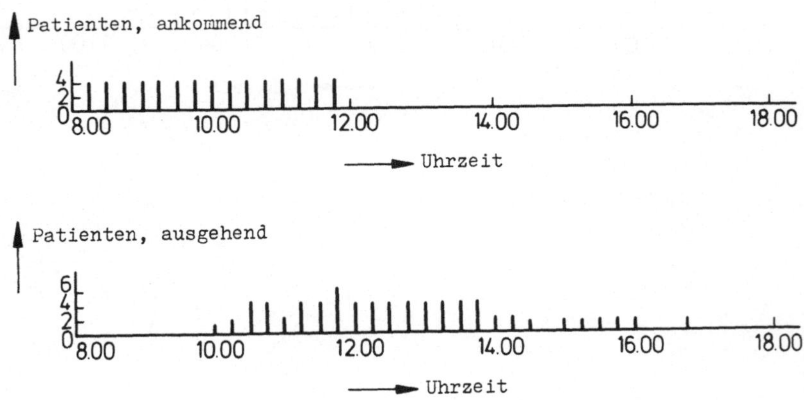

Abb. 10. Günstige Termine für ankommende Patienten

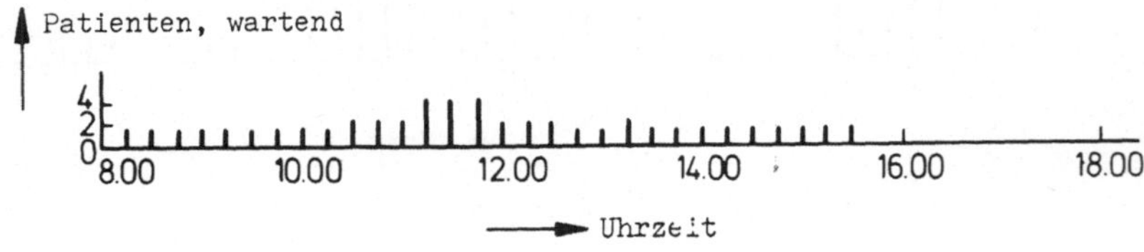

Abb. 11. Kurze Warteschlangen bei guter Terminplanung

Zusammenfassung

Mit dem WA-Netz wurde ein Hilfsmittel geschaffen, das es dem System-
analytiker erleichtert, komplexe Organisationssysteme und Arbeitsabläufe zu modellieren und zu simulieren.

Durch die grafische Darstellung wird die Verständlichkeit für den Menschen erleichtert und so eine einfache Kommunikation zwischen Modellbildner und Dritten ermöglicht. Die einfach abzuleitende formale Beschreibung ist leicht erlernbar und kann direkt in den Rechner zur
Simulation eingegeben werden. Mit einem Übersetzer wird das WA-Netz
in die Simulationssprache GPSS-M übersetzt. Die Wahl von FORTRAN nach
DIN 66027 erleichtert die Benutzung und den Transfer des Übersetzers
und von Simulationsprogrammen wesentlich und schafft gute Voraussetzungen für eine breite Anwendung des WA-Netzes.

Literatur

1. BEHR, J.-P., R. ISERNHAGEN, P. PERNARDS, L. STEWEN: Modellbeschreibung mit Auswertungsnetzen. Angewandte Informatik (1975)
   Nr. 9, S. 275-382.
2. BEHR, J.-P., R. ISERNHAGEN, P. PERNARDS, L. STEWEN: Erfahrung
   mit Auswertungsnetzen. Angewandte Informatik (1975) Nr. 10,
   S. 425-432.
3. NIEMEYER, G.: Die Simulation von Systemabläufen mit Hilfe von
   FORTRAN IV. Walter de Gruyter, 1972.
4. NOE, J.D., G.J. NUTT: Macro E-nets for the Representation of
   Parallel Systems. IEEE Trans. on computers, vol. C-22 (1973)
   No. 8, pp. 718-727.
5. NUTT, G.J.: The Formulation and Application of Evaluation Nets.
   Thesis, University of Washington D.C., Computer Science, 1972.
6. STÄDT. RUDOLF-VIRCHOW-KRANKENHAUS (Hrsg.): Organisationsstudie
   über das ADV-Projekt Nuklearmedizin und Strahlentherapie im
   Städt. Rudolf-Virchow-Krankenhaus, Band II, Pflichtenheft, Berlin, Oktober 1974.

GUIDE – Ein Programmsystem zur Erstellung interaktiver Simulationsmodelle mit Benutzeranpassung von Eingabe und Ausgabe

H. Bossel, M. Strobel

1. Problematik: Ausschöpfung des Informationspotentials von Simulationsmodellen

Die Entwicklung gültiger Simulationsmodelle komplexer dynamischer soziotechnischer Systeme erfordert einen außerordentlich hohen Aufwand an Kosten und an Arbeitszeit qualifizierter Mitarbeiter. Nach Abschluß der Entwicklung steht ein systemares Abbild der Realität - natürlich geprägt vom jeweiligen Blickwinkel - zur Verfügung, das es - im Gegensatz zur Realität - gestattet, experimentelle Untersuchungen über mögliche Entwicklungen unter einer Vielzahl von Störungs- und Steuereinflüssen durchzuführen. Mit dem Hilfsmittel der Simulation kann sich der Benutzer - im Prinzip - sehr genaue Kenntnis über die möglichen Verhaltensweisen des abgebildeten Systems verschaffen. Diese Kenntnis ist nichts weiter als eine Ergänzung seines eigenen internen Denkmodells über das abgebildete System. Voraussetzung dafür,daß Simulationsmodelle interne Denkmodelle ergänzen und verbessern können, ist allerdings die intensive Beschäftigung mit dem Modell unter einer Vielzahl unterschiedlicher Bedingungen. Dazu gehören sowohl das freie Spielen, wie auch systematische Versuche, gesteckte Ziele unter gegebenen Randbedingungen und bei unbekannten Störbedingungen zu erreichen. Heute werden oft genug teure Simulationsmodelle komplexer soziotechnischer Systeme erstellt und lediglich zur Produktion einiger weniger Simulationsläufe genutzt, die dann oft genug noch als unbedingte Prognosen gründlich mißverstanden werden. Das beachtliche Informationspotential von Simulationsmodellen komplexer dynamischer soziotechnischer Prozesse wird damit nur zu einem Bruchteil genutzt.

Der Hauptgrund für diesen Zustand ist heute noch in der mangelnden Benutzerfreundlichkeit von Simulationsmodellen zu suchen. Sie sind von Experten in Spezialsprachen geschrieben, benutzen unverständliche Abkürzungen, die nicht zu behalten sind, erfordern Fachleute,die die (meist verbalen) Angaben eines Simulationsbenutzers in Zahlen-

reihen umzusetzen verstehen, verlangen voll ausgearbeitete und abge-
stimmte Szenarienangaben für jede einzelne von oft vielen hundert
Eingabegrößen und produzieren schließlich Berge von Daten, aus denen
sich relevante Informationen nur mit Mühe herausdestillieren lassen.

Unsere Arbeit soll zur Verbesserung der Benutzerfreundlichkeit von
Simulationsprogrammen beitragen. Das von uns entwickelte Programm
GUIDE zur Erstellung und Bearbeitung interaktiver Simulationsmodelle muß dabei zwei verschiedenen Anforderungen bzgl. Benutzerfreundlichkeit gerecht werden: Es muß (1.) leichte Programmierung und (2.)
einfache Bearbeitung durch den Benutzer gewährleisten. Beide Forderungen sind - unserer Meinung nach - weitgehend erfüllt worden.

Im vorliegenden Beitrag wird das Programm GUIDE vorgestellt, das es
erlaubt, mit geringem Aufwand ein bestehendes (FORTRAN)-Simulations-
modell auf benutzerfreundlichen interaktiven Dialogbetrieb umzustel-
len. Dieser Dialog erfolgt in natürlicher Sprache; das Erlernen einer
Spezialsprache, oder spezieller Befehle, wird nicht vorausgesetzt.
Damit eröffnet sich die Modellbenutzung vor allem auch dem Planer und
Entscheidungsträger, der nicht über Spezialwissen über den Umgang mit
Rechnern verfügt. Die Umstellung auf den interaktiven Betrieb mit Hil-
fe von GUIDE muß durch einen Programmierer vorgenommen werden. Diese
Aufgabe ist nach Erlernen weniger einfacher Regeln zu bewältigen; der
Programmierer wird dabei durch das Hilfsprogramm GUARD bei der Feh-
lersuche unterstützt.

2. Aufgabenstellung: Benutzerfreundlichkeit, Anpassung und Transpa-
   renz bei großen Simulationsmodellen

Simulationsprogramme dynamischer Systeme benötigen zu ihrer Durch-
rechnung die Vorgabe mutmaßlicher zukünftiger Randbedingungen (Szenarien) in Form von Parameterzeitreihen; das Rechenergebnis erscheint
in Form von Zeitreihen für die abhängigen Veränderlichen. Bei Modellen mit relativ wenigen Veränderlichen ist es noch möglich, jedesmal
sämtliche Modellparameterzeitreihen neu vorzugeben und alle Ergebnisvariablen auszudrucken. Bei steigender Zahl der Veränderlichen
wird das Verfahren schnell undurchführbar: Den Benutzer interessiert
vor allem die Reaktion einiger Schlüsselvariablen auf einige wenige
gezielte Änderungen der Eingabeparameter. Selbstverständlich muß aber

auch in diesem Fall das Gesamtmodell voll durchgerechnet werden.Der Modellprogrammierer erreicht die notwendige Vereinfachung der Ein- und Ausgabe bei einem komplexen Modell meist durch eine Vorauswahl der Ausgabegrößen und durch weitgehende Endogenisierung der Parametereingaben. Damit werden diese Modelle aber mehr als notwendig mit den subjektiven Einstellungen ihrer Ersteller befrachtet.

Das Problem potenziert sich bei Modellen soziotechnoökonomischer Systeme von der Größenordnung des MESAROVIC-PESTEL-Weltmodells (1,2,4) bzw. seiner für forschungspolitische Fragestellungen der Bundesrepublik Deutschland erweiterten und disaggregierten Version (4). Hier erfordert der Rechenablauf die Eingabe einer sehr großen Zahl von Parameterzeitreihen. Umfangreiche Modelle dieser Art werden sich nur als nützliche Werkzeuge der Plananalyse durchsetzen können, wenn sie benutzerfreundlich sind, d.h. wenn sie es dem Benutzer gestatten,mit vertretbarem Aufwand die ihn interessierenden Fragestellungen zu untersuchen.

Sehr oft ist der Benutzer lediglich an den ungefähren Konsequenzen globaler Annahmen über bestimmte Parametergruppen interessiert. Das bedeutet aber, daß Rechenprogramme zur Plananalyse auch eine Bearbeitung auf verschiedenen Konkretheitsebenen gestatten sollten. Das Programm kann diese Aufgabe nur übernehmen, wenn ein entsprechendes *Vormodell* vorhanden ist, das eine aggregierte qualitative Eingabe in entsprechende numerische Zeitreihen für die verschiedenen Parameter übersetzt.

Die Forderungen der Benutzerfreundlichkeit von Rechenprogrammen zur Plananalyse umfassen verschiedene Aspekte. So sollte gewährleistet sein, daß die entsprechenden Programme

- keine speziellen Programmiersprachkenntnisse verlangen;
- den Benutzer nicht mit für ihn irrelevanten Informationen überlasten;
- flexibel eingesetzt werden können;
- selektive Veränderungen aller vorkommenden Parameter einzeln gestatten;
- selektive Auswahl von Ergebnisvariablen ermöglichen;
- Anpassung an Problemstellung und Erkenntnisinteresse bieten;
- auf verschiedenen Konkretheits- und Aggregationsstufen arbeiten können;
- so transparent wie möglich sind.

Diese Forderungen bedeuten zwingend den Einsatz interaktiver Programme, die sich im Dialog in natürlicher Sprache zwischen Benutzer und Rechner dem Benutzer und seiner jeweiligen Problematik anpassen können. Das Programmsystem GUIDE (5) erfüllt die oben aufgestellten Forderungen wie folgt:

<u>Benutzeranpassung</u>: Verwendung natürlicher Sprache bei der Abfrage (z.B. deutsch oder englisch); variable Graphik bei der Ausgabe;"narrensichere" format-freie Eingabe; verschiedene Hilfs- und Informationsfunktionen; Schwellwertsetzung bei der Ausgabe zur Unterdrückung nicht-kritischer Information.

<u>Flexibilität, Selektivität, Problemanpassung</u>: Gezieltes Fokussieren über eine mehrstufige Zugriffshierarchie auf jede beliebige Eingangs- oder Ausgangsvariable, oder auf entsprechende Gruppierungen; Möglichkeit, an Ausgabevariablen Rechnungen vorzunehmen; vielfache Sprungmöglichkeiten.

<u>Unterschiedliche Konkretheits- und Aggregationsstufen</u>: Möglichkeit der Parametereingabe sowohl auf der qualitativen und aggregierten Ebenen ("Globalszenarien"), wie auch quantitativ und voll disaggregiert; Möglichkeit der Kombination und Aggregation von Ausgabevariablen.

<u>Transpartenz</u>: Die Zugriffshierarchie ermöglicht einzelnes "Herausziehen" aller Eingabewerte und die tabellarische und graphische Darstellung jeder einzelnen Ergebnisvariablen.

GUIDE arbeitet mit einer Anzahl von Unterprogrammen und übernimmt alle für den Modellablauf erforderlichen Aufgabenbereiche, die jeweils im interaktiven Dialog mit dem Benutzer durchgeführt werden:

<u>Eingabe</u>:
- Steuerung des Zugriffs zu jeder beliebigen Eingabevariablen
- Ausgabe der Abfragetexte
- Einlesen der Antworten des Benutzers
- Einlesen der vom Benutzer eingegebenen quantitativen oder qualitativen Szenarien; Interpolation oder Extrapolation bei Lücken
- Berechnung der betroffenen Eingabevariablen bei Globalszenarien
- Ausführung von Hilfsaufgaben zur Unterstützung des Benutzers

- Aufruf des Modellteils nach Beendigung der Dateneingabe

<u>Ausgabe:</u>

- Ausgabe der Ergebnisvariablen der Standardausgabe
- Steuerung des Zugriffs zu jeder beliebigen Ausgabevariablen
- Ausgabe der Abfragetexte
- Einlesen der Antworten des Benutzers
- Änderung und Ergänzung der Liste der Ausgabegrößen
- Erstellung der tabellarischen und graphischen Ausgaben nach den
  Wünschen des Benutzers
- Durchführung gewünschter Rechnungen mit den entsprechenden Er-
  gebnisvariablen
- Ausführung von Hilfsaufgaben zur Unterstützung des Benutzers.

Offensichtlich decken sich viele der Aufgaben im Eingabe- und im Aus-
gabeteil.

3. Erstellung eines interaktiven Simulationsprogrammes mit GUIDE

Zur Erstellung eines interaktiven Programmes mit GUIDE sind zunächst
erforderlich

- der Modellkern des Simulationsmodells; d.h. die Modellgleichungen
  (einschl. der numerischen Integration, aber ohne Input- und Out-
  putprogramme)
- die Listen der Inputgrößen (Parameter, exogene Variable)
- erforderliche (historische) Anfangswerte
- Parameterwerte und Zeitreihen des 'Standard'-Szenarios
- die Liste der anzusprechenden Ausgabegrößen
- die Liste der Größen, die als 'Standardausdruck' immer erscheinen
  sollen.

Ausgehend von den Listen der Ein- und Ausgabegrößen erstellt der Programmierer zunächst zwei entsprechende Zugriffsbäume. Der Zugriff
auf einzelne Größen erfolgt über eine hierarchische, mehrstufige
Gruppierung. Auf diese Weise läßt sich z.B. im allgemeinen jede einzelne aus etwa tausend Größen in 3 bis 5 Suchebenen ansprechen ("Fokussierung"). Jeder Suchschritt wird mit entsprechendem Fragetext
versehen. Der Benutzer wählt später eine Alternative durch Eintip-
pen der entsprechenden (einstelligen) Kennzahl. Die während des Such-

vorgangs durchlaufende Folge von Kennzahlen heißt "Spur". Jede Größe
ist durch eine oder mehrere Spurzahlen eindeutig identifiziert.

Bei der Programmierung eines Zugriffsbaums wird jeder Frageschritt
mit einer Kennziffer versehen, die die Art der Abfrage an dieser Stelle steuert. Der richtige Zugriff wird über die Zuordnung zwischen Spur
und den laufenden Nummern der verschiedenen Größen gewährleistet. Abfragetexte werden formlos direkt in den Zugriffsbaum geschrieben.

Programmierbeispiel

Wir wollen die Abfragedatei für ein einfaches Beispiel programmieren.
Aufgabe: Es sei angenommen, daß in einem Energiesystem zwei Endener·
gien auftreten (Strom und Flüssigbrennstoffe), die aus drei Primär-
energiequellen (Wasserkraft, Kohle und Erdöl) stammen. Es ist eine
Abfrage zu programmieren, mit der die aus den verschiedenen Primär-
energien stammenden Endenergiebeträge ermittelt werden können.

Den entsprechenden Abfragebaum zeigt Abb. 1. Auf jeder der zwei Ebenen
sind neben den Bezeichnungen der Alternativen die (fortlaufenden) Nummern der Alternativen auf einer Ebene notiert ("Knotenzahlen", für
die Programmierung des Beispiels werden lediglich die auf Ebene I benötigt). Neben den Verbindungslinien stehen die Auswahlzahlen der Alternativen. Aus ihnen ergeben sich die Spurzahlen der hier insgesamt
fünf Wahlmöglichkeiten (s. Abb. 1).

Die Abfrageebenen werden nacheinander programmiert, jede Ebene ist
von der nächsten durch ein $-Zeichen getrennt. Erforderliche Texte
werden an der entsprechenden Stelle in die Datei geschrieben. Die
Datei für das Beispiel sieht wie folgt aus:

```
"Endenergiebetrag in Millionen Tonnen SKE.
Welche Endenergie?"
:1"Strom"30 :1"Flüssigbrennstoffe"30
$
"Welche Primärenergie?"
:1"Wasserkraft"10 :1:2"Kohle"10 :1:2"Erdöl"10
$
```

Die drei Zeilen der Ebene I erzeugen den folgenden Text:

```
Endenergiebetrag in Millionen Tonnen SKE.
Welche Endenergie?
```

>   *1 = Strom*
>   *2 = Flüssigbrennstoffe*

Falls "*1*" (=*Strom*) gewählt wird, erscheint der folgende Text auf Ebene II:

<u>*Strom*</u>

>   *Welche Primärenergie?*
>   *1 = Wasserkraft*
>   *2 = Kohle*
>   *3 = Erdöl*

Falls dagegen "*2*" (=*Flüssigbrennstoffe*) gewählt wird, erscheint

<u>*Flüssigbrennstoffe*</u>

>   *Welche Primärenergie?*
>   *1 = Kohle*
>   *2 = Erdöl*

Der richtige Aufbau der Abfrage wird durch die Herkunftszahlen *vor* dem Alternativentext gesteuert. So ist die letzte Zeile des Beispiels

>   *:1"Wasserkraft"10 :1:2"Kohle"10 :1:2"Erdöl"10*

aufzufassen als:
>   "von Knoten 1 (der darüberliegenden Abfrageebene I)
>   kommt: *"Wasserkraft"*,
>   von Knoten 1 und Knoten 2 kommt: *"Kohle"*
>   von Knoten 1 und Knoten 2 kommt: *"Erdöl"*.

Die Zahlen *hinter* der Bezeichnung der Alternative steuern die Art der Abfrage. So bedeuten:
>   "*30*": an dieser Stelle ist Globalszenario möglich
>   "*10*": an dieser Stelle ist Einzelszenario möglich

In diesem einfachen Beispiel sind bereits alle erforderlichen Programmierregeln enthalten. Mit ihnen lassen sich auch relativ komplizierte Abfragen gestalten.

Weitere Einzelheiten sind dem Programmierhandbuch für GUIDE zu entnehmen (<u>6</u>).

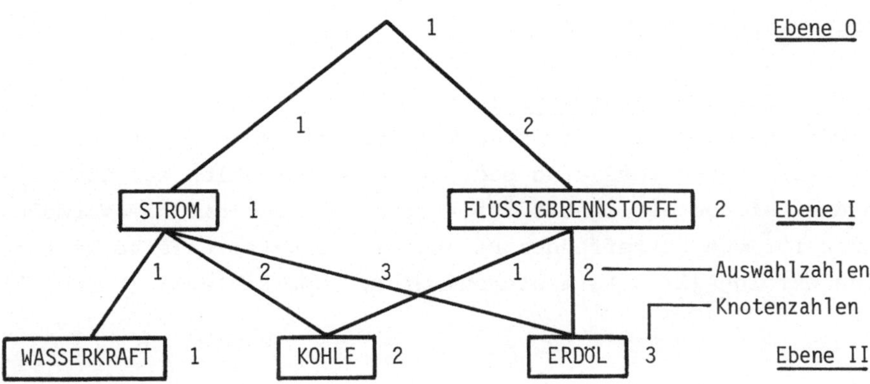

Spurzahl	Energieart
11	Strom aus Wasserkraftwerk
12	Strom aus Kohlekraftwerk
13	Strom aus Ölkraftwerk
21	Flüssigbrennstoff aus Kohle
22	Flüssigbrennstoff aus Erdöl

Abb. 1. Zugriffsbaum und Spurzahlen für ein einfaches Beispiel

Das Hilfsprogramm GUARD

Zur Unterstützung des Programmierers bei der Erstellung der Abfragedatei existiert das Hilfsprogramm GUARD. Es bietet vier wesentliche
Hilfsfunktionen.

1. Ermittlung von Syntaxfehlern in der Abfragedatei, Ausgabe entsprechender Fehlermeldungen.
2. Geordnete Auflistung der numerierten Abfragealternativen auf
   jeder Ebene.
3. Ermittlung der Spurzahlen der einzelnen Alternativen zum Vergleich mit der Zuweisungsdatei.
4. Hierarchische Darstellung des Zugriffsbaums.

Bei der Überprüfung einer Abfragedatei mittels GUARD können syntak-
tische und logische Programmierfehler sehr schnell ermittelt und be-
reinigt werden. Eine ausführlichere Darstellung von GUARD findet sich

im Programmierhandbuch für GUIDE (5).

Erstellung der Zuweisungsdatei:
Die Zuweisungsdatei für den Eingabemodus ordnet jedem Parameter des
Eingabeparametervektors eine oder mehrere Spurzahlen zu, über die er
durch die Abfrage erreichbar ist. Ferner enthält sie die Vormodellfaktoren für den betreffenden Parameter. Je Dateizeile besteht also
die Zahlenfolge (lfd. Parameternummern), (Spurzahlen), (Vormodell-
faktor).

Die Zuweisungsdatei des Ausgabemodus unterscheidet sich lediglich dadurch, daß an die Stelle des Vormodellfaktors der (vier-buchstabige)
Kurzname derjenigen Größen eingetragen wird, die in der Standardausgabe erscheinen sollen; also: (lfd. Parameternummer), (Spurzahl),
(Kurzname).

Erstellung der Szenariendatei:
Die Szenariendatei enthält die (historischen) Anfangswerte und die
Standardszenarien der über die Abfrage ansprechbaren Eingabeparame-
ter.

4. GUIDE-Benutzung im Eingabemodus

Bei der Benutzung von GUIDE im interaktiven Eingabemodus werden dem
Benutzer nacheinander Fragen vorgelegt, die er durch Eingabe der die
Alternativen kennzeichnenden Kennzahlen (0 bis 9) bzw. mit "Y" oder
"N" (ja oder nein) beantwortet. Darüber hinaus kann er mit wenigen
speziellen Befehlen den Abfrageablauf gezielt auf seine Bedürfnisse
zuschneiden. So kann er sehr rasch auf ihn interessierende Größen zugreifen, sich historische Daten oder die Daten des Standardszenarios
vorführen lassen, das Standardszenario mit einem eigenen Szenario
überschreiben, oder auch ganze zusammenhängende Parametergruppen
gleichzeitig abändern. Auf diese Weise kann der Benutzer die Eingaben
für einen Simulationslauf ganz auf seine Problemstellung zuschneiden,
ohne daß von ihm Spezialkenntnisse verlangt werden. Ist die Eingabe
abgeschlossen, erfolgt auf Befehl des Benutzers der Simulationslauf.

Anlegen der Dateien
Durch Vorfragen stellt das Hauptprogramm zunächst fest, mit welchem
Modell oder Modellteil der Benutzer arbeiten möchte. Die entsprechen-

den Dateien werden abgerufen und angelegt. Es handelt sich dabei um
jeweils drei Dateien:

- <u>Abfragetextdatei:</u> Sie enthält die Abfragetexte und hierarchischen Steuerbefehle für den hierarchischen Zugriffsprozess.
- <u>Zuweisungsdatei:</u> Sie ordnet jedem Eingabeparameter eine oder
  mehrere Spurzahlen des Zugriffsprozesses zu, mit denen er
  eindeutig identifiziert ist. Weiter enthält sie die bei jedem
  Parameter bei Globalszenarien anzuwendenden Wachstumsmultiplikatoren (Vormodellfaktoren).
- <u>Datei der Standardszenarien:</u> Sie enthält für jeden Eingabeparameter (1) den (historischen) Anfangswert; (2) Zeitreihen-
  daten für ein zukünftiges Standardszenario über den betrachteten Zeitraum; das etwa die "überraschungsfreieste" Alternative widerspiegeln sollte, und (3) ggf. historische Zeit-
  reihendaten zur Orientierung des Benutzers.

Benutzerhilfen

Als nächstes informiert sich das Programm über den Wissenstand des
Benutzers. Ist der Benutzer mit Programm und Modellteil nicht vertraut, so werden während des weiteren Programmdurchlaufs nach Bedarf Anweisungstexte und Erläuterungen zu den einzelnen Parametern
vorgelegt. Da diese Informationen nur am Anfang wichtig sind, nach
wiederholtem Durchlauf aber eher lästig werden, läßt das Programm diese Texte auf Wunsch des Benutzers fallen, hält sie aber
stets im Hintergrund bereit, um sie im Bedarfsfall vorlegen zu können.

Benutzerhilfen werden durch Eingabe einzelner mnemotechnisch ausge-
wählter Buchstaben angefordert oder eingeleitet. Fragen können mit
den Buchstaben "Y" (ja) und "N"(Nein) beantwortet werden. Die Codebuchstaben können an jeder Stelle im Programmablauf eingegeben werden und veranlassen dann entsprechende Reaktionen des Programmes.
Folgende Steuercodes sind vorhanden:

K - <u>K</u>alender: Zeithorizont neu bestimmen

L - <u>L</u>iste der Steuercodes vorlegen

M - <u>M</u>ehr Fragen auf der gleichen Ebene bearbeiten

N - <u>N</u>ein

O - Texte <u>o</u>hne Parametererläuterungen vorlegen

P - <u>P</u>arametererläuterungen mit vorlegen

S - <u>S</u>tandardszenario ausschreiben

T - <u>T</u>echnische Erläuterungen zur Programmbenutzung ausschreiben

U - <u>U</u>nterste Parameterebene direkt ansprechen (durch direkte
      Eingabe der Parameterkennzahl)

V - <u>V</u>orausschau auf die nächstniedrige Abfrageebene

W - <u>W</u>eiter ohne Änderung der Standardzeitreihe eines vorgelegten
      Parameters

X - e<u>x</u>it; Ausgang in einen anderen Modellteil

Y - <u>Y</u>es; ja

Z - <u>Z</u>urück auf die oberste (Ausgangs)ebene.

Viele dieser Steuercodes beziehen sich auf Verzweigungsmöglichkeiten
bei der Szenarienabfrage. Der professionelle Benutzer kann durch Eingabe von "*U*" die Zugriffsabfrage ganz umgehen und auf die Parameter
direkt über ihre Kennzahlen zugreifen.

Zeithorizont

Bevor die eigentliche Abfrage beginnt, bestimmt der Benutzer den von
ihm gewünschten Zeithorizont. Aus dem Anfangsjahr, der Zeitspanne
und dem Intervall wird ermittelt, wieweit in die Vergangenheit zu-
rückgegangen werden soll, und wieweit in die Zukunft vorausberech-
net werden soll. Auf diese Weise wird dem Benutzer auch die Möglichkeit gegeben, umfangreiche Dateien historischen Materials zu inspi-
zieren, eventuell ganz ohne Szenarieneingaben.

Zugriff auf Parametergruppen oder Einzelparameter

Das Programm beginnt nun, anfangend auf der obersten Ebene des Zugriffsbaums, Abfragetexte und Erläuterungen vorzulegen. Jedesmal
stehen dem Benutzer eine oder mehrere Wahlmöglichkeiten zur Verfügung, die durch Ganzzahlen (von 1 bis 9) gekennzeichnet sind. Nach
Eingabe der gewählten Zahl wiederholt sich der Vorgang auf der
nächstniedrigeren Abfrageebene. Aus den hintereinander gegebenen
Antwortzahlen ergibt sich die Spurzahl, die den jeweiligen Ort der
Abfrage, und vor allem den schließlich angelaufenen Parameter eindeutig identifizieren (z.B. entspricht 7513 den hintereinander gewählten Alternativen 7,5,1 und 3).

Bei jedem Abfrageschritt tastet ein Unterprogramm die Zugriffstext-
dateien nach den hinter den Abfragetexten angegebenen Kennzahlen ab,
die die Art der Abfrage an diesem Punkt bestimmen. Der hierfür be-
nutzte Code:

1. Zahl	2. Zahl
0 keine Parameterabfrage	0 Einzelparameter
1 Abfrage und weiter	1 Parameter gehört zu einer Gruppe, die auf 100 summiert
2 Abfrage und zurück	2 Parameter gehört zu einer Gruppe; keine Summierungsbeschränkung
3 Globalszenario möglich	

Entsprechend diesen Kennziffern werden die entsprechenden Texte und
Anweisungen herausgezogen und als kompakter Block zur Ausgabe an
Bildschirm oder Drucker übergeben.

Szenarioeingaben

Szenarioeingaben sind möglich, sobald das Programm an einem Punkt
anläuft, dessen erste Kennziffer 1,2 oder 3 beträgt (s. obige Tabelle). Liegt eine "*1*" oder "*2*" vor, so ist die Eingabe eines quantitativen oder qualitativen Szenarios für einen Einzelparameter (Einzelszenario) möglich; bei einer "*3*" werden durch die Eingabe eines
qualitativen Szenarios alle mit diesem Globalparameter verbundenen
Einzelparameter entsprechend verändert (Globalszenario). Ferner sind
oft Parameter nicht unabhängig voneinander und müssen bei Szenarieneingaben gleichzeitig betrachtet und evtl. verändert werden ("Grup-
penszenario"). Die drei Fälle unterscheiden sich in der Bearbeitung
und werden deshalb getrennt besprochen.

Einzelszenario: Falls der Benutzer eine Eingabe wünscht, legt das
Programm die Jahresliste über den vereinbarten Zeitraum vor und
schreibt - falls das Anfangsjahr in der Vergangenheit liegt - die
historischen Daten bis zur Gegenwart unter die entsprechenden Jahreszahlen.

An dieser Stelle nun kann sich der Benutzer durch Eingabe von "*S*"
(Standardszenario) zunächst das vorhandene Standardszenario zur
Orientierung unter die entsprechenden Jahreszahlen ausschreiben
lassen. Will er an diesem Szenario nichts ändern, so gibt er den
Befehl "*W*" (weiter); das Programm setzt dann seinen normalen Ablauf
fort.

Will er ein eigenes Szenario eingeben, so kann er sowohl quantitativ als auch qualitativ arbeiten. Bei der qualitativen Eingabe werden Plus- und Minuszeichen in entsprechende Wachstumsraten umgewandelt, mit denen dann neue Werte aus den historischen Anfangswerten berechnet werden.

Wenn eine Szenarioeingabe erfolgte, schreibt das Unterprogramm die ganze Zahlenreihe zur Kontrolle aus und gibt so dem Benutzer die Möglichkeit, Korrekturen zu machen. Erst wenn die endgültige Annahme signalisiert ist, wird das Standardszenario dieses Parameters überschrieben.

<u>Globalszenario:</u> Oft ist der Modellbenutzer lediglich an der Ermittlung der ungefähren Folgen der Änderung einer ganzen Parametergruppe interessiert. GUIDE gestattet die Bearbeitung solcher Problemstellungen auf recht einfache Weise: Wo die Möglichkeit eines Globalszenarios vom Programmierer vorgesehen ist (1. Kennziffer = "3"), kann der Benutzer durch Eingabe eines qualitativen Szenarios ungefähre Wachstumsraten für alle von diesem Punkt aus erreichbaren nachgeordneten Parameter vorgeben. Hieraus errechnet das Programm mit Hilfe der in der Zuweisungsdatei angegebenen Wachstumsfaktoren für alle betroffenen Parameter entsprechende Szenarienzeitreihen. Auf diese Weise können ganze Modellteile sehr schnell auf kritische Einflüsse untersucht werden, und der Benutzer kann sich rasch einen Überblick über die mutmaßlichen Folgen verschiedener Maßnahmenbündel verschaffen.

Die Vorgabe qualitativer und aggregierter Szenarieneingaben hat für den Programmbenutzer wesentliche Vorteile:

- Um ein Gefühl für die Systemreaktionen zu erhalten, kann er zunächst mit wenig Datenaufwand viele Alternativen abtasten. Erfolgversprechende Alternativen kann er dann auf verfeinerter Konkretheitsstufe untersuchen.
- Solange er sich mit realistischen quantitativen Eingabedaten noch nicht auskennt, kann er auch durch qualitative Angaben zu Simulationsläufen kommen, die seinem Problemkreis angepaßt sind und tendenziell "richtig" sind.
- Er kann ganze Datengruppen auf einmal abändern, ohne für jede einzelne Größe eine Zeitreihe eingeben zu müssen.

Die qualitative Abfrage von Veränderungsraten erweist sich als besonders benutzerfreundlich bei vergleichsweise begrenztem Fehlerrisiko.

Das Vormodell bedient sich der in der Zuweisungsdatei festgelegten Wachstumsmultiplikatoren (Vormodellfaktoren), um die qualitativen Abstufungen in entsprechende Wachstumsraten der betroffenen Größen umzusetzen. Aus den Zeitreihen für die Wachstumsraten ergibt sich zusammen mit dem Anfangswert der Veränderlichen ihr zeitlicher Verlauf. Bei gleichbleibender Periode folgt der Funktionswert zur Zeit t_n als Produkt von Anfangswert und den Wachstumsfaktoren der verschiedenen Perioden:

$$X_n = X_1 \cdot \prod_{i=1}^{n-1} F_i$$

wobei

$$
\begin{aligned}
X_1 &= \text{Anfangswert der Veränderlichen} \\
X_n &= \text{Wert zur Zeit } t_n \\
F_i &= \text{Wachstumsfaktor der Periode i} \\
    &= e^{r_i P} \\
r_i &= \text{jährliche Wachstumsrate der Periode i} \\
P   &= \text{Periode}
\end{aligned}
$$

Selbstverständlich lassen sich auch wesentlich komplexere Vormodelle aufstellen. Das hier vorgetragene Verfahren erfordert dagegen lediglich eine über die Datendatei eingegebene Tabelle, um seiner spezifischen Aufgabe gerecht zu werden.

5. GUIDE-Benutzung im Ausgabemodus

Nach Abschluß des Simulationslaufs über die vom Benutzer angegebene (Modell-)Zeitspanne meldet sich GUIDE im Ausgabemodus wieder. Der Benutzer kann sich jetzt zunächst die vom Programmierer als Standardoutput vorgesehenen Ergebnisgrößen sowohl in tabellarischer als auch in graphischer Form vorführen lassen. Darüber hinaus hat er - über das gleiche Suchverfahren wie bei der Eingabe - Zugriff zu allen anderen Ausgabegrößen. Diese Größen kann er sich in beliebiger Zusammenstellung - wiederum tabellarisch und graphisch ausgeben lassen.

Bei vielen Größen interessieren lediglich Grenzwertüberschreitungen. Der Benutzer hat die Möglichkeit, für jede Größe obere und untere Grenzwerte anzugeben; entsprechende Überschreitungen werden dann gemeldet.

Schließlich interessieren oft nicht so sehr die Ergebnisgrößen selbst, als vielmehr deren Relationen, Summen, Differenzen, Integrale, Zuwachsraten, Korrelationen u. dgl. GUIDE bietet dem Benutzer die Möglichkeit, diese und andere Rechenoperationen an den Ergebnisgrößen interaktiv durchzuführen und die Resultate wieder tabellarisch oder graphisch darzustellen.

Der Benutzer ist bei seinen Eingaben nicht an bestimmte Formate gebunden, womit eine wesentliche Fehlerquelle entfällt. Seine Arbeit wird weiter durch eine Vielzahl verschiedener Hilfen unterstützt, die den Gebrauch von GUIDE weitgehend "narrensicher" und unkompliziert machen.

Anlegen der Dateien

Als erster Schritt werden wieder die für den Modellteil zuständigen Dateien abgerufen und angelegt. Es handelt sich diesmal um zwei Dateien.

- Abfragetextdatei: Sie enthält die Abfragetexte und Steuerbefehle für den hierarchischen Zugriff auf alle verfügbaren, für die ausgabeinteressierenden Variablen (Die Methode der Dateierstellung ist mit der für den Eingabemodus identisch.).
- Zuordnungsdatei: Sie ordnet jeder Ausgabegröße eine oder mehrere Spurzahlen des Zugriffsprozesses zu, mit der die Größe eindeutig identifiziert ist.

Weiter ist für jede Größe, die zur Standardausgabe gehört, ein vierbuchstabiger Kurzname eingetragen.

Standardausgabe

Die für die Standardausgabe vorgesehenen Größen werden automatisch in Gruppen zu je fünf Veränderlichen ausgegeben. Auf diese Weise bekommt auch der modellfremde Benutzer schnell einen Überblick über die wesentlichen Ergebnisse. Eine Ausgabe besteht aus einer tabellaren, sowie einer graphischen Darstellung der Zeitreihen der gewählten Parameter. Die Tabelle enthält die numerisch genauen Daten für den ganzen

Zeitabschnitt, wie sie vom Modell errechnet wurden. Für die Graphik
werden die Minima und Maxima gesucht und für jeden Parameter eine
Skala errechnet. Diese Information wird, zusammen mit der Kurzform
des Parameternamens, sowie dem Symbol, mit dem er dargestellt wird,
der eigentlichen Graphik vorangesetzt. Die Skala ist so gewählt,daß
sie leicht in das Koordinatennetz teilbar ist und die Veränderungen
im Verhältnis zu den absoluten Größen stehen (auf Kosten der Präzi-
sion, die aus der Datentabelle zu entnehmen wäre).

Benutzerhilfen

Ähnlich wie im Eingabemodus stehen auch im Ausgabemodus eine Anzahl
von Benutzerhilfen durch Eingabe von technischen Codebuchstaben zur
Verfügung. Hier ist zu beachten, daß bei der Durchführung des hierarchischen Zugriffs auf einzelne Parameter die gleichen Benutzerhilfen
zur Anwendung kommen wie im Eingabemodus, der Benutzer muß also
nicht etwa umlernen. Hinzu kommen jetzt eine Anzahl von Befehlen,
die vor allem die Erstellung der Graphiken und die Zusammenstellung
des Ausgabesatzes erleichtern. Folgende Steuerbefehle sind vorhanden:

A - <u>A</u>ufstellung; Liste der gewählten Ausgabeparameter
B - <u>B</u>ild; Erstellung der Graphik
C - <u>C</u>alculation; Durchführung von Umrechnungsoperationen
D - <u>D</u>urchstreichen; aus der Ausgabeliste löschen
E - <u>E</u>nde der Graphik; keine weiteren Parameter mehr aufnehmen
F - <u>F</u>ertig; Graphik ausgeben
G - <u>G</u>ezielter Zugriff auf neue Größen
I - <u>I</u>nput; Eingabemodus aufrufen
L - <u>L</u>iste der Steuerbefehle
R - <u>R</u>esultate; Ausgabemodus aufrufen
S - <u>S</u>tandardmaßstab; alle Parameter im gleichen Maßstab darstellen
T - <u>T</u>echnische Erläuterungen ausschreiben.

Änderungen und Ergänzungen der Ausgabeliste

Die Liste der auszugebenden Größen ist auf zwei Arten veränderbar:
(1.) können jederzeit darauf vorhandene Größen gestrichen werden und
(2.) besteht die Möglichkeit, neue Größen über den hierarchischen
Zugriff zu bestimmen und in die Ausgabeliste mit aufzunehmen. Der Ab-
fragezyklus zur Bestimmung neuer Ausgabevariablen verläuft genauso
wie für die Szenarieneingaben, lediglich werden anstatt der Zeitreihen Ausgabeinformationen verlangt. Wenn GUIDE einen Parameter

antrifft, wird mit der Frage "*Output* " der Benutzer zu einer Entscheidung aufgefordert. Wenn er akzeptiert, will GUIDE gleich die Kurzform des Namens wissen, mit der der Parameter in die Auswahlliste
eingetragen werden soll. Das Programm fragt dann noch, ob die Suche
fortgesetzt werden soll. Falls der Benutzer bereits den Index kennt,
unter dem ein Ausgabeparameter in der Datei geführt wird, kann er -
wie im Eingabemodus - diesen auch direkt aufrufen und die Abfrage
umgehen. Nach (vorläufiger) Beendigung des Aufbaues der Auswahlliste
schreibt GUIDE diese Liste unter den numerierten Kurznamen aus. Korrekturen können jederzeit vorgenommen werden, indem lediglich die
laufenden Nummern der zu löschenden Eintragungen angegeben werden.
Danach kann die Liste wieder durch über die Zugriffshierarchie neu
bestimmte Veränderliche ergänzt werden.

Überwachung von Größen

Oft interessieren den Benutzer bestimmte Größen nur, so bald sie
sich außerhalb bestimmter Grenzwerte bewegen. GUIDE bietet die Möglichkeit der Überwachung an, wenn der Benutzer sich dafür entschieden hat, über den hierarchischen Zugriff eine neue Größe in den Output zu übernehmen. Falls der Benutzer eine Überwachung wünscht, muß
er nach dem Kurznamen die zu beachtenden internen und oberen Grenzwerte eintragen. Im Falle der Überwachung werden in der Ausgabe der
Zeitpunkt und die Höhe der Überschreitung der Grenzwerte angegeben.

Werden die neu zusammengestellten Graphiken in den Ausgabensatz über-
nommen, so stehen sie auch bei weiteren Modelläufen wieder zur Verfügung. Es können so nach jedem weiteren Modellauf ohne zusätzlichen
Arbeitsaufwand immer die gleichen Graphiken betrachtet werden. Die
Auswertungsarbeit wird dadurch noch vereinfacht, daß die Graphiken
auch außerhalb der Reihe mit ihren Nummern aufgerufen und durchge-
blättert werden können. Der Zugang zu den einzelnen Phasen (Standardausgabe, Listenbildung, Ausgabezusammenstellung, Ausgabebetrachtung)
ist jederzeit offen, und jede Phase kann auch sofort wieder verlassen werden. Auch das Umschalten vom Ausgabemodus auf ein neues Ein-
gabeszenario ist jederzeit möglich.

Umrechnungen der Ausgabegrößen

Oft liegt die vom Simulationsmodell erzeugte Veränderliche nicht in
der Form vor, wie sie für die Zwecke der gegebenen Untersuchung erforderlich ist. GUIDE bietet die Möglichkeit, auf die Ausgabevariab-

len eine Reihe von Rechenoperationen anzuwenden, womit sich die Flexibilität der Programmbenutzung beachtlich erhöht. Der Benutzer kann aus neun verschiedenen Operationen auswählen, die vor der Ausgabe an dem aufgeführten Parameter vorgenommen werden sollen:

1. Die Differenz zwischen Parameter A und B wird errechnet
   $(Y = B - A)$
2. Die Summe der Parameter wird errechnet $(Y = A + B + C \ldots)$
3. Das Verhältnis von A zu B wird errechnet $(Y = A/B)$
4. Die Werte für Parameter A werden über die Zeit kumuliert
   (integriert) $(Y = \sum A \, \Delta T)$
5. Die Wachstumsraten des Parameters A über die Zeit werden
   errechnet $(Y = \Delta A / \Delta T)$
6. Der Logarithmus des Parameters A wird ausgegeben $(Y = \log(A))$
7. Der reziproke Wert des Parameters A wird ausgegeben $(Y = 1/A)$
8. Der Parameter A wird mit einer Konstanten C multipliziert
   $(Y = C \times A)$
9. Die Korrelation der Parameter A und B wird dargestellt $(A:B)$.

Ausgaberepertoire

Im Laufe der intensiven Arbeit mit einem Modell entsteht sehr rasch ein Repertoire von Ergebnisdarstellungen, die die Ergebnisse des Szenariospiels kontrastreich, differenziert und auffindbar festhalten und dem Benutzer in kurzer Zeit Informationen liefern, die sonst nur sehr mühsam - wenn überhaupt - zugänglich wären. Vom Modellkonstrukteur wird dabei für die Erstellung des Ausgabetextes und der Zuordnungsmatrix keine neue Lernleistung gefordert, da die für den Eingabezyklus geltenden Regeln beibehalten worden sind. Lediglich die Vormodellkonstanten des Eingabemodus wurden durch die Kurznamen der in der Standardausgabe erscheinenden Größen ersetzt.

6. Bessere Nutzung des Informationspotentials von Simulationsmodellen

Für die bessere Vorbereitung von Plänen und Entscheidungen im gesellschaftlichen Bereich stellen Simulationsmodelle ein beachtliches Informationspotential dar, das heute erst zu einem Bruchteil genutzt wird.

Hierfür gibt es zwei Gründe, die auf verschiedenen Ebenen liegen:

1. Die *Erstellung* von Simulationsprogrammen ist im allgemeinen
   zeitraubend und kostspielig und erfordert Spezialwissen.
2. Die *Benutzung* von Simulationsprogrammen ist meist kompliziert und umständlich und erfordert sowohl programm- und
   modellspezifische, als auch simulationssprachen- und sogar
   rechner-spezifische Kenntnisse.

Wir haben uns bemüht, beim Entwurf von GUIDE beide Hindernisse ein
Stück weit aus dem Weg zu räumen. Im folgenden machen wir einige
zusammenfassende und ergänzende Bemerkungen und deuten weitere Ent-
wicklungsmöglichkeiten an.

In jedem Simulationsmodell stellt der eigentliche Modellkern, d.h.
die Gleichungen, die das Systemverhalten beschreiben, nur einen kleinen Teil des zur Bearbeitung erforderlichen Rechenprogramms dar.Bei
interaktiven Programmen erhöht sich - bei spezieller Programmierung
des Dialogteils - der nicht mit dem eigentlichen Modell zusammenhängende Aufwand noch erheblich. Der Engpaß der Programmerstellung
ist selten die Erstellung des Modellkerns; meist erweist sich die
periphere Programmierung als weitaus am aufwendigsten, zeitraubend-
sten und kostspieligsten. Abhilfe schaffen hier Modellerstellungs-
programme wie MODEL BUILDER (7), GRIPS (8) und GUIDE. Diese drei
Programmpakete unterscheiden sich in ihren Funktionen:

- MODEL BUILDER erstellt ein nicht-interaktives Modellprogramm
  nach Vorgabe des Modellkerns in FORTRAN, Eingabe der erforderlichen Parameterzeitreihen und Ausgabe der auszugebenden Ergebnisgrößen.
- GRIPS übernimmt im Dialog mit dem Programmersteller über Kon-
  sole oder Lichtgriffel alle zur Modellerstellung erforderlichen Informationen, generiert das Simulationsprogramm selbst-
  tätig und produziert die Ergebnisse.
- GUIDE übernimmt die Erstellung des Dialogs für interaktiven
  Betrieb bei bestehendem Modellkern.

Diese Programme enthalten bereits alle Programmelemente, die zur Reduzierung des zur Erstellung interaktiver Simulationsprogramme erforderlichen Aufwands auf ein absolutes Minimum - die Angabe der
Kerngleichungen, der Parameter und der Dialogstruktur - notwendig
sind. So läßt sich z.B. durch Kombination von GRIPS und GUIDE ein
Programm zur Erstellung interaktiver Simulationsmodelle aufbauen,
bei dem entweder (bei kleineren Modellen) die Modellstruktur auf den

Bildschirm gezeichnet, oder (bei größeren Modellen) die Kerngleichungen in beliebiger Reihenfolge eingegeben und durch GRIPS zu einem funktionierenden Programm zusammengestellt werden; danach wird die Dialogstruktur über GUIDE angelegt.

Der Modellerstellungsaufwand reduziert sich dann also auf

- Ermittlung der Modellgleichungen und Auflistung und Eingabe
  in beliebiger Reihenfolge;
- Ermittlung und Eingabe der erforderlichen Parameter;
- Erstellung der für Eingabe und Ausgabe erforderlichen Dialogstruktur und Anlegen der entsprechenden GUIDE Dateien.

Diese Möglichkeiten verringern den Modellerstellungsaufwand gerade bei interaktiven Modellen um Größenordnungen. So erfordert die Erstellung des Eingabedialogs eines umfangreichen Technologiemodells (4) etwa 8 Arbeitsstunden für Strukturierung, Programmierung und Implementierung; dagegen lag der Programmieraufwand zur Dialogerstellung für das interaktive Modell des Energieversorgungssystems ESPINT (9) bei vergleichbarer Dialogkomplexität bei über 900 Arbeitsstunden.

<u>Literatur</u>

1. MESAROVIC, M., E.PESTEL: Menschheit am Wendepunkt. DVA, Stuttgart
   1974.
2. MESAROVIC, M.,E.PESTEL: Multilevel Computer Model of World Development System. IIASA SP-74-1 bis 6, Wien 1974.
3. BOSSEL, H.: Computer Models for Policy Analysis: Hierarchy,Goal
   Orientation, Scenarios. In: H. Bossel (ed.): Concepts and Tools
   of Computer-Assisted Policy Analysis, Birkhäuser. Basel 1977.
4. MESAROVIC,M., E.PESTEL, L. HÜBL: Disaggregierung des Mesarovic-
   Pestel Weltmodells für die Bundesrepublik Deutschland. Hannover
   1975/76: Forschungsvorhaben im Auftrag des Bundesministers für
   Forschung und Technologie.
5. STROBEL, M.G., H. BOSSEL: Matching Man and Model: The 'GUIDE'
   System for Interactive Model Handling. In: H. Bossel: Concepts
   and Tools of Computer-Assisted Policy Analysis, Birkhäuser,
   Basel 1977.
6. STROBEL, M.G.: GUIDE and GUARD Handbook, Institut für Systemtechnik und Innovationsforschung (ISI), Karlsruhe, 1976.
7. SHOOK, T.: The Model Scenario Analysis Package; IIASA SP-74-6,
   p.C 283-C 314, Wien 1974. H. Vogt: Handbuch für das Model Builder
   Programmpaket. Institut für angewandte Systemforschung und Prognose(ISP), Hannover 1975.
8. HUDETZ, W.: Construction of Dynamic Systems Models Using Interactive Computer Graphics. In: H. Bossel (ed.): Concepts and
   Tools of Computer-Assisted Policy Analysis, Birkhäuser,Basel 1977.

9. BOSSEL, H., P.v.d.HIJDEN, W. HUDETZ: An Interactive Program for
   Energy Policy Assessment. In. H. Bossel (ed.): Concepts and Tools
   of Computer-Assisted Policy Analysis, Birkhäuser, Basel 1977,
   p. 355-391.

Evolutionsprozesse

Evolutionsstrategien

I. Rechenberg

1. Einleitung

Die Tatsache, daß sich die Tier- und Pflanzenwelt durch Evolution
allmählich entwickelt hat, wird gegenwärtig kaum noch in Zweifel gestellt. Meinungsverschiedenheiten gibt es aber auch heute noch bezüglich der Ursachen der Evolution. So wird verschiedentlich argumen-
tiert, die Darwinsche Evolutionshypothese der zufälligen Variation
und Auslese des Besseren beinhalte einen Zirkelschluß. Denn auf die
Frage: "Wer überlebt?", wird geantwortet: "Wer am tauglichsten ist".
Und auf die Frage: "Wer ist am tauglichsten?", folgt wieder die Antwort: "Derjenige, der überlebt". - Zweifel an der darwinistischen
Erklärung der biologischen Evolution äußern häufig gerade die Ver-
treter der exaktesten Wissenschaften, Mathematiker und Physiker.
Ihr Einwand lautet: Fünf Milliarden Jahre sind einfach zu wenig, um
die Mannigfaltigkeit der so wunderbar angepaßten Tier- und Pflanzenwelt zu erklären. Bei dem Versuch, den Evolutionsvorgang mathematisch nachzuvollziehen, kommen diese Wissenschaftler vielfach zu Zeitskalen, für die 5 Milliarden Jahre, die höchstens auf der Erde verfügbar waren, niemals ausreichen würden.

Wie stellt sich der Biologe von heute die Evolution lebender Systeme
vor? Nach der gegenwärtigen Auffassung durchlief der Evolutionsprozeß drei grundsätzlich verschiedene Phasen:

Die Phase der chemischen Evolution, in der sich kleine Moleküle durch äußere Energiezufuhr zu Makromolekülen verbinden.
Es entstehen die Grundbausteine des Lebens.

Die Phase der Selbstorganisation von Makromolekülen, in der
sich reproduzierfähige Strukturen bilden. Am Ende dieser
Phase kommt es zur Fixierung des genetischen Codes.

Die Phase der Darwinschen Evolution, in der sich in einem
quasi-kontinuierlichen Prozeß aus primitiven Urorganismen
höherentwickelte Lebewesen herausbilden. Es entsteht die
Tier- und Pflanzenwelt unserer Tage.

Will man darum beispielsweise einen Evolutionsprozeß, wie er bei der Bildung von RNA bei einem Evolutionsexperiment abläuft, durch ein mathematisches Modell beschreiben, so wird es nützlich sein, dieses mathematische Modell sehr allgemein zu formulieren. Dieses allgemeine mathematische Modell muß eine Prozedur der Evolution beschreiben können, die auf dem Prinzip des "absoluten Zufalls" oder auf dem Prinzip des "gesiebten Zufalls" - (BRESCH: "In Wirklichkeit führen Mutationen zu Änderungen in alle Richtungen, von denen erst sekundär durch Selektion nur diejenigen übrig bleiben, die wieder zu harmonischer Einfügung führen.") - oder auf dem Prinzip der "deterministischen Naturgesetzlichkeit" beruht. Auch muß ein solches mathematisches Modell die gelegentlich nachweisbare Variation der Mutationswahrscheinlichkeit berücksichtigen können; leider entziehen diese oft angestellten Rechnungen, die zeigen sollen, daß die Mutationswahrscheinlichkeit ausreichte oder nicht ausreichte, den Boden, um Fortschritte der Evolution in einer gegebenen Zeit allein aus dem Auftreten von Mutationen oder mit einer bestimmten Selektion zu deuten. Und schließlich muß ein solches allgemeines mathematisches Modell häufig auch ohne sofortige Quantifizierung der Zustände des Evolutionsprozesses auskommen können; beispielsweise im Falle von Mustern als Zuständen haben wir zwar einen (recht primitiven) Maßstab für die Größe von Mustern, nicht aber einen für deren Komplexität oder Wirkungen. Selbst bei der vergleichsweise einfachen Bildung von RNA bei Evolutionsexperimenten ist eine Bewertung der sich bildenden RNA-Moleküle mit einem eindimensionalen Maßstab (z.B. Zahl und Stärke der Bindungen der Nukleotide) nicht möglich; derartige Bewertungen führen zu mathematischen Modellen, deren Simulationsergebnisse mit den Ergebnissen der Evolutionsexperimente nicht mehr übereinstimmen; eine vernünftige Bewertung der sich bildenden Moleküle kann bestenfalls durch mehrdimensionale Halbordnung oder durch Mischung mehrerer "konkurrierender" Maßstäbe (Zahl und Stärke der Bindungen; benötigte Zeit; Symmetrie) erreicht werden.

Im folgenden soll ein allgemeines stochastisches Modell angegeben werden, das zur Beschreibung "irreversibler" Prozesse technischer und biologischer Systeme geeignet ist. Dieses stochastische Modell liefert Monte-Carlo-Methoden zur Simulation solcher Prozesse und zur Behandlung von deterministischen und stochastischen Optimierungsproblemen.

Die Phase der chemischen Evolution ist heute in vielen Punkten im
Laboratorium nachvollziehbar. Bereits im Jahre 1953 konnte S.L.MILLER
(1) experimentell nachweisen, daß sich in einer künstlichen Uratmo-
sphäre aus Ammoniak, Methan und Wasserdampf unter Energiezufuhr orga-
nische Verbindungen bilden. Die Phase der Selbstorganisation von Makromolekülen zu selbstreproduzierfähigen Einheiten ist Gegenstand einer Theorie, die M. EIGEN (2) im Jahre 1971 in den "Naturwissenschaften" veröffentlicht hat. EIGEN postuliert für die Phase der molekula-
ren Selbstorganisation die Verknüpfung sich selbstreproduzierender
Einzelzyklen zu sogenannten Hyperzyklen. Die Phase der Darwinschen
Evolution schließlich läßt sich nur unvollkommen durch Experimente
oder mathematische Theorien belegen. Hier steht die Beschreibung und
logische Interpretation der beobachteten Naturvorgänge im Vordergrund.
Durch Altersbestimmung fossiler Reste läßt sich heute durchaus ein
genauer Zeitablauf der Darwinschen Evolution rekonstruieren. Wissen-
schaftlich erklärt wird diese Höherentwicklung der Lebewesen dann
fast ausschließlich auf verbaler Ebene. Gerade das läuft aber der Einstellung des exakten Naturwissenschaftlers zuwider, der die mathematische Beschreibung eines Naturvorganges anstrebt. Denn verbale
Argumente sind gewöhnlich mit einer gewissen Unschärfe verbunden,
was Raum für unterschiedliche Interpretationen läßt. Demgegenüber ver-
hält sich die mathematische Darstellung eines Naturvorganges, ist sie
erst einmal gefunden, wie eine unverrückbare Säule in einem Wissen-
schaftsgebäude. Eine fundierte mathematische Theorie der Darwinschen
Evolution würde sicher viele leidenschaftlich geführte Diskussionen
über die Evolution gegenstandslos machen. Denn es wäre ja jederzeit
mathematisch nachprüfbar, wie wirksam dieser oder jener Evolutions-
faktor tatsächlich ist.

In den folgenden Kapiteln wird ein etwas außergewöhnlicher Weg be-
schritten, um die Darwinsche Evolutionsphase mathematisch zu beschreiben. Die neue Theorie baut auf das sogenannte Glattheitspostulat und das Konzept der mathematischen Optimierungsstrategie auf.
Es zeichnet sich bereits jetzt ab, daß dieses Denkmodell eine geeignete mathematische Beschreibung biologischer Evolutionsprozesse
darstellt. In Verbindung mit dem "Workshop über Simulationsmethoden"
sei angemerkt, daß die Idee zu dieser Theorie aus Simulationsver-
suchen zur biologischen Evolution hervorgegangen ist.

2. Simulation der Evolution

Betrachtet man stammesgeschichtliche Entwicklungsreihen, wie z.B.
die Phylogenie des Pferdefußes (Abb. 1), mit den Augen des Ingenieurs,
so drängt sich ein Vergleich mit ähnlichen technischen Entwicklungsreihen auf. Technische Entwicklung resultiert aus Intuition, Berechnung und Probieren. Biologische Evolution vollzieht sich weder durch

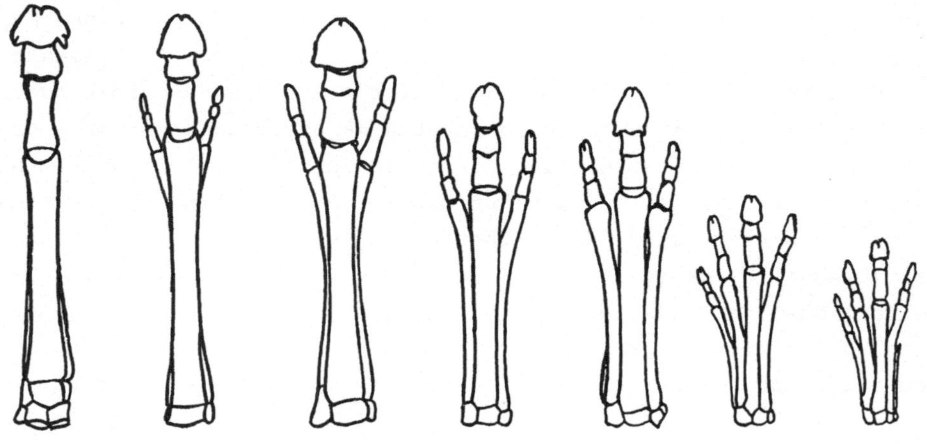

Abb. 1. Phylogenie des Pferdefußes

Intuition noch durch Berechnungen. Sie ist das Ergebnis von Experimenten. Läßt sich die Experimentiermethode der biologischen Evolution
an einem technischen Modell im Laboratorium nachahmen? In der Evolu-
tionsforschung ist zwar die Simulation noch keineswegs übliche Praxis.
Es ist jedoch sicher, daß viele Streitfragen um die Idee Darwins durch
Simulation hätten entschieden werden können.

Aus einem mehr praktischen Beweggrund hat der Verfasser 1964 am Herr-
mann-Föttinger-Institut für Strömungstechnik der TU Berlin mit dem
Mutations-Selektions-Prinzip der Evolution an einem technischen Objekt
experimentiert (3). Im Rahmen eines Forschungsprojekts sollte seiner-
zeit ein Strömungskörper entwickelt werden, der über einen großen Bereich seiner Oberfläche eine ablösenahe Grenzschicht mit verschwin-

dend kleiner Wandreibung aufrechterhält. Als sich die Form des Kör-
pers nicht auf mathematischem Wege finden ließ, entstand der Plan,
einen flexiblen Strömungskörper im Windkanal sukzessive zu verstel-
len, bis die Lösung gefunden war. In einem Vorversuch sollten nun verschiedene Verstellstrategien erprobt werden. Testobjekt war die nachfolgend beschriebene Gelenkplatte:

Sechs rechteckige Flächenstreifen wurden an ihren Längskanten gelen-
kig miteinander verbunden. Die Gelenke konnten einzeln verstellt und
nach jeweils 2° Winkeländerung eingerastet werden. Jedes Gelenk be-
saß 51 Einraststufen. Die Faltplatte mit ihren fünf Gelenken konnte
demnach 51^5 = 345 025 251 verschiedene Formen annehmen. Es entstand
ein variabler Widerstandskörper, der in einen Windkanal eingebaut
wurde, und zwar so, daß sich Anfangs- und Endkante der Platte auf einer Linie parallel zum Luftstrom befanden. In dieser Position wurde
die Platte nun zu einer Zickzack-Form mit hohem Strömungswiderstand
zusammengefaltet. Daraus sollte die Form mit dem geringsten Strömungswiderstand entwickelt werden.

Eine Verstell-Strategie, die in vereinfachter Form das Mutations-
Selektions-Prinzip der Evolution nachbildet, zeigt die Abb. 2. Die
für die Evolution wesentlichen Schritte im Generationszyklus eines
Lebewesens sind:

1. Replikation der genetischen Information.
2. Auftreten zufälliger Replikationsfehler.
3. Herausbildung eines veränderten Phänotyps.
4. Bewährung des Lebewesens in der Umwelt.
5. Aussterben der weniger tüchtigen Erscheinungsform.

In die Technik übertragen ergibt sich die analoge 5-stufige Hand-
lungsabfolge (Abb. 2):

1. Kopieren des Protokollblatts mit den Winkelnotierungen 0_1 bis
   0_5.
2. Abändern der Winkelnotierungen um kleine Zufallsbeträge.
3. Einstellen der veränderten (mutierten) Gelenkplattenform.
4. Messung des Strömungswiderstandes im Windkanal.
5. Verwerfen der Plattenform mit erhöhtem Widerstand.

Natürlich kennt man die Lösung des Gelenkplatten-Problems bereits
im voraus. Den geringsten Widerstand besitzt die ebene, längsange-

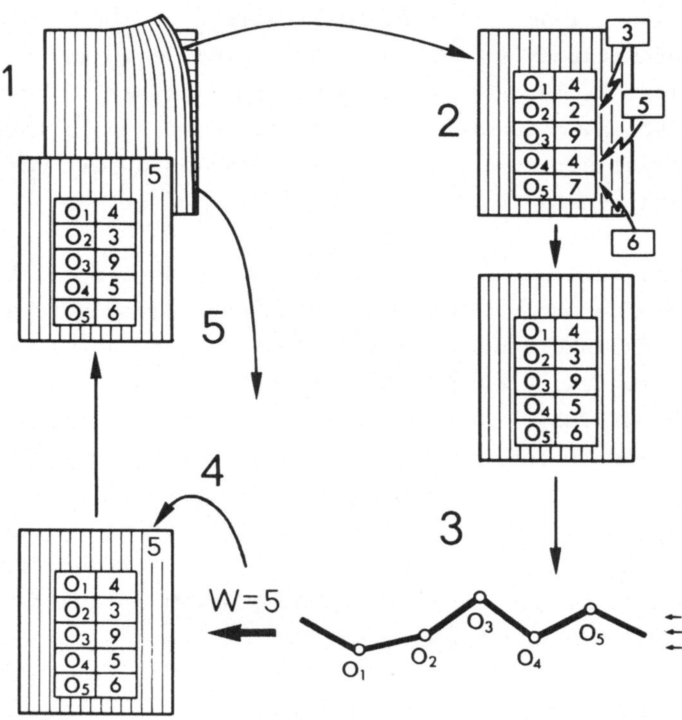

Abb. 2. Handlungsfolge zur vereinfachten Nachahmung der Evolution

strömte Platte. Das Experiment wurde durchgeführt, um zu prüfen, ob
bei Anwendung des Mutations-Selektions-Verfahrens diese Form auch
wirklich gefunden wird, und wenn ja, wieviele Schritte dafür benötigt
werden.

Die Abb. 3 zeigt den zeitlichen Ablauf dieses Experiments. In dem
Diagramm ist der Strömungswiderstand in Abhängigkeit von der Zahl der
Mutationen aufgetragen. Darunter wird nach jeweils 10 Mutationen die
momentane Bestform der Platte gezeigt. Die Endform der Platte, die
nach 320 Schritten erreicht wurde, ist allerdings nicht völlig gerade. Das liegt daran, daß Widerstandsunterschiede zwischen einer sanft
gewellten und der vollkommen ebenen Platte mit der verwendeten Meß-
vorrichtung nicht mehr festgestellt werden konnten. Das Optimum erweist sich als relativ flach.

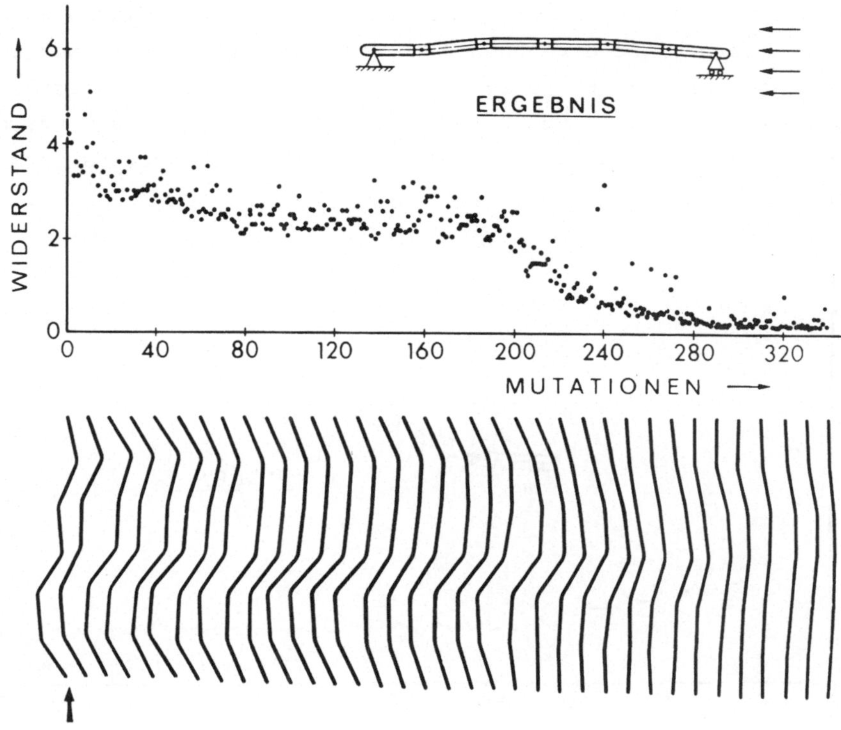

*Abb. 3. Evolutionsstrategische Optimierung der parallel ange-
strömten Gelenkplatte*

Zweifellos stellt das hier verwendete Schema, bei dem ein Elter nur
einen Nachkommen erzeugt, eine extreme Vereinfachung des realen Evolutionsgeschehens dar. Sieht man von dieser Tatsache einmal ab, so
werden bei der Diskussion des Versuchs wiederholt zwei Punkte der
Kritik laut:

1. Das Evolutionsexperiment findet – ganz im Gegensatz zur
   biologischen Wirklichkeit – in einer sich nicht ändern-
   den Umwelt statt (konstanter Luftstrom des Windkanals).
2. Die Auslese nach der so einfach zu messenden Kenngröße
   "Strömungswiderstand" ist unbiologisch. Die Tauglichkeit
   eines Lebewesens setzt sich demgegenüber aus sehr vielen
   Einzelleistungen zusammen.

Wie das Evolutionsexperiment an der Gelenkplatte auf eine abrupte
Umweltänderung reagiert, zeigt die Abb. 4. Der Luftstrom des Windkanals bläst jetzt unter einem Winkel von 14° gegen die Platte,die

sich zuvor zu einer ebenen Fläche entwickelt hat. Die schräg ange-
strömte Fläche besitzt einen hohen Widerstand, da die Strömung auf
der Oberseite abreißt. Die Gelenkplatte entwickelt sich unter der
neuen Randbedingung zu einem S-förmigen Profil als Form geringsten
Widerstands. Es ist gegenwärtig nicht möglich, diese Optimalform zu
berechnen.

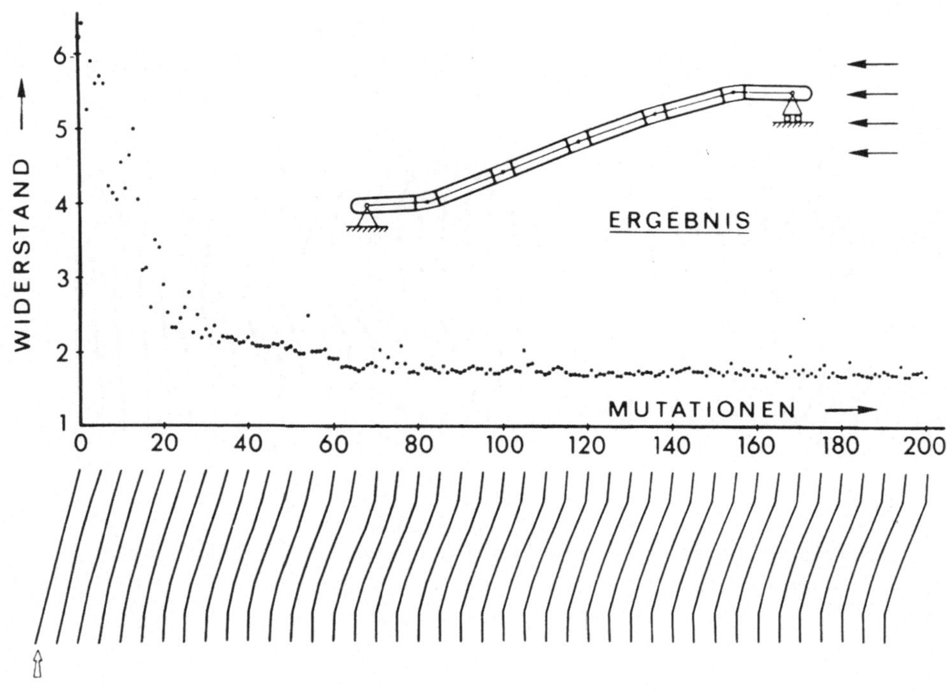

*Abb. 4. Evolutionsstrategische Optimierung der schräg angeströmten
Gelenkplatte*

Die zweite wiederholt geäußerte Kritik betrifft die gewählte Selektionsgröße "Strömungswiderstand". Es ist richtig, daß in der Natur
die Tauglichkeit eines Lebewesens aus sehr vielen Einzelleistungen
zusammengesetzt ist. Doch für den Vorgang der Selektion spielt das
keine Rolle. Für das Evolutionsspiel ist es dasselbe, ob das Taug-
lichkeitsanalogon, die technische Qualität, aus der Verknüpfung sehr
vieler Größen gebildet wird oder nur aus einer einzigen Meßgröße
besteht. Einschränkungen bezüglich der Selektionsgrößen die beachtet

werden müssen, betreffen vielmehr die gesamte Selektionsfunktion.

3. Qualitätsfunktion und Glattheitspostulat

Tatsächlich ist nicht jede denkbare Qualität als Selektionsgröße für die Simulation einer Darwinschen Evolution geeignet. Die Qualität eines technischen Objekts als Selektionsgröße muß folgende zwei Bedingungen erfüllen:

1. Zu jeder Einstellung der Variablen muß eindeutig eine Qualität gehören, im Falle von Meßwertschwankungen als statistischer Mittelwert.
2. Die Qualitätsfunktion muß das sogenannte Glattheitspostulat erfüllen.

Der Punkt 1 bedarf keiner weiteren Erläuterung. Der Punkt 2 bringt einen noch unerklärten Begriff ins Spiel: "Das Glattheitspostulat". Machen wir uns die Aussage des Glattheitspostulats an einem technischen Gebilde mit nur zwei Verstellgrößen, den Objektvariablen 0_1 und 0_2 klar (z.B. Zweigelenkplatte). Wir spannen mit den Variablen 0_1 und 0_2 eine Ebene auf. Jeder Punkt auf dieser Ebene entspricht einer bestimmten Einstellkonfiguration des Objekts. Zu jeder Einstellung gehört laut Bedingung 1 eine bestimmte meßbare Qualität. Wir tragen diesen Qualitätswert als Strecke senkrecht zur Variablenebene auf. Eine Qualitätsfunktion $Q(0_1,0_2)$ erfüllt das Glattheitspostulat, wenn bei dieser Auftragung ein deutlich sichtbares Gebirge entsteht. Je weniger das Gebirge zerklüftet ist, um so besser ist das Glattheitspostulat erfüllt. Würden wir die Qualitätswerte Punkt für Punkt durch einen Zufallsprozeß erzeugen, so wäre das Glattheitspostulat nicht mehr erfüllt. Ein Ordnungszustand der Qualitätswerte wäre nicht mehr feststellbar.

Normalerweise erfüllt die gemessene Qualität eines technischen Objekts das Glattheitspostulat. Grund dafür ist die Tatsache, daß die Variablenachsen Maßskalen-Eigenschaften besitzen. Anders ausgedrückt: Die Einstellzustände der Objektvariablen sind auf den Achsen nach wachsendem Ausbildungsgrad angeordnet. In der Abb. 5 a wurde auf diese Weise mit drei Objektvariablen 0_1, 0_2, 0_3 ein Raum aufgespannt. Jeder Punkt in diesem Raum repräsentiert die Form einer Dreigelenkplatte. Die Qualität (z.B. Widerstand der Gelenkplatte) denken wir uns jetzt als Dichte in dem betreffenden Raumpunkt realisiert. Wir

erwarten ein geglättetes Qualitätsdichtefeld im dreidimensionalen
Variablenraum. Das abstrakte Modell des Variablenraumes mit einem
darin enthaltenen Qualitätsdichtefeld kann formal auf n Variable
erweitert werden.

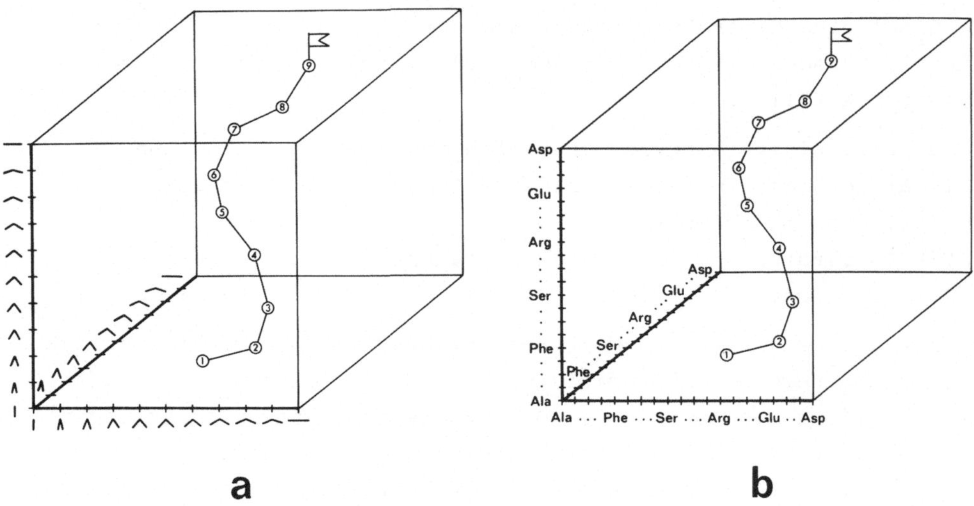

Abb. 5. a) Der technische Variablenraum
        b) Der biologische Variablenraum

Wechseln wir nun in den Bereich der Biologie über. Die morphologischen und funktionellen Eigenschaften eines Organismus ergeben sich
aus der Summe seiner Eiweißmoleküle. Die Baueinheiten der Eiweißmoleküle sind Aminosäuren. Das Aminosäuremolekül kann als biochemische Stelleinheit angesehen werden, vergleichbar mit dem Gelenk-
winkel der Gelenkplatte. Das biochemische Analogon zur Zweigelenkplatte wäre eine Kette aus zwei Aminosäuren, ein Dipeptid. Eine Dreigelenkplatte entspräche einem Tripeptid usw. Zur Darstellung aller
möglichen Zusammensetzungen eines Tripeptids bauen wir wieder ein
dreiachsiges Koordinatensystem auf. Die Achsen markieren wir mit den
20 am Eiweißaufbau beteiligten Aminosäuren (Abb. 5 b). Die Markie-
rungen sollen derart vorgenommen werden, daß chemisch ähnliche Aminosäuren benachbart, unähnliche Aminosäuren weit auseinander liegen.
Wir konstruieren also analog zur Winkelskala eine Aminosäuren-Skala.
Wir stellen uns eine biochemische Eigenschaft vor und bezeichnen sie

als Qualität des Tripeptids. Wir stellen nun die These auf, daß auch
in diesem Raummodell ein geglättetes Qualitätsdichtefeld existiert.
Die Konstruktion eines abstrakten Aminosäuren-Raumes kann formal auf
n Dimensionen erweitert werden. Ist n die Gesamtzahl der im Erbmaterial
verschlüsselten Aminosäuren, so erhalten wir den vollständigen biologischen Variablenraum. Die Tauglichkeit aller möglichen Erscheinungs-
formen der Lebewesen bildet sich bei konstanter Umwelt als stationäre Dichteverteilung in diesem Raum ab.

Das Denkmodell eines stationären Tauglichkeitsdichtefeldes im abstrakten Aminosäurenraum bildet die Grundlage für eine Theorie der Evolution Darwinscher Art. Eine Population von Lebewesen stellt sich in
dem Raummodell als eine zusammenhängende Punktewolke dar. Eine evo-
lutive Höherentwicklung der Population spiegelt sich als eine Bewegung der Punktewolke in Richtung ansteigender Tauglichkeitsdichte wider. Die Bewegung der Punktewolke ist Folge des Wirkens von Regeln,
nach denen Punkte in der Wolke neu entstehen bzw. beseitigt werden.
Eine algorithmische Formulierung der Punkte-Setz-und -Eliminations-
regeln im abstrakten Variablenraum nennen wir Evolutionsstrategie
($\underline{4}$,$\underline{5}$). Es gibt je nach dem Grad der Nachahmungsgenauigkeit der biologischen Evolution verschiedene Evolutionsstrategien (siehe Kapi-
tel 5).

4. Fortschrittsgeschwindigkeit und Fortschrittsfenster der Evolution

Der einfachste Typ einer Evolutionsstrategie besitzt den Algorithmus:

$$\underline{0}_N^g = \underline{0}_E^g + \underline{z}$$

$$\underline{0}_E^{g+1} = \begin{cases} \underline{0}_N^g & \text{für } Q\,(\underline{0}_N^g) \geqq Q\,(\underline{0}_E^g) \\ \underline{0}_E^g & \text{sonst} \end{cases}$$

In Worten: Durch Addition des Zufallsvektors $\underline{z}$ zum Elternvektor $\underline{0}_E^g$
entsteht der Vektor des Nachkommen $\underline{0}_N^g$. Von den Vektoren $\underline{0}_E^g$ und
$\underline{0}_N^g$ wird derjenige mit dem größeren Qualitätswert zum Elternvektor $\underline{0}_E^{g+1}$
der Generation g + 1. Qualitätsgleichheit wird als Verbesserung ge-
wertet.

Dieser Algorithmus trägt die Bezeichnung "zweigliedrige Evolutionsstrategie". Mit der zweigliedrigen Evolutionsstrategie wurden die
bereits beschriebenen ersten Simulationsversuche durchgeführt.

Wir wünschen uns jetzt quantitative Aussagen zur Konvergenz dieser
äußerst simplen Nachahmungsstufe der Evolution. Den Ansatzpunkt dazu bildet das Glattheitspostulat, das auf zwei Dimensionen angewendet besagt: Über einem nach gewissen Regeln konstruierten Variablen-
feld (zweidimensionaler Variablenraum) soll die als Höhe aufgetra-
gene Qualität ein Gebirge ergeben. Ein Gebirge läßt sich aber zielstrebig besteigen, indem man immer dem Weg des steilsten Anstiegs
folgt. Dieser sogenannte Gradientenweg als Verbindungslinie zwischen
Start und Ziel der Optimierung ist vergleichbar mit dem aus der Sag'
bekannten Faden der Ariadne,mit dessen Hilfe Theseus zielstrebig den
Weg aus dem Labyrinth findet.

Die zweigliedrige Evolutionsstrategie folgt ebenfalls dem Gradientenweg, eine Tatsache, die weiter unten noch bewiesen wird. Wir definieren ein Maß für die "Klettergeschwindigkeit", wobei wir die n-dimen-
sionale Erweiterung des Modells miteinschließen:

$$\phi = \frac{\text{lokale Zielannäherung im Raumbereich R}}{\text{Zahl der benötigten Generationen}}$$

Wir nennen ϕ die Fortschrittsgeschwindigkeit der Evolutionsstrategie
im Bereich R des Variablenraumes. Zur Berechnung von ϕ muß die Qualitätsfunktion $Q(\underline{0})$ in mathematischer Form vorliegen. Es wird nun
die weitgehende Annahme gemacht, daß sich die Gesamtheit der möglichen lokalen Gebirgsformen auf zwei Grundtypen reduzieren läßt: Einem
ansteigenden Grat und einer kreisförmigen Kuppe. Der gratförmige
Gebirgstyp erscheint besonders geeignet, das lokale Verhalten einer
beliebigen Qualitätsfunktion weit ab vom Maximum nachzubilden. Umgekehrt zeigt der kuppenförmige Gebirgstyp ein Verhalten, wie man es
in Maximumnähe erwarten kann.

Eine Qualitätsfunktion mit Gratcharakter ist das Korridormodell. Die
Abb. 6 a zeigt die Qualitätsdichteverteilung des Korridormodells für
drei Dimensionen. Nur das Innere des als quadratische Säule erscheinenden Korridors ist mit Qualitätsdichte erfüllt, während der Außen-
raum überall dichtefrei bleibt. Innerhalb des Korridors verteilt sich
die Dichte wie folgt: Sie wächst in einer Richtung der Korridorachse

monoton an; sie ändert sich dagegen nicht in einer Querschnittsebene
des Korridors.Als Gebirge im zweidimensionalen Fall betrachtet stellt
das Korridormodell eine Rampe dar.

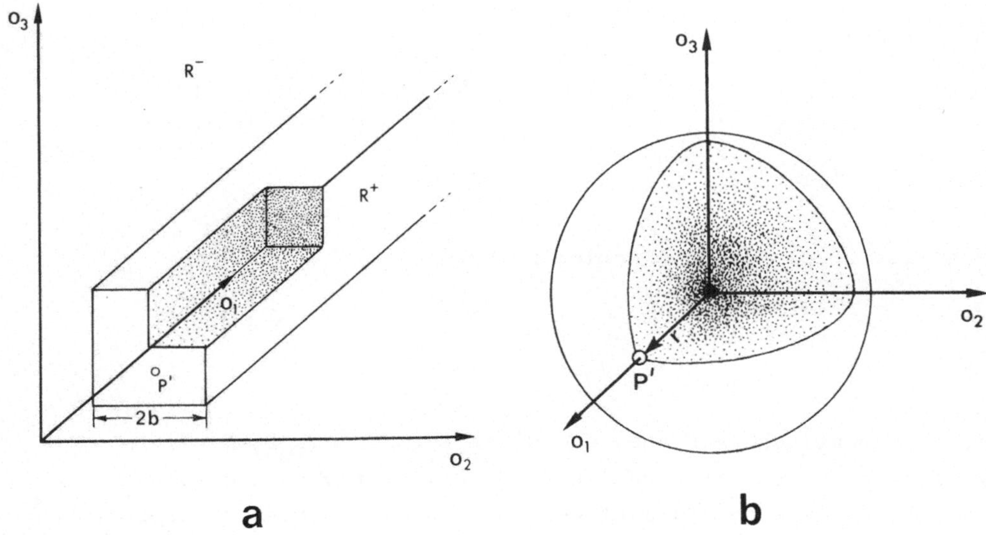

Abb. 6. a) Das Korridormodell
b) Das Kugelmodell

Eine Qualitätsfunktion mit Kuppencharakter ist das Kugelmodell. Die
Abb. 6 b zeigt wieder die Qualitätsdichteverteilung für drei Dimen-
sionen. Die Dichte ist kugelsymmetrisch im Parameterraum verteilt.
Gleiche Qualität wird durch konzentrisch angeordnete Schalen von
Hyperkugeln beschrieben. Die Qualität steigt mit abnehmendem Kugel-
radius monoton an und erreicht im Kugelzentrum den maximalen Wert.
Als Gebirge im zweidimensionalen Fall gesehen stellt das Kugelmodell
eine kreissymmetrische Kuppe dar.

Für beide Modellfunktionen ist es gelungen, die Fortschrittsgeschwindigkeit ϕ zu berechnen. Dabei gehorchen die Komponenten des Zufallsvektors $\underline{z}$ einer $(0; \sigma)$-Normalverteilung. Ist die Variablenzahl n groß,
so ergeben sich die asymptotischen Formeln:

Für das Korridormodell

$$\phi^* = \frac{s^*}{\sqrt{2\pi}}\; e^{-\frac{s^*}{\sqrt{2\pi}}} \quad \text{mit} \quad \phi^* = \frac{\phi\, n}{b} \;,\quad s^* = \frac{\sigma\, n}{b}$$

und für das Kugelmodell

$$\phi^* = \frac{s^*}{\sqrt{2\pi}}\left\{ e^{-\left(\frac{s^*}{\sqrt{8}}\right)^2} - \frac{\sqrt{\pi}\, s^*}{\sqrt{8}}\left[1 - \phi\left(\frac{s^*}{\sqrt{8}}\right)\right]\right\}$$

$$\text{mit} \quad \phi^* = \frac{\phi\, n}{r} \;,\quad s^* = \frac{\sigma\, n}{r}$$

Dabei ist ϕ das Gaußsche Fehlerintegral

$$\phi(u) = \frac{2}{\sqrt{\pi}} \int_0^u e^{-z^2}\, dz\;.$$

Die 1. wesentliche Aussage, die diese Formeln uns liefern, ist die
Existenz eines scharfen Maximums für die Fortschrittsgeschwindigkeit.
Die Abb. 7 zeigt den Verlauf des universellen Fortschrittsparameters
ϕ^* als Funktion des universellen Schrittweitenparameters s^*. Der Leser mag sich vielleicht darüber wundern, daß für den Schrittweiten-
parameter eine logarithmische Skala gewählt wurde. Dies ist notwendig, da s^* einen Bereich überstreicht, der sich nur in Zehnerpoten-
zen messen läßt.

Wir wollen das schmale Band der für die Evolution effektiven Schrittweiten als Fortschrittsfenster der Evolution bezeichnen. Als "Fenster"
bezeichnet man in der Physik und Technik einen sehr eng begrenzten
Bereich auf einer Größenskala, wobei nur innerhalb dieses Bereiches
ein bestimmter Effekt auftritt. Fenster der Atmosphäre nennt man z.B.
denjenigen Bereich im großen Spektrum elektromagnetischer Wellen, dessen Wellenlängen praktisch ungeschwächt die Atmosphäre durchdringen.
Oder ein Startfenster in der Raumfahrt kennzeichnet denjenigen Zeitpunkt, zu dem das Zielobjekt unter antriebsenergetisch günstigsten
Bedingungen erreichbar ist. Die Existenz des Evolutionsfensters besagt: Evolution durch Mutation und Selektion tritt nur in einem sehr
schmalen Mutations-Schrittweitenbereich auf. Zu große oder zu kleine
Mutationsschrittweiten sind tödlich für die Evolution. Schärfer formuliert: Die Richtung einer Mutation darf und muß dem Zufall über-
lassen werden. Die Größe einer Mutation, die Mutationssprungweite,
muß jedoch gezielt sein. Zum Optimierungsprozeß der Evolution gehört

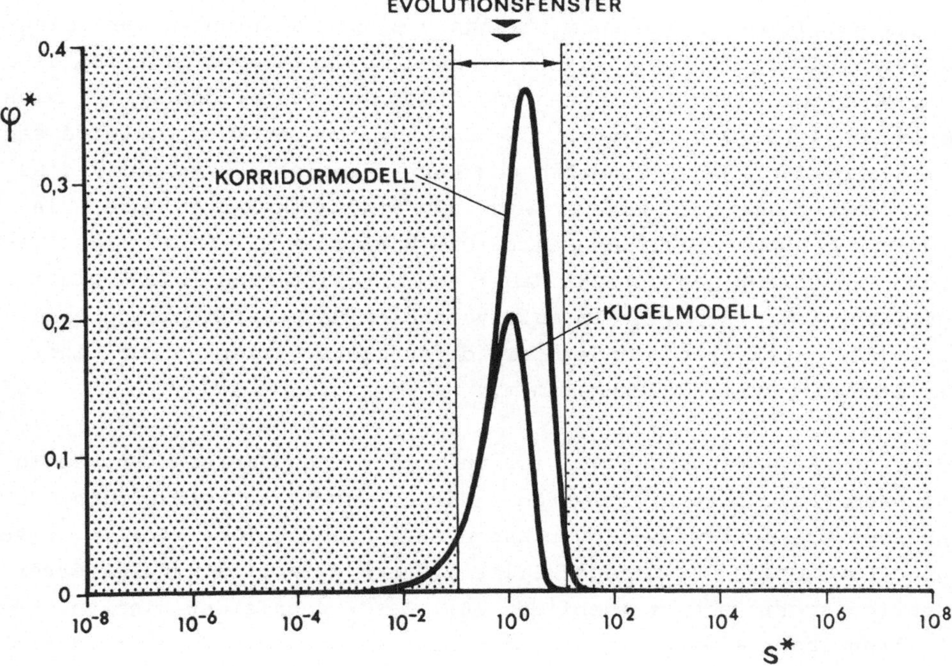

Abb. 7. Das Fortschrittsfenster der Evolution

also hinzu, daß auch die Mutationsrate optimiert wird. Wie das geschieht werden wir im Kapitel 6 kennenlernen.

Die 2. wichtige Erkenntnis, die uns die Fortschrittsformeln der zweigliedrigen Evolutionsstrategie vermitteln, betrifft die Größe der optimalen Mutationsstreuweite σ . Wir erhalten das Maximum der Fortschrittsgeschwindigkeit beim Korridormodell für

$$\sigma_{opt} = \frac{\sqrt{8\pi b}}{n} \; ,$$

und beim Kugelmodell für

$$\sigma_{opt} = \frac{1,224 \; r}{n} \; .$$

Es sei n >> 1. Die Gesamtschrittlänge γ einer Mutation im Variablenraum ist dann $\gamma = \sigma \cdot \sqrt{n}$ (5). Mit wachsender Variablenzahl n muß also γ proportional mit $1/\sqrt{n}$ abnehmen, damit das Evolutionsfenster nicht verlassen wird. Das bedeutet, die Sprungweite der Mutation wird sehr klein gegenüber der Breite 2 b des Korridormodells bzw. dem Radius r des Kugelmodells. Die Höherentwicklung findet im Variablenraum in einem sehr dünnen Schlauch statt. Die Bahn, die die Evolutionsstrategie einschlägt, entspricht dabei dem Gradientenweg. Die Evolution verliert sich also nicht im multivariablen Raum der nahezu unendlich vielen Möglichkeiten, sondern sie diffundiert gleichsam auf einer Linie zum Qualitätsdichtemaximum.

Unter den Evolutionsbiologen ist in den letzten Jahrzehnten häufig folgende Frage diskutiert worden: Hat die Evolution größere Entwicklungssprünge aufzuweisen oder haben sich die Baupläne additiv, also durch Summierung unzähliger kleiner, durch Selektion kanalisierter Mutationsschritte herausgebildet (6). Das Ergebnis der hier vorgestellten Theorie der Darwinschen Evolution spricht für die AdditionsHypothese. Das würde bedeuten, daß sprunghafte Typenumbildungen, wie sie in paläontologischen Entwicklungsreihen auftreten, lediglich durch Überlieferungslücken bedingt sind.

5. Algorithmen von Evolutionsstrategien

Wir wollen nun das aus theoretischen Gründen stark idealisierte Schema der zweigliedrigen Evolutionsstrategie verlassen. Unser Ziel ist, Algorithmen höherer Nachahmungsformen der biologischen Evolution zu entwerfen. Ein bewährtes Mittel, um Evolutionsstrategien systematisch darzustellen, sind symbolische Spiele mit Karten. Die Kartenspiele werden unter Einhaltung gewisser elementarer Spielregeln, die durch Spielzeichen angedeutet sind, durchgeführt. In der Abb. 2 haben wir bereits ein solches Evolutionsspiel mit Karten kennengelernt. Die Spielzeichen, die wir jetzt für unsere genaueren Evolutions-Kartenspiele benötigen, sind in der Abb. 8 zusammengestellt. Wir wollen die Bedeutung dieser Spielzeichen der Reihe nach abhandeln:

Spielzeichen "Variablensatz": Eine einzelne Karte stellt einen Informationsträger dar. Auf diesem Informationsträger sind die Einstellzustände der Variablen des technischen bzw. biologischen Systems niedergeschrieben. Das sind üblicherweise Dezimalzahlen in der Technik bzw. stets quaternärkodierte Nukleotidbasentripletts in der Biologie.

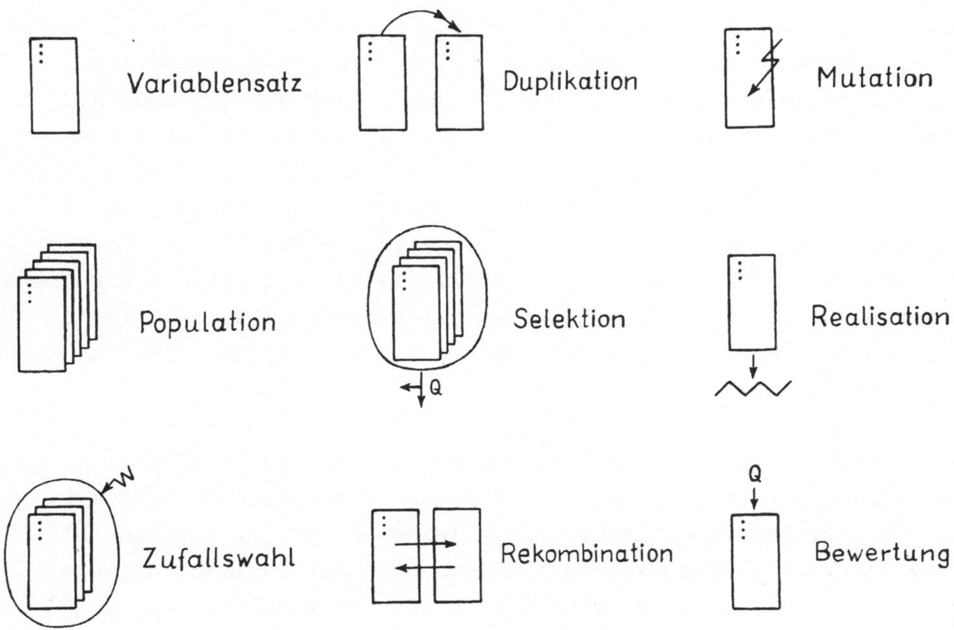

Abb. 8. Spielzeichen für Evolutionsstrategien

Spielzeichen "Population": Ein Satz von Karten enthält die Gesamtinformation der zu einer Population zusammengeschlossenen Individuen einer Generation. Die Variabilität einer Population ist durch die unterschiedlichen Einstellwerte der Variablen auf den einzelnen Karten gegeben.

Spielzeichen "Zufallswahl": Die Umrandung eines Kartensatzes soll eine Urne symbolisieren. Das mit einem Pfeil versehene w bedeutet, daß eine Karte zufällig aus der Urne herausgegriffen wird. Befinden sich innerhalb der Umrandung mehrere Populationen, so bezieht sich die Zufallswahl auf diese Einheiten. Wenn nicht anders vereinbart, so erfolgt die Zufallswahl nach einer gleichverteilten Wahrscheinlichkeit.

Spielzeichen "Duplikation": Ein Doppelpfeil weist auf eine Karten-
verdoppelung hin. Die Information der einen Karte soll auf eine zweite übertragen werden. Ein Doppelpfeil an einer Population heißt,daß
der gesamte Kartensatz kopiert werden soll.

Spielzeichen "Selektion": Die Umrandung kennzeichnet wieder eine Urne,
aus der Karten herausgenommen werden. Der sich verzweigende Pfeil
mit dem danebenstehenden Q heißt, daß dabei eine Auslese nach der
Qualität Q vorgenommen wird. Die herausselektierten Karten weisen
höhere Qualitätswerte auf als der aus dem Prozeß herausfallende Rest.
Befinden sich innerhalb der Umrandung mehrere Populationen, so bezieht sich die Selektion auf diese Einheiten. - Wir bilden aus den
Qualitäten Q der Individuen einer Population den Mittelwert $\overline{Q}$.Ferner
bezeichnen wir die tatsächliche Qualität einer Population mit Q'.
Dann kann Q' größer als $\overline{Q}$ sein, wenn sich z.B. soziale Verhaltens-
strukturen in einer Population bilden.

Spielzeichen "Rekombination": Zwei gegenläufige Pfeile symbolisieren
einen Mischungsprozeß. Es können erstens die Variablenwerte zweier
oder mehrerer Karten gemischt werden (Mischungspfeile zwischen einzelnen Karten). Aber es können zweitens auch die Individuen zweier
oder mehrerer Populationen vermischt werden (Mischungspfeile zwischen Kartensätzen). Wir wollen in Gedanken die Variablen auf jeder
Karte von 1 bis n durchnumerieren. Bei der Variablenmischung ist
dann dafür zu sorgen, daß für den Aufbau einer Nachkommenkarte jede
Variablennummer genau einmal aus einer Mischungsurne gezogen wird,
damit wieder ein vollständiger Variablensatz entsteht. Einfacher
vollzieht sich die Individuenmischung. Sämtliche Karten der zu mi-
schenden Populationen gelangen in eine Mischungsurne. Dann wird aus
der Urne so oft eine Karte gezogen, bis eine Population mit der ursprünglichen Individuenzahl wiederhergestellt ist. - Die hier angesetzten Mischungsregeln sind mathematisch besonders einfach zu
fassen. Die Regeln müssen modifiziert werden, sobald die biologische Realität genauer simuliert werden soll.

Spielzeichen "Mutation": Ein Zickzackpfeil an einem Variablensatz
heißt, daß die Variablenwerte dieses Satzes durch einen Zufallsprozeß (meist mit normalverteilter Wahrscheinlichkeitsdichte) ab-
geändert werden sollen. Dabei können sämtliche Variablenwerte einer
Zufallsänderung unterworfen werden. Es können aber ebenso nur einige

Variablennummern herausgewürfelt werden, die dann allein eine Zufallsänderung erfahren.

Spielzeichen "Realisation": Mit diesem Spielschritt wird die Ebene der Information verlassen. Der auf der Karte vermerkte Einstellzustand der Objektvariablen wird realisiert. In der biologischen Welt entsteht aus der genetischen Information das Erscheinungsbild des Lebewesens. In der Technik wird nach den Angaben auf dem Protokollblatt beispielsweise die Form einer Gelenkplatte eingestellt (1. Evolutionsexperiment). Das Zeichen für die Realisation, eine Zickzacklinie, wurde der Gelenkplatte nachempfunden.

Spielzeichen "Bewertung": Aus spieltechnischen Gründen erfolgt durch diesen Schritt ein formaler Rücksprung in die Informationsebene. Die gemessene Qualität Q, die sich aus der neuen Einstellung der Objektvariablen in der Realisationsebene ergibt, wird auf der Karte vermerkt. Diese Notierung der Qualität auf der betreffenden Karte ist als eine Hilfsoperation anzusehen, die in der biologischen Realität nicht auftritt.

Wir wollen mit unseren Spielzeichen jetzt verschiedene Formen von Evolutionsstrategien aufbauen. Wir beginnen mit der

<u>(1+1)-gliedrigen Evolutionsstrategie</u> (Abb. 9a): Der Variablensatz eines Elters wird dupliziert. Das erhaltene Duplikat wird mutiert, realisiert und bewertet. Dann gelangen Elter und Nachkomme in eine Selektionsurne, aus der die qualitätsbeste Datenkarte ausgelesen und zum Elter der nachfolgenden Generation erklärt wird.

Die (1+1)-ES haben wir bereits unter dem Namen "zweigliedrige Evolutionsstrategie" kennengelernt (Abb. 2). Besser wird die biologische Wirklichkeit wiedergegeben, wenn der Elter nicht nur einen, sondern mehrere Nachkommen erzeugt. So arbeitet z.B. eine

<u>(1+6)-gliedrige Evolutionsstrategie</u> (Abb. 9b): Der Variablensatz eines Elters wird jetzt 6 mal dupliziert. Die mutierten und nach der Realisation bewerteten Kartenduplikate gelangen zusammen mit der Elternkarte in die Selektionsurne. Hier wird wieder die beste Datenkarte ausgelesen und zum Elter der nachfolgenden Generation erklärt.

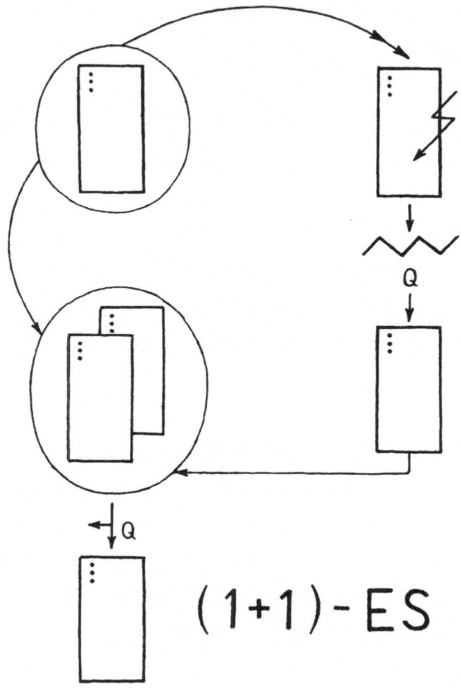

Abb. 9a. (1+1)-gliedrige Evolutionsstrategie

Wir wollen die (1+6)-gliedrige Evolutionsstrategie durch eine kleine
Modifikation umwandeln in eine

(1,6)-gliedrige Evolutionsstrategie (Abb. 9c): Dieses Schema unterscheidet sich von dem vorangegangenen darin, daß nicht mehr der Elter
plus die Nachkommen, sondern nur noch die Nachkommen in die Selektionsurne eingegeben werden. Der Elter scheidet aus dem Prozeß aus,
auch wenn er eine höhere Qualität als sämtliche Nachkommen aufweist.

Wiederum besser wird die Evolution simuliert, wenn in einer Generation mehrere Eltern Nachkommen produzieren. Ein Beispiel für ein solches Schema ist eine

(3,9)-gliedrige Evolutionsstrategie (Abb. 9d): 3 Eltern erzeugen
in zufälliger Folge insgesamt 9 Nachkommen. Die mutierten und nach
der Realisation bewerteten Datenkarten der Nachkommen gelangen wie-

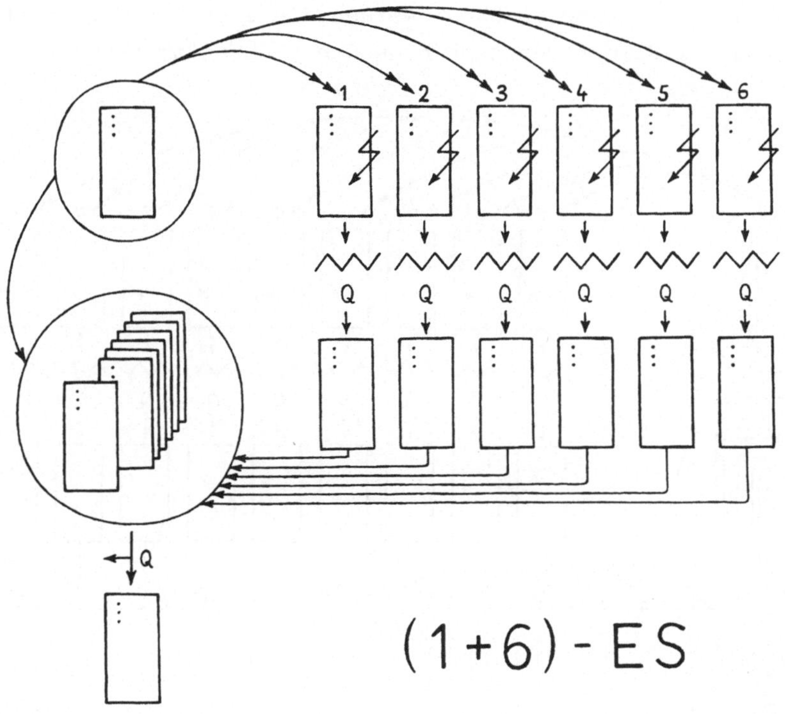

Abb. 9b. (1+6)-gliedrige Evolutionsstrategie

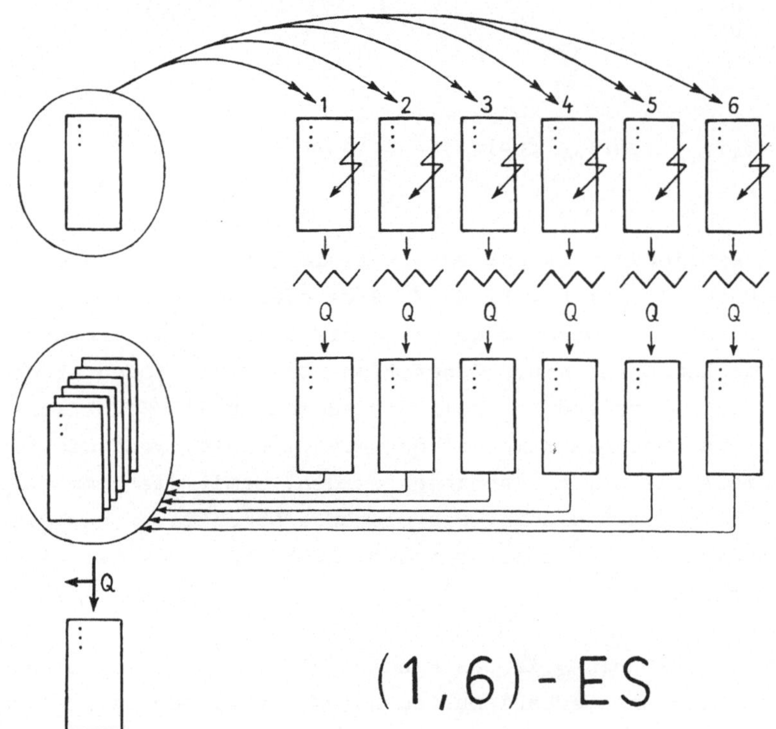

Abb. 9c. (1,6)-gliedrige Evolutionsstrategie

der in die Selektionsurne. Diesmal werden die 3 besten Datenkarten
ausgelesen und zu Eltern der nachfolgenden Generation erklärt.

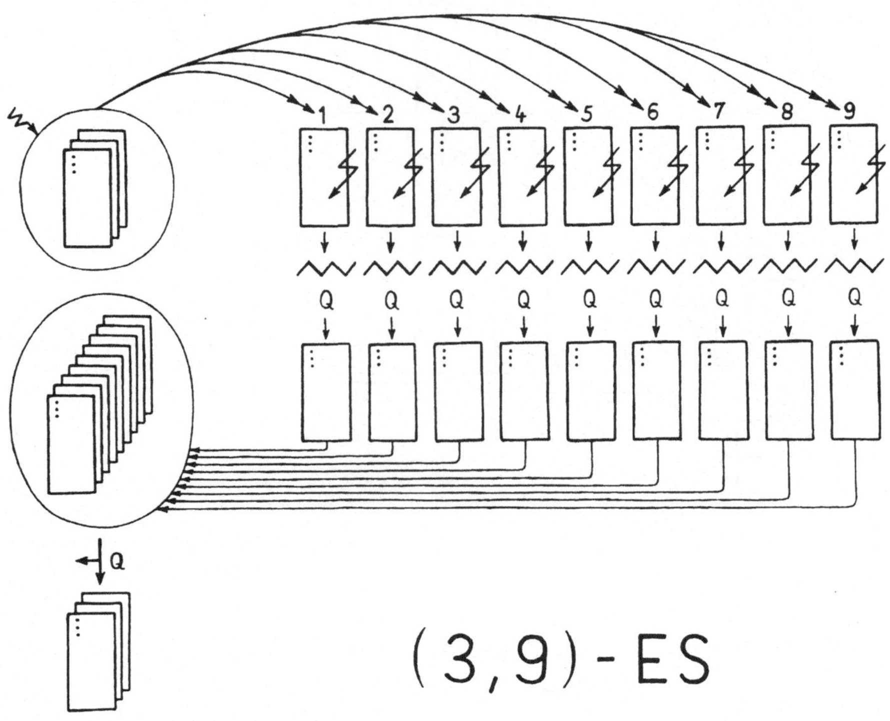

Abb. 9d. (3,9)-gliedrige Evolutionsstrategie

Die oben beschriebenen Evolutionsstrategien tragen die gemeinsame
Kurzbezeichnung $(\mu \overset{+}{,} \lambda)$-ES. Lies: Mü Plus oder Komma Lambdagliedrige
Evolutionsstrategie. Dabei bedeutet μ die Zahl der Eltern und λ die
Zahl der Nachkommen in einer Generation. Das Pluszeichen steht für
den Fall, daß Eltern und Nachkommen zusammen in die Selektionsurne
eingebracht werden. Das Kommazeichen wird gewählt, wenn die Eltern
nicht in die Auslese mit einbezogen werden. Damit die Kommastrategie
funktioniert, muß $\lambda \geqq \mu$ sein. Die elegante Nomenklatur der Plus- oder
Kommastrategie wurde erstmals von H.P. SCHWEFEL in seiner Dissertation (<u>7</u>) eingeführt.

Es ist nun an der Reihe, in das Handlungsschema der Evolutionsstrategie einen Mischungsmechanismus nach dem Vorbild der sexuellen

Fortpflanzung in der Natur einzufügen. Ein Schema mit Mischung der
Variablenwerte zweier Eltern beschreibt beispielsweise eine

<u>(6/2,10)-gliedrige Evolutionsstrategie</u> (Abb. 9e): Hier erzeugen 6
Eltern insgesamt 10 Nachkommen, wobei allerdings ein Elter im Mittel
nur die Hälfte seiner Variablenwerte auf einen Nachkommen überträgt.
Genau gesehen entsteht der Nachkomme wie folgt: Zwei Elternkarten werden zufällig aus der Population herausgegriffen und dupliziert. Die
Variablen (Nummer und Wert zusammen) werden aus den Kartenduplikaten
gewissermaßen herausgeschnitten und in eine Mischungsurne eingebracht. Aus der Urne wird der neue, vollständige Variablensatz des
Nachkommen gezogen. Wie bisher gelangen die 10 Nachkommenkarten dann
nach vollzogener Mutation, Realisation und Bewertung in die Selektionsurne, aus der dann die 6 besten Karten herausselektiert und als
Eltern für die nachfolgende Generation verwendet werden.

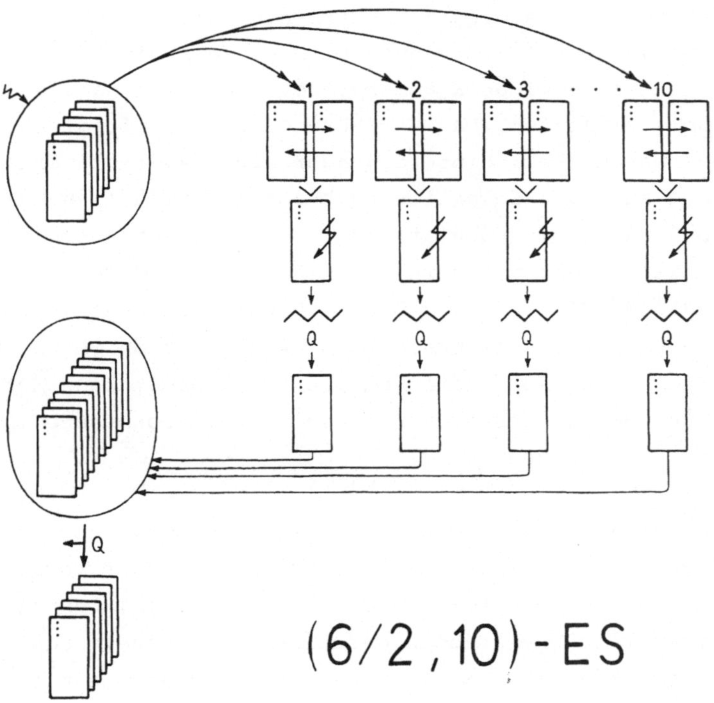

Abb. 9e. (6/2,10)-gliedrige Evolutionsstrategie

In der Evolutionstheorie wird in der Regel das Individuum als Selektionseinheit betrachtet. Damit läßt sich aber nicht erklären, weshalb Eigenschaften durch Evolution entstehen können, die für das Individuum neutral oder sogar nachteilig sind und lediglich die Population als Ganzes begünstigen. Um z.B. die Entwicklung altruistischer Verhaltensweisen oder einer genetisch festgelegten Lebenszeit bei Lebewesen zu verstehen, müssen wir annehmen, daß in der Evolution nicht nur das Individuum, sondern zuweilen auch die Population als Selektionseinheit wirksam wird. So gesehen bildet die biologische Art ein Aggregat miteinander konkurrierender Populationen. Wir wollen in unserem Evolutionskartenspiel auch diesen Aspekt berücksichtigen. Beispiel für ein Schema, bei dem neben der Individuenauslese auch ganze Populationen selektiert werden, ist eine

[2,3(4,7)]-gliedrige Evolutionsstrategie (Abb. 9f): Die Schreibweise als Zweiklammer-Ausdruck soll andeuten, daß es sich hier um eine formale Erweiterung des bisherigen Musters handelt. Innerhalb der runden Klammer stehen weiterhin Individuen als Spieleinheiten. Außerhalb der runden, d.h. in den eckigen Klammern, befinden sich dagegen Populationen als Spieleinheiten. Das Verfahren läuft wie folgt ab: 2 Elternpopulationen führen 3 mal hintereinander eine (4,7)-gliedrige Evolutionsstrategie aus. Die Selektion nach der individuellen Qualität Q liefert also 3 Nachkommenpopulationen. Diese gelangen nun als Einheiten in eine zweite Selektionsurne, aus der aufgrund ihrer gruppenspezifischen Qualität $Q' = \bar{Q}$ die 2 besten Populationen herausgesucht werden. Die gruppenspezifische Qualität Q' wird hier durch den Mittelwert $\bar{Q}$ der Individuen-Qualitäten ausgedrückt. Damit kann auf ein Realisierungs- und Bewertungszeichen in der Populationsebene in der Abb. 9f verzichtet werden.

Schließlich gibt es in der Populationsbiologie noch den wichtigen Faktor des Genflusses zwischen Populationen. Darunter versteht man den genetischen Mischungsprozeß, der sich einstellt, wenn Individuen zwischen getrennten Populationen derselben Art ausgetauscht werden. Wir gelangen zur Schreibform einer Evolutionsstrategie mit Individuenmischung, indem wir das innerhalb der Individuenklammer verwendete Schreibzeichen für die Variablenmischung formal auf die Populationsklammer übertragen. Ein Spielschema, bei dem sowohl einzelne Variable als auch ganze Variablensätze miteinander gemischt werden, ist z.B. eine

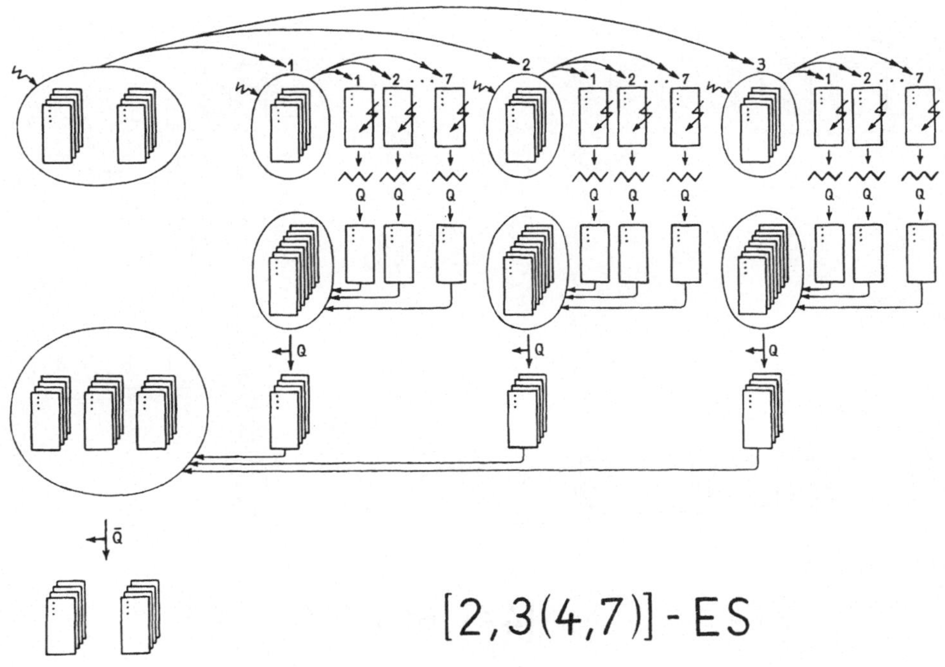

[2,3(4,7)]-ES

Abb. 9f. [2,3/4,7)]-*gliedrige Evolutionsstrategie*

[4/3,6(3/2,9)]-gliedrige Evolutionsstrategie (Abb. 9g): Es wird 6 mal
hintereinander ein (3/2,9)-gliedriges Evolutionsspiel ausgeführt. Für
jedes dieser Unterspiele wird eine Ausgangspopulation aus 3 Elternindividuen benötigt. Diese Elternpopulationen werden durch folgenden
Mischungsprozeß hergestellt: Aus dem Pool der 4 Ausgangspopulationen
werden zufällig 3 Populationen ausgewählt. Deren Individuen werden
dann nach Mischung in einer Urne zu 3 neuen Populationen zusammengestellt. Der restliche Spielablauf mit diesen 3 Elternpopulationen
folgt den bereits bekannten Regeln.

Tatsache ist, daß bei der Übersetzung des verwickelten biologischen
Evolutionsgeschehens in abstrakte Spielschemata erhebliche Vereinfachungen vorgenommen wurden. Dabei war der Leitgedanke entscheidend,
die elementaren Spielregeln für den Aufbau von Evolutionsstrategien
so zu gestalten, daß sie sich mathematisch so einfach wie möglich
handhaben lassen. Selbstverständlich muß das biologische Grundphäno-
men dabei erhalten bleiben. Es sind also hauptsächlich mathematische
Gründe, weshalb z.B. für die Mechanismen der Zufallswahl und Rekom-

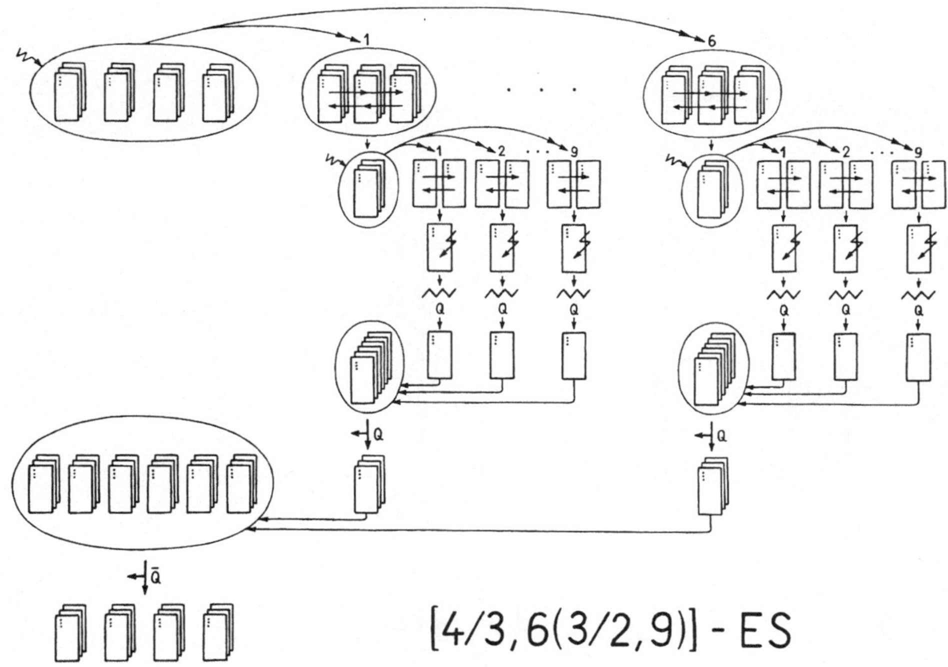

Abb. 9g. [4/3,6(3/2,9)] -gliedrige Evolutionsstrategie

bination gleichverteilte Wahrscheinlichkeiten und für die Mutations-
sprünge normalverteilte Wahrscheinlichkeiten angesetzt werden. Gewiß
müssen weitere Spielzeichen eingeführt werden, wenn der biologische
Evolutionsvorgang genauer simuliert werden soll. Das hätte in dem
hier verfolgten Konzept aber nur dann einen Sinn, wenn eine reelle
Chance besteht, daß solche besonders wirklichkeitsgetreuen Evolutions-
spiele auch einer mathematischen Behandlung zugänglich sind.

6. Skizze einer Theorie der Darwinschen Evolution

Sämtliche im vorangegangenen Kapitel beschriebenen Formen von Evolutionsstrategien lassen sich unter der Kurzbezeichnung

$$[\mu'/\sigma' \overset{+}{,} \lambda'(\mu/\sigma \overset{+}{,} \lambda)]\text{-ES}$$

zusammenfassen. Es bedeuten:

μ' = Zahl der Elternpopulationen

λ' = Zahl der Nachkommenpopulationen

σ' = Mischungszahl für Populationen

μ = Zahl der Elternindividuen

λ = Zahl der Nachkommenindividuen

σ = Mischungszahl für Individuen.

Hat man eine Evolutionsstrategie durch ein Kartenspiel dargestellt,so
reizt es natürlich, dieses Spiel auch auszuprobieren. Durch Simulationsversuche auf einem Digitalrechner läßt sich die Adaptationsei-
genschaft jeder der aufgeführten Evolutionsstrategien testen. Die Krö-
nung der Theorie wäre jedoch die Entwicklung einer allgemeingültigen
Formel für die Fortschrittsgeschwindigkeit ϕ der $[\mu'/\sigma'\overset{+}{,}\lambda'(\mu/\sigma\overset{+}{,}\lambda)]$-
gliedrigen Evolutionsstrategie im n-dimensionalen Variablenraum.Wie
im dritten Kapitel bereits ausgeführt wurde, hängt aber ϕ noch vom
Ordnungszustand der Qualitätsdichtewerte im Variablenraum ab. Nun haben wir für ein evolutionsfähiges System gefordert, daß die Qualitätsdichteverteilung als Ordnungszustand eine gewisse Glattheit aufweist.
Grundgedanke der hier skizzierten Theorie der Darwinschen Evolution
ist, bereits mit dieser Teilkenntnis der Eigenschaft einer Qualitäts-
bzw. Tauglichkeitsfunktion eine Aussage über die Evolutionsgeschwin-
digkeit eines biologischen Systems für diese oder jene Strategievarian-
te zu machen. Gewiß würde eine exakte mathematische Fassung der Tauglichkeitsfunktion, könnte sie gefunden werden, dieser Aussage einen
höheren Grad an Zuverlässigkeit verleihen. Für Makromoleküle im Über-
gangsfeld zwischen belebter und unbelebter Materie konnte erstmals
M. EIGEN (2) den Tauglichkeitswert (dort Wertfunktion genannt) quantitativ formulieren. Da kaum angenommen werden kann, daß es gelingt,
auch für ein höherentwickeltes Lebewesen eine Tauglichkeitsfunktion
anzugeben, ist es bereits ein Fortschritt, sich nur auf das Glattheitspostulat zu stützen. Von allen denkbaren Tauglichkeitsfunktionen
ist dann nur noch ein Bruchteil davon auch erlaubt. Und aus diesem
Bruchteil wird man wiederum nur die Funktionen auswählen, die sich
am besten für eine mathematische Behandlung eignen, und das sind
zur Zeit das Korridormodell und das Kugelmodell.

Speziell für das Qualitätsdichtefeld des Kugelmodells ist es gelungen, Formeln für die Fortschrittsgeschwindigkeit ϕ der in den Abb.
9a bis 9d dargestellten Evolutionsstrategien abzuleiten. Nachfolgend
möchte ich das Ergebnis für die zur Zeit im Mittelpunkt des theore-

tischen und praktischen Interesses stehende $(1,\lambda)$-gliedrige Evolutionsstrategie angeben. Ihr Algorithmus lautet:

$$\underline{0}^g_{N1} = \underline{0}^g_E + \underline{z}_1 \qquad (1. \text{ Nachkomme der Generation } g)$$
$$\vdots$$
$$\underline{0}^g_{N\lambda} = \underline{0}^g_E + \underline{z}_\lambda \qquad (\lambda. \text{ Nachkomme der Generation } g)$$

Es sei $N\nu$ bester Nachkomme: $Q(\underline{0}^g_{N\nu}) = \text{Max}\left\{Q(\underline{0}^g_{N1}),\ldots,Q(\underline{0}^g_{N\lambda})\right\}$

$$\underline{0}^{g+1}_E = \underline{0}^g_{N\nu} \qquad (\text{ Elter der Generation } g + 1)$$

Es sind $\underline{z}_1$, $\underline{z}_2$,... wieder Zufallsvektoren mit $(0;\sigma)$-normalverteilten Komponenten. Auf die recht umfangreiche Ableitung der Formel für die Fortschrittsgeschwindigkeit ϕ der $(1,\lambda)$-gliedrigen Evolutionsstrategie müssen wir hier verzichten. Für den Fall sehr vieler Variablen ($n \gg 1$) ergibt sich die Näherungslösung:

$$\phi^*_{1,\lambda} = s^* \Psi^{-1}\left(\sqrt[\lambda]{1/2}\right) - \frac{1}{2}s^{*2} \quad \text{mit} \quad \phi^* = \frac{\phi n}{r}, \quad s^* = \frac{\sigma n}{r}.$$

Dabei bedeutet Ψ^{-1} die Umkehrfunktion des in der Statistik gebräuchlichen Fehlerintegrals:

$$\Psi = \frac{1}{\sqrt{2\pi}} \int\limits_{-\infty}^{x} e^{-\frac{t^2}{2}}\, dt.$$

Die Funktion Ψ^{-1} ist übrigens heute schon auf einem Statistik-Taschenrechner verfügbar. Betrachten wir den Verlauf von $\phi^*_{1,\lambda}(s^*)$. Würden wir diese Funktion mit in das Diagramm der Abb. 7 eintragen, so zeigt der Vergleich mit den bereits gezeichneten Kurven einen sehr ähnlichen Verlauf (für positive ϕ-Werte). Mit anderen Worten: Auch die $(1,\lambda)$-gliedrige Evolutionsstrategie besitzt das typische "Fensterverhalten". Evolutives Fortschreiten ist nur möglich, wenn die Mutationssprungweiten im Evolutionsfenster liegen. Bei zu großen Mutationssprüngen wird die Fortschrittsgeschwindigkeit sogar sehr schnell negativ.

Überspitzt kann man sagen: Kernpunkt der Darwinschen Evolution ist weniger das Prinzip der Mutation und Selektion, sondern mehr der Mechanismus, der dafür sorgt, daß die Mutation genau die richtige Größe hat. Wo finden wir aber diesen Mechanismus? Sicherlich noch nicht in dem zuletzt dargestellten Algorithmus. Deshalb darf diese Form der $(1,\lambda)$-gliedrigen Evolutionsstrategie noch nicht als vereinfachte mathematische Formulierung eines Darwinschen Evolutionsprozesses angesehen werden. Richtig lautet der Algorithmus wie folgt:

$$S_{N1}^{g} = S_{E}^{g} \cdot \zeta_1$$

$$\underline{0}_{N1}^{g} = \underline{0}_{E}^{g} + S_{N1}^{g} \, \underline{z}_1 \qquad \text{(1. Nachkomme der Generation g)}$$

$$\vdots$$

$$S_{N\lambda}^{g} = S_{E}^{g} \cdot \zeta_\lambda$$

$$\underline{0}_{N\lambda}^{g} = \underline{0}_{E}^{g} + S_{N\lambda}^{g} \, \underline{z}_\lambda \qquad (\lambda. \text{ Nachkomme der Generation g})$$

Es sei $N\nu$ bester Nachkomme: $Q\,(\underline{0}_{N\nu}^{g}) = \text{Max}\,\{Q(\underline{0}_{N1}^{g}),\ldots,Q(\underline{0}_{N\lambda}^{g})\}$

$$S_{E}^{g+1} = S_{N\nu}^{g}$$

$$\underline{0}_{E}^{g+1} = \underline{0}_{N\nu}^{g} \qquad (\text{ Elter der Generation } g + 1)$$

Der Unterschied zum vorhergehenden Algorithmus besteht darin, daß jetzt die Mutationsschrittweite s als zusätzliche Variable auftritt. Wir bezeichnen s als Strategievariable. Unser Spielzeichen "Variablensatz" umfaßt jetzt also zwei Variablentypen, die Strategie- und die Objektvariable. Die Mutationsschrittweite s als Strategievariable unterliegt wie jede Objektvariable einer Mutation. Allerdings wird s mittels einer logarithmisch normalverteilten Zufallszahl ζ multiplikativ verändert. Im Gegensatz dazu werden ja Objektvariable additiv verändert. Mit der multiplikativen Änderungsform wird gewährleistet, daß die Schrittweite s den ausgedehnten Variationsbereich schnell überstreichen kann. Die multiplikative Variationsart läßt sich auch als eine additive deuten, wenn man für s eine logarithmische Skala wählt. Tatsächlich wurde eine logarithmische Teilung der Schrittweitenskala im Fensterdiagramm (Abb. 7) vorgenommen. Multiplikative Variation der Schrittweite durch logarithmisch normalverteilte Zufallszahlen und logarithmische Teilung der Schrittweitenskala im Fensterdiagramm bedingen sich also wechselseitig.

Grundgedanke des Evolutionsalgorithmus mit Schrittweitenmutationen ist, in der Generation g die λ Objektvariablensätze mutativ mit unterschiedlichen Schrittweiten zu ändern. Der Elter der Generation g + 1 erhält dann den Objektvariablensatz und die Mutationsschrittweite des qualitätsbesten Nachkommen zugewiesen. Es ist anzunehmen, daß dies in den meisten Fällen derjenige Nachkomme ist, dessen Mutationsschrittweite der lokalen Topologie des Qualitäts- bzw. Tauglichkeitsdichtefeldes am besten angepaßt ist. Anders ausgedrückt: Unter den λ Nachkommen wird diejenige Schrittweite ausgelesen, die am günstigsten im Evolutionsfenster plaziert ist.

Befassen wir uns nunmehr mit der biologischen Realität. Wir fragen nach dem Analogon zur Mutation der Mutationsschrittweite. Nun ist bereits seit Jahrzehnten bekannt, daß Mutationsraten einer genetischen Kontrolle unterliegen. Die Gene, welche die Mutationsrate anderer Gene beeinflussen, heißen Mutatorgene. Es sind Mutationen an Mutatorgenen beobachtet worden, welche die Mutationsrate eines Genortes um den Faktor 1000 erhöht bzw. erniedrigt haben. Die Voraussetzungen für eine schnelle Veränderung der Mutabilität in beiden Richtungen sind also im biologischen Bereich gegeben. Differenziert arbeitet der Mechanismus wie folgt: Die an Lebewesen beobachtete Mutationsrate ist das Ergebnis mangelnder Exaktheit der DNS-Replikation. Nun tritt DNS-Replikation praktisch niemals spontan auf, sondern sie wird durch Enzyme bewirkt. Dieser Enzymkomplex, der neben der Replikation auch bereits aufgetretene Fehler repariert, kann nun sehr exakt arbeiten (Folge: Kleine Mutationsrate) oder weniger genau funktionieren (Folge: Hohe Mutationsrate). Die Information über die Aminosäuren-Zusammensetzung des Replikations- und Reparaturenzyms ist ihrerseits wieder als Nukleotidbasensequenz in einem DNS-Abschnitt des Erbmaterials verschlüsselt. Angenommen es tritt in diesem Bereich des DNS-Moleküls eine Mutation auf. Die Folge ist eine veränderte Arbeitsfähigkeit des Enzymkomplexes und damit eine veränderte Mutationsrate. Wichtig ist in diesem Zusammenhang, daß die so veränderte Mutationsrate weitervererbt werden kann.

Kehren wir nun zurück zu unserem mathematischen Algorithmus der $(1,\lambda)$-gliedrigen Evolutionsstrategie mit variablen Mutationsschrittweiten. Umfangreiche Simulationsversuche haben bestätigt, daß der in diesem Algorithmus enthaltene Mechanismus der Schrittweitenadaption hervorragend funktioniert. Diese Tatsache hat dazu geführt, die $(1,\lambda)$-gliedrige Evolutionsstrategie mit Schrittweitenmutationen zu einem universellen mathematisch-technischen Optimierungsverfahren auszubauen. Ich möchte nachfolgend einige grundlegende technische Anwendungen der (1+1)-ES, der $(1,\lambda)$-ES und der (μ,λ)-ES aufzählen. Bei der inzwischen überholten (1+1)-ES erfolgte die Schrittweitensteuerung nach der sogenannten 1/5-Erfolgsregel ($\underline{4},\underline{5}$).

Im Bereich der Lüftungstechnik wurden mit der $(1,\lambda)$-ES strömungsgün-
stigste Kanalumlenkbögen, Leitschaufelanordnungen und Mengenverzwei-
gungssysteme entwickelt. Für einen Radialventilator konnte mit der
$(1,\lambda)$-ES die optimale Form eines Schaufelprofils gefunden werden.
Mit der $(1+1)$-ES wurden im Bereich der Baukonstruktionstechnik gewichtsminimale Fachwerke und festigkeitsgünstigste Schalenformen entwickelt. Es wurden pneumatische und elektronische Regler mit der
$(1+1)$-ES bzw. $(1,\lambda)$-ES optimiert. Das Problem der Synthese eines Vier-
gelenkgetriebes wurde mit der $(1,\lambda)$-ES gelöst. Mit der $(1,\lambda)$-ES und
der (μ,λ)-ES wurden optimale Rezepturen für galvanische Bäder entwickelt. Im biomedizinischen Bereich wurde die $(1+1)$-ES angewendet
zum Entwurf der optimalen Steuerung einer Armprothese, zur strömungs-
günstigsten Gestaltung eines Ventrikelmodells und zur Einstellung
von Nervenschrittmachern auf einen für den Patienten optimalen Wert.
Und schließlich wurde im Bereich der Bauplanung eine (μ,λ)-ES zum
Entwurf kostengünstigster Rohrleitungsnetze für regionale und städti-
sche Wasserversorgungssysteme herangezogen.

Die Tatsache, daß zur Lösung der aufgeführten Probleme nicht kon-
ventionelle Optimierungsverfahren, sondern mit Erfolg Evolutionsstrategien herangezogen wurden, zeigt: Die biologische Evolution ist entgegen der landläufigen Meinung nicht das unökonomische verschwende-
rische Zufallsspiel der Natur. Ganz im Gegenteil: Die biologische
Evolution benutzt eine Strategie, die einem scharfsinnigen mathematischen Optimierungsverfahren mindestens ebenbürtig ist.

Nun liegt der Nutzen von Evolutionsstrategien nicht allein auf dem
Sektor der mathematisch-technischen Optimierung. Das Konzept der
mathematischen Evolutionsstrategie kann auch als Grundlage zur Lösung
evolutionsbiologischer Fragen dienen. Während die mathematischen Methoden der klassischen Populationsgenetik lediglich kurzzeitige Evo-
lutionsphänomene beschreiben, ermöglicht das hier vorgestellte Opti-
mierungsmodell der Evolution, auch Langzeit-Evolutionsprozesse mathematisch zu behandeln. Die Idee ist folgende: Als erstes wird die Länge des Optimierungsweges im multidimensionalen Aminosäurenraum abgeschätzt. Die Evolution durchschreitet nun diese Raumdistanz mit der
örtlich veränderlichen Fortschrittsgeschwindigkeit ϕ . Wir setzen
$\phi \approx \frac{1}{2} \phi_{max}$. Wir setzen also voraus, daß die mutative Schrittweitensteuerung der Evolutionsstrategie die Mutationsrate so auf das
Evolutionsfenster einregelt, daß im Mittel die Hälfte der maximal
möglichen Fortschrittsgeschwindigkeit erreicht wird. Aus der Anein-

anderreihung der Fortschrittsgeschwindigkeiten ergibt sich dann die
Zahl der Generationen, die benötigt wird, um die anfangs abgeschätzte
Wegstrecke im abstrakten Aminosäurenraum zu durchmessen. Aus der Zahl
der Generationen folgt dann die Evolutionszeit. Rechnungen dieser Art
wurden durchgeführt für das Korridormodell (5) und das Kugelmodell als
Tauglichkeitsfeld im biologischen Variablenraum. Es ergeben sich für
die Gesamtdauer der Evolution vom primitiven Einzeller zum hochent-
wickelten Säugetier Zeiten von einigen Milliarden Jahren. Ein Zahlen-
wert dieser Größe ordnet sich überraschend gut in die paläontologi-
sche Zeitskala ein. Doch sollte man diese Tatsache nicht überbewer-
ten. Wichtig ist, daß die zeitliche Größenordnung stimmt und nicht
etwa 100 Milliarden Jahre herauskommen. Denn mehr als eine Abschätzung
kann diese Rechnung nicht sein. Dafür stellt der Ansatz des Korridormodells oder des Kugelmodells als Tauglichkeitsdichtefunktion im
Aminosäurenraum eine zu starke Abstraktion dar. Vielleicht läßt sich
einmal eine für Lebewesen besser zutreffende Tauglichkeitsfunktion
im Aminosäurenraum definieren. Der Weg, um daraus wieder die Evolu-
tionsdauer zu bestimmen, bleibt derselbe.

So können wir, am Ende dieser Arbeit angelangt, das Kennengelernte
auf die folgende Kurzformel bringen: Die Darwinsche Evolution läßt
sich als Optimierungsstrategie formulieren. Diese Strategie stellt
einerseits eine ausgezeichnete Methode dar, um technische Systeme
zu optimieren. Diese Strategie ist - als mathematisches Formel-
system - andererseits auch als Ansatz geeignet, um evolutionsbiolo-
gische Fragestellungen, wie z.B. die Frage nach der Evolutionszeit,
quantitativ zu beantworten.

<u>Literatur</u>

1. MILLER, S.L.: A production of amino acids under possible primi-
   tive   earth conditions. Science <u>117</u> (1953), 528-529.
2. EIGEN, M.: Selforganization of matter and the evolution of
   biological macromolecules. Naturwissensch. <u>58</u> (1971), 465-523.
3. RECHENBERG, I.: Cybernetic solution path of an experimental
   problem. Roy.Aircr.Establ., libr.transl.1122, Farnborough 1965.
4. RECHENBERG, I.: Bionik, Evolution und Optimierung. Naturw.
   Rundsch. <u>26</u>(1973),465-472.
5. RECHENBERG, I.: Evolutionsstrategie, Optimierung technischer
   Systeme nach Prinzipien der biologischen Evolution.Stuttgart:
   Frommann Holzboog 1973.
6. MAYER, E.: Artbegriff und Evolution. Hamburg, Berlin: Parey
   1967.
7. SCHWEFEL, H.-P.: Numerische Optimierung von Computer-Modellen
   mittels der Evolutionsstrategie. Basel, Stuttgart: Birkhäuser
   1977.

Optimierung von Simulationsmodellen mit der Evolutionsstrategie

H.-P.Schwefel

Zusammenfassung

Simulationsmodelle dienen der Untersuchung von Objekten und Systemen,
an denen sich nicht oder nur mit großem Aufwand experimentieren läßt.
Neben der einfachen Fragestellung "Was geschieht, wenn ..." lassen
sich mit Hilfe geeigneter Verfahren auch Fragen beantworten wie:"Was
ist zu tun, um ein gewünschtes Ergebnis zu erzielen".

Sind viele Systemgrößen $x = \{x_i; i = 1,2,...,n\}$ veränderbar und läßt
sich ein Ziel als Funktion $F(x)$ dieser Parameter formulieren, so kann
man mit Optimiermethoden den im Sinne des gewählten Kriteriums besten
Zustand des Systems schrittweise auffinden. Während die klassischen
Optimierverfahren sich nur unter stark einschränkenden Bedingungen an
die Beziehung $F(x)$ einsetzen lassen, ist der Anwendungsbereich direk-
ter Suchmethoden der Parameteroptimierung weitaus größer. Unter diesen zum Teil heuristischen Methoden ragt die Evolutionsstrategie -
ein Verfahren, das sich an Prinzipien der biologischen Evolution an-
lehnt, - durch ihre Zuverlässigkeit heraus. Dies wird anhand der Ergebnisse eines umfangreichen Testprogramms gezeigt, an dem alle wichtigen ableitungsfreien Optimieralgorithmen teilnahmen. Auf praktische Anwendungsbeispiele wird hingewiesen.

Warum entwirft man Simulationsmodelle?

Ein Modell eines Objekts oder Systems baut man dann auf, wenn man wissen möchte, wie es sich in Zukunft oder unter bestimmten Bedingungen
verhalten wird, am realen Objekt jedoch nicht experimentieren kann,
sei es aus Kosten- oder schwerer wiegenden Gründen. Dies trifft insbesondere für die Bereiche Biologie, Medizin und Sozioökonomie zu.
Da es sich hier stets um sehr komplexe Zusammenhänge handelt, kann
man bei der Formulierung des Modells in der Regel nicht so weit in
die Einzelheiten gehen, daß nur direkte Ursache/Wirkungs-Beziehungen

aufgestellt werden. Anders als bei physikalischen oder technischen
Modellen hat man es daher auch mit Verhaltens- oder aus der Vergangenheit ermittelten statistischen Relationen zwischen Systemgrößen
zu tun. Daraus erklärt sich, daß jedes Modell hier nur Teilaspekte
des Gesamtsystems beschreiben kann und somit von der jeweiligen Fragestellung in sehr starkem Maße abhängt.

Rechnermodelle haben gegenüber Denkmodellen Vorzüge. Man wird, gleich
auf welchem Aggregationsniveau, zu einer konsistenten Abbildung der
Realität gezwungen, man muß alle Annahmen - sogar quantitativ -
offenlegen (zumindest kann man es), und die Ergebnisse sind stets
reproduzierbar.

Was tut man mit einem Simulationsmodell?

Hat man schließlich alle wichtigen Beziehungen zwischen den Systemgrößen formuliert, so steht einem ein Modell zur Verfügung, an dem
man ersatzweise experimentieren kann. Einfache Fragestellungen wie:
"Was geschieht, wenn ..." lassen sich beantworten mit Aussagen in der
Form: "Wenn ..., dann ...". Auf der Wenn-Seite auftauchende Systemgrößen sind die unabhängigen Variablen $x = (x_1, x_2, \ldots, x_n) =
\{x_i; i=1,2,\ldots,n\}$ des Systems, die - manchmal nur in Grenzen - ver-
änderbar sind. Auf der anderen Seite hingegen hat man es mit der
oder den abhängigen Variablen $F(x) = (F_1(x), F_2(x) \ldots)$ zu tun. Die Anzahl n der Parameter $\{x_i\}$ bestimmt die Vielfalt der Variationsmög-
lichkeiten, die mit zunehmendem n sehr schnell unüberschaubar groß
wird. In solcher Situation kommt man nur dann weiter, wenn man die
ursprüngliche Fragestellung umkehrt in: "Was ist zu tun, um ein gewünschtes Resultat zu erzielen?"

Wie erreicht man ein bestimmtes Ziel?

Diese Umkehrung der Informationsrichtung bringt fast immer mathematische Probleme mit sich, besonders dann, wenn mehrere Parameterwerte erfragt werden. Am einfachsten ist es noch, wenn man ein quantitativ bekanntes Ergebnis erzielen will. Mathematisch ausgedrückt
lautet die Forderung

$$F(x) \stackrel{!}{=} F_{soll} \; .$$

Nun hat man eine Gleichung oder ein System von (simultanen) Gleichungen vor sich. Aber nur im Falle rein linearer Beziehungen zwischen x und F existieren exakte Lösungsverfahren wie zum Beispiel die Cauß'sche Elimination. Sonst muß man iterativ, d.h. durch schrittweise Veränderung der Parameter x, nach einer Lösung suchen, indem man die Abweichung

$$\left\| F(x) - F_{soll} \right\|$$

Schritt für Schritt verringert. Je nach der gewählten Norm $\|.\|$ für die Bewertung der Abweichung gibt es auch hierfür Standardverfahren zur approximativen Lösung des Problems. Nach endlich vielen Rechenoperationen liegt die Lösung vor, allerdings nicht immer die mathematisch exakte, sondern nur eine - mit dem jeweiligen Rechner und seiner begrenzten Rechengenauigkeit - erreichbare hinreichend genaue Näherung.

Nach der besten aller möglichen Lösungen kann man auch fragen, ohne diese quantitativ anzugeben, allerdings nur, wenn man in der Lage ist, eine Zielfunktion F(x) zu benennen, die einen Extremwert (Minimum oder Maximum) annehmen soll. Man schreibt diese Forderung nach einem unbestimmten Wert oft so:

$$F(x) \rightarrow \text{Extr. (Min. oder Max.)} \ .$$

Es handelt sich nun um ein echtes Optimierproblem, bei dem man nur noch iterativ zur Lösung fortschreiten kann, es sei denn, die Beziehung F(x) ist so einfach, daß sich die notwendigen Optimalitätsbedingungen

$$F_x(x) = \left(\frac{\partial F(x)}{\partial x_i} \ ; \ i = 1, 2, \ldots, n \right) = 0 \quad ,$$

- d.h.daß alle ersten partiellen Ableitungen der Zielfunktion zu Null werden müssen - mit einem der Standardverfahren zur Lösung von Gleichungssystemen behandeln lassen und gewisse hinreichende Bedingungen auch noch erfüllt sind.

Wie findet man ein Optimum?

Bevor auf die verschiedenen Verfahren zum Auffinden eines Optimums
eingegangen wird, ist noch ein Wort zu sagen über den Fall, daß das
Ziel sich nicht ohne weiteres durch eine einzige abhängige Variable
$F(x)$ darstellen läßt, sondern durch mehrere Teilziele $F_j(x)$ gegeben
ist. Hier muß man entweder die Teilziele in Relation zueinander bringen, z.B.:

$$F(x) = F_1(x)/F_2(x)$$

oder sie mit Faktoren w_j gewichten, z.B.:

$$F(x) = \sum_j F_j(x) \cdot w_j$$

oder aber ein Teilziel $F(x) = F_1(x)$ auswählen und die übrigen Ziele
umformulieren in Nebenbedingungen der Form

$$G_j = F_{j+1} - c_j \quad \left(\begin{smallmatrix} \leq \\ = \\ \geq \end{smallmatrix} \right) \quad 0$$

mit c_j als obere bzw. untere Schranken.

Oftmals sind hierzu Kompromisse notwendig. Gelingt diese Maßnahme
aber nicht, so kann auch nicht optimiert werden. Die Identifikation
der unabhängigen Variablen (Parameter) und die Wahl eines eindeutigen
Zieles sind die unabdingbaren Voraussetzungen jeder Optimierung. Gegebenenfalls kann man die Zielfunktion variieren, um eine Schar von
Lösungen zu erhalten, zwischen denen zu entscheiden ist. Ein Beispiel aus der Energiewirtschaft mag dies verdeutlichen: Man möchte
die Energieversorgung eines Gebietes einerseits mit möglichst geringen Kosten und gleichzeitig möglichst umweltfreundlich bewerkstelli-
gen. Bei solch kontroversen Teilzielen könnte man zunächst das reine
Kostenminimum, sodann das Belastungsminimum ermitteln und Zwischen-
lösungen durch Minimierung der Kosten unter Einhaltung von verschiedenen, vorgegebenen Höchstwerten für die Umweltauswirkungen suchen.

Welches Optimierverfahren soll man anwenden?

Abgesehen von den Methoden, die speziell für das Auffinden von Minima
und Maxima bei zeitabhängigen Variablen oder solchen, die nur dis-

krete Werte annehmen dürfen, geeignet sind - auf solche Probleme
kann hier nicht näher eingegangen werden - gibt es auch für das kontinuierliche Parameteroptimierungsproblem eine fast schon unüberseh-
bare Fülle von Verfahren.

Am weitesten verbreitet ist wohl die lineare Optimierung oder Programmierung (LP), die von der - zumindest stückweisen - Linearität
der Beziehungen $F(x)$ und $G_j(x)$ Gebrauch macht. Sie garantiert das
Auffinden des Optimums in endlich vielen Schritten und ist selbst bei
umfangreichen Problemen mit tragbarem Aufwand einsetzbar. Jedoch kann
die rechnerisch bestimmte Bestlösung in der Realität völlig unbrauch-
bar sein, z.B. wenn die Relation $F(x)$ ursprünglich nichtlinear war
und in unzulässiger Weise vereinfacht (linearisiert) wurde. Während
das Optimum eines linearen Programms stets in einer Ecke des Poly-
eders liegt, das aus den Restriktionen gebildet wird, kann das Optimum eines nichtlinearen Problems nämlich auch im Inneren des zuläs-
sigen Bereichs liegen.

Die Erweiterungen der linearen Programmierung auf konvexe bzw. kon-
kave, meist rein quadratische Probleme, bringen hier nur graduelle
Verbesserungen des Einsatzbereichs. Sie setzen Unimodalität voraus,
d.h. es muß ausgeschlossen sein, daß mehrere lokale Optima existieren, und sie verlangen die Vorgabe der partiellen Ableitungen $F_x(x)$,
in der Regel in analytischer Form, sowie deren Stetigkeit.

Welches ist die beste direkte Suchstrategie?

Oft kann aber das Modell nur in algorithmischer Form angegeben werden, Ableitungen sind nicht verfügbar und über die Topologie läßt
sich keine Aussage machen, oder man weiß, daß Unstetigkeiten vorhanden sind. Dann können nur noch direkte Suchstrategien (hill-climbing
Verfahren) angewandt werden. Sie sind zum Teil heuristischer Natur,
und es gibt keine mathematisch fundierten Garantien für die Konvergenz zum (absoluten) Optimum. Ihre Existenz verdanken sie ihrer er-
folgreichen Erprobung in Einzelfällen und dem sehr großen Anwendungsbereich.

Da es auch unter ihnen noch eine ganze Reihe verschiedener Strate-
giekonzepte gibt, wäre ein numerischer Vergleich der Sicherheit und
des Aufwandes anhand von möglichst vielen Testmodellen für den poten-

tiellen Anwender von großem Nutzen. Ein solcher Vergleich wurde
durchgeführt (1). Beteiligt waren die in Tabelle 1 aufgeführten
Strategien bzw. deren Varianten.

Abkürzung	Strategie/Variante
FIBO	Gauß-Seidel Strategie mit Fibonacci-Suche
GOLD	Gauß-Seidel Strategie mit Teilung nach dem Goldenen Schnitt
LAGR	Gauß-Seidel Strategie mit Lagrangescher Interpolation
HOJE	Strategie von Hooke und Jeeves
DSCG	Davies-Swann-Campey Strategie mit Gram-Schmidt Orthonormierung
DSCP	Davies-Swann-Campey Strategie mit Palmer Orthonormierung
POWE	Strategie der konjugierten Richtungen von Powell
DFPS	Strategie der variablen Metrik von Davidon, Fletcher, Powell und Stewart
SIMP	Simplex-Strategie von Nelder und Mead
ROSE	Strategie von Rosenbrock
COMP	Complex-Strategie von M.J.Box
EVOL	(1+1)-Evolutionsstrategie
GRUP	(10,100)-Evolutionsstrategie ohne Rekombination
REKO	(10,100)-Evolutionsstrategie mit Rekombination

Tabelle 1: Liste der am Test teilnehmenden Optimierstrategien

Wie lauten die Testergebnisse?

Die Abb. 1 zeigt den Rechenaufwand für ein quadratisches Testproblem
in Abhängigkeit von der Anzahl der Parameter. Bei nur wenigen Variablen sind die Ergebnisse noch sehr uneinheitlich. Das erklärt die
kontroversen Aussagen vieler älterer Einzeluntersuchungen. Ist die
Zahl der Parameter nur groß genug, dann erkennt man jedoch die durch
ausgezogene Linien angedeuteten Tendenzen sehr deutlich.

Generell steigt die Rechenzeit, die benötigt wird, mit der dritten
Potenz der Parameterzahl an. Dieses Verhalten läßt sich theoretisch
begründen und prinzipiell nicht verbessern. Allerdings fallen mehrere
Strategien aus diesem Rahmen, die meisten wegen noch stärkerer Zunahme des Aufwands, eine hingegen durch besonders günstiges Abschnei-
den. Es handelt sich um die Strategie der variablen Metrik, deren

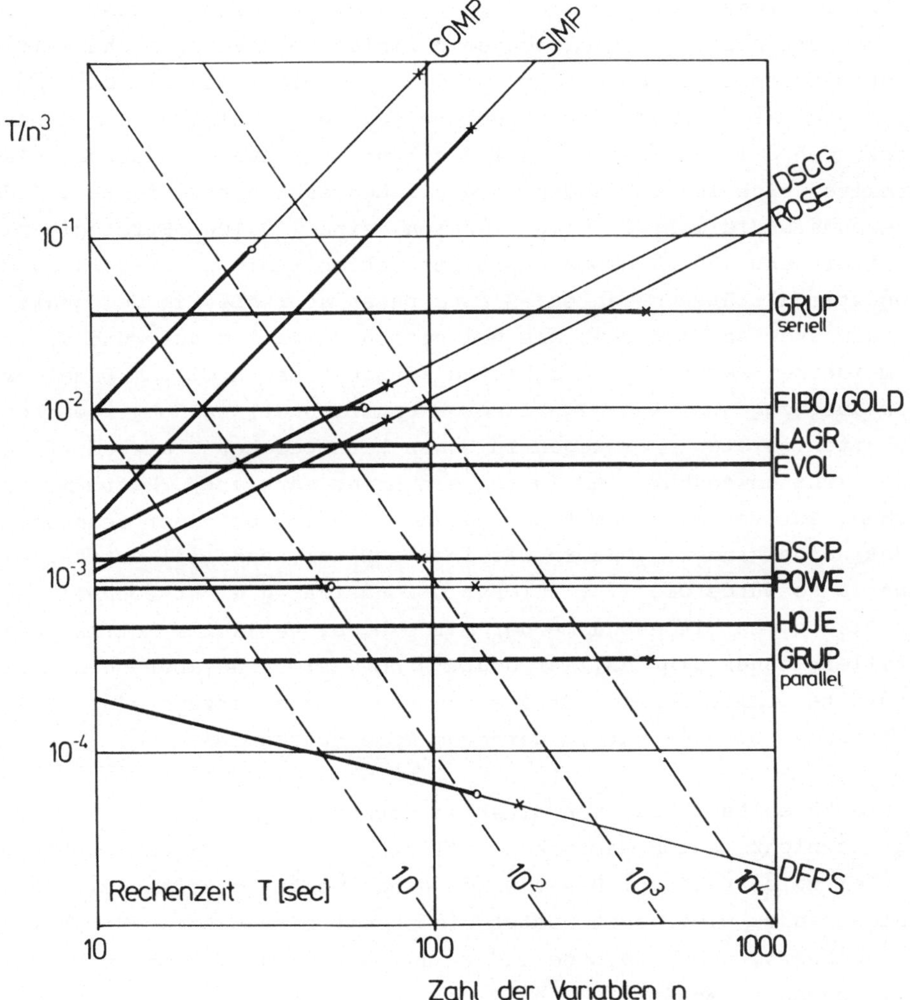

Abb. 1. *Benötigte Rechenzeit in Abhängigkeit von der Parameterzahl für die Erzielung einer vorgegebenen Approximation an die Lösung eines quadratischen Optimierproblems*

Bedeutung der Symbole:

o   Strategie versagt bei höherer Parameterzahl

x   Kernspeicher-Platzbedarf überschreitet 30 K Worte

Iterationsschema speziell auf quadratische Probleme abgestimmt ist.
Aus den strichliert eingezeichneten Linien konstanter Rechenzeit erkennt man den engen Spielraum für die Variablenzahl, bei der man
optimieren kann. Praktische Probleme führen oftmals zu noch höheren
Konstanten c in der Beziehung $T = c \cdot n^3$. Die Evolutionsstrategien
verhalten sich in der Tendenz wie die Mehrzahl der Verfahren, jedoch
- besonders die mehrgliedrige Version, eine (10,100)-Strategie mit
10 Eltern und 100 Nachkommen pro Generation - mit einer relativ hohen
Proportionalitätskonstanten. Sie versagen aber nie, im Gegensatz zu
einigen anderen Methoden, die bei vielen Variablen aufgrund von un-
vermeidbaren Rechenungenauigkeiten (durch einen Kreis am Ende der
dick ausgezogenen Tendenzgeraden gekennzeichnet) in Konvergenzschwie-
rigkeiten geraten oder wegen zu hohen Kernspeicher-Platzbedarfs gar
nicht mehr anwendbar sind (durch ein Kreuz markiert). Hätte man einen
Rechner zur Verfügung, mit dem man die Nachkommen einer Generation
nicht nacheinander, sondern wie in der Natur, parallel durchspielen
könnte, so würde die (10,100)-Evolutionsstrategie zur schnellsten
der Strategien mit Ausnahme der Methode der variablen Metrik. Solche
Parallelrechner gibt es zwar heute schon, sie sind aber noch wenig
verbreitet. Alle übrigen Strategien können die Vorzüge eines Parallel-
rechners nicht oder nur in geringem Maße nutzen.

Um die Zuverlässigkeit von direkten Suchstrategien zu ermitteln, genügt es nicht, solch einfachen Fall wie ein quadratisches Optimierproblem zu betrachten. Daher wurde eine zweite Testreihe mit 50 verschiedenen schwierigeren Testproblemen mit bis zu sechs Variablen
durchgeführt, wobei 28 ohne und 22 mit Nebenbedingungen in Form von
Ungleichungen behaftet waren. Tabelle 2 zeigt die zusammenfassende
Auswertung. Angegeben ist, wieviele Aufgaben im Rahmen der Rechner-
genauigkeit exakt gelöst und wieviele nicht gelöst wurden. Die restlichen Optima wurden jeweils mehr oder weniger ungenau angenähert.
Für Einzelheiten in diesem Zusammenhang muß auf (1) verwiesen werden.

Hier zeigt sich deutlich der Vorteil der Evolutionsstrategien, die
praktisch nie versagten, während so hochgezüchtete Verfahren wie die
von Davies-Swann-Campey, Powell und Davidon-Fletcher-Powell zum Teil
in numerische Schwierigkeiten gerieten, was sich beispielsweise durch
das Auftreten von Divisionen durch Null äußerte. Nur zwei Aufgaben
mit Nebenbedingungen - hier sind nur noch fünf von vierzehn Suchstrategien anwendbar - wurden auch mit den Evolutionsstrategien nicht ge-

Strategie	Anzahl der			
	exakt	nicht	exakt	nicht
	gelösten Aufgaben			
	ohne		mit	
	Nebenbedingungen			
FIBO	3	9		
GOLD	4	9		
LAGR	2	7		
HOJE	6	2	nicht direkt	
DSCG	11	2		
DSCP	12	2	anwendbar	
POWE	4	7		
DFPS	5	6		
SIMP	7	2		
ROSE	11	2	4	2
COMP	5	2	6	4
EVOL	17	0	10	3
GRUP	18	0	10	2
REKO	23	0	16	2

Tabelle 2: Zusammengefaßte Ergebnisse des Zuverlässigkeitstests im
Hinblick auf lokale Konvergenz (28 Probleme ohne und 22
mit Nebenbedingungen; Strategie-Namen wie in Tabelle 1)

löst. Es handelte sich um lineare Programmierungsaufgaben, deren Lösung in einer Ecke des durch die Restriktionen aufgespannten Poly-
eders liegen. Dadurch wird der Spielraum für zulässige Mutationen so
stark eingeschränkt, daß schon vor Erreichen des Optimums schließlich selbst bei nur relativ wenigen Variablen praktisch keine Verbesserungen mehr möglich sind.

Zeigte sich schon beim Auffinden lokaler Minima/Maxima eine deutliche
Überlegenheit der mehrgliedrigen über die zweigliedrige Evolutionsstrategie, so wird dies noch deutlicher bei den in Tabelle 3 gegen-
übergestellten Ergebnissen für acht Probleme mit mehreren lokalen
Optima.

Strategie Problem Nr.	FIBO	GOLD	LAGR	HOJE	DSCG	DSCP	POWE	DFPS	SIMP	ROSE	COMP	EVOL	GRUP	REKO
1	L1	L1	L3	L1	L7	L7	L1	L3	L1	L6	L1	Lm	G	G
2	L1	L1	L1	L1	L1	L1	L1	L1	L1	L1	L1	L1	G	G
3										L4	L1	Lm	G	G
4										G	G	G	G	G
5										L1	L1	L1	G	G
6										L	G	G	G	G
7										L3	L1	L2	G	G
8										L2	Lm	Lm	GL	GL

Tabelle 3: Ergebnisse des Tests auf globale Konvergenz
(Strategienamen wie in Tabelle 1)
Bedeutung der Symbole:

L   Suche konvergiert gegen lokales Minimum

L3   Suche konvergiert gegen das 3. lokale Minimum
(Zählung der Reihenfolge nach absteigenden Ziel-
funktionswerten)

Lm   Suche konvergiert gegen verschiedene lokale Minima
je nach Zufallszahlen

G   Suche konvergiert gegen globales Minimum

GL   Suche konvergiert gegen lokales oder globales Minimum je nach Zufallszahlen

Die zweitgliedrige Strategie hat, wie auch alle deterministischen Verfahren, im wesentlichen nur lokale Konvergenzeigenschaften. Zwar bietet die mehrgliedrige Strategie keine Sicherheit, stets das globale
Optimum zu erreichen, besonders wenn die Zahl der Variablen groß und
die räumliche Umgebung dieses globalen Optimums klein im Verhältnis zum
gesamten Suchraum ist, aber sie hat doch eine gegenüber allen anderen
Methoden deutlich höhere Erfolgsquote.

Welches ist die beste Version der Evolutionsstrategie(n)?

Hat man einen Parallelrechner zur Verfügung, so ist die Frage eindeutig zu beantworten: Die mehrgliedrige Evolutionsstrategie ist vorzuziehen, weil sie schneller *und* sicherer ist. Bei den heute üblichen,
seriell arbeitenden Rechenanlagen hingegen muß man Aufwand und Zuver-

lässigkeit gegeneinander abwägen. Die richtige Wahl wird von der aktuellen Problemstellung abhängen.

Vergleicht man die beiden Varianten der mehrgliedrigen Strategie - ohne und mit Rekombinationsmechanismus - miteinander, so bringt der zusätzliche Freiheitsgrad bei Rekombination gleichzeitig höheren Rechenaufwand und höhere Zuverlässigkeit mit sich.

Die Abb. 2 soll die Unterschiede zwischen den einzelnen Varianten der Evolutionsstrategie verdeutlichen helfen. Links oben ist für den einparametrigen Fall die um den Ausgangspunkt $x^{(o)}$ wirkende Wahrscheinlichkeitsdichtefunktion w aufgetragen. Ihr einziger Parameter ist die Standardabweichung σ, der die Breite der Normalverteilung bestimmt und im folgenden als (mittlere) Mutationsschrittweite bezeichnet wird. Die Streuung σ^2 wird bei der zweigliedrigen Evolutionsstrategie durch die Erfolgsquote gesteuert ($\underline{2}$; siehe auch Beitrag von I.RECHENBERG). Im mehrgliedrigen Evolutionsschema, das dem Populationsprinzip Rechnung trägt, können die Streuungen - als Strategievariable - ebenso wie die Objektvariablen in den Mutationsmechanismus einbezogen werden. Im einfachsten Fall gibt es nur eine Strategievariable, also eine Standardabweichung σ, die auf alle zufälligen Änderungen der Objektvariablen x_i angewendet wird. Die im Test mit GRUP bezeichnete Variante arbeitet in dieser Weise.

Rechts oben in Abb. 2 ist dies für eine Optimieraufgabe mit zwei Parametern im Höhenlinienbild der Zielfunktion dargestellt durch einen Kreis mit dem Radius σ, einer Linie konstanter Wahrscheinlichkeitsdichte, die sich aus dem horizontalen Schnitt der ja nun zweidimensionalen Gauß'schen Glockenkurve ergibt. Links unten in der gleichen Abbildung sind die Streuungen für die Änderungen der beiden Variablen verschieden groß. Die Linien gleicher Wahrscheinlichkeitsdichte werden zu Ellipsen. Im mehrgliedrigen Evolutionsschema kann man allein schon durch Nachahmung des Rekombinationsprinzips erreichen, daß sich die Mutationsschrittweiten einzeln den jeweiligen örtlichen Gegebenheiten der Zielfunktionstopologie anpassen. Die Variante REKO der mehrgliedrigen Strategie gewinnt durch diesen zusätzlichen Freiheitsgrad, der eine Skalierung der (mittleren) Schrittweiten erlaubt, eine gegenüber GRUP noch erhöhte Konvergenzzuverlässigkeit. Rechts unten in Abb. 2 schließlich ist eine im obigen Test noch nicht enthaltene Variante der Evolutionsstrategie anhand der nun allgemeinsten Form der

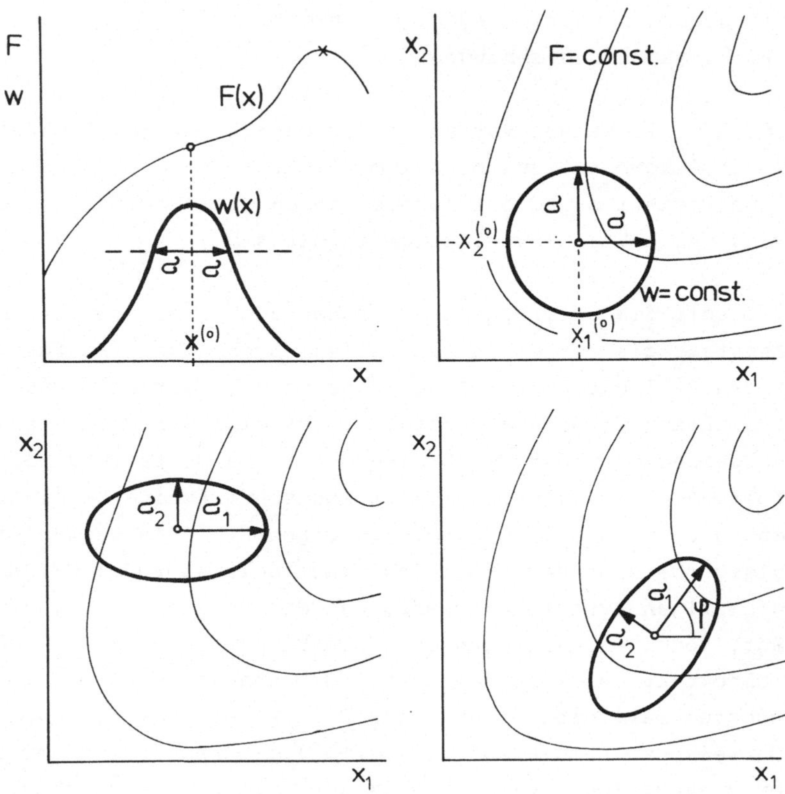

Abb. 2. Schematische Darstellung der Wirkungsweise der Evolutionsstrategien

Bedeutung der Symbole:

$x(x_1,x_2)$ Variable, Parameter

F Zielfunktion (links oben bei einparametriger Funktion direkt,
*   sonst als Höhenlinien F=const. dargestellt)*

w Wahrscheinlichkeitsdichtefunktion für die Mutationen
*   (Abweichungen vom Ausgangspunkt)*

$\sigma(\sigma_1,\sigma_2)$ Standardabweichung(en) der Mutationsschrittweiten

ϕ Lagewinkel der Streuungsellipse

$x^{(o)}$ Ausgangspunkt der jeweiligen Mutation (Iteration)

Normalverteilung dargestellt. Die Streuungsellipse, bzw. im mehrdimensionalen Fall das Streuungsellipsoid, kann beliebig im Variablenraum orientiert sein und der mehrgliedrigen Strategie zu Eigenschaften ähnlich denen der Optimierverfahren mit variabler Metrik verhelfen. Als Analogon im biologischen Bereich lassen sich die mit Pleiotropie und Polygenie bezeichneten Phänomene interpretieren. Zur Realisierung dieses zusätzlichen Freiheitsgrades muß der Lagewinkel ϕ der Hauptachse der Streuungsellipse ebenfalls als Strategievariable dem Mutationsprozeß unterworfen werden. Dies kostet, ebenso wie die jeweils notwendige Koordinatentransformation, welche zu miteinander korrelierten Änderungen der Objektvariablen führt, zusätzlichen Rechenaufwand. Die Anzahl der Winkel ϕ steigt quadratisch mit der Parameterzahl (n) der Zielfunktion, wenn man die volle Variabilität aufrechterhalten will. Es sind aber viele Zwischenformen denkbar. Erste Tests haben gezeigt, daß es oft genügt, mit nur zwei Einzelstreuungen und n-1 Lagewinkeln zu operieren. Dann kann, je nach Aufgabenstellung, der Gewinn an Konvergenzgeschwindigkeit bereits so groß sein, daß selbst bei serieller Arbeitsweise und trotz des oben genannten Mehraufwandes diese mehrgliedrige Evolutionsstrategie schneller zum Optimum führt als die einfachste Form der zweigliedrigen Strategie. Obwohl Geschwindigkeit und Sicherheit an sich kontradiktorische Gegensätze bilden, geht die Zuverlässigkeit auch bei "pathologischen" Zielfunktionen nicht verloren, weil die bevorzugten Richtungen stets durch zufallsbedingte Abweichungen überlagert bleiben.

Was ist zu tun, wenn nicht Parameter sondern Funktionen gesucht sind?

Simulationsmodelle, bei denen sich Beziehungen zwischen den Systemgrößen nicht nur durch einfache Gleichungen, sondern vielmehr auch durch Differential- oder Integralgleichungen ausdrücken lassen, passen zunächst nicht in das bisher dargestellte Konzept. Die Variablen sind hier nicht mehr nur Parameter, sondern Funktionen, und die Zielfunktion wird zur Funktionenfunktion, zum Funktional. Für einfache Optimieraufgaben in diesem Zusammenhang hilft die Variationsrechnung, so wie bei Parameteraufgaben die Differentialrechnung. Darüber hinaus gibt es nur noch für ganz spezielle Aufgabentypen geschlossene Lösungsverfahren wie das Pontryagin'sche Maximumprinzip. Im allgemeinsten Fall kann man jedoch auch hier nur iterativ zu einem Optimum gelangen. Dazu müssen die zur Variation zugelassenen Funktionen entweder diskretisiert oder parametrisiert werden. Das heißt, eine Funktion wird ersetzt durch eine stückweise stetige (z.B. lineare) Funktion, die durch Funktionswerte an festgelegten Stützstellen determiniert oder aber durch einen gewählten Funktionentyp (z.B. ein Polynom), dessen Form durch Koeffizienten bestimmt wird. In beiden Fällen sind die letztlich zu findenden Größen Parameter, so daß die oben dargelegten Optimierverfahren anwendbar werden. Einige denkbare Zielformulierungen für solche dynamischen Modelle sind in (3) diskutiert. Darum soll hier nicht weiter darauf eingegangen werden.

Ist die Evolutionsstrategie schon für praktische Aufgabenstellungen eingesetzt worden?

Experimentelle Aufgabenstellungen waren der Ausgangspunkt für die Verwirklichung der ersten Ideen zu einer Optimierstrategie nach dem Vorbild der biologischen Evolution. Hier wurde sie auch zuerst für die Lösung praktischer Probleme eingesetzt (2; siehe auch Beitrag von I. RECHENBERG). Inzwischen wird sie jedoch in ebenso starkem Maße angewendet auf Optimierungsaufgaben, die sich rechnerisch oder algorithmisch durch Simulationsmodelle darstellen lassen. Einige Hinweise auf erfolgreiche Einsatzbeispiele sollen diese Darstellung abrunden:

1. Optimale Auslegung des Cores von Natrium-gekühlten schnellen Brutreaktoren (4)
2. Optimale Allokation von Investitionsmitteln auf verschiedene Gesundheitsprogramme in Kolumbien (5)
3. Curve fitting durch Kombination eines least squares Verfahrens mit der Evolutionsstrategie (6)
4. Gewichtsminimale Auslegung von Leichtbau-Tragwerken, zum Teil in Kombination mit linearer Programmierung (7,8)
5. Optimale Formgebung von Tonnenschalen aus Stahlbeton (9)
6. Optimale Auslegung von Viergelenkgetrieben (10)
7. Lösung eines Systems nichtlinearer Differentialgleichungen durch Approximation (11)
8. Optimale Gestaltung von Armprothesen (12; siehe auch Beitrag von U. BRUDERMANN).

Literatur

1. SCHWEFEL, H.P.: Numerische Optimierung von Computermodellen -
   mit einer vergleichenden Einführung in die Hill-Climbing- und
   Zufallsstrategien, Birkhäuser Verlag, Basel und Stuttgart, 1977.
2. RECHENBERG, I.: Evolutionsstrategie - Optimierung technischer
   Systeme nach Prinzipien der biologischen Evolution, Verlag
   Frommann-Holzboog, Stuttgart, 1973.
3. SCHMITZ, K. et al.: A Model System for Analysing the Development of the Energy System in the Federal Republic of Germany,
   Proceedings of the IIASA workshop on Energy Strategies Con-
   ception and Embedding, International Institute for Applied
   Systems Research, Laxenburg/Österreich, Mai 1977.
4. HEUSENER, G.: Optimierung natriumgekühlter schneller Brutreaktoren mit Methoden der nichtlinearen Programmierung, Bericht
   Nr. NFK 1238, Kernforschungszentrum Karlsruhe, Juli 1970.
5. SCHWEFEL, D. et al.: Gesundheitsplanung im Departamento del
   Valle del Cauca, Bericht des Deutschen Instituts für Entwick-
   lungspolitik, Berlin, Juli 1972.
6. PLASCHKO, P., WAGNER, K.: Evolutions-Linearisierungs-Programm
   zur Darstellung von numerischen Daten durch beliebige Funktionen, Bericht Nr. DLR-FB-73-55, Deutsche Forschungs- und Ver-
   suchsanstalt für Luft- und Raumfahrt (DFVLR), Porz-Wahn, 1973.
7. LEYßNER, M.: Über den Einsatz linearer Programmierung beim Entwurf optimaler Leichtbaustabwerke, Dr.-Ing. Dissertation, Technische Universität, Berlin, Juni 1974.
8. HÖFLER, A.: Formoptimierung von Leichtbaufachwerken durch Einsatz einer Evolutionsstrategie, Dr.-Ing. Dissertation, Technische Universität Berlin, Juni 1976.
9. HARTMANN, D.: Optimierung balkenartiger Zylinderschalen aus
   Stahlbeton mit elastischem und plastischem Werkstoffverhalten,
   Dr.-Ing. Dissertation, Universität Dortmund, Juli 1974.
10. ANDERS, U.: Lösung getriebesynthetischer Probleme mit der Evo-
    lutionsstrategie, Feinwerktechnik und Meßtechnik $\underline{85}$,2 (März
    1977), 53-57.
11. RODLOFF, R.K.: Bestimmung der Geschwindigkeit von Versetzungs-
    gruppen in neutronen-bestrahlten Kupfer-Einkristallen, Dr.rer.
    nat. Dissertation, Technische Universität Braunschweig, Sept.
    1976.
12. BRUDERMANN, U.: Analytische Bestimmung der geometrischen und
    kinematischen Systemparameter für fremdenergetisch angetrie-
    bene Ganzarmprothesen unter Berücksichtigung von vorhandenen
    sowie neuentwickelten Ansteuerprinzipien und konstruktiven Lö-
    sungen, Dissertation, Medizinische Hochschule, Hannover, 1977.

Auf der Zufallssuche basierende Evolutionsprozesse

U.G. Oppel, M. Hohenbichler

Durch den Menschen betriebene Entwicklungen verlaufen mehr oder weniger zielgerichtet und sind im Verlauf ihrer Geschichte in ganz verschiedenem Maße dem Zufall unterworfen. Man denke beispielsweise an die Entwicklung vom Radkarren zum Automobil und vom Transistor über die integrierte Schaltung zum Mikroprozessor; man denke aber auch an deterministische Optimierungsverfahren und an den planvollen Einsatz des Zufalls bei den auf der Methode der Zufallssuche (englisch: random search) basierenden Evolutionsstrategien zur experimentellen oder numerischen Optimierung, die Sie in den vorangegangenen Vorträgen von I. RECHENBERG und H.P. SCHWEFEL bereits kennengelernt haben.

Auch in der Natur betrachtet man Entwicklungen, wie beispielsweise die Bildung des Lebens auf der Erde, die Evolution der Pflanzen- und Tierarten, die genetische Entwicklung von Tierpopulationen und die Bildung von RNA bei Evolutionsexperimenten.

Über die allgemeinen Prinzipien, nach denen die biologische Evolution abgelaufen ist und abläuft, gibt es recht verschiedene Meinungen: "Die Evolution des Lebens muß als zwangsläufiger Prozeß angesehen werden. ... Naturgesetze steuern den Zufall." (EIGEN)

"Der reine Zufall, nichts als der Zufall, die absolute, blinde Freiheit ist die Grundlage des wunderbaren Gebäudes der Evolution. Das Universum trug weder das Leben noch den Menschen in sich." (MONOD)

"Die Evolution ... hat keinerlei finalistische Tendenz, sie kennt keinen automatischen oder universellen Fortschritt." (HUXLEY)

"Evolution ist - zumindest bis heute im Erfahrungsbereich aller menschlichen Wissenschaft - ein unaufhörliches beschleunigtes Wachstum von Mustern. Evolution hat also eine erkennbare, stets gleichbleibende Richtung: Sie läuft zu immer weiter vernetzten und komplexeren Zuständen der Materie dieser Welt." (BRESCH)

Definition:

a) Es heiße $(X,A;\Pi,G)$ eine *Evolution*, wenn gilt:

   (0.1) Es ist (X,A) ein Meßraum mit $D:=\{(x,x):\ x\in X\}\in A^2$.

   (0.2) $\Pi:=(\pi_n:\ n\in\mathbb{N})$ ist eine Folge von Übergangswahrscheinlich-
         keiten $\pi_n: X^n\times A \to [0,1]$ von (X^n,A^n) nach (X,A).

   (0.3) G: $X \to A$ ist eine Abbildung mit $G\in A^2$
         bei $G:=\bigcup_{x\in X}\{x\}\times G(x)$.

b) (X,A) heiße *Zustandsraum*, Π *Mutation* und G *Niveau* der Evolution
   $(X,A;\Pi,G)$.

c) Die Folge $P:=(P_n:\ n\in\mathbb{N})$ von Abbildungen $P_n: X^n\times A \to [0,1]$ mit
   $P_n(x_1,\ldots,x_n;A):=\pi_n(x_1,\ldots,x_n;A\cap G(x_n))+\pi_n(x_1,\ldots,x_n;X\smallsetminus G(x_n))\,\delta_{x_n}(A)$,
   wobei δ_{x_n} das in x_n konzentrierte Dirac-Maß bedeutet,

   heiße die zu der Evolution $(X,A;\Pi,G)$ gehörige *Selektion*.

Da die Abbildungen $P_n:X^n\times A \to [0,1]$ Übergangswahrscheinlichkeiten
sind, existiert zu jedem $x\in X$ nach einem Satz von C. IONESCU-TULCEA
genau ein Wahrscheinlichkeitsmaß $\mathbb{P}^X$ auf der Produkt-σ-algebra $A^{\mathbb{N}}$ mit

$$\mathbb{P}^X(A_1\times A_2\times\ldots A_n\times X\times\ldots) =$$

$$= \int_{A_1}\int_{A_2}\cdots\int_{A_n} P_{n-1}(x_1,\ldots,x_{n-1};dx_n)\cdots P_1(x_1;dx_2)\,\delta_x(dx_1)\ .$$

Sei $Y_n:X^{\mathbb{N}} \to X$ mit $(x_k:\ k\in\mathbb{N}) \to x_n$ die kanonische Projektion. Wir

nennen $\mathbb{P}^X$ oder $(X^{\mathbb{N}},A^{\mathbb{N}}, \mathbb{P}^X;\ Y_n:\ n\in\mathbb{N})$ den in $x\in X$ startenden *kanonischen Evolutionsprozeß* zu der Evolution
$(X,A;\Pi,G)$ mit der Selektion P . Es gilt:

   (0.4) $\mathbb{P}^X(\{\omega\in X^{\mathbb{N}}:\ Y_{n+1}(\omega)\in G(Y_n(\omega))\cup\{Y_n(\omega)\}\})=1$

         für alle $x\in X$ und alle $n\in\mathbb{N}$.

In Anwendungen beschreibt X die Menge der Zustände eines technischen
oder biologischen Systems. Ein Element $\omega:=(x_n:\ n\in\mathbb{N})$ aus $X^{\mathbb{N}}$ beschreibt
einen Evolutionsverlauf des Systems; $Y_n(\omega)=x_n$ gibt den Zustand zur
Zeit n an. Weiter beschreibt $\pi_n(x_1,\ldots,x_n;\ .\ )$ die Art der Zufallssuche oder Mutation zur Zeit n bei der Vorgeschichte $x_1,\ldots,x_n$.

Schließlich beschreibt G(x) das (Qualitäts-) Niveau des Zustandes x;

in Anwendungen wird G oft durch eine Qualitätsfunktion $Q: X \to R$ mit
Werten in einem halbgeordneten Raum $(R,>)$ beispielsweise durch $G(x):=$
$\{y\epsilon X: Q(y)>Q(x)\}$ erzeugt, und für ein derartig definiertes Niveau
gilt die "Irreversibilitätsbedingung"

(0.5) $\quad G(y) \subset G(x)$ $\quad$ für alle $y\epsilon G(x)$.

Bei $G(x):=X$ für alle $x\epsilon X$ ist $\pi_n=P_n$ für alle $n\epsilon\mathbb{N}$. Jeder in einem Zustand $x\epsilon X$ startende stochastische Prozeß mit diskreter Zeit und dem
Zustandsraum X kann beschrieben werden durch ein Wahrscheinlichkeits-
maß $\mathbb{P}$ auf $A^{\mathbb{N}}$; und ein solches Wahrscheinlichkeitsmaß $\mathbb{P}$ kann man (bei
vernünftigen topologischen Voraussetzungen durch Bildung bedingter
Verteilungen) stets durch eine Folge $(P_n: n\in \mathbb{N})$ von Übergangswahrscheinlichkeiten $P_n: X^n\times A \to [0,1]$ als Wahrscheinlichkeitsmaß $\mathbb{P}^x$ in
der obigen Form darstellen; man kann damit also *jeden* in x starten-
den stochastischen Prozeß als einen kanonischen Evolutionsprozeß im
oben definierten Sinne (mit dem Niveau $G\equiv X$) darstellen. Wird das
Niveau G durch eine Qualitätsfunktion $Q: X \to R$ mit Werten in einem
(halb-)geordneten Raum $(R,>)$ beschrieben, so beschreibt der kanonische Evolutionsprozeß die aus den Vorträgen von I. RECHENBERG und
H.P. SCHWEFEL bekannte und als Evolutionsstrategie bezeichnete Pro-
dezur:

Ein technisches oder biologisches System habe den Zustandsraum X.
Die Qualität $Q(x)$ eines Zustandes $x\epsilon X$ werde beschrieben durch eine
Funktion $Q: X \to R$. Sei $G(x):=\{y\epsilon X: Q(y)>Q(x)\}$. Wir starten in dem
Zustand $x_1:=x$ und möchten zu einem Zustand x_2 von besserer Qualität
$Q(x_2)$ gelangen. Dazu gehen wir zunächst gemäß der (Such- oder Mu-
tations-) Wahrscheinlichkeit $\pi_1(x_1;.)$ zu einem Zustand y_2 über;
$\pi_1(x_1;A)$ ist die Wahrscheinlichkeit, von x_1 dabei zu einem solchen
Zustand in A zu gelangen. Dann berechnen oder messen wir die Quali-
tät $Q(y_2)$ von y_2. Ist $Q(y_2)>Q(x_1)$ und damit $y_2\epsilon G(x_1)$, so bleiben wir
in y_2 und setzen $x_2:=y_2$. Ist aber $Q(y_2)\leq Q(x_1)$ und damit $y_2\epsilon X\setminus G(x_1)$,
so kehren wir nach x_1 zurück und setzen $x_2:=x_1$. $P_1(x_1;A)$ ist die
Wahrscheinlichkeit, von x_1 dabei zu einem Zustand x_2 in A zu gelangen. Setzt man dieses Verfahren fort, so erhält man eine Folge
$(x_n: n\epsilon\mathbb{N})$ immer besserer Qualität; vgl. (0.4).

Wir wollen nun einige Eigenschaften von Evolutionsprozessen untersuchen. Dabei interessieren uns Bedingungen an die Mutation und an das
Niveau (und damit an die Selektion), welche uns Antworten auf Fragen
der folgenden Art geben:
Zum einen möchten wir wissen, ob der Evolutionsprozeß einen angestrebten Bereich im Zustandsraum (z.B. ein vorgegebenes Qualitäts-

niveau) von möglichst allen Startpunkten aus erreicht. Zum andern
möchten wir wissen, wie schnell der "Fortschritt" bei einer Evolution ist und ob der "durchschnittliche" Fortschritt zumindest nach
einiger Zeit vom Startpunkt unabhängig wird. Außerdem interessiert,
wie man Evolutionen beschreiben kann, bei denen eine Störung in Form
eines "Rauschens" auftritt, und wie das Rauschen den Evolutionsprozeß (Erreichbarkeit, Fortschrittsgeschwindigkeit) beeinflußt.

Zunächst sehen wir uns einige Erreichbarkeitsaussagen an. Sei $x \in X$
und $B \subset X$. Es erhebt sich die Frage, ob man im Laufe eines in x startenden Evolutionsprozesses nach B gelangen kann. Das wird abhängen
vom Startpunkt x, von B, von der Mutation Π und von dem Niveau G. Der
folgende Satz gibt schwache und allgemeine Bedingungen an Π, G und
B an, unter denen man von jedem x nach B im Laufe eines in x startenden Evolutionsprozesses mit Wahrscheinlichkeit 1 gelangen und
dort bleiben kann.

<u>Satz 1:</u>

Sei (X, A, Π, G) eine Evolution und $B \in A$ mit

(1.1) $G(x) \subset B \subset G(y)$ für alle $x \in B$ und alle $y \in X \smallsetminus B$

Dann gilt:

a) $\mathbb{P}^x \left(\bigcup_{\mu=1}^{m+1} \bigcap_{n > \mu} Y_n^{-1}(B) \right) \geq 1 - \prod_{\mu=1}^{m} \left(1 - \inf\{ \pi_\mu(x_1, \ldots, x_\mu; B) : x_i \in X \smallsetminus B \} \right)$

für alle $m \in \mathbb{N}$ und alle $x \in X$.

b) Ist zusätzlich

(1.2) $\sum_{n \in \mathbb{N}} \inf\{ \pi_n(x_1, \ldots, x_n; B) : x_i \in X \smallsetminus B \} = \infty,$

so ist $\mathbb{P}^x \left(\bigcup_{m \in \mathbb{N}} \bigcap_{n \geq m} Y_n^{-1}(B) \right) = 1$ für alle $x \in X$.

Die hinreichenden Bedingungen (1.1) und (1.2) sind für die Behauptung von Satz 1.b. nicht notwendig, wohl aber wesentlich. Der Leser
verschafft sich leicht fünf Beispiele für die den Zusammenhang von
Gültigkeit (+) bzw. Nichtgültigkeit (-) der Behauptung b. des Satzes
1 bei Vorliegen der Bedingungen (1.1) und (1.2) beschreibende Tabelle:

	Satz 1.b	B 1	B 2	B 3	B 4	B 5
(1.1)	+	+	−	+	−	−
(1.2)	+	−	+	−	+	−
Beh.	+	−	−	+	+	+

Bei Vorliegen von (1.1) kann jedoch (1.2) in offensichtlicher Weise
zu einer komplizierter zu formulierenden Bedingung (1,2') abge-
schwächt werden, die dann äquivalent mit der Gültigkeit der Behauptung b. des Satzes 1 ist; dies erkennt der Leser aus (0.4) und der
LEVYschen Verallgemeinerung des BOREL-CANTELLIschen Lemmas; vgl.
J. NEVEU ($\underline{4}$), Seite 152. Die Bedingung (1.2) folgt aus der in vielen Anwendungssituationen vorliegenden Bedingung

$$(1.3) \qquad \lim_{n \to \infty} \sup \quad \inf\{\pi_n(x_1,\dots,x_n;B): x_i \in X \setminus B\} > 0.$$

Aus "Erreichbarkeitssätzen" vom Typ des Satzes 1 erhält man bei den
bei Optimierungsproblemen üblicherweise gegebenen Bedingungen an die
Qualitätsfunktion (z.B. Stetigkeit, Beschränktheit des Zustandsraumes) und an die gegebene oder zu wählende Mutation (z.B. "uniform
random search") leicht Konvergenzsätze. Es gibt aber auch eine Reihe
von zur Behandlung von Optimierungsproblemen angewandten Mutationen,
welche die Bedingungen (1.2) oder (1.3) in mehr oder weniger hohem
Maße nicht erfüllen. Wir werden im folgenden für solche Situationen
einige Typen von Erreichbarkeitssätzen angeben. Wollen wir z.B. die
Bedingung (1.2) des Satzes 1 abschwächen, so müssen wir zusätzliche
Eigenschaften von der Mutation oder dem Niveau fordern. Betrachten
wir zunächst einen relativ einfachen Fall:

Sei $(X,A;\Pi,G)$ eine Evolution. Wir nennen eine meßbare Funktion q:
$(X,A) \to \mathbb{R}$ eine *ε-Niveauerzeugende* zu $(X,A;\Pi,G)$, wenn ein $\varepsilon > 0$ existiert mit $G(x) = \{y \in X : q(y) > q(x) + \varepsilon\}$ für alle $x \in X$. Der Meßraum (X,A)
heißt *separiert*, wenn die Diagonale D von X^2 aus A^2 ist. Wir betrachten nun eine speziellere Art von Evolution, die z.B. bei der Behandlung von Optimierungsproblemen nützlich erscheint. Eine Evolution $(X,A;\Pi,G)$ mit separiertem (X,A) heiße *Sprungevolution*, wenn
eine ε-Niveauerzeugende q hierzu existiert. Eine Sprungevolution
heiße *beschränkt*, wenn eine ε-Niveauerzeugende hierzu existiert,
welche nach oben beschränkt ist. Für solche Sprungevolutionen gilt
der folgende Satz, welcher eine Verallgemeinerung eines von J.MATYÁŠ
($\underline{3}$) formulierten und von DRIML-HANŠ ($\underline{1}$) bewiesenen Satzes ist:

Satz 2:

Ist $(X,A;\Pi,G)$ eine beschränkte Sprungevolution, so gilt:

a) Es existieren eine meßbare Abbildung $Y: (X^{\mathbb{N}},A^{\mathbb{N}}) \to (X,A)$ und ein $\Omega \epsilon A^{\mathbb{N}}$ derart, daß für alle $x \epsilon X$ und für jede Topologie T auf X gilt:

$\mathbb{P}^X(\Omega)=1$ und $T\text{-}\lim\limits_n Y_n(\omega) = Y(\omega)$ für alle $\omega \epsilon \Omega$.

b) Sei q eine beschränkte ε-Niveauerzeugende zu $(X,A;\Pi,G)$. Weiter existiere eine Übergangswahrscheinlichkeit $\pi: X \; A \to [0,1]$ von (X,A) nach (X,A) und eine Teilfolge $(\pi_m: m \epsilon M)$ von Π derart, daß für alle $\delta > 0$ bei $B_\delta := \{y \epsilon X: q(y) > \sup\limits_{z \epsilon X} q(z) - \delta\}$ gilt:

$$(2.1) \quad \pi_m(x_1,\ldots,x_m;B_\delta) \geq \pi(x_m,B_\delta) > 0$$

$$\text{für alle } x_m \epsilon X \smallsetminus B_\delta \, , \; (x_1,\ldots,x_{m-1}) \epsilon X^{m-1} \text{ und alle } m \epsilon M .$$

Dann gilt:

$$\mathbb{P}^X(\{\omega \epsilon X^{\mathbb{N}} : q(Y(\omega)) \geq \sup\limits_{z \epsilon X} q(z) - \varepsilon \})=1 \text{ für alle } x \epsilon X .$$

Auch hier verschafft sich der Leser leicht Beispiele, welche zeigen, daß die Bedingung (2.1) in Satz 2 zwar nicht notwendig, wohl aber wesentlich ist. Mit den Bedingungen (1.3) und (2.1) erfüllt die Mutation Π und das angestrebte Gebiet B eine Bedingung der "Erreichbarkeit in *einem* Schritt". Für viele interessante Evolutionen mathematischer, technischer und biologischer Art ist eine "Erreichbarkeit in einem Schritt" nicht gegeben. Bei solchen Evolutionen liegt aber oft so etwas wie eine "Erreichbarkeit in *mehreren* Schritten" vor Für solche Evolutionen werden wir nun zwei Erreichbarkeitssätze angeben, die bezüglich ihrer Voraussetzungen und besonders bezüglich der zu ihrem Beweis angewandten Methoden von verschiedenem Typ sind. Wie bei den Sätzen 1 und 2, so sind auch die bei den nachfolgenden Sätzen 3 und 4 gemachten Voraussetzungen zwar nicht notwendig, wohl aber wesentlich; auch hierzu verschafft sich der Leser leicht Beispiele. Diese Voraussetzungen werden aber dem Leser auf den ersten Blick als etwas kompliziert erscheinen, so daß ich zunächst eine diese Voraussetzungen motivierende Bemerkung machen möchte: In vielen Optimierungsproblemen führen die angewandten Zufallssuchverfahren auf eine Evolution des folgenden Typs (vgl. z.B. O.V. GUSEVA (2), Y.RU-BINSTEIN (9) und SAMOILOVA-SAUL'EV (10)) : X ist ein Teilgebiet von $\mathbb{R}^n$, das Niveau G wird durch eine Qualitätsfunktion q durch $G(x):=\{y \epsilon X: \; q(y) > q(x)\}$ erzeugt, die Mutationsübergangswahrscheinlichkeit π_n wird gegeben durch (z.B.) die Gleichverteilungen auf den Sphären

der Kugeln um die Zustände $x \in X$ mit dem Radius ρ_n. Bei den üblicherweise gemachten Voraussetzungen an die Qualitätsfunktion erhält man
geometrische Eigenschaften der Niveaubereiche derart, daß man - not-
falls unter Übergang zu einer anderen Qualitätsfunktion durch eine
Transformation - zu genügend großem n ein $\varepsilon_n > 0$ und ein $\beta_n > 0$ und
außerdem zu jedem x ein $H_n(x)$ so vernünftig auswählen kann, daß
$H_n(x_n) \subset \{y \in X: q(y) \geq q(x_n) + \beta_n\}$ und $\pi_n(x_1, \ldots, x_n; H_n(x_n)) \geq \varepsilon_n$ oder $= \varepsilon_n$
für alle x_n außerhalb des angestrebten Gebietes B gilt:

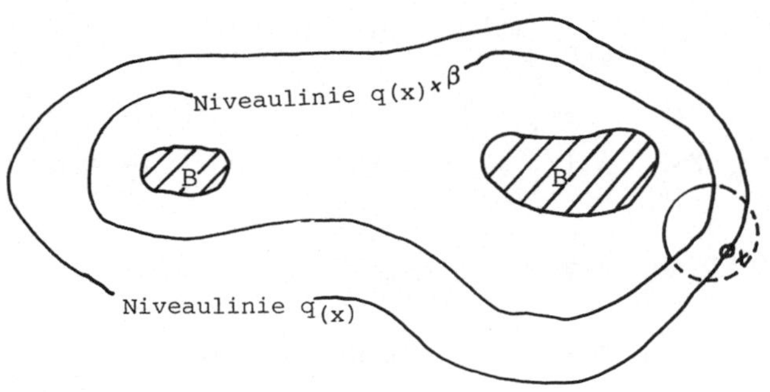

Ist $(X, A; \Pi, G)$ eine Evolution und q: $(X, A) \to \mathbb{R}$ eine meßbare Funktion
mit $G(x) = \{y \in X: q(y) > q(x)\}$ bzw. $G(x) = \{y \in X: q(y) \geq q(x)\}$, so nennen wir
q eine +- bzw. 0-*Niveauerzeugende* zu dieser Evolution.

<u>Satz 3:</u>

Sei $(X, A; \Pi, G)$ eine Evolution mit separiertem (X, A) und mit der +-
oder 0-Niveauerzeugenden q. Weiter sei $B := \{y \in X: q(y) \geq \alpha\}$ mit $\alpha \in \mathbb{R}$.
Es existiere ein C > 0 und eine Teilfolge $(\pi_m: m \in M)$ von Π derart, daß
für jedes $m \in M$ gilt:
Es existieren $\beta_m, \varepsilon_m > 0$ mit $\beta_m \leq C$ und eine Abbildung $H_m: X \setminus B \to A$ mit
mit $H_m := \bigcup_{x \in X \setminus B} \{x\} \times H_m(x) \in A^2$ mit den folgenden Eigenschaften:

(3.1) $H_m(x) \subset \{y \in X: q(y) \geq q(x) + \beta_m\}$ für alle $x \in X \setminus B$

(3.2) $\pi_m(x_1, \ldots, x_m; H_m(x_m)) = \varepsilon_m$ für alle $(x_1, \ldots, x_m) \in (X \setminus B)^m$

(3.3) $\sum_{m \in M} \beta_m \varepsilon_m = \infty$ oder $\sum_{m \in M} \beta_m^2 \varepsilon_m (1 - \varepsilon_m) = \infty$

Dann gilt:

a) $\mathbb{P}^x(\bigcup_{k\in\mathbb{N}} \bigcap_{n\geq k} Y_n^{-1}(B))=1$ für alle $x\in X$.

b) Für $x\in X$ B und für $n\in\mathbb{N}$ mit

$$(3.4)\qquad \sum_{m\in M_n} \beta_m \, \varepsilon_m > \alpha-q(x) \quad \text{bei } M_n:=\{m\in M:\ m+1\leq n\}$$

gilt für alle $\nu\in\mathbb{N}$ mit $\nu\geq n$:

$$\mathbb{P}^x(\{\omega\in X^{\mathbb{N}}:\ q\cdot Y_\nu(\omega)\leq\alpha\}\ ) \ \leq\ \frac{\displaystyle\sum_{m\in M_n} \beta_m^2 \, \varepsilon_m(1-\varepsilon_m)}{\left|(\alpha-q(x)) - \displaystyle\sum_{m\in M_n} \beta_m \, \varepsilon_m\right|^2}$$

Satz 4:

Es sei $(X,\mathcal{A};\Pi,G)$ eine Evolution mit der (0 oder +)-Niveauerzeugenden q. Es sei $(M_n:n\in\mathbb{N})$ eine strikt isotone Folge nichtleerer, endlicher Teilmengen von $\mathbb{N}$, d.h. es ist $m_n < m_{n+1}$ für alle $n\in\mathbb{N}$, $m_n\in M_n$ und $m_{n+1}\in M_{n+1}$. Dazu sei $M:=\bigcup_{n\in\mathbb{N}} M_n$. Weiter seien $(\rho_n:n\in\mathbb{N})$, $(\varepsilon_m:m\in M)$ und $(\beta_m:m\in M)$ Folgen in $\mathbb{R}_0^+$. Zu $x\in X$ und $r\in\mathbb{R}_0^+$ sei $B(x;r) := \{\hat{x}\in X:\ q(\hat{x})\geq q(x) + r\}$. Für ein $y\in X$ und ein $d\in\mathbb{R}_0^+$ seien die folgenden Bedingungen erfüllt:

$$(4.1)\qquad \pi_m(y,x_2,\ldots,x_m;\ B(x_m;\beta_m)) \geq \varepsilon_m$$

für alle $m\in M$ und alle $(x_2,\ldots,x_m)\in X^{m-1}$ mit

$$q(y) \leq q(x_2) \leq \ldots\ldots \leq q(x_m) < q(y)+d$$

$$(4.2.1)\qquad \sum_{m\in M_n} \beta_m \geq d \quad \text{für alle } n\in\mathbb{N}$$

$$(4.2.2)\qquad \prod_{m\in M_n} \varepsilon_m \geq \rho_n \quad \text{für alle } n\in\mathbb{N}$$

$$(4.2.3)\qquad \lim_{n\to\infty}\left[\prod_{i=1}^n (1-\rho_i)\right] = 0$$

Dann gilt

$$\mathbb{P}^y(\bigcap_{k\geq n} Y_k^{-1}(B(y;d))\ ) \ \geq 1 - \prod_{i=1}^m (1-\rho_i)$$

falls $n \geq \max(M_m)+1$

und damit auch

$$\mathbb{P}^y\left(\bigcup_{n\in\mathbb{N}}\ \bigcap_{k\geq n}\ Y_k^{-1}(B(y;d))\right)=1.$$

Die Bedingungen des Satzes könnten etwas verwirrend erscheinen, allerdings völlig zu Unrecht. Wir wollen sie deshalb noch etwas erklären und ordnen. Dazu wählen wir zunächst $n=1$ und schreiben M_1 in der Form $\{m_1,m_2,..,m_k\}$ mit $m_1<m_2<...<m_k$.

Wir nehmen jetzt an, wir befinden uns vor dem m_1-ten Mutationsschritt im Punkt x_{m_1}. Mit Wahrscheinlichkeit Eins ist $q(x_{m_1})\geq q(y)$. Wäre sogar $q(x_{m_1})\geq q(y)+d$, so hätten wir unser Ziel, nach $B(y;d)$ zu kommen (und dort zu bleiben), bereits erreicht. Im Falle, daß $q(y)\leq q(x_{m_1})<q(y)+d$ gilt, wissen wir fast sicher $q(y)\leq q(x_2)\leq...\leq q(x_{m_1})<q(y)+d$ und $x_1=y$.

Die Bedingung (4.1) besagt daher, daß wir uns vor dem m_1-ten Mutationsschritt bereits in $B(y;d)$ befinden oder uns im m_1-ten Mutationsschritt mit einer Wahrscheinlichkeit von mindestens ε_{m_1} um den Betrag β_{m_1} oder mehr in der Qualität verbessern. Bis zum m_2-ten Schritt verschlechtert sich die Qualität nicht. Falls wir nun vor dem m_2-ten Schritt nicht bereits in $B(y;d)$ angekommen sind, verbessern wir uns im m_2-ten Schritt gemäß (4.1) wieder mit einer Wahrscheinlichkeit von mindestens ε_{m_2} um den Betrag β_{m_2}. Die Wahrscheinlichkeit, vor dem m_2-ten Schritt nach $B(y;d)$ zu gelangen oder sich bis zum m_2-ten Schritt um mindestens $\beta_{m_1}+\beta_{m_2}$ zu verbessern, ist also mindestens $\varepsilon_{m_1}\cdot\varepsilon_{m_2}$.

Da nun wegen (4.2.1) gilt: $\beta_{m_1}+\beta_{m_2}+...+\beta_{m_k}\geq d$, ist die Wahrscheinlichkeit, spätestens im m_k-ten Schritt nach $B(y;d)$ zu kommen, mindestens $\varepsilon_{m_1}\cdot\varepsilon_{m_2}\cdot...\cdot\varepsilon_{m_k}$, wegen (4.2.2) also mindestens ρ_1. Es verbleibt also nur ein Anteil von $1-\rho_1$, der das Ziel noch nicht erreicht hat. Davon wird in den Mutationsschritten von M_2 und dazwischen wiederum ein Anteil von mindestens ρ_2 nach $B(y;d)$ gehoben. Unten, d.h. in $B(y;d)$, verbleibt nach dem letzten Schritt von M_2 höchstens noch ein Gesamtanteil von $(1-\rho_1)\cdot(1-\rho_2)$ etc.

Bedingung(4.2.3) besagt nun, daß der Anteil, der unten verbleibt, beliebig klein wird.

Da man den Grenzwert von unendlichen Produkten, wie in (4.2.3),nicht immer sofort erkennt, geben wir für die Bedingung (4.2.3) noch ein kurzes Kriterium an: Aus

$$(4.2.3^O): \qquad \sum_{i=1}^{\infty} \rho_i = \infty$$

folgt (4.2.3). Gilt zusätzlich für alle $i \in \mathbb{N}$: $\rho_i < 1$, so sind diese beiden Bedingungen sogar äquivalent: Insbesondere ist also (4.2.3) erfüllt, falls ein $\rho > 0$ existiert mit $\rho_i > \rho$ für alle $i \in \mathbb{N}$.

Neben "Erreichbarkeitsaussagen" vom Typ der Sätze 1-4 kann man für Evolutionsprozesse unter gewissen Voraussetzungen auch "Fortschrittsgeschwindigkeitsaussagen" erhalten. Wir nennen nun einige Sätze über das individuelle und über das globale asymptotische Verhalten des Fortschritts von Evolutionen.

Sei $(X, A; \Pi, G)$ eine Evolution mit der Niveauerzeugenden q: $X \to \mathbb{R}$. Für $n \in \mathbb{N}$ heißt $Q_n := q \circ Y_{n+1} - q \circ Y_n$ der *Fortschritt im n-ten Schritt*. Für $\omega \in X^{\mathbb{N}}$ heit $Q_n(\omega)$ der *ω-individuelle* Fortschritt im n-ten Schritt. Für $x \in X$ und $n \in \mathbb{N}$ heißt $\mathbb{E}^X(Q_n) := \int_{X^{\mathbb{N}}} Q_n(\omega) \, \mathbb{P}^X(d\omega)$ der *globale Fortschritt im*

n-ten Schritt bei Start in x. Weiter heißt für $\omega \in X^{\mathbb{N}}$ im Falle seiner (eigentlichen oder uneigentlichen) Existenz

$$Q_{\infty}(\omega) := \lim_{n \to \infty} \frac{1}{n} \sum_{\nu=1}^{n} Q_{\nu}(\omega) \quad \text{der } \textit{mittlere } \omega\textit{-individuelle}$$

Fortschritt bei Start in x. Und schließlich heißt $\emptyset_{\infty, x} := \lim_{n \to \infty} E^X(Q_n)$ im Falle seiner (eigentlichen oder uneigentlichen) Existenz der *asymptotische globale Fortschritt* bei Start in x.

Um Aussagen über den asymptotischen Fortschritt einfach formulieren zu können, beschreiben wir zunächst ein "stationäres Korridormodell". Wir fordern dabei eine besondere Struktur des Zustandsraumes (X, A) und der Selektion $P = (P_n : n \in \mathbb{N})$ und wählen außerdem eine spezielle Qualitätsfunktion.

<u>Voraussetzungen und Bezeichnungen</u> des *stationären Korridormodells*:

Es sei $(X,A) := (Z \times \mathbb{R}, Z \otimes B_1)$. Dabei ist (Z,Z) ein Meßraum, und B_1
bezeichnet wie üblich
die σ-Algebra der Borelschen Teilmengen von $\mathbb{R}$.
$pr_{\mathbb{R}}: X \rightarrow \mathbb{R}$ und $pr_Z: X \rightarrow Z$ seien die Projektionen von X nach $\mathbb{R}$
bzw. Z.
Auf X wird für jede reelle Zahl r noch eine "Translation um r" erklärt, nämlich für $r \in \mathbb{R}$ sei
$T_r: X \rightarrow X$ mit $T_r(x) := (pr_Z(x), pr_{\mathbb{R}}(x)+r)$ für alle $x \in X$.

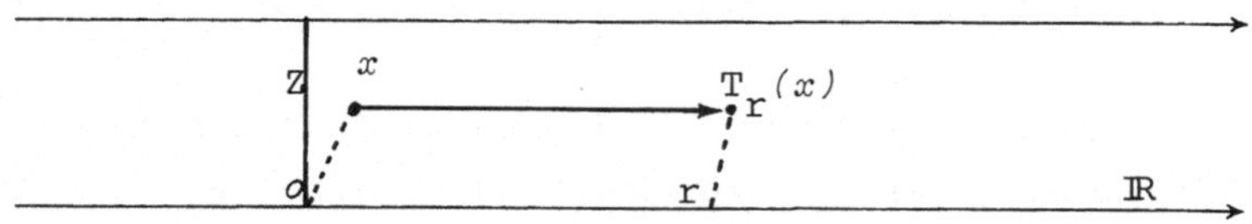

Für alle $r \in \mathbb{R}$ ist T_r bezüglich A bimeßbar.
Die Qualitätsfunktion q wird gegeben durch $q := pr_{\mathbb{R}}$; in Richtung der
reellen Achse von X steigt also die Qualität monoton.

Auch die Selektion $P = (P_n : n \in \mathbb{N})$ zur Evolution Π soll dem Zustandsraum X auf eine besonders einfache Weise angepaßt sein; wir stellen
nämlich an P die folgenden Voraussetzungen:

P sei *stationär und Markovsch*; es existiert also eine Übergangswahrscheinlichkeit p von (X,A) nach (X,A) so daß für alle $n \in \mathbb{N}$, $A \in A$ und
$(x_1, \ldots, x_n) \in X^n$ gilt:

(5.1.1) $P_n(x_1, \ldots, x_n; A) = p(x_n; A)$.

Außerdem sei die Übergangswahrscheinlichkeit p *translationsinvariant*,
d.h. für alle $r \in \mathbb{R}$, $x \in X$ und $A \in A$ ist

(5.1.2) $p(x,A) = p(T_r(x), T_r(A))$.

Eine weitere Bedingung, die wir der Einfachheit halber an die Selektion P stellen wollen, dient im wesentlichen nur der einfachen Formulierung des nachfolgenden Satzes: Es sei nämlich noch P eine Selektion zur Evolution Π bezüglich der $(0,+$ oder $\varepsilon)$-Niveauerzeugenden
$q = pr_{\mathbb{R}}$.

Auf Grund seiner "Translationsinvarianz" induziert p zwei weitere
Übergangswahrscheinlichkeiten, nämlich:

$\hat{p}$: $Z \times \mathcal{Z} \to [0,1]$ mit $\hat{p}(pr_Z(x); \cdot) := p(x; \cdot) \circ pr_Z^{-1}$ für $x \in X$

(Für $z \in Z$ und $S \in \mathcal{Z}$ ist also $\hat{p}(z;S) = p(x;pr_Z^{-1}(S))$ für

alle $x \in X$ mit $pr_Z(x) = z$)

und

$\overset{o}{p}$: $Z \times \mathcal{Z}_1 \to [0,1]$ mit $\overset{o}{p}(z; \cdot) := p((z,o); \cdot) \circ pr_{\mathbb{R}}^{-1}$

für $z \in Z$.

$\hat{p}$ beschreibt die Projektion des Evolutionsprozesses auf den
"Basisraum" Z. Wegen der Translationsinvarianz von p ist für
$x \in X$

$$\overset{o}{p}(pr_Z(x); \cdot) = p(x; \cdot) \circ T_{[-pr_{\mathbb{R}}(x)]}^{-1} \circ pr_{\mathbb{R}}^{-1} \; ,$$

woraus wir schließen können:

$\overset{o}{p}(pr_Z(x); \cdot)$ ist die Verteilung des Qualitätsfortschritts
Q_1 beim kanonischen Evolutionsprozeß $\mathbb{P}^x$, allgemeiner sogar die bedingte Verteilung von Q_n unter der Hypothese $Y_n = x$. Mit Hilfe von $\overset{o}{p}$
definieren wir jetzt zwei Abbildungen f und g, die wir im nächsten
Satz benötigen. Es seien

$$(5.2) \quad f\colon Z \to \mathbb{R}_o^+ \cup \{\infty\} \text{ mit } f(z) := \int r \, \overset{o}{p}(z;dr)$$
$$g\colon Z \to \mathbb{R}_o^+ \cup \{\infty\} \text{ mit } g(z) := \int r^2 \, \overset{o}{p}(z;dr) \; .$$

Damit sind $f(z)$ und $g(z)$ für alle $z \in Z$ erklärt, da $\overset{o}{p}(z;\mathbb{R}^-) = 0$ gilt
für alle $z \in Z$, und die Integration in (5.2) sich daher nur über nicht-
negative Funktionswerte erstreckt. Nach dem verallgemeinerten Satz
von FUBINI sind f und g sogar $\mathcal{Z}$-meßbar.

Die angegebenen Eigenschaften von $\overset{o}{p}$ lassen uns sofort die Bedeutung
von f und g erkennen. Für $x \in X$ ist $f(pr_Z(x))$ die Erwartung des Qualitätsfortschritts Q_1 beim kanonischen Prozeß $\mathbb{P}^x$ mit Start in x, $(g-f^2) \cdot$
$(pr_Z(x))$ die Varianz von Q_1. Entsprechend ist $f(pr_Z(x))$ die bedingte
Erwartung von Q_n unter der Hypothese $Y_n = x$ etc. Insbesondere ist
$f \geq 0$ und $g - f^2 \geq 0$.

Nun führen wir im Korridormodell noch die folgenden Bezeichnungen ein:
Für ein Wahrscheinlichkeitsmaß $\hat{\mu}$ auf $(Z,\mathcal{Z})$ definieren wir $\mathbb{P}^{\hat{\mu}}$ als den
kanonischen Prozeß auf $Z^{\mathbb{N}}$ *mit Startverteilung* $\hat{\mu}$ durch $\mathbb{P}^{\hat{\mu}}(\overset{\infty}{S}) := \int \mathbb{P}^z(\overset{\infty}{S}) \cdot$
$\hat{\mu}(dz)$ für $\overset{\infty}{S} \in \mathcal{Z}^{\mathbb{N}}$. $\mathbb{P}^{\hat{\mu}}$ ist ein Wahrscheinlichkeitsmaß auf $(Z^{\mathbb{N}}, \mathcal{Z}^{\mathbb{N}})$. $\mathbb{E}^{\hat{\mu}}(\mid)$
bezeichne die bedingten Erwartungen bezüglich $\mathbb{P}^{\hat{\mu}}$.
Schließlich sei noch τ_Z: $Z^{\mathbb{N}} \to Z^{\mathbb{N}}$ der Shift auf $Z^{\mathbb{N}}$ mit $\tau_Z((z_n:n \in \mathbb{N})) :=$
$(z_{n+1}:n \in \mathbb{N})$, und es sei $I_Z := \{\overset{\infty}{S} \in \mathcal{Z}^{\mathbb{N}}:\tau_Z^{-1}(\overset{\infty}{S}) = \overset{\infty}{S}\}$ die σ-Algebra der τ_Z-
invarianten Ereignisse auf $Z^{\mathbb{N}}$.

Für $n \in \mathbb{N}$ sei Z_n die n-te Projektion von $Z^{\mathbb{N}}$ nach Z. Mit Ψ bzeichnen wir die Projektion von $X^{\mathbb{N}}$ auf $Z^{\mathbb{N}}$; es ist also $\Psi((x_n : n \in \mathbb{N})) = (\text{pr}_Z(x_n) : n \in \mathbb{N})$.

Bei den gesuchten Aussagen über den asymptotischen globalen und individuellen Fortschritt interessieren uns insbesondere solche, die vom jeweiligen Startzustand des Systems unabhängig sind. Der Leser überlegt sich leicht Beispiele, daß ohne geeignete "Mischungseigenschaften" der Selektion P der asymptotische Fortschritt extrem vom jeweiligen Startpunkt abhängt. Unabhängig von den übrigen Eigenschaften des Korridormodells geben wir jetzt deshalb für stationäre Selektionen solche Mischungsbedingungen an:

Die Selektion P einer stationären und Markovschen Evolution sei gegeben durch die Übergangswahrscheinlichkeit p (Wir bezeichnen auch kurz "klein" p als Selektion). Ferner sei μ ein Wahrscheinlichkeitsmaß auf A. Dann heißt p bezüglich μ *mischend*, wenn $\mathbb{P}^X(\bigcap_{n \in \mathbb{N}} Y_n^{-1}(A))$

$= O$ gilt für alle $A \in A$ mit $\mu(A)=O$ und alle $x \in A$. Bei $\int p(x;A)\, \mu(dx) = \mu(A)$ für alle $A \in A$ bezeichnen wir μ als p-*invariant*.^{X}
Nach diesen Vorbereitungen können wir nun die beiden folgenden Sätze formulieren.

<u>Satz 5:</u> (Satz über den mittleren individuellen Fortschritt)

Es gelten die "Voraussetzungen und Bezeichnungen des Korridormodells". Darüber hinaus existiere auf (Z, Z) ein $\hat{p}$-invariantes Wahrscheinlichkeitsmaß $\hat{\mu}$, und die in (5.2) definierte Abbildung g sei $\hat{\mu}$-integrierbar, d.h. $\int g\, d\hat{\mu} < \infty$. Dann gilt für den mittleren individuellen Fortschritt Q_∞ bei $\overset{\infty}{\tilde{A}} := \{\omega \in X^{\mathbb{N}} : Q_\infty(\omega) = E^{\hat{\mu}}(f \circ Z_1 \mid I_Z) \circ \Psi(\omega)\}$:

Für jedes Wahrscheinlichkeitsmaß μ auf (X, A) mit $\hat{\mu} = \mu \circ \text{pr}_Z^{-1}$ (ein solches existiert) ist

$\quad \mathbb{P}^{\mu}(\overset{\infty}{\tilde{A}}) = 1$ und daher auch

$\quad \mathbb{P}^X(\overset{\infty}{\tilde{A}}) = 1$ für μ-fast alle $x \in X$.

Ist $\hat{p}$ außerdem noch $\hat{\mu}$-mischend, so gilt sogar

$\quad \mathbb{P}^X(\overset{\infty}{\tilde{A}}) = 1$ für alle $x \in X$.

Ist $\hat{p}$ zusätzlich noch $\hat{\mu}$-ergodisch, so gilt:

$\quad \mathbb{P}^X(\{\omega \in X^{\mathbb{N}} : Q_\infty(\omega) = \int f\, d\hat{\mu}\}) = 1$ für alle $x \in X$.

Bevor wir weitergehen, geben wir noch kurz einige Erläuterungen zum obigen Satz. Es ist $f^2 \leq g$; aus der Integrierbarkeit von g folgt deshalb die Integrierbarkeit von f^2 und von f bezüglich $\hat{\mu}$ und daraus wiederum die $\mathbb{P}^{\hat{\mu}}$-Integrierbarkeit von $f \circ Z_1$. Somit existiert $\mathbb{E}^{\hat{\mu}}(f \circ Z_1 \mid I_Z)$ und ist $\mathbb{P}^{\hat{\mu}}$-integrierbar. Insbesondere hat $\mathbb{E}^{\hat{\mu}}(f \circ Z_1 \mid I_Z) \circ \Psi$ $\mathbb{P}^{\mu}$-fast überall einen endlichen Wert. Unserer Vorstellung scheint sich diese Funktion jedoch zu entziehen. Dagegen können wir uns das letzte Resultat des Satzes leicht veranschaulichen: Es besagt, daß der mittlere individuelle Fortschritt, unabhängig vom Startpunkt des Prozesses, mit Sicherheit gleich dem bezüglich $\hat{\mu}$ gebildeten Mittel von f ist bzw. gleich dem bezüglich μ gebildeten Mittel von $f \circ pr_Z$. Wir erinnern uns dabei noch an die Interpretation von $f \circ pr_Z$ im Anschluß an (5.2).

Für den nächsten Satz benötigen wir in unserem Korridormodell noch einen weiteren Begriff. Für $n \in \mathbb{N}$ sei $\hat{p}_n$ die zu $\hat{p}$ gehörige n-Schritt-Übergangswahrscheinlichkeit, d.h.

$$\hat{p}_1 := \hat{p} \quad \text{und} \quad \hat{p}_{n+1}(z;S) := \int \hat{p}_n(s;S)\hat{p}(z;ds) \quad \text{für} \quad z \in Z, \; S \in Z.$$

<u>Satz 6:</u> (Satz über den asymptotischen globalen Fortschritt)

Es gelten die "Voraussetzungen und Bezeichnungen des Korridormodells". Die Funktion f sei definiert wie in (5.2). Es gelte ferner:

(6.1) $\sup\limits_{z \in Z} f(z) < \infty$

Dann gilt:

Ist $\hat{\mu}: Z \to [0,1]$ ein Wahrscheinlichkeitsmaß mit

(6.2) $\lim\limits_{n \to \infty} \sup\limits_{S \in Z} |\hat{p}_n(pr_Z(x);S) - \hat{\mu}(S)| = 0$,

so gilt für den asymptotischen globalen Fortschritt $\emptyset_{\infty,x}$ bei Start in $x \in X$

$$\emptyset_{\infty,x} = \int f \, d\hat{\mu} \; .$$

Existiert zusätzlich ein $\delta \in \mathbb{R}^+$ mit $\delta < 1$ und

(6.3) $\sup\limits_{z \in Z} \sup\limits_{S \in Z} |\hat{p}_n(z;S) - \hat{\mu}(S)| < \delta^n$ für alle $n \in \mathbb{N}$,

so gilt $|\mathbb{E}^x(Q_n) - \emptyset_{\infty,x}| < \delta^n \cdot \sup\limits_{z \in Z} f(z)$ für alle $n \in \mathbb{N}$ und $x \in X$.

Das Erfülltsein der Voraussetzung (6.3) und damit der Bedingung (6.2) folgt aus dem der Doeblinschen Bedingung. Im besonderen ist (6.3) dann erfüllt, wenn ein nichttriviales positives Maß $\kappa: Z \to \mathbb{R}_o^+$ existiert mit $\kappa(S) \leq \inf\limits_{z \in Z} \hat{p}(z;S)|$ für alle $S \in Z$. Diese Bedingung und alle

anderen in dem hier beschriebenen Korridormodell gemachten Voraussetzungen sind beispielsweise bei dem RECHENBERG'schen Korridormodell und
bei vielen anderen Evolutionen erfüllt.

Die Beweise der Sätze 1-3 findet der Leser in (<u>6</u>) und in dem Vorlesungsskriptum (<u>7</u>), ebenso findet der Leser in (<u>7</u>) den Beweis des Satzes 6 (man beachte, daß die dort definierte Funktion $\hat{E}(Q_1)$ gleich
unserer Funktion f ist), einige weitere Sätze vom Typ der Sätze 4 und
5 und eine Reihe von abgrenzenden Beispielen. Wir beweisen im folgenden die Sätze 4 und 5.

<u>Beweis von Satz 4:</u>

Sei $(X^{I\!N}, A^{I\!N}, I\!P^Y; Y_n : n\in I\!N)$ der zu $(X, A; \Pi, G)$ mit $\Pi := (\pi_n : n\in I\!N)$ und der Selektion $P = (P_n : n\in I\!N)$ gehörige in $y\in X$ startende kanonische Evolutions-
prozeß.

Wegen der Meßbarkeit der Niveauerzeugenden q ist für $t\in I\!N$
$$\Omega_t := \{(x_1, \ldots, x_t) \in X^t : x_1 = y \text{ und } q(x_1) \leq q(x_2) \leq \ldots \leq q(x_t)\} \in A^t$$
$$\Omega_{(t)} := (Y_1, \ldots, Y_t)^{-1}(\Omega_t) \in A^{I\!N}.$$

Es ist $I\!P^Y(\Omega_{(t)}) = 1$.

Wir führen noch folgende Abkürzungen ein: Für $n\in I\!N$ seien
$$\mu_n := \min(M_n) \ , \ \nu_n := \max(M_n) + 1 \ , \ B := B(y; d) \ .$$
Zunächst zeigen wir für jedes $n\in I\!N$:

(A): $\qquad I\!P^Y(Y_{\nu_n}^{-1}(X\smallsetminus B)) \leq (1 - \rho_n) \cdot I\!P^Y(Y_{\mu_n}^{-1}(X\smallsetminus B))$

Zur Vereinfachung führen wir dazu bei festem $n\in I\!N$ folgende Bezeichnun-
gen ein: $b_i := \beta_j$ für $j\in M$, $b_j := 0$ für $j\notin M$ $\quad \mu := \mu_n$, $\nu := \nu_n$.

Für $\mu + 1 \leq i \leq \nu$ sei $\gamma_i := q(y) + \min(d, \sum_{j=\mu}^{i-1} b_j)$.

Für $\mu \leq i \leq \nu$ sei $D_i := \begin{cases} \{x\in X : q(y) \leq q(x) < q(y) + d\} & \text{für } i = \mu \\ \{x\in X : q(x) \geq \gamma_i\} & \text{für } \mu + 1 \leq i \leq \nu \end{cases}$

Wegen (4.2.1) ist insbesondere $D_\nu = B$.

Schließlich seien noch
$$A := Y_\nu^{-1}(B) \ , \ A_1 := \bigcap_{i=\mu}^{\nu} Y_i^{-1}(D_i) \cap \Omega_{(\nu)} \ , \ A_2 := Y_\mu^{-1}(B) \cap \Omega_{(\nu)} \ .$$

Wegen $D_\mu \subset X \setminus B$ ist $A_1 \cap A_2 = \emptyset$. Ferner sind $A_1 \subset A$ und $A_2 \subset A$. Daraus ergibt sich die Gültigkeit der Gleichung:

(1): $\quad \mathbb{P}^Y(A) \geqq \mathbb{P}^Y(A_1) + \mathbb{P}^Y(A_2)$

Die nächste Gleichung folgt aus dem Satz von IONESCU-TULCEA:

(2): $\quad \mathbb{P}^Y(A_1) =$

$$= \int_X \int_X \cdots \int_X \int_{D_\mu} \cdots \int_{D_\nu} 1_{\Omega_\nu}(x_1,..,x_\nu)\, P_{\nu-1}(x_1,..,x_{\nu-1};dx_\nu) \cdots$$

$$\cdots P_{\mu-1}(..;dx_\mu)\, P_{\mu-2}(..;dx_{\mu-1}) \cdots P_1(x_1;dx_2)\, \delta_y(dx_1)$$

(3): $\quad$ Für $i \geqq \mu+1$ und $(x_1,..,x_{i-1}) \in X^{\mu-1} \times D_\mu \times \cdots \times D_{i-1}$ gilt:

$$W_i := \int_{D_i} 1_{\Omega_i}(x_1,..,x_i)\, P_{i-1}(x_1,..,x_{i-1};dx_i) =$$

$$= \int_{D_i} 1_{\Omega_{i-1}}(x_1 \cdots,x_{i-1})\, 1_{B(x_{i-1};0)}(x_i)\, P_{i-1}(x_1,..,x_{i-1};dx_i)$$

$\qquad$ Wegen $P_{i-1}(x_1,..,x_{i-1};\, B(x_{i-1};0)) = 1$ folgt

$$W_i = \int_{D_i} 1_{\Omega_{i-1}}(x_1,..,x_{i-1})\, P_{i-1}(x_1,..,x_{i-1};dx_i) =$$

$$= 1_{\Omega_{i-1}}(x_1,..,x_{i-1}) \cdot P_{i-1}(x_1,..,x_{i-1};\, D_i)\,.$$

Nach Voraussetzung von (3) ist $x_{i-1} \in D_{i-1}$ und $i \geqq \mu+1$. Es gelten somit folgende Schlüsse:

a) Für $i-1 \notin M_n$ ist $D_i = D_{i-1}$. Nach Konstruktion von D_i folgt

$\quad D_i \supset \{x \in X: q(x) \geqq q(x_{i-1})$ und daraus wiederum

$\quad P_{i-1}(x_1,..,x_{i-1};\, D_i) = 1$

b) Für $i-1 \in M_n$, $(x_1,..,x_{i-1}) \in \Omega_{i-1}$ und $q(x_{i-1}) < q(y)+d$ ist

$\quad D_i \supset \{x \in X: q(x) \geqq q(x_{i-1})+\beta_{i-1}\}$ und deshalb nach Voraussetzung (4.1) des Satzes

$\quad \pi_i(x_1,..,x_{i-1};D_i) \geqq \varepsilon_{i-1}\quad.$

Ist nun $x_{i-1} \notin D_i$, so folgt nach Definition der $(0,+)$-Niveauerzeugenden sofort für das Niveau $G(x_{i-1})$ die Beziehung

$\quad G(x_{i-1}) \supset D_i$ und daher

$\quad P_{i-1}(x_1,..,x_{i-1};D_i) = \pi_{i-1}(x_1,..,x_{i-1};D_i) \geqq \varepsilon_{i-1}$;$\quad$ im Falle

$\quad x_{i-1} \in D_i$ ist $\{x_{i-1}\} \cup G(x_{i-1}) \subset B(x_{i-1};0) \subset D_i$ und daher

$$P_{i-1}(x_1,\ldots,x_{i-1};D_i) = 1 \geq \varepsilon_{i-1} \ .$$

c) Für $i-1\in M_n$ und $q(x_{i-1})\geq q(y)+d$ ist nach Definition der $(0,+)$-Niveauerzeugenden

$$P_{i-1}(x_1,\ldots,x_{i-1};D_i) \geq P_{i-1}(x_1,\ldots,x_{i-1};B) \geq \varepsilon_{i-1} \ .$$

Für $(x_1,\ldots,x_{i-1})\in \Omega_{i-1}$ und erst recht für $(x_1,\ldots,x_{i-1}) \notin \Omega_{i-1}$

Ω_{i-1} haben wir so unter den Voraussetzungen von (3) gezeigt:

$$W_i = W_i(x_1,\ldots,x_{i-1}) \geq \begin{cases} 1_{\Omega_{i-1}}(x_1,\ldots,x_{i-1}) \cdot \varepsilon_{i-1} & \text{für } i-1\in M_n \\[2mm] 1_{\Omega_{i-1}}(x_1,\ldots,x_{i-1}) & \text{für } i-1\notin M_n \end{cases}$$

(4) Aus (2) folgt wegen (3) iterativ:

$$\mathbb{P}^Y(A_1) \geq \prod_{m\in M_n} \varepsilon_m \int_X \int_X \cdots \int_X \int_{D_\mu} 1_{\Omega_\mu}(x_1,\ldots,x_\mu)\, P_{\mu-1}(x_1,\ldots,x_{\mu-1};dx_\mu)$$

$$P_{\mu-2}(\ldots;dx_{\mu-1}) \cdots P_1(x_1;dx_2)\, \delta_y(dx_1) \ =: W$$

Der Satz von IONESCU–TULCEA ergibt nun zusammen mit der Voraussetzung (4.2.2):

$$W \geq \rho_n \cdot \int_{X^{\mathbb{N}}} (1_{\Omega_{(\mu)}}) \cdot (1_{D_\mu}\circ Y_\mu)\, d\mathbb{P}^Y \quad , \text{ wegen } \mathbb{P}^Y(\Omega_{(\mu)}) = 1 \quad \text{also}$$

$$W \geq \rho_n \cdot \int_{X^{\mathbb{N}}} 1_{D_\mu}\circ Y_\mu\, d\mathbb{P}^Y = \rho_n \cdot \mathbb{P}^Y(Y_\mu^{-1}(D_\mu)) \ .$$

Nach Definition ist $D_\mu = \{x\in X: q(y)\leq q(x)<q(y)+d\}$ und
$B = \{x\in X: q(x)\geq q(y)+d\}$. Wegen $\mathbb{P}^Y(\Omega_{(\mu)}) = 1$ ist auch
$\mathbb{P}^Y(Y_\mu^{-1}(\{x\in X: q(x)\geq q(y)\})) = 1$ und daher
$\mathbb{P}^Y(Y_\mu^{-1}(\{x\in X: q(x)<q(y)\})) = 0$. Folglich ist $\mathbb{P}^Y(Y_\mu^{-1}(D_\mu)) =$
$= \mathbb{P}^Y(Y_\mu^{-1}(X\smallsetminus B))$.   Wir erhalten damit:

$$W \geq \rho_n \cdot \mathbb{P}^Y(Y_\mu^{-1}(X\smallsetminus B)) \ , \text{ insgesamt ist also gezeigt:}$$

$$\mathbb{P}^Y(A_1) \geq \rho_n \cdot \mathbb{P}^Y(Y_\mu^{-1}(X\smallsetminus B)) \ .$$

(5) Es ist $\mathbb{P}^Y(A_2) = \mathbb{P}^Y(Y_\mu^{-1}(B))$ wegen $\mathbb{P}^Y(\Omega_{(\nu)}) = 1$.

Wegen (1), (4) und (5) können wir nun leicht einsehen:

$$\mathbb{P}^Y(Y_\nu^{-1}(X\smallsetminus B)) = 1 - \mathbb{P}^Y(Y_\nu^{-1}(B)) = 1 - \mathbb{P}^Y(A) \leq$$

$$\leq 1 - \mathbb{P}^Y(A_1) - \mathbb{P}^Y(A_2) \leq 1 - \rho_n \cdot \mathbb{P}^Y(Y_\mu^{-1}(X\smallsetminus B)) - \mathbb{P}^Y(Y_\mu^{-1}(B)) =$$

$$= 1 - \rho_n \cdot \mathbb{P}^Y(Y_\mu^{-1}(X\smallsetminus B)) - (1 - \mathbb{P}^Y(Y_\mu^{-1}(X\smallsetminus B))) =$$

$$= \mathbb{P}^Y(Y_\mu^{-1}(X\smallsetminus B)) - \rho_n \cdot \mathbb{P}^Y(Y_\mu^{-1}(X\smallsetminus B)) = (1 - \rho_n) \cdot \mathbb{P}^Y(Y_\mu^{-1}(X\smallsetminus B)) \ ,$$

womit die Behauptung (A) bewiesen wäre.

(B): Bei $n \in \mathbb{N}$ und $\Omega := \bigcap\limits_{t \in \mathbb{N}} \Omega_{(t)}$ ist $\mathbb{P}^Y(\Omega) = 1$ und

$$\Omega \cap \bigcap\limits_{k \geq n} Y_k^{-1}(B) = \Omega \cap Y_n^{-1}(B) \quad ; \text{ für alle } n \in \mathbb{N} \text{ gilt also}$$

$$\mathbb{P}^Y(\bigcap\limits_{k \geq n} Y_k^{-1}(B)) = \mathbb{P}^Y(Y_n^{-1}(B)) \quad , \text{ folglich}$$

$$\mathbb{P}^Y(\bigcap\limits_{k \geq n} Y_k^{-1}(B)) \geq \mathbb{P}^Y(Y_m^{-1}(B)) \quad \text{für alle } n \geq m \in \mathbb{N}$$

oder äquivalent

$$\mathbb{P}^Y(\bigcup\limits_{k \geq n} Y_k^{-1}(X \smallsetminus B)) \leq \mathbb{P}^Y(Y_m^{-1}(X \smallsetminus B)) \text{ für alle } n \geq m \in \mathbb{N}$$

Für $n \geq \nu_m$ folgt daraus und aus (A) durch vollständige Induktion:

$$\mathbb{P}^Y(\bigcup\limits_{k \geq n} Y_k^{-1}(X \smallsetminus B)) \leq \mathbb{P}^Y(Y_{\nu_m}^{-1}(X \smallsetminus B)) \leq (1-\rho_m) \cdot \mathbb{P}^Y(Y_{\mu_m}^{-1}(X \smallsetminus B)) \leq$$

$$\leq (1-\rho_m) \cdot \mathbb{P}^Y(\bigcup\limits_{k \geq \mu_m} Y_k^{-1}(X \smallsetminus B)) \leq (1-\rho_m) \cdot \mathbb{P}^Y(Y_{\nu_{m-1}}^{-1}(X \smallsetminus B)) \leq$$

$$\leq (1-\rho_m)(1-\rho_{m-1}) \cdot \mathbb{P}^Y(Y_{\mu_{m-1}}^{-1}(X \smallsetminus B)) \leq \ldots \leq (\prod\limits_{i=1}^{m}(1-\rho_i)) \cdot$$

$$\cdot \mathbb{P}^Y(Y_{\mu_1}^{-1}(X \smallsetminus B)) \leq \prod\limits_{i=1}^{m}(1-\rho_i)$$

und so erhalten wir für alle $n \geq \nu_m$:

$$\mathbb{P}^Y(\bigcap\limits_{k \geq n} Y_k^{-1}(B)) = 1 - \mathbb{P}^Y(\bigcup\limits_{k \geq n} Y_k^{-1}(X \smallsetminus B)) \geq 1 - \prod\limits_{i=1}^{m}(1-\rho_i) \quad ,$$

q.e.d.

Beweis von Satz 5:

Wir wollen noch einmal kurz die verwendeten Bezeichnungen aufführen.
Es seien:

$Z_n : Z^{\mathbb{N}} \to Z$ die n-te Projektion ($n \in \mathbb{N}$)

$X_n : X^{\mathbb{N}} \to X$ die n-te Projektion ($n \in \mathbb{N}$) (bisher mit Y_n bezeichnet)

$\text{pr}_{\mathbb{R}}$ und pr_Z die Projektionen von $X = Z \times \mathbb{R}$ nach $\mathbb{R}$ und Z

$\Psi : X^{\mathbb{N}} \to Z^{\mathbb{N}}$ die Projektion, $\Psi = (\text{pr}_Z \circ X_n : n \in \mathbb{N})$,

$Q_n := q \circ X_{n+1} - q \circ X_n$ ($n \in \mathbb{N}$).

Für ein Wahrscheinlichkeitsmaß μ auf (X,A) $(\hat{\mu}$ auf $(Z,Z))$ sei $\mathbb{P}^{\mu}$ $(\mathbb{P}^{\hat{\mu}})$ der kanonische Prozeß auf $X^{\mathbb{N}}$ $(Z^{\mathbb{N}})$ zur Übergangswahrscheinlichkeit p $(\hat{p})$ mit Startverteilung μ $(\hat{\mu})$, wie vorne definiert. $\mathbb{E}^{\mu}$ und $\mathbb{E}^{\hat{\mu}}$ bezeichnen die (bedingten) Erwartungen bezüglich $\mathbb{P}^{\mu}$ und $\mathbb{P}^{\hat{\mu}}$, var^{μ} die Varianz bezüglich $\mathbb{P}^{\mu}$.

Zunächst notieren wir drei Bemerkungen, die wir jedoch hier nicht beweisen wollen. Sie lassen sich durch striktes Nachrechnen der jeweiligen Bedingungen verifizieren.

(1)   Ist $\hat{\mu} = \mu \circ \text{pr}_Z^{-1}$, so gilt das folgende Diagramm $(n \in \mathbb{N})$:

$$
\begin{array}{ccc}
(X^{\mathbb{N}}, A^{\mathbb{N}}, \mathbb{P}^{\mu}) & \xrightarrow{\;\;X_n\;\;} & (X, A, \mathbb{P}^{\mu} \circ X_n^{-1}) \\
\Big\downarrow{\scriptstyle \Psi} & & \Big\downarrow{\scriptstyle \text{pr}_Z} \\
(Z^{\mathbb{N}}, Z^{\mathbb{N}}, \mathbb{P}^{\hat{\mu}}) & \xrightarrow{\;\;Z_n\;\;} & (Z, Z, \mathbb{P}^{\hat{\mu}} \circ Z_n^{-1})
\end{array}
$$

Dieses Diagramm kommutiert; am Ende jedes Pfeiles bzw. jeder Pfeilfolge steht das Bildmaß des auf dem Ausgangsraum angegebenen Maßes.

Insbesondere ist noch (bei $(\hat{\mu})\hat{p}_0 := \hat{\mu}$)

$$\mathbb{P}^{\mu} \circ X_1^{-1} = \mu \;\;,\;\; \mathbb{P}^{\hat{\mu}} \circ Z_1^{-1} = \hat{\mu} \;\;,\;\; \mathbb{P}^{\mu} \circ X_n^{-1} = (\mu)\,p_{n-1} \;\;,\;\; \mathbb{P}^{\hat{\mu}} \circ Z_n^{-1} = (\hat{\mu})\,\hat{p}_{n-1}$$

Dabei ist die n-Schritt-Übergangswahrscheinlichkeit p_n $(\hat{p}_n)$ für $n \in \mathbb{N}$ zu p $(\hat{p})$ definiert wie in den Zeilen vor Satz 6, und für eine Übergangswahrscheinlichkeit w von (U,U) nach (V,V) und ein Maß τ auf (U,U) sei das Maß $(\tau)w$ auf (V,V) definiert durch die Gleichung
$((\tau)w)(A) := \int w(u;A)\,\tau(du)$ für alle $A \in V$.

Für $\hat{p}$-invariantes $\hat{\mu}$ und $n \in \mathbb{N}$ gilt also $(\hat{\mu})\hat{p} = \hat{\mu} = (\hat{\mu})\hat{p}_n$

(2) Es sei $\lambda: (\mathbb{R}, B_1) \rightarrow (\mathbb{R}, B_1)$ eine Funktion derart, daß $\lambda \circ Q_n$ bezüglich $\mathbb{P}^{\mu}$ integrierbar ist; dann gilt:

$$\mathbb{E}^{\mu}(\lambda \circ Q_n \mid X_1 = x_1, \ldots, X_n = x_n) = \mathbb{E}^{\mu}(\lambda \circ Q_n \mid X_n = x_n) =$$

$$= \int \lambda(r)\;\overset{0}{\hat{p}}(\text{pr}_Z(x_n); dr) \quad \text{(ist unabhängig von } \mu)$$

$(\overset{0}{\hat{p}}(\text{pr}_Z(\cdot);\,\cdot)$ ist eine Übergangswahrscheinlichkeit).

Wenn umgekehrt die $(A\text{-}B_1\text{-meßbare})$ Funktion h: $Z \to \overline{\mathbb{R}}$ mit $h(z):=\int\lambda(r)\cdot$ $\overset{\circ}{p}(z;dr)$ "wohldefiniert ist" (d.h. für alle $z\in Z$ existiert $h(z)$ (auch uneigentlich)) und wenn h bezgl. $(\mathbb{P}^{\hat{\mu}}\circ Z_n^{-1})$ integrierbar ist, so ist auch $\lambda\circ Q_n$ bzgl. $\mathbb{P}^{\mu}$ integrierbar.

(3) In Analogie zur Definition von τ_Z sei τ_X der Shift auf $X^{\mathbb{N}}$. Für $n\in\mathbb{N}$ und $C\in A^{\mathbb{N}}$ sei $C^n := \tau_X^{-n}(C)$. Dann gilt für alle $x\in X$, $n\in\mathbb{N}$ und $C\in A^{\mathbb{N}}$ und alle Wahrscheinlichkeitsmaße μ auf (X,A):

$$\mathbb{E}^{\mu}(\,1_{[C^{n-1}]}\mid X_n=x) \;=\; \mathbb{P}^x(C) \quad \text{(unabhängig von } \mu)$$

Nach diesen technischen Bemerkungen beginnen wir jetzt mit dem eigentlichen Beweis des Satzes. Wir bemerken zunächst, daß stets ein W-Maß μ auf (X, A) existiert mit $\hat{\mu}= \mu\circ\mathrm{pr}_Z^{-1}$. Im folgenden sei μ ein solches Maß. Wir zeigen nun:

(4) $\qquad Q_n$ und Q_n^2 sind $\mathbb{P}^{\mu}$ -integrierbar für jedes $n\in\mathbb{N}$.

Nach Voraussetzung des Satzes ist g bezüglich $\hat{\mu}$ integrierbar. Nach Voraussetzung ist $\hat{\mu}$ außerdem $\hat{p}$-invariant.

Wegen (1) gilt daher $\mathbb{P}^{\hat{\mu}}\circ Z_n^{-1} = \hat{\mu}$ für alle $n\in\mathbb{N}$, so daß g bezüglich $\mathbb{P}^{\hat{\mu}}\circ Z_n^{-1}$ integrierbar ist. Aus (2) folgt damit die $\mathbb{P}^{\mu}$ -Integrierbarkeit von Q_n^2 und daher auch von Q_n.

(5) Wir definieren nun den "zentrierten Qualitätszuwachs". Für $n\in\mathbb{N}$
$$\text{sei } \Gamma_n := Q_n - \mathbb{E}^{\mu}(Q_n \mid X_1..,X_n).$$
Dieser existiert wegen (4) und es gilt:

$$\hat{\mu}: \text{Es ist } \mathbb{E}^{\mu}(\Gamma_1) = 0 \text{ und}$$
$$\mathbb{E}^{\mu}(\Gamma_n\mid \Gamma_1,..,\Gamma_{n-1}) = 0 \quad \text{für } n\geqq 2$$

Wir zeigen jetzt: Γ_n und Γ_n^2 sind $\mathbb{P}^{\mu}$-integrierbar und es ist
$$\mathrm{var}^{\mu}(\Gamma_n) = \int(g-f^2)\,d\hat{\mu}\;(<\infty)\;.$$

Wegen (4) existiert $\mathbb{E}^{\mu}(Q_n^2\mid X_n)$ und ist $\mathbb{P}^{\mu}$-integrierbar. Nach der JENSENschen Ungleichung gilt ferner die Beziehung

$$0 \leqq (\mathbb{E}^{\mu}(Q_n\mid X_n))^2 \leqq \mathbb{E}^{\mu}(Q_n^2\mid X_n)\;,$$ so daß wir erhalten: $(\mathbb{E}^{\mu}(Q_n\mid X_n))^2$ (existiert nach (4) und) ist $\mathbb{P}^{\mu}$-integrierbar. Daher existieren folgende Funktionen und es gelten die angegebenen Gleichungen:

$$\mathbb{E}^{\mu}(\,(Q_n - \mathbb{E}^{\mu}(Q_n\mid X_n))^2\mid X_n) =$$

$$= \mathbb{E}^{\mu}(Q_n^2\mid X_n) + (\mathbb{E}^{\mu}(Q_n\mid X_n))^2 - 2\cdot \mathbb{E}^{\mu}(Q_n\mid X_n)\cdot \mathbb{E}^{\mu}(Q_n\mid X_n) =$$

$$= \mathbb{E}^{\mu}(Q_n^2\mid X_n) - (\mathbb{E}^{\mu}(Q_n\mid X_n))^2$$

Wegen (2) und den Definitionen von f und g in (5.2) ist dabei

$$\mathbb{E}^{\mu}(Q_n^2 \mid X_n=x) \;=\; \int r^2 \, \overset{\circ}{p}(pr_Z(x);dr) \;=\; g \circ pr_Z(x)$$

$$(+)\; \mathbb{E}^{\mu}(Q_n \mid X_n=x) \;=\; \int r \, \overset{\circ}{p}(pr_Z(x);dr) \;=\; f \circ pr_Z(x)$$

Wenn wir noch beachten, daß nach (2) $\Gamma_n = Q_n - \mathbb{E}^{\mu}(Q_n \mid X_n)$, so haben wir damit für $\mathbb{P}^{\mu}$-fast alle $\omega \in X^{\mathbb{N}}$:

$$\mathbb{E}^{\mu}(\Gamma_n^2 \mid X_n)(\omega) = (\mathbb{E}^{\mu}(Q_n^2 \mid X_n) - (\mathbb{E}^{\mu}(Q_n \mid X_n))^2)(\omega) =$$

$$= \mathbb{E}^{\mu}(Q_n^2 \mid X_n = X_n(\omega)) - (\mathbb{E}^{\mu}(Q_n \mid X_n = X_n(\omega)))^2 =$$

$$= g \circ pr_Z \circ X_n(\omega) - (f \circ pr_Z \circ X_n(\omega))^2 = (g - f^2) \circ pr_Z \circ X_n(\omega) \; ;$$

Wegen $\mathbb{E}^{\mu}(\Gamma_n) = 0$ nach (5) $\hat{\mu}$ folgt dann:
$$\mathbf{var}^{\mu}(\Gamma_n) = \mathbb{E}^{\mu}(\Gamma_n^2) = \mathbb{E}^{\mu}(\mathbb{E}^{\mu}(\Gamma_n^2 \mid X_n)) = \int \mathbb{E}^{\mu}(\Gamma_n^2 \mid X_n) \, d\mathbb{P}^{\mu} =$$

$$= \int (g-f^2) \circ pr_Z \circ X_n \, d\mathbb{P}^{\mu} = \int (g-f^2) \, d(\mathbb{P}^{\mu} \circ X_n^{-1} \circ pr_Z^{-1}) \; ;$$

Aus (1) und der Voraussetzung "$\hat{\mu}$ ist $\hat{p}$-invariant" entnehmen wir:
$$\mathbb{P}^{\mu} \circ X_n^{-1} \circ pr_Z^{-1} = \mathbb{P}^{\hat{\mu}} \circ Z_n^{-1} = (\hat{\mu})\hat{p}_{n-1} = \hat{\mu} \; ,$$

so daß wir jetzt haben:

$$\mathrm{var}^{\mu}(\Gamma_n) = \int (g-f^2) \, d\hat{\mu} \; .$$

(7) Nach (6) gilt: $\qquad \displaystyle\sum_{n \in \mathbb{N}} n^{-2} \cdot \mathbf{var}^{\mu}(\Gamma_n) = \int (g-f^2) \, d\hat{\mu} \cdot \sum_{n \in \mathbb{N}} n^{-2} \; ;$

Insbesondere hat diese Summe einen endlichen Wert. Ferner ist wegen (5) $\hat{\mu}$ die Folge $(\sum_{i=1}^{n} \Gamma_i : n \in \mathbb{N})$ ein Martingal mit $\mathbb{P}^{\mu}$-Erwartung Null. Aus einem bekannten Konvergenzsatz für Martingale (vgl. etwa (5), Satz 4.6.1) folgt nun:

$$\lim_{n \to \infty} \left(\frac{1}{n} \cdot \sum_{i=1}^{n} \Gamma_i\right) = 0 \quad \mathbb{P}^{\mu}\text{-fast sicher}$$

(8) Wir zeigen:

$$\lim_{n \to \infty} \left(\frac{1}{n} \cdot \sum_{i=1}^{n} (f \circ pr_Z \circ X_i)\right) = \mathbb{E}^{\hat{\mu}}(f \circ Z_1 \mid I_Z) \circ \Psi \quad \mathbb{P}^{\mu}\text{-fast sicher.}$$

Nach Voraussetzung des Satzes ist $\hat{\mu}$ nämlich $\hat{p}$-invariant, weshalb wiederum der Shift τ_Z auf $(Z^{\mathbb{N}}, Z^{\mathbb{N}}, \mathbb{P}^{\hat{\mu}})$ maßtreu ist. Ferner ist f bezüglich $\hat{\mu}$ integrierbar; mit (1) folgt daraus die $\mathbb{P}^{\hat{\mu}}$-Integrierbarkeit von $f \circ Z_1$. Der individuelle Ergodensatz liefert uns deshalb das Ergebnis:

$$\mathbb{P}^{\hat{\mu}}(\{\ \zeta\epsilon Z^{\mathbb{N}}\ :\ \lim_{n\to\infty}(\tfrac{1}{n}\cdot\sum_{i=1}^{n}(f\circ Z_1\circ\tau_Z^{i-1}(\zeta)=\mathbb{E}^{\hat{\mu}}(f\circ Z_1|\ I_Z)(\zeta)\})=1$$

Wenn wir ferner beachten, daß nach (1) für alle $i\,\epsilon\,\mathbb{N}$ gilt:

$$pr_Z\circ X_i = Z_i\circ\Psi = Z_1\circ\tau_Z^{i-1}\circ\Psi\ ,$$

so folgt mit (1) sofort die Behauptung von (8).

(9) Nach Definition von Γ_i in (5), wegen (2) und wegen (6)(+) ist für $n\,\epsilon\,\mathbb{N}$:

$$\tfrac{1}{n}\cdot\sum_{i=1}^{n}\Gamma_i = \tfrac{1}{n}\cdot\sum_{i=1}^{n}Q_i - \tfrac{1}{n}\cdot\sum_{i=1}^{n}\mathbb{E}^{\hat{\mu}}(Q_i|X_i)= \tfrac{1}{n}\cdot\sum_{i=1}^{n}Q_i - \tfrac{1}{n}\cdot\sum_{i=1}^{n}f\circ pr_Z\circ X_i$$

Aus (7) und (8) folgt damit:

$$\mathbb{P}^{\mu}(\{\omega\epsilon X^{\mathbb{N}}\ :\ \lim_{n\to\infty}(\tfrac{1}{n}\cdot\sum_{i=1}^{n}Q_i(\omega))=\mathbb{E}^{\hat{\mu}}(f\circ Z_1|I_Z)\circ\Psi(\omega)\})=1$$

(Für jede Version der bedingten Erwartung $\mathbb{E}^{\hat{\mu}}(f\circ Z_1|I_Z)$). Damit ist die erste wesentliche Aussage des Satzes bewiesen.

(10) Wir wollen aus (9) und der Zusatzvoraussetzung "$\hat{p}$ ist $\hat{\mu}$-mischend" nun schließen:

$$\mathbb{P}^{X}(\{\omega\epsilon X^{\mathbb{N}}:\ \lim_{n\to\infty}(\tfrac{1}{n}\cdot\sum_{i=1}^{n}Q_i(\omega))=\mathbb{E}^{\hat{\mu}}(f\circ Z_1|I_Z)\circ\Psi(\omega)\})=1$$

für alle $x\epsilon X$.

Um mögliche Mißverständnisse zu vermeiden, bezeichnen wir in dieser Nummer (10) mit $\mathbb{E}^{\hat{\mu}}(f\circ Z_1|I_Z)$ stets dieselbe Version der betreffenden bedingten Erwartung. Für diese sei

$$\overset{\infty}{\tilde{A}}:=\{\omega\epsilon X^{\mathbb{N}}:\ \lim_{n\to\infty}(\tfrac{1}{n}\cdot\sum_{i=1}^{n}Q_i(\omega))=\mathbb{E}^{\hat{\mu}}(f\circ Z_1|I_Z)\circ\Psi(\omega)\}\quad.$$

Da für alle $C\epsilon\tilde{A}^{\mathbb{N}}$ gilt: $\mathbb{P}^{\mu}(C)=\int\mathbb{P}^{X}(C)\ \mu(dx)$ und da außerdem für alle $x\epsilon X$ gilt: $0\leq\mathbb{P}^{X}(C)\leq 1$, erhalten wir aus (9) sofort die Aussage

(A) $\mu(E) = 1$ bei $E := \{x\epsilon X:\ \mathbb{P}^{X}(\overset{\infty}{\tilde{A}})=1\}$.

Wir müssen darüber hinaus zeigen: $E=X$. Dafür definieren wir zunächst für $r\epsilon\mathbb{R}$ die Abbildung

$$\mathbb{T}_r\ :\ X^{\mathbb{N}}\to X^{\mathbb{N}}\quad\text{mit}\quad\mathbb{T}_r((x_n:n\epsilon\mathbb{N})):=(T_r(x_n):n\epsilon\mathbb{N})\ .$$

$\mathbb{T}_r$ ist dann $\tilde{A}^{\mathbb{N}}$-bimeßbar. Die nachfolgende Behauptung folgt durch elementare Berechnungen aus der Translationsinvarianz von T_r:

(a) $\mathbb{P}^X(C) = \mathbb{P}^{[T_r(x)]}(\mathbb{T}_r(C))$ für alle $x \in X$, $r \in \mathbb{R}$, $C \in \mathcal{A}^{\mathbb{N}}$,

d.h. $\mathbb{P}^{[T_r(x)]} = \mathbb{P}^X \circ \mathbb{T}_r^{-1}$.

Noch schneller sehen wir ein:

(b) $Q_n = Q_n \circ \mathbb{T}_r$ für alle $n \in \mathbb{N}$, $r \in \mathbb{R}$ und

$\Psi = \Psi \circ \mathbb{T}_r$ für alle $r \in \mathbb{R}$.

Bei $Q: X^{\mathbb{N}} \to \mathbb{R}^{\mathbb{N}}$ mit $Q(\omega) := (Q_n(\omega): n \in \mathbb{N})$, also
$Q = (Q_n: n \in \mathbb{N})$ gilt daher: $Q \circ \mathbb{T}_r = Q$, und wenn wir mit l_s bzw. l_u die
meßbaren Abbildungen

$$l_s: \mathbb{R}^{\mathbb{N}} \to \bar{\mathbb{R}} \ , \ l_s((s_n: n \in \mathbb{N})) := \limsup_{n \to \infty} (\tfrac{1}{n} \cdot \sum_{i=1}^{n} s_i)$$

$$l_u: \mathbb{R}^{\mathbb{N}} \to \bar{\mathbb{R}} \ , \ l_u((s_n: n \in \mathbb{N})) := \liminf_{n \to \infty} (\tfrac{1}{n} \cdot \sum_{i=1}^{n} s_i)$$

bezeichnen, folgt:

$$l_s \circ Q \circ \mathbb{T}_r = l_s \circ Q \ \text{und} \ l_u \circ Q \circ \mathbb{T}_r = l_u \circ Q \ .$$

Aus (b) folgt ebenfalls die Gleichung

$\mathbb{E}^{\mu}(f \circ Z_1 \mid I_Z) \circ \Psi \circ \mathbb{T}_r = \mathbb{E}^{\hat{\mu}}(f \circ Z_1 \mid I_Z) \circ \Psi$, so daß wir bei

$\Phi_s := l_s \circ Q - \mathbb{E}^{\hat{\mu}}(f \circ Z_1 \mid I_Z) \circ \Psi$, $\Phi_u := l_u \circ Q - \mathbb{E}^{\hat{\mu}}(f \circ Z_1 \mid I_Z) \circ \Psi$

schließlich haben:

$\Phi_s \circ \mathbb{T}_r = \Phi_s$ und $\Phi_u \circ \mathbb{T}_r = \Phi_u$

Jetzt sehen wir leicht die Beziehungen

$$(|\Phi_s| + |\Phi_u|) \circ \mathbb{T}_r = |\Phi_s \circ \mathbb{T}_r| + |\Phi_u \circ \mathbb{T}_r| = |\Phi_s| + |\Phi_u| \ .$$

Daraus und aus (a) erkennen wir endlich die Richtigkeit der folgenden
Gleichungen:

$$\mathbb{P}^{[T_r(x)]} \circ (|\Phi_s| + |\Phi_u|)^{-1} = \mathbb{P}^X \circ \mathbb{T}_r^{-1} \circ (|\Phi_s| + |\Phi_u|)^{-1} =$$

$$= \mathbb{P}^X \circ ((|\Phi_s| + |\Phi_u|) \circ \mathbb{T}_r)^{-1} = \mathbb{P}^X \circ (|\Phi_x| + |\Phi_u|)^{-1} \ .$$

Wir bemerken noch, daß für den Shift τ_X auf $X^{\mathbb{N}}$ gilt:

$$(|\Phi_s| + |\Phi_u|) \circ \tau_X = |\Phi_s| + |\Phi_u| \ ; \ \text{wegen} \ \overset{\infty}{\tilde{A}} = (|\Phi_s| + |\Phi_u|)^{-1}(\{0\})$$

haben wir damit unser nächstes Teilziel erreicht, nämlich

(B) Für alle $x \epsilon X$ und $r \epsilon R$ ist

$$\mathbb{P}^{x}(\overset{\infty}{A}) = \mathbb{P}^{[T_r(x)]}(\overset{\infty}{A}) \quad , \text{ und es ist } \quad \tau_X^{-1}(\overset{\infty}{A}) = \overset{\infty}{A} \quad .$$

Für die Menge E aus (A) erhalten wir damit:

(C) Es existiert ein $S \epsilon Z$ mit $E = pr_Z^{-1}(S)$.

   Dafür ist $\hat{\mu}(S) = (\mu \circ pr_Z^{-1})(S) = \mu(E) = 1$.

Auf S können wir nun die vorausgesetzte Mischungseigenschaft von $\hat{p}$
und $\hat{\mu}$ anwenden. Wir definieren dazu induktiv:

$$S_1 := Z_1^{-1}(S) \quad , \quad S_n := Z_n^{-1}(S) - \bigcup_{i=1}^{n-1} S_i \quad \text{für } n \geq 2 \quad .$$

Die Mengen S_n sind dann paarweise disjunkt mit

$$\bigcup_{n \epsilon \mathbb{N}} S_n = \bigcup_{n \epsilon \mathbb{N}} Z_n^{-1}(S) \quad . \text{ Da wir } \hat{p} \text{ als } \hat{\mu}\text{-mischend angenommen}$$

haben, wissen wir somit:

$$\mathbb{P}^{z}(\bigcup_{n \epsilon \mathbb{N}} S_n) = 1 \quad \text{für alle } z \epsilon Z-S \quad .$$

Bei $R_n := \psi^{-1}(S_n)$ gilt dann wegen (1) für alle $x \epsilon X$ mit $pr_Z(x) \epsilon Z \smallsetminus S$:

$$\mathbb{P}^{x}(\bigcup_{n \epsilon \mathbb{N}} R_n) = \mathbb{P}^{x}(\psi^{-1}(\bigcup_{n \epsilon \mathbb{N}} S_n)) = \mathbb{P}^{[pr_Z(x)]}(\bigcup_{n \epsilon \mathbb{N}} S_n) = 1 \quad , \text{ also}$$

$$\mathbb{P}^{x}(\bigcup_{n \epsilon \mathbb{N}} R_n) = 1 \quad \text{für alle } x \epsilon X \smallsetminus E.$$

Für n=1 und $z \epsilon Z \smallsetminus S$ ist $\mathbb{P}^{z}(S_n) = \mathbb{P}^{z}(Z_n^{-1}(S)) = 0$ und daher ist auch

$\mathbb{P}^{x}(R_1) = 0$ für $x \epsilon X \smallsetminus E$; es folgt:

(D) $\mathbb{P}^{x}(\bigcup_{n \geq 2} R_n) = 1 \quad \text{für alle } x \epsilon X \smallsetminus E.$

Die Mengen R_n sind paarweise disjunkt.

Wir berechnen nun die Größen $\mathbb{P}^{x}(\overset{\infty}{A} \cap R_n)$ für $n \epsilon \mathbb{N}$ und $x \epsilon X \smallsetminus E$. Bei
$R_n' := \psi^{-1}(Z_n^{-1}(S))$ ist $R_n' \supset R_n$ für alle $n \epsilon \mathbb{N}$. Nach (1) ist sodann
$R_n' = X_n^{-1}(pr_Z^{-1}(S)) = X_n^{-1}(E)$, und für $x \epsilon X \smallsetminus E$ gilt:

$$\mathbb{P}^{x}(\overset{\infty}{A} \cap R_n') = \int_{X_n^{-1}(E)} 1_{[A]}^{\infty} \, d\mathbb{P}^{x} = \int_E \mathbb{E}^{x}(1_{[A]}^{\infty} | X_n = y) \, (\mathbb{P}^{x} \circ X_n^{-1})(dy)$$

Wegen (B) ist $\tau_X^{-n}(\overset{\infty}{A}) = \overset{\infty}{A}$, in der Notation von (3) also
$\overset{\infty}{A}^{n} = \overset{\infty}{A}$ für $n \epsilon \mathbb{N}$. Aus (3) folgt jetzt:

$$\mathbb{E}^{x}(1_{[A]}^{\infty} | X_n = y) = \mathbb{P}^{y}(\overset{\infty}{A}) \quad .$$

Wir erhalten damit und aus der Definition von E in (A) :

$$\mathbb{P}^X(\overset{\infty}{A} \cap R_n') = \int_E \mathbb{P}^Y(\overset{\infty}{A}) \quad (\mathbb{P}^X \circ X_n^{-1})(dy) = \int_E 1 \ (\mathbb{P}^X \circ X_n^{-1})(dy) =$$

$$= \mathbb{P}^X(X_n^{-1}(E)) = \mathbb{P}^X(R_n') \quad \text{bzw.} \quad \mathbb{P}^X(R_n' \setminus \overset{\infty}{A}) = 0$$

und wegen $R_n \subset R_n'$ auch $\mathbb{P}^X(R_n \setminus \overset{\infty}{A}) = 0$ bzw.

(E) $\quad \mathbb{P}^X(\overset{\infty}{A} \cap R_n) = \mathbb{P}^X(R_n)$ für alle $n \in \mathbb{N}$ und $x \in X \setminus E$.

Nun ist die wesentliche Arbeit geleistet; wir rechnen schnell weiter: Für $x \in X \setminus E$ ist nach (D) und (E)

$$\mathbb{P}^X(\overset{\infty}{A}) = \mathbb{P}^X(\overset{\infty}{A} \cap (\bigcup_{n \geq 2} R_n)) = \mathbb{P}^X(\bigcup_{n \geq 2} (\overset{\infty}{A} \cap R_n)) = \sum_{n \geq 2} \mathbb{P}^X(\overset{\infty}{A} \cap R_n) =$$

$$= \sum_{n \geq 2} \mathbb{P}^X(R_n) = \mathbb{P}^X(\bigcup_{n \geq 2} R_n) = 1 \ .$$

Nach der Definition von E folgt daraus: $X = E$, womit die Behauptung (10) bewiesen ist für jede Version der bedingten Erwartung $\mathbb{E}^{\hat{\mu}}(f \circ Z_1 \mid I_Z)$.

(11) Ist $\hat{p}$ außerdem noch $\hat{\mu}$-ergodisch, so ist konstante Funktion

$\mathbb{E}^{\hat{\mu}}(f \circ Z_1)$ eine Version von $\mathbb{E}^{\hat{\mu}}(f \circ Z_1 \mid I_Z)$.

Beachten wir die Gleichheiten

$$\mathbb{E}^{\hat{\mu}}(f \circ Z_1) = \int f \circ Z_1 \ d\mathbb{P}^{\hat{\mu}} = \int f \ d(\mathbb{P}^{\hat{\mu}} \circ Z_1^{-1}) = \int f \ d\hat{\mu} \ ,$$

so erhalten wir aus (10) sofort die letzte Aussage des Satzes, q.e.d.

Literatur

1. DRIML, M. und Hanš, O.: On a randomized optimization procedure. Trans. Prag. Conf. IV (1965), 273-276.
2. GUSEVA, O.V.: Convergence of a random search algorith. Kibernetika 6 (1976), 143-145.
3. MATYAŠ, J.: Zufallsoptimierung (Russisch). Automatika i Telemekhanika 26 (1965), 246-253.
4. NEVEU, J.: Martingales a temps discret. Masson et Cie., Paris 1972.
5. NEVEU, J.: Mathematische Grundlagen der Wahrscheinlichkeitstheorie. Oldenbourg, München 1969.
6. OPPEL, U.G.: Auf der Zufallssuche basierende Evolutionsprozesse. Erscheint.
7. OPPEL, U.G.: Stochastische Optimierung und Evolutionsprozesse. Vorlesungsskriptum, Math. Institut der L-M-Universität München. 1977.
8. RECHENBERG, I.: Evolutionsstrategie. Frommann-Holzboog, Stuttgart 1973.
9. RUBINSTEIN, Y.: Choice of optimal search strategy. Jour. Optimization Theory and Applications 18 (1976), 309-317.

10. SAMOILOVA, I.I. und SAUL'EV, V.K.: Approximation methods for un-
    constrained optimization of functions of several variables. Jour.
    Soviet. Math. (JOSMAR) $\underline{4}$ (1975), 625-760.
11. ZIELINSKI, R.: Global Stochastic Approximation. Dissertationes
    Mathematicae, Warschau 1977.

Simulation zum Ziel der Erkenntnisgewinnung am Beispiel der Entwicklung von Ansteuersystemen für multifunktionale Armprothesen

U. Brudermann

Einführung

Der Workshop "Simulationsmethoden in der Medizin und Biologie" ist
sicherlich auf dem gleichen Nährboden entstanden wie das Thema
"Biologische Modelle" auf der Jahresversammlung der "Deutschen Aka-
demie der Naturforscher Leopoldina" vor gerade zehn Jahren. Damals
wie heute bildet der Ablauf divergierender Denkprozesse den Hintergrund für das Vorgehen wissenschaftlicher Forschung: BEOBACHTUNG -
MODELL - HYPOTHESE - THEORIE, wenn auch der letzte Schritt dieser
Sequenz vom logischen Standpunkt nicht gesichert ist. Aus dem Pool
phänomenologischer Erkenntnisse wird die Substanz zur Bildung eines
Modells geschöpft, das einerseits zur Ordnung und Erklärung von Tat-
beständen dienen kann, dessen vordringlicher Nutzen aber darin besteht, auf bislang unerklärte Phänomene extrapolierend angewendet,
d.h. zur Simulation der Realität benutzt zu werden. Ein Vergleich

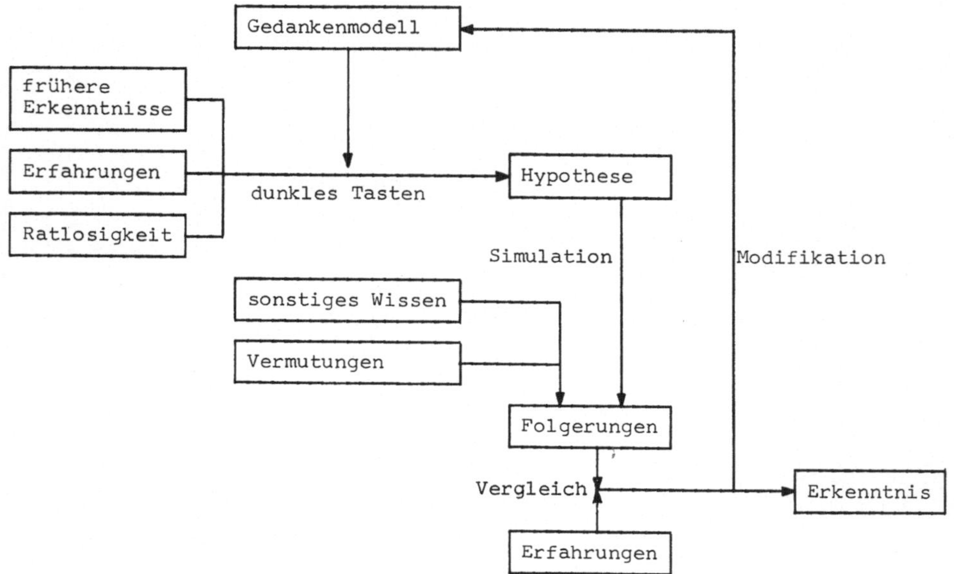

Abb. 1. Schema wissenschaftlicher Erkenntnisgewinnung in Anlehnung an (5)

mit gemessener Wirklichkeit schließt den Weg der Erkenntnis.

Die Nützlichkeit eines Modells zeigt sich in seiner Anwendung auf
unbekannte oder unerforschte Tatbestände, Simulation klärt, was das
Modell zu leisten imstande ist. Gezielt wird seine Brauchbarkeit
exemplarisch getestet, Mißerfolge dienen zur Modifikation des Modells, bis es im Rahmen des gestellten Aufgabenbereichs als brauchbar gelten kann. Wichtig ist jedoch, sich zu vergegenwärtigen, daß
keines solcher Modelle Wirklichkeit ist, sondern nur ihr Abbild im
geschlossenen System des z.Zt. betrachteten Wirkungsbereichs.

Unter dieser Voraussetzung kann dann auch die aus dem Modell er-
wachsene Hypothese als "wahr" oder "falsch" erkannt und bezeichnet
werden: Jedes Modell gilt, bis es empirisch widerlegt ist. Die Vor-
gehenssequenz MESSEN - MODELLE - SIMULATION hat ihren Wert weniger
in der Erkenntnis und Interpretation realer Tatbestände als in ihrer
praktischen Brauchbarkeit für die Vorhersage von Wirkungen auf vorgegebene Ursachen oder die Erkenntnis von Ursachen zu beobachteten
oder erwünschten Phänomenen.

Simulation ist somit wesentlicher Bestandteil jeglicher wissenschaftlicher Arbeit und Ziel wissenschaftlicher Forschung,ist kaum Befrie-
digung akademischen Interesses, sondern Erkenntnisgewinnung zum Zweck
ihrer Nutzbarmachung. Es begründet sich der wissenschaftliche Wert
von Simulationsmethoden direkt aus der Nützlichkeit von Modellen in
der Forschung als Teil eines Ganzen, das als Schema wissenschaftlicher Erkenntnisgewinnung gelten kann, wie es ähnlich bereits VAN DER
WAERDEN darstellte - wobei die Technik der Folgerung aus der Hypothese unter Verwendung sonstigen Wissens und Vermutungen als Simulation bezeichnet werden kann und die Erkenntnis auch negativ möglich
ist und dann zur Änderung des Modells führt.

Analyse

Als exemplarisch für die Vielfalt an Notwendigkeiten zur Simulation
innerhalb bio-ingenieurwissenschaftlicher Forschung mag hier die Bearbeitung von Ansteuerproblemen multifunktionaler Armprothesen dienen. In diesem Rahmen galt es, die kinematischen Eigenschaften einer
fremdenergetisch angetriebenen Ganzarmprothese für Ohnarmer optimal
festzulegen.

Zunächst wurde der Bewegungsbedarf einer solchen Prothese analytisch
bestimmt, woraus sich die Anzahl der Freiheitsgrade des zu entwickelnden Ersatzsystems ergab. Unter Berücksichtigung kosmetischer Forderungen konnten dann Art und Lage der Gelenke festgelegt werden, deren einzelne Freiheiten anschließend jeweils eindeutig den möglichen und vertretbaren Komponenten eines Steuersignalvektors zugeordnet wurden.
Dadurch war über die Einbeziehung von Überlegungen zur technischen
Realisierung der Steuersignalauswertung und die Berücksichtigung aktiver, konstruktiver Restriktionen die Signalflußkette für alle notwendigen Gelenkfreiheiten qualitativ bestimmt.

Um nun die Dimensionierung der Systemparameter vorzunehmen, wurde ein
numerisches Optimierungsverfahren eingesetzt. Hierfür war neben der
Darstellung der Prothesenkinematik unter Einschluß des Steuermechanismus notwendig, die Brauchbarkeit der Prothese in Form einer Qualitätsfunktion mathematisch zu formulieren, um einen numerischen Vergleich der Ergebnisse verschiedener Lösungsansätze vornehmen zu können.

Der Weg zur quantitativen Bestimmung der kinematischen Systemparameter zeigt also bereits die Notwendigkeit zur Simulation in vielerlei
Hinsicht, deren wichtigste Bereiche hier angesprochen werden sollen:

1. Simulation der Kinematik des gesunden menschlichen Arms
   durch ein einfaches kinematisches Ersatzgetriebe mit sechs
   Freiheitsgraden,
2. Simulation des natürlichen Steuermechanismus in Anlehnung an
   die Anforderungen an die Bedienbarkeit einer Prothese und
   unter Berücksichtigung technischer Realisierungsmöglichkeiten,
3. Simulation des Ersatzsystems auf einer EDV-Anlage,
4. Simulation der biologischen Evolution eines solchen Systems
   zu seiner Optimierung mit Hilfe der Evolutionsstrategie (2,4),
5. Simulation des natürlichen, intuitiven Empfindens für die
   Brauchbarkeit einer Ganzarmprothese in einer mathematisch zu
   formulierenden Qualitätsfunktion.

Der erstgenannte Simulationsprozeß basiert auf einem gezielt stark
vereinfachten Modell der Wirklichkeit, dessen Anwendbarkeit nur für
die Erzeugung von Relativbewegungen zwischen ergriffenem Gegenstand
und Körper des Prothesenträgers gilt. Dieses Modell ist also gleichzeitig vereinfachtes Abbild der Wirklichkeit und Funktionsmodell der
Prothese.

Für den zweiten Simulationsprozeß wurde weniger ein Abbild der Wirklichkeit erstellt, sondern wesentliche Forderungen an die Bedienbarkeit durch ein völlig anderes, technisches System durch das zugrunde gelegte Modell zu erfüllen versucht. Die Simulation des natürlichen Steuermechanismus für die Armbewegungen besteht also darin, daß durch herstellbare Ansteuerprinzipien bei patientengerechtem Bedienungskomfort koordinierte Prothesenbewegungen erzeugt werden können. Der natürliche Steuermechanismus wird als "black box" betrachtet und sein technischer Ersatz übernimmt seine wichtigsten Anschlußdaten.

Der dritte Simulationsprozeß dient zur Darstellung der Beweglichkeit des Ersatzsystems in Abhängigkeit der Systemparameter. Der Weg der Berechnung solcher Systeme kann als gesichert angesehen werden, d.h. auch hier liefert die Simulation der Möglichkeiten des zugrunde liegenden Modells prinzipiell keine neuen Erkenntnisse. Die Simulation des zu untersuchenden Objekts in einer maschinell faßbaren Sprache gestattet jedoch eine wesentlich schnellere Abarbeitung der gestellten Aufgaben.

Der vierte Simulationsprozeß besteht im Optimierungsverfahren. Die hier eingesetzte Evolutionsstrategie stellt eine vereinfachte Simulation der Mechanismen biologischer Entwicklung bei der Optimierung artfremder Systeme dar, die sich als umso vorteilhafter erwiesen hat, je genauer Modell und Problematik dem natürlichen Vorbild entsprechen. Auch hier unterscheidet sich also das Modell bewußt von der Wirklichkeit, weil einerseits technische Möglichkeiten zur realistischeren Simulation fehlen und zum anderen hier das Modell allein für den funktionellen Einsatz, d.h. als Werkzeug, Verwendung findet und nicht zur Erklärung und Einsicht in der Natur auftretender Gesetzmäßigkeiten dienen soll.

Die Bewertung der auf dem Elektronenrechner simulierten Prothese wird in Abhängigkeit ihrer freien Parameter durch die Anwendung einer Zielfunktion vorgenommen. Ein Vergleich der Zielfunktionswerte verschiedener Prothesenmodelle zeigt die qualitativen Unterschiede an und läßt Rückschlüsse auf den Einfluß der Systemparameter zur Auffindung des Optimums zu. Um eine Ziel- oder Qualitätsfunktion zu formulieren, deren Maximum mit einer als optimal anzusehenden Prothese übereinstimmt, müssen alle Größen, die die Qualität beeinflussen, berücksichtigt und in einer Weise verknüpft werden, die dem allgemeinen Empfinden für die Gütekriterien einer Prothese entspricht. Die

Beurteilung der Brauchbarkeit einer Prothese ist aber ein eher affektiver Vorgang, der den individuellen Gegebenheiten jedes Patienten unterworfen ist. Die einzelnen Einflußfaktoren sind zu vielfältig und in ihrer Wichtigkeit so sehr von subjektiver Wertung abhängig, daß eine deduktive Bestimmung der Zielfunktion ausgeschlossen ist. Es wurde daher ein iteratives Verfahren eingesetzt, bei dem - von einer beliebigen 1. Näherung ausgehend - die Ergebnisse der Optimierungsrechnung jeweils zur Verbesserung des Zielfunktionsaufbaus, d.h. zur Bestimmung der nächsten Näherung, verwendet wurden. Dieses Verfahren abwechselnder Simulation und Modellmodifikation ergab schließlich ein Prothesenmodell, das den gestellten Anforderungen genügte und dessen Eigenschaften nicht mehr wesentlich verbesserungsfähig erschienen. Das charakteristische Merkmal dieses Simulationsprozesses liegt darin, daß die Voraussetzungen der Verwendung eines vereinfachten Ersatzgetriebes und Steuermechanismus bereits induzieren, daß das zugrunde liegende Modell kein direktes Abbild der Wirklichkeit sein kann. Trotzdem haben seine Auswirkungen realistischen Bezug zu haben, um die Brauchbarkeit der Prothese zu gewährleisten. Das Modell dient hier als Wirklichkeitsersatz, der Realität nicht analog, wohl aber mit ihr analogen Wirkungen.

Klassifikation

Die hier aufgeführten Beispiele für die Erstellung von Modellen und deren Simulation zeigen unterschiedlichen Charakter und Anwendungsbereich.

Zunächst kann ein Modell zur Ordnung und Erklärung phänomenologischer Tatbestände dienen und damit das Verständnis der Wirklichkeit durch Darstellung von Zusammenhängen erleichtern. Des weiteren kann ein Modell ein Werkzeug sein, wenn ein Analogon erkannter Tatbestände durch bewußte Anwendung nutzbar gemacht wird. Sinnvoller Einsatz von Modellen ist also nur möglich, wo diese einfacher, übersichtlicher oder besser: leichter zu handhaben sind als die Wirklichkeit selbst. Eine eigens dafür geschaffene Terminologie dient zur Erfassung, Mitteilung und Handhabung.

Wie überhaupt die Begriffsbildung der Sprache vielfach als Basis der Intelligenz angesehen wird, ist im linguistischen Modell das Erforschte selbst abgebildet und auf diesem Weg vielfältig die Möglichkeit zur Simulation realer Mechanismen gegeben. Bei dieser

Überlegung zeigt sich schon der fließende Übergang zu einer weiteren Art von Modellen, wo die Modellvorstellung nicht allein zur Verdeutlichung oder Anwendung von Bekanntem eingesetzt wird, sondern darüber hinaus zur Erforschung unbekannter Wissensgebiete.

Geht man davon aus, daß das Modell entstanden ist, indem einzelne empirisch gefundene Fakten logisch verknüpft wurden und des weiteren, daß eine gewisse Wahrscheinlichkeit besteht, daß das gleiche Prinzip auch auf noch unbekannte Bereiche des Forschungsobjekts paßt, ist es möglich, die Auswirkungen des Modells hier gezielt zu simulieren und dadurch zusätzliche Erkenntnisse zu gewinnen. Die Ergebnisse von Messungen verifizieren oder falsifizieren dann das Modell innerhalb des betrachteten Wirkungsbereichs und dienen der Modellmodifikation oder der Erhärtung der Hypothese zur Theorie. Wesentlich am Schema der Forschung ist also, daß ein stetiger und endloser Wechsel zwischen Modifikation, Simulation und Verifikation stattfindet.

Dieser Vorgang zeigt sich bei dem hier exemplarisch vorgestellten Problem am deutlichsten bei der Erstellung der Zielfunktion für die numerische Optimierung der Prothesenkinematik. Hier war das mathematische Modell für die Brauchbarkeit der Prothese zu Beginn besonders unvollkommen, so daß erst eine lange Folge von Iterationen in der Modellentwicklung zu einer brauchbaren Vorstellung geführt hat, die sicherlich von der Wirklichkeit noch weit entfernt ist, im Rahmen der gestellten Anforderungen aber bereits eine zulässige Approximation darstellt.

Am Beispiel der quantitativen Bestimmung der kinematischen Systemparameter im Rahmen der Entwicklung eines Ansteuersystems für fremdenergetisch angetriebene Ganzarmprothesen lassen sich also wesentliche und allgemeingültige Mechanismen wissenschaftlicher Erkenntnisgewinnung aufzeigen:

1. Erkenntnisgewinnung ist nur mit Hilfe der Simulation von Modellvorstellungen möglich;
2. komplexe Probleme erfordern hierarchisch geordnete Modelle mit übergreifenden Ebenen, innerhalb derer sich jedoch die gleichen Abläufe darstellen;
3. es sind verschiedene Modellklassen denkbar, die sich durch Anwendungsbereich und Charakter unterscheiden: Modelle können zur *Demonstration* der Funktionsweise realer Mechanismen

dienen, zu ihrer übersichtlichen *Ordnung und Beschreibung*,
als *Werkzeug*, um sich Erkenntnisse nutzbar zu machen, aber
auch zur *Erkenntnisgewinnung* durch Simulation von Tatbe-
ständen bei noch unerforschten Voraussetzungen; je nach der
Anwendung liegen diese Modelle als *direktes* oder *indirektes*
Abbild vor, sind sie *gezielt vereinfacht* oder nur deshalb,
weil allein die Wirklichkeit unvereinfacht ist;

4. Modelle können nur dann sinnvollen Einsatz finden, wenn sie,
   für den jeweiligen Anwendungsfall, einfacher sind als die
   durch sie simulierte Wirklichkeit;

5. Modell und Wirklichkeit unterscheiden sich prinzipiell voneinander, und es kann keinen logisch schlüssigen Beweis für
   die Gültigkeit eines Modells geben; Modelle können immer
   nur innerhalb eines abgesteckten Bereichs der Betrachtung
   als ausreichende Approximation an die Wirklichkeit angesehen werden.

Wenn auch im Rahmen dieses Workshops speziell Simulationsmethoden in
der Medizin und Biologie zum Thema gewählt sind, zeigt sich doch in
der täglichen Forschungsarbeit - wie an dem hier aufgeführten Beispiel verdeutlicht -, daß sie mit Modellen aller Art stetig verzahnt
sind und nur eine an allgemeinere Zusammenhänge angelehnte Betrachtung von Simulationsmethoden deren Möglichkeiten und deren Aussagekraft abgrenzen kann.

<u>Literatur</u>

1. BRUDERMANN, U.(in Druck): Entwicklung und Anpassung eines vollständigen Ansteuersystems für fremdenergetisch angetriebene Ganzarmprothesen, Dissertation, Technische Universität Hannover, Fort-
   schrittberichte der VDI-Zeitschriften, Reihe 17, VDI-Verlag, Düsseldorf 1977(1978).
2. RECHENBERG, I. (1973): Evolutionsstrategie, Frommann-Holzboog,
   Stuttgart-Bad Cannstatt 1973.
3. PIAGET, J. (1947): Psychologie der Intelligenz, Walter, Olten
   (Schweiz) 1971/72.
4. SCHWEFEL, H.-P. (1975): Evolutionsstrategie und numerische Optimierung, Dissertation, Technische Universität Berlin.
5. WAERDEN, B.L. v.d.(1967): Mathematische Modelle in der Biologie,
   in: K. Mothes (Herausgeber), Nova Acta Leopoldina, Neue Folge,
   Nr. 184, Band 33, S. 65-72, Barth, Leipzig 1968.
6. WEIZSÄCKER, C.-F. FREIHERR V., G.BRUNS, W. DOERR, M. EIGEN, B.L.
   v.d.WAERDEN (1967): Modell und Erkenntnis, Round-Table-Diskussion,
   in: K. Mothes (Herausgeber), Nova Acta Leopoldina, Neue Folge,
   Nr. 184, Band 33, S. 231-269, Barth, Leipzig 1968.

Physiologische Systeme

Simulation und Modellanalyse primärer Erregungsprozesse an biologischen Membranen, unter besonderer Berücksichtigung der Informationsaufnahme und –verarbeitung durch biologische Sinneszellen

E. Zerbst

1. Objekt der Analyse

Biologische Sinneszellen verbinden den lebenden Organismus mit der Um- und Inwelt. Je nach ihrer Spezifität setzen diese Receptoren mechanische, chemische, thermische, photische und elektrische Reize in ein kontinuierlich analoges bioelektrisches Signal um. Dieses Signal wird dann wiederum in ein diskret analoges Signal der Aktionspotentialfolge umcodiert. Das Aktionspotentialmuster ist damit der Informationsträger, welcher über afferente sensible Nerven zum Zentralnervensystem fortgeleitet wird.

Im Hinblick auf ihre Informationsverarbeitung sind biologische Meßfühler den PID-Aufnehmern technischer Systeme ähnlich. Sie sind jedoch mit diesen weder in Analogie zu setzen, noch finden sie in technischen Systemen eine Modellabbildung. Die Besonderheiten der biologischen Informationsverarbeitung ergeben sich aus den bioelektrischen Bauelementen, d.h. aus den Membraneigenschaften nervöser Strukturen. Der Entstehungsmechanismus des primären kontinuierlich analogen bioelektrischen Signals, d.h. des Receptorpotentials, soll im folgenden mit Hilfe einer Modellmethode analysiert und durch ein elektronisches Analogmodell abgebildet werden.

1.1 Allgemeine Charakteristik der Receptorfunktion

Sinneszellen unterschiedlicher Modalität reagieren relativ uniform und charakteristisch auf einen rechteckförmigen Einheitsreiz. Mit schnell ansteigender Reizstärke bildet sich ein initiales und phasisches überschießendes Receptorpotential als Ausdruck der Differentialquotientenempfindlichkeit aus. Anschließend stellt sich bei gleichbleibender Reizstärke die tonische Komponente der Reizantwort als Ausdruck der Proportionalempfindlichkeit ein.

Mit Hilfe systematischer Auswertungen solcher Reizreaktionsbeziehungen lassen sich Kennlinien aus der Beziehung zwischen Reizstärke und
Reizantwort konstruieren. Bei den meisten Receptoren ergibt sich dabei ein charakteristischer S-förmiger Verlauf der Kennlinie, die bei
logarithmischer Auftragung des Reizstärkenbereichs etwa über fünf
Dekaden verläuft. Bereits hier wird deutlich, daß biologische Meßfühler im Unterschied zu technischen Meßfühlern die Information nichtlinear verarbeiten (Vgl. Abb. 1 und 2).

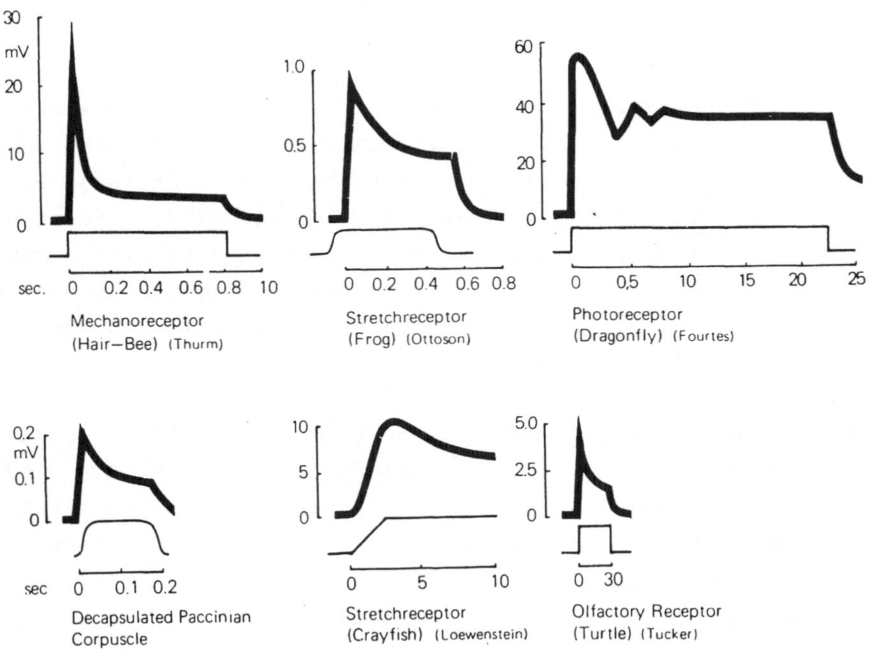

*Abb. 1. Generatorpotentiale verschiedener Receptorarten (Umzeichnung
nach FUORTES (3)
aus: ZERBST, E.: Proc. Centr. Rhythmic and Regulation, Hippo-
krates-Verlag 1973*

Weiterhin findet man bei praktisch allen biologischen Meßfühlern eine
Asymmetrie der positiven gegenüber der negativen Differentialquotientenempfindlichkeit. Die überschießenden und unterschießenden phasischen Komponenten des Generatorpotentials sind bei Reizsprüngen in
positiver und negativer Richtung (bei gleicher Reizstärkenamplitude)

unterschiedlich stark ausgeprägt. (Vgl. Abb. 3).

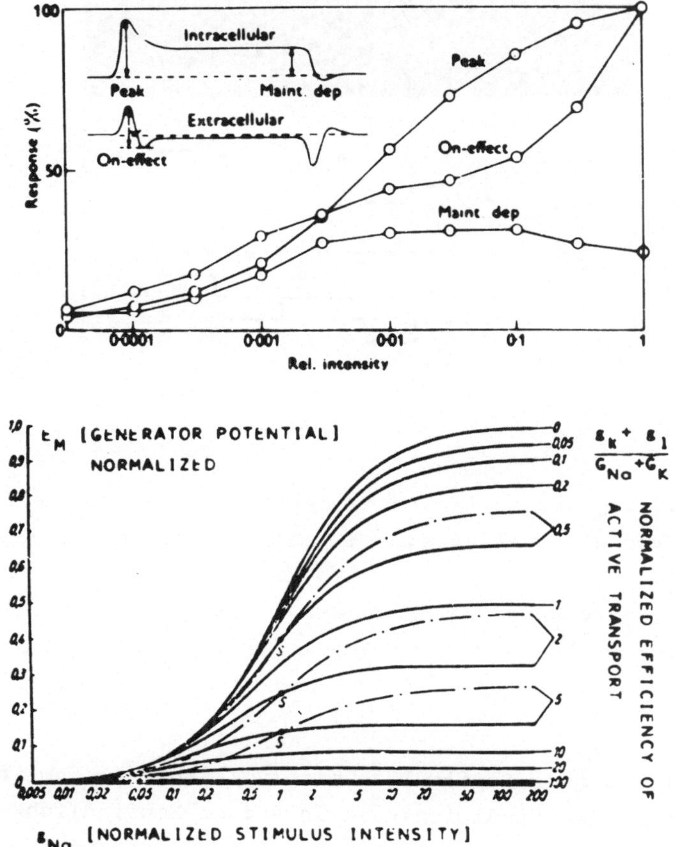

Abb. 2. Beziehungen zwischen Reizintensität (Abszisse) und Amplitude
des Generatorpotentials (Ordinate). Oben: Statische und dy-
namische Kennlinie, gewonnen aus Registrierungen eines Insek-
ten-Fotoreceptors. Unten: Kennlinien, gewonnen aus Registrie-
rungen mit Hilfe des Receptoranalogs. Die dynamische Kenn-
linie ergibt sich bei Auftragung der Amplitude der phasischen
Komponente, die statische Kennlinie bei Auftragung der Am-
plitude der tonischen Komponente. (Obere Abbildung aus (1))

Ferner zeigt sich, daß in Abhängigkeit von einem bereits vorhandenen
Hintergrundreiz (Konditionsreiz) aufgesetzte Testreize mit unterschiedlicher Empfindlichkeit gemessen werden. So reagiert das System zu Be-

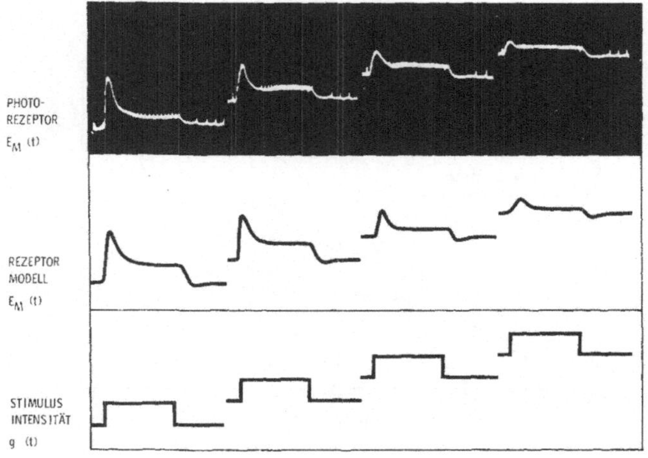

Abb. 3. Darstellung der wechselnden Asymmetrieverhältnisse in der
über- und unterschießenden Komponente des Generatorpoten-
tials.
Oben: Fotoreceptor des Krebses.
Unten: Simulation der Reizantworten mit Hilfe des Receptor-
analogs. (Obere Registrierung aus (4))

ginn mit relativ großer Empfindlichkeit (vgl. Abb. 4), um im Verlauf
der Adaptation an den Konditionsreiz in seiner Empfindlichkeit auf
den Testreiz abzunehmen. Ein umgekehrtes Verhalten findet man bei Aus-
schaltung des Hintergrundreizes.

Wird die Reizintensität stufenweise erhöht, dann zeigt sich in mittleren Reizstärkenbereichen eine relativ hohe Differentialquotientenempfindlichkeit, die mit höheren Reizstärkenbereichen abnimmt (vgl.
Abb. 5). Es sind hier exemplarisch nur wenige Grundeigenschaften biologischer Receptoren herausgestellt. Dabei ergibt sich aber bereits
hier die wichtige Frage, ob im Verlauf der Evolution Nichtlinearitäten dieser Art der Informationsverarbeitung, entweder das Resultat der
Optimierung sind (Anpassung an die Eigenschaften der übrigen Glieder
des biologischen Neuronennetzwerkes) oder ob sie nur Ausdruck der
funktionellen Eigenart biologisch energetischer Konstruktionsprin-
zipien (Kompartimentierung lebender Systeme) sind.

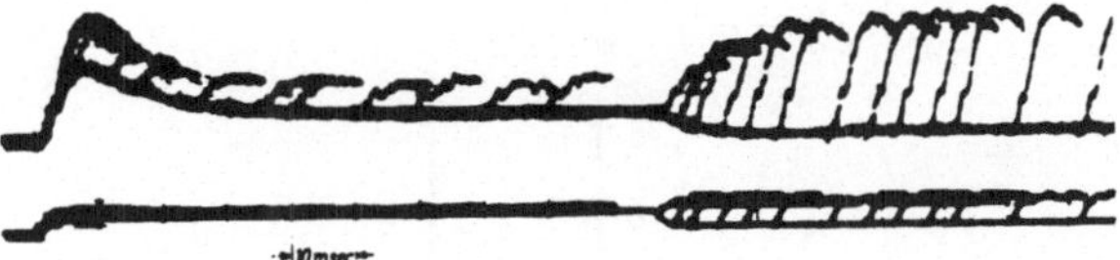

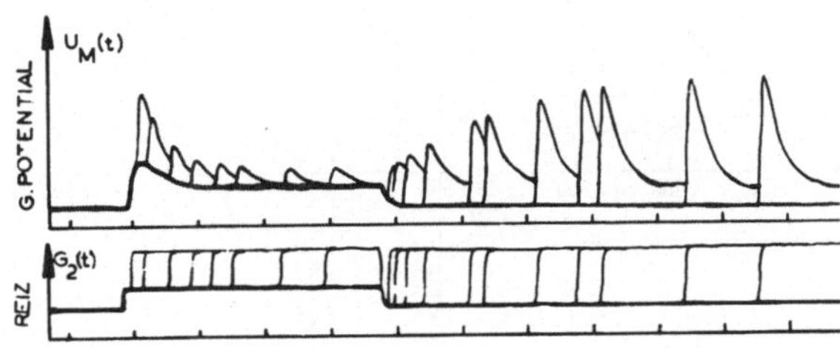

Abb. 4. Beziehungen zwischen Konditionsreiz und aufgesetzten Test-
reizen (übereinandergezeichnete Originalregistrierungen).
Auf einen Konditionsreiz (stark ausgezogene Linie unten)
werden zu verschiedenen Zeitpunkten Testreize (dünn ausge-
zogene Linien) gleichbleibender Amplitude aufgesetzt.
Obere Registrierung: Umzeichnung nach (13)
Untere Registrierung: Simulation mit Hilfe des Receptor-
analogs

1.2 Allgemeine Charakteristik der Modellmethode

Die Synopsis der Abb. 6 listet das Abbildungsmerkmal, das Verkürzungs
merkmal und das Subjektivierungsmerkmal des hier zu entwickelnden Modelles auf. Abbildungsmerkmal ist das Membranelement biologischer Receptoren. Spezifische Sinnesqualitäten werden nicht berücksichtigt,
da die Prinzipien der Informationsverarbeitung bei unterschiedlichen
Receptoren praktisch gleich sind. Verkürzungsmerkmal ist die Tatsache, daß hier ausschließlich - entsprechend der Fragestellung - der
Entstehungsmechanismus des biologischen Receptorpotentials interessiert und deshalb nur die beteiligten Ladungsträgerflüsse und ihre
Parameter zu berücksichtigen sind.

Analysiert werden ausschließlich die für die Receptorphysiologie und
Membranphysiologie relevanten Prozesse, da das Modell als heuristische Methode für informationstheoretische Analysen und für system-
theoretische Untersuchungen, unter Anwendung der Evolutionsstrategie,
benutzt werden soll. Schließlich soll das Modell als Hilfsmittel im

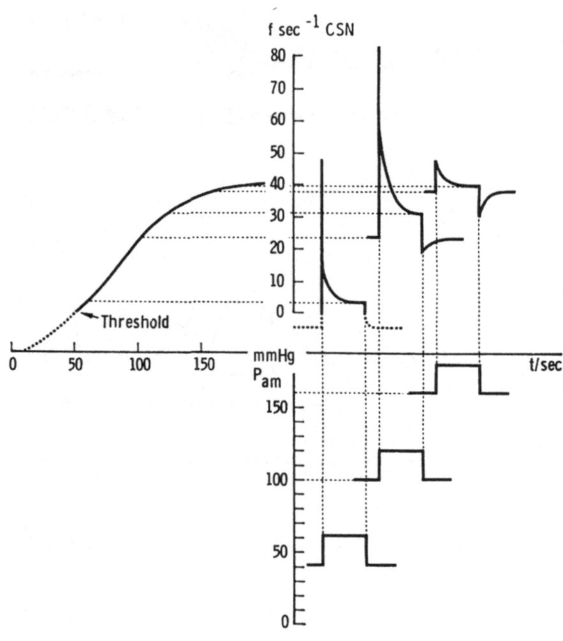

Abb. 5. Simulation der Reizreaktionsbeziehungen von Baroreceptoren.
(Simulation der Resultate aus (9) mit Hilfe des Receptor-
analogs)
Links oben: Statische Kennlinie der Reizreaktionsbeziehun-
gen. - Aufgetragen ist die Entladungsrate einzelner Barore-
ceptorenfasern.
Rechts oben: Reaktion auf Drucksprünge gleichbleibender Am-
plitude aber unterschiedlicher Ausgangsdruckhöhe.
Rechts unten: Adäquater Reiz = Drucksprung.
Proportional zu der adäquaten Reizfunktion ist hier, wie
bei allen anderen Modellregistrierungen, der Natrium-Leit-
wert g_{Na} verstellt worden

biomedizinisch-technischen Bereich benutzt werden, d.h. es soll im
Sinne der Bionik biologische Prototypen und Protoprinzipien abbilden, um als elektrischer Organersatz zum Einsatz zu kommen.

ALLGEMEINE CHARAKTERISTIK DES MODELLS		
(1) ABBILDUNGS - MERKMAL	**(2)** VERKÜRZUNGS - MERKMAL	**(3)** SUBJEKTIVIERUNGS - MERKMAL
Pauschal-Objekt ist ein Membranelement biologischer Receptoren. Keine Berücksichtigung spezif.Sinnesqualitäten.	Abbildung ausschliesslich der an bioelektrischer Potentialbildung beteiligten Ionenfluxe und ihrer Parameter. Keine Berücksichtigung molekularar Membraneigenschaften.	Analysiert werden auschliesslich die für die Receptorphysiologie relevanten membranphysiologischen Prozesse. Modell sei : heuristische Methode bionisches Prinzip informationstheoretisch analysierbar und energetisch optimierbar.

Abb. 6.

2. Modellmethode

Wie in der Abbildung 7 gezeigt,sind die Kompartimente die treibenden
Kräfte, die Transportkoeffizienten und die Flüsse des Membranelementes einer biologischen Sinneszelle abzubilden. Die Abb. 8 gibt schematisch diese Elemente wieder. Als Ladungsträger werden hier ausschließlich die am häufigsten wirksamen Natrium-,. Kalium- und die sogenannten Leckionen berücksichtigt. Weiterhin sind die verschiedenen
Transportmechanismen zu differenzieren. Zum einen strömen diese Ionenarten bei Durchlässigkeitsveränderungen der Membran entlang dem jeweiligen Konzentrationsgradienten in die Zelle bzw. aus der Zelle
(hier handelt es sich also um passive Transportprozesse). Mit Hilfe
aktiver Ionenpumpen werden diese Ladungsträger unter Aufwendung biochemischer Energie gegen ihren Konzentrationsgradienten durch die Membran transportiert. Auf der rechten Seite der Synopsis sind bereits
die elektrisch analogen Größen für diese Vorgänge aufgelistet.

2.1 Phasen der Modellbildung

Die Abbildung 9 zeigt schematisch die verschiedenen Stadien, welche
bei der Lösung eines Problems durchlaufen werden: Im 1. Stadium der
Beobachtung biologischer Sinneszellen findet man zum Beispiel allgemeine phänomenologische Regeln über die Proportional-Differentialquotientenempfindlichkeit des Meßvorgangs. Im receptorphysiologischen

ELEMENTE DES MEMBRANMODELLES	- Analogiebeziehungen
1. KOMPARTIMENTE (C)	Membrankapazität Lösungsräume für Ionen Aktive Ionentransportkapazität (Trägervalenzen/Membranoberfläche)
2. TREIBENDE KRÄFTE (X)	Differenz der Ionenkonzentration -aktivität beiderseits der Membran Bioelektrische Potentialdifferenz Aktive Transportpotentiale
3. TRANSPORTKOEFFIZIENTEN (L)	Ionen-Permeabilitäten Ionen-Leitwerte der Membran Geschwindigkeitskoeffizienten der aktiven Transportprozesse
4. Flüsse (J)	Ionenflux (passiv) Ionenflux (aktiv) elektrogener Netto-Ionenflux (Differenz aktiver Ionenfluxe)

$$J = L \cdot X \qquad C = Js \cdot X^{-1}$$

Abb. 7.

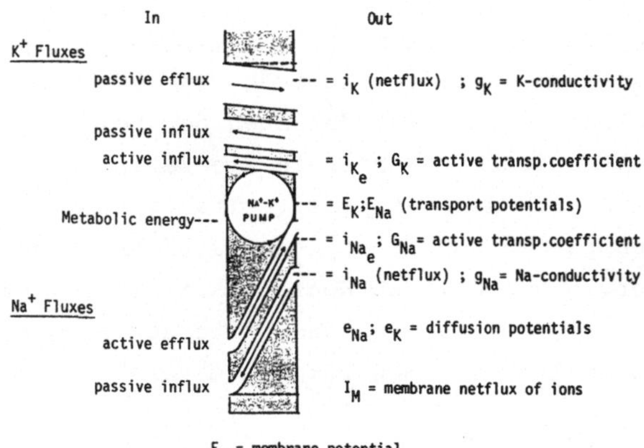

Abb. 8. Darstellung der Ionenflüsse, der Permeabilitäten und der aktiven Transportvorgänge an einem Membranelement. Gegenüberstellung der biologischen Parameter mit den analogen elektrischen Größen der Ersatzschaltung (rechter Teil der Abbildung)

Experiment des Stadiums 2 kann durch systematische Reizparameterver-
änderungen die Gesetzmäßigkeit der Informationsverarbeitung erfaßt
und aufgelistet werden. Im 3. Stadium sind die Grundeigenschaften
biophysikalischer, biochemischer und morphologischer Art durch entsprechende bisher bekannte Fakten aufzulisten. Damit erhält man eine
Matrix über die Gesamtstruktur, die gleichzeitig die morphologischen
und energetischen Rahmenbedingungen setzt. Im 4. Stadium der Problemlösung werden die Regeln, Gesetze und die Fakten zur Struktur des
Objekts miteinander koordiniert. Diese Koordination führt im 5. Stadium zur Aufstellung einer Arbeitshypothese, d.h. zur ersten Modellbildung. Im Stadium 6 wird gewöhnlich die Arbeitshypothese durch einen erneuten Einsatz von Experimenten systematisch überprüft. D.h.
beim Vergleich der Funktion biologischer Sinneszellen mit der Funktion des Modells wird untersucht, ob unter allen Reiz-Reaktionsbe-
dingungen eine Deckungsgleichheit zu erzielen ist. Im 7. und 8. Stadium ist schließlich durch gezielte Änderung biophysikalischer,bio-
chemischer und morphologischer Parameter (z.B. Einflußnahme auf den
Stoffwechsel, auf die Kompartimentgröße, auf die Ionenkonzentrationen)
zu untersuchen, ob zwischen Modell und Realobjekt auch bei Veränderung dieser Parameter eine Deckungsgleichheit der Reizreaktionsbeziehungen zu erhalten ist. Ist dies nicht der Fall, dann wird im 9.
Stadium die Modellstruktur approximativ zu erweitern und erneut zu
überprüfen sein, bis schließlich bei weitgehender Deckung das Modell
als Abbildung der Theorie gelten kann.

2.2 Reiz-Reaktionsbeziehungen eines offenen bioenergetischen Systems

Da die experimentelle Receptorphysiologie bereits umfangreiches phä-
nomenologisches Datenmaterial zur Verfügung gestellt hat und die Membranphysiologie nach dem heutigen Stand des Wissens eine extensive
Auflistung biophysikalischer, biochemischer und morphologischer Fakten erlaubt, sei hier die Modellbildung mit der Phase 4 der soeben
diskutierten charakteristischen Stadien begonnen: Die phänomenologi-
schen Regeln, die experimentell verifizierten Gesetze und die Grundeigenschaften des Objekts sind demnach miteinander zu koordinieren.
Fundamentale Grundeigenschaft aller lebenden Systeme ist, daß sie
thermodynamisch offen sind. Permanent werden Substanzen aus der Umwelt aufgenommen, energetisch und synthetisch ab- bzw. umgebaut und
die Endprodukte an die Umwelt abgegeben. Diese Prozesse kann man im
einfachsten Fall durch eine monomolekulare Reaktion darstellen,die
durch zwei Diffusionsstrecken eingerahmt wird(vgl.Abb.10).Zu den funk-

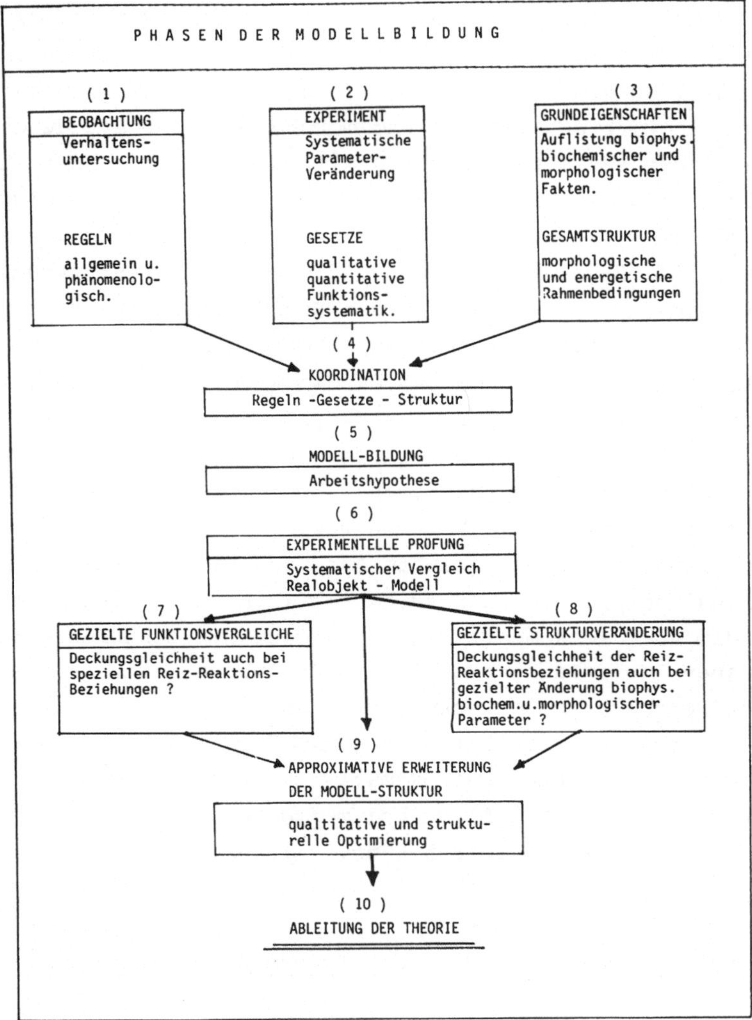

Abb. 9.

tionellen Eigenarten des biologischen, thermodynamisch offenen Systems gehört es, daß physikalische Reizenergie aus der Umwelt nicht in den Energiestrom des energetisch autonomen biologischen Stoffwechselsystems einmündet, sondern ausschließlich Geschwindigkeitskoeffizienten verändert (Permeabilitäten werden vergrößert bzw. verkleinert, enzymatische Reaktionen werden aktiviert bzw. inaktiviert). BURTON (2) hat in einfachen Modellversuchen gezeigt, daß in chemischen Reaktionszügen, die ein thermodynamisch offenes System abbilden, die Metabolitkonzentrationen typische Einschwingprozesse aufweisen, die solchen entsprechen, wie man sie bei der Temperaturanpassung einfacher lebender Systeme und bei der Adaptation von Sinneszellen findet. Wir haben an der elektrischen Ersatzschaltung einer solchen einfachen chemischen Reaktion systematische Untersuchungen durchgeführt und konnten, wie die Abbildung 11 zeigt, durch entsprechende Wahl der Parameter zum Beispiel das Verhalten des Gene-

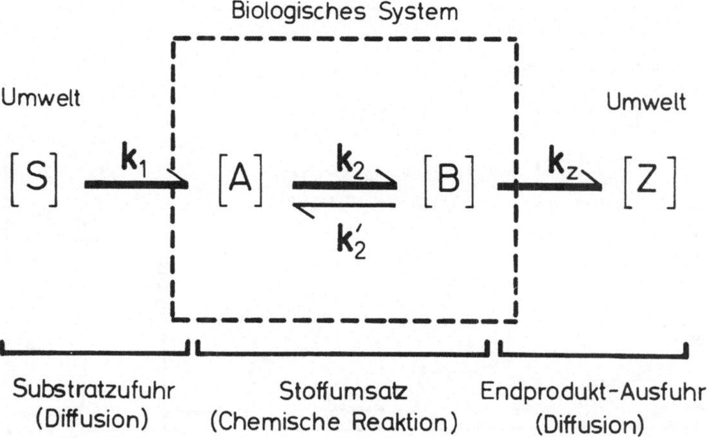

Abb. 10. Einfaches chemisches Modell eines thermodynamisch offenen biologischen Systems

ratorprozesses bei der Herzfrequenzbildung unter Temperatursprüngen zeigen, daß zur Abbildung der Temperaturanpassung die summarische Darstellung eines Kompartimentsystems ausreicht. Wie im unteren Teil der Abbildung gezeigt, weist sowohl das Modell als auch das biologische System bei der Temperaturanpassung die gleichen Eigenschaften auf wie sie in der Phänomenologie biologischer Receptorfunktionen zu beobachten sind: Die Differentialquotientenempfindlichkeit ist abhängig von der Hintergrundreizstärke. Weiterhin finden wir die typische S-förmige Kennliniencharakteristik zwischen der Temperatur als Reiz und der Herzfrequenz als Reaktion.

2.3 Ableitung eines erweiterten Membranmodelles

Das oben diskutierte einfache Modellsystem zeigt bereits überraschende Übereinstimmungen im Hinblick auf die funktionelle Analogie zur Informationsverarbeitung biologischer Sinneszellen. Die geringe Anzahl der Kompartimente, treibenden Kräfte und Geschwindigkeitskoeffizienten machen es jedoch nicht möglich, dieses System als heuristisches Prinzip zu verwenden. Hier stellt sich deshalb die Frage: Welche Größen des Generatorprozesses bei der Receptorpotentialbildung biologischer Meßfühler müssen mindestens abgebildet sein, um nicht nur eine

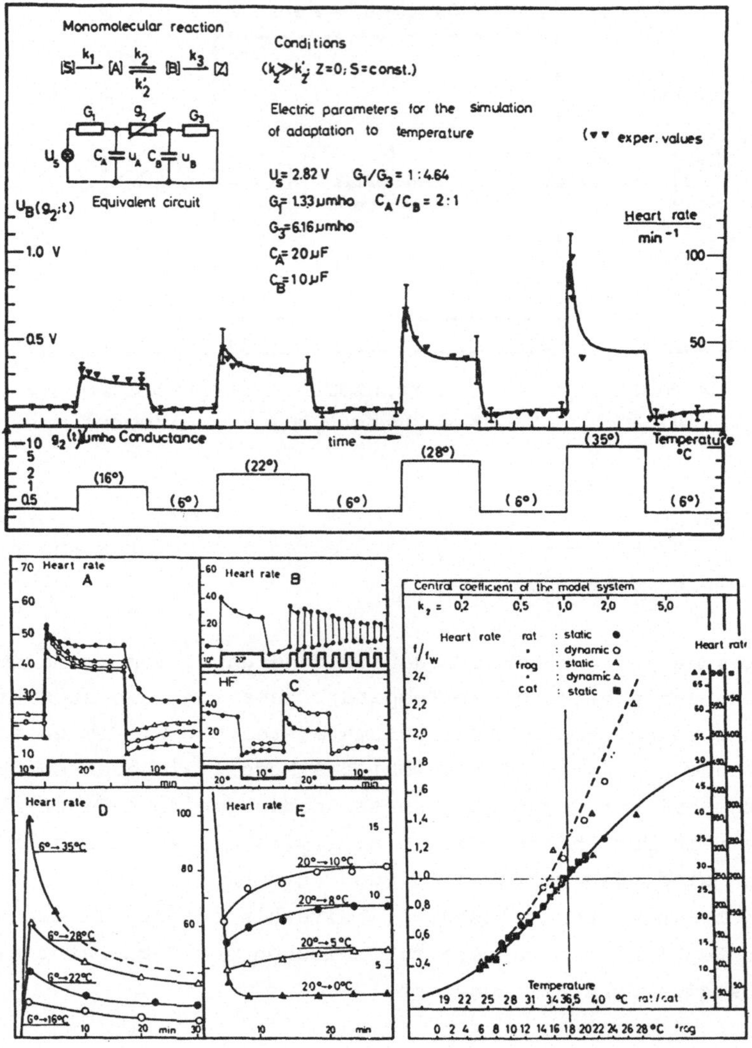

Abb. 11. Simulation der Temperaturadaptation des Generatorprozesses im Schrittmachersystem des Froschherzens.
Oben: Adaptive Einstellprozesse der Herzfrequenz bei Temperatursprüngen unterschiedlicher Amplitude (oben links
und Mitte: Elektrische Ersatzschaltung einer monomoleku-
laren Reaktion als Modell des thermodynamisch offenen
Systems). Die Dreiecksymbole geben die experimentellen
Werte wieder, die ausgezogenen Kurven wurden durch Analogrechnung mit der Ersatzschaltung erhalten.
Unten links: Phänomenologie der Einstellprozesse und des
Adaptationsverhaltens bei unterschiedlichen Temperatur-
sprungamplituden.
Unten rechts: Dynamische und statische Kennlinien der Temperaturadaptation.(Aus 14)

Deckungsgleichheit zwischen Modell und Objekt im Hinblick auf die speziellen Reizreaktionsbeziehungen, sondern auch bei gezielter Änderung biophysikalischer, biochemischer und morphologischer Parameter zu erzielen?

Während die wichtigsten Parameter des Ladungsträgertransports bei der Bildung von Aktionspotentialen nach dem Alles- oder Nichtstyp durch HODGIN und HUXLEY ($\underline{5}$) aufgeklärt und mit Hilfe von Gleichungssystemen abgebildet worden sind, fehlte bislang eine solche Deutung derjenigen Faktoren, die zur Bildung des graduierten Receptorpotentials an Sinneszellen führen. Wir haben versucht, dieses Problem dadurch zu lösen, daß wir die bisher bekannten Parameter des Ladungsträgertransports miteinander koordiniert und als Ersatzschaltung abgebildet haben.Die Kapazität C_M gibt in der Abbildung 12 die kapazitiven Eigenschaften der biologischen Membran wieder. Die Potentiale e_{Na}, e_K, e_l an den entsprechenden Kapazitäten geben die Diffusionspotentiale der wichtigsten Ladungsträger an biologischen Membranen wieder. Die Leitwerte bilden die entsprechenden Geschwindigkeitskoeffizienten des passiven und aktiven Ionentransports ab. Die Potentiale an den Batterien in dieser Ersatzschaltung stellen die treibenden Kräfte für den aktiven Ionentransport, d.h. die aktiven Ionentransportpotentiale, dar. Bei dieser assoziativen Koordination gehen wir von der Annahme aus, daß adäquate Reize ausschließlich die passiven Permeabilitäten an der Membran verändern. Das ist aufgrund experimenteller Daten heute abgesichert. Bei solchen Permeabilitätsveränderungen zum Beispiel der Natrium- und Kalium-Permeabilität kommt es - wie bei Betrachtung der Ersatzschaltung deutlich werden muß - zu komplexen Veränderungen der Flüsse, d.h. der analog gesetzten Ionentransportprozesse, die zur Ausbildung des kontinuierlich analogen Receptorpotentials führen. Die Abbildung 13 gibt die Modellstruktur und die Grundgleichungen des Modells wieder. Auf die verschiedenen Ableitungen muß an dieser Stelle nicht eingegangen werden. Es wird aber deutlich, wie sich die treibenden Kräfte und Geschwindigkeitskoeffizienten für die passiven und aktiven Ionenflüsse ableiten lassen; desgleichen werden die Differentialgleichungen für die verschiedenen Kompartimentsysteme dargestellt. In früheren Untersuchungen hatten wir eine solche Ersatzschaltung elektrisch realisiert und damit im Sinne der Analogrechnung die Reizreaktionsbeziehungen biologischer Sinneszellen untersucht ($\underline{7},\underline{9},\underline{10}$). Dabei wurden ausschließlich die passiven Ionenflüsse durch die Membran berücksichtigt und ein möglicher elektrogener Ionentransport außer acht gelassen. Neuere receptorphysiologi-

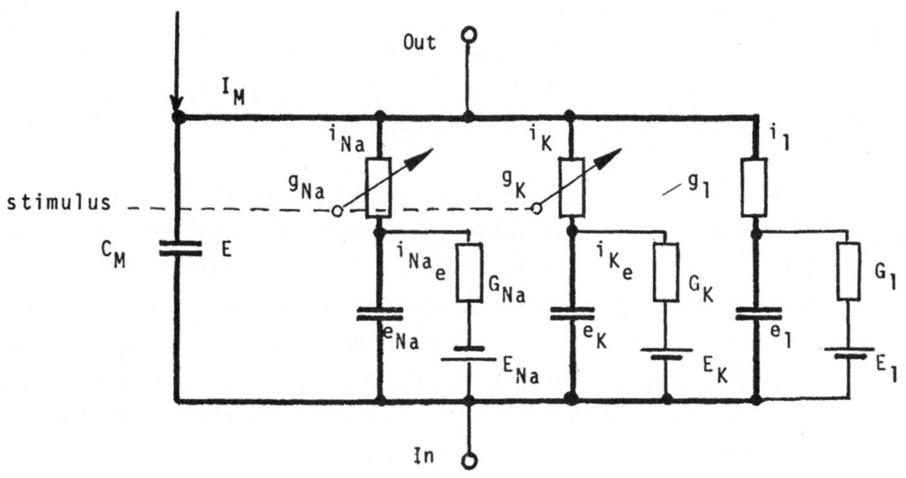

Abb. 12. Ersatzschaltung eines Receptormembranelementes. Näheres vergleiche Text

G R U N D G L E I C H U N G E N des Modells

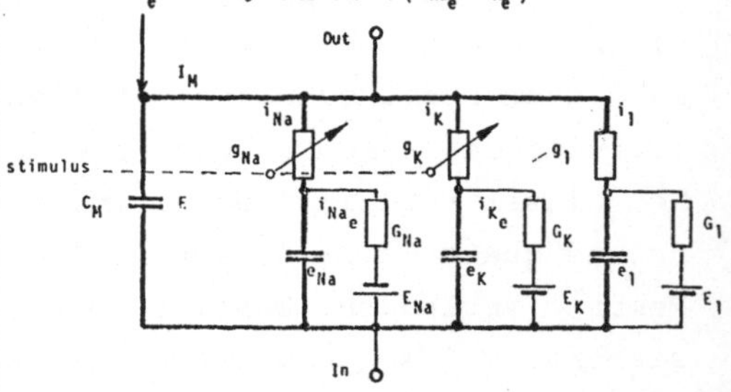

$$(1)\ I = C_M \frac{dE}{dt} + I_i \qquad (2)\ I_i = i_{Na} + i_K + i_1$$

Passive Ionenfluxe: **Aktive Ionenfluxe:**

$$(3)\ i_{Na} = g_{Na}(E - e_{Na}) \qquad (6)\ i_{Na_e} = G_{Na}(E_{Na} - e_{Na})$$

$$(4)\ i_K = g_K (E - e_K) \qquad (7)\ i_{K_e} = G_K (E_K - e_K)$$

$$(5)\ i_1 = g_1 (E - e_1) \qquad (8)\ i_{1_e} = G_1 (E_1 - e_1)$$

$$(9)\ C_{Na} \frac{de_{Na}}{dt} = i_{Na_e} - i_{Na}$$

$$(10)\ C_K \frac{de_K}{dt} = i_{K_e} - i_K$$

$$(11)\ C_1 \frac{de_1}{dt} = i_{1_e} - i_1$$

Elektrogene Ionenflux-Gleichung:

$$(15)\ i_e = f (i_{Na_e} - i_{K_e}) = k \left[G_{Na_e}(E_{Na} - e_{Na}) - G_{K_e}(E_K - e_K) \right]$$

k = Koppelfaktor

$$i_e = \text{electrogenic current} = f (i_{Na_e} - i_{K_e})$$

Differentialgleichungen:

$$(12)\ C_{Na} \frac{de_{Na}}{dt} = G_{Na}(E_{Na} - e_{Na}) - g_{Na}(e_{Na} - E)$$

$$(13)\ C_K \frac{de_K}{dt} = G_K (E_K - e_K) - g_K (e_K - E)$$

$$(14)\ C_1 \frac{de_1}{dt} = G_1 (E_1 - e_1) - g_1 (e_1 - E)$$

Receptormembran:

$$(16)\ C_M \frac{dE_M}{dt} = g_{Na}(e_{Na} - E) + g_K(e_K - E) + g_1(e_1 - E) + k \left[G_{Na}(E_{Na} - e_{Na}) - G_K(E_K - e_k) \right]$$

Abb. 13. Grundgleichungen zu der Ersatzschaltung eines Receptor-membranelementes

sche Untersuchungen zeigen jedoch, daß beim Übergang der phasischen
zur tonischen Antwort unter Sprungreiz viele Receptoren im Verlauf
ihres Receptorpotentials einen mehr oder weniger deutlichen Einschwingprozeß aufweisen (vgl. Abb. 14). Aus der Sicht der Receptorphysiologie bleibt es noch unklar, ob diesem Einschwingprozeß informations-
theoretisches Gewicht zuzumessen ist. In neuerer Zeit hat sich gezeigt, daß an vielen erregbaren Membranen zusätzlich zu den passiven
Ionenströmen sogenannte elektrogene Flüsse zur Bildung des Membran-
potentials beitragen. Diese elektrogenen Flüsse entstehen zum Beispiel immer dann, wenn Natrium-Ionen und Kalium-Ionen beim aktiven
Transport durch die Membran nicht im Verhältnis 1 : 1, sondern in einem ungleichen Verhältnis transportiert werden. Dies führt nettomäßig
zu einem aktiven Ladungsträgertransport. Formal wird dieser Tatsache
mit der Gleichung 15 (Abb. 13) Rechnung getragen.

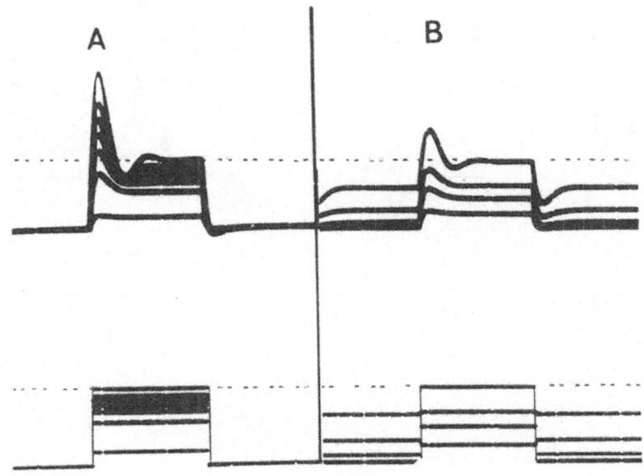

Abb. 14. Darstellung des Einschwingverhaltens bei der Adaptation
des Receptor-Generatorpotentials
A: Reaktion auf Reizsprünge unterschiedlicher Amplitude
aber gleichbleibender Grundreizstärke
B: Reaktion auf Reizsprünge unterschiedlicher Amplitude
und unterschiedlicher Grundreizstärke

3. Untersuchungen mit Hilfe des Analog-Rechenmodells

Das oben diskutierte Modellsystem läßt sich in eine Analog-Rechenschaltung umsetzen (vgl. Abb. 15). Mit dieser Rechenschaltung können
Reizversuche bei unterschiedlichen Bedingungen simuliert werden. Zur
Illustration zeigt die Abbildung 16 die Simulation receptorphysiolo-
gischer Untersuchungen an Streckreceptoren. Auf der linken Seite der

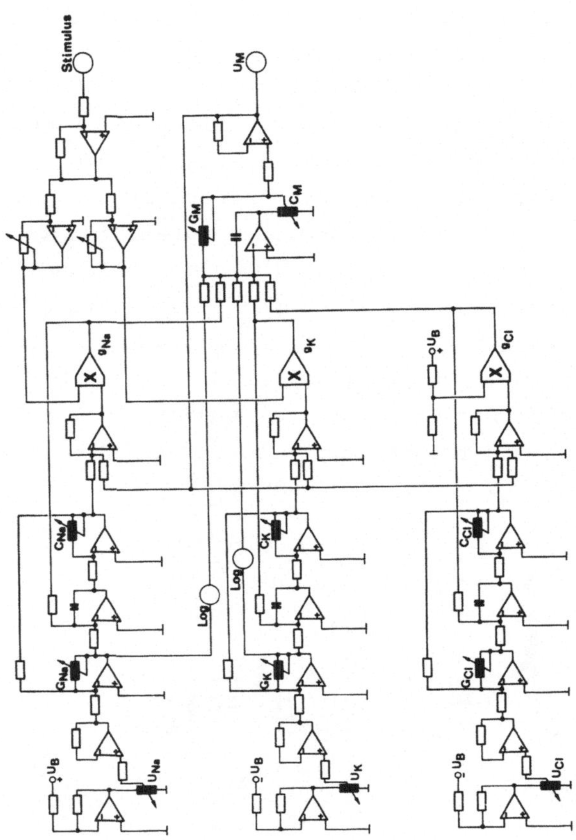

Abb. 15. Schaltprinzip eines elektrischen Analog-Rechensystems zur Durchführung theoretischer Analysen am hypothetischen Membranelement eines Receptors. Auf den Eingang (Stimulus) werden reizfunktionsproportionale Spannungen gegeben. Am Ausgang (U_M) wird das Receptorpotential registriert

Abbildung wird gezeigt, wie bei höheren Reizintensitäten ein Einschwingvorgang auftritt, d.h. beim Übergang von der phasischen zur tonischen Komponente des Receptorpotentials durchläuft das Membranpotential vorübergehend einen Minimumwert. Die rechte Seite der Abbildung zeigt die Simulation von Versuchen, bei denen die Kalium-Außenkonzentration in der Badlösung verringert wurde. OTTOSON (11) hatte gefunden, daß bei abnehmender Kalium-Konzentration der charak-

teristische Einschwingprozeß nicht mehr auftritt. Wir sind nun in
der Lage, dieses Experiment mit Hilfe der Analogrechenschaltung zu
simulieren. Bei dieser Simulierung wurde entsprechend der Reduktion
der Kalium-Außenkonzentration ein entsprechender Einfluß auf das Ka-
lium-Diffusionspotential und auf den aktiven Kalium-Transport in Rechnung gesetzt. Dabei kamen wir zu deckungsgleichen Resultaten mit dem
biologischen Experiment.

Interessant ist weiterhin die Untersuchung der Frage: Welchen Einfluß
hat die Temperaturveränderung auf die Reaktionsparameter des Membran-
modells? Hierbei ist zu berücksichtigen, daß Temperatursenkungen stets

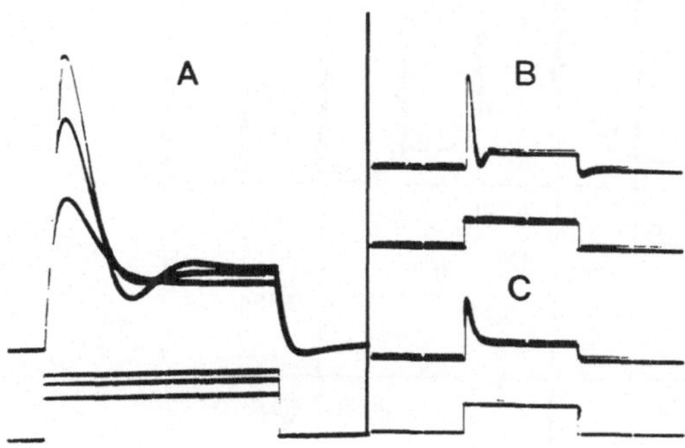

Abb. 16. Simulation des Zeitganges eines Receptorpotentials bei
rechteckförmiger Reizung
A: Adaptationsverhalten bei unterschiedlicher Reizinten-
sität
B: Gleiche Registrierung wie in A, jedoch bei langsamerer
Registriergeschwindigkeit. Dabei werden normale intra-
und extrazelluläre Ionenkonzentrationen für Natrium,
Kalium und Chlorid angenommen und am Receptoranalog
eingestellt
C: Adaptationszeitgang bei Simulation der Bedingung ka-
liumfreier Extrazellulärlösung
Simulation der Ergebnisse von OTTOSON (11)

zu einer entsprechenden Inaktivierung chemischer Umsatzraten, so zum
Beispiel des aktiven Transportsystems, führen. Zur Simulation veränderten wir temperaturproportional die Geschwindigkeitskoeffizienten
des aktiven Ionen-Transports. Bei stufenweiser Temperatursenkung er-
hielten wir, wie die Abbildung 17 zeigt, (bei geeigneter Wahl der
Koeffizientenrelationen) eine Registrierung des Receptorpotentials,
die deckungsgleich ist mit solchen Registrierungen, die an biologischen temperaturempfindlichen Receptoren gewonnen wurden (Abb. 17).

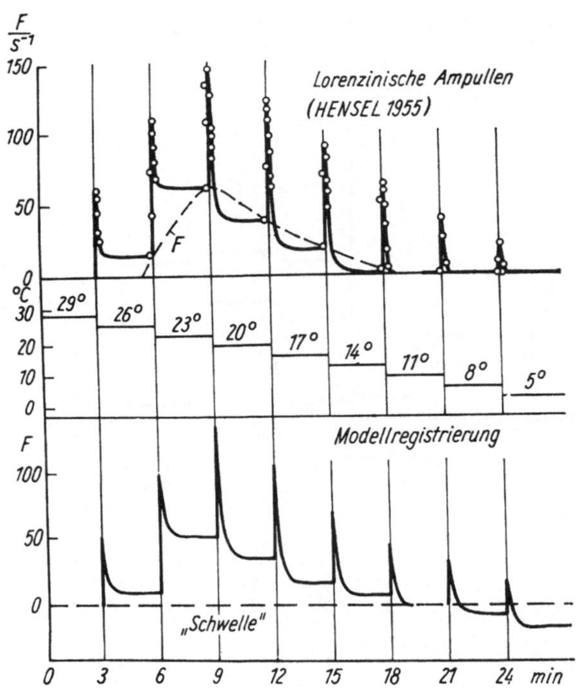

Abb. 17. Reizreaktionsbeziehungen eines temperaturempfindlichen
Receptorsystems bei stufenförmiger Temperatursenkung
(Mitte: Temperaturstufen)
Oben: Umzeichnung einer Originalregistrierung von HENSEL (4)
Unten: Simulation des Generatorprozesses mit Hilfe der
Analog-Rechenschaltung

Schließlich bleibt die Frage zu beantworten, welche gezielten Strukturveränderungen am Membranmodell führen zur Deckungsgleichheit der
Reizreaktionsbeziehungen, wenn sie gezielten Änderungen biologischer
Systeme gegenübergestellt werden? Betrachtet man die Ersatzschaltung,
dann wird sehr bald deutlich, daß eine Veränderung der Kompartiment-
größen, d.h. der Kapazitäten, zu einer Veränderung der Zeitkonstanten
bei den Einstellprozessen führen muß. KRISCHER(7,8)untersuchte unter
Ansatz unserer Gleichungen die Frage, ob die Adaptationsdauer von
Fotoreceptoren mit der Größe der extrazellulären Lösungsräume für
Ionen korreliert. Morphologische Untersuchungen der Feinstruktur dieser Receptoren führten zu Ergebnissen, die sich durch unsere Theorie
der Receptorpotentialbildung voraussagen lassen: Vergrößerte extrazelluläre Kompartimente sind mit Vergrößerung der Adaptationszeit-
konstante zu korrelieren.

Die einzelnen Funktionselemente einer lebenden Membran, Permeabilitäten, Diffusionspotentiale, aktive Transporteinrichtungen,wurden koor-
dinativ zu einer funktionellen Einheit zusammengeschaltet, die bei
Beeinflussung passiver Geschwindigkeitskoeffizienten und bei thermi-
scher Beeinflussung aktiver Geschwindigkeitskoeffizienten die funktionellen Phänomene biologischer Meßfühler bei der Informationsverarbeitung abbildet. Die eingangs gestellte Frage, ob die charakteristische Nichtlinearität biologischer Meßfühler das Produkt eines op-
timierenden Selektionsprozesses ist oder ob dieses Prinzip notwen-
digerweise aus den funktionellen und strukturellen Randbedingungen
biologischer und thermodynamisch offener Systeme herzuleiten ist,
beantwortet sich jetztwie folgt: Weil bereits bei einfachen thermodynamisch offenen und kompartimentierten Systemen die Veränderung
von Geschwindigkeitskoeffizienten ausschließlich zu nichtlinearen
Antworten führt, ist offensichtlich auch bei biologischen Meßfühlern
diese Nichtlinearität eine Funktion der miteinander verschalteten
Kompartimente. Receptoren müssen deshalb zwangsläufig nichtlinear
reagieren. Versuche der Analyse mit linearisierenden Methoden der
Systemtheorie haben deshalb in diesem Felde keinerlei heuristischen
Wert.

Im Sinne des formal-heuristischen Prinzips der Modellmethode (vgl.
Schema Abb. 18) geht die Differenz zwischen den experimentell beobachteten Ereignismengen und den deduktiv voraussehbaren Ereignismengen des hier entwickelten Modells allmählich gegen Null. Damit

konvergiert der definierte Bereich der Realwelt, nämlich das Membranelement eines biologischen Receptors mit dem von uns entwickelten
Modell der Realwelt, und wir gelangen zu einer vollkommeneren Theorie
des Realobjekts: Der Theorie der ionalen Bildungsmechanismen des Receptorpotentials.

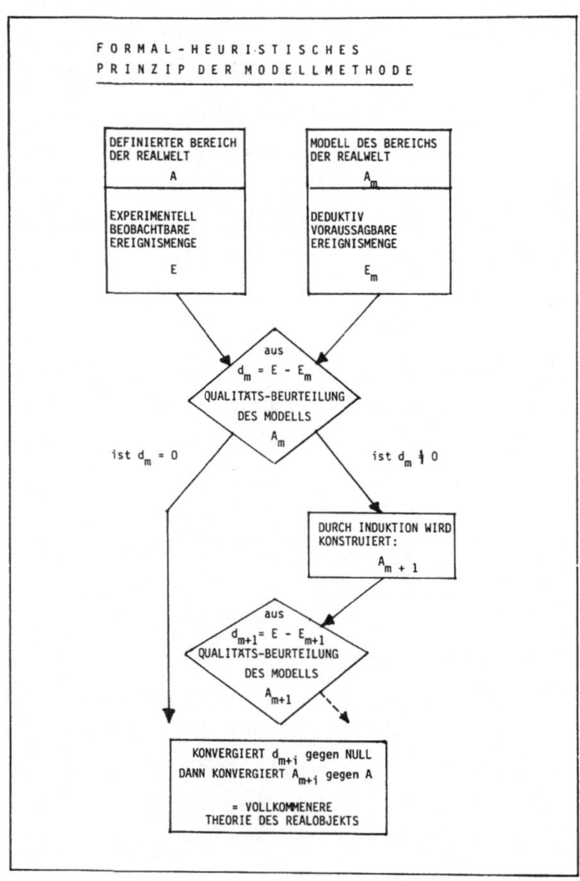

Abb. 18.

Literatur

1. BURKHARDT, D.: Spectral sensitivity and other response characteristics in the arthropod eye. In: Biological receptor mechanisms.
   Ed.by J.W. L.Beament. Cambridge University Press London 1962.
2. BURTON, A.C.: The properties of the steady state compared to

those of equilibrium as shown in characteristic biological behaviour. J.cell.comp.Physiol.14 (1939), 227-349.
3. FUORTES, M.G.F.: Generation of response in receptor. In:Handbook of Sensory Physiology, Vol.1: Principles in Receptor Physiology, 243-268. Ed.by W.R.Loewenstein, Springer Verlag Berlin-Heidelberg-New York 1971.
4. HENSEL,H.: Quantitative Beziehungen zwischen Temperaturreiz und Aktionspotentialen der Lorenzinischen Ampullen. Z.vergl.Physiol. 37,509-526 (1955).
5. HODGKIN,A.L. and A.F.HUXLEY: A quantitative description of membrane current and its application to conduction and excitation in nerve. J.Physiol.(London) 117, 500-545 (1952).
6. KIKUCHI, R. and M. TAZAWA: Effect of intensity, duration and interval of stimulus on retinal slow potentials. In: Electrical activity of single cells. Igaku Shoin, Tokio 1960, 25-38.
7. KRISCHER,Ch.: Derivation of the photo-electric efficiency of photoreceptors and a method of extracellular measurement of nerve current. Z.Naturforsch. 26b(1971), 1322-1325.
8. KRISCHER, Ch.: The photo-electric efficiency of the median and the lateral photoreceptor of the barnacle Balanus eburneus.Z.Naturforsch. 26b(1971), 1326-1335.
9. LANDGREN,S.: On the excitation mechanism of the carotid baroreceptors. Acta physiol.scand.26(1952), 1-34.
10. LANDGREN, S.: The baroreceptor activity in the carotid sinus nerve and the distensibility of the sinus wall. Acta physiol.scand. 26(1952),35-56.
11. OTTOSON, D.: Ionic effects on adaptive behaviour of crustacean stretch receptor neurons. Acta physiol.scand. 87, 38-39A(1973).
12. THURM, U.: Adaptation eines Mechanoreceptors. Pflügers Arch.ges. Physiol.281,86 (1964).
13. ZERBST,E., K.-H.DITTBERNER und E. WILLIAM: Über die Nachrichtenaufnahme durch biologische Receptoren. Theoretische Untersuchungen zur Ursache der Receptorpotentialbildung. Kybernetik 2,160-168 (1965).
14. ZERBST,E.: Analysis of heart rate adaptation to temperature. In: Quantitative Biology of Metabolism. Ed.A.LOCKER,Springer Verlag Berlin-Heidelberg-New York, pp.95-101(1968).
15. ZERBST,E.: und K.-H.DITTBERNER: Analyse der Informationsaufnahme und -verarbeitung durch biologische Receptoren. Fortschr.exper. u.theor. Biophysik Bd.17, Leipzig 1973.
16. ZERBST,E.: A theoretical description of membrane currents and its application to information uptake and conversion in sensory cells. Proc.International Symposium Control Mechanism in Bio- and Ecosystems (IFAC-Symposium).Leipzig 1977. Vol.2 pp.15-23.

Simulation von Organ–Mikrozirkulationssystemen – Stationärer Gas– und Metabolitaustausch in drei–dimensionalen Kapillarsystemen

H.Metzger

Einleitung

In der Endstrecke des Kreislaufs im Bereich der Kapillaren findet ein
fortlaufender Gas- und Metabolitaustausch statt. Sauerstoff, Glukose,
Fettsäuren, u.a. werden durch die Konvektionsbewegung des Blutes an-
transportiert und gelangen durch Diffusion in die Kapillarmembran und
den Extracellulärraum schließlich durch die Zellmembran in das Zell-
innere. Dort werden sie in den Stoffwechsel eingebaut und sorgen durch
ATP-Produktion für die Funktionserhaltung der Zellen. Auf dem umge-
kehrten Weg wandern die Stoffwechselendprodukte CO_2, Harnstoff, u.a.
zurück in das Blut und werden von Niere, Darm und Lunge in die Umgebung ausgeschieden.

Die Gesetzmäßigkeiten, nach denen die Zirkulation abläuft und nach denen die Stoffe ausgetauscht werden, sind heute im Prinzip bekannt.Es
handelt sich - mit Ausnahme des aktiven Transportes - um dieselben
physikalisch-chemischen Vorgänge, wie wir sie auch in der unbelebten
Natur finden. Jedoch kennen wir das Zusammenwirken der einzelnen Glieder der Kette nur sehr unvollständig; der Stoffaustausch kann deshalb
auch meistens nur als grobe Bilanzierung für das ganze Organ erfaßt
bzw. angegeben werden. Eine Aussage über die Verhältnisse im Bereich
der Mikrozirkulation ist nur indirekt möglich. Funktionsstörungen der
Organe entstehen aber gerade in diesem Bezirk.

Als neue - und nach meiner Ansicht sehr effizienten - Methode zur Analyse von Mikrozirkulationsvorgängen und Austauschprozessen hat sich
in den letzten Jahren die Simulation der Austauschvorgänge herauskri-
stallisiert. In diesem Zusammenhang wird die Nachbildung des physiologischen Vorgangs in einem determinierten Modell (im Gegensatz zum
stochastischen) als Simulation bezeichnet. Das Modell basiert auf vorgegebenen physiko-chemischen Gesetzmäßigkeiten, deren Konstanten und
einer bekannten Geometrie. Die mit Hilfe der Simulation berechneten
Ergebnisse beschreiben den Austausch und den Mikrozirkulationsvorgang

und ermöglichen dadurch eine Vorhersage von Störungen und Funktionsausfällen, somit stellt die Simulation eine Alternative zu physiologischen Methoden dar. Ihr Vorteil besteht darin, daß sowohl örtliche
als auch zeitliche Vorgänge in kleinsten Gewebsdimensionen untersucht
werden können. Ganz allgemein betrachtet kommt der Simulation physiologischer Prozesse eine starke Bedeutung zu, weil durch die mathematische Formulierung der Probleme eine Definition der physiologischen
Konstanten möglich wird, darüber hinaus haben die Simulationen heuristischen, d.h. erkenntnisfördernden Wert und führen zu neuen Arbeitshypothesen. Wenn man sich vor Augen führt, wie schwierig Untersuchungen im Bereich der Mikrozirkulation sind und daß die Methoden
meist nur eine punktuelle Aussage ermöglichen, dann wird die besondere Bedeutung der Simulation für Mikrozirkulation und Stoffaustausch
voll sichtbar und noch besser verständlich.

Arbeitsablauf zur Durchführung der Simulation

Zur Entwicklung des mathematischen Modells gehören die aus der Literatur entnommenen Ergebnisse aus der Morphologie, Physiologie und
Biochemie und Annahmen über die physiko-chemischen Grundgesetze, die
den untersuchten Vorgang bestimmen, sowie die Annahmen über die Geometrie des Systems, d.h. seine äußeren Abmessungen und seinen Aufbau
(Abb. 1). Durch die geometrische Struktur des Systems wird gleichzeitig die Wahl des Koordinatensystems - bestehend aus Zylinder-, Kugel-
und karthesichen Koordinaten - festgelegt. Nachdem die Gleichungen
erstellt sind, werden geeignete Lösungsverfahren untersucht. Im Falle
der partiellen DGLn., die die Stoffaustauschvorgänge im Bereich der
Mikrozirkulation beschreiben, müssen die DGLn. in Differenzengleichungen überführt und eine numerische Lösung auf einem schnellen Rechenautomaten errechnet werden. In unserem Fall wurde eine CYBER 76 verwendet; dieser außerordentlich schnelle Rechner von Control Data bildete bis vor zwei Jahren das Herzstück des amerikanischen Raketenabwehrsystems. Durch seine hohe Speicherkapazität und Verarbeitungsgeschwindigkeit konnte ein größeres System von simultanen partiellen
DGLn. und den entsprechenden Randbedingungen sowie den zugehörigen
Nichtlinearitäten bearbeitet werden. Allerdings müssen die erzielten
Ergebnisse anschließend in geeigneter Form dargestellt werden, was im
Falle der orts- und zeitabhängigen Lösungen der DGLn. ein sehr schwieriges Problem ist und in Zukunft noch größere Beachtung erfordern
wird. Aus dem Vergleich von experimentellen und theoretischen Ergeb-

SIMULATION DER CEREBRALEN O_2 - VERSORGUNG

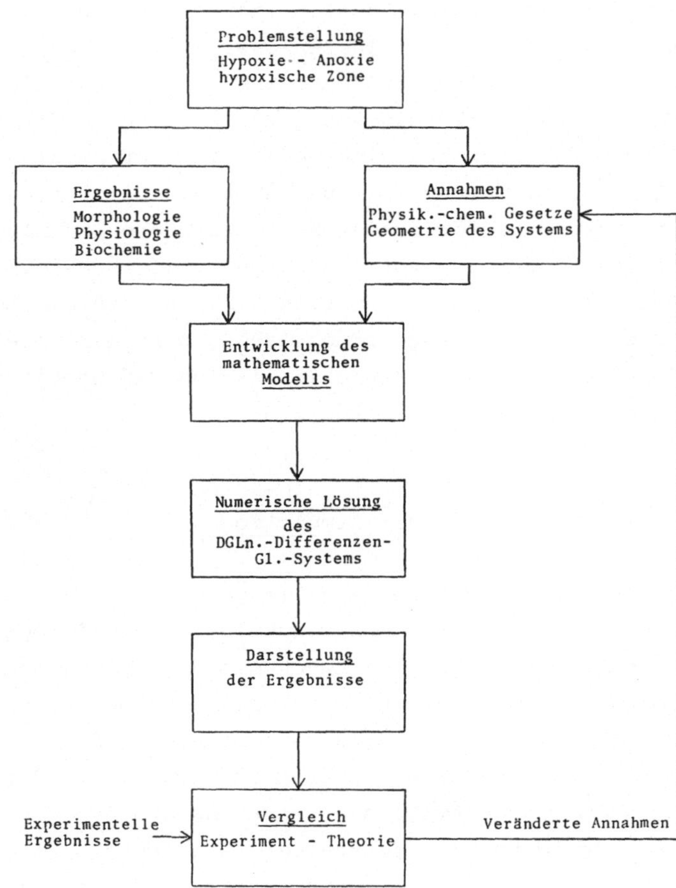

Abb. 1. Blockschaltbild einer Simulation

nissen werden dann dem Modell zugrunde liegende Annahmen modifiziert und die Simulation wiederholt. Diesen Vorgang kann man solange fortsetzen, bis eine zufriedenstellende Übereinstimmung von Tierexperiment und mathematischer Simulation erzielt worden ist.

<u>Vorteile der Simulation</u>

1. Die Parameterveränderung ist leicht durchzuführen.
2. Die Definition von Konstanten wird gegeben.

3. Die Methode ist kostensparend, da auf weitere Tierexperimente
   verzichtet werden kann.
4. Eine Hochrechnung für den Menschen ist aus den in Tierversu-
   chen und Simulationen gewonnenen Ergebnissen möglich.
5. Die Methode kann in Zukunft auf krankhafte Zustände ausgedehnt
   werden.

Nachteile der Simulation und Wege zur Beseitigung dieser Nachteile

1. Die Vielfalt der komplexen biologischen Realität läßt sich
   nicht immer definieren. - Neben der Simulation und mathematischen Beschreibung gibt es keine Alternative, um schwie-
   rige Zusammenhänge von biologischen Problemen in einer übersichtlichen Art und Weise zu betrachten.
2. Die Ergebnisse sind oft mehrdimensional und dadurch schwer
   überschaubar. - Durch die Entwicklung geeigneter graphischer
   Verfahren können mehrdimensionale Ergebnisse dargestellt
   werden.
3. Unrichtige Annahmen und Voraussetzungen führen zu falschen
   Ergebnissen und Schlußfolgerungen. - In jedem Fall ist es notwendig, die Wertigkeit der Annahme und die Voraussetzungen zu
   überprüfen.
4. Häufig kann die Übereinstimmung von Theorie und Experiment
   nicht eindeutig geklärt werden. - Es müssen geeignete Testver-
   fahren entwickelt werden, damit die Eindeutigkeit der Ergebnisse garantiert werden kann. Eine Möglichkeit diese Eindeutigkeit herzustellen, besteht z.B. darin, mit Hilfe der theoretischen Ergebnisse ein bestimmtes neues Experiment oder die
   Messung einer weiteren physiologischen Größe zu fordern.

Einige Beispiele typischer Mikrozirkulationssysteme

Die Kapillarisierung der einzelnen Organe ist unterschiedlich, deshalb werden mehrere vorgestellt (Abb. 2).

Muskel: Gleichlaufend mit den längsgestreiften Muskelfasern bilden
die Kapillaren ein Parallelsystem mit äquidistanten Abständen. An unterschiedlichen Stellen werden sie von zuführenden Arteriolen ge-
speist. In erster Näherung ist der Fall eines Gegen- und Gleichstrom-
systems gegeben (7,5,u.a.).

ORGAN – MIKROZIRKULATIONSSYSTEME

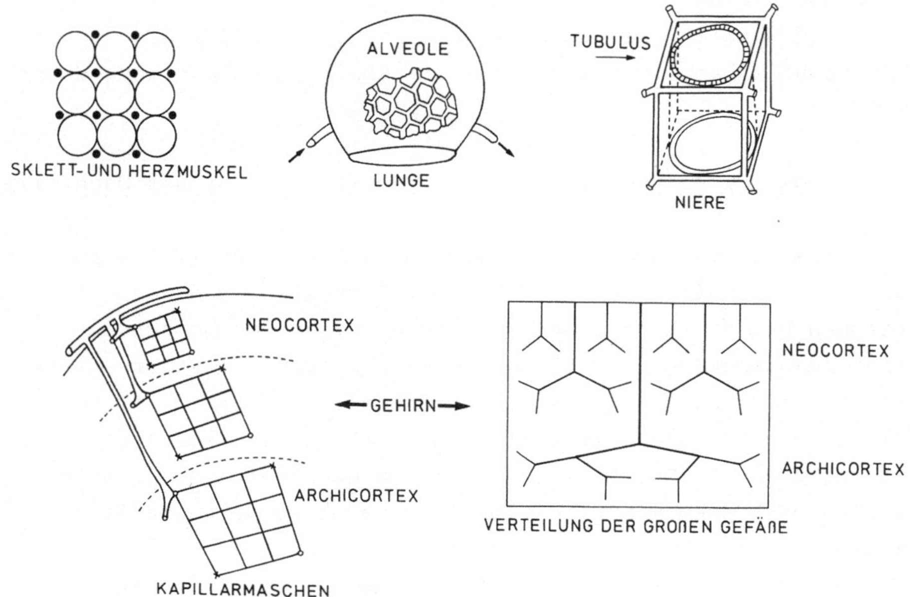

Abb. 2. Schematische Darstellung verschiedener Mikrozirkulations-systeme

Lunge: Die Elementareinheit für den Gasaustausch in der Lunge ist die Alveole. Auf der Oberfläche der Alveole liegen die Kapillaren, die ein hexagonales Maschensystem bilden und auf der Innenseite der Alveole in fortlaufendem Kontakt mit der Außenluft stehen; dort wird Sauerstoff aufgenommen bzw. CO_2 abgegeben (<u>21</u>).

Niere: Als Mikrozirkulationseinheit wird ein Segment des tubulären Apparates betrachtet. Die Kapillaren umschlingen den Tubulus netz- bzw. maschenförmig, sie kommen über die Tubulusbarriere ständig mit dem Primärharn in Berührung. Kapillaren und Primärharn bilden eine Art Kreuzstromsystem, das extrem kurze Diffusionswege für den Stoffaustausch aufweist. Der Niere kommt als wichtigstem Stoffaustauscher besondere Bedeutung zu, denn die Abbauprodukte des Stoffwechsels müssen vom Blut über den Harn ausgeschieden werden.

<u>Darmzotte:</u> Jede Darmzotte besitzt ein fein verzweigtes Kapillarsystem,das einen zentralen venösen Abfluß hat; er beginnt am äußersten Punkt der Zotte und sammelt in sich das gesamte venöse Blut. Der arterielle Zufluß liegt an der Innenseite der Darmzotte und verzweigt sich von dort maschenförmig.

<u>Placenta:</u> Die fetalen Kapillarschlingen ragen in die maternalen Villi hinein, fetales und maternales Blut stehen in einem fortlaufenden Austausch.

<u>Gehirn:</u> Da mit den nachfolgenden Berechnungen die Simulation der cerebralen Sauerstoffversorgung behandelt wird, fällt die Beschreibung der Gehirnmorphologie etwas ausführlicher aus.
Die Strömungsverhältnisse im Kapillarbereich werden bestimmt durch die Verteilung der arteriellen Zu- und der venösen Abflüsse sowie die Art und Dichte der kapillären Maschen. Aufgrund der langen Entwicklungsgeschichte des Gehirns und seines differenzierten Aufbaus können im Cortex mindestens drei Gefäßstämme unterschieden werden, die Abweichungen in Länge und Häufigkeit zeigen. Die am häufigsten auftretenden kürzeren Arterien versorgen die oberen Schichten des Neocortex. Dazwischen verlaufen die mittleren Arterien, die den tieferen Neocortex, die weiße Substanz und den oberen Archicortex versorgen. Schließlich dringen die selteneren langen Arterien ohne seitliche Abzweigungen direkt in den Archicortex vor und verteilen sich dort. Die Abnahme der arteriellen Zuflüsse geht einher mit einer Vergrößerung der kapillären Maschenweiten. So hat der Neocortex ein dichteres Kapillarnetz als der ontogenetisch ältere Archicortex; besonders große Kapillarabstände werden in der dazwischen liegenden weißen Substanz beobachtet.

<u>Ableitungen der Differentialgleichungen des Stofftransportes</u>

Die physiko-chemischen Grundgesetze , nach denen der Stoffaustausch in der Mikrozirkulation abläuft, sind für die einzelnen Substanzen spezifisch. Deshalb müssen für jede Substanz die entsprechenden Gleichungen für das Kapillarinnere, die Kapillarmembran, den intra- und extracellulären Raum aufgestellt werden. Die Gleichungen sind miteinander durch Randbedingungen gekoppelt.

Im folgenden werden zwei Beispiele, die Sauerstoff- und die Glukose-
versorgung, vorgestellt:

<u>Sauerstoff:</u> Im Innern des Kapillarsystems wird Sauerstoff in chemisch
gebundener Form als HbO_2 und physikalisch gelöst transportiert. Durch
Diffusion gelangen die Sauerstoffmoleküle durch die Kapillarmembran
in das Gewebe, wo sie durch chemische Reaktionen in den Stoffwechsel
eingebaut und verbraucht werden.

<u>Glukose:</u> Glukose wird im Blut sowohl im Plasma als auch im Erythro-
cyten transportiert; der Glukosetransport zwischen Plasma und Erythro-
cyt kann durch eine Sättigungskinetik charakterisiert werden. Die Glu-
kosediffusion von der Kapillarmembran in die Umgebung läuft wesentlich langsamer ab als im Plasma. Außer durch Diffusion wird der Glukosetransport im Gewebsraum auch durch eine chemische Reaktion bestimmt, deren Geschwindigkeit mit Hilfe der Michaelis-Menten-Glei-
chung beschrieben wird. Obwohl im Gewebe nochmals zwischen extra- und
intracellulärem Raum unterschieden werden muß, können im mathematischen Ansatz beide Räume infolge mangelnder Versuchsergebnisse zu einem Kompartment vereinigt werden.

<u>Allgemeine Differentialgleichung</u>

Die allgemeinen Differentialgleichungen für den Sauerstoff- und Glukosetransport umfassen die Konvektions- und Diffusionsvorgänge in
Blut und Gewebe. Es wird das Volumenelement dV betrachtet und die
Stoffbilanz gebildet: durch das Oberflächenelement dF fließe die Summe der Teilchenströme j; im Volumenelement laufe die chemische Reaktion Q(c) ab. Die Abnahme der Konzentration im Volumenelement dV ist
gleich dem Strom durch die Grenzfläche - er setzt sich aus einem
Diffusions- und Konvektionsanteil zusammen - und der Summe der durch
chemische Reaktionen verbrauchten Moleküle (vgl. Tafel 1; <u>10</u>,<u>11</u>,<u>12</u>,
<u>13</u>,<u>15</u>).

<u>Schematisierung der Mikrozirkulationseinheit und Wahl der Koordinaten</u>

Um die mathematische Analyse rationell durchführen zu können, müssen
die Kapillarsysteme schematisiert, d.h. dem Koordinatensystem ange-

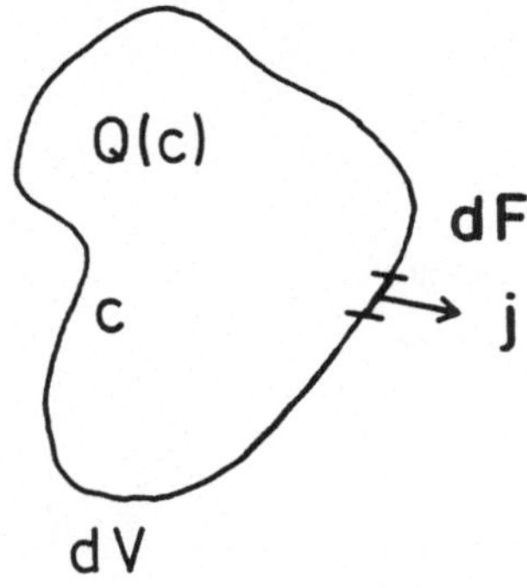

$$j = -D\,\mathrm{grad}\,c + \mathbf{v}\cdot c$$

$$-\frac{\partial}{\partial t}\int c\,dV = \oint \mathbf{j}\,\mathbf{dF} + \int Q(c)\,dV$$

$$\frac{\partial c}{\partial t} = D\,\Delta c - \mathbf{v}\,\mathrm{grad}\,c - Q(c)$$

*Tafel 1. Zur Ableitung der allgemeinen DGL. des Stofftransportes
wird eine Bilanz für das Volumenelement dV gebildet.
Die Abnahme der Konzentration c ist gleich dem Strom-
vektor j durch das Oberflächenelement dF; im Volumenelement läuft außerdem die chemische Reaktion Q (c) ab*

paßt werden. Zahlreiche Lösungen der DGLn. sind in der Literatur für
den Fall der Zylinderkoordinaten beschrieben worden (19,17,10), für
das nachfolgende Netzwerk wurde aber den karthesischen Koordinaten
der Vorzug gegeben. Das entwickelte Kapillarnetzwerk soll die Versor-
gungsfragen transparenter machen und die Analyse eines größeren inho-
mogen durchbluteten Gewebsgebietes ermöglichen.

Entwicklung des Kapillarmaschensystems

Der Aufbau eines mehrfachen Maschennetzes beginnt mit der Entwicklung
der einfachen Kapillarmasche (Abb. 3).

TWO-DIMENSIONAL CASE

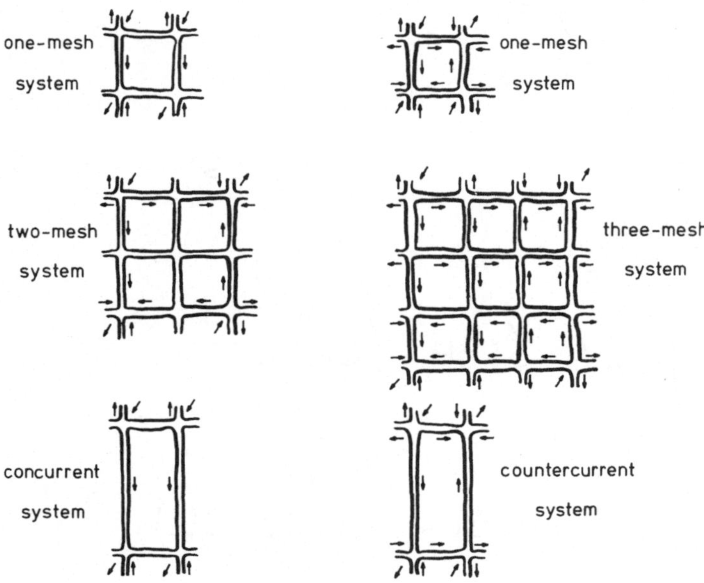

Abb. 3. Zweidimensionale Darstellung der Kapillarmaschen. Die Pfeile geben die Strömungsrichtung an, die von der Verteilung der Zu- und Abflüsse (schräge Pfeile) sowie der Kapillaranordnung bestimmt wird

Einfache Kapillarmaschen

Ein einmaschiges Kapillarnetz kann sowohl aus einem Gewebequadrat als auch aus einem Geweberechteck bestehen. Es kann als Gleichstromsystem vorliegen oder - wie es im allgemeinen der Fall ist - so, daß arterielle und venöse Punkte abwechselnd angeordnet sind und die Kapillarströmung auf gegenüberliegenden Seiten entgegengesetzt fließt.Besteht das Kapillarnetz aus einem Gewebequadrat, bestimmen alle beteiligten Kapillaren im gleichen Maße die PO_2-Verteilung. Im Falle eines Geweberechteckes kann der Fluß der Querseite im Vergleich zur Schmalseite vernachlässigt werden, was sowohl dem Gleich- als auch dem Gegenstromsystem entsprechen kann.

Mehrfache Maschen

Die Einführung des Mehrfach-Maschensystems wird den physiologischen Gegebenheiten stärker gerecht als die einfache Kapillarmasche, da nur die mehrfachen Maschen die Unterschiede in den Strömungsgeschwindigkeiten wiedergeben können. Bei Kenntnis der Verteilungsmuster von Zu- und Abflüssen können mit Hilfe der Kirchhoff'schen Gesetze die Strömungsgeschwindigkeiten berechnet werden. Man erhält z.B. bei einer 3x3er Masche mit jeweils zwei Zu- und Abflüssen angeordnet auf gegenüberliegenden Ecken Unterschiede in den Strömungsgeschwindigkeiten im Verhältnis von 5:3:1. Stellt man sich dieses zwei-dimensionale als drei-dimensionales Modell vor, bekäme man sogar ein Verhältnis von 27:11:4:3:1 und hätte damit ein der Biologie optimal angepaßtes System (Abb. 4).

Ableitung der Gleichungen für die Sauerstoffversorgung

Folgende Annahmen werden zur Berechnung der cerebralen Sauerstoffversorgung gemacht:

1. Sauerstoff wird im Gewebe durch Diffusion und in den Kapillaren durch Konvektion transportiert.
2. Die chemischen Reaktionen sind im steady-state und werden für die Kapillaren durch die Hill'sche Gleichung und im Gewebe durch die Gleichung von Michaelis und Menten beschrieben.Der kritische mitochondriale PO_2 liegt bei 1 mmHg.
3. Die Strömungsgeschwindigkeit in den Kapillaren wird nach den Kirchhoff'schen Gesetzen berechnet. Die Geschwindigkeit in den Kapillaren ist konstant über den Querschnitt, der für die Berechnung als quadratisch angesetzt wird.
4. Diffusions- und Löslichkeitskoeffizient sind im Plasma und Gewebe jeweils gleich und konstant.
5. Alle Kapillaren haben denselben hydrodynamischen Widerstand.
6. Der O_2-Verbrauch wird als ortsabhängig angesetzt mit einem vergrößerten Verbrauch am Kapillaranfang und einem kleineren am Kapillarende. Dieser ortsabhängige Verbrauch wird mit der Annahme eines konstanten Sauerstoffverbrauchs im Gewebe verglichen.

7. Das untersuchte Gewebsvolumen stellt einen nur kleinen Ausschnitt
   aus dem gesamten Cortex dar, trotzdem ist es repräsentativ für
   das Ganze.
8. Für den Glukosetransport muß zusätzlich der Lösungsraum der Ery-
   throcyten berücksichtigt werden.

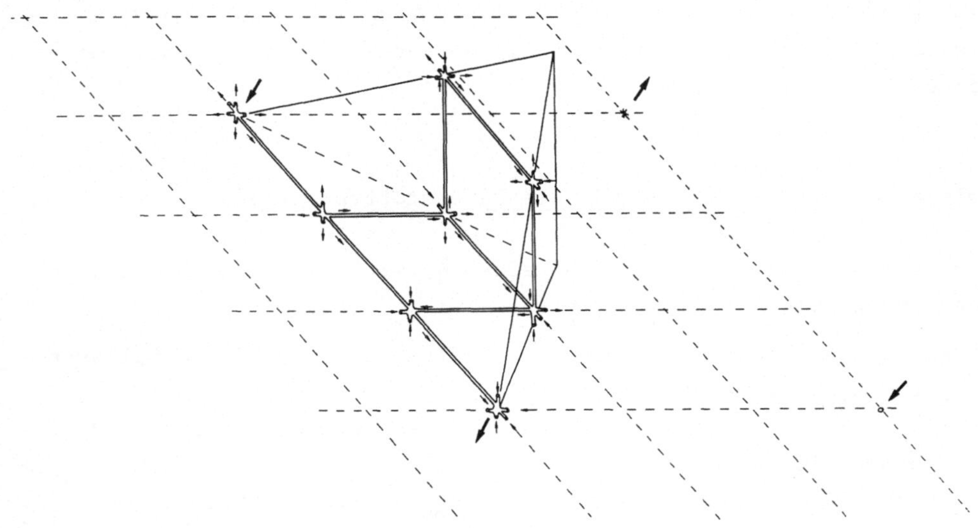

Abb. 4. Ausschnitt aus einem 3x3x3 Maschensystem, das sich aus 24 gleichen Tetraedern zusammensetzt

Die der Simulation zugrunde liegenden Differentialgleichungen und
Randbedingungen sind in Tafel 2 zusammengefaßt (15).

HYDRODYNAMISCHE GLEICHUNGEN

$$\sum_{\nu=1}^{6} v_\nu = 0 \qquad \sum_{\mu=1}^{4} v_\mu W_\mu = 0$$

O_2- TRANSPORT- GLEICHUNGEN

GEWEBE: $\qquad \Delta c_2 - AG \cdot Q(c_2) = 0$

$$Q(c_2) = \frac{c_2}{c_2 + CH} \qquad AG = \frac{Al^2}{P_a \alpha_1 D_2}$$

KAPILLARE: $\qquad \dfrac{\partial c_1}{\partial s} = \dfrac{AK}{f(c_1)} \cdot \sum_{\nu=1}^{4} \left(\dfrac{\partial c_1}{\partial n} \right)$

$$f(c_1) = \frac{c_1^{\,m-1}}{(1 + K\, P_a\, c_1^{\,m})^2}$$

$$AK = \frac{D_1}{d \cdot v} \cdot \frac{P_a\, \alpha_1\, 100}{1.34\, c_{Hb}\, m\, K\, P_a^{\,m}}$$

RANDBEDINGUNGEN: $\qquad D_1 \left(\dfrac{\partial c_1}{\partial n} \right) = D_2 \left(\dfrac{\partial c_2}{\partial n} \right) \qquad c_1 \alpha_1 = c_2 \alpha_2$

KAPILLARANFANG: $\qquad c_a = 1.0$

GEWEBSRAND: $\qquad \dfrac{\partial c_2}{\partial n} = 0$

Tafel 2. Zusammenfassung der DGLn. und Randbedingungen des O_2 - Transportes in Gewebe (Index 1) und Kapillare (Index 2) sowie zugehörige dimensionslose Zahlen

<u>Berechnung der dimensionslosen Zahlen AG, AK, BN, BK, CH</u>

Es soll noch einmal darauf hingewiesen werden, daß die partiellen DGLn. bereits in ihre dimensionslose Form überführt worden sind; somit können auch die Konstanten zu dimensionslosen Zahlen zusammengefaßt werden. In unserem Fall wird das Austauschsystem durch fünf dimensionslose Konstanten beschrieben, deren Werte anhand der physiologischen Größen aus der Literatur bzw. eigenen Experimenten berechnet werden.

<u>Berechnung der AG-Zahl</u>

Folgende Konstanten aus der Literatur werden zur Berechnung verwendet:

$$A = o.1 \ ml/gr \cdot min \ (\underline{9},\underline{4})$$

$$l = 6o \ \mu m \ (\underline{16},\underline{3},\underline{6},\underline{8})$$

$$P_a = 1oo \ mmHG \ (\underline{14})$$

$$\alpha = o.o25 \ ml/ml \cdot Atm \ (\underline{20})$$

$$D_2 = 2 \cdot 1o^{-5} \ cm^2/sec \ (\underline{20})$$

Für eine konstante Atmungsintensität von o.1 ml/gr·min erhält man bei variabler Maschenlänge folgende AG-Zahlen:

l (μm)	42	55	60	62	73
AG	o.445	o.764	o.912	o.973	1.35o

Die Tabelle zeigt die großen Unterschiede der AG-Zahlen für das cortikale Rattengehirn. Die AG-Variationen entsprechen der Schwankungsbreite der Kapillarmaschen, wie sie in den verschiedenen Gehirnabschnitten beobachtet wird. Es ist aber auch denkbar, daß die maximale Atmungsintensität nicht konstant angesetzt wird, da Abhängigkeiten von der Gewebsaktivität, vom Alter und von der Narkosetiefe bestehen. Um den Einfluß unterschiedlicher Atmungsintensitäten (A) auf die AG-Zahl zu berechnen, wird die Kapillarlänge konstant (6o μm) angesetzt und A innerhalb der physiologischen Grenzen verändert.

A (ml/gr·min)	o.1	o.o84	o.o5o
AG	o.912	o.764	o.445

Berechnung der AK-Zahl

Im Falle bekannter Kapillargeschwindigkeiten und Hb-Konzentrationen in den Kapillaren kann die AK-Zahl berechnet und die Computersimulation durchgeführt werden. Bei bekanntem Verlauf der O_2-Dissoziationskurve wird der Wert für avD_{O_2} (arterio-venöse Sauerstoffdifferenz)berechnet, bzw. umgekehrt bei bekanntem avD_{O_2} die Werte für v (Kapillargeschwindigkeit) und c_{Hb} (Hämoglobinkonzentration) ermittelt. In unserem Fall wird die zweite Möglichkeit verwendet, wobei sich AK berechnet zu:

$$AK = \frac{\Delta s/1oo}{AG \cdot BN \cdot BK \cdot 9 \cdot 1/d}$$

In die obige Gleichung werden folgende Zahlenwerte eingesetzt:

$\Delta s/1oo$ = o.53 (14)

AG   = o.91

BN   = 4.o4 (Hill-Exponent, berechnet aus der O_2-Bindungskurve)

BK   = 15.4 (Hill-Konstante, berechnet aus dem Bindungskurvenverlauf unter Berücksichtigung des Bohreffektes)

1/d   = 1o (Verhältnis von Kapillarlänge zu Kapillardurchmesser).

Man erhält jetzt für die AK-Zahl einen Wert von $o.1o4 \cdot 1o^{-3}$. Er kann über die Definition von AK umgerechnet werden in Strömungsgeschwindigkeiten und kapilläre Hämoglobinkonzentration. Die Strömungsge-

schwindigkeit im Zufluß des Kapillarnetzwerkes sowie die maximalen
und minimalen Werte werden in der folgenden Tabelle angegeben:

c_{HB} (gr%)	33	14
$v_{Zufluß}$ (cm/sec)	3.68	8.67
$v_{max.}$ (cm/sec)	o.92	2.17
$v_{min.}$ (cm/sec)	o.034	o.o8o

Während BN und BK den Verlauf der Sauerstoffbindungskurve beschreiben, charakterisiert die CH-Zahl den kritischen mitochondrialen PO_2,
der bei sehr niedrigen Werten liegt und in der vorliegenden Untersuchung zu 1 mmHg angesetzt worden ist; es gilt die Beziehung CH =
P_k/P_{aO_2}.

Wahl_der_AG-_und_der_AK-Zahl_für_die_Berechnung

Die der Simulation zugrunde liegenden fünf dimensionslosen Zahlen
werden entsprechend der Versorgungslage des Gewebes nach Daten der
Literatur berechnet: Es werden die Werte für BN, BK und CH konstant
gehalten, während die Durchblutungserhöhung und die Steigerung der
Atmungsintensität zu einer Variation von AG und AK führen. Die verwendeten Konstanten sind auf die Daten des Gehirns der Albinoratte,
speziell des Cortex, abgestimmt, weil dann ein Vergleich mit experimentellen Ergebnissen - sie werden mit Sauerstoff-Mikroelektroden
erzielt - möglich ist. Die Berechnungen lassen sich aber auch auf
die Situation beim Menschen anwenden, wobei die entsprechenden Konstanten für Kapillarmaschen, O_2-Bindungskurve usw. eingesetzt werden
müssen. Im einzelnen sind folgende Versorgungsbeispiele untersucht
worden:

1. luxusversorgtes Gewebe (Abb. 5a und b)
2. ausgeprägte Mangelversorgung bei Ischämie (Abb. 6a und b)
3. Gewebsanoxie mit großen unversorgten Bezirken (Abb. 7a und b).

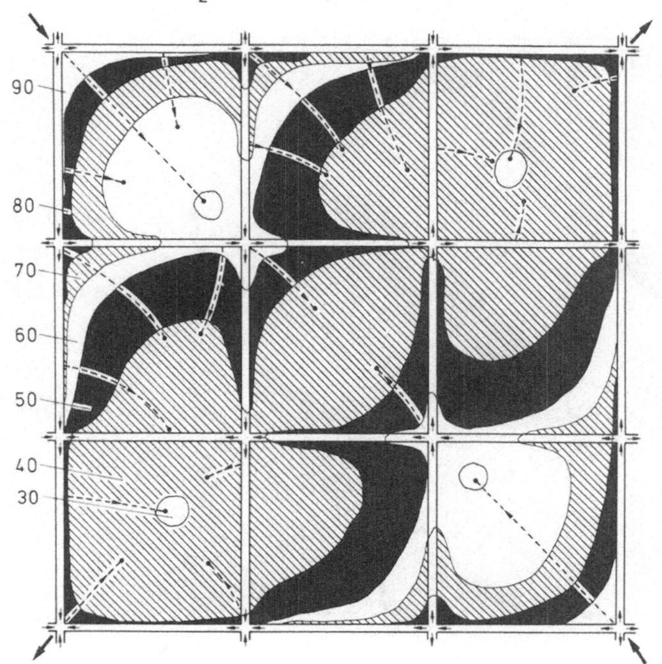

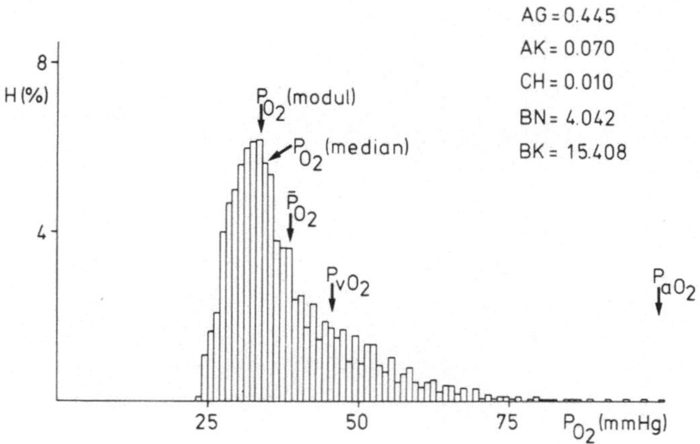

Abb. 5a + b. Fall Normoxie.
a) Darstellung der Linien gleichen O$_2$-Partialdrucks
und senkrecht dazu verlaufende Flußlinien der O$_2$-
Moleküle. Es wird nur die Basisfläche des Würfels
dargestellt
b) Verteilung der PO$_2$-Werte in dem gesamten Würfel

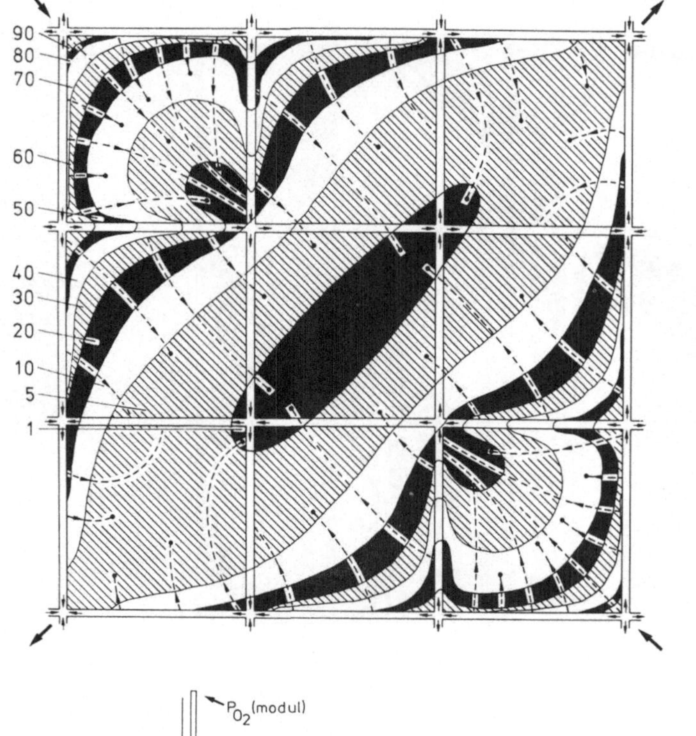

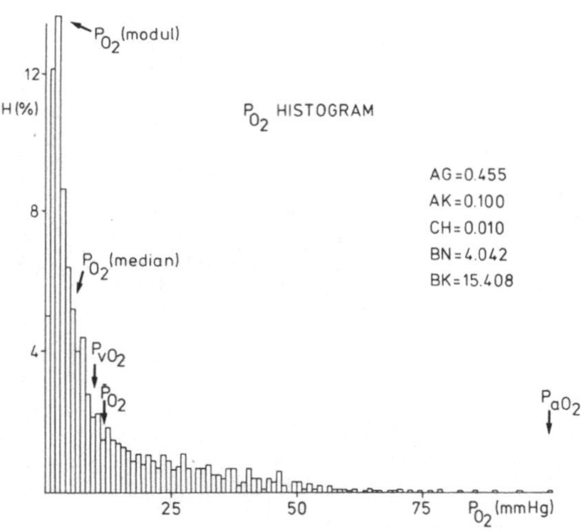

Abb. 6a + b. Fall Hypoxie.

Die gleiche Art der Darstellung wie in Abb. 5a + b.

a) Es entsteht infolge Minderdurchblutung eine hypoxische Zone in der Mitte des Feldes (schwarz). Alle anderen Gebiete sind ausreichend versorgt

b) Linksschiefe Häufigkeitsverteilung bei unzureichendem O$_2$-Transport. Werte für den gesamten Würfel

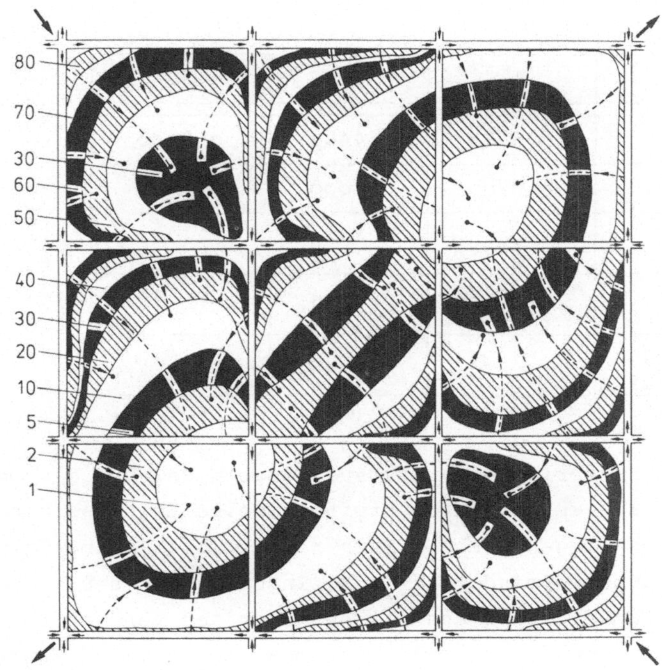

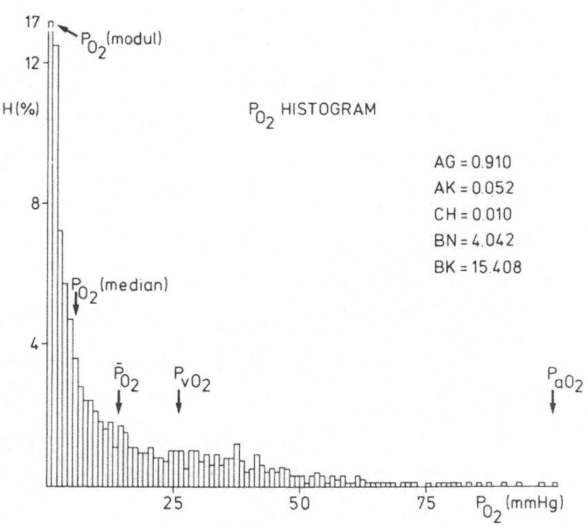

Abb. 7a + b. Fall Anoxie.

Die gleiche Art der Darstellung wie in Abb. 5a + b.

*a) Zunahme der hypoxischen Zone infolge des gestei-
gerten O_2-Verbrauchs bei gleichzeitiger Mangel-
durchblutung*

*b) Gesteigerte Linksverschiebung der Häufigkeitsver-
teilung*

Die Zahlen wurden in folgender Kombination nach Daten aus der Literatur angesetzt:

	1.	2.	3.
AG	o.445o	o.445o	o.91oo
AK	o.o7oo	o.1ooo	o.o525
P_{vO_2}	44.6	9	26
P_{O_2}	37.6	11	13
P_{O_2} (modul)	34	2	o

Das erste Beispiel entspricht dem luxusversorgten Gewebe, das mehr Sauerstoff erhält, als es für seine Stoffwechselbedürfnisse benötigt. Die Gewebs-PO_2-Werte liegen deshalb auch relativ hoch (Abb. 5a und b). Bei einer Durchblutungsverminderung (z.B. Insuffizienz des Myokards) kommt es zu einer Mangelversorgung mit Absinken des venösen PO_2 im betreffenden Gehirnabschnitt von 45 auf 9 mmHg sowie einer starken Linksverschiebung im PO_2-Histogramm (vgl. Abb. 5b und 6b). Das Gewebe weist eine hypoxische Zone auf (Abb. 6a), d.h. ein Gebiet, das nicht genügend Sauerstoff erhält. Eine Mangelversorgung wird von den unterversorgten Zellen zunächst mit einer Durchblutungssteigerung beantwortet, die kompensatorisch das Sauerstoff- und Substratangebot wieder verbessert. In der Simulation wird diese hypoxiebedingte Verbesserung der Durchblutung durch eine Erhöhung der AK-Zahl berücksichtigt. Gleichzeitig wird aber auch die AG-Zahl vergrößert, da der O_2-Verbrauch infolge des bei Mangelversorgung entstandenen Ionenaustauschs gesteigert ist und vermehrt Glukose und Sauerstoff zur Herstellung des normalen Zustandes benötigt werden. Wie Abb. 7a und b zeigen, befinden sich trotz des verbesserten O_2-Antransportes weiterhin große Gewebsabschnitte im Zustand der Mangelversorgung, ohne sofortige therapeutische Maßnahme kann das Gewebe nicht vor einer fortschreitenden irreversiblen Schädigung bewahrt werden.

AG-AK-PO_2-Plot

Eine zusammenfassende Darstellung der Einflüsse von Kapillar- und Gewebsfaktoren auf den venösen und mittleren PO_2-Wert wird in Abb. 8a

und b gegeben: sie zeigt die Abhängigkeit der PO_2-Werte von den AG-
und AK-Zahlen. Punkte gleichen Sauerstoffpartialdrucks sind miteinander verbunden ("Isobaren"). Der Verlauf der O_2-Bindungskurve ist in
der Darstellung des venösen PO_2 stärker ausgeprägt als im mittleren
PO_2; durch den Einfluß des Gewebes "verwischt" sich ihr Einfluß. Um
im aktuellen Fall den im AG-AK-PO_2-Plot durchlaufenden physiologischen Arbeitsbereich näher eingrenzen zu können, sind die genauen
physiologischen Werte erforderlich. Für die Durchführung der Experimente würde das bedeuten, daß möglichst viele Parameter untersucht
und die Annahmen der theoretischen Analyse so weitgehend wie möglich
berücksichtigt werden.

Darstellung der Ergebnisse

O_2-Potential und Flußlinien mit Berechnung der hypoxischen Zone

Eine vollständige Lösung der DGLn. ist dann erreicht, wenn die Poten-
tial- und Strömungslinien gefunden sind. Beide stellen ein System von
orthogonalen Trajektorien dar, wobei die Potentiallinien den Linien
gleichen Sauerstoffpartialdrucks bzw. gleicher Konzentrationen entsprechen, und die Flußlinien die Richtung der Sauerstoffmoleküle, ihre
Dichte die Größe des Sauerstoffstroms angeben. Bei der Angabe der Flußlinien muß zusätzlich berücksichtigt werden, daß ein Teil der Sauerstoffmoleküle im Gewebe verbraucht wird, dies entspricht modellmäßig
gesehen einer Flächenverteilung von Sauerstoffsenken. In unserer Darstellung sind derartige Senken durch schwarze Punkte markiert. Aus
den berechneten Ergebnissen wurde dann die Verteilung der Linien gleichen Sauerstoffpotentials ermittelt: Die Linien des Sauerstoffpartialdrucks umschließen jeweils bestimmte Gewebsfelder; im vorliegenden Falle sind immer die Gewebsfelder zusammengefaßt, die einen Par-
tialdruckunterschied von 1o mmHg aufweisen. So sind in der Darstellung Sauerstoffpartialdruckunterschiede zwischen 1o und 2o mmHg mit
gleicher Farbe markiert. Es ist auch möglich, derartige Ergebnisse
in einer dreidimensionalen Darstellung zu reproduzieren. Allerdings
bestehen hier größere Schwierigkeiten bei der Herstellung von Compu-
terroutinen, so daß der zweidimensionalen Darstellung der Vorzug gegeben wurde. Ein derartiger Computerausdruck zeigt sehr anschaulich
die hypoxische Zone. In dieser Arbeit wurden als hypoxische Zone die
Partialdruckbereiche zusammengefaßt, die unterhalb von 2 mmHg liegen.
Die Ausbildung der hypoxischen Zone ist im starken Maße von der Kombination der Wertepaare AG und AK abhängig. Diese Abhängigkeit ist in
Abb. 8a und b näher untersucht worden.

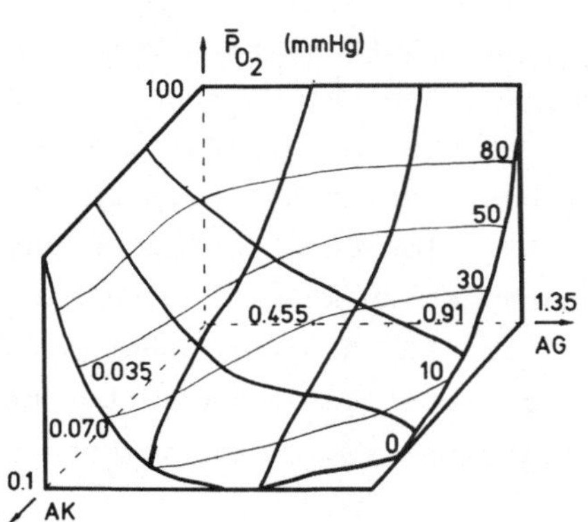

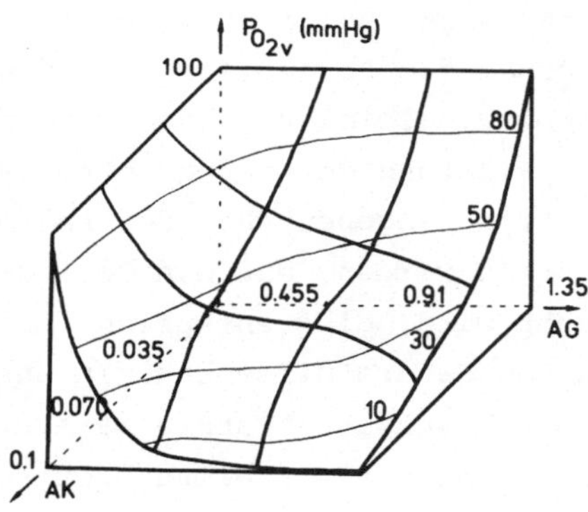

Abb. 8a + b. Mittlerer (a) und venöser (b) PO_2 als Funktion der AG- und AK-Zahl. Zusätzlich sind die Linien gleichen Sauerstoffpartialdrucks eingezeichnet. Wie ersichtlich, kann derselbe venöse oder mittlere PO_2-Wert mit einer Vielzahl von AG- und AK-Kombinationen erreicht werden. Der Verlauf derselben venösen PO_2-Werte weist die typische Krümmung der O_2-Bindungskurve auf.

PO$_2$-Histogramme

Die Ergebnisse können in vereinfachter Form als Histogramm der PO$_2$-
Werte dargestellt werden. Da die verschiedenen Kapillaranordnungen,
Kapillarmaschen, Gegen- und Gleichstromsysteme typische Merkmale aufweisen, kann sogar bei jedem Histogramm eine Identifizierung der Kapillaranordnung durchgeführt werden. Seit der Entwicklung der PO$_2$-
Mikroelektroden ist es üblich geworden, PO$_2$-Histogramme experimentell
im Tierexperiment zu gewinnen. Wichtig ist bei der Aufnahme eines
Histogrammes, daß die Bedingungen der Theorie erfüllt sind, d.h. PO$_2$-
Werte sollen innerhalb eines Gewebebereichs mit wenigen Kapillar-
mustern erfaßt werden, damit die Modellstruktur weitgehend erhalten
bleibt.

Diskussion der verwendeten physiologischen Konstanten

In die hier vorgestellte Simulation der cerebralen Sauerstoffversorgung wurden zahlreiche Annahmen eingearbeitet, deren Wertigkeit im
einzelnen diskutiert werden muß. Fast alle physiologischen Konstanten
stellen nicht unbedingt Konstanten dar, wie wir sie aus der unbelebten Natur kennen. Sie sind vielmehr zeit- und ortsabhängig, unterliegen Altersveränderungen und werden durch Narkose- und experimentelle
Einflüsse modifiziert. Die äußeren Bedingungen, unter denen die Konstanten gewonnen worden sind, spielen demnach eine wichtige Rolle und
limitieren ihre Verwendbarkeit außerordentlich.

Atmungsintensität:Die maximale Atmungsintensität des Gehirngewebes
mit o.1 ml/gr·min stellt einen Extremwert dar, der unter Stickoxydul-
narkose am Hundegehirn gefunden wurde. Man kann annehmen, daß die Aktivität des Cortex' die Verbrauchsgeschwindigkeit bestimmt. Sie dürfte daher auch keineswegs konstant, sondern von dem Funktionszustand
des Gehirnabschnitts abhängig sein. Unter Narkosebedingungen sind im
Durchschnitt niedrigere Werte anzusetzen; besonders bei Barbituraten
wird das Gehirn gegen O$_2$-Mangel durch den niedrigen Verbrauch gerade-
zu geschützt. Neben dem zeitlichen Einfluß spielt der örtliche, bedingt durch die unterschiedliche Mitochondriendichte, eine wichtige
Rolle. BARKER (1) nahm an, daß die Zellen des Cortex' stärker am arteriellen Ende konzentriert sind und die Dichte zum venösen Ende hin
abnimmt. Diese Arbeitshypothese wurde aufgegriffen und am arteriellen

Kapillarende eine 8-fach höhere Atmungsintensität angesetzt und für den Rest des Gewebes ein entsprechend verminderter O_2-Verbrauch angenommen.

Maschenlänge bzw. Kapillarlänge: Aus den Arbeiten von HORSTMANN (6) und LIERSE (8) geht hervor, daß der Cortex eine starke Differenzierung der Kapillardichte aufweist. Schwankungen bestehen zwischen den einzelnen Gehirnabschnitten und sind in der Lage, die Versorgungsmöglichkeiten drastisch zu ändern.

Es muß dahingestellt bleiben, ob die histologisch ermittelten Kapillarlängen tatsächlich wirksam sind oder eher von einer effektiven Kapillarlänge ausgegangen werden muß. Zyklische Schwankungen der gemessenen PO_2-Werte mit Frequenzen von einigen Hertz weisen darauf hin, daß die Versorgung der Mikrozirkulation keineswegs ein zeitinvarianter Vorgang ist. Die Anwendung der Autokorrelation zeigt daher auch typische Frequenzen im lokalen PO_2, die durch die Schwankungen der glatten Gefäßmuskulatur vorgeschalteter Gefäße verursacht werden.

Strömungsgeschwindigkeit in den Kapillaren: Sie wird je nach Querschnitt in der Literatur mit o.o1 bis 1 mm/sec angegeben. Wahrscheinlich ist die Strömungsgeschwindigkeit zeitvariabel und von dem Aktivitätszustand des Gewebes abhängig.

Kapillardurchmesser: Er ist in der Literatur mit 4-7 μm angegeben. BÄR und WOLFF (2) fanden in Geweben mit Ödembildung eine Vergrößerung auf 8-1o μm.

Diffusionskoeffizienten und Löslichkeitsfaktor: Sie konnten in erster Näherung als konstant angesetzt werden. Neuere lokale Messungen ergaben zwar Unterschiede von 2o-3o% an den verschiedenen Punkten des Gewebes, sind aber bisher nicht abgesichert und wurden deshalb bei dieser Simulation nicht berücksichtigt.

Kapilläre Hb-Konzentration: Sie wird von THEWS (20) mit 33 gr% angegeben, liegt im arteriellen Blut aber deutlich niedriger mit 14 gr%. Ein experimenteller Wert ist heute noch nicht bekannt, aber wahrscheinlich auch zeitabhängig.

Blutgas- und pH-Werte: Diese Werte sind in der Literatur ausführlich
beschrieben. Der Bohreffekt wurde bereits in den Verlauf der effektiven Bindungskurve eingearbeitet; auf die Untersuchung eventueller
weiterer Abhängigkeiten der Bindungskurvenparameter wurde verzichtet.

Abschließende Betrachtung

Die für die Simulation verwendeten Zahlenwerte konnten als konstant
angesetzt werden und lassen eine Hochrechnung auf die cerebrale
Sauerstoffversorgung des Menschen zu, jedoch muß im aktuellen Fall
die Alters- und Geschlechtsabhängigkeit berücksichtigt werden. Voraussetzung für eine aussagekräftigere Simulation ist die Verbesserung
des anatomischen Versorgungsmodells, für das von WOLFF (22) durch Bestimmung der Gefäßanordnung ein erster Ansatz geschaffen wurde. Innerhalb dieser Studie mußte die Frage offen bleiben, ob die arteriellen Quellpunkte des Kapillarnetzes einen unveränderten arteriellen
PO_2-Wert aufweisen oder durch Shunt-Diffusion bereits ein erheblicher
Teil des antransportierten Sauerstoffs abgegeben wurde. Die 13 hier
diskutierten Konstanten weisen keine gleichmäßige Ungenauigkeit auf,
vor allem die Werte für A, l, v und c_{Hb} sind durch fehlende Untersuchungen wenig präzise.

Ein den physiologischen Gegebenheiten adäquates Modell muß neben dem
stationären Zustand auch dem dynamischen Rechnung tragen. Allerdings
kann das dynamische Modell nur bedingt eingesetzt werden, da der dafür erforderliche Computeraufwand unverhältnismäßig groß ist; eine
gute Alternative stellt deshalb die Einführung der Compartment-Theorie dar, die die Segmentierung des Systems beinhaltet und damit die
Berechnung der örtlichen Verteilung in eine Folge von homogenen Abschnitten auflöst (18).

Literatur

1. BARKER, J.N.: Red. Proc. 31, 1026 (1972).
2. BÄR, Th. und WOLFF,J.R.: Z. Anat. EntwGesch. 141, 207-221 (1973).
3. CRAIGIE, E.H.: J.comp. Neurol. 33, 193-212 (1921).
4. GROTE, J. und KREUSCHER, H.: Zool. Anz. 179, 319-329 (1967).
5. HAMMERSEN, F.: in "Oxygen Transport in Blood and Tissue" (D.W.
   Lübbers et al., eds.), 184-197. Georg Thieme Verlag Stuttgart
   (1968).
6. HORSTMANN, E.: in "Structure and Function of the Cerebral Cortex".
   Proc. of the 2nd Intern. Meeting of Neurobiologists, Amsterdam
   1959. Elsevier Amsterdam (1960).

7. KROGH, A.: Anatomie und Physiologie der Capillaren. Julius Springer Verlag, Berlin (1929).
8. LIERSE, W.: Acta anat. 53, 1-31 (1963).
9. LÜBBERS, D.W. et al.: Pfl. Arch. ges. Physiol. 281, R 58 (1964).
10. METZGER, H.: Kybernetik 5, 119-125 (1968).
11. METZGER, H.: Kybernetik 6, 97-102 (1969a).
12. METZGER, H.: Mathem. Biosc. 5, 143-154 (1969b).
13. METZGER, H.: Mathem. Biosc. 5, 379-384 (1969c).
14. METZGER, H. et al.: J. Appl. Physiol. 31, 751-759(1971).
15. METZGER, H.: Mathem. Biosc. 30, 31-45 (1976).
16. PFEIFER, R.A.: Die Angioarchitektonik der Großhirnrinde. Julius Springer Verlag, Berlin (1928).
17. RENEAU, D.D. et al.: AIChE J. 15, 916-925 (1969).
18. RENEAU, D.D. et al.: in "Blood Oxygenation" (W. Hershey, ed.), 157-200. Plenum Press New York (1970).
19. THEWS, G.: Acta biother. (Leiden) 10, 105-138 (1953).
20. THEWS, G.: Pfl. Arch. ges. Physiol. 271, 197-226 (1960)
21. WEIBEL, E.R.: Morphometry of the Human Lung. Academic Press New York (1963).
22. WOLFF, J.R.: in "Architectonics of the Cerebral Cortex" (M.Bruzier, ed.). Raven Press New York (1977).

Ein digitales Simulationsmodell des Herz–Kreislaufsystems

U. Ranft

Strukturprinzipien des Modells

Eine Reihe von Arbeiten über Modelle des Herzkreislaufsystems (z.B.
1,2,10,5) haben gezeigt, daß die Simulation von Funktionen des gesamten Kreislaufsystems nur mit Berücksichtigung von Regelungseffekten
zu akzeptablen Erfolgen führen kann.   In dem im folgenden vorgestellten Modell wird deshalb der Versuch unternommen, neben der Mechanik
des Herzkreislaufsystems auch Regelungsmechanismen miteinzubeziehen.
Es bedarf dazu - also zur Verbindung von mechanischen und regelungstechnischen Modellen - einer geeigneten Modellstruktur, die eine ausreichende Flexibilität bei der Modellierung von Funktionen der Herzkreislaufmechanik und -regelung bietet.

Zwei Argumente führen im wesentlichen zu den im Herzkreislaufmodell
angewandten Strukturprinzipien:

Zum einen ist es eine Verallgemeinerung einer einfachen Beschreibung
eines Gefäßabschnittes (Abb. 1) auf ganze Gefäße oder Gefäßbereiche
des Kreislaufs.

Zum anderen ist es die Tatsache, daß die wesentlichen Stellgrößen
der Kreislaufregulation - neben der Regelung der Herzfunktionen -
die Speicherfähigkeit und der Strömungswiderstand der peripheren
Gefäßbereiche sind.

Im einzelnen lassen sich die Strukturprinzipien des Modells wie folgt
formulieren:
- Das Gefäßsystem des Kreislaufs wird in Segmente, die Gefäß-
  abschnitte, ganze Gefäße oder Teilbereiche des Gefäßsystems
  darstellen, eingeteilt.
- Jedes Segment stellt einen Speicher dar.
- Das Blut wird durch Volumenflüsse zwischen den Speichern transportiert.

m-ter Abschnitt eines Gefäßes:

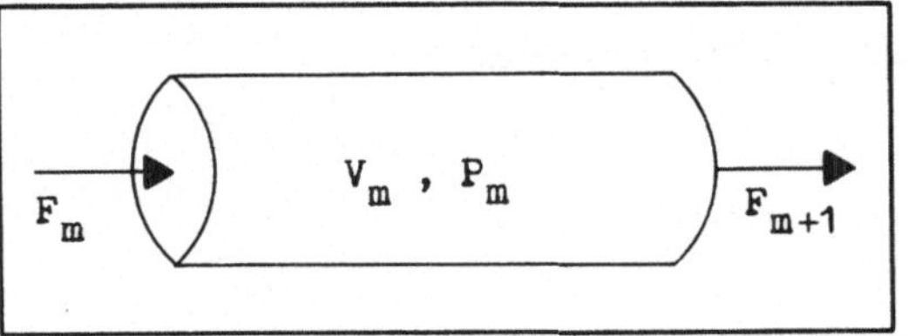

Gleichungssystem zur Beschreibung des m-ten Gefäßabschnittes:

$$P_{m-1} - P_m = L_m \cdot \dot{F}_m - R_m \cdot F_m$$

$$V_m - V_m^u = C_m \cdot P_m - T_m \cdot \dot{V}_m$$

$$V_m - V_m^o = \int_o^t (F_m - F_{m+1})\, dt$$

Systemgrößen:

F : Volumenfluß

V : Volumen

P : Druck (transmural)

Parameter:

$$L = \frac{\rho l}{\pi r^2} \quad , \quad R = \frac{8\eta l}{\pi r^4}$$

$$C = \frac{3\pi r^3 l}{2Eh} \quad , \quad T = \frac{\mu}{E}$$

V^u : Volumen des "ungedehnten" Gefäßes

Meßgrößen:

r : Radius des Gefäßabschnittes

l : Länge des Gefäßabschnittes

E : Elastizitätsmodul des Wandmaterials

μ : Viskosität des Wandmaterials

ρ : Dichte des Blutes

η : Viskosität des Blutes

Abb. 1. Einfache Beschreibung eines Gefäßabschnittes

- Das Zeitverhalten der Volumina der Speicher und der Volumenflüsse wird durch Differentialgleichungen beschrieben.

Aus diesen Prinzipien ergibt sich die folgende allgemeine Form der
Verknüpfung der Systemgrößen Volumina der Speicher (V_i), Drücke in
den Speichern (P_i) und Volumenflüsse zwischen den Speichern (F_{ij}):

$$V_i = V_i^O + \int_O^t \left(\sum_n F_{ni} - \sum_m F_{im} \right) dt$$

$$P_i = g(V_i, \ldots)$$

$$F_{ij} = f(P_i - P_j, \ldots)$$

In die letzten beiden funktionalen Beziehungen g und f gehen je nach
Modellannahmen über das gerade zu beschreibende Segment bzw. über den
Fluß zwischen zwei speziellen Segmenten außer den dort angegebenen
noch weitere Systemgrößen bzw. deren Ableitungen ein. Insbesondere
aber enthalten sie durch Regelungsmechanismen ansteuerbare und damit
veränderliche Parameter wie z.B. Widerstände oder Kapazitäten.

Modellaufbau

Der topologische Aufbau des Modells gemäß den oben skizzierten Strukturprinzipien richtet sich nach den Anforderungen und den gestellten
Zielen des Modells. Im wesentlichen sind es folgende Kriterien, die
die Segmentierung des Modells bestimmen:

- Eine ausreichende Beschreibung der hämodynamischen Verhältnisse,
- Repräsentation der größeren peripheren Speicher und Strom-
  bahnen,
- Implementierung wichtiger zentralnervöser und Autoregulations-
  mechanismen, die die Simulation von orthostatischen Effekten
  gestatten
- und nicht zuletzt akzeptable Rechenzeiten der digitalen Simulation auf der zur Verfügung stehenden Rechenanlage.

Aufgrund dieser Forderungen wurde eine Aufteilung des gesamten Gefäßsystems des Kreislaufs in 30 Segmente gewählt (Abb. 2). Bei der Beschreibung der Mechanik der Volumenspeicher und Volumenflüsse kommen
sehr unterschiedliche Modelle zur Anwendung. Die Gefäßmodelle lassen
sich grob in vier Gruppen einteilen, die sich deutlich in ihren Beschreibungen der Speicher und Volumenflüsse unterscheiden: Arterielle,
venöse und periphere Gefäße sowie die beiden Herzkammern und Vorhöfe.

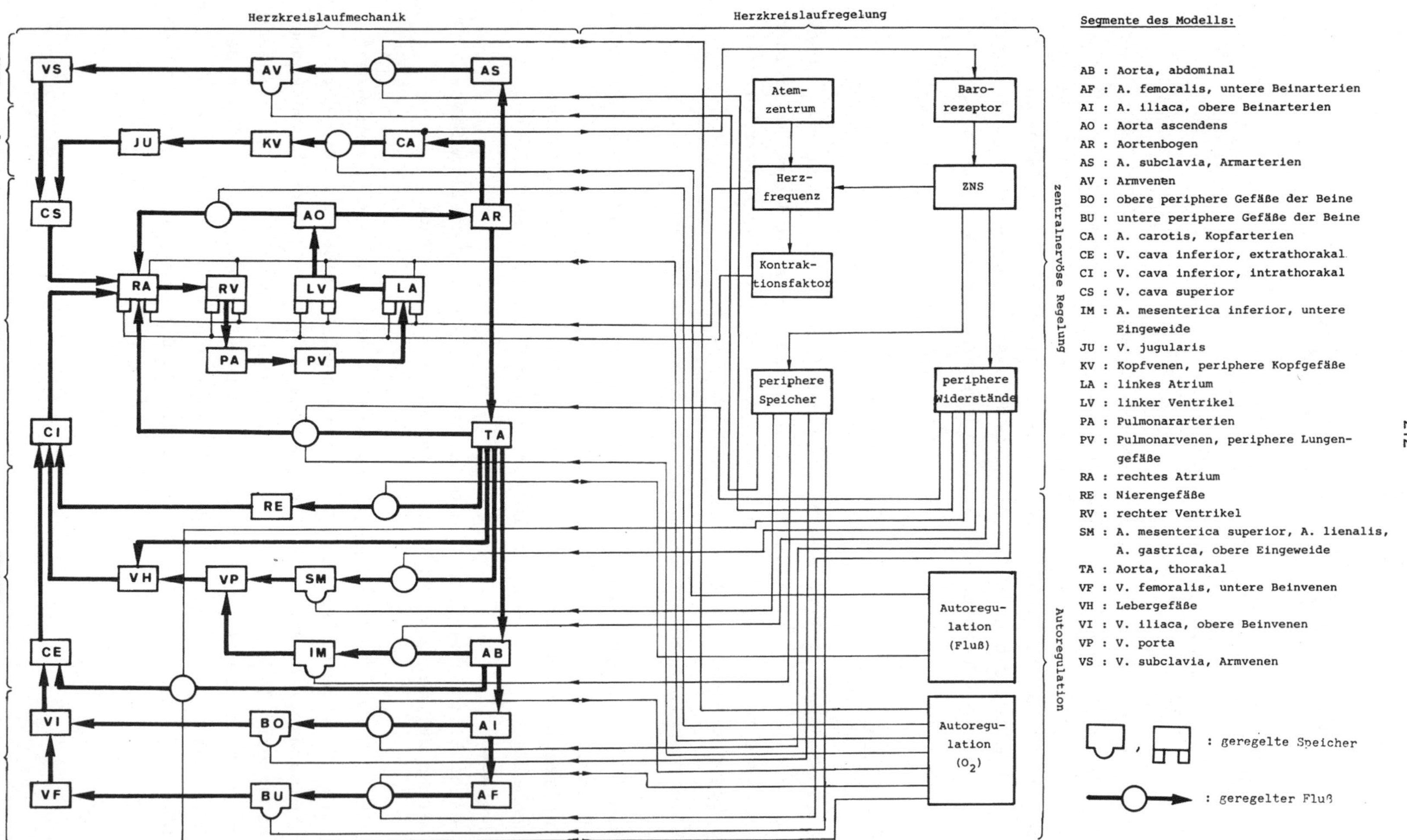

Abb.2. Blockdiagramm des gesamten Herzkreislaufmodells

Die arteriellen Gefäße werden im wesentlichen durch lineare Gleichungen wie in Abb. 1 beschrieben. Dagegen findet das nicht-lineare Verhalten der venösen und peripheren Gefäße z.B. durch nicht-lineare
Kennlinie der Speicher oder durch die Kollabierfähigkeit der weichen
Venengefäße berücksichtigende Modelle der Venen Eingang in die Beschreibung der Segmente und Flüsse dieser beiden Gefäßgruppen. Insbesondere wird das Speicherverhalten mehrerer peripherer Speicher
sowie die Strömungswiderstände aller peripheren Volumenflüsse durch
Regelungsmechanismen gesteuert (Abb. 2, Kästchen mit Bauch und Pfeile
mit Kreis). Die intermittierende Pumpwirkung des Herzens wird durch
das Modell der zeitabhängigen Komplianz beschrieben; d.h. die aktiven Speicher der beiden Herzkammern und Vorhöfe als vierte Gefäß-
gruppe verändern periodisch im Rhythmus der Herzfrequenz ihre Kom-
plianz(Druck-Volumen-Verhältnis).

Mechanische Einflüsse von Atmung und Muskelaktivitäten auf die Gefäße sowie der Einfluß der Gravitation auf den Kreislauf werden
durch geeignete Modellannahmen berücksichtigt.

Das Modell der Herzkreislaufregelung zerfällt in zwei getrennte
Blöcke: Die zentralnervöse Regelung und die Autoregulation. Die
"zentralnervöse Regelung" repräsentiert den Barorezeptorreflexbogen,
dessen Aufgabe die Homöostase des arteriellen Mitteldruckes unter
dem Einfluß unterschiedlichster Kreislaufbelastungen ist. Die Regelgröße "arterieller Druck" wird vom Segment CA (vgl. Abb. 2), das die
beiden Karotissinus enthält, abgegriffen und durch das zentrale Nervensystem an das Herz und die peripheren Speicher und Widerstände
entsprechend zu Steuersignalen verarbeitet weitergeleitet. Die Herzfrequenz wird durch eine Kopplung mit dem sog. "Atemzentrum" von der
Atemrhythmik beeinflußt. Die Herzfrequenz ihrerseits bestimmt die
Kontraktionsstärke der Herzmuskelkontraktionen.

Die "Autoregulation" weist zwei unterschiedliche Submodelle auf, die
auch für verschiedene periphere Gebiete zuständig sind. Das Submodell
"Autoregulation - Sauerstoff" regelt den Blutfluß durch Muskelgewebe,
wobei die eigentliche Regelgröße der Sauerstoffpartialdruck im Gewebe ist. Das Submodell "Autoregulation - Fluß" enthält einen heuristischen Ansatz, der besagt, daß innerhalb eines bestimmten Druckberei-
ches die Volumenströme durch die Nieren und das Gehirn mittels eines
einfachen Integralreglers konstant gehalten werden. Eine eingehende

Darstellung aller Submodelle des Herzkreislaufmodells findet man an anderer Stelle ($\underline{9}$).

Realisation des Simulationsmodells

Im Gegensatz zu früheren entsprechenden Simulationsmodellen des Herzkreislaufsystems ($\underline{1},\underline{2},\underline{10},\underline{7}$), die mit Analog- und Hybridrechnern realisiert wurden, wird hier ausschließlich eine digitale Simulationstechnik angewandt.

Insgesamt stellt sich das Modell als ein n-dimensionales Differentialgleichungssystems 1. Ordnung dar, wobei die Dimension n etwa gleich 100 ist:

$$\underline{\dot{x}} = \underline{f}(x_1,\ldots,x_n;u_1,\ldots,u_r;t),$$

$$x_i(t) \; : \; \text{Zustandsgrößen,}$$

$$u_j(t) \; : \; \text{vorgegebene Zeitfunktionen.}$$

In früheren einfacheren Vorläufern dieses Modells konnten die beiden Programmsysteme DYNAMO II ($\underline{8}$) und CSMP ($\underline{3}$) erfolgreich zur numerischen Auswertung der Differentialgleichungen eingesetzt werden ($\underline{4}$). Insbesondere bietet CSMP beachtlichen Komfort durch seine FORTRAN - Kompatibilität und ist auch grundsätzlich einsetzbar zur Realisation dieses Modells. Allerdings benötigt CSMP dafür enorme Rechenzeiten. Es wurde deshalb ein FORTRAN IV - Programm entwickelt, das sich als Integrationsalgorithmus eines einfachen Prädiktor-Korrektor-Verfahrens mit fester Schrittweite bedient. Dabei ist die Eulersche Formel der Prädiktor und die Trapez-Formel der Korrektor:

Prädiktor,
Eulersche Formel:
$$\begin{cases} {}^p\underline{x}^{m+1} = \underline{x}^m + \Delta t\, \underline{f}^m \\[2mm] \underline{f}^m = \underline{f}(x_1^m,\ldots,x_n^m;u_1(m\Delta t),\ldots,u_r(m\Delta t);m\Delta t) \end{cases}$$

Korrektor,
Trapez-Formel:
$$\begin{cases} \underline{x}^{m+1} = \underline{x}^m + \dfrac{\Delta t}{2}\,({}^p\underline{f}^{m+1} - \underline{f}^m) \\[2mm] {}^p\underline{f}^{m+1} = \underline{f}({}^px_1^{m+1},\ldots,{}^px_n^{m+1};u_1((m+1)\Delta t),\ldots;(m+1)\Delta t) \end{cases}$$

Das Verfahren ist von 2. Ordnung in Δt.

Zur Beschleunigung des Rechenvorganges wird die Tatsache ausgenutzt, daß sich die Zeitkonstanten der Submodelle um bis zu vier Größenordnungen unterscheiden. Dadurch läßt sich nämlich das Gesamtmodell in Untersysteme aufteilen, deren Zeitkonstanten etwa gleiche Größenordnungen aufweisen, wobei jedem Untersystem entsprechend seiner kleinsten Zeitkonstante eine eigene Schrittweite des Prädiktor-Korrektor-Verfahrens zugeordnet wird. Die Integration der Variablen des Gesamtmodells ist also nach Untersystemen geordnet ineinander verschachtelt. Die folgenden drei Bedingungen für die Auswahl der Schrittweiten müssen erfüllt sein, wenn eine Aufteilung in zwei Untersysteme, wie schematisch in Abb. 3 dargestellt, vorgenommen werden soll:

1. Bedingung: $\Delta t_1 < \tau_1, \ldots, \tau_p \ll \Delta t_2 < \tau_{p+1}, \ldots, \tau_q$.

2. Bedingung: $\dfrac{1}{\Delta t_2} > \omega_{max}$, wobei ω_{max} die größte auftretende Frequenz im Frequenzspektrum des Eingangs für das 2. Untersystem ist.

3. Bedingung: $\Delta t_2 = m \cdot \Delta t_1$, wobei m ganzzahlig.

Im übrigen - das muß betont werden - ist die Vorgehensweise bei der Auswahl der Δt letztlich heuristisch.

Im Fall des Herzkreislaufmodells bietet sich nun eine Aufteilung in zwei Untersysteme an, und zwar in die Herzkreislaufmechanik und in die Herzkreislaufregelung. Bei einer Wahl von $\Delta t_1 = 1,25 \cdot 10^{-3}$s und $\Delta t_2 = 20\Delta t_1$ führt der Einsatz dieses Mehr-Schrittweiten-Verfahrens zu einer Verringerung der Rechenzeit gegenüber dem Ein-Schrittweiten-Verfahren um ca. 50%. Zur Simulation von 1s Realzeit werden auf einer CDC CYBER 76 ca. 0,85s CPU-Zeit benötigt.

Simulationsergebnisse

Der hohe Grad der Differenzierung des Herzkreislaufsystems im Modell (ca. 100 Zustandsvariable) erlaubt die Simulation eines breiten Spektrums von Kreislaufgrößen unter normalen und pathologischen Bedingungen. Im folgenden sei eine kleine Auswahl von Simulationsläufen zusammengestellt, die die Leistungsfähigkeit des Modells demonstrieren soll. Eine ausführlichere Präsentation von Simulationsergebnissen findet man an anderer Stelle (9).

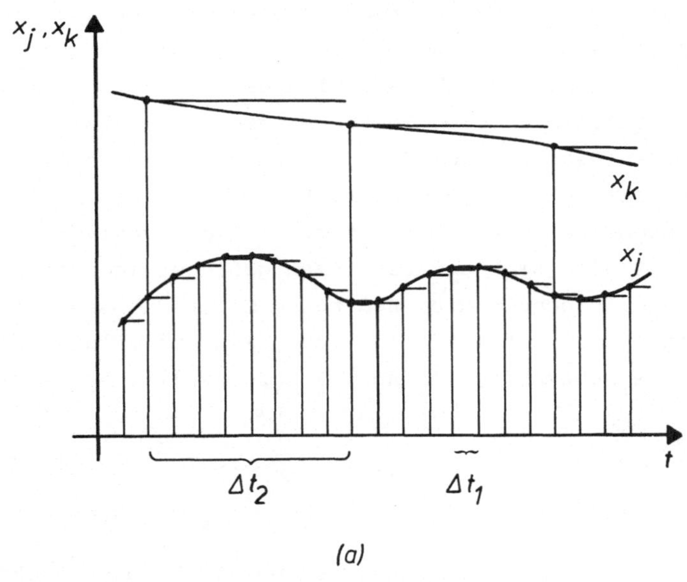

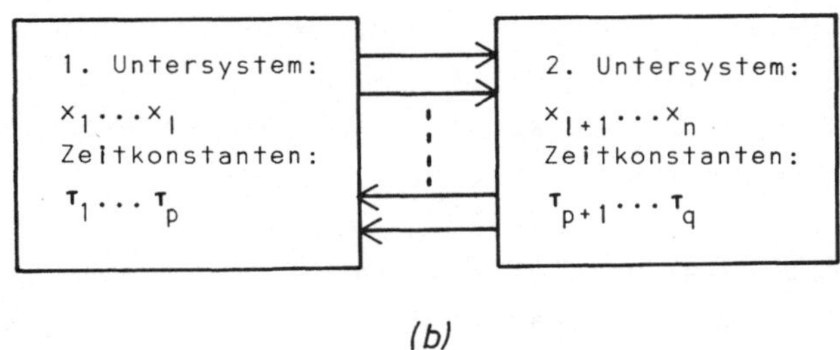

(b)

Abb. 3. Numerische Integration mit zwei Schrittweiten Δt_1 und Δt_2
(a) Zeitverläufe zweier Modellgrößen x_j und x_k mit unterschiedlichen
Zeitkonstanten, schematisch
(b) Zerlegung des Modells in zwei Untersysteme

Die Abb. 4, 5 und 6 beleuchten, inwieweit der Forderung nach ausreichender Beschreibung der hämodynamischen Verhältnisse durch die Modellkonstruktion Rechnung getragen werden konnte.

In den Zeitverläufen von Druck (PLV) und Volumen (VLV) des linken Ventrikels der Abb. 4 ist deutlich der Einfluß der Atmung auf das Schlagvolumen, die Druckamplitude und die Herzfrequenz zu erkennen. Dabei ist zu beachten, daß die 2s andauernde Inspirations- und Ex-

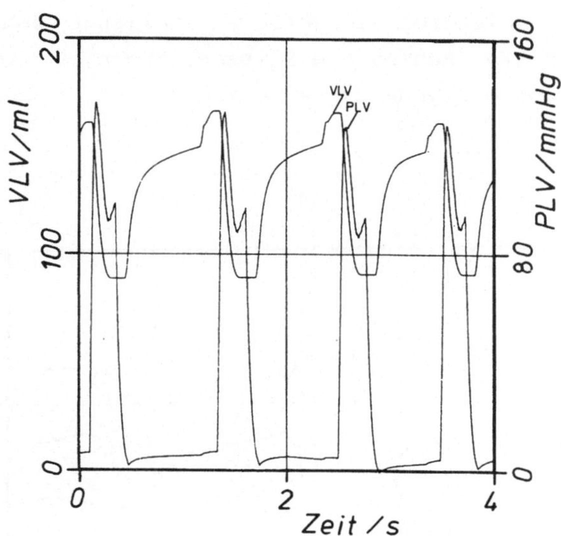

Abb. 4. Volumen (VLV) und Druck (PLV) im linken Ventrikel

spirationsphase auf den Zeitskalen der Abb. 4-9 bei 2s einsetzt und
von einer ebenfalls 2s andauernden Atempause gefolgt wird. Aus den
Abständen der Maxima der Pulsamplituden in den drei Segmenten Aorten-
bogen (PAO), Abdominalaorta (PAB) und Beinarterien (PAF) der Abb. 5

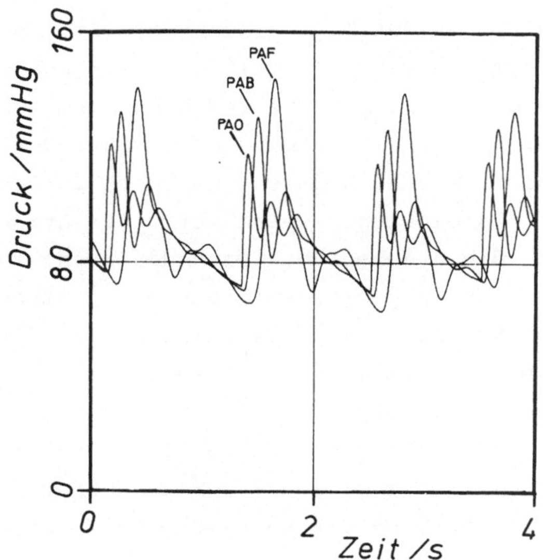

Abb. 5. Drücke in den großen Arterien (in den Segmenten AO, AB und AF;
vgl. Abb. 2.)

läßt sich eine physiologisch sinnvolle Pulswellengeschwindigkeit von
5-8 m/s ablesen. Distal nehmen die Pulsamplituden zu. Als ein Beispiel zur Simulation des Venensystems sind in Abb. 6 die Flüsse in

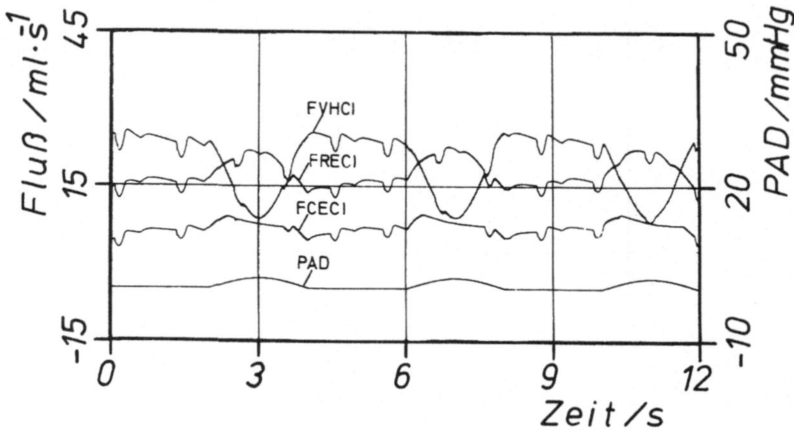

Abb. 6. Flüsse in die thorakale Hohlvene (zwischen den Segmenten CE-CI,
RE-CI und VH-CI; vgl. Abb. 2.)

die thorakale Hohlvene, d.h. in diesem Modell die venösen Flüsse
durch das Zwerchfell in den Thorax, dargestellt. Es sind der Fluß
aus der abdominalen Hohlvene (FCECI), der Fluß aus der Leber (FVHCI)
und der Fluß aus den Nieren (FRECI). Neben einem schwachen Venenpuls
ist vor allem der Einfluß der Atmung erkennbar. Der zeitliche Verlauf der Atmung ist in Abb. 6 durch den Druck im Abdominalbereich
(PAD) angedeutet. In einfacher Weise wirkt die Atmung im Modell auf
die Flüsse: Durch die atembedingte Druckdifferenz zwischen Thorax
und Abdomen, durch den abdominalen Druck der Atembewegungen und durch
die atembedingten Kontraktionen des Zwerchfells, die das anliegende
weiche Leberparenchym komprimieren. Alle drei Wirkungsweisen kommen
in Abb. 6 zum Ausdruck: Der Leberfluß (FVHCI) geht bei Inspiration
zurück, während gleichzeitig der Nierenfluß (FRECI) und der Fluß in
der Hohlvene (FCECI) zunimmt; letzterer kann aber ein ausgeprägtes
Maximum nicht erreichen, da der wachsende Abdominaldruck die vena
cava kollabieren läßt.

In den Abb. 7, 8 und 9 sind Simulationsläufe dargestellt, die vor
allem die Wirkung der zentralnervösen Regulation des Modells, d.h.
des Barorezeptorreflexbogens, zeigen. Die Simulation der Orthostase
war als ein wesentliches Ziel der Arbeit formuliert worden.

Während einer Orthostase von 25s Dauer (Abb. 7) bleiben arterieller
Mitteldruck (PAO) und das Herzzeitvolumen (HZV) nahezu konstant,

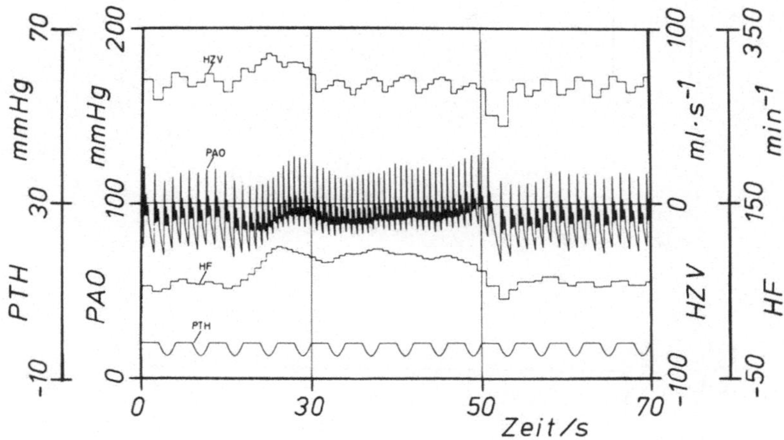

Abb. 7. Orthostase (vgl. Text)

während die Herzfrequenz (HF) sich von 70 auf 90 Schläge pro Minute
erhöht. Zu erkennen ist auch in diesem Simulationslauf der Einfluß
der Atmung - PAD ist der atembedingte Druckverlauf im Abdomen - auf
die Herzfrequenz und das Herzzeitvolumen.

Zwei Beispiele unterschiedlicher Störungen des Systems stellen der
Valsalva-Versuch (Abb. 8) und ein Blutverlust mit anschließender
Reinfusion (Abb. 9) dar. Das Valsalva-Manoever, welches in einem
Anhalten der Atmung und Pressen besteht, erhöht den Druck im Thorax
und Abdomen (PAD) auf ca. 40 mmHg. Während der Pressphase gehen das
Herzzeitvolumen (HZV) und der venöse Rückstrom (VRS) auf ca. 40-50%
des Normalwertes zurück. Arterieller (transmuraler) Druck (PAO)
und Herzfrequenz (HF) bleiben bis auf die Übergangsphasen nahezu
konstant. Bei einem Blutverlust von ca. 500 ml reagiert der Rege-
lungsmechanismus "zentralnervöse Regulation" sehr heftig mit hoher

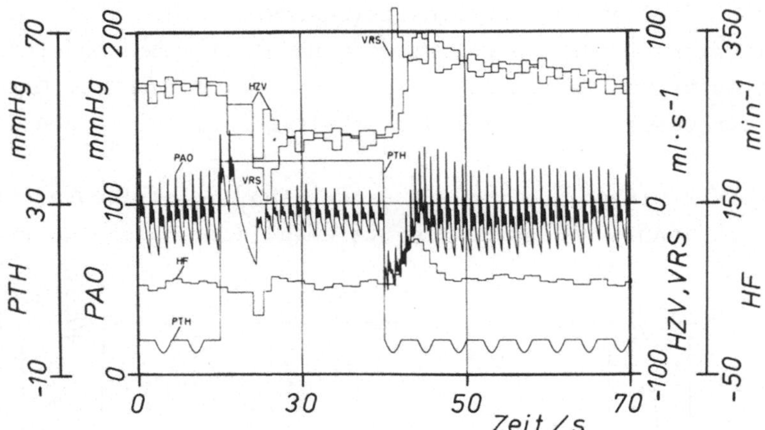

Abb. 8. Valsalva-Versuch (vgl. Text)

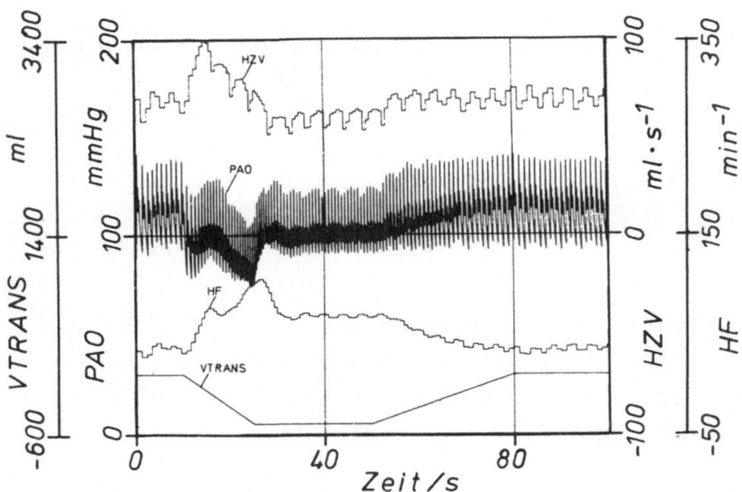

Abb. 9. Blutverlust und Reinfusion (vgl. Text)

Herzfrequenz (HF) und starkem Blutdruckabfall (PAO) verbunden mit
einem Rückgang des Herzzeitvolumens (HZV). An diesem Simulationslauf (Abb. 9), wie auch schon in den beiden vorangegangenen Beispielen (Abb. 7 und 8), ist deutlich die übersteuernde Wirkung des Barorezeptorreflexbogens in Form einer stark gedämpften Schwingung zu
erkennen. Es läßt sich eine Schwingungsperiode von ca. 10-12s ablesen.

Das Autoregulationsmodell kommt neben der Regulation des Koronarflus-
ses vor allem zum Einsatz, wenn durch Muskelaktivität ein erhöhter
Sauerstoffbedarf auftritt. So steigt z.B. bei der Simulation einer
mittleren körperlichen Aktivität, wie ein schnelles Gehen, das Herzzeitvolumen um ca. 10-15% an, wobei die peripheren Widerstände abnehmen und die Herzfrequenz auf 95 $\min^{-1}$ und der mittlere arterielle
Druck auf 90-100 mmHg ansteigen.

Schlußbemerkungen

Im Rahmen dieses Referates mußte, wie oben schon mehrfach betont,
auf eine nähere Behandlung einer ganzen Reihe von Aspekten des Simulationsmodells verzichtet werden, so z.B. die detaillierte Beschreibung der Submodelle, das Problem der Bestimmung der Parameterwerte
oder eine kritische Analyse der Simulationsergebnisse. Zum Abschluß
seien aber dennoch zwei Bemerkungen, die gewissermaßen als Ergebnisse dieses Simulationsmodells zu betrachten sind, erlaubt:

Zum einen zeigen die Simulationsergebnisse, daß sich die einfachen
Strukturprinzipien bei der Konstruktion dieses schon recht komplexen
Modells bewährt haben. Sie gestatten es, Submodelle sehr verschie-
dener Provinienz und unterschiedlicher Komplexität weitgehend pro-
blemlos miteinander zu verknüpfen. Hiervon ist aber nicht nur die
Modellkonstruktion betroffen, sondern auch bei einer Änderung oder
Anpassung des Modells an bestimmte Problemstellungen zeigt sich das
Modell sehr flexibel. Digitale Simulationstechniken bieten darüber
hinaus einfache Realisierungsmöglichkeiten des Simulationsmodells.
Parameterschätzverfahren, die den Anwendungsbereich des Modells erheblich vergrößern, können, da sie auf Digitalrechner angewiesen
sind, ohne technischen Umstand mit dem Modell verknüpft werden. Damit steht einem interdisziplinärem Team der Herzkreislaufforschung

ein flexibles und leicht realisierbares Instrument in der theoretischen wie auch experimentellen Arbeit zur Verfügung.

Zum zweiten weist das Simulationsmodell auf eine künftig notwendige
Entwicklungsarbeit in der Herzkreislaufsimulation hin. Die in diesem
Modell formulierten und angewandten Strukturprinzipien erstrecken
sich ausschließlich auf die Herzkreislaufmechanik. Sie haben sozusa-
gen einen horizontalen Charakter. Die zahlreichen Regelungsmechanismen des Kreislaufs – einige wenige wurden in diesem Modell den Sub-
modellen der Herzkreislaufmechanik gleichsam nur aufgepfropft –,
ihre Wechselwirkungen untereinander und ihre Verknüpfungen mit der
Herzkreislaufmechanik, machen aber die Herausarbeitung vertikaler
Strukturprinzipien im Sinne einer hierarchischen Struktur erforderlich. Probleme, die die Hierarchie der Regelkreise bzw. ihre Koordination betreffen, treten schon in diesem Kreislaufmodell im Zusammenhang mit der Wechselwirkung der lokalen und zentralen Regelmechanismen auf. Das entscheidende Problem beim Entwurf eines hierarchisch
strukturierten Kreislaufmodells dürfte in der Konstruktion einer
Koordinationsebene liegen (Abb. 10). Lösungen für Probleme solcher
Art sind in einer Theorie hierarchischer Systeme zu suchen (6).

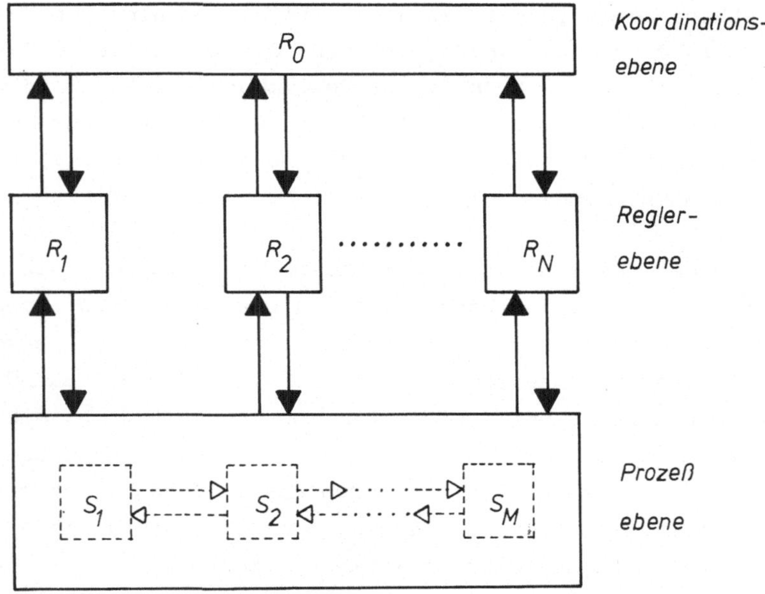

Abb. 10. *Informationsfluß in einem hierarchisch strukturierten Modell des
Herzkreislaufsystems. S_1 ... S_M : Subsysteme (z.B. Ventrikel)
R_1 ... R_N : Regler (z.B. Barorezeptorreflexbogen)
R_0 : Koordinator (z.B. Funktionen des ZNS)*

Literatur

1. BENEKEN, J.E.W. (1965): A mathematical approach to cardiovascular function, the uncontrolled human system, Dissertation,
   Univ. Utrecht.
2. BENEKEN, J.E.W., DEWIT, B. (1967): "A physical approach to hemo-
   dynamic aspects of the human cardiovascular system", Physical
   Bases of Circulatory Transport: Regulation and Exchange, E.B.
   REEVE, A.C. GUYTON, eds., Philadelphia, 1-45.
3. IBM (1972): CSMP/360 Continuous System Modeling Program, user's
   manual, IBM-form GH20-0367-4.
4. GILLE, P., RANFT, U. (1977): "Einsatz von Simulationssystemen in
   der medizinischen Forschung", Informationssysteme in der medizinischen Versorgung (Ökologie der Systeme). Bericht 21. Jahres-
   tagung GMDS 1976, Schattauer Verlag, Stuttgart, 635-649.
5. LUCZAK, H., RASCHKE, F. (1975): Regelungstheoretisches Kreislaufmodell zur Interpretation arbeitsphysiologischer Einflüsse auf
   die Momentanherzfrequenz: Arrhythmie, Biol. Cybernetics 18,1-13.
6. MESAROVIC, M., MACKO, D., TAKAHARA, Y. (1970): Theory of Hierarchi-
   cal, Multilevel Systems, New York.
7. PATER, L. DE (1966) : An electrical analogue of the human circulatory system, Dissertation, Univ. Groningen.
8. PUGH, A.L., III (1970): DYNAMO II user's manual, MIT Press, Cambridge, Massachusetts.
9. RANFT, U. (1978): Zur Mechanik und Regelung des Herzkreislaufsystems - Ein digitales Simulationsmodell - Springer Verlag,
   Berlin, Heidelberg, New York.
10. SNYDER, M.F., RIDEOUT, V.C. (1969): Computer simulation studies
    of the venous circulation, IEEE Trans. Bio. Med. Eng. 16, 325-334.

Die Simulation der Liquordynamik mit Hilfe des CSMP

B. Hofferberth

Experimentelle Untersuchungen der letzten Jahre haben viele Einzelheiten der Liquordynamik ergeben. Der Liquor cerebrospinalis, eine
wasserklare Flüssigkeit, die für das zentrale Nervensystem Schutz-
und Ernährungsfunktion hat, wird aus dem das Gehirn perfundierenden
arteriellen Blut gebildet, zirkuliert dann durch die Hirnventrikel
an die Oberfläche des Gehirns und wird schließlich von dem venösen
Blutstrom resorbiert. Auf der Grundlage der Ergebnisse experimenteller Studien ist es möglich, ein mathematisches Modell zu konstruieren, das die gegenseitige Abhängigkeit der die Liquordynamik
beeinflussenden Parameter erfaßt.

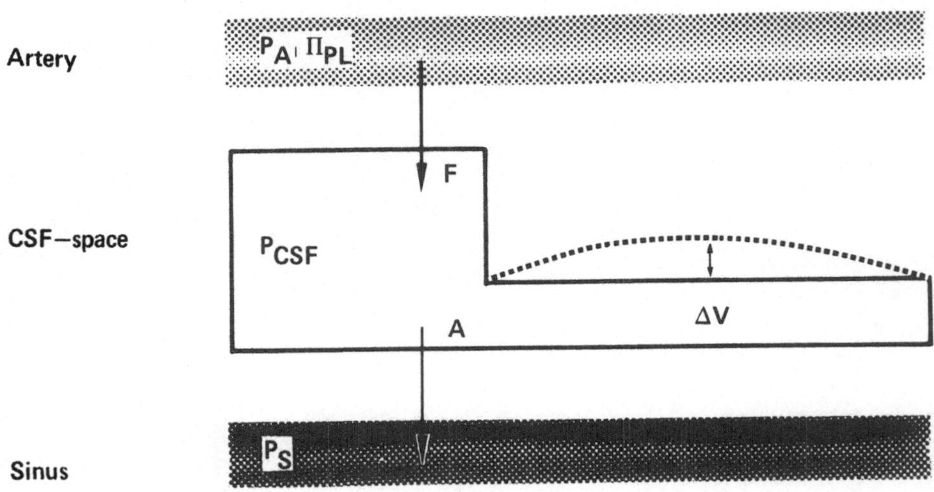

Abb. 1. Die Flüssigkeitsräume des Gehirns. Vgl. Text

Die Abb. 1 zeigt eine einfache Konzeption der Liquordynamik. Die Arterie symbolisiert die choroidalen Hirngefäße, aus denen der Liquor in die Ventrikel sezerniert wird. Der Liquorraum selber ist von variablem Volumen. Die venösen Sinus sind der Ort der Rückresorption des Liquors in das Blut. P_A steht für den arteriellen Druck, π_{Pl} für den plasmaonkotischen Druck, P_{CSF} für den Liquordruck und P_S für den venösen Druck in den Sinus. F meint die Filtrationsrate, A die Absorptionsrate und ΔV die Veränderungen des Liquorvolumens.

Entsprechend den Ergebnissen von PAPPENHEIMER et al. (7) und SAHAR (8) besteht eine lineare Beziehung zwischen der Filtrationsrate F und dem Druckgradienten zwischen den arteriellen Gefäßen und dem Liquorraum. Daraus folgt: Die Filtrationsrate F (ml/h) ist eine Funktion der Differenz zwischen dem arteriellen Druck P_A und dem Liquordruck P_{CSF} und dem plasmaonkotischen Druck π_{Pl}.

$$(1) \qquad F = k_1 \cdot (P_A - P_{CSF} - \pi_{Pl})$$

Nach den Ergebnissen von DAVSON et al. (1) ist die Liquorresorption A ein rein druckabhängiger Mechanismus, der sich an den intrakraniellen Sinus abspielt. Die Absorptionsrate A ist eine Funktion der Differenz zwischen dem Liquordruck P_{CSF} und dem Sinusdruck P_S.

Die Beziehung zwischen Liquordruck und -absorption wurde in eigenen Experimenten an Katzen untersucht. Um analoge Ergebnisse für den Menschen zu erhalten, wurden aus der Literatur die Resultate von KATZMANN und HUSSEY (4) herangezogen. Die Gleichung (2) ist das Ergebnis einer Polynomregression der experimentellen Daten.

$$(2) \qquad A = -0{,}3493 + 0{,}45(P_{CSF} - P_S) + 0{,}479^{-2}(P_{CSF} - P_S)^2 +$$
$$0{,}41^{-4}(P_{CSF} - P_S)^3 + 0{,}674^{-7}(P_{CSF} - P_S)^4 - 0{,}183^{-8}$$
$$(P_{CSF} - P_S)^5$$

Die Veränderung des Liquorvolumens ΔV hängt von der jeweiligen Differenz zwischen Liquorproduktion F und -absorption A ab.

$$(3) \qquad \Delta V = \int_o^t (F - A) \cdot dt$$

Der Liquordruck P_{CSF} ist eine Funktion der Veränderungen des Liquorvolumens ΔV. Die Druck-/Volumen-Beziehung des intrakraniellen Raumes wurde von LÖFGREN et al. (5) an Hunden untersucht. Nach Adaptation an die Verhältnisse beim Menschen wurde die von ihm aufgestellte Kurve wiederum mittels einer Polynomregression in die Gleichung (4) transformiert.

$$(4) \quad P_{CSF} = 4,594 + 0,158\,(\Delta V) - 0,205^{-2}(\Delta V)^2 - 0,252^{-4}(\Delta V)^3 +$$
$$0,224^{-5}(\Delta V)^4 + 0,308^{-7}(\Delta V)^5 - 0,377^{-9}(\Delta V)^6$$

Die Gleichungen (1), (2), (3) und (4) beschreiben die intrakraniellen Flüssigkeitsbewegungen. Zur Simulation des zeitkontinuierlichen Systems der Liquordynamik wurde das Programmpaket CSMP (Continous System Modeling Program) benutzt (2). Das CSMP ist eins der vielen in den letzten Jahren erstellten Simulationssysteme, das die Arbeitsweise eines Analogrechners auf einem Digitalrechner imitiert. Es ist eine blockorientierte Sprache. Dem Benutzer wird dabei eine Reihe definierter Funktionsblöcke zur Verfügung gestellt, aus denen er dann sein System aufbauen kann. Es werden also keine speziellen Programmierkenntnisse vorausgesetzt.

Der interne Programmablauf des CSMP ist ganz in FORTRAN geschrieben. Nach dem Einlesen der Modellkonfiguration über Lochkarten bzw. nach einer Änderung der Konfiguration mittels Eingabe über die Systemschreibmaschine setzt ein automatischer Sortiervorgang ein. Dabei wird zunächst von den Blöcken ausgegangen, deren Anfangswerte bekannt sind. Mit Hilfe dieser Größen muß sich nun wenigstens der Ausgangswert eines weiteren Blocks berechnen lassen. Ist es mit den bekannten Werten nicht möglich einen nächsten Block zu errechnen, so wird vom Programm ein Sortierfehler angezeigt, der vom Benutzer korrigiert werden muß.

Beim CSMP wird zur Integration das RUNGE-KUTTA-Verfahren 2. Ordnung angewandt, das einen Stützwert in der Mitte des Zeitintervalls benutzt. Dieses einfache Verfahren ermöglicht eine hohe Rechengeschwindigkeit und eine gute numerische Stabilität.

Der externe Programmablauf gestaltet sich durch die Programmierung mit Hilfe der vorhandenen Funktionsblöcke, die den Gleichungen des Problems entsprechend zusammengeschaltet werden. Maximal 75 Funktionselemente können für die Erstellung des Blockdiagramms herangezogen werden. Nach dem Einlesen der die Konfiguration enthaltenden Lochkarten stellt das Programm Anfragen an den Benutzer, die das Integrationsintervall und die Laufzeit der Simulation betreffen. Die X- und die Y-Achse des Plots müssen spezifiziert werden. Dabei kann der Ausgang jedes beliebigen Blocks entweder über dem eines anderen oder über der Zeit dargestellt werden. Neben der Ausgabe eines Blockausgangs auf dem Plotter können - in festzulegenden Intervallen - auf dem Schnelldrucker die Ausgänge von fünf weiteren Blökken angedruckt werden.

Für die Durchführung der Simulationsrechnungen wurde eine IBM 1800 Anlage benutzt. Prinzipiell läuft das Programmpaket aber auf jeder plattenorientierten Anlage, vorausgesetzt ein FORTRAN-Compiler ist vorhanden. Die notwendige Systemkonfiguration besteht aus Zentraleinheit, Plattenspeicher, Kartenleser/-stanzer, Lineprinter, Plotter, Scope und Schreibmaschine.

Folgende Veränderungen wurden von uns am CSMP-Programmpaket durchgeführt (6):

1. Erhöhung der Redundanz des Dialogtextes
2. Ausdruck eines Protokolls für die Dokumentation im DIN A 4 Format
3. Erstellen einer Subroutine für die Ausgabe am Scope
4. Formatfreie Eingabe der Parameter an der Systemschreibmaschine
5. Erstellen einer Subroutine zum Einlesen und zur graphischen Darstellung von maximal 200 X/Y-Wertepaaren.

Die Benutzung des CSMP als blockorientiere Simulationssprache hat sich besonders auch wegen der engen Mensch-Maschine-Beziehung - eine Tatsache, die auch von JENTSCH (3) beim Vergleich mit anderen Simulationssprachen hervorgehoben wird - bewährt. Die durchgeführten Modifikationen dienen der leichteren Handhabung und damit der Erhöhung der Benutzerfreundlichkeit.

Die Abb. 2 zeigt das Simulationsergebnis für Normalbedingungen, d.h. für Mittelwerte von P_A, P_S usw., wie sie zum Teil aus der Literatur stammen und zum Teil an unserem Institut gemessen wurden.

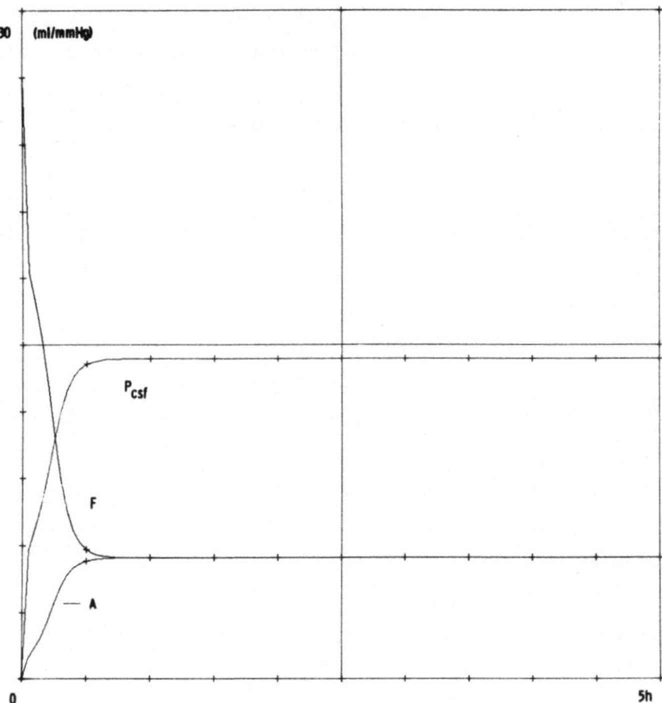

Abb. 2. Plot der Outputs P_CSF, F und A bei Normalbedingungen

Es werden die Kurven der Filtration F (= 6,3 ml/h), der Absorption
A (= 6,3 ml/h) und des Liquordrucks P_{CSF} (= 13,7 mmHG) über der Zeit
dargestellt. Es wird als wesentliches Systemgütekriterium angesehen,
daß sich bei jedem einzelnen Simulationslauf jeweils ein Gleichgewicht zwischen Filtration und Absorption des Liquors einstellt.Die-
ses Gleichgewicht ist zu fordern, soll es nicht zu größeren, den
physiologischen Ablauf der intrakraniellen Flüssigkeitsbewegungen
sprengenden Veränderungen der Liquordynamik kommen.

Die Abb. 3. zeigt den Einfluß des arteriellen Drucks P_A auf Filtration, Absorption und Liquordruck. Die arteriellen Druckschwankungen
wurden vereinfachend als Sinuskurve generiert. Der arterielle Druck
beeinflußt direkt und gleichsinnig die Liquorproduktion. Auf Grund
der Elastizität des Systems zeigt sich eine gewisse Dämpfungskapa-
zität; die Amplitude der Schwankungen des Liquordrucks ist geringer.
Noch weniger ausgeprägt ist der Effekt auf die Schwankungen der Absorptionsrate.

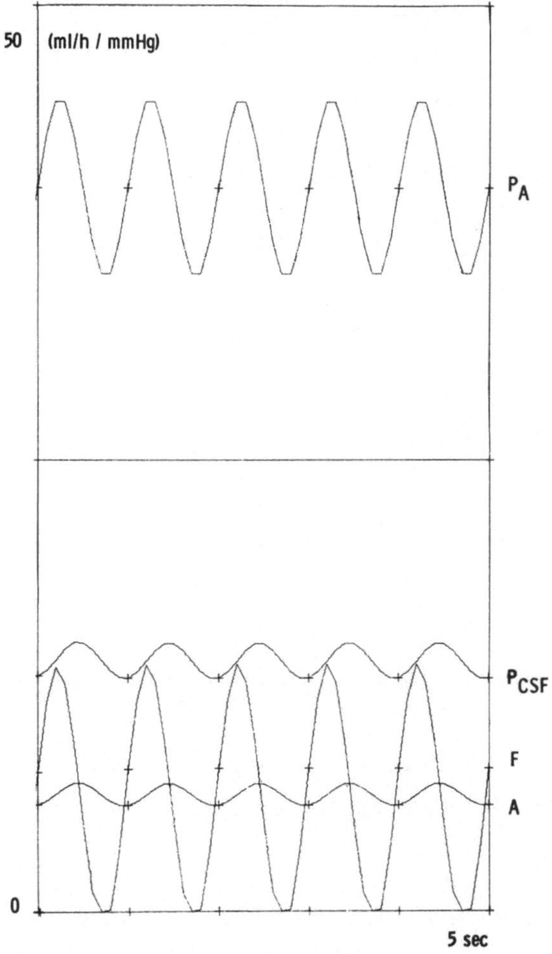

Abb. 3. Simulation von Schwankungen des arteriellen Drucks P_A

In einem weiteren Simulationsverlauf wurde eine Liquorraumpunktion nachgeahmt. Dieser Eingriff zur Gewinnung der Flüssigkeit für diagnostische Zwecke wird in neurologischen und neurochirurgischen Kliniken routinemäßig durchgeführt. Zu den Folgen der Liquorentnahme, die im allgemeinen innerhalb von 24 h wieder abklingen, zählen leichte Kopfschmerzen und Übelkeit. Das Andauern der Beschwerden wird in der Literatur immer wieder mit der Zeitspanne korreliert, in der das entnommene Volumen nachgebildet wird. Die Abb. 4 zeigt die Kurve der

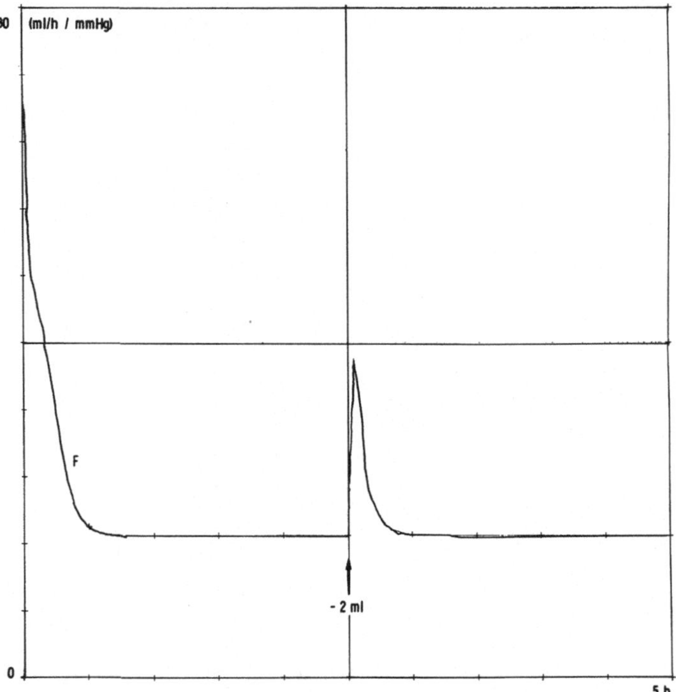

Abb. 4. Simulation einer Liquorraumpunktion

Filtration F über der Zeit. Von $t_{3,0}$ bis $t_{3,1}$ wird der Liquor entnommen. Bei $t_{3,5}$ hat die Kurve schon wieder ihren alten Wert von F = 6,3
ml/h erreicht. Wir können also zeigen, daß der Verlust von 12 ml Liquor durch Hypersekretion kompensatorisch in weniger als einer halben
Stunde wieder ausgeglichen wird.

Neben den genannten Beispielen wurde das Modell der Liquordynamik
bisher noch zur Simulierung der Liquorrhoe, des Hydrozephalus arre-
sorptivus und zur Errechnung des Druckgradienten bei Shunt-Operatio-
nen angewandt.

Innerhalb der Hirndruckforschung bedient man sich noch wenig der Simulationsmethode. Als Modell für die intrakraniellen Flüssigkeitsbewegungen dient vielmehr das Tierexperiment. Während bei der Untersuchung eines so komplexen Systems, wie es der tierische Organismus
darstellt, immer eine Reihe von Inputvariablen offen bleiben, liefert

ein Computer-Modell nur solche Ergebnisse, die schon bei der Aufstellung des mathematischen Modells impliziert sind. Hierin liegt zugleich der Vorteil wie die Begrenzung der Simulationsmethode. Bei umfangreicheren Problemen ist die Modellierung in der Hirndruckforschung:

1. ein Verfahren, das im Vergleich mit dem Experiment einen wesentlich geringeren Aufwand voraussetzt,

2. ein Verfahren, das qualitativ die gegenseitige Abhängigkeit und die gegenseitige Beeinflussung der einzelnen Parameter aufzeigt und

3. ein Verfahren, das bei annähernd der Realität entsprechenden Formulierungen auch gewisse quantitative Aussagen ermöglicht.

Literatur

1. DAVSON, H., G. HOLLINGSWORTH and M.B. SEGAL: The mechanism of drainage of the cerebrospinal fluid Brain, 93, (1970), 665.
2. FORNER, H.: CSMP - Blockorientierte Sprachen zur digitalen Simulation dynamischer Systeme. IBM-Nachrichten, 18, (1968),51.
3. JENTSCH, W.: Digitale Simulation kontinuierlicher Systeme. R. Oldenbourg Verlag, München und Wien (1969).
4. KATZMANN, R., HUSSEY, F.: A simple constant-infusion manometric test for measurement of CSF absorption. Neurology, 20,(1970),534.
5. LÖFGREN, J., VON ESSEN, C. and N. ZWETNOW: The pressure volume of the cerebrospinal fluid space in dogs. Acta Neurol. Scand., 49, (1973), 557.
6. MARTENS, B.: Report on CSMP on an example of experiences with the implementation of software packages. Common Europe, Proc. of the 12 th Annual Meeting, Berlin (1973).
7. PAPPENHEIMER, J.R., HEYSY, S., JORDAN, E. and J. DOWNER: Perfusion of cerebral ventricular system in unanesthetized goats. Amer.J.Physiol., 203, (1962), 763.
8. SAHAR, A.: The effect of pressure on the production of cerebrospinal fluid by the choroid plexus. J. Neurol.Sci., 16, (1972), 49.

Multicompartment Model of the Human Jodide Metabolism and its Simulation on a Digital Computer

M.Neumann [*]

Thyroid diseases like hyperthyroidism or graves disease and hypothyroidism or myxoedema are dangerous and should be recognized before they develop completely. There are 3 main diagnostic tests:

1. measuring the amount of plasma- bound iodine (T3, T4; 85% effective)
2. measuring the basal metabolic rate
3. uptake studies with radioactive iodine.

This presentation will deal with such uptake studies. They are indeed highly sensitive as compared to the basal metabolic rate, of which the value is rarely even doubled in cases of graves disease. The variation of the thyroid clearance rate however has a factor of 1:10. As a direct and quantitative measure of the gland's avidity for iodine this is a valuable tool in the investigation of hyper- and hypothyroidism, which can be diagnosed at an earlier stage.

Methods

The clinical procedure is the following: radioactive iodine is injected intravenously and the uptake of the thyroid gland and of other parts of the body tracked by detectors placed accordingly. Radioactive iodine behaves like natural one thus the activity recorded is a direct measure of the concentration of the investigated substance in that part of the body. The part of iodine which is not taken up by the thyroid gland is either lost by excretion or stored in extrathyroid tissues. In order to understand the whole process as well as for getting the rate constants out of the observed curves, it is

[*] former at: Dep. of Biomed. Engineering, Case Western Reserve University Cleveland/Ohio

useful to set up a simulation model.

Transference of any substances throughout the body can indeed be represented by exchange rates between a number of compartments that
correspond to different fluid spaces like blood, organs or tissues.
This is an idealization because few parts of the body behave like an
ideal compartment. Even the blood space cannot be considered as one
uniform compartment since different concentrations of substances may
be encountered at different places in the circulation. The approximation of these compartment models, however, is good enough to simu-
late the flow of specific substances through the body and make a
prediction from the results obtained.

The four-compartment model I used for modeling the iodide metabolism
in the human body is shown in figure 1. An amount of activity A_o is
injected into the blood stream and mixes homogeneously within a few
minutes.

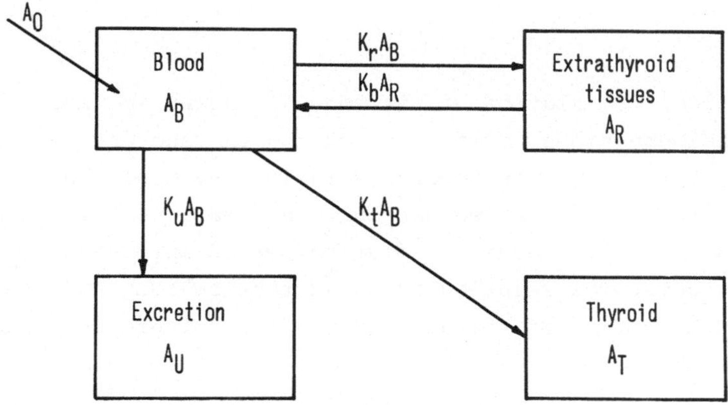

*Fig. 1. Compartment model used for simulation of the iodide
metabolism*

From the blood a certain part is lost by excretion, of which the renal
clearance is the most important. It is directly proportional to the
plasma iodine concentration A_B. The rate K_u is constant and moves
around 32 ml of plasma per minute. It's important to note here that
patients with thyroid diseases have been found to have normal renal
clearance rates. Further the transference towards other tissues and

organs, is also proportional to A_B. Since no clearance is performed by these, we have to consider a backtransference rate K_b. The back-transference is evidently proportional to the tissue activity A_R. If we had $K_r=K_b$, we would have a free diffusion process. For the studies I assumed K_b smaller then K_r since only the initial phase is considered. Finally the thyroid gland is represented as a compartment with an inflow rate of K_t. No backtransference is considered here, which is also a clear restriction to the initial uptake process.Since however the production of organic iodine has a delay time of about 10 hours, the model is accurate for that time lapse (see 2 and 3).

There is a further restriction to the model, namely that a direct in-jection of the amount A_o of activity into the blood pool is assumed. If we had oral administration, we would have to consider the gastroin-testinal uptake process which would give us a slow infusion instead of a single shot of activity. The model is thus restricted to direct intravenous injection.

Mathematics

The mathematical formulation of the model is shown in fig. 2. We get 4 differential equations by considering the in- and outflow of each compartment separately. The general solution way would be to use La-place transforms, but since we get only an equation of the second order, we may use the classical solution method involving the varia-tion of constants. The solution is an expression showing bi-exponen-tial variation in time of the activity in the different compartments

Simulation

To represent this variation in time of the activity and to draw out the curves, a computer simulation was used. The program was written in the language FOCAL and was performed on a PDP 12 mini-computer. As can be seen from fig. 3, the program is written in dialogue form and has the feature to ask for the injected dose as well as for the four rate constants. This enables also untrained personnel to per-form the simulation. The rates entered in fig. 3 are normal patient values: .004 means 0,4% of clearance per minute or 32 ml/plasma cleared, provided the patient has 8 litre of blood.

Blood $\quad dA_B / dt = - K_t A_B - K_u A_B - K_r A_B + K_b A_R$

Tissues $\quad dA_R / dt = K_r A_B - K_b A_R$

Thyroid $\quad dA_T / dt = K_t A_B$

Excretion $\quad dA_U / dt = K_u A_B$

Initial conditions :

$$A_B (t=0) = A_0$$

$$A_U (t=0) = A_T (t=0) = A_R (t=0) = 0$$

Solution :

$$A_T = A_0 \frac{K_t}{r_2 - r_1} \left[\left(\frac{K_b}{r_1} - 1\right) \left(1 - e^{-r_1 t}\right) + \left(1 - \frac{K_b}{r_2}\right)\left(1 - e^{-r_2 t}\right) \right]$$

with : $\quad r_{1/2} = \dfrac{K_t + K_u + K_b + K_r}{2} \pm \sqrt{\dfrac{(K_t + K_u + K_r + K_b)^2}{4} - K_b \left(K_t + K_u\right)}$

Fig. 2. Mathematical formulation of the model and solution for the thyroid compartment (A_T).

Injected Dose A_0 $\qquad$? : 1000

Excretion Rate K_u $\qquad$? : .004

Thyroid Uptake Rate K_t $\qquad$? : .005

Tissue Uptake Rate K_r $\qquad$? : .009

Tissue Backtransference Rate K_b ? : .005

Fig. 3. Example of program execution in dialogue form

The injected dose A_O has no functional influence on the curves, it's only a multiplication factor that may be used to correct the amplitudes to a desired value. It would be possible to calibrate A_O, but this would involve standard phantom measurements.

Results

The program calculates and plots the activity curves at a rate of 1 point per minute up to a total of 12,5 hours, which is enough for the initial uptake process. Only the curves for the blood, the thyroid and the extrathyroid tissues were drawn out, as can be seen in fig.4 to 6.

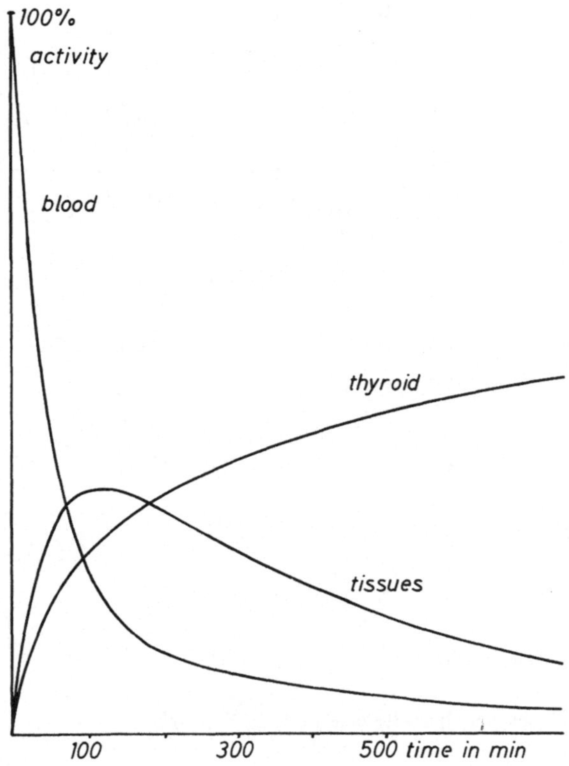

Fig. 4. Curve set obtained by computer simulation of a normal patient (thyroid uptake rate: 0,5%)

The simulation of healthy patient yields the curve set shown in fig.4. The thyroid uptake rate entered was of 0,5%. The activity curve of the blood shows a rapid bi-exponential decay. The extrathyroid tissues take up the activity rapidly, first even faster than the thyroid gland. As soon as blood activity falls low enough, however, the iodine taken up by the tissues leaks back again as a sign of backtransference. The thyroid shows a steady bi-exponential uptake curve, which has not yet reached its maximum after 12,5 hours.

The simulation of a hyperactive thyroid gland with 1,2% uptake in a patient with goitre would result in the curve set shown in fig. 5. Except for K_t all other rate constants as well as A_o were left unchanged from fig. 4. We see that there is a much faster uptake by the thyroid gland, surpassing even the uptake of extrathyroid tissues in the beginning phase. The maximum of activity in extrathyroid tissues is considerably reduced.

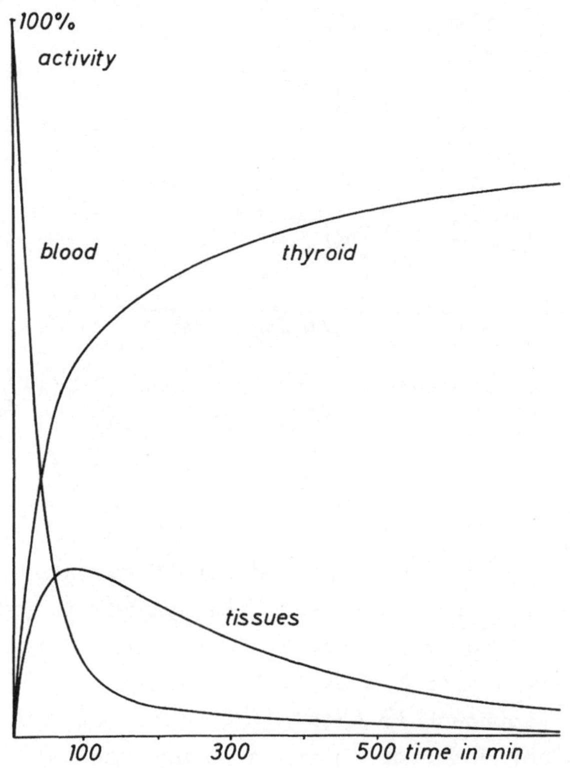

Fig. 5. Curve set obtained by modeling a patient with goitre
having 1,5% uptake

Fig. 6 shows a set of curves for only the thyroid gland. These were obtained by varying the value of K_t from 0,1% to 0,9% per minute.Such a set of curves may be used to find out the approximate uptake rate from an experimentally observed curve.

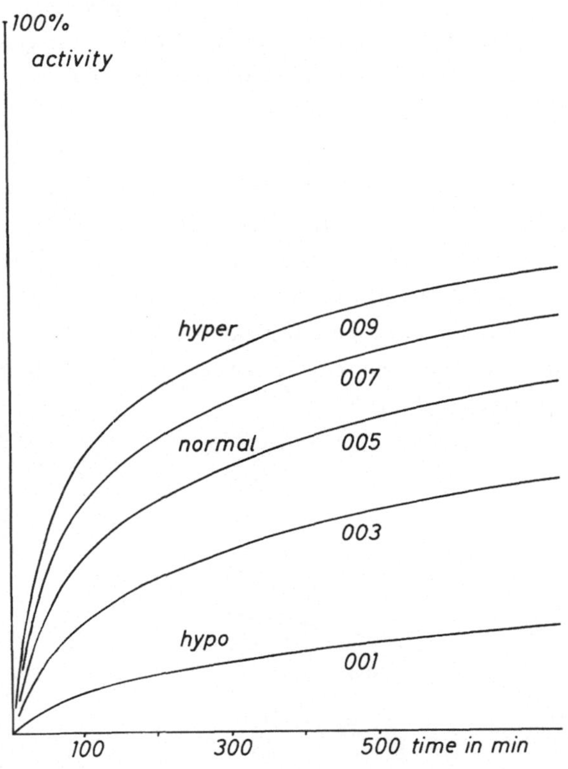

Fig. 6. Time course of the thyroid activity curve obtained by
varying the uptake rate K_t from 0,1% to 0,9%

Discussion

Besides for pure simulation the described method may also be used in clinical practice. When a radioactive iodine uptake study is made, we easily obtain the curve for the thyroid gland with a detector placed above the neck as well as for the extrathyroid tissues by measuring above the thight. An approach to obtain the blood activity may be made by placing another detector above the heart region. Ideally the patient would have to be recorded continuously, but in most cases patients are ordered back at intervals of one to a few hours. Thus we get only a few points of the curves. From these we then need to find out K_t, the uptake rate of the thyroid in order to be able to judge the function of this gland. Using the described program would mean that we change the entered rate constants until the simulated curves match the patient curves.

Instead of this trial- and error method a completely automatic fitting analysis using the least squares method could also be set up. Such programs however become quite complicated, take a larger computer and more memory capacity. They are also less flexible and cannot be handled by untrained personnel any more. An analog computer could be used also, but its handling is not familiar to doctors and not even to many engineers.

At all events the easy use of the described program as well as the quantitativity of the calculations makes me prefer the digital method above the analog one for the described purpose. Although new, this uncomplicated method has already become a standard procedure at least in many nuclear medical departments.

<u>References:</u>

1. MATTHWES, M.E.: The Theory of Tracer Experiments with ^{131}I-Labelled
   Plasma Protein. Phys. Med. Biol. 2, 1957, 36-53.
2. POCHIN, E.E.: Investigation of Thyroid Function and Disease with
   Radioactive Iodine. Lancet II, 1950, 41-46.
3. SHIPLEY, R.A.: Tracer Methods for in Vivo Kinetics. Academic Press,
   New York 1972.
4. SPIERS, F.W.: Radioisotopes in the Human Body. Academic Press,
   New York 1968.

Ein systemtheoretisches Modell zum Verständnis der unterschiedlichen Glykolyseaktivierung nach intravenöser Insulin– bzw. Tolbutamidbelastung

D. Geiseler, R. Schmülling, M. Eggstein

In diesem Beitrag soll ein Modellsystem aus dem Bereich der klinischen Chemie vorgestellt werden, bei dem die Werte der Systemkonstan-
ten größtenteils innerhalb enger Grenzen festliegen. Eine solche Begrenzung liegt immer dann vor, wenn Parameter als physikalische Größen direkt (durch Messung) oder indirekt (durch Berechnung aus meßbaren Größen)zugänglich sind. Die mathematische Methodik zur Simulation tritt dann gegenüber der geeigneten Formulierung der Systemstruktur weit in den Hintergrund. Ist diese Struktur zu einfach, also bleiben wesentliche Wechselbeziehungen zwischen Systemelementen
unberücksichtigt, so kann man kein adäquates Systemverhalten simulieren. Ist die Struktur zu kompliziert, also führt man viele Parameter
ein, für deren Wert keine Daten zur Verfügung stehen, so besteht die
Gefahr, daß das Modell durch eine große Zahl an Freiheitsgraden nicht
mehr zum Verständnis der Realität beiträgt. Deshalb erscheint es notwendig, die Systemstruktur mit Hilfe experimenteller Befunde ständig
zu ergänzen und zu optimieren.

Mit diesem Modell hier soll versucht werden, durch mathematische Simulation die verschiedenartige Beeinflussung der Glukoseverwertung
nach Verabreichung von Insulin und von Tolbutamid zu verstehen. Der
wesentliche Effekt des Insulins ist bekanntlich die Beschleunigung
der zellulären Glukoseaufnahme und -verwertung. Das Sulfonylharn-
stoffderivat Tolbutamid ist ein antidiabetisch wirksames Pharmaka,
welches eine endogene Insulinfreisetzung aus den β-Zellen des Pan-
kreasbewirkt. Man sollte nun erwarten, daß Tolbutamid über diese
Aktivierung der Insulinsekretion letztlich die gleiche Wirkung auf
den Glukoseverbrauch im Organismus besitzt wie Insulin selbst. Dies
ist aber nicht so. Wenn man dem intakten Organismus einmal eine bestimmte Menge Insulin und einmal eine bestimmte Menge Tolbutamid
verabreicht, so stellt man fest, daß das Ausmaß der anaeroben Glykolyse, also der Metabolisierung von Glukose zu Laktat, in beiden

Fällen ganz verschieden ist. Insulin bewirkt beim gesunden Menschen
einen deutlichen Anstieg der Glykolyseprodukte Laktat und Pyruvat
im Blut, während die Verabreichung einer hinsichtlich der blutzucker-
senkenden Wirkung äquivalenten Menge an Sulfonylharnstoff nur eine
vergleichsweise unbedeutende Zunahme beider Metabolite erzeugt. Diese unterschiedliche Wirkung hat immer wieder die Frage nach der Möglichkeit von insulinunabhängigen Wirkungen der Sulfonylharnstoffe
aufgeworfen. Ein überzeugender Beweis für solche extrapankreanen Wirkungen dieser Medikamente konnte aber bis heute nicht erbracht werden. Eine andere Erklärung für dieses Verhalten gründet sich auf den
in beiden Fällen verschiedenen Eintrittsort des Insulins in den Blutkreislauf. Intravenös verabreichtes Insulin verteilt sich nach Injektion gleichmäßig in den Organen und der Muskulatur, während endo-
gen freigesetztes Insulin vor der Verteilung im großen Kreislauf zuerst in die Leber gelangt. Man weiß, daß es dort zu ca. 60% extrahiert wird. Außerdem unterliegt der insulinstimulierte Einstrom der
Glukose in die Muskelzelle in erster Linie der Glykolyse zu Laktat,
während in der Leberzelle die Synthese zu Glykogen überwiegt. Kann
nun dieser verschiedenartige "Applikationsort" des Insulins die unterschiedliche Glykolyse-Aktivierung quantitativ erklären? Wir haben
diese Situation im Modell nachgebildet, um die Plausibilität einer
solchen Annahme zu prüfen (Abb. 1).

Glukose fließt aus einem "pool" mit konstanter Bildungsrate in die
Blutbahn. Die Freisetzung aus diesem Speicher entspricht in erster
Linie der Glykogenolyse in der Leber. Der Rückstrom der Glukose in
die Leber zur Glykogenbildung ist dem Produkt aus der Glukosekonzentration (G_1) und der Insulinkonzentration im Blut (I_1) proportional.
Ein entsprechender Ansatz gilt für den Abstrom der Glukose in paren-
chymatöse Organe und Muskulatur. Außerdem wird ein geringer Abstrom
über die Diurese berücksichtigt, der allerdings erst bei der Simulation von Glukosebelastungen wesentlich ins Gewicht fällt.

Die intrazelluläre Glukose in der Muskulatur (Konzentration G_2) unterliegt zum überwiegenden Anteil der Glykolyse zu Laktat. Das gebildete Laktat wird nicht gespeichert, sondern über die Blutbahn zurück zur Leber transportiert, womit in erster Näherung die Laktatkonzentration im Blut (L) der intrazellulären Konzentration entspricht.

Insulin im Blut entstammt dem "pool" des Pankreas. Es gelangt zunächst über die Vena pancreatica in das Pfortadersystem (Konzentra-

Kompartement-Modell zur Tolbutamid-bzw. Insulinbelastung

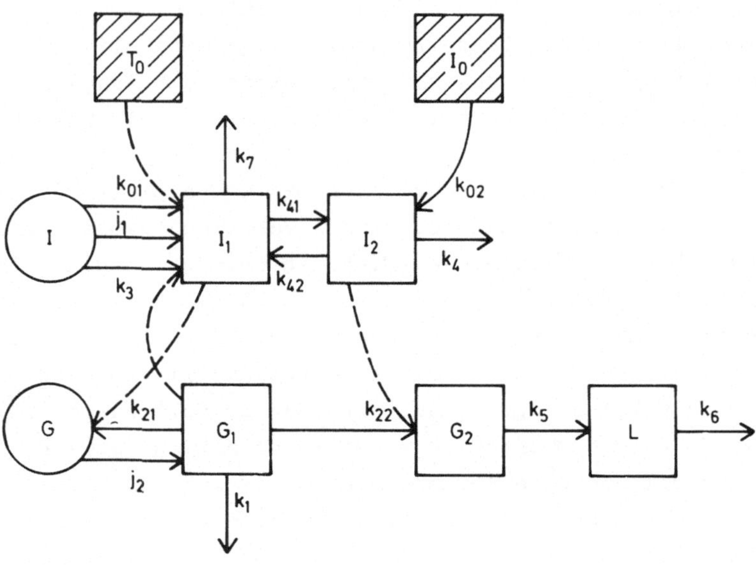

Abb. 1. Kinetisches Schema zur Insulinwirkung nach intravenöser
Insulin- bzw. Tolbutamidverabreichung

G: Glukosepool in der Leber

I: Insulinpool im Pankreas
*   (mit jeweils konstanten Konzentrationen für Glukose*
*   und Insulin)*

I_o: *Insulin-Anfangskonzentration bei Insulinbelastung*

T_o: *Insulin-Anfangskonzentration bei Tolbutamidbelastung*

G_1: *Glukosekonzentration im Blut*

G_2: *Glukosekonzentration im peripheren Gewebe*

I_1: *Insulinkonzentration im Blut des Pfortadersystems*

I_2: *Insulinkonzentration im Blut der Peripherie*

L : Laktatkonzentration im Blut

⟶ : *Substratflüsse*

— — ⟶ : *aktivierende Wirkungen auf Substratflüsse*

j_1, j_2 : *konstante Bildungsraten*

k_{o1} *bis* k_7: *effektive Umsatzkonstanten*

tion I_1) und damit in die Leber, wo es zu 60-70% extrahiert wird. Weiterhin wird die Insulinkonzentration (I_1) durch das aktuelle Glukosekonzentrationsgefälle am Ort der B-Zellen im Pankreas bestimmt. Eine erhöhte Glukosekonzentration wird dort die Insulinbildung solange stimulieren, bis ein Konzentrationsgradient wieder ausgeglichen ist und die aktuelle Glukosekonzentration den stationären Wert erreicht hat.

Das Insulin im peripheren Blut (Konzentration I_2) erhält einen Zufluß von der Leber und einen Abfluß, der den Abbau im Muskel- und Fettgewebe formuliert. Weiterhin wird ein Rückstrom von der Peripherie zur Leber berücksichtigt.

Die intravenöse Insulinbelastung (Belastungskonzentration I_0) bedeutet nun in dieser schematischen Darstellung die plötzliche Erhöhung der Konzentration im peripheren Blut. Tolbutamidbelastung dagegen führt zur endogenen Insulinfreisetzung direkt vor der Leber, was hier durch eine Konzentrationserhöhung im Pfortaderblut simuliert ist. Die entsprechende Belastungskonzentration T_0 ist dabei so bemessen, daß sie die annähernd gleiche Blutzuckersenkung wie bei der Insulinbelastung hervorruft. Zur Berücksichtigung einer zeitlichen Verzögerung zwischen Injektionszeitpunkt und Wirkungseinsatz wird im Modell angenommen, daß die Anfangskonzentrationen T_0 bzw. I_0 aus einem (hypothetischen) Injektionskompartment nach I_1 bzw. I_2 eliminiert werden.

Die mathematische Formulierung dieses Systems führt nun zur Aufstellung eines Differentialgleichungssystems mit 6 Variablen und 14 Parametern (Abb. 2). 6 dieser Parameter, nämlich k_1, k_{21}, k_{22}, k_{42}, k_4, j_1, lassen sich direkt aus physiologischen Daten erhalten. 5 Parameter (k_{41}, k_5, k_6, k_7, j_2) ergeben sich rechnerisch aus der Fließgleichgewichtsbedingung (Summe aller Zu- und Abflüsse gleich Null), wobei die stationären Konzentrationswerte aller Variablen, die physiologischen "Normwerte", in das Gleichungssystem einzusetzen sind. Die verbleibenden 3 Parameter (k_{o1}, k_{o2}, k_3) erhält man innerhalb physiologisch sinnvoller Randbedingungen durch Angleichung von Lösungs- und Meßkurven für Glukose und Laktat.

Die Lösungskurven des Differentialgleichungssystems für die Variablen I_1, I_2, G_1, G_2 und L zeigt die Abb. 3. Mit X_{ss} sind die statio-

$$\dot{I}_0 = -k_0 I_0$$

$$\dot{I}_1 = j_1 + k_3(G_1 - G_{1ss}) + k_{42}I_2 - (k_{41} + k_7)I_1 + k_{01}I_0$$

$$\dot{I}_2 = k_{41}I_1 - (k_{42} + k_4)I_2 + k_{02}I_0$$

$$\dot{G}_1 = j_2 - k_1 G_1 - k_{21}G_1 I_1 - k_{22}G_1 I_2$$

$$\dot{G}_2 = k_{22}G_1 I_2 - k_5 G_2$$

$$\dot{L} = k_5 G_2 - k_6 L$$

Tolbutamidbelastung: $k_{01} = k_0$; $k_{02} = 0$; $I_0 = T_0$

Insulinbelastung: $k_{01} = 0$; $k_{02} = k_0$

Abb. 2. Differentialgleichungssystem zur Simulation der intravenö-
sen Insulin- bzw. Tolbutamidbelastung
$\dot{X}(= dX/dt)$: Umsatzrate der Variablen X
G_{1ss} : Glukosekonzentration im Blut im stationären
Zustand. Zur Bedeutung der übrigen Symbole vgl.
Abb. 1

nären Konzentrationen (im "steady state") der einzelnen Substrate bezeichnet, deren aufgerundete Zahlenwerte aus der Mitte des Normbe-
reiches entnommen sind. - Man erkennt sehr deutlich den unterschiedlichen Effekt, den die Verabreichung wirkungsgleicher Insulinkonzen-
trationen einmal im Pfortaderblut und einmal im peripheren Blut hervorruft. Der Abfall von G_1 (Glukose im Blut) ist praktisch in beiden
Fällen identisch. Der Anstieg von G_2 dagegen ist in der peripheren
Insulinbelastung bedeutend stärker und anhaltender, weil zum einen
die Insulinextraktion in der Leber, zum anderen die Glukoseeliminie-
rung durch Glykogenbildung (ebenfalls in der Leber) wesentlich schwächer zum Tragen kommt. Eine direkte Folge dieses unterschiedlichen
Glukoseeinstroms im peripheren Gewebe ist der verschiedenartige Lak-
tatanstieg im Blut.

In Abb. 4 ist der gemessene Verlauf der Blutspiegel für Glukose und
Laktat im Bereich von 0 bis 60 Minuten nach Injektion den simulierten Kurven gegenübergestellt. Die Messungen wurden an 10 Patienten
der Med.Univ. Klinik Tübingen durchgeführt. Voraussetzung für die
Verwendung der Ergebnisse war ein Tolbutamidtest im Normbereich und

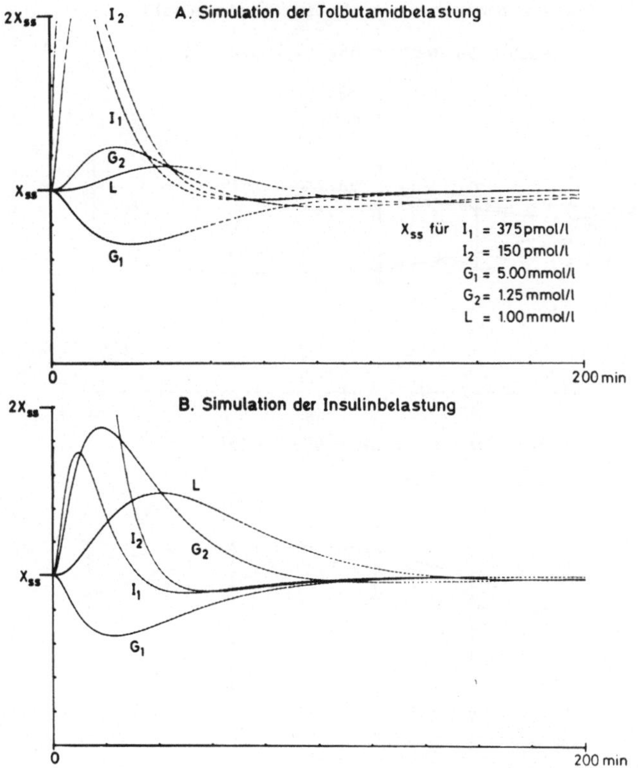

Abb. 3. Lösungskurven des Differentialgleichungssystems der Abb. 2
für die Simulation der intravenösen Insulin- bzw. Tolbuta-
midbelastung zwischen 0 und 200 Minuten nach Injektion
X_{ss} : Konzentration der Variablen X im stationären Zustand
Zur Bedeutung der übrigen Symbole vgl. Abb. 1

ein normaler intravenöser Glukosebelastungstest. Die gemessenen Mittelwerte sind angegeben als relative Abweichungen von den Nüchternwerten, die hier einheitlich für Glukose 5 mmol/l, für Laktat 1 mmol/l betragen, um den Vergleich mit den berechneten Kurven zu ermöglichen. Gemessene und berechnete Kurven stimmen innerhalb des interindividuellen Streubereiches sehr gut überein.

Kurz zusammengefaßt läßt sich sagen, daß die Simulation von Insulin- und Tolbutamidbelastung mit dem hier gezeigten, sehr vereinfachten Modell den gemessenen Verlauf der Glukose- und Laktatspiegel qualita-

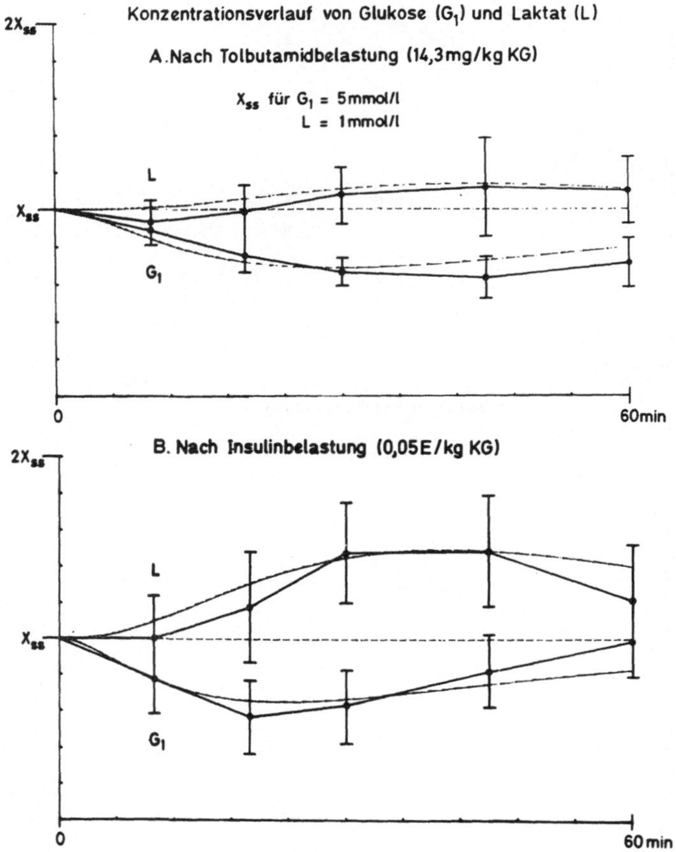

Abb. 4. Berechnete und gemessene Blutspiegel für Glukose und Laktat
nach intravenöser Insulin- bzw. Tolbutamidbelastung im Be-
reich 0 bis 60 Minuten nach Injektion, bezogen auf die Aus-
gangswerte von 5 mmol/l für Glukose und 1 mmol/l für Laktat.
Für die gemessenen Werte ist die Standardabweichung vom
Mittelwert angegeben (N = 10)
X_{ss}: Konzentration der Variablen X im stationären Zustand

tiv und quantitativ bestätigt. Die unterschiedliche Simulierung der
Glykolyse nach Insulin- bzw. Tolbutamidverabreichung kann im Modell
ohne die Annahme spezifischer pharmakologischer Wirkungen der Sulfonylharnstoffe verständlich gemacht werden. Damit könnte allein der
verschiedene Eintrittsort des Insulins - im einen Fall weitgehend
gleichmäßig verteilt in Organen und Peripherie, im anderen Fall primär vor der Leber - als Ursache für den unterschiedlichen Anstieg
des Laktatspiegels im Blut gelten.

Simulation der Ausbreitungseigenschaften des elektrischen Herzfeldes im Thorax

Chr. Zywietz, B. Rosenbach

<u>1.0 Entstehung und Messung des Herzfeldes</u>

Das elektrische Herzfeld entsteht durch periodische Depolarisations-
und Repolarisationsvorgänge der Herzmuskelzellen, die mit der mechanischen Kontraktion synchron einhergehen. Die bei diesen Umladungs-
prozessen fließenden Ströme durchziehen den ganzen Körper in geschlossenen Linien.

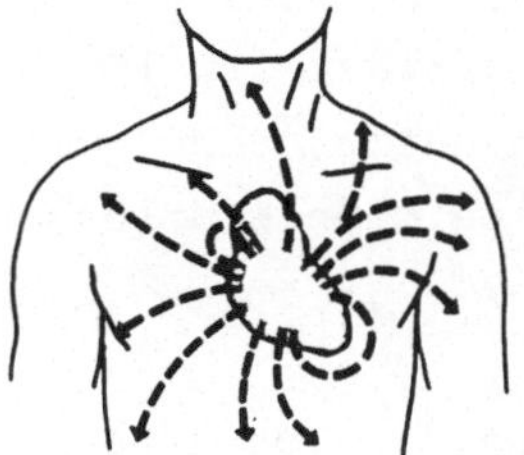

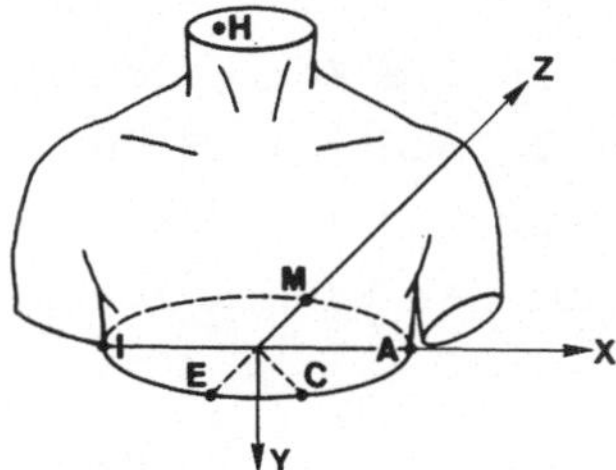

Abb. 1. Messung des Herzfeldes
orthogonale Ableitung nach FRANK (4)

---

* Teilweise gefördert im Vorhaben DVM 106 *(Datenverarbeitung in der Medizin)* des BMFT.

An den Stromfäden werden an der Körperoberfläche die als Elektrokardiogramm bezeichneten Potentialdifferenzen abgegriffen. Für den Abgriff dieser Punkte gibt es eine Reihe standardisierter Meßstellen.

Bestimmte Gruppen solcher Meßstellen werden als elektrokardiographisches Ableitungssystem bezeichnet. Im unteren Teil des Bildes sind die Meßpunkte für das orthogonale Ableitungssystem nach FRANK (4) angegeben. Dieses System wird als korrigiert orthogonal bezeichnet,weil die Ableitungspunkte A, C, E, I, M, H und die am linken Fuß plazierte, hier nicht dargestellte Elektrode F auf den Achsen eines orthogonalen Koordinatensystems XYZ liegen. Die Korrekturelektrode C liefert dabei Hilfspotentiale, mit denen die elektrischen Potentialdifferenzen zu einem sogenannten Herzdipol zusammengefaßt werden können.

Das elektrische Herzfeld wird in der Elektrokardiographie als diagnostisches Hilfsmittel ausgewertet. Die Elektrokardiographie ist ein inverses Untersuchungsverfahren, bei dem von Signalen am Ausgang des Systems an der Körperoberfläche auf die Quelle, auf das Herz, zurückgeschlossen wird.

Mit Hilfe von Simulationsmodellen wird versucht, die elektrokardiographischen Fragestellungen vorwärts zu lösen, d.h. Situationen an der Quelle vorzugeben und zu untersuchen, welche Signale entstehen am Ausgang des Systems bzw. welchen Einflüssen sind diese Signale ausgesetzt.

Die vollständige Modellierung des Vorwärtsproblems der Elektrokardiographie umfaßt zwei Schritte:
1. Ein Modell der elektrischen Aktivität des Herzens,
2. Ein Modell der Übertragung der aus dem Herzen herauswirkenden
   elektrischen Aktivität an die Körperoberfläche.
Für diese Aufgaben wurden bei uns die Simulationssysteme HEMO für das Herzmodell und THOMO für das Thoraxmodell entwickelt (7,8). An dieser Stelle soll etwas näher auf das Modell zur Feldausbreitung im Thorax eingegangen werden.

2.0 Theoretische Grundlagen des Herzfeldes
2.1 Die Stromquelle Herz

In der Abb. 2 ist das in den Thorax eingebettete Herz gezeigt, in das ständig Umladungsströme hinein- und herausfließen (6).

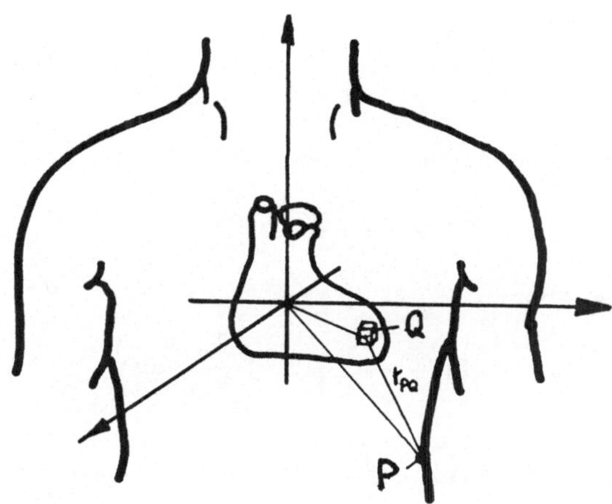

Abb. 2.   Thorax mit Herz
Quellpunkt Q im Herzen, Feldmeßpunkt P an der Thorax-
oberfläche

Der Thorax selber stellt ein inhomogenes, leitfähiges Medium dar. In
der Abbildung sind ein Feldpunkt P und ein Quellpunkt Q angegeben.
Will man das Potential im Punkt P bzw. Potentialdifferenzen auf der
Körperoberfläche messen, so muß man sich über die Stromdichten im
Thorax klar werden. Die Stromdichte im Thorax ergibt sich aus der
Leitfähigkeit κ , dem im Thorax wirkenden elektrischen Feld $\vec{E}$ sowie
der eingeprägten Stromdichte als $\vec{I}_e$.

$$(1) \qquad \vec{I} = \kappa \cdot \vec{E} + \vec{I}_e$$

Da in den ganzen Körper keine Ströme hinein- oder herausfließen,gilt

$$(2) \qquad \mathrm{div}\ \vec{I} = 0$$

Für die Feldstärke $\vec{E}$ gilt

$$(3) \qquad \vec{E} = -\mathrm{grad}\ \Phi,$$

und für den Volumenstrom

$$(4) \qquad I_v = -\mathrm{div}\ \vec{I}_e$$

Für das Potential folgt mit

$$(5) \qquad \vec{I} = \kappa \cdot \vec{E}$$

die Poissonsche Differentialgleichung

$$(6) \qquad \nabla^2 \Phi = - \frac{I_v}{\kappa}$$

und als allgemeine Lösung

$$(7) \qquad {}^*\Phi(P) = \frac{1}{4\pi\kappa} \cdot \int_V \frac{I_v}{r_{PQ}} \, dv' \ .$$

Mit (4) erhält man

$$(8) \qquad \Phi(P) = \frac{1}{4\pi\kappa} \int_V I_e \, \nabla' (\frac{1}{r_{PQ}}) \, dv' \ .$$

Der Vergleich dieser Gleichung mit dem Dipolfeld einer elektrischen Doppelschicht zeigt, daß das Volumenintegral V über den eingeprägten Strom I_e aufgefaßt werden kann als ein Dipolmoment,d.h. wir können $\vec{I}_e$ als Stromdipolmoment je Volumeneinheit interpretieren.

(* gestrichene Ausdrücke beziehen sich auf die Koordinaten der Quelle.)

2.2 Feldausbreitung im Thorax

Für die Berechnung der Feldausbreitung im Thorax geht man von den Maxwellschen Feldgleichungen aus. Für die Wirbel und Quellenergiebigkeit des elektrischen und magnetischen Feldes gelten:

$$(9) \qquad \mathrm{rot}\ \vec{E} = - \frac{\partial \vec{B}}{\partial t}$$

$$(10) \qquad \mathrm{rot}\ \vec{H} = \vec{I} + \frac{\partial \vec{D}}{\partial t}$$

$$(11) \qquad \mathrm{div}\ \vec{B} = 0$$

$$(12) \qquad \mathrm{div}\ \vec{D} = \rho$$

Wenn $\vec{D}$ die dielektrische Verschiebung und ρ die Raumladungsdichte darstellen.

Für im (stückweise) homogen, isotrop und linear angenommenen Medium gelten die Stoffgleichungen in der Form

$$(13) \qquad \vec{B} = \mu \cdot \vec{H}$$

$$(14) \qquad \vec{D} = \varepsilon \cdot \vec{E}$$

$$(15) \qquad \vec{I} = \kappa \cdot \vec{E}$$

Für die weitere Behandlung der Gleichungen ist wesentlich, daß im Körper die Dielektrizitätskonstante ε_r etwa der des Wassers entspricht,
d.h. ≈ 80 ist, daß die relative Permeabilität bei 1 liegt, und daß die
Leitfähigkeit κ bei etwa 450 $(\Omega\mathrm{cm})^{-1}$ liegt. Hieraus läßt sich zeigen,
daß der Anteil des magnetischen Feldes bzw. der zeitlichen Änderung
des dielektrischen Verschiebungsstromes für den im Thorax in Frage
kommenden Frequenzbereich von max. 1000 Hz vernachlässigbar wird.Durch
das Verhältnis

$$\frac{\omega\varepsilon}{\kappa} \cong 10^{-3}$$

ergibt sich, daß sowohl der Verschiebungsstromanteil als auch der
magnetische Anteil in den Maxwellschen Feldgleichungen vernachlässigt
werden kann, so daß dieses Gleichungssystem auf den quasistatischen
Fall zurückgeführt werden kann.

Für die Berechnung der Ausbreitung im Thorax gelten daher die folgenden Bedingungen:
1. Der Thorax ist ein inhomogenes begrenztes Medium mit den beiden Lungenflügeln V_3 und V_4, mit den Leitfähigkeiten κ_3 bzw.
   κ_4, die identisch sind, sowie dem in diesen Lungenflügeln ein-
   gebetteten Volumen des Herzmuskels V. Die betreffenden Medien
   werden für die Feldausbreitung zeitinvariant, isotrop, linear
   und in ihren Bereichen stückweise homogen angenommen. Damit
   gelten für die Feldausbreitung folgende Randbedingungen (Neu-
   mannsches Problem):
   a) Der Gradient ϕ ist an den einzelnen Grenzflächen der
      verschiedenen Volumina vorgegeben bzw. ungleich durch
      die unterschiedlichen Leitfähigkeiten.
   b) Das Potential geht kontinuierlich durch die Grenzflä-
      chen hindurch.

Durch sukzessive Anwendung des Greenschen Satzes auf die verschiedenen
Volumina kommt man zu einer Gleichung für das Potential, die alle
Volumina mit den Oberflächen $S_1 - S_n$ von außen nach innen zählend ein-
schließt:

$$\Phi(P) = \frac{1}{4\pi\kappa}\left[\int_V \frac{I_v}{r_{PQ}}\,dv + \sum_{k}^{S} \oint_{S_k} \phi_k(\kappa_k^- - \kappa_k^+)\nabla\frac{1}{r_{PQ}}\,dS_k\right],$$

woraus nach Umformung wird

$$\Phi(P) = \sum_{n}^{S} - \frac{1}{2\pi} \left(\frac{\kappa_k^- - \kappa_k^+}{\kappa_k^- + \kappa_k^+} \right) \oint_{S_k} \frac{\partial}{\partial \bar{n}_Q} \left(\frac{1}{\vec{r}_{PQ}} \right) \phi(Q) \cdot dS_k + g(P) \quad .$$

Hierin bedeuten S_k die die Teilvolumina einschließenden geschlossenen Oberflächen (S_1 umschließt V_0...), $\bar{n}_Q$ die nach außen gerichtete Normale im Punkt Q, $\vec{r}_{PQ}$ den Vektor vom Potentialmeßpunkt P auf der Begrenzungsfläche S_r zum Quellpunkt Q auf der Fläche S_s. κ_k^+, κ_k^- stellen die Leitfähigkeiten an der äußeren und inneren Grenzfläche S_k dar, g(P) den Quellterm. Die erhaltene Potentialgleichung kann man so interpretieren, daß das Potential im Punkt P sich ergibt

1. aus dem Volumenstromanteil der Quelle selber, sowie
2. durch "Ersatzladungen", die sich an den Grenzflächen durch die Differenzen der Leitfähigkeit ergeben.

In den Oberflächenintegralen erscheint auch der Ausdruck

$$\Omega = \nabla \left(\frac{1}{r} \right) \cdot dS_k \quad ,$$

der als Raumwinkel für das betreffende Quell- bzw. Feldelement interpretiert werden kann.

3.0 Das Simulationssystem THOMO
================================

Das Simulationssystem THOMO dient zur Berechnung der Übertragungseigenschaften des Thorax für das elektrische Feld. Praktisch wird dabei folgendermaßen vorgegangen: In einen im Innern des Thorax liegenden beliebigen Quellpunkt wird ein Einheitsdipol $\vec{H}$ als Ersatz für den Herzvektor gelegt.

Anschließend wird das Potential an der Körperoberfläche berechnet.Für die numerische Lösung der zuletzt angegebenen Gleichung (1,2) werden dazu alle die Teilvolumina umhüllenden Oberflächen in trianguläre Flächenelemente aufgeteilt. Abb. 3 zeigt die auf FRANK (4) zurückgehende Aufteilung des Thorax in Schichten und Sektoren. Aus dem Anatomieatlas von EYCLESHYMER und SCHOEMAKER haben wir die Thoraxgeometrie für Körperoberflächen, Lungenflügel sowie Herz und intrakavitäre Blutmassen im Herzen gewonnen. Die Abbildung zeigt eine Thoraxoberfläche in diskreter Darstellung, wobei die durch die Sektorstrahlen und die Schichten gebildeten rechteckigen Elemente noch einmal diagonal aufgeteilt worden sind. Diese Flächenelemente bilden die Basis für die Berech-

nung von Raumelementen der einzelnen Oberflächen der verschiedenen
Teilvolumina (<u>5</u>).

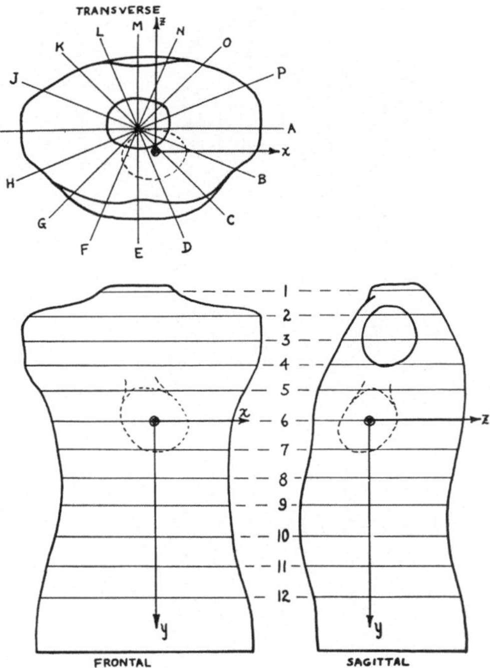

Abb. 3. Aufteilung der Thoraxoberfläche nach FRANK (<u>4</u>)

<u>Der Ableitungsvektor</u>

Eine verhältnismäßig übersichtliche Darstellung der Übertragungseigenschaften des Thorax gewinnt man, wenn die Übertragungseigenschaften durch den auf BURGER und van MILAAN(<u>3</u>) zurückgehenden Ableitungsvektor dargestellt werden.

Abb. 5 zeigt schematisch einen Thorax mit einem im Inneren liegenden
Quellvektor $\vec{H}$. Die sich ergebende Potentialdifferenz, z.B. an den Punkten AB,ergibt sich aus dem Skalarprodukt des Quellvektors $\vec{H}$, mit dem
die Übertragungseigenschaften kennzeichnenden Vektor $\vec{L}_{AB}$. Dieser Vektor wird als sogenannter Ableitungsvektor bezeichnet. Mißt man nämlich die Potentialdifferenzen nicht zwischen den beiden Punkten A und
B, sondern die Potentiale im Punkte A oder B gegen einen unendlich
fernen Punkt bzw. gegen den "Mittenpunkt" des Dipoles, so geben die
Potentialwerte an beliebigen Stellen der Körperoberfläche unmittelbar die Übertragungseigenschaften von der Quelle zu diesem Punkt an,
wenn als Quelle ein Einheitsdipol verwendet wird.

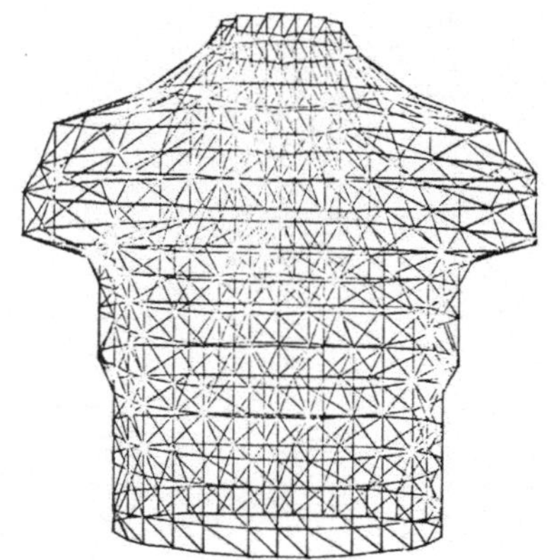

Abb. 4. Thoraxoberfläche, aufgeteilt in trianguläre Flächenelemente

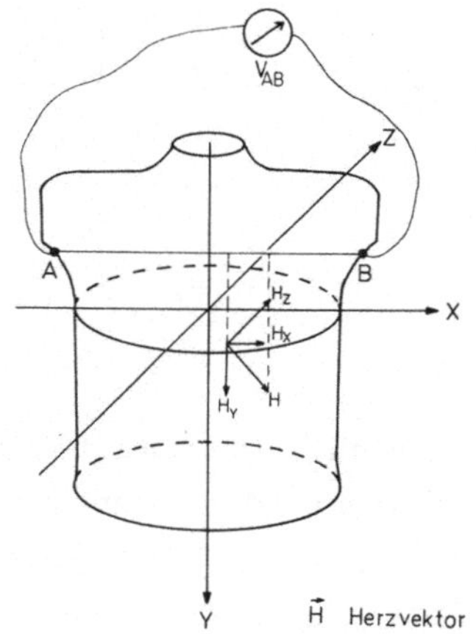

$$V_{AB}(t) = \vec{H}(t) \cdot \vec{L}_{AB}$$

$$V_{AB}(t) = H_X(t) \cdot L_{XAB} + H_Y(t) \cdot L_{YAB} + H_Z(t) \cdot L_{ZAB}$$

Abb. 5. Bestimmung von Potentialdifferenzen als Skalarprodukt aus Herzvektor $\vec{H}$ und Ableitungsvektor $\vec{L}$

4.0 Simulationsergebnisse

Die nächste Abbildung (Abb. 6) zeigt einen Zylinder, aufgeteilt in
Schichten und Sektoren. Wir nehmen einen Dipol zentral im Zylinder
mit den Komponenten Hx, Hy, Hz und die beiden Meßpunkte AB an.

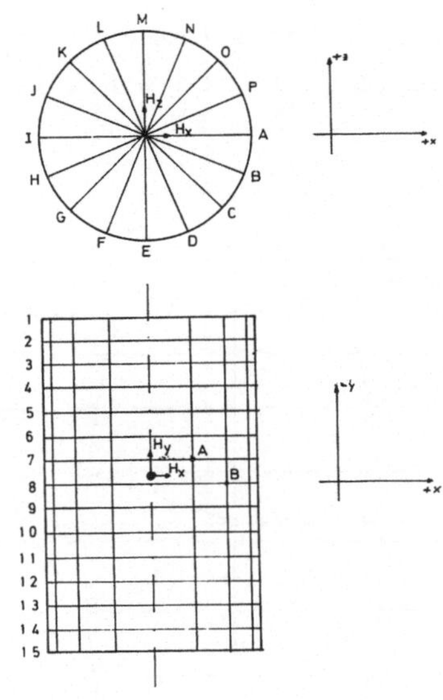

Abb. 6. Zylinder mit zentralem Einheitsdipol

Abb. 7 zeigt die Frontalansicht der elektrischen "Abbildungsoberfläche"
dieses Zylinders. Diese Abbildungsoberfläche ist diejenige Fläche, die
die Spitzen aller Ableitungsvektoren verbindet, d.h. die Verbindungs-
fläche derjenigen Potentialwerte, die sich auf der Zylinderoberfläche
einstellen. An den Koordinaten stehen jetzt nicht mehr geometrische,
sondern elektrische Werte, z.B. elektrische Spannungen. Die horizontalen Linien entsprechen dabei den geometrischen Schichtlinien der vorigen Abbildung. Die vertikalen Linien geben die Potentialwerte auf
den Sektorlinien wieder. Man sieht in diesem Bild nicht nur, wie das
Potential in der Nähe des Dipolzentrums am größten ist, z.B. Koordi-
nate X, sondern wie auch die Potenialdifferenzen zwischen den Schich-

ten nach oben und unten hin abnehmen, weil auch der Potentialgradient
(die elektrische Feldstärke) mit zunehmender Entfernung vom Dipol-
zentrum abnimmt. Aus der im Zusammenhang mit dem Thoraxbild gezeigten Gleichung für die Potentialdifferenz zwischen zwei Punkten als
Skalarprodukt,zwischen Herzvektor und Ableitungsvektor, kann man auch
ersehen, daß auf diesem Zylinder z.B. die Potentialdifferenz zwischen
A und B verschwinden würde, wenn der Dipol keine Komponente in Y-Rich-
tung hätte. Andererseits werden die horizontalen Linien zu den dem
Elektrotechniker vertrauten kreisförmigen Äquipotentiallinien, wenn
die Komponenten der Quelle in X- und Z-Richtung verschwinden.

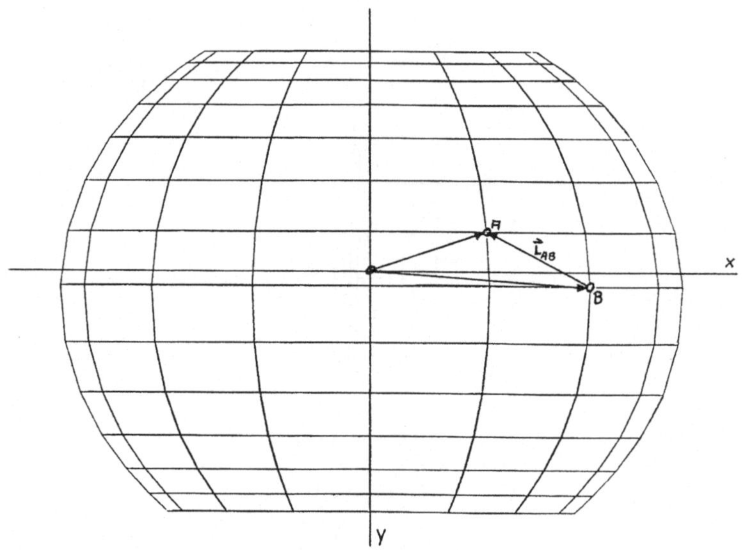

Abb. 7. Abbildungsoberfläche eines Zylinders
Frontal-Ansicht

Die nächste Abbildung (Abb. 8) zeigt schematisch den Thorax in Fron-
tal- und Horizontalansicht mit einem eingezeichneten Herzen. Die angegebenen Punkte sind Quellpunkte, für die die Übertragungseigenschaften an die Körperoberfläche berechnet worden sind. Beispielhaft
werden in den nächsten Abbildungen die Potentialwerte auf einzelnen

Schichtlinien für eine Quelle im Punkte 2 im rechten Ventrikel gezeigt.

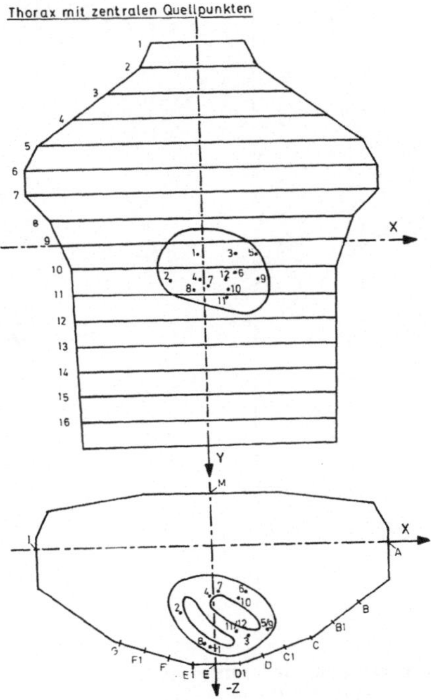

Abb. 8. *Thorax in Frontal- und Transversal-Ansicht mit Quell-*
       punkten

Abb. 9 zeigt in der Sagittalansicht den Potentialverlauf auf den Schichten 7, 8, 9 und 10. Man sieht, wie durch den im Thorax exzentrisch
gelegenen Dipol eine relative Potentialverstärkung nach vorne, auf
der Abb. links, entsteht, und wie außerdem die im anatomischen Raum
horizontalen Schichten im elektrischen Abbildungsraum vertikal verzerrt werden.

Abb. 10 zeigt wieder für den Quellpunkt 2 eine Draufsicht auf die in
den Schichten 7-11 herrschenden Potentialwerte. Die auf den geschlossenen Kurven angegebenen Buchstaben entsprechen den Buchstaben im anatomischen Raum. Wesentlich ist z.B., daß der im anatomischen Raum zentral vorne gelegene Punkt E für den in der rechten Thoraxhälfte liegenden Quellpunkt 2 nach links verschoben worden ist.

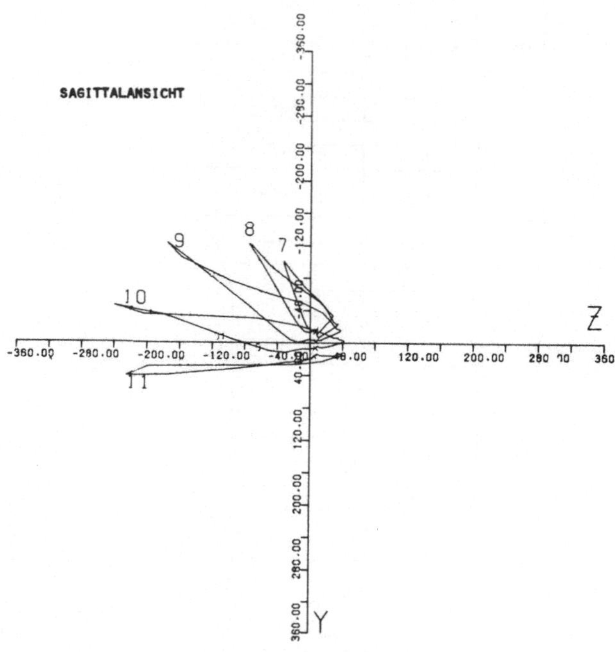

Abb. 9. Sagittal-Ansicht

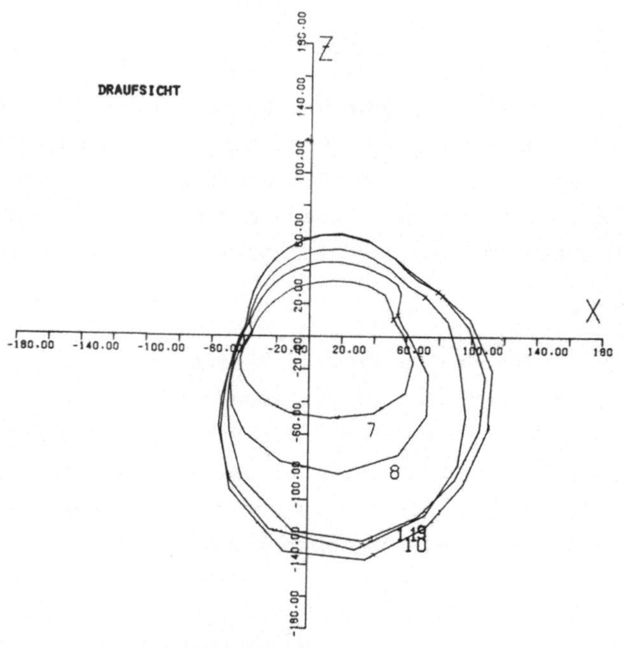

Abb.10. Horizontal-Ansicht

Die letzte Abbildung(Abb.11)zeigt eine dreidimensionale Projektion des gesamten elektrischen Abbildungsraumes für einen im Septum liegenden Quellpunkt in der Sagittalansicht.Man sieht die starke Ausbauchung nach vorne, d.h. die relative Potentialverstärkung gemessen am vorderen Thorax im Vergleich zu Potentialwerten, die auf der Rückseite gemessen werden können, sowie die vertikale Verschiebung der anatomisch horizontalen Linien 4, 5, 6. Vergleichen lassen sich diese Verzerrungen mit Brechungseffekten im optischen Bereich, die auch dort durch Inhomogenitäten des Ausbreitungsmediums hervorgerufen werden.

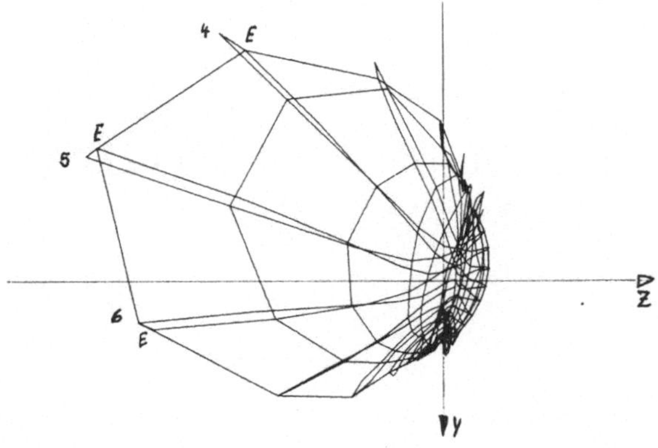

Abb. 11. Dreidimensional dargestellte Abbildungsoberfläche in Sagittal-Ansicht, Quellpunkt im Septum

5.0 Zusammenfassung und Diskussion

Die Elektrokardiodiagnostik hat als "inverse Lösung" elektrokardiographischer Fragestellungen ganz überwiegend eine empirische Basis. Beobachtungen von Erkrankungen des Herzens mit gleichzeitiger Erfassung des Elektrokardiogramms haben zu einer großen Zahl von "EKG-Diagnosen" geführt, die nur zu einem geringen Teil isoliert experimentell verifiziert werden konnten bzw. können.

Es ist das Ziel von Simulationsuntersuchungen,mit Quellen- und Übertragungskanalmodellen biophysikalisch begründbare Einflußparameter zu untersuchen und eines Tages in die praktische Elektrokardiodiagnostik einzubringen. Der Gewinn wird vor allem in einer weiteren Eingrenzung der Varianzen von EKG Parametern für spezifische diagnosti-

sche Gruppen sein, was letzten Endes zu einer Präzisierung der EKG-
Diagnostik führen kann.

Ein schwieriges Problem ist die Validierung der Modelle. Auch hier
sind experimentelle Verifikationen nur begrenzt möglich. Aber wenn,
wie durch das Herzmodell z.B. verifizierte Störungen der Erregungs-
ausbreitung simulierbar werden oder wenn, wie bei dem Thoraxmodell,
an einfachen, analytisch leicht faßbaren Körpern die Funktion des
Verfahrens systematisch getestet werden kann, so kann man erwarten,
daß Simulationsergebnisse etwa über den Einfluß der Thoraxinhomogeni-
täten auf Berechnungen und Verzerrungen des Herzfeldes interessante
Aufschlüsse ergeben. Z.B. die "Abbildung" der elektrischen Aktivität
bestimmter Herzbezirke, optimale Elektrodenlokalisation usw.

Es muß betont werden, daß wir bisher erst am Anfang breiter anzulegen-
der systematischer Untersuchungen stehen.

Literatur

1. BARNARD, A.C. et. al: The application of electromagnetic theory
   to electrocardiology. I. Derivation of the integral equations.
   Biophys. J.7: 443-62, 1967. The application of electromagnetic
   theory to electrocardiology. II. Numerical solution of the integral equations. Biophys. J. 7: 463-491, 1967.
2. BARR, R.C.: Determining surface potentials from current dipoles,
   with application to electrocardiography. IEEE (Inst.Elec.Electron.
   Eng.) Trans.Bio.Med.Eng. BME-13,88-92,1966.
3. BURGER, H.C., van MILAAN, J.B.: Heart-Vector and Leads I. Brit.
   Heart J., Vol. 8: 157-161, 1946. Heart-Vector and Leads Part II.
   Brit.Heart J., Vol. 9: 154-160, 1947.
4. FRANK, E.: The image surface of a homogeneous torso. American
   Heart Journal, 47: 757 ff., 1954.
5. HORACEK, M.: Numerical model of an inhomogeneous human torso.In:
   Advances in Cardiology Nr. 10. Body Surface Mapping of Cardiac
   Fields (eds.S.Rush,E.Lepeschkin),Karger-Verlag,51 ff.,1974
6. WEIDMANN, S.: Elektrophysiologie der Herzmuskelfaser. Sammlung
   Innere Medizin und ihre Grenzgebiete, Band IX. Medizinischer
   Verlag Hans Huber, Bern und Stuttgart, 1956.
7. ZYWIETZ, Chr., J.KEÖNCH-RAKNOY und J. LUDEWIG: Computermodelle für
   die Entstehung des elektrischen Feldes im menschlichen Herzen.
   Verh.Dtsch.Ges.Kreislaufforschung 40, 378-380,1974.
8. ZYWIETZ, Chr.: Das EKG-System an der Medizinischen Hochschule
   Hannover und Möglichkeiten eines wirtschaftlichen Einsatzes der
   computer-gestützten EKG-Auswertung. Symposium Datenverarbeitung
   im Gesundheitswesen, München, Oktober 1975.

Simulation des biomechanischen Verhaltens von Sehnen

Chr. Hartung, M. Zech

Einleitung und Problemstellung

Viele Probleme in der medizinischen Forschung und Klinik lassen sich
nur mit einer detaillierten Kenntnis des Stoffverhaltens biologischer
Gewebe lösen. Es ist u.a. die Aufgabe des in der Biomedizinischen
Technik tätigen Ingenieurs, dem Mediziner bei seiner Suche nach geeigneten Materialien für Prothesen und Implantate durch Anwendung moder-
ner Methoden des Materialprüfungswesens sowie der Kenntnis der Werk-
stoffmechanik zu helfen. Diesen Bemühungen müssen Untersuchungen prin-
zipieller Art am Gewebe des zu ersetzenden Organ- bzw. Körperteils
vorangehen, weil nur dann die wichtigen Forderungen, nämlich Kompatibilität und richtige Funktion in mechanischer und rheologischer
Hinsicht, optimal erfüllt werden können. In einer früheren Studie haben wir das Festigkeitsverhalten und die rheologischen Eigenschaften
der Sehnenfäden (Chordae tendineae) des menschlichen Herzens, die
wichtige biomechanische Funktionen übernehmen, mit einer elektronischen Zugprüfmaschine getestet (1). Die vorliegenden Untersuchungen
sollen zeigen, daß sich diese biomechanischen Phänomene mit einem
nichtlinear viskoelastischen Werkstoffmodell reproduzieren lassen und
mit Hilfe eines Analogrechners simuliert werden können.

Sehnenrheologie

Die Chordae tendineae sind die Sehnenfäden des Herzens. Sie entsprin-
gen an den Papillarmuskeln, z.T. direkt am Myocard der Pars muscula-
ris des Septum interventriculare und setzen an den Rändern der Segel-
klappen an. Während der cardialen Zyklen sind sie mechanischen Dauer-
beanspruchungen im Zugschwellbereich von wechselnder Art und Stärke
ausgesetzt. Um die mechanischen Eigenschaften der Sehnenfäden des Herzens experimentell zu ermitteln, haben wir Methoden aus dem technischen Materialprüfungswesen angewandt. Bei Sektionen haben wir die
Chordae tendineae herausgeschnitten und unmittelbar anschließend un-

tersucht. Die Leichen wurden durchschnittlich 24 bis 40 Stunden nach
dem Tode seziert, nachdem sie in Kühlräumen aufbewahrt worden waren.
Wesentliche postmortale Änderungen der Gewebsmechanik dürften nicht
eingetreten sein.

In der Abb. 1 haben wir das Kraft-Zeit-Diagramm einer Chorda tendinea
zur Mitralklappe unter bereichsweise konstanter Dehnungsgeschwindig-
keit registriert. Bei konstanter Zunahme der Längenänderung ist der
Kraft-Zeit-Verlauf exponentiell ansteigend und weist einen überlinearen Anfangsbereich auf, der in einen steilen, quasilinearen Bereich
übergeht. Hier entspricht also eine geringe Längenzunahme bzw. ein
kleines Zeitintervall einem erheblichen Kraftzuwachs. Umgekehrt ergibt sich in diesem Bereich aus einem erheblichen Kraftzuwachs lediglich eine geringfügige Zunahme der Sehnenlänge. Nachdem eine Kraft
von 0,6 kp erreicht worden war, wurde die Länge und damit die Deh-
nung konstant gehalten,und ein Kraftabfall als Funktion der Zeit beobachtet, der zunächst stark und allmählich schwächer wurde. Diese
Relaxation genannte Erscheinung haben wir dann durch eine plötzliche Entlastung bis auf etwa 0,17 kp unterbrochen und die diesem Last-
niveau entsprechende Länge wiederum konstant gehalten. Es erfolgte
ein Kraftanstieg in Form einer monotonen, zur Abszisse konkaven Kennlinie. Diese Erscheinung heißt Erholung. Weitere experimentelle Ergebnisse zur Sehnen-Rheologie sind im Abschnitt 4 dargestellt bzw.
können der Literatur (1) entnommen werden.

In dieser Arbeit soll gezeigt werden, daß die beobachteten Phänomene
in einem Werkstoffmodell beschrieben und mit einem Analogrechner simuliert werden können.

<u>Modell</u>

Da die von uns an den Chordae tendineae beobachteten rheologischen
Phänomene denen viskoelastischer Werkstoffe ähneln, lag es nahe,bei
der Formulierung konstitutiver Gleichungen auf die bewährte Methodik zurückzugreifen, das Zugverhalten dieser Gewebeeinheiten durch
diskrete, lineare Feder-Dämpftopf-Systeme darzustellen (2).

Werden HOOK'sche Federn und NEWTON'sche Dämpftöpfe durch Parallel-
und Reihenschaltung zu größeren Gebilden zusammengefaßt, so zeigt es

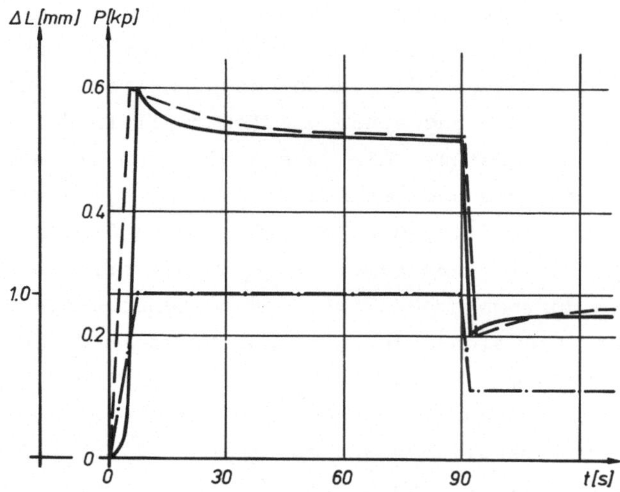

Abb. 1. Kraft-Zeit-Verhalten einer Chorda tendinea. In zeitlicher
Reihenfolge: Belastung, Relaxation, Entlastung und Erholung

—·—·—   Eingangssignal ΔL= ΔL(t)
————————   Ausgangssignal   P= P(t) } *Versuch*
— — — —   Approximation mit Hilfe eines POYNTING-THOMSON
Modells, p_1=20s, $q_1$0900 p/mm, q_1=21000 ps/mm

sich, daß jedes solcher Modelle auf zwei rheologisch äquivalente Mo-
delle zurückgeführt werden kann, nämlich auf das verallgemeinerte
KELVIN- bzw. MAXWELL-Modell. Beide Modelle gehorchen bekanntlich der
Dgl.:

$$P+p_1\dot{P}+p_2\ddot{P}+ \cdots =q_0X+q_1\dot{X}+q_2\ddot{X}+\cdots$$

Zwar konnten wir mit diesen verallgemeinerten Modellen das Relaxa-
tionsverhalten der Chordae tendineae beliebig und das Erholungsver-
halten innerhalb gewisser Beanspruchungsgrenzen hinreichend genau
beschreiben, jedoch zeigte es sich, daß keines dieser Modelle den
überlinearen Kraftanstieg unter Belastung mit konstanter Dehnungs-
geschwindigkeit erklärten konnte. Angesichts dieses Mangels linear
viskoelastischer Modelle, dieses Verhalten zu beschreiben, sind wir
auf die Formulierung nichtlinearer viskoelastischer Modelle ausge-
wichen und sind dabei einen Weg gegangen, der nicht rein empirisch
zu einer Phänomenologie auf makroskopischem Niveau führt, sondern
sich auf mikroskopische Untersuchungen an Sehnen stützt und damit
auch biophysikalisch anschaulich ist. Zu diesem Zweck ist es not-

wendig, Näheres über den mikroskopischen Aufbau von Sehnen zu wissen:
Sehnen bestehen aus Zellen und Interzellularsubstanz. Es gibt orts-
ansässige und freie Zellen, die Versorgungsfunktionen haben, aber
biomechanisch ohne Bedeutung sind. Die Interzellularsubstanz besteht
aus Fasern und Grundsubstanz. Die Fasern wiederum differenzieren sich
in kollagene, elastische und retikuläre Fasern. 90% des Sehnenquer-
schnittes besteht aus kollagenen Fasern und etwa 8% aus elastischen
Fasern. Durch die kollagenen Fasern wird im wesentlichen das mechanische Verhalten der Sehne bestimmt. Sie bestehen aus Fibrillen von
0,2-0,5 μm Dicke, die sich ihrerseits aus Mikro- und diese aus Pro-
tofibrillen zusammensetzen. Letztere sind Bündel von Polypeptidket-
ten. Vom prinzipiellen Aufbau her gesehen kann die Sehne durchaus
mit einem Stahlseil verglichen werden, deren kollagene Fasern den
Drähten und deren Faszikel den Litzen des Seiles entsprechen. Die
Verdrillung der Sehne ist allerdings gering.

Von besonderer biomechanischer Bedeutung ist die Welligkeit der kollagenen Fasern in der Sehne, wenn sich diese im Ruhezustand befindet
oder unbeansprucht ist. Diese Welligkeit tritt nicht nur bei Untersuchungen in vitro auf, sondern ist auch in vivo festzustellen, obwohl die Sehne in situ stets unter einer gewissen Vorspannung (Ruhe-
tonus) steht. Mit wachsender Zugbeanspruchung werden die kollagenen
Fasern entwellt und gehen in eine parallelsträhnige Anordnung über.

Stark idealisierend, lassen sich also zwei histostrukturell bedingte
Zustände unterscheiden: Ein überlineares Kraft-Längenänderungs-Ver-
halten, das durch die Entwellung bzw. Wellung kollagener Fasern bei
Be- bzw. Entlastung verursacht wird, und ein quasilineares, das der
parallelsträhnigen Histostruktur der Sehnenfasern entspricht.

Die Streckung der kollagenen Fasern tritt jedoch nicht gleichzeitig
auf, sondern erfolgt im wesentlichen in Abhängigkeit von ihrer Ausgangslänge und der Längenänderung, die sie erfahren. D.h. stark ge-
wellte Fasern werden erst bei größeren Dehnungen in den gestreckten
Zustand übergehen und später zur Erhöhung des Deformationswiderstan-
des unter wachsender Zugbeanspruchung beitragen als schwächer ge-
wellte. Es liegt daher nahe, diesen Vorgang mit Hilfe einer von der
Längenänderung x abhängigen Funktion $\phi(x)$ zu beschreiben, die um
einen Mittelwert verteilt ist. Es sind dann

$\phi(x)$ die Verteilungsdichte der anspringenden Fasern,

$\phi(x)\,dx$ die Menge der bei einer Längenänderung x
anspringenden Fasern bezogen auf die Gesamtfaserzahl und

$\Phi(x) = \int\limits_{0}^{x} \phi(x)\,dx$ die Menge der bei einer Längenänderung

x angesprungenen Fasern bezogen auf die Gesamtfaserzahl.

Sehen wir zunächst von den bereits erwähnten Schwierigkeiten ab, das
überlineare Kraft-Zeit-Verhalten unter Belastung und das Erholungs-
verhalten nach Entlastung nur innerhalb gewisser Beanspruchungsgrenzen mit Feder-Dämpftopf-Modellen erfassen zu können, so ergeben sich,
wie Abb. 1 zeigt, aus einem linearen POYNTING-THOMSON Modell bereits
brauchbare Approximationen.

Ein lineares POYNTING-THOMSON Modell wird bekanntlich durch die Beziehungen

(1) $$P_1 = c_1 x$$

(2) $$P_2 = \frac{\eta_2}{c_2}\, P_2 = \eta_2 \dot{x}$$

(3) $$P = P_1 + P_2$$

beschrieben. Diese können auch zu einer Dgl.

$$P + p_1 \dot{P} = q_0 x + q_1 \dot{x}$$

(4)   mit $$p_1 = \frac{\eta_2}{c_2} \quad , \quad q_0 = c_1 \quad \text{und} \quad q_1 = \eta_2 \left(1 + \frac{c_1}{c_2}\right)$$

zusammengefaßt werden, jedoch ist es im Hinblick auf die analoge Darstellung einfacher, das Gleichungssystem (1) bis (3) als Ausgangspunkt unserer Betrachtungen zu wählen.

Es ist nun möglich, ein Modell für Sehnenfäden zu entwickeln, wenn
wir jeder kollagenen Faser ein infinitesimales POYNTING-THOMSON System mit gleichen Materialgrößen zuordnen und davon ausgehen, daß
jede kollagene Faser vom Anfang an bis zum Ende des Sehnenprüflings
parallel geschaltet ist, eine Annahme, die histologisch bestätigt
wurde. Da sich n solcher parallelgeschalteten Modelle wie ein solches mit Materialkonstanten n-fachen Betrages verhalten und die Anzahl der anspringenden Sehnenfasern bzw. parallelgeschalteter Modelle von der Längenänderung abhängig ist, sind auch die die Mate-
rialeigenschaften des Gesamtmodells kennzeichnenden Größen

(5-7) $\qquad c_1(x) = \overline{c}_1 \Phi(x), \quad c_2(x) = \overline{c}_2 \Phi(x), \quad \eta_2(x) = \overline{\eta}_2 \Phi(x)$

von der Längenänderung abhängig und müssen in den konstitutiven Gleichungen (1) bis (3) als solche berücksichtigt werden. Hierbei hilft
eine getrennte Betrachtung von HOOK'scher Feder (1) und MAXWELL Modell (2).

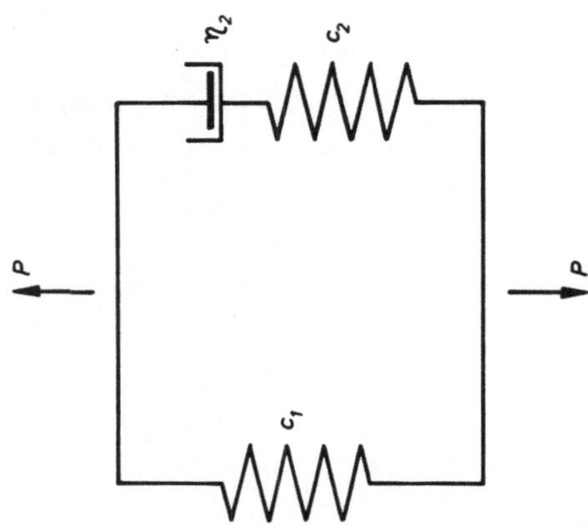

Abb. 2. Lineares POYNTING-THOMSON Modell

Für die Feder gilt dann bei einer differentiellen Längenänderung:

(8) $\qquad dP_1 = c_1(x)\,dx = \overline{c}_1 \Phi(x)\,dx$

Durch Integration gewinnen wir den elastischen Anteil

(9) $\qquad P_1 = c_1 \int\limits_{0}^{x} \Phi(x)\,dx$

an der Gesamtkraft P, also jenen Anteil, der sich nach unendlich
langer Relaxation unter konstanter Längenänderung einstellt. Die
dehnungsabhängigen Werkstoffgrößen lassen sich in das MAXWELL Modell
einführen, wenn wir die Gleichung (2) entsprechende Beziehung für
die bei einer Längenänderung x anspringenden Fasern betrachten:

(10) $\qquad dP_2 + P_1(dP_2) = \overline{\eta}_2 \phi(x)\,dx \cdot \dot{x}$

(10) gibt den differentiellen Teil der Kraft an, den die bei einer Längenänderung x anspringenden Fasern zur Kraft P_2 beitragen. $\bar{\eta}_2 \cdot \phi(x) \cdot dx$ ist die Viskosität der dann anspringenden Fasern. Die Zeitkonstante des Gesamtsystems $p_1 = \bar{\eta}_2 \Phi(x) / [c_2 \cdot \Phi(x)]$ ist dehnungsunabhängig. Integrieren wir, so ergibt sich:

$$(11) \qquad P_2 + p_1 \dot{P}_2 = \bar{\eta}_2 \int_0^x \dot{x} \cdot \phi(x)\, dx$$

Ist die Längenänderungsgeschwindigkeit $\dot{x}$ in dem betrachteten Intervall konstant, so ergibt sich aus (11):

$$(12) \qquad P_2 + p_1 \dot{P}_2 = \bar{\eta}_2 \cdot \dot{x} \int_0^x \phi(x)\, dx = \bar{\eta}_2 \cdot \dot{x} \cdot \Phi(x)$$

Das nichtlineare viskoelastische Modell mit dehnungsabhängigen Parametern wird dann durch die konstitutiven Gleichungen (3), (9) und (12) beschrieben. In diesen muß nun noch eine Aussage über die Verteilungsdichte $\phi(x)$ der anspringenden Fasern gemacht werden. Unsere Untersuchungen scheinen zu bestätigen, daß hierfür die GAUSS'sche Normalverteilung eine hinreichend genaue Approximation ist,

$$(13) \qquad \phi(x') = \frac{1}{s\sqrt{2\pi}} \exp(-x'^2/2)$$

deren Integration bekanntlich

$$(14) \qquad \Phi(x') = \frac{2}{\sqrt{2\pi}} \int_{-\infty}^{x'} \exp(-x'^2/2)\, dx'$$

ergibt. Hierin bedeutet

$$(15) \qquad x' = (x - x_0)/s$$

die auf die Streuung s^2 bezogene Längenänderungs-Transformierte, wobei x_0 diejenige Längenänderung der Sehne ist, die vom Versuchsbeginn $x = 0$ bis zum Anspringen der meisten Fasern gemessen wird.

Bei der analogen Simulation dieses Modells konnte zwar so der überlineare Kraftanstieg erfaßt werden, jedoch zeigte es sich später, daß der Entwellungsvorgang nicht nur von der jeweiligen Längenänderung x sondern auch von den vorher der Sehne zugefügten Längenänderungen abhängig war. Dazu sei folgender einfacher Versuch beschrieben: Wird die Sehne um den Betrag x gedehnt und unmittelbar danach wieder auf ihre Ausgangslänge gebracht, so hängt der Prüfling zunächst durch und erreicht erst nach einer gewissen Erholungszeit wieder seine Ausgangslänge. Also tritt die Wellung der Fasern bei Entlastung bei größeren Längenänderungen x auf als die Entwellung bei Belastung. Folglich wird dieser Vorgang nicht nur von der Längenänderung abhängen, sondern von der Deformationsgeschichte beeinflußt, und müßte dann durch die Verteilungsdichte $\phi(x,\dot{x},t)$ berücksichtigt werden. Die einzelnen Abhängigkeiten sind aber unbekannt.

Um auch diese Einflüsse darstellen zu können, haben wir das oben beschriebene nichtlineare viskoelastische Modell mit einem modifizierten Eingangssignal x angesteuert. Diese Steuergröße ergibt sich aus der durch die Federsteifigkeit c_1 dividierten Ausgangskraft $\overline{P}$

$$(16) \qquad \overline{x} = \frac{\overline{P}(x,\dot{x},t)}{\overline{c}_1}$$

eines vorgeschalteten POYNTING-THOMSON Modells. Die sich ergebende Größe x steuert den Wellungsmechanismus der kollagenen Fasern und macht diesen zu einem Vorgang, der von der jeweiligen Längenänderung und der Längenänderungsgeschichte abhängt:

$$(17) \qquad \phi = \phi\left[\overline{x}(x,\dot{x},t)\right]$$

Simulation und Ergebnisse

Die Berechnung des Modells erfolgte auf einem DORNIER-Analogrechner, Typ 720. Die Simulation wurde mit dem durch die Gleichungen (3),(9), (12),(13),(14) und (15) beschriebenen Modell sowie der von der Deformationsgeschichte abhängigen Steuergröße $\overline{x}$ gemäß (16) unter Benutzung der in Abb. 3 dargestellten Schaltung durchgeführt. Die hierin gewählte Bezeichnungsweise der Rechenelemente folgt der von der Fa. DORNIER angegebenen Darstellung, die sich aus der Funktion und der geometrischen Anordnung der Rechenelemente ergibt.

Der Komplex A stellt ein durch die Gleichungen (1), (2) und (3) beschriebenes einfaches POYNTING-THOMSON Modell dar. Eingangsgröße ist + $\dot{x}$ oder - $\dot{x}$, dargestellt durch die Potentiometer 4 P01 oder 4 P02. Der Zweig 1 berechnet die Kraft P_1, der Zweig 2 die Kraft P_2 in der Gleichung (1) bzw. (2). $\overline{x}$ wird berechnet, indem die am Ausgang von 4 V07 gemessene Kraft $\overline{P}$ des einfachen POYNTING-THOMSON Modells am Potentiometer 2 P08 durch $\overline{c}_1$ dividiert wird. Ausgangsgröße des Funktionsgebers FG ist $\Phi(x)$. Mit x_o, entsprechend 2 P09, kann der Deformationsweg vom Beginn des Entwellungsvorganges bis zur Entwellung der meisten Fasern eingestellt werden. Der elastische Kraftanteil P_1 des Modells. ergibt sich aus (9),

$$(18) \qquad P_1 = \bar{c}_1 \int_0^t \Phi(\bar{x}) \cdot \dot{x} \ dt$$

indem $\Phi(x)$ mit $\pm \dot{x}$ = 1 P01, 2 P07 multipliziert und das Ergebnis integriert wird. Der Kraftanteil P_2 wird gemäß Gleichung (12) im Zweig 2 des Komplexes B über die Rückführung 1 P11 berechnet, 1 P11 gibt die Zeitkonstante, 1 P10 die Dämpfung an. Dann wird der Ausgangswert P (t) aufgezeichnet und mit den gemessenen Kraft-Zeit-Verläufen verglichen. Dabei werden Be- und Entlastungen durch Schließen der Schalter $a_{1,2}$ oder $b_{1,2}$ simuliert. Je nach vorliegender Beanspruchungsart haben wir zum Schließen der Relaisschalter verschiedene Steuerschaltungen verwendet (4).

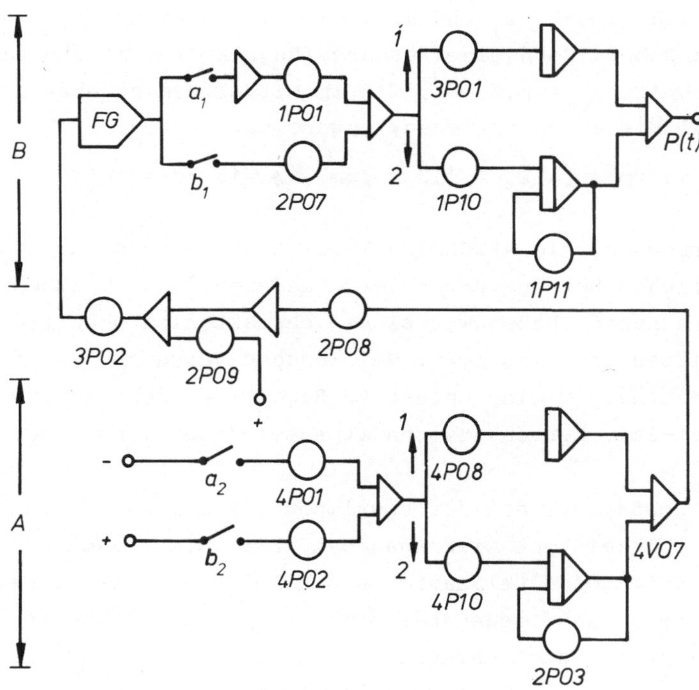

Abb. 3. *Rechenschaltung des nichtlinearen viskoelastischen 3-Parameter Modells*

Mit einer geeigneten Normierung konnten die in den Ergebnissen dargestellten Beanspruchungsfälle simuliert werden. Dabei wurde das Modell durch Potentiometerverstellungen derart an die gemessenen Kurven angepaßt, daß die Abweichung für alle Versuche im Mittel gering war. Die beste Anpassung ergaben die Modellkonstanten:

$$\overline{C}_1 = 1{,}7 \text{ kp/mm}, \quad \overline{C}_2 = 0{,}23 \text{ kp/mm}, \quad \overline{\eta}_2 = 2{,}3 \text{ kp} \cdot \text{s/mm}$$

Die Verteilungsfunktion wurde durch Simulation der überlinearen Kurvenverläufe in den Abb. 5 und 10 ermittelt. Es ergab sich eine Streuung $s^2 = 0{,}0144 \text{ mm}^2$, die auf dem Funktionsgeber FG und dem vorgeschalteten Potentiometer 3 P02 eingestellt wurde. Die Längenänderung x_o vom Versuchsbeginn bis zum Anspringen der meisten kollagenen Fasern ergab sich zu $x_o = 0{,}45 \text{ mm}$.

Die Elastizitätsmoduli $\overline{E}_1$ und $\overline{E}_2$ sowie die Viskosität $\overline{\vartheta}_2$ lassen sich ebenfalls angeben, wenn eine Ausgangslänge $L_o = 4 \text{ mm}$ und ein Ausgangsquerschnitt $A_o = 0{,}5 \text{ mm}^2$, die im Mittel den gegebenen anatomischen Verhältnissen entsprechen, angenommen werden:

$$\overline{E}_1 = 14 \text{ kp/mm}^2, \quad \overline{E}_2 = 1{,}8 \text{ kp/mm}^2, \quad \overline{\vartheta} = 18 \text{ kp} \cdot \text{s/mm}^2$$

Von den Versuchen, die ARNOLD/HARTUNG(1) an den Chordae tendineae des menschlichen Herzens unter verschiedenen Belastungsbedingungen durchgeführt haben, haben wir sieben charakteristische Ergebnisse herausgegriffen und simuliert. Bei manchen Versuchen wurde der Übersichtlichkeit halber eine selektive Registriertechnik verwandt, bei der die Last-Zeit-Kurven ausschnittweise aufgezeichnet wurden.

Die Abb. 4 bestätigt, daß der überlineare Kraftanstieg unter konstanter Geschwindigkeit gut wiedergegeben wird. Nicht ganz so gut lassen sich die nachfolgende Relaxation und Erholung erfassen. Der anfänglich steilere Verlauf gegenüber dem Modell, der schneller als bei diesem abklingt, deutet darauf hin, daß Relaxation und Erholung sich nicht durch nur eine einzige Zeitkonstante $p_1 = 10 \text{ sec}$, sondern nur mit Hilfe mehrerer großer und kleiner Zeitkonstanten darstellen lassen.

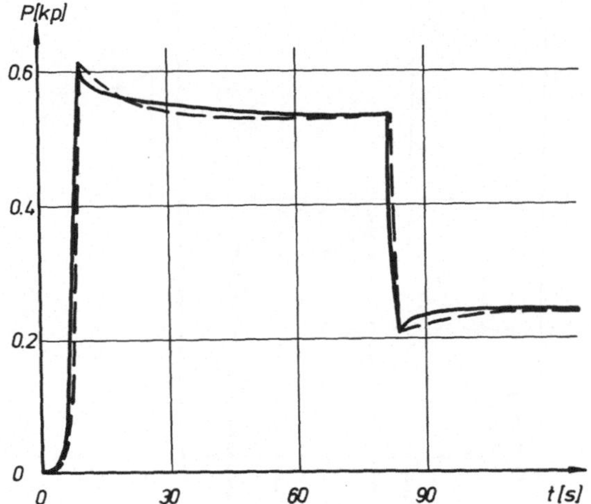

Abb. 4. Kraft-Zeit-Verhalten einer Chorda tendinea (————————)
und Simulation mit dem nichtlinearen 3-Parameter Modell.
(—— —— ——).In zeitlicher Reihenfolge: Belastung, Re-
laxation, Entlastung und Erholung. Längenänderungsge-
schwindigkeiten: $v_{\Delta L}$ *= + 0.117, 0, -0.117, 0 [mm/s]*

Abb. 5 zeigt, daß die Relaxationshöhe mit der Lasthöhe wächst. Dieser Zusammenhang ist jedoch nichtlinear. Die Relaxationshöhe strebt,
wie wegen $\Phi(\bar{x}) \longrightarrow 1$ an Hand eines einfachen POYNTING-THOMSON Modells
nachgewiesen werden kann, einem Grenzwert entgegen, sofern die Sehne
nicht vorher reißt. Die Ungenauigkeit bei vollständiger Entlastung
ist rechnerbedingt.

In der Abb. 6 ist das Sehnenverhalten im Zugschwellbereich dargestellt. Versuch und Modell zeigen hier übereinstimmend, daß der überlineare Anfangsbereich mit wachsender Vorspannung aufgrund des Ent-
wellungsmechanismus kollagener Fasern verschwindet. Das Modell weist
jedoch gegenüber dem Versuch eine Zeitverschiebung nach rechts auf.

Sehnen zeigen nur geringe Hysterese (Abb. 7). Thermodynamisch gesehen
sind sie als quasi-reversibel zu bezeichnen und daher biorheologisch
viskoelastischen Medien mit vornehmlich elastischen Eigenschaften zuzuordnen. Sieht man von der bereits in Abb. 5 gezeigten und in die-

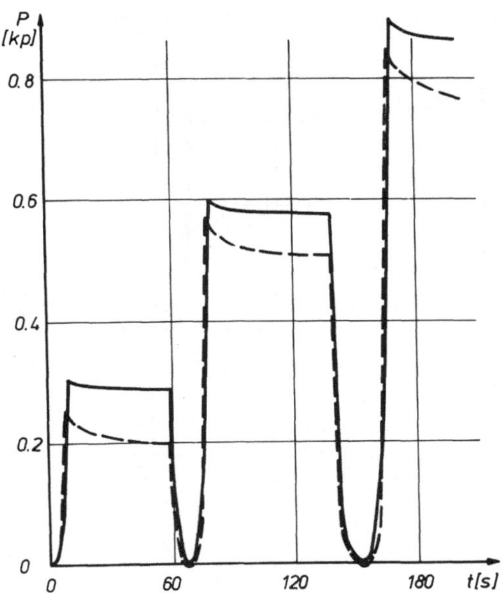

Abb. 5. Kraft-Zeit-Verhalten einer Chorda tendinea (⸺⸺⸺) und Simulation mit dem nichtlinearen 3-Parameter Modell (⸺ ⸺ ⸺). In zeitlicher Reihenfolge: Belastung, Relaxation und Entlastung, zyklisch gesteigert. Längenänderungsgeschwindigkeiten: $v_{\Delta L}=+0.1,\ 0,\ -0.1$ [mm/s] zyklisch

sem Zusammenhang erwähnten Schwierigkeit ab, das Verhalten nach vollständiger Entlastung richtig wiedergeben zu können, so konnten wir auch hier das Hystereseverhalten richtig nachbilden. Schwierigkeiten entstanden erst bei mehrfacher Umfahrung der Hystereseschleifen,weil sich dann wieder der in Abb. 6 gezeigte Einfluß der Zeitverschiebung bei der Simulation in der Phasenebene bemerkbar machte.

Grob gesehen erfaßt das beschriebene Modell das biomechanische Verhalten der Chordae tendineae gut. Im Hinblick auf die erwähnten Ungenauigkeiten erschien es uns jedoch wünschenswert, dieses Modell so zu erweitern, daß auch der multiexponentielle Verlauf von Relaxation und Erholung simuliert werden konnte. Wir haben daher das 3-Parameter Modell sukzessive durch Parallelschaltung von MAXWELL-Modellen auf ein 7-Parameter Modell erweitert, diesen Prozeß jedoch dann abgebrochen, weil die Hinzunahme weiterer Parameter keine wesentliche Genauigkeitssteigerung mehr erbrachte.

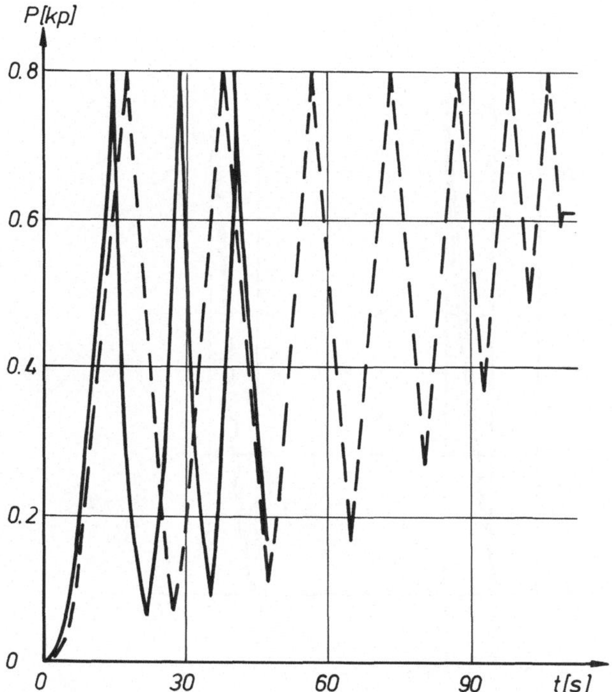

Abb. 6. Kraft-Zeit-Verhalten einer Chorda tendinea (————————)
und Simulation mit dem nichtlinearen 3-Parameter Modell
(—— —— ——). Zyklische Beanspruchungen im Zugschwell-
bereich mit ansteigendem unteren Kraftniveau. Längenän-
derungsgeschwindigkeiten: $V_{\Delta L} = \pm\ 0.042\ [mm/s]$

Die dieses erweiterte Modell beschreibenden Gleichungen lassen sich
vollkommen entsprechend entwickeln und lauten:

$$(19) \qquad P_1 = \int_0^X \overline{c}_1 \Phi(\overline{x})\,dx$$

$$(20) \qquad P_2 + P_1 \dot{P}_2 = \overline{\eta}_2 \cdot \Phi(\overline{x}) \cdot \dot{x}$$

$$(21) \qquad P_3 + P_2 \dot{P}_3 = \overline{\eta}_3 \cdot \Phi(\overline{x}) \cdot \dot{x}$$

$$(22) \qquad P_4 + P_3 \dot{P}_4 = \overline{\eta}_4 \cdot \Phi(\overline{x}) \cdot \dot{x}$$

$$(23) \qquad P = P_1 + P_2 + P_3 + P_4$$

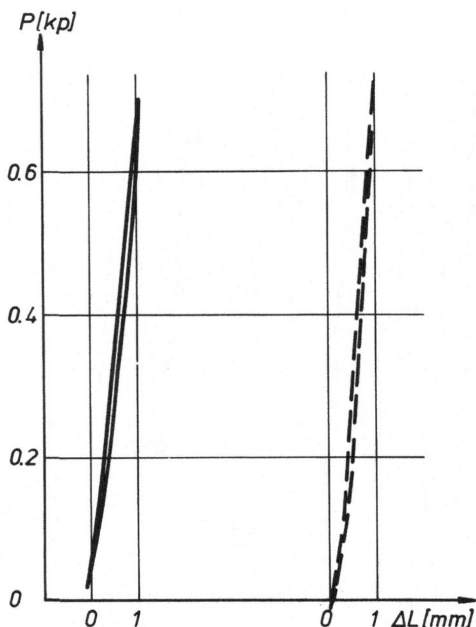

Abb. 7. Hystereseverhalten einer Chorda tendinea (links) und
Simulation mit dem nichtlinearen 3-Parameter Modell
(rechts). Längenänderungsgeschwindigkeiten:
$v_{\Delta L}^0 \pm 0.5$ *[mm/s]*

Die Darstellung des Modells auf dem Analogrechner erfolgte in Anlehnung an die in Abb. 3 gezeigte Schaltung des 3-Parameter Modells.
Die Anpassung des Modells an die Meßkurven wurde auch hier so vorgenommen, daß die Übereinstimmung zwischen beiden im Mittel möglichst
gut war.

Die Modellkonstanten ergaben sich zu:

$$\overline{c}_1 = 1{,}70 \ \text{kp/mm}$$
$$\overline{c}_2 = 0{,}07 \ \text{kp/mm} \qquad\qquad \overline{\eta}_2 = 0{,}03 \ \text{kp·s/mm}$$
$$\overline{c}_3 = 0{,}18 \ \text{kp/mm} \qquad\qquad \overline{\eta}_3 = 0{,}76 \ \text{kp·s/mm}$$
$$\overline{c}_4 = 0{,}11 \ \text{kp/mm} \qquad\qquad \overline{\eta}_4 = 7{,}37 \ \text{kp·s/mm}$$

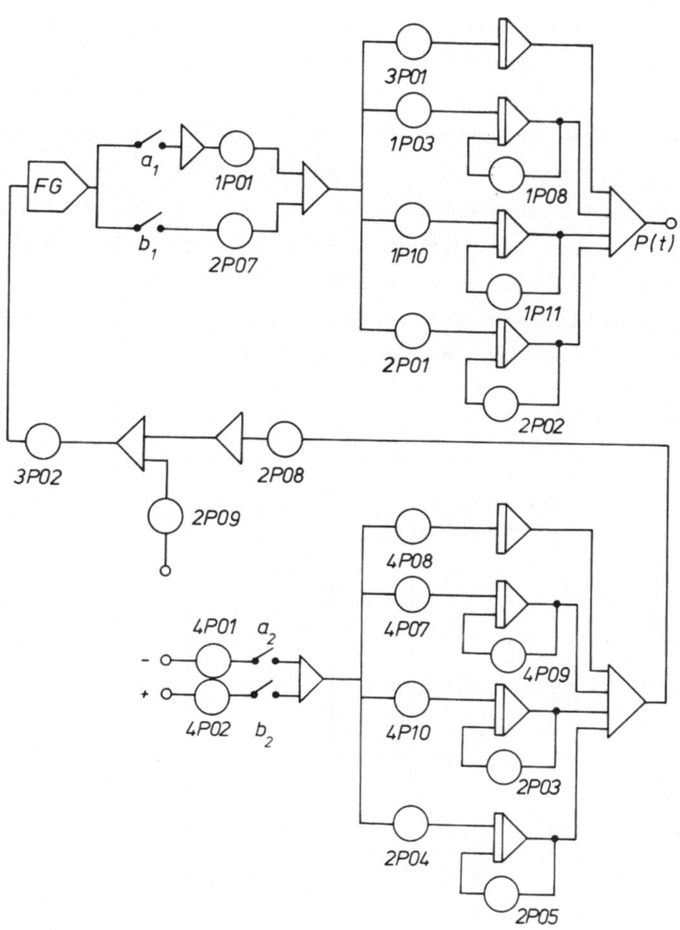

*Abb. 8. Rechenschaltung des nichtlinearen viskoelastischen
7-Parameter Modells*

Die Zeitkonstanten lauten dann:

$$p_1 = 0,43 \text{ s}, \quad p_2 = 4,22 \text{ s}, \quad p_3 = 67,0 \text{ s}.$$

Die Parameter der Verteilungsfunktion, x_o und s^2, änderten sich
nicht. Elastizitätsmoduli und Viskositäten ergaben sich auch hier
durch Multiplikation der Modellkonstanten $\bar{c}_i$ und $\bar{\eta}_i$ mit dem angenommenen Verhältnis der ursprünglichen anatomischen Abmessungen $L_o/A_o =$
8 mm^{-1}. Die so gefundenen Modellparameter haben wir dann digital auf
einer IBM 360/67 kontrolliert. Hierbei gebrauchten wir ein nicht-

lineares Regressionsverfahren. Diese Analyse ergab eine gute Übereinstimmung mit den analog gefundenen Werten.

In den Abb. 9-10 sind beispielhaft die Simulationsergebnisse mit dem
nichtlinearen 7-Parameter Modell dargestellt. Auch in allen anderen,
hier nicht dargestellten Fällen, konnten wir die Meßkurven wesentlich besser nachbilden als mit dem nichtlinearen 3-Parameter Modell.
Die Abweichungen der Meßkurven aus dem Versuch von den Kurven, die
sich aus dem nichtlinearen 7-Parameter Modell ergaben, betrugen in
keinem Fall mehr als 4% der maximalen Kraft.

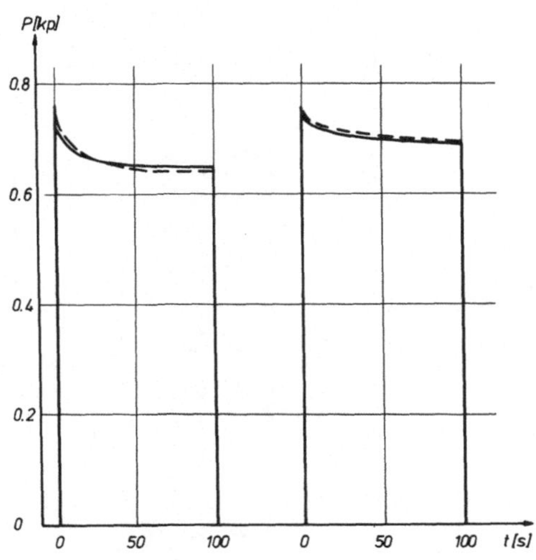

Abb. 9. *Kraft-Zeit-Verhalten einer Chorda tendinea (——————)
und Simulation mit dem nichtlinearen 7-Parameter Modell
(—— —— ——). In zeitlicher Reihenfolge: Belastung, Relaxation und Entlastung, zyklisch in selektiver Darstellung. Längenänderungsgeschwindigkeiten:* $v_{\Delta L}$ *= +0.5, 0, -0.5,
+0.016, 0, -0.016 [mm/s]*

Aus Abb. 9 ist ersichtlich, daß die Relaxationshöhe auch mit der Be-
lastungsgeschwindigkeit wächst. Die Beiträge der kleinen Zeitkonstanten zur Relaxationsfunktion wachsen stärker mit der Geschwindigkeit
als diejenigen der großen Zeitkonstanten. Dieser Vorgang wird vom
Modell nur erfaßt, da die Relaxationsfunktion von drei Zeitkonstanten beschrieben wird.

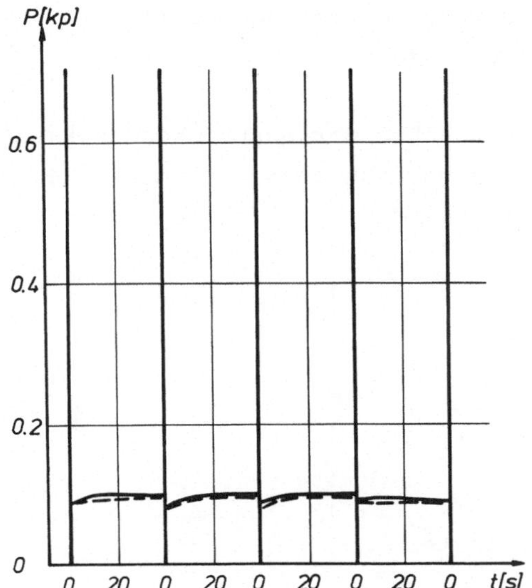

Abb. 10. *Kraft-Zeit-Verhalten einer Chorda tendinea (——————)*
und Simulation mit dem nichtlinearen 7-Parameter Modell
(—— —— ——). In zeitlicher Reihenfolge: Belastung,Teil-
entlastung, Erholung und Entlastung, zyklisch in selek-
tiver Darstellung. Längenänderungsgeschwindigkeiten unter
Belastung immer $v_{\Delta L}0$ +0.113 [mm/s], unter Entlastung zyk-
lisch abnehmend $v_{\Delta L}$= -0.13, -0.06, -0.025, -0.01 [mm/s]

In der Abb. 10 ist der sich mit der Entlastungsgeschwindigkeit än-
dernde Erholungsverlauf angegeben.

Bezeichnungen

t	Zeit
L_o	Ausgangslänge
A_o	Ausgangsquerschnitt
$x = \Delta L$	Längenänderung
$\dot{x} = v_{\Delta L}$	Längenänderungsgeschwindigkeit
x'	normierte, auf eine Streuung s^2 = 1 bezogene Längen- änderung
$\bar{x}$	normierte, von der Deformationsgeschichte abhängige Längenänderung zur Steuerung des Entwellungsvorganges kollagener Fasern

X_o — Längenänderung vom Versuchsbeginn bis zum Anspringen der meisten Fasern

s^2 — Streuung

ϕ — Verteilungsdichte der anspringenden Fasern

Φ — Menge der angesprungenen Fasern bezogen auf die Gesamtfaserzahl

P — Zugkraft

E_i — Elastizitätsmodul

ϑ_i — Viskosität

$c_i = E_i \dfrac{A_o}{L_o}$ — Federsteifigkeit

$\eta_i = \vartheta_i \dfrac{A_o}{L_o}$ — Viskosität A_o/L_o

p_i — Zeitkonstante

q_i — Modellparameter

$i = 1,2,3,\ldots$

<u>Literatur</u>

1. ARNOLD, G. und C.HARTUNG: Histomechanische Eigenschaften der Chordae tendineae des menschlichen Herzens, Biomed.Technik 17, 169-173 (1972).
2. STUART, H.A.: Physik der Hochpolymeren, Bd.4, Springer Verlag, Berlin, Göttingen, Heidelberg (1956).
3. ABRAHAMS, M.: Mechanical Behaviour of Tendon in Vitro, Med.& Biol. Engng. 5, 433-443 (1967).
4. ZECH, M.: Entwicklung von Modellen für das mechanische Verhalten von biologischen Materialien sowie deren Simulation auf dem Analogrechner, Diplomarbeit MHH/TUH, Hannover 1973.

Zellkinetische Systeme

Ein Multi–Compartmentment–Modell zur altersabhängigen Populationskinetik mit Anwendungen auf Wachstumsprobleme

U. Feldmann

1. Einleitung

In dieser Arbeit soll ein methodischer Ansatz zur mathematischen Darstellung der Populationskinetik vorgelegt werden. Das Ziel besteht
darin, vor allem solche Effekte mathematisch beschreiben zu können,
die auf der zeitlichen Entwicklung der Altersstruktur einer Population bzw. ihrer Teilpopulationen beruhen. Betrachtet man etwa das
Bevölkerungswachstum, so ist nicht nur die zeitliche Entwicklung der
Gesamtbevölkerungszahl, sondern vielmehr die zeitliche Entwicklung
der Altersstruktur dieser Bevölkerung von entscheidender Bedeutung.
Auch bei medizinisch-biologischen Anwendungen, insbesondere bei der
Analyse von Wachstumsvorgängen, werden Effekte beobachtet, die nur
über Altersabhängigkeiten erklärt werden können.

Ein für die Therapie von Tumoren wichtiger Effekt, ist der der Synchronisation. Es wird davon ausgegangen, daß in natürlichen Zellpopulationen eine spezifische Altersstruktur vorherrscht. Besonders
empfindlich auf physikalische Therapie reagieren solche Zellen, die
sich im Stadium der Mitose befinden. Durch bestimmte Synchronisations-
Therapie-Schemata (11) wird deshalb versucht, die natürliche Altersstruktur der Tumor-Zellen in der Weise zu verändern, daß zum Zeitpunkt der Haupttherapie ein möglichst großer mitotischer Zellanteil
besteht und somit letal geschädigt werden kann.

Ein mathematisches Modell zur Unterstützung einer solchen Therapie
kann als Fernziel angesehen werden, da die zur Verifikation eines
solchen Modells erforderlichen In-vivo-Messungen bisher nicht vorgenommen werden können. Ein erreichbares Ziel ist die mathematische
Interpretation solcher Wachstumsvorgänge, die in theoretischen In-
stituten der Humanmedizin experimentell untersucht werden. Syn-
chronisationsvorgänge, auf die hier beispielhaft eingegangen werden
soll, zeigen sich bei der Betrachtung des sogenannten Mitose-Indexes

und der sogenannten prozentualen markierten Mitosen (siehe auch 3
und 21).

Ein in der Medizin zu den Standardanwendungen zählender Spezialfall
der Populationskinetik ist die Pharmakokinetik. Hier wird das zeitliche Verhalten von Arzneimitteln in den einzelnen Verteilungsräumen
des menschlichen Organismus untersucht. Eine mathematische Betrachtungsweise für die Pharmakokinetik wurde von F.H.DOST 1953 begründet
und später zur Multi-Compartmenttheorie ausgebaut (6,18,26,7). Die
Einführung altersabhängiger Betrachtungsweisen gestattet die Interpretation von sogenannten Auswaschkurven in der Pharmakokinetik.Hier
wird die Arzneimittel- oder Tracer-Rezirkulation im menschlichen Organismus gemessen, wobei das Alter als Rezirkulationszeit interpretiert werden kann.

Die eben genannten Anwendungsbeispiele sollen die Notwendigkeit begründen, ein mathematisches Hilfsmittel zur funktionalen Beschreibung altersabhängiger Prozesse in der Populationskinetik auf der
Grundlage der Compartmenttheorie darzustellen.

2. Struktur des Ein-Compartmentmodells

Bei der Anwendung mathematischer Modelle auf medizinisch-biologische
Sachverhalte erweist es sich als nützlich, die Struktur des biologischen Geschehens unabhängig von ihrer funktionalen Beschreibung durch
mathematische Algorithmen darzustellen. Im folgenden betrachten wir
ein Strukturmodell, ein sogenanntes Ein-Compartmentmodell, das sowohl
die strukturelle Darstellung von geschlechtlicher und ungeschlecht-
licher Vermehrung, als auch von Diffusionsvorgängen gestatten soll
(Abb. 1).

Unter einer Population wird eine Gesamtheit von Individuen verstanden, die bei medizinischen Anwendungen kranke oder gesunde Menschen,
Tiere, Mikroorganismen, Zellen oder auch Arzneimittelmoleküle sein
können. Die Meßgröße für eine Population ist primär die Anzahl von
Individuen Y(t), die zur Zeit t die Population bilden. Dabei kann
Y(t) auch ein abgeleitetes Maß sein, wie etwa die Masse oder das Gewicht dieser Individuen.

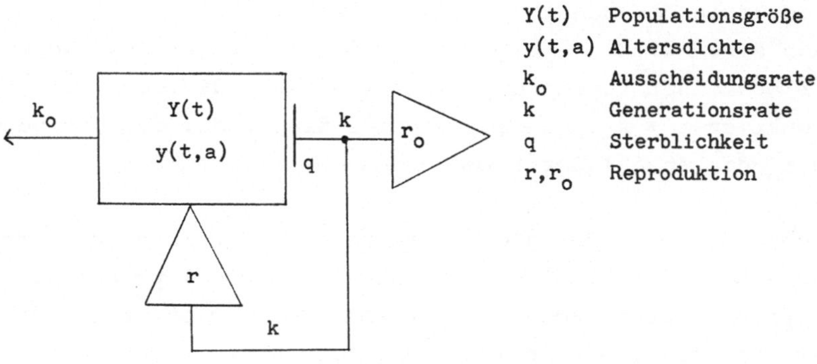

Abb. 1. Strukturmodell zur Populationskinetik

Die Abhängigkeit einer Population von irgendwelchen Einflüssen wird
im allgemeinen durch eine oder mehrere Zustandsgrößen gekennzeichnet.
Wir betrachten hier die Aufenthaltszeit a eines Individuums in der
Population, also im übertragenen Sinne das Alter des Individuums, als
stetige Zustandsgröße und bezeichnen mit y(t,a) die Altersdichte-
Funktion der Population zur Zeit t.

y(t,a)da ist die Anzahl der Individuen, die sich zur Zeit t in der
Altersklasse (a,a+da) befinden und

$$Y(t) = \int_0^\infty y(t,a)\,da \quad \text{die Populationsgröße zur Zeit t.}$$

Die Altersdichte y(t,a) beschreibt letztlich die von uns gesuchte
Altersstruktur der Population.

Wir betrachten nun das Strukturmodell Abb. 1 und gehen davon aus, daß
jedes Individuum der Population in Abhängigkeit von seinem Alter a
die Möglichkeit hat, entweder durch Tod bzw. Elimination aus der Population auszuscheiden (Ausscheidungsrate k_o) oder neue Individuen
zu erzeugen (Generationsrate k). Handelt es sich hierbei um einen
(Zell-) Teilungsprozeß, dann hört das Individuum auf zu existieren
(Sterblichkeit q = 1), während bei einer geschlechtlichen Vermehrung

das Individuum in der Regel überlebt (Sterblichkeit q = O). Es soll
jedoch auch eine Müttersterblichkeit $0 \leqq q \leqq 1$ zugelassen sein. Die
Anzahl der bei einer Vermehrung neu erzeugten Individuen ist durch
die Reproduktion $r + r_O$ gegeben, wobei r die Anzahl der lebendgebo-
renen und r_O die Anzahl der totgeborenen Nachkommen ist.

Ein einfaches Beispiel für die funktionale Beschreibung des Strukturmodells Abb. 1 ergibt sich, wenn sämtliche Modellparameter als
konstant vorausgesetzt und nur kinetische Reaktionen erster Ordnung
betrachtet werden. Eine kinetische Reaktion erster Ordnung liegt dann
vor, wenn die zeitliche Änderung $\dot{Y}(t)$ der Populationsgröße proportional der zur Zeit t vorhandenen Populationsgröße Y(t) ist, d.h. wenn
folgende Differentialgleichung gilt:

$$(2.1) \qquad \dot{Y}(t) = r \cdot k \cdot Y(t) - (k_O + q \cdot k) \cdot Y(t)$$
$$(\text{Änderung}) = (\text{Produktion}) + (\text{Verlust})$$

Die zeitliche Änderung dY(t) der Individuenzahl im Zeitintervall
(t, t + dt) setzt sich zusammen aus der Individuenproduktion, die
durch die Anzahl der neu erzeugten Individuen $r \cdot k \cdot Y(t) dt$ gegeben ist
und dem Individuenverlust, der durch die Zahl der ausgeschiedenen Individuen $k_O \cdot Y(t) dt$ sowie durch die Zahl der bei der Vermehrung ge-
storbenen Individuen $q \cdot k \cdot Y(t) dt$ gegeben ist.

Die Differentialgleichung (2.1) beschreibt nun folgende Populations-
kinetiken:
- Vermehrung durch Zellteilung (q = 1):
  In jeder Generation werden r, im allgemeinen r = 2, neue Individuen erzeugt, wobei die Mutterzelle aufgrund der Zellteilung aus-
  scheidet (q = 1).
- (Ein-)geschlechtliche Vermehrung (q = 0):
  In jeder Generation werden r neue (weibliche) Individuen erzeugt,
  wobei das Mutterindividuum überlebt (q = 0).
- Eliminationsvorgänge (k = 0 oder r = 1 und q = 1):
  Es können formal zwei Arten von Eliminationsvorgängen unterschieden werden; und zwar die reine Elimination (k = 0) oder die Elimination nach Rezirkulation (k > 0 und q = 1, r = 1). Für Gleichung (2.1) sind diese Fälle identisch, nicht jedoch bei altersabhängiger Betrachtungsweise, etwa in Gleichung (2.3).

Faßt man die Konstanten der Gleichung (2.1) zu einer Wachstumsrate
$\mu = (r - q) \cdot k - k_o$ zusammen und gibt eine Anfangsbedingung $Y(0)=Y_o$
vor, dann kann die Lösung der Differentialgleichung (2.1) als Exponentialfunktion dargestellt werden.

$$Y(t) = Y_o \cdot e^{\mu t}$$

Das unbegrenzte exponentielle Wachstum ist bei natürlichen Populationen schon wegen des Mangels an Ressourcen nicht möglich und würde
zu Bevölkerungsexplosionen führen. Also können diese sogenannten
MALTHUS-Modelle (T.R. MALTHUS 1798,(15))nur in der Anfangsphase des
Wachstums die Populationskinetik hinreichend beschreiben.

Nimmt man bei Gleichung (2.1) nun an, daß die Ausscheidungsrate k_o
zeitabhängig ist, und zwar in der Form, daß das Wachstum mit zunehmender Individuenzahl gehemmt wird, also

$$k_o(t) = c_o \cdot Y(t) \quad \text{mit } c_o \gtreqqless 0$$

dann führt dies zu sigmoiden Wachstumskurven, d.h. die Population
wächst zunächst exponentiell, vermindert dann ihr Wachstum und geht
schließlich in einen Gleichgewichtszustand über. Für das Ausscheiden aus der Population wird also eine kinetische Reaktion zweiter
Ordnung angenommen.

$$(2.2) \qquad \dot{Y}(t) = c \cdot Y(t) - c_o \cdot Y^2(t) \quad \text{mit } c = (r-q)\cdot k$$

Die Lösung der Differentialgleichung (2.2) ist die bekannte logistische Funktion

$$A(t) = \frac{A}{1+\text{Exp}(-c(t-\hat{t}))}$$

$$\text{mit } A = \frac{c}{c_o} \quad \text{und } Y(\hat{t}) = \frac{A}{2}$$

Dieses sogenannte VERHULST-Wachstum (P.F.VERHULST 1838,(25)) stellt
eine realistische Erklärung für steady state Populationen dar, die
über ein konstantes Nahrungsangebot verfügen.

Die bisher aufgeführten funktionalen Zusammenhänge des Strukturmodells Abb. 1 ließen das Alter der Individuen unberücksichtigt. Eine
Möglichkeit Altersabhängigkeiten einzuführen, besteht in der Betrachtung von sogenannten Differential-Differenzengleichungen (4).
Nimmt man bei Gleichung (2.1) an, daß die Produktion neue Individuen
nicht unmittelbar, sondern mit einer Zeitverzögerung $\tau > 0$ erfolgt,
dann gelangt man bei konstanten Modellparametern zu der Differen-

tial-Differenzengleichung

$$(2.3) \qquad \dot{Y}(t) = r \cdot k \cdot Y(t-\tau) - (k_o + q \cdot k) \cdot Y(t)$$

Die zeitliche Änderung $\dot{Y}(t)$ der Populationsgröße im Zeitintervall
(t,t+dt) setzt sich also zusammen aus einer Produktion, die proportional der Anzahl zur Zeit t-τ vorhandenen Individuen Y(t-τ) ist
und einem Verlust, der proportional der Anzahl zur Zeit t vorhandenen
Individuen Y(t) ist.

Die modellmäßige Begründung eines solchen Ansatzes ist damit jedoch
nicht gegeben, sie kann erst mit Hilfe einer altersabhängigen Betrachtungsweise (siehe § 3) erfolgen.

Eine solche Wachstumsgleichung ist ferner lediglich im Zeitintervall
$\tau \leq t < \infty$ definiert. Um diese Differentialgleichung zu lösen, muß
auf den Zeitintervalll $0 \leq t <\tau$ eine Anfangsfunktion Y(t) = f(t) vorgegeben werden. Die Wahl einer solchen zeitabhängigen Anfangsfunktion
ist jedoch weitgehend willkürlich und kann nur in seltenen Fällen modellmäßig begründet werden. Ein Ansatz, der die vollständige Interpretation von Gleichung (2.3) umfaßt, besteht darin, die Altersdichte-Funktion y(t,a) mit Hilfe einer partiellen Differentialgleichung
darzustellen.

3. Funktionale Beschreibung des altersabhängigen Ein-Compartment-
modells

Die funktionale Darstellung der Altersdichte-Funktion y(t,a) mit Hilfe einer partiellen Differentialgleichung wurde durch H. v. FOERSTER
1959 (9) eingeführt. Eine Herleitung der von FOERSTER-Gleichung (3.1)
bis (3.3) als Erwartungswert eines stochastischen Verzweigungsprozesses findet sich in (8). Die deterministische Herleitung soll im
folgenden kurz skizziert werden (siehe auch 23).

Der Zusammenhang zwischen der Populationsgröße und der Altersdichte
ist gegeben durch

$$Y(t) = \int_0^\infty y(t,a) \cdot da \ ,$$

wobei stets gelten muß $\quad \lim_{a \to \infty} y(t,a) = 0.$

Für einen hinreichend kleinen Altersbereich Δa ist y(t,a) $\cdot \Delta a$ die

Anzahl der Individuen, die sich zur Zeit t in der Altersklasse
(a,a + Δa) befinden.

Betrachten wir diese Kohorte nach einem kurzen Zeitintervall Δt, also zum Zeitpunkt t + Δt, dann ist y(t+ Δt, a+Δt)$\cdot\Delta$a die Anzahl der zur Zeit t +Δt noch lebenden Individuen und es gilt

$$y(t+\Delta t, a+\Delta t)\cdot\Delta a = y(t,a)\cdot\Delta a - \lambda(t,a)\cdot\Delta t\cdot y(t,a)\Delta a$$

Die Anzahl überlebender Individuen der Kohorte setzt sich zusammen aus der Kohorten-Zahl zur Zeit t abzüglich der Anzahl der Todesfälle im Zeitintervall (t, t+Δt). Dabei ist $\lambda(t,a)\cdot\Delta t$ der relative Anteil der Todesfälle im Zeitintervall (t,t+Δt).

Die altersabhängige Absterbrate $\lambda(t,a) = k_o(t,a)+q\cdot k(t,a)$ wiederum ist gegeben durch die Ausscheidungsrate $k_o(t,a)$ sowie die Müttersterblichkeitsrate $q\cdot k(t,a)$, wobei $k(t,a)$ die Generationsrate und q die Müttersterblichkeit ist (siehe Abb. 1).

Führt man eine Taylor-Entwicklung nach Δt durch, dann gilt für die Kohorten-Zahl zum Zeitpunkt t+Δt

$$y(t + \Delta t, a + \Delta t) = y(t,a') + \frac{\partial y(t,a)}{\partial t}\cdot\Delta t + \frac{\partial y(t,a)}{\partial a}\cdot\Delta t + o(\Delta t).$$

Durch Einsetzen dieses Ausdrucks in obige Gleichung sowie Division durch Δt $\cdot$ Δa und anschließende Grenzwertbildung erhält man die von FOERSTER-Gleichung (3.1).

Betrachten wir die Individuen-Produktion der Kohorte im Zeitintervall (t, t + Δt), dann stellt

$$r \cdot k(t,a)\cdot\Delta t \cdot y(t,a) \cdot\Delta a$$

die Anzahl neu produzierter Individuen dar, wobei $r \cdot k(t,a)$ die altersabhängige Geburtenrate ist.

Durch entsprechende Integration über den gesamten Altersbereich erhält man y(t,0)$\cdot$ Δt die Gesamtzahl der im Zeitintervall (t,t +Δt) produzierten Individuen (3.2). Die Müttersterblichkeit q sowie die Reproduktion r werden weiterhin als konstant vorausgesetzt.

Die zeitliche Änderung der Altersdichte kann also analog zu (2.1) als Individuen-Verlust und -Produktion durch eine partielle Differentialgleichung erster Ordnung dargestellt werden.

(3.1) *Verlust*

$$\frac{\partial y(t,a)}{\partial t} + \frac{\partial y(t,a)}{\partial a} = - (k_o(t,a) + q \cdot k(t,a)) y(t,a)$$

(3.2) *Produktion*

$$y(t,0) = r \cdot \int_0^\infty k(t,a) y(t,a) da$$

(3.3) *Anfangs-Altersdichte*

$$y(0,a) = u_o(a)$$

Die partielle Differentialgleichung (3.1) beschreibt den Individuen-Verlust, während die Randbedingungen (3.2) die Individuen-Produktion zur Zeit t und die Randbedingung (3.3) die Altersverteilung der Population zum Zeitpunkt t = 0 darstellt. Dabei ist mit positiver Zeit $t \geqq 0$ und positivem Alter $a \geqq 0$ y(t,a)da die Anzahl der in der Altersklasse (a,a+da) zur Zeit t befindlichen Individuen und y(t,0)dt die Anzahl der im Zeitintervall (t,t+dt) neu entstehenden Individuen und

$$(3.4) \quad Y(t) = \int_0^\infty y(t,a) da$$

die Populationsgröße zur Zeit t.

Die Lösung der partiellen Differentialgleichung (3.1) läßt sich leicht durch Substitution berechnen (etwa (23)).

Für $0 \leqq a < t$ gilt

$$(3.5.1) \quad y(t,a) = y(t-a,0) \cdot Exp(-\int_0^a (k_o(t-a+x,x) + q \cdot k(t-a+x,x)) dx$$

Für $t \leqq a < \infty$ gilt

$$(3.5.2) \quad y(t,a) = y(0,a-t) \cdot Exp(-\int_{a-t}^a (k_o(t-a+x,x) + q \cdot k(t-a+x,x)) dx)$$

Zur Vereinfachung der Darstellung soll im folgenden vorausgesetzt werden, daß ein altersabhäniges MALTHUS-Wachstum vorliegt, d.h. daß die Übergangsraten zeitunabhängig sind:

$$k(t,a) = k(a) \quad und \quad k_o(t,a) = k_o(a)$$

Dann ist

$$(3.6) \quad G(a) = Exp(-\int_0^a (k_o(x) + q \cdot k(x)) dx)$$

die Wahrscheinlichkeit, daß ein Individuum mindestens das Alter a erreicht.

G(a) wird als Lebenstafel und die Wahrscheinlichkeit, daß ein Individuum höchstens das Alter a erreicht, H(a) = 1-G(a) als Sterbetafel bezeichnet.

Die Gleichungen (3.5.1) und (3.5.2) vereinfachen sich damit zu

$$(3.7) \qquad y(t,a) = \begin{cases} y(t-a,0) \cdot G(a) & \text{für} \quad 0 \leqslant a < t \\[2mm] y(0,a-t) \cdot \dfrac{G(a)}{G(a-t)} & \text{für} \quad t \leqslant a < \infty \end{cases}$$

Da die Randbedingungen (3.2) von der Altersdichte abhängig sind, muß eine Bestimmungsgleichung für y(t,0) gefunden werden. Diese ergibt sich durch Einsetzen von (3.7) in die Randbedingung (3.2), also

$$y(t,0) = r \cdot \int_0^t k(a) \cdot G(a) \cdot y(t-a,0)\,da$$

$$+ \; r \cdot \int_t^\infty k(a) \cdot \frac{G(a)}{G(a-t)} \, y(0,a-t)\,da$$

Formen wir den zweiten Summanden um, dann erhalten wir die sogenannte Erneuerungsgleichung von LOTKA (siehe 14).

$$(3.8) \qquad y(t,0) = r \cdot \int_0^t k(a) \cdot G(a) \cdot y(t-a,0)\,da$$

$$+ \; r \int_0^\infty k(a+t) \cdot \frac{G(a+t)}{G(a)} \, y(0,a)\,da$$

Löst man bei einer gegebenen Anfangs-Altersdichte $y(0,a) = u_0(a)$ diese Bestimmungsgleichung für y(t,0), dann ist über (3.7) auch die partielle Differentialgleichung (3.1) für die Altersdichte y(t,a) bei zeitunabhängigen Übergangsraten vollständig gelöst. Abschließend sollen ohne Beweis die Voraussetzungen angegeben werden, unter denen die Differential-Differenzen-Gleichung (2.3) aus der von FOERSTER-Gleichung folgt. Sei also $\tau > 0$ diejenige Zeit, die ein Individuum mindestens benötigt, um sich zu vermehren oder um zu sterben, dann können die altersabhängigen Übergangsraten dargestellt werden als

$$k(a) = \begin{cases} 0 & \text{für} \quad 0 \leqslant a < \tau \\[2mm] k & \text{für} \quad \tau \leqslant a < \infty \end{cases}$$

$$k_0(a) = \begin{cases} 0 & \text{für} \quad 0 \leqslant a < \tau \\[2mm] k_0 & \text{für} \quad \tau \leqslant a < \infty \end{cases}$$

Mit diesem Ansatz folgt aus (3.8), (3.7) und (3.4) für das Zeitintervall $\tau \leqslant t < \infty$ die Differential-Differenzengleichung (2.3) (siehe $\underline{8}$).

Der wesentliche Vorteil der von FOERSTER-Gleichung liegt darin, daß auch die Anfangsfunktion $Y(t) = f(t)$ auf dem Zeitintervall $0 \leqslant t < \tau$ bestimmt werden kann:

$$f(t) = \frac{r \cdot k}{k_o + q \cdot k} \cdot Y(0) + (1 - \frac{r \cdot k}{k_o + q \cdot k}) \cdot \int_0^\infty \frac{G(a+t)}{G(a)} \, y(0,a) \, da$$

dabei ist

$$Y(0) = \int_0^\infty y(0,a) \, da \quad \text{die Gesamtzahl der Individuen zur}$$

Zeit $t=0$ und

$$G(a) = \begin{cases} 1 & \text{für} \quad 0 \leqslant a < \tau \\ \text{Exp}(-(k_o + q \cdot k) \cdot (a-\tau)) & \text{für} \quad \tau \leqslant a < \infty \end{cases}$$

die Lebenstafel (3.6).

Damit umfaßt die von FOERSTER-Gleichung auch die Gleichung (2.1), denn diese Gleichung folgt für den Fall $\tau = 0$. Eine Verallgemeinerung des logistischen Ansatzes (2.2) auf altersabhängige Generationsraten findet sich bei U. FELDMANN ($\underline{8}$).

4. Anwendungen auf das Wachstum von Fibroblasten

Um die von FOERSTER-Gleichung an einem konkreten Beispiel anzuwenden, soll das Wachstum von CHO-Fibroblasten simuliert werden. Die Kinetik dieser Ovar-Zellen eines chinesischen Hamsters wird von der Arbeitsgruppe für Experimentelle Radiologie ($\underline{10}$) der Medizinischen Hochschule Hannover unter den Bedingungen von physikalischer und chemischer Therapie untersucht. Betrachtet man das Wachstum von unbehandelten CHO-Fibroblasten in seiner Anfangsphase, einem Zeitraum bis zu 100 Stunden nach Ausimpfung der F_o-Generation, dann kann altersabhängiges MALTHUS-Wachstum vorausgesetzt werden, also $k(t,a) = k(a)$ und man kann ferner annehmen, daß kein erheblicher Zellverlust eintritt, d.h.

$$k_o(a) = 0, \quad r = 2 \quad \text{und} \quad q = 1.$$

Die Verteilungsfunktion der Generationszeit (Sterbetafel) der Fibroblasten wird als log-logistisch vorausgesetzt:

$$(4.1) \qquad H(a) = \begin{cases} 0 & \text{für} \quad 0 \le a < \tau \\ 1/(1+\mathrm{Exp}(\alpha + \beta \cdot \ln(a-\tau))) & \text{für} \quad \tau \le a < \infty \end{cases}$$

und an eine empirisch ermittelte (<u>19</u>) Generationszeitverteilung angepaßt (Abb. 2).

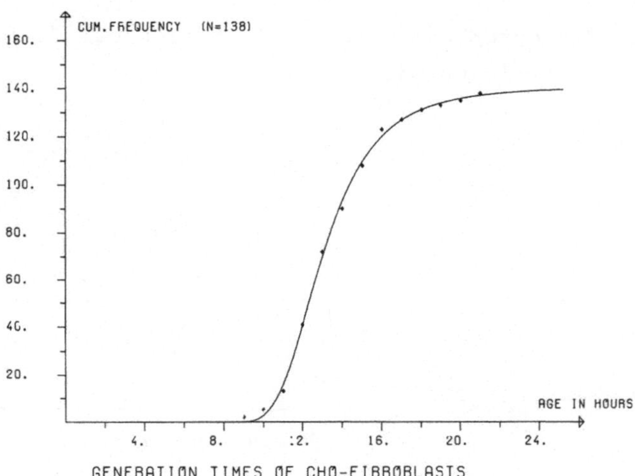

*Abb. 2. Log-logistische Verteilungsfunktion $N_o \cdot H(a)$ für Generations-
zeiten bei CHO-Fibroblasten*

Dabei ist

τ = 8.59 h das Alter, das eine Zelle mindestens
erreichen muß, um sich zu teilen,

N_o = 141.42 die geschätzte Anzahl ausgezählter Zellen,

α = 5.08   sowie β = -3.40 sind Parameter der Verteilung.

Die mittlere Generationszeit (Median) beträgt

$$\bar{a} = e^{-\frac{\alpha}{\beta}} + \tau = 13.05 \text{ h}.$$

Die Generationsrate k(a) kann nach (4.1) aus der Beziehung (3.6)

$$G(a) = 1-H(a) = \mathrm{Exp}(-\int_0^a k(x)\,dx)$$

berechnet werden, also

$$k(a) = \frac{h(a)}{1-H(a)} \quad \text{mit} \quad h(a) = \frac{\partial H}{\partial a} .$$

Als Anfangs-Altersdichte y(0,a) wird eine Gleichverteilung in der Altersklasse 6 h $\leq$ a $\leq$ 12 h angenommen (Abb. 4a). Damit sind alle Parameter der von FOERSTER-Gleichung (3.1) bis (3.3) festgelegt.

Abb. 3a - d zeigen den zeitlichen Verlauf der entsprechenden Altersdichte-Funktion, der durch numerische Integration der Gleichungen (3.8) und (3.7) ermittelt wurde.

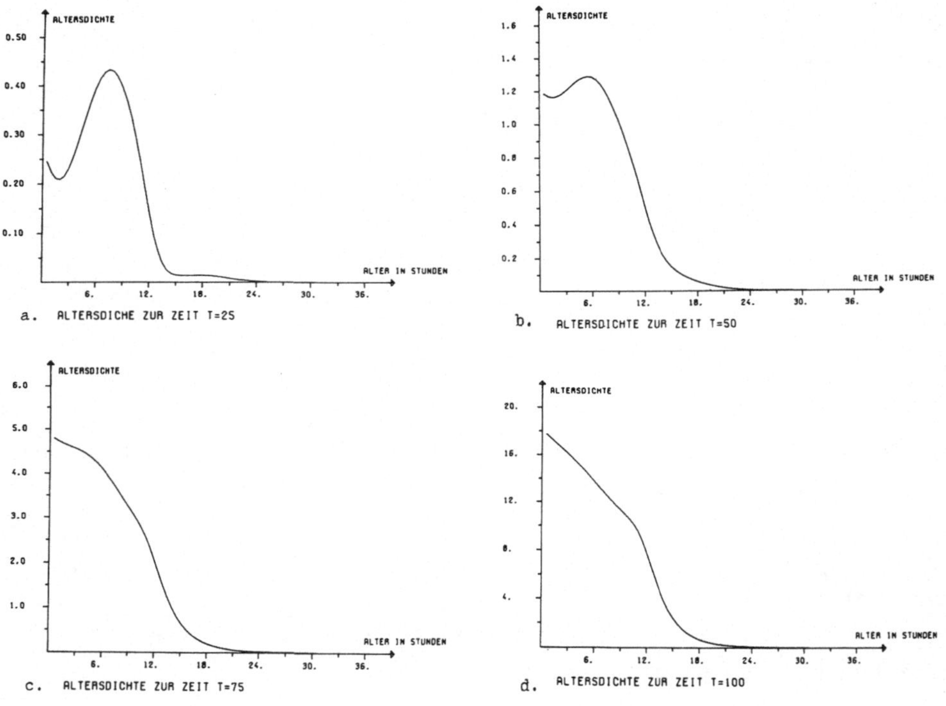

Abb. 3a-d. Zeitliche Entwicklung der Altersdichte-Funktion bei
CHO-Fibroblasten zu den Zeitpunkten t = 25, 50, 75,
100 h. Anfangsaltersdichte Abb. 4a.

Betrachten wir die Kinetik der Gesamt-Zellzahl Y(t) (Abb. 4b), so ist ersichtlich, daß dieses Wachstum nicht rein exponentiell verläuft. Die Ursache liegt darin, daß die Anfangs-Altersdichte (Abb. 4a) auf einen bestimmten Altersbereich "synchronisiert" wurde. Man sucht daher eine Altersdichte, die sogenannte stabile Altersdichte, bei der die Altersverteilung der Individuen während des Wachstums erhalten bleibt. Die stabile Altersverteilung ergibt sich aus dem Separationsansatz:

$$(4.2) \qquad y(t,a) = u(a) \cdot Y(t) \quad \text{mit} \quad \int_0^\infty u(a)\,da = 1$$

Durch Einsetzen in (3.1) folgt

$$(4.3) \qquad Y(t) = Y(0) \cdot e^{\mu t} \quad \text{und}$$

$$(4.4) \qquad u(a) = u(0) \cdot e^{-\mu a} \cdot G(a),$$

wobei μ die stabile Rate des natürlichen Wachstums ist, deren Bestimmungsgleichung durch Einsetzen von (4.2) in (3.2) gegeben ist:

$$(4.5) \qquad 1 = r \cdot \int_0^\infty e^{-\mu a} \cdot k(a) \cdot G(a)\,da$$

Für das behandelte Beispiel beträgt die Wachstumsrate

$$\mu = 0.0511 \; h^{-1}.$$

Abb. 4c zeigt die stabile Altersverteilung (4.4) und Abb. 4d das daraus resultierende rein exponentielle Wachstum (4.3).

Die stabile Altersverteilung spielt bei der mathematischen Definition der Synchronisation eine entscheidende Rolle.

Man kann eine Population als synchronisiert bezeichnen, wenn ihre Anfangs-Altersdichte sich von der stabilen Altersdichte unterscheidet. Der Grad dieser Abweichung verringert sich jedoch im Laufe des Wachstums, so daß jede Altersdichte nach hinreichend langer Wachstumszeit sich der stabilen Altersdichte nähert. Man nennt ein solches Verhalten auch ergodisches Verhalten, d.h. jede Population "vergißt" ihre Anfangs-Altersverteilung und strebt gegen die stabile Altersverteilung, wie dies auch aus Abb. 3a-d deutlich wird.

5. Altersabhängige Multi-Compartmentmodelle

Im folgenden sollen Populationen betrachtet werden, die durch diskrete Zustandsgrößen in Subpopulationen strukturiert werden können.

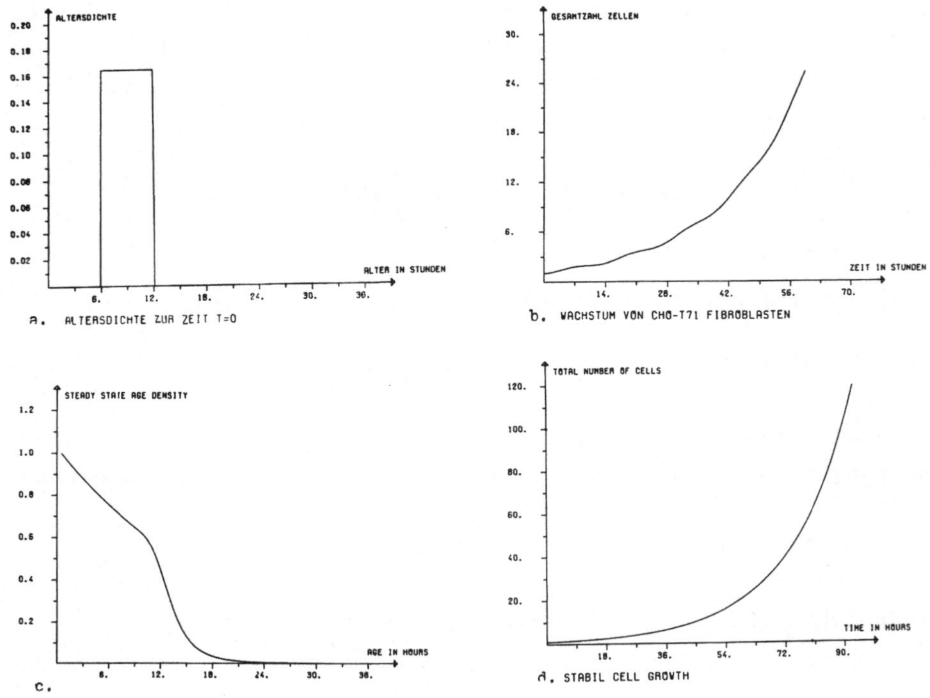

*Abb. 4a–d. Gesamt-Zellzahlwachstum von CHO-Fibroblasten bei (a)
nicht stabiler und (c) stabiler Anfangs-Altersdichte*

Der bekannteste und in der Medizin zur Standardmethode gewordene diskrete populationskinetische Ansatz ist die Compartmenttheorie in der Pharmakokinetik (6,18,26,7). Hier beschreibt die diskrete Zustandsgröße das Vorhandensein eines Pharmakons oder seines Metaboliten in einem realen oder fiktiven Verteilungsraum des menschlichen Organismus. Ein solcher Verteilungsraum, etwa der Blutkreislauf, die Leber, das Plasma oder das Serum, wird als Compartment bezeichnet.

Allgemein kann man in der Populationskinetik eine durch eine diskrete Zustandsgröße definierte Teilpopulation als Compartment bezeichnen.

So bilden bei Epidemie-Modellen (etwa 2) gefährdete, infektiöse und immune Personen jeweils ein Compartment, während bei der kinetischen Darstellung gewisser Infektionskrankheiten (etwa 1) die Teilpopula-

tionen der Parasiten und ihrer Wirte jeweils zu einem Compartment zusammengefaßt werden können. Bei Wachstumsproblemen kann man z.B. die
einzelnen Zellzyklus-Phasen (Abb. 8 und Abb. 12) als Compartments betrachten.

Die Individuen einer Teilpopulation, also eines Compartments, zeich-
nen sich dadurch aus, daß sie den gleichen kinetischen Gesetzmäßigkeiten unterliegen.

Mit $Y_i(t)$ bezeichnen wir die Anzahl der Individuen in der i-ten Teilpopulation, dann ist

$$Y(t) = \sum_{i=1}^{n} Y_i(t) \quad \text{die Gesamt-Populationsgröße zur Zeit t.}$$

In den einzelnen Compartments werden Altersdichte-Funktionen $y_i(t,a)$
eingeführt, wobei a nicht notwendig das Alter eines Individuums beschreibt, sondern vielmehr die Aufenthaltszeit des Individuums in diesem Compartment.

Es gilt daher stets:

$$Y_i(t) = \int_{0}^{\infty} y_i(t,a)\,da.$$

Es gibt nun mehrere Möglichkeiten der Verallgemeinerung der Ein-Com-
partmentstruktur (Abb. 1) auf Multi-Compartmentmodelle.

Zum einen können zeit- und altersabhängige Übergangsraten $k_{ij}(t,a)$
vom i-ten Compartment in alle übrigen Compartments und in das System-
äußere (j=0,1,2,...,n) sowie Reproduktionen r_{ij} und Sterblichkeiten
q_{ij} für diese Übergangsraten definiert werden. Abb. 5 zeigt ein allgemeines Zwei-Compartmentmodell dieses Typs A.

Die mathematische Verallgemeinerung der von FOERSTER-Gleichungen (3.1)
bis (3.3) auf solche Modelle bereitet keine Schwierigkeiten.

(5.1.A) *Verlust*

$$\frac{\partial y_i(t,a)}{\partial t} + \frac{\partial y_i(t,a)}{\partial a} = - y_i(t,a) \cdot (k_{io}(t,a) + \sum_{j=1}^{n} q_{ij} \cdot k_{ij}(t,a))$$

(5.2.A) *Produktion*

$$y_i(t,0) = \sum_{j=1}^{n} r_{ji} \cdot \int_0^{\infty} k_{ji}(t,a) \cdot y_j(t,a)\,da$$

(5.3.A) *Anfangs-Altersdichte*

$$y_i(0,a) = u_{io}(a)$$

Dabei ist n die Anzahl der Compartments und i = 1,2,...,n.

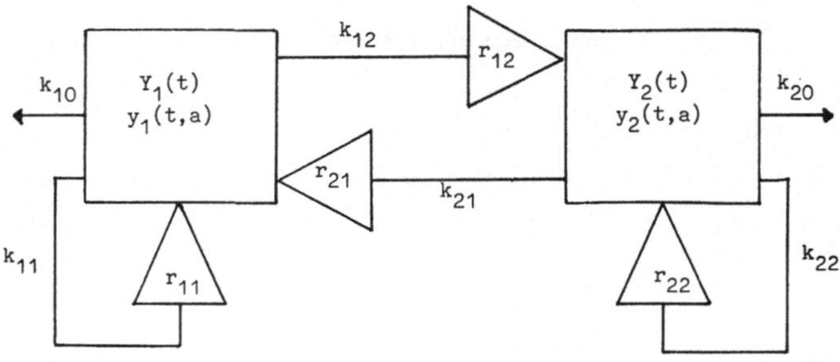

Abb. 5. Allgemeines Zwei-Compartmentmodell Typ A

Bei praktischen Anwendungen wird sich allerdings das Problem der quantitativen Bestimmung mehrerer zeit- und altersabhängiger Übergangsraten pro Compartment als gravierend erweisen, wenn man bedenkt, daß jede dieser Übergangsraten in der Regel durch mehrere Parameter geschätzt werden muß und daß hierfür entsprechende Meßwerte erforderlich sind.

Als Alternative bietet sich an, die Verzweigung zwischen den Compartments durch die Reproduktionen r_{ij} zu definieren und als Übergangsraten pro Compartment nur die Ausscheidungsrate k_{io} und eine Generationsrate $k_{i.}$ zuzulassen. Diese Annahme erscheint auch im Hinblick auf konkrete Anwendungen realistisch zu sein. Das Beispiel eines solchen allgemeinen Zwei-Compartmentmodells vom Typ B findet sich in Abb. 6.

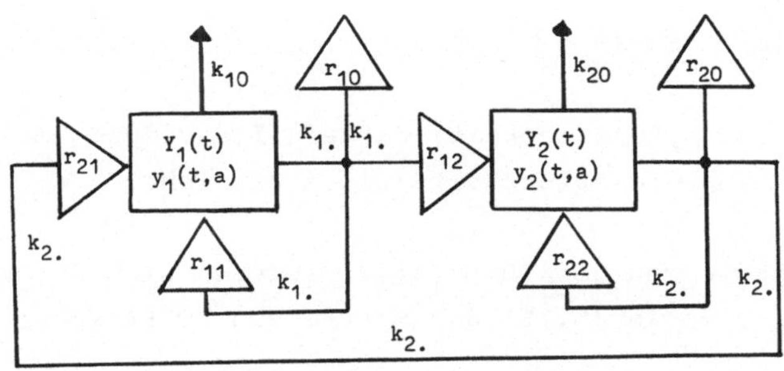

Abb. 6. Allgemeines Zwei-Compartmentmodell Typ B

Die Differentialgleichung für ein solches Modell lautet:

(5.1.B) *Verlust*

$$\frac{\partial y_i(t,a)}{\partial t} + \frac{\partial y_i(t,a)}{\partial a} = - y_i(t,a) \cdot (k_{io}(t,a) + q_i \cdot k_{i\cdot}(t,a))$$

(5.2.B) *Produktion*

$$y_i(t,0) = \sum_{j=1}^{n} \cdot r_{ji} \cdot \int_o^\infty k_{j\cdot}(t,a) \cdot y_j(t,a)\,da$$

(5.3.B) *Anfangs-Altersdichte*

$$y_i(0,a) = u_{io}(a)$$

Die Lösungen der Gleichungen (5.1.A) und (5.1.B) können für alters-
abhängiges MALTHUS-Wachstum, d.h. $k_{io}(t,a) = k_{io}(a)$ und $k_{i\cdot}(t,a) = k_{i\cdot}(a)$, analog zu (3.7) dargestellt werden als

$$(5.4) \qquad y_i(t,a) = \begin{cases} y_i(t-a,0) \cdot G_i(a) & \text{für } 0 \leqslant a < t \\ y_i(0,a-t) \cdot \dfrac{G_i(a)}{G_i(a-t)} & \text{für } t \leqslant a < \infty \end{cases}$$

Wir betrachten von nun ab ausschließlich das Modell vom Typ B (Abb.6);
dann sind die Lebenstafeln für die einzelnen Compartments gegeben
durch

$$(5.5) \qquad G_i(a) = \mathrm{Exp}\left(-\int_o^a (k_{io}(x) + q_i \cdot k_{i.}(x))\,dx\right).$$

$G_i(a)$ ist die Wahrscheinlichkeit, daß ein Individuum im i-ten Compartment höchstens die Aufenthaltszeit a erreicht.

Als Bestimmungsgleichungen für $y_i(t,0)$ ergeben sich durch Einsetzen von (5.4) und (5.5) in (5.2B) das System von LOTKA'schen Erneuerungsgleichungen:

$$(5.6) \qquad y_i(t,0) = \sum_{j=1}^{n} r_{ji} \cdot \int_{o}^{t} k_{j.}(a) \cdot G_j(a) \cdot y_j(t-a,0)\,da$$

$$+ \sum_{j=1}^{n} r_{ji} \cdot \int_{o}^{\infty} k_{j.}(a+t) \cdot \frac{G_j(a+t)}{G_j(a)}\, y_j(0,a)\,da$$

Für gegebene Anfangs-Altersdichten $a_j(0,a) = u_{jo}(a)$ kann man aus (5.6) $y_i(t,0)$ berechnen und erhält über (5.4) die gesuchten Altersdichte-Funktionen der einzelnen Compartments.

6. Stabiles Wachstum bei Multi-Compartmentsystemen

Wie anhand des Ein-Compartmentmodells gezeigt wurde, ist der Begriff des stabilen Wachstums von entscheidender Bedeutung für die mathematische Definition der Synchronisation.

Ein Multi-Compartmentsystem befindet sich im Zustand des stabilen MALTHUS-Wachstums, wenn die Altersverteilungen sowohl in den einzelnen Compartments als auch in dem Gesamtsystem zeitunabhängig sind. Stabiles Wachstum liegt also vor, wenn für die Altersdichte-Funktionen gilt

$$(6.1) \qquad y_i(t,a) = u_i(a) \cdot Y(t),$$

wobei $u_i(a)$ die stabile Altersverteilung im i-ten Compartment und

$$(6.2) \qquad Y(t) = \sum_{i=1}^{n} Y_i(t)$$

die Gesamt-Populationsgröße zur Zeit t ist.

Aus (6.1) folgt durch Integration für die Populationsgröße der Teilpopulationen

$$(6.3) \qquad Y_i(t) = U_i \cdot Y(t) \qquad \text{mit}$$

$$(6.4) \qquad U_i = \int_0^\infty u_i(a)\,da$$

Wegen (6.2) gilt

$$(6.5) \qquad \sum_{i=1}^n U_i = 1$$

Also ist U_i der Anteil der Individuen im i-ten Compartment bezogen auf die Gesamtzahl der Individuen $Y(t)$. Dieser Anteil ist im Zustand des stabilen Wachstums zeitunabhängig.

Setzt man (6.1) in (5.1.B) ein, dann folgt

$$Y(t) = Y(0) \cdot e^{\mu t} \qquad \text{und}$$

$$(6.6) \qquad u_i(a) = u_i(0) \cdot e^{-\mu a} \cdot G_i(a)$$

wobei $G_i(a)$ die Lebenstafel (5.5) ist.

Setzt man diese beiden Gleichungen in Verbindung mit (6.1) in (5.2.B) ein, dann erhält man ein Bestimmungsgleichungssystem für die stabile Rate μ des natürlichen Wachstums.

$$(6.7) \qquad u(0) = K \cdot u(0)$$

wobei $u(0) = (u_1(0),\ldots,u_n(0))' \in R^n$ ein Vektor und

$$K = \left\{ K_{ij} \right\} \in R^{n \times n} \qquad \text{eine n×n-Matrix mit}$$

$$K_{ij} = r_{ji} \cdot \int_0^\infty k_{j.}(a) \cdot e^{-\mu a} \cdot G_j(a)\,da \qquad \text{ist.}$$

Die Koeffizienten $K_{ij} = K_{ij}(\mu)$ der Matrix K sind von μ abhängig. Die notwendige Bedingung für die Lösung der Gleichung (6.7) ist, daß die Determinante

$$(6.8) \qquad |K - I| = 0$$

verschwindet, wobei $I \in R^{n \times n}$ die Einheitsmatrix ist. Die stabile Rate des natürlichen Wachstums μ ist also so zu bestimmen, daß die Gleichung (6.8) erfüllt ist und der zu der Aufgabe (6.7) gehörige Lösungsvektor u(0) in allen Komponenten positiv ist.

Bei nicht entarteten Problemen ist der Lösungsvektor u(0) bis auf einen Normierungsfaktor eindeutig bestimmt. Dieser Faktor ist durch (6.5) über (6.4) und (6.6) festgelegt.

Damit sind sämtliche Bedingungen für den Zustand des stabilen Wachstums im Multi-Compartmentsystem angegeben. In diesem Zustand verläuft die Kinetik der einzelnen Compartments und des Gesamtsystems rein exponentiell mit der Wachstumsrate μ, wobei der Anteil der Individuen U_i in den einzelnen Compartments zueinander zeitinvariant ist.

Eine Gesamtpopulation wird als synchronisiert bezeichnet, wenn sich das System nicht im Zustand des stabilen Wachstums befindet. Spezifischer kann gesagt werden, eine Population ist zur Zeit t vollständig auf das i-te Compartment synchronisiert, z.B. auf die Mitosephase (Abb. 7), falls sich alle Individuen des Systems zur Zeit t in diesem Compartment befinden, wobei allerdings die Altersstruktur in diesem Compartment zu berücksichtigen ist.

Auch bei dem hier betrachteten altersabhängigen MALTHUS-Wachstum von Multi-Compartmentsystemen ist ein ergodisches Verhalten festzustellen, so daß nach hinreichend langer Wachstumsdauer eine stabile Altersverteilung nach (6.6) angenommen wird.

7. Anwendungen des Multi-Compartmentmodells

Zur Berechnung beliebiger Compartmentmodelle des Typs B, unter den Voraussetzungen des altersabhängigen MALTHUS-Wachstums mit der Sterblichkeit $q_i = 1$, wurde an der Medizinischen Hochschule Hannover ein Programmsystem entwickelt, das insbesondere zur Simulation experimentell ermittelter Fibroblasten- und Tumorwachstumskurven eingesetzt wird.

Der Einsatz dieses Programms soll am Beispiel der Berechnung des Mitoseindexes sowie der prozentualen, markierten Mitosen demonstriert werden. Das Verfahren der markierten Mitosen wurde von H. QUASTLER und E.G. SHERMAN 1959 (17) zur experimentellen Darstellung der Zell-

kinetik eingeführt. Entsprechende mathematische Modelle, die auf der
stochastischen Simulation von Erneuerungsprozessen beruhen, wurden
vor allem von J.C. BARRETT 1966 (3), G.G. STEEL und S. HANES 1971(20)
sowie E. TRUCCO und P.J. BROCKWELL 1968 (24) entwickelt und angewendet. Deterministische Modelle finden sich bei M. TAKAHASHI 1968 (22)
sowie P. DOMBERNOWSKY, P. BICHEL und N.R. HARTMANN 1973(5).

Zur Simulation des Mitose-Indexes von CHO-Fibroblasten (16) betrachten wir ein Interphasenmodell der Zellteilung (Abb. 7).

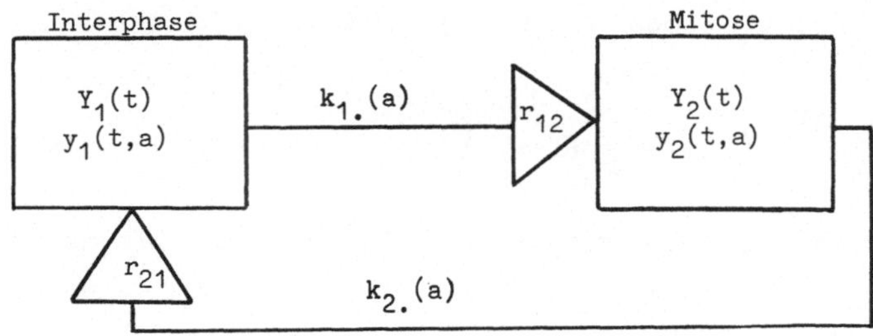

Abb. 7. Interphasenmodell für den Zellzyklus

Dabei befindet sich die Zelle zunächst in der Interphase und verläßt
nach einer Aufenthaltszeit a_1 mit der Übergangsrate $k_1._(a)$ und der
Reproduktion $r_{12} = 1$ sowie der Sterblichkeit $q_1 = 1$ die Interphase
und tritt mit dem Alter $a_2 = 0$ in die Mitosephase ein. Die Zelle verläßt nach einer Aufenthaltszeit a_2 mit der Übergangsrate $k_2._(a)$ und
der Reproduktion $r_{21} = 2$ sowie der Sterblichkeit $q_2 = 1$ die Mitosephase, indem sie sich teilt und zwei Tochterzellen mit dem Alter
$a_1 = 0$ in die Interphase eintreten.

Der Mitose-Index, der Quotient aus der Anzahl mitotischer Zellen und
der Gesamt-Populationsgröße, ist definiert durch:

(7.1) $\quad$ MI$(t) = \dfrac{Y_2(t)}{Y_1(t) + Y_2(t)}$ $\qquad$ (Mitoseindex)

Für die Wahrscheinlichkeits-Verteilung der Lebenstafeln $G_i(a)$ (siehe 5.5) in den einzelnen Compartments, gestattet das Programmsystem folgende Annahmen:

- Log-logistische Verteilung
- Exponentialverteilung
- Gamma-Verteilung und
- Log-normal Verteilung

wobei jeweils Zeitverzögerungen zugelassen sind.

Für die Darstellung des Mitoseindex (Abb. 10) wurden Exponentialverteilungen mit Zeitverzögerungen angenommen:

$$(7.2) \qquad G_i(a) = \begin{cases} 1 & \text{für} \quad 0 \leq a < \tau_i \\ \text{Exp}(-k_{i.}(a-\tau_i)) & \text{für} \quad \tau_i \leq a < \infty \end{cases}$$

Die altersabhängigen Übergangsraten können damit dargestellt werden als

$$k_{i.}(a) = \begin{cases} 0 & \text{für} \quad 0 \leq a < \tau_i \\ k_{i.} & \text{für} \quad \tau_i \leq a < \infty \end{cases}$$

Die Parameter wurden so gewählt, daß die Zielfunktion, der Mitoseindex (Abb. 11), hinreichend gut an die vorhandenen Meßwerte angepaßt ist.

$$\tau_1 = 8.00 \text{ h} \qquad\qquad k_{1.} = 0.60 \text{ 1/h}$$
$$\tau_2 = 0.60 \text{ h} \qquad\qquad k_{2.} = 0.60 \text{ 1/h}$$

Damit läßt sich die stabile Rate des natürlichen Wachstums μ sowie die relativen Anteile U_i der Teilpopulationen bei stabilem Wachstum berechnen (Abb. 8).

Die Verteilungsdichte $h_i(a)$ der Aufenthaltszeiten in den einzelnen Compartments läßt sich aus (7.2) berechnen:

$$h_i(a) = \frac{\partial H_i}{\partial a} \quad \text{mit } H_i(a) = 1 - G_i(a) \quad \text{(Sterbetafeln)}$$

$$(7.3) \qquad h_i(a) = \begin{cases} 0 & \text{für} \quad 0 \leq a < \tau_i \\ k_{i.} \cdot \text{Exp}(-k_{i.}(a-\tau_i)) & \text{für} \quad \tau_i \leq a < \infty \end{cases}$$

Damit kann die Gesamtaufenthaltszeit $h(a)$ eines Individuums in dem

Compartmentsystem, also die Zykluszeit einer Zelle, nach probablisti-
schen Methoden durch das Faltungsintegral:

$$(7.4) \qquad h(a) = \int_0^a h_2(a-x)\, h_1(x)\, dx$$

ermittelt werden (Abb. 9).

```
              BERECHNUNG DES
                     MITOSE INDEXES BEI CHO-FIBROBLASTEN


     EINGABE

       ANZAHL DER COMPARTMENTS     2
       T-MAX                   15.00
       A-MAX                   29.50
       ZEITSCHRITT               .10
       MATRIX R
       (REPRODUKTIONEN R(I.J)

                0.00   1.00
                2.00   0.00


     H IST EXPONENTIELL VERTEILT
      MATRIX P
      (PARAMETER FUER DIE VERTEILUNG VON H)

                8.00    .60
                 .60    .60


     BERECHNETE PARAMETER

       STABILE RATE MY    .05935


       ANTEIL DER INDIVIDUEN IM STABILEN ZUSTAND

                .8604
                .1396


     ANZAHL DER RECHENGAENGE 1

     ERWARTUNGSWERT BEI H            STANDARDABWEICHUNG BEI H

                9.6671                         1.6663
                2.2672                         1.6667
```

*Abb. 8. Computerausdruck der Wachstumsparameter zur Berechnung des
        Mitoseindexes*

Die Gesamt-Zykluszeitverteilung für (7.3) mit $k = k_i$ für $i = 1,2$
und $\tau = \tau_1 + \tau_2$ kann explizit berechnet werden:

$$(7.r) \qquad h(a) = k^2 \cdot (a-\tau) \cdot e^{-k(a-\tau)} \qquad \text{für} \quad \tau \leqq a < \infty$$
$$ \qquad h(a) = 0 \qquad\qquad\qquad\qquad \text{für} \quad 0 \leqq a < \tau$$

Aus (7.3) und (7.5) können die mittleren Aufenthaltszeiten (Erwartungswerte) in den Compartments und die mittlere Zykluszeit bestimmt
werden.

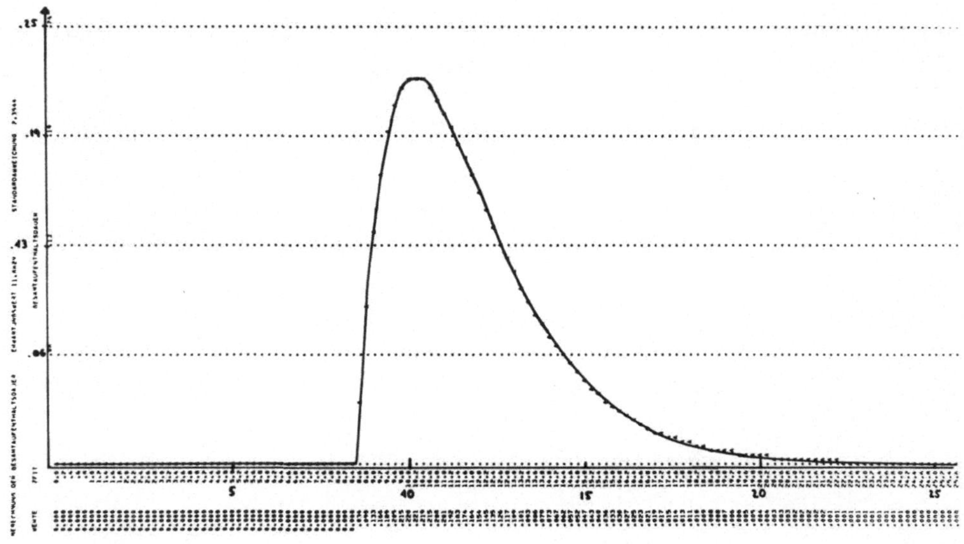

Abb. 9. Gesamt-Zykluszeitverteilung h(a) für das Interphasenmodell
Abszisse: Alter in Stunden
Ordinate: Verteilungsdichte in Stunden^{-1}

Es gilt

$$\bar{a}_1 = \tau_1 + \frac{1}{k} = 9.667\ h \qquad \text{(Compartment 1)}$$

$$\bar{a}_2 = \tau_2 + \frac{1}{k} = 2.267\ h \qquad \text{(Compartment 2)}$$

$$\bar{a} = \tau + \frac{2}{k} = 11.934\ h \qquad \text{(Gesamtzykluszeit)}$$

Die Tatsache, daß bei der hier betrachteten Simulation des Mitoseindexes (Abb. 10) die Zykluszeit der CHO-Fibroblasten erheblich kürzer ist als bei dem in Abschnitt 4 behandelten Beispiel, kann durch unterschiedliche Versuchsbedingungen erklärt werden.

Die Synchronisation von CHO-Fibroblasten wird experimentell durch mechanische Selektion vorgenommen.

Bei der mechanischen Synchronisation wird die Tatsache ausgenutzt, daß Fibroblasten, die in den Zustand der Mitose übergehen, sich von dem Nährboden der Petrischale lösen und somit abgeschüttelt und selektiert werden können.

Zur Simulation des Mitoseindexes gehen wir davon aus, daß sich zur
Zeit t = 0 alle Fibroblasten am Anfang der Mitosephase befinden,
und zwar in dem Zeitintervall $0 \le a \le 0.2$ h. Als Anfangsaltersdichten betrachten wir also:

$$u_{10}(a) = 0 \quad \text{für alle} \quad 0 \le a < \infty \quad \text{(Compartment 1)}$$

$$u_{20}(a) = \begin{cases} 5 & \text{für} & 0 \le a < 0.2 \\ 0 & \text{für} & 0.2 \le a < \infty \end{cases} \quad \text{(Compartment 2)}$$

Für die Anfangs-Populationsgrößen gilt dann

$$Y_1(0) = 0 \text{ und } Y_2(0) = 1.$$

Damit sind sämtliche Parameter für das Interphasenmodell festgelegt,
so daß der zeitliche Verlauf des Mitose-Indexes (7.1) durch numerische Integration von (5.6) und (5.4) bestimmt werden kann (Abb.10).

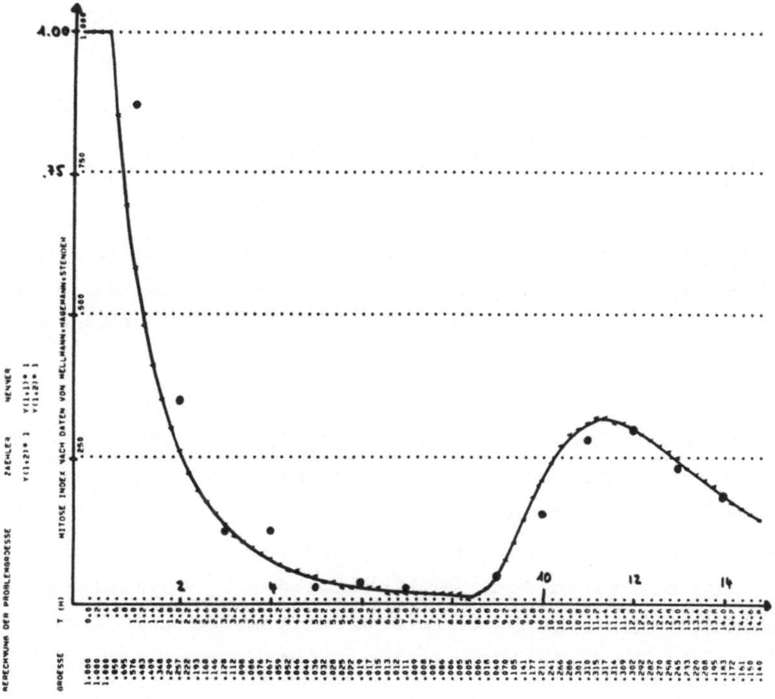

Abb. 10. Simulation des Mitose-Indexes
   Abszisse: Zeit in Stunden   Ordinate: Mitoseindex

Als weitere Anwendung der hier vorgelegten Compartmenttheorie soll
ein 4-Phasen-Modell des Zellzyklus betrachtet werden. Dieses Modell
beruht auf der Entdeckung von A. HOWARD und S.R. PELC 1954 (12),daß
die Verdopplung der Desoxyribonukleinsäure - DNS - eine gesonderte
Subphase innerhalb der Interphase darstellt (Abb. 11).

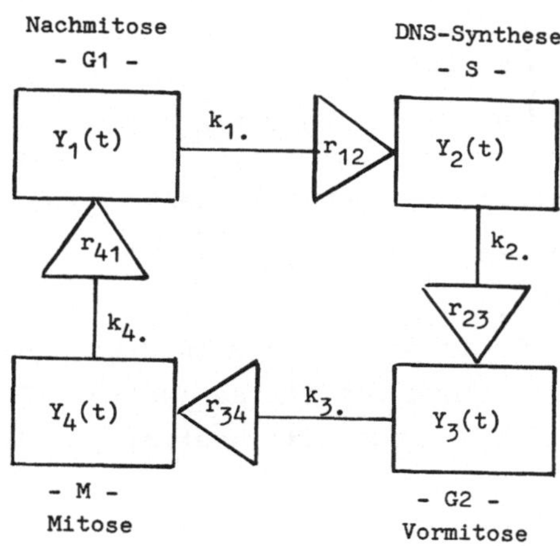

Abb. 11. Vier-Phasen-Modell für den Zellzyklus

Damit ist das heute als klassisch bezeichnete 4-Phasenmodell für den
Zellzyklus gegeben, in dem die Zustände der Nachmitose - G1 -, der
DNS-Synthese - S -, der Vormitose - G2 - und der Mitose - M - ge-
trennt als Compartments angesehen werden.

Die wichtigste Methode zur experimentellen Analyse von Wachstumsvorgängen bei in-vitro-Tumoren bilden Markierungsversuche. Es werden dabei solche Substanzen, etwa H^3-Thymidin, zur Markierung verwendet,
die während der DNS-Synthese in die Zelle eingebaut werden (17). Gemessen wird bei einmaliger Applikation der H^3-Thymidin-Markierung
das Verhältnis der Anzahl markierter Mitose-Zellen zu der Gesamtzahl
der Mitose-Zellen (PLM = Percentage Labeled Mitoses) in Abhängigkeit
von der Zeit t.

Als konkretes Beispiel betrachten wir Markierungsexperimente bei re-
nalen Sarkomen von Ratten (13) und gehen davon aus, daß sich vor

dem Zeitpunkt t = 0 das Sarkom im Zustand des stabilen MALTHUS-
Wachstums befindet und daß sämtliche Sarkomzellen unmarkiert sind.
Zum Zeitpunkt t = 0 sollen alle in der S-Phase befindlichen Zellen
durch H^3-Thymidin markiert werden.

Modellmäßig betrachten wir für $t \geq 0$ also zwei voneinander unabhängige Gesamtpopulationen, nämlich die Gesamtpopulation der unmarkierten Zellen Y(t) mit den Teilpopulationen $Y_i(t)$ sowie die Gesamtpopulation der markierten Zellen $Y^*(t)$ mit den Teilpopulationen $Y_i^*(t)$.
Die prozentualen, markierten Mitosen lassen sich darstellen als

$$(7.4) \qquad PLM(t) = \frac{Y_4^*(t)}{Y_4(t) + Y_4^*(t)} \qquad \text{(Percentage Labeled Mitoses)}$$

Betrachten wir das Wachstum der unmarkierten Zellen Y(t), so sind
als Anfangs-Altersverteilungen stabile Altersverteilungen in der
G_1-, G_2- und M-Phase anzunehmen, während für die S-Phase $Y_2(0) = 0$
gilt. Für das Wachstum der markierten Zellen $Y^*(t)$ wird komplementär eine stabile Anfangs-Altersverteilung im S-Compartment vorausgesetzt, während für die übrigen Compartments $Y_1^*(0) = 0$, $Y_2^*(0) = 0$
und $Y_4^*(0) = 0$ gilt.

Abgesehen von diesen Anfangswerten sollen die beiden Gesamtpopulationen der gleichen Wachstumskinetik unterliegen.

Als Aufenthaltszeit-Verteilung in den einzelnen Compartments wird eine Log-Normalverteilung angenommen. Die Parameterwerte für die Mittelwerte μ_i und die Standardabweichungen σ_i (i= 1,2,3,4) in den einzelnen Compartments sind in Abb. 12 dargestellt.

Unter Berücksichtigung der unterschiedlichen Anfangs-Altersdichten
der markierten und der unmarkierten Zellen, kann somit die Kinetik
dieser beiden Gesamtpopulationen in zwei getrennten Rechenläufen ermittelt und die Zielgröße nach (7.4) bestimmt werden (Abb. 13).

Zusätzlich zu diesen Darstellungen gestattet das Programmsystem für
jeden Rechenlauf die numerische und graphische Darstellung sämtli-
cher berechenbarer Größen, wie etwa die Einzel- und Gesamt-Aufent-
haltszeitverteilungen, den zeitlichen Verlauf der Altersdichtefunk-
tionen sowie die Kinetik der Teil- und Gesamtpopulationsgrößen.

```
    4 - COMPARTMENTMODELL  FUER PLM - KURVEN BEI RENALEN SARKOMEN
        DR. W. LANG MHH PATHOLOGIE


    EINGABE

    ANZAHL DER COMPARTMENTS     4
    T-MAX                41.00
    A-MAX                66.00
    ZEITSCHRITT            .25
    MATRIX R
    (REPRODUKTIONEN R(I.J)

                 0.00  1.00  0.00  0.00
                 0.00  0.00  1.00  0.00
                 0.00  0.00  0.00  1.00
                 2.00  0.00  0.00  0.00


    H IST LOG - NORMALVERTEILT
      MATRIX P
      (PARAMETER FUER DIE VERTEILUNG VON H)

                 10.80 10.50
                  7.80  2.60
                  1.50  1.10
                  1.50  1.40


    BERECHNETE PARAMETER

     STABILE RATE MY     .03571


     ANTEIL DER INDIVIDUEN IM STABILEN ZUSTAND

           .5481
           .3372
           .0589
           .0558


    ANZAHL DER RECHENGAENGE 2
```

Abb. 12. Computerausdruck der Wachstumsparameter zur Berechnung der prozentualen markierten Mitosen

8. Schlußbemerkung

Es ist leicht nachprüfbar, daß die in den Anwendungsbeispielen aufgezeigten Synchronisationseffekte bei altersunabhängiger Betrachtungsweise nicht zu simulieren wären. Betrachtet man das Interphasenmodell für den Mitoseindex bei konstanten Modellparametern, dann
sind die Eigenwerte der entsprechenden charakteristischen Gleichungen
stets reell. In einem solchen System können keine Schwierigkeiten
auftreten.

Zur Vereinfachung der Darstellung wurden in dieser Arbeit altersabhängige, jedoch zeitunabhängige Übergangsraten für das Multi-
Compartmentmodell betrachtet. Wie im Abschnitt 3 gezeigt, bereitet
es formal keine Schwierigkeiten, auch alters- und zeitabhängige
Übergangsraten zu berücksichtigen, so daß durch den hier vorgestell-

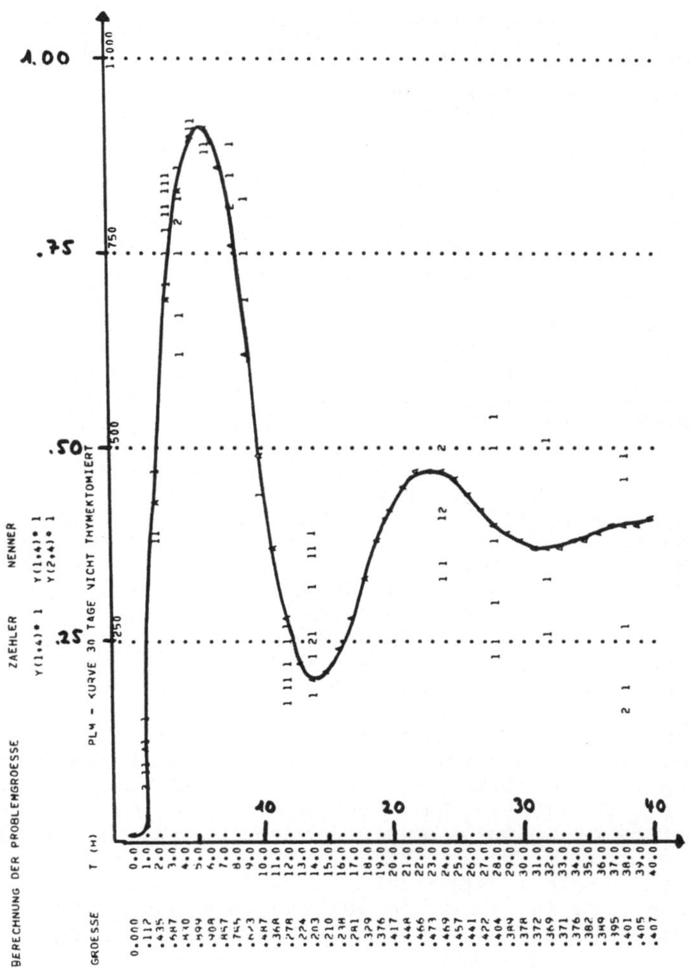

Abb. 13. Berechnung der prozentualen markierten Mitosen (PLM)
        Abszisse: Zeit in Stunden
        Ordinate: PLM

ten Modellansatz auch die zur mathematischen Beschreibung des "Kampfes ums Dasein" von V. VOLTERRA eingeführten Modelle für konkurrierende Populationen auf den Fall der Altersabhängigkeit erweiterbar sind.

Auf die Betrachtung des stochastischen Aspektes der Populationskinetik konnte in dieser Schrift nicht näher eingegangen werden. Es läßt sich jedoch zeigen, daß die hier aufgeführten Multi-Compartmentmodelle als Erwartungswerte eines altersabhängigen stochastischen Verzweigungsprozesses aufgefaßt werden können.

Literatur

1. ANDERSON, R.M. (1976): Some simple models of the population dynamics of euraryotic parasites. Lecture Notes Biomathematics, Springer, 11, 16-57.
2. BAILEY, N.T.J. (1975): The mathematical theory of infections diseases and its applications. Griffin, London 2nd ed.
3. BARRETT, J.C. (1966): A mathematical model for the mitotic cycle and its applications to the interpretation of percentage labeled mitoses data. J.Nat. Cancer Inst. 37, 443-450.
4. BELLMAN, R. and COOKE, K.L. (1963): Differential-difference equations. Academic Press, New York.
5. DOMBERNOWSKY, P.; BICHEL, P. and HARTMANN, N.R.(1973): Cytokinetic analysis of the JB-1 ascites tumor at different stages of growth. Cell Tissue Kinet. 6, 347-357.
6. DOST, F.H. (1968): Grundlagen der Pharmakokinetik. Georg Thieme, Stuttgart, 2. Aufl. (1. Aufl. 1953).
7. FELDMANN, U. and SCHNEIDER, B. (1976): A general approach to multicompartment analysis and models for the pharmacodynamics.Lecture Notes Biomathematics, Springer, No. 11, 243-281.
8. FELDMANN, U. (1977): Ein allgemeiner Ansatz zur mathematischen Darstellung altersabhängiger populationskinetischer Prozesse mit Anwendungen in der Medizin. Habilitationsschrift 1977, erscheint bei Springer, Heidelberg, voraussichtlich 1978.
9. FOERSTER v., H. (1959): Some remarks on changing populations. In "The Kinetics of Cellular Proliferation", Grune and Stratton, 382-402.
10. HAGEMANN, G. (1976): Reproduktivtod und Populationskinetik überlebender Hamsterzellen in vitro während 48 Stunden nach Röntgenstrahlendosen bis 800 Rad (II. Mitteilung). Strahlentherapie 151, 2, 118-131.
11. HARTWICH, G.(ed.) (1976): Synchronisationsbehandlung maligner Tumoren. Perimed, Verlag Dr.med. Straube, Erlangen.
12. HOWARD, A. and PELC, S.R. (1953): Synthesis of deoxyribonucleic acid in normal and irradiated cells and its relation to chromosome breakage. Herredity 6, Suppl. 261-273.
13. LANG, W.; ZOBL, H. and GEORGII, A. (1978): The effect of neonatal thymectomy on the growth kinetics of a virus-induced renal sarcoma of the rat. Europ. J. Cancer (erscheint 1978).
14. LOTKA, A.J. (1967):Elements of mathematical biology. Wiley, New York.
15. MALTHUS, T.R. (1798): An assay on the prinicple of population, as it affects the future improvements of society with remarks on the speculations of Mr. Godwin, Mr. Condorcet and other writers. John Murray, London 1st.ed. (5th ed. 1817).
16. MELLMANN, J.R.; HAGEMANN, G., and STENDER, H.ST. (1974): Reproductive letal damage of DNA-Synthesis outset and its influence on colony populations kinetics. Lecture Note 5th Int. Congress of Radiation Research, Seattle.
17. QUASTLER, H. and SHERMAN, E.G. (1959): Cellpopulation kinetics in intestinal epithelium of mice. Exp.Cell.Res. 17, 420-438.

18. RESCIGNO, A. and SEGRE, G. (1966): Drug and tracer kinetics.Blais-
    dell, Mass.
19. ROMAHN, H.B. (1977): Populationskinetik proliferierender CHO-Fi-
    broblasten nach Pseudopondien-Partialbestrahlung mit Argon-Ionen-
    Laser. Dissertation an der Medizinischen Hochschule Hannover, er-
    scheint 1978.
20. STEEL, G.G. and HANES, S. (1971): The technique of labeled mitoses:
    Analysis by automatic curve fitting. Cell Tissue Kinet. 4,93-105.
21. STEEL, G.G. (1972): The cell cycle in tumors: An examination of
    data gained by the technique of labeled mitoses. Cell Tissue Kinet.
    5, 87-100.
22. TAKAHASHI, M. (1968): Theoretical basis of cell cycle analysis II.
    Further studies on labeled mitoses ware method. J.theor. Biol. 18,
    195-209.
23. TRUCCO, E. (1965): Mathematical models for cellular systems.Part
    I: The von Foerster equation. Bull. Math. Biophysics 27, 285-304.
24. TRUCCO, E., and BROCKWELL, P.J. (1968): Percentage labeled mitoses
    curves in exponentially growing cell populations. J. Theor.Biol.
    20, 321-337.
25. VERHULST, V. (1838): Notice sur la loi que la population suit dans
    son accoissement. Correspondance mathématique et physique,publiée
    par A. Quetelet (Tome X, 113-121).
26. WAGNER, J.C. (1971): Biopharmaceutics and relevant Pharmakokine-
    tics. Drug Intelligence Publ., Hamilton, I 11.

Zellerneuerungssysteme

W.Rittgen

In diesem Beitrag soll ein stochastisches Simulationssystem für die
Zellentwicklung und Zellerneuerung vorgestellt werden. Zuerst will
ich kurz einige biologische Erscheinungen andeuten.

Das Leben einer Zelle beginnt mit der vollendeten Teilung ihrer Mutterzelle und endet mit ihrer eigenen Teilung oder ihrem Tod infolge
externer oder interner Ursachen.

Im Laufe ihres so definierten Lebens muß eine Zelle unter Umständen
die verschiedenartigsten Zustände oder Lebensabschnitte durchlaufen.
Am bekanntesten dürften wohl die durch die DNA-Synthese und die Aufteilung des verdoppelten Chromosomensatzes bestimmte Einteilung des
Lebens einer proliferierenden Zelle in die Zellzyklusphasen G_1, S, G_2
und M sein, zu denen zur Erklärung eines verzögerten Wachstums und
der Existenz zeitweise inaktiver Zellen noch zwei den Phasen G_1 und
G_2 entsprechende Ruhephasen Q_1 und Q_2 hinzugenommen werden können.
Weitere Untersuchungen zeigen, daß man auch diese Phasen noch feiner
unterteilen kann; in der Mitose unterscheidet man z.B. noch Prophase,
Metaphase, Anaphase und Telophase als "Subphasen". Bei Eingriffen von
außen in die Entwicklung von proliferierenden Zellen durch Blockierung und Chemotherapie sind neben den einzelnen Zellzyklusphasen auch
noch die Phasenübergänge von G_1 nach S bzw. S nach G_2 von großer Bedeutung, so daß man zwischen G_1 und S zur Erfassung der Zellen, die
sich in der "späten" G_1-Phase bzw. der "frühen" S-Phase befinden,
noch eine (G_1-S)-Phase und analog dazu eine (S-G_2)-Phase einführen
kann. Bei funktionellen Zellen dagegen kann man nicht mehr von einem
Zellzyklus sprechen, hier ist dann aber der Alterungs-, Abbau- und
Ersetzungsprozeß von großem Interesse.

Um nicht auf irgendeine Betrachtungsweise festgelegt zu sein, ist in
dem Simulationssystem, das im folgenden vorgestellt wird, das Leben
der Zelle modular aus $n \geq 2$ Phasen oder "Kompartimenten" mit ver-

schiedenen Eigenschaften aufgebaut. Die Zeiten zum Durchlaufen der
Phasen sind unabhängige Zufallsvariable T_i ($1 \leq i \leq n$), die entweder exponential-verteilt (charakterisiert durch den Erwartungswert)
oder gamma-verteilt sind mit ganzzahligem zweiten Parameter (charakterisiert durch den Erwartungswert und den Variationskoeffizienten).

So ist z.B.:

$$P(T_i \leq t) = 1 - \exp(-a_i t) \quad , \quad \frac{1}{a_i} = E(T_i)$$

$$P(T_i \leq t) = \int_0^t \frac{k_j a_j (k_j a_j u)^{k_j - 1}}{(k_j - 1)!} \exp(-k_j a_j u) \, du$$

$$\frac{1}{a_j} = E(T_j) \quad , \quad k_j = (E(T_j))^2 / Var(T_j) \in \mathbb{N}$$

Für $k_j = 1$ erhält man eine Exponentialverteilung.

Diese spezielle Form der Gammaverteilung für die Phasenzeiten erlaubt
es, durch die zwei Parameter a_j und k_j die erwartete Phasenzeit frei
zu wählen und den Variationskoeffizienten, wenn auch nur auf der
Punktmenge $\{i^{-1/2} , i \in \mathbb{N}\}$, zu verändern. Die Einschränkung $k_j \in \mathbb{N}$ hat
den Vorteil, daß man die Phase j als Folge von k_j nacheinander zu
durchlaufenden Subphasen mit unabhängigen, identisch exponentiell verteilten Subphasenzeiten interpretieren kann. Diese Eigenschaft führt
bei der mathematischen Untersuchung der zugrunde liegenden stochastischen Prozesse und bei der Simulation zu großen Vereinfachungen. Eine
biologische Interpretation dagegen ist nicht notwendig gegeben.

Die Verbindung zwischen den einzelnen Phasen erfolgt entweder durch
Übergang einer Zelle von einer Phase zu einer anderen oder aber durch
Teilung in zwei neue Zellen, wobei diese beiden "Tochterzellen" ihr
Leben in jeder beliebigen Phase beginnen können.

Am Ende der Übergangsphase i geht eine Zelle mit Wahrscheinlichkeit
b_{ij} zum Beginn der Phase j über, wobei

$$b_{ij} \geq 0 \quad , \quad b_{ii} = 0 \quad , \quad \sum_j b_{ij} = 1 \quad , \quad 0 \leq j \leq n$$

Der Übergang zu "Phase 0" soll den Tod der Zelle bedeuten.

Am Ende der Teilungsphase m stirbt eine Zelle mit Wahrscheinlichkeit
q_m oder teilt sich mit Wahrscheinlichkeit $1-q_m$. Im letzten Fall be-

ginnen die neuentstandenen Tochterzellen ihr Leben mit Wahrscheinlichkeit p_{ij}^m in der Phasenkombination (i,j), wobei

$$0 \leqslant q_m \leqslant 1 \quad,$$

$$p_{ij}^m = p_{ji}^m \geqslant 0 \quad, \quad \sum_{i,j} p_{ij}^m = 1 \quad, \quad 1 \leqslant i,j \leqslant n \quad.$$

Die für die weiteren Betrachtungen interessanten Größen sind:

$Z(t)$ = Gesamtzahl der Zellen zur Zeit $t \geqslant 0$,

$Y_i(t)$ = Anzahl der Zellen in Phase i $(1 \leqslant i \leqslant n)$ zur Zeit $t \geqslant 0$
und

$X_j(t)$ = Anzahl der Zellen in Subphase j $(1 \leqslant j \leqslant K = \sum_{i=1}^{n} k_i)$
zur Zeit $t \geqslant 0$

$$(Y_1(t) = \sum_{i=1}^{k_1} X_i(t) \quad, \quad Y_2(t) = \sum_{i=1}^{k_2} X_{i+k_1}(t) \quad, \quad \dots)$$

Aufgrund der unabhängigen exponentialverteilten Subphasenzeiten stellt
$\{\underline{X}(t) \ , \ t \geqslant 0\}$ einen vektorwertigen Markovschen Prozeß dar, der durch
die Parameter (a_i,k_i) , b_{ij} , q_l , p_{ij}^l und den Anfangswert $\underline{X}(0)$ gegeben ist.

Diese Markovsche Eigenschaft kann man ausnutzen, um solch einen Prozeß relativ einfach zu simulieren:
Zu einem Zeitpunkt $t \geqslant 0$ habe der Prozeß den Zustand
$$(x_1,\dots,x_K) = (X_1(t),\dots,X_K(t)) \text{ und folglich}$$
$$(y_1,\dots,y_n) = (Y_1(t),\dots,Y_n(t)) \text{ erreicht.}$$

Die Wartezeit τ bis zur nächsten Änderung von $\underline{X}$ nach dem Zeitpunkt t
ist exponentialverteilt mit Erwartungswert

$$E(\tau) = \left[\sum_{i=1}^{n} y_i k_i a_i \right]^{-1}$$

Unabhängig von τ ist mit Wahrscheinlichkeit

$$y_j k_j a_j \left[\sum_{i=1}^{n} y_i k_i a_i \right]^{-1} \quad \text{die Phase j von dieser}$$

Änderung betroffen, und innerhalb dieser Phase jede einzelne Subphase entsprechend einer Wahrscheinlichkeit proportional zur Anzahl
der Zellen in ihr.

Wird mit diesem zufälligen Auswahlverfahren die letzte Subphase einer Phase erfaßt, so werden entsprechend den Übergangs- oder Teilungs-

wahrscheinlichkeiten sowohl $\underline{X}$ als auch $\underline{Y}$ verändert, andernfalls geht
eine Zelle von einer Subphase in die nächste über und $\underline{Y}$ bleibt unverändert.

Mit den Verteilungen der Phasenzeiten und den Verbindungen der Phasen untereinander liegt die Grundkonzeption des Simulationssystems
fest. Die Phasen- bzw. Subphasenstruktur erlaubt daher Erweiterungen, ohne die Eigenschaften der zugrunde liegenden stochastischen
Prozesse zu verändern und damit die leichte Simulierbarkeit zu beeinflussen.

Funktionelle Zellen wie die verschiedenen Blutkörperchen oder die
Leberzellen sterben nicht nur infolge des internen Alterungsprozesses,
sondern auch durch verschiedenartige externe Einflüsse. Ein "Unfalltod" der Zellen während des Durchlaufs von Phasen mit gammaverteilten
Phasenzeiten wird dadurch ermöglicht, daß beim Übergang von einer
Subphase in die nächste, z.B. bei Phase j, die Zelle mit Wahrscheinlichkeit r_i stirbt. (Bei Phasen mit exponentiell verteilten Phasenzeiten ist solch eine Konstruktion wegen der Eigenschaften der Exponentialverteilung implizit in den Parametern enthalten.)

Durch die zweite, ebenfalls die Subphasenstruktur betreffende Erweiterung ist es möglich, die Durchlaufzeiten für einzelne Phasen
dadurch zu verkürzen, daß beim Übergang von einer Phase zu einer anderen bzw. bei einer Teilung eine gewisse Anzahl von Subphasen über-
sprungen werden kann. Dieses Überspringen entspricht dem Fehlen einzelner Teile des Zellzyklus (z.B. der "frühen" G_1-Phase) bei Embryo-
nalzellen oder wachstumsstimulierten Zellen.

Die gleichzeitige Untersuchung mehrerer Arten von Zellen kann natürlich durch eine entsprechend vergrößerte Anzahl von Phasen erfolgen.
Bei gleicher Phasenkonfiguration aller Zelltypen jedoch ist die
Grundkonzeption so erweitert, daß durch geeignete Indizierung (Verwendung von Doppelindizes (Typ,Phase)) sich einander entsprechende
Phasen der verschiedenen Zelltypen zusammengefaßt werden. Allerdings ist in diesem Fall ein Übergang von einem Typ zum anderen nur
bei der Teilung möglich.

Zur vollständigen Simulation einer Änderung in $\underline{X}$ benötigt man also
2 bis 6 gleichverteilte Zufallszahlen, von denen nur die erste in

eine exponentialverteilte umgerechnet werden muß, unabhängig davon, ob die Parameter a_i , b_{ij} , r_j , q_m , p_{ij}^m konstant sind oder z.B. von $Z(t)$ oder $\underline{Y}(t)$ abhängen.

Konstante Parameter führen zu einer unabhängigen Entwicklung gleichzeitig existierender Teilpopulationen, und daran erkennt man, daß sich die Anzahl der Zellen entsprechend den Gesetzmäßigkeiten eines mehrdimensionalen Markovschen Verzweigungsprozesses entwickelt. Die mathematische Untersuchung dieser Prozesse, die ganz wesentlich die Unabhängigkeitsvoraussetzung benutzt, zeigt aber, daß mit Ausnahme einiger Spezialfälle (Prozesse mit konstanter Gesamtpopulation bzw. Prozesse, bei denen die Anzahl der Objekte, die unendlich viele Generationen von Nachkommen haben, konstant bleibt) entweder die Population ausstirbt oder die Gesamtzahl der Objekte unbeschränkt anwächst. Unter nicht sehr strengen Voraussetzungen, die bei der Entwicklung von Zellpopulationen immer erfüllt sind, erfolgt dieses Anwachsen im wesentlichen exponentiell.

Bei Zellpopulationen kann ein exponentielles Wachstum (wenn überhaupt) nur in einem kurzen Zeitintervall beobachtet werden, wenn sich eine Population aus wenigen Zellen entwickelt. Sobald aber eine gewisse Zellzahl bzw. Zelldichte überschritten ist, wird das Wachstum durch physikalische, physiologische oder chemische Einflüsse (z.B. Platzmangel, schlechtere Versorgung mit Nährstoffen oder Produktion wachstumshemmender Stoffe) gebremst, bis sich schließlich ein gewisser Gleichgewichtszustand einstellt.

Ein nicht ausartendes Wachstum in dem Sinne, daß mit Wahrscheinlichkeit 1 die Population nicht ausstirbt, aber auch nicht unbeschränkt wächst, kann nur dadurch erreicht werden, daß einige geeignete Parameter vom aktuellen Zustand des Wachstumsprozesses abhängen. Hierdurch geht dann allerdings die Verzweigungsprozess-Eigenschaft verloren, und die theoretischen Untersuchungen werden trotz der erhalten gebliebenen Markovschen Eigenschaften sehr viel schwieriger, um nicht zu sagen, fast unmöglich.

Für die Realisierung dieser Überlegungen in einem Simulationsprogramm soll diese Abhängigkeit einzelner Parameter vom aktuellen Zustand der Population folgendermaßen parametrisiert werden:

Die Einflußgröße (erster Ordnung) ist die gewichtete Zellzahl

$$S(t) = \sum c_i\, Y_i(t) \quad , \; c_i \geqslant 0 \; , \; 1 \leqslant i \leqslant n \; ,$$

wobei die Gewichte c_i für verschiedene Parameter auch verschieden
sein können (Spezialfall $S(t) = Z(t)$). Die eigentliche Regelgröße
$R(t)$ berechnet sich dann nach der Formel

$$R(t) = \max \left(0 \; , \; \frac{S(t)-N}{N} \right) \quad \text{für eine geeignete Konstante } N > 0.$$

Ein beliebiger Parameter A (mit Ausnahme der Anzahl der Subphasen je
Phase) hängt dann so von $R(t)$ ab, daß $A(R)$ monoton bezüglich

$$R \text{ ist und } \lim_{R \to \infty} A(R) = A_2 \neq A_1 := A(0) \text{ mit } A_1, A_2 < \infty \text{ gilt.}$$

Diese spezielle Form der Abhängigkeit wird dadurch erreicht, daß

$$A(R) = \frac{A_1 + f(R)A_2}{1 + f(R)} \quad \text{, wobei } f(R) \text{ ein Polynom beliebigen Grades in } R$$

mit $f(0) = 0$ und $f(R)$ monoton wachsend für $R > 0$.

Die Konstante N ist die "kritische Populationsgröße", bei deren Überschreiten die Unabhängigkeit verloren geht und ein Regelmechanismus
einsetzt.

Da bei vorgegebener Anzahl der Phasen und Typen nur wenige Übergangs-
und Teilungsmöglichkeiten und auch nur wenige der oben angeführten
Eigenschaften der einzelnen Phasen biologisch sinnvoll sind, wurde
zur Simulation dieser Modellkonzeption auf dem Computer des Deutschen
Krebsforschungszentrums (IBM 370/158) kein umfassendes Simulationsprogramm entwickelt, sondern ein anderer Weg gewählt. Als erstes erfragt ein Programmsystem im Dialog die gesamte Modellkonzeption wie
Anzahl der Typen und Phasen, Eigenschaften der Phasen (Übergangs-
oder Teilungsphase, Exponential- oder Gammaverteilung der Phasenzeiten, Unfalltod während der Phase), Übergangs- und Teilungsmöglichkeiten, Abhängigkeit der Parameter von der gewichteten Zellzahl usw.
Nach Beendigung der Eingabe wird die erfragte Information in Tabellenform ausgedruckt und anschließend zu einem ganz speziell auf das
vorgegebene Modell zugeschnittenen Simulationsprogramm einschließlich
einiger Hilfsprogramme und der Liste der benötigten Parameter verarbeitet.

Diese Vorgehensweise hat den Vorteil, daß, nachdem das Modell festgelegt wurde, bei den meist notwendigen mehrmaligen Simulationen mit
verschiedenen Parametersätzen nur die biologisch sinnvollen Parameter

eingegeben und im Simulationsprogramm verarbeitet werden müssen.
Ebenso werden wohl theoretisch zulässige, aber biologisch sinnlose
Möglichkeiten nicht berechnet; ist z.B. von Phase 1 nur ein Übergang
nach Phase 2 sinnvoll, so verlangt das Simulationsprogramm auch keine Übergangswahrscheinlichkeiten b_{1j} und muß für eine Zelle, die am
Ende der Phase 1 angelangt ist, auch nicht die nächste Phase mit Hilfe einer Zufallszahl bestimmen.

Die folgenden Beispiele zeigen drei verschiedene Möglichkeiten der
Zellentwicklung und Zellerneuerung.

<u>Beispiel 1:</u>
In einer Phasenkonfiguration entsprechend dem klassischen Zellzyklus
mit den 4 Proliferationsphasen G_1 , S , G_2 und M und den 2 Ruhephasen Q_1 und Q_2 (siehe Abb. 1) hängen die erwarteten Phasenzeiten für
Q_1 und Q_2 , die Teilungswahrscheinlichkeiten, die Übergangswahrscheinlichkeit von G_2 nach Q_2 und die Sterbewahrscheinlichkeiten am
Ende von Q_1 und Q_2 von der Populationsgröße ab. Zur Simulation wurden für die erwarteten Phasenzeiten der Proliferationsphasen die von
OKUMURA und MATSUZAWA (<u>62</u>) für Yoshida Sarcoma angegebenen Daten verwendet (die Simulationsparameter sind am Ende in einer Tabelle angegeben).

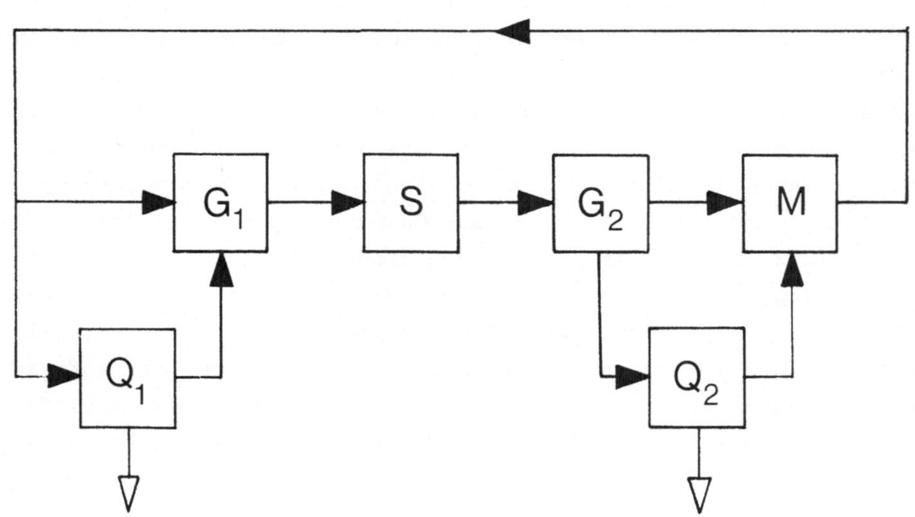

Abb. 1. Zellzyklusschema für eine Zellpopulation

UEBERGANGSMOEGLICHKEITEN   ***
DIAGONALE   ...

V\N	TOD	Q1	G1	S	G2	Q2	M
Q1	***	...	***				
G1			...	***			
S				...	***		
G2					...	***	***
Q2	***					...	***

TEILUNGSMOEGLICHKEITEN   ***
STERBEMOEGLICHKEIT   +++

\NACH VON\	TOD	TYP 1	
		Q1	G1
TYP 1 M		***	***

SPEZIELLE EIGENSCHAFTEN   +++
ABHAENGIG VON DER ANZAHL   ***
GEWICHTETE ZELLZAHL   ●●●

	PHZ	UBW	GAM
Q1	***	***	
G1			+++
S			+++
G2		***	+++
Q2	***	***	
M		***	+++

	STW	GBW
TYP 1 M		***

Abb. 2. *Modellinformation in Tabellenform für eine Zellpopulation*
    Tabelle 1: (oben) gibt die Übergangsmöglichkeiten von einer
        Phase zu einer anderen (einschließlich "Tod") an.
    Tabelle 2: (Mitte) gibt die Teilungsmöglichkeiten am Ende
        der Phase M an. Eine Sterbemöglichkeit für diese
        Zelle ist nicht gegeben.
    Tabelle 3: (unten links) zeigt an, welche Phasenzeiten (PHZ)
        und Übergangswahrscheinlichkeiten (UBW) von der
        Zellzahl abhängen und welche Phasen spezielle
        Eigenschaften (hier nur Gammaverteilung der Pha-
        senzeiten (GAM) haben.
    Tabelle 4: (unten rechts) zeigt an, ob die Sterbe- (STW) bzw.
        Teilungswahrscheinlichkeiten (GBW) von der Zelle
        abhängen.

Die Simulation beginnt mit einer Zelle, und bis zu einer Populationsgröße von 250 entwickeln sich die Zellen unabhängig voneinander.Nach
Überschreiten dieser Grenze setzt, anschaulich gesprochen, eine gewisse Bremswirkung dadurch ein, daß mehr Zellen die Ruhephasen durchlaufen, die erwarteten Verweildauern in dessen Phasen länger werden
und immer mehr Zellen sterben,ohne sich zu teilen, bis sich dann bei
einer verlangsamten Entwicklung ein Gleichgewicht einstellt.

Die Ergebnisse der Simulation sind in den Abb. 3 und 4 graphisch dargestellt (waagrechte Achse: Zeit in Stunden; senkrechte Achse: Anzahl
der Zellen). Abb. 3 zeigt die zeitliche Entwicklung der Gesamtzahl
der Zellen und der Anzahl der Zellen in den 6 Phasen. Deutlich ist
das Einsetzen der Bremswirkung und das rasche Anwachsen der Zahl der
Zellen in der Q_1-Phase zu erkennen, sobald die Populationsgröße die
vorgegebene Regelungsschranke überschritten hat. Abb. 4 zeigt in einer anderen Skalierung die Entwicklung der Zellen in den 4 Proliferationsphasen und der Ruhephase Q_2 . Die Verringerung der Prolifera-
tionsaktivität im Gleichgewichtszustand ist leicht an der Zahl der
S-Zellen zu erkennen; nicht ganz so deutlich ist der Anstieg der Zellen in der Ruhephase Q_2 zu sehen.

<u>Beispiel 2:</u>
Die Erweiterung der Konzeption auf mehrere Arten von Zellen führt
zum Problem der Kompetition zwischen verschiedenen Populationen, wie
das folgende Beispiel mit zwei Zelltypen zeigt. Beide Typen haben die
in Beispiel 1 beschriebene Phasenkonfiguration, ein Übergang von Typ
1 zu Typ 2 ist nur in der Weise möglich, daß sich eine Zelle vom Typ
1, die zuvor die Ruhephase Q_2 durchlaufen hat, sich mit sehr kleiner
Wahrscheinlichkeit in eine Zelle vom Typ 1 und eine Zelle vom Typ 2
teilt.

Durch Hinzunahme einer M entsprechenden (hypothetischen) Phase M_1,
die sich nur in ihrer Vorgeschichte und ihrem Teilungsverhalten von
M unterscheidet, kann dieses Problem dann auf einen Markovschen Prozeß 1. Ordnung zurückführen (siehe Abb. 5). Zur Simulation wurden
für die Proliferationsphasen die von BRESCIANI (<u>6</u>) für mamary gland
(Typ 1) und mamary tumor (Typ 2) angegebenen Daten verwendet.

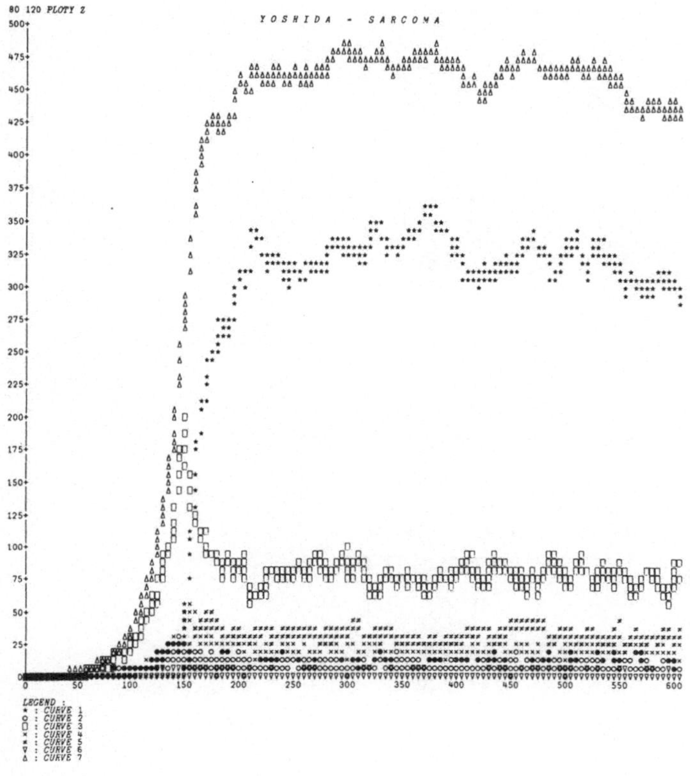

Abb. 3.
Zeitliche Entwicklung einer Zellpopulation $*$: Q_1, o: G_1, Π : S, x : G_2, $\neq$: Q_2, ∇ : M, Δ : Gesamtzahl der Zellen

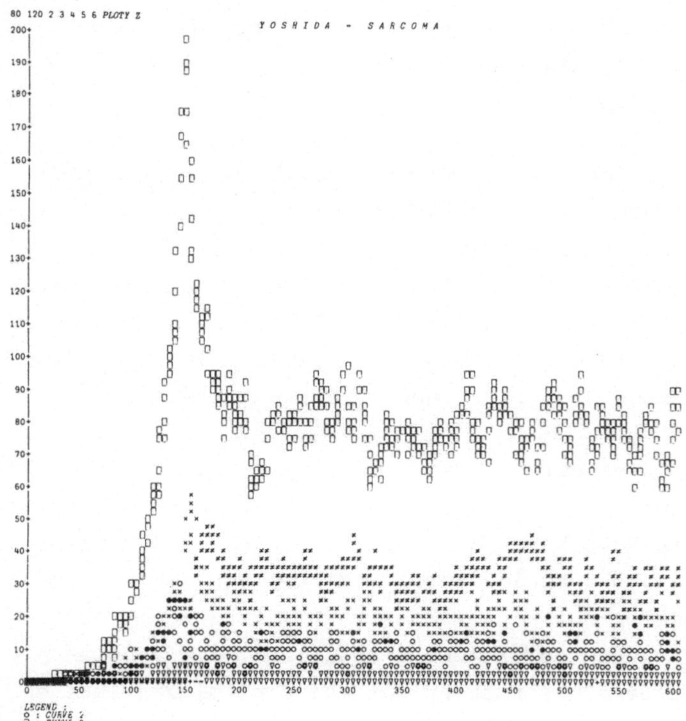

Abb. 4.
Zeitliche Entwicklung der Proliferationsphasen o : G_1, Π : S, x : G_2, $\neq$: Q_2, ∇ : M

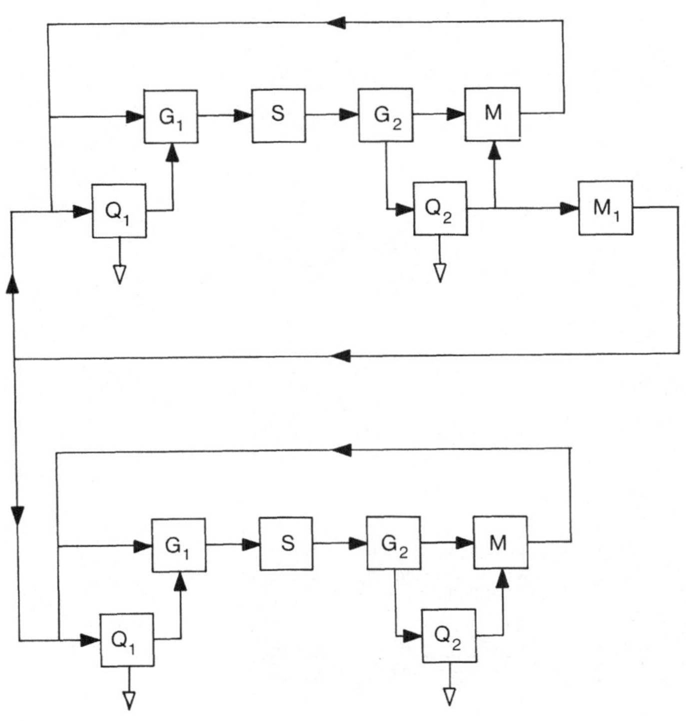

Abb. 5. Zellzyklusschema für zwei Zellpopulationen mit Übergangs-
möglichkeit von Typ 1 zu Typ 2

Abb. 7 zeigt als Ergebnis der Simulation die Anzahl der Zellen der
beiden Typen und deren Summe. Die Simulation beginnt mit einer Zelle vom Typ 1, und die daraus entstehende Population entwickelt sich
zuerst analog zu Beispiel 1. Da aber die mit sehr kleiner Wahrscheinlichkeit entstehenden Zellen vom Typ 2 auf den Bremsmechanismus etwas schwächer reagieren, drängen sie dadurch die Zellen vom Typ 1 allmählich zurück, obwohl auch sie nicht unbeschränkt wachsen können.

Bei diesen beiden Beispielen erfolgt die Beschränkung der Zellzahl
dadurch, daß mit wachsender Populationsgröße die Übergangs- bzw.
Teilungsparameter zu den Ruhephasen und die Sterbewahrscheinlichkeiten so vergrößert werden, daß schließlich im Mittel von zwei durch
Teilung entstandenen Zellen nur eine wieder zur Teilung kommt, während die andere vor Erreichen der Mitosephase stirbt. Die Popula-
tionsabhängigkeit einzelner Phasenzeiten hat auf die Zellzahl keinen

UEBERGANGSMOEGLICHKEITEN ***
DIAGONALE ...

V\N	TOD	Q1	G1	S	G2	Q2	M	M1
Q1	***	...	***					
G1			...	***				
S				...	***			
G2					...	***	***	
Q2	***					...	***	***

TEILUNGSMOEGLICHKEITEN ***
STERBEMOEGLICHKEIT +++

\NACH VON\	TOD	TYP 1		TYP 2	
		Q1	G1	Q1	G1
TYP 1 M		***	***		
TYP 1 M1		***		***	
TYP 2 M				***	***
TYP 2 M1	+++				

SPEZIELLE EIGENSCHAFTEN +++
ABHAENGIG VON DER ANZAHL ***
GEWICHTETE ZELLZAHL ●●●

	PHZ	UBW	GAM
Q1	***	***	
G1			+++
S			+++
G2		***	+++
Q2	***	***	
M		***	+++
M1			+++

	STW	GBW
TYP 1 M		***
TYP 2 M		***

Abb. 6. Modellinformation in Tabellenform für zwei Zellpopulationen

Tabelle 1: (oben) gibt die Übergangsmöglichkeiten von einer Phase zu einer anderen (einschließlich "Tod") an.

Tabelle 2: (Mitte) gibt die Teilungsmöglichkeiten von Typ 1 Phase M, Typ 1 Phase M_1, Typ 2 Phase M und Typ 2 Phase M_1 an. Die letzte Information, daß alle Zellen vom Typ 2, die am Ende von Phase M_1 angelangt sind, sterben, ist ohne Bedeutung, da aufgrund der gewählten Parameter keine Zelle von Typ 2 die Phase M_1 durchläuft. Diese Möglichkeit wurde nur aus programmtechnischen Gründen ausgedruckt.

Tabelle 3: (unten links) zeigt an, welche Phasenzeiten (PHZ) und Übergangswahrscheinlichkeiten (UBW) von der

Zellzahl abhängen und welche Phasen spezielle Ei-
genschaften (hier nur Gammaverteilung der Phasen-
zeiten (GAM) haben.
Tabelle 4: (unten rechts) zeigt an, ob die Sterbe- (SZW) bzw.
Teilungswahrscheinlichkeiten (GBW) von der Zell-
zahl abhängen.

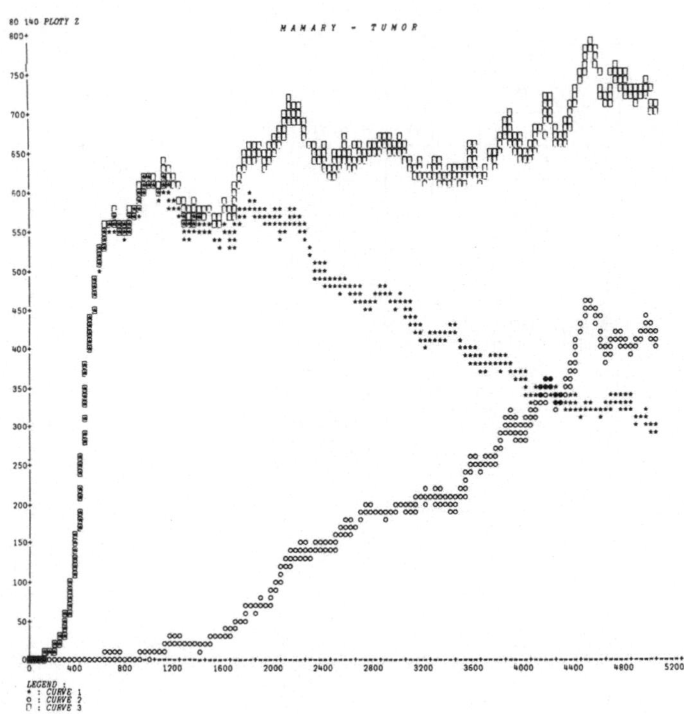

Abb. 7. Kompetition zwischen zwei Zellpopulationen
** : Typ 1 , o : Typ 2, □ : Gesamtzahl*

Einfluß, sie wirkt sich nur auf die relativen Anteile der einzelnen
Populationen an der Gesamtpopulation aus.

Eine andere Art der Regelung zeigt das folgende Beispiel.

<u>Beispiel 3:</u>
Der Aufbau eines Gewebes aus funktionellen Zellen erfolgt über 3 Zwischenstufen aus "unsterblichen" Stammzellen. Diese Stammzellen und

die daraus hervorgehenden 3 Differenzierungsstufen durchlaufen von ihrer Entstehung bis zu ihrer eigenen Teilung den in Beispiel 1 beschriebenen Zellzyklus mit den Ausnahmen, daß am Ende der Ruhephasen wieder alle Zellen in den Proliferationszyklus zurückkehren,also keine Zellen sterben, und daß die Teilung anderen Gesetzmäßigkeiten unterliegt. Eine Stammzelle teilt sich in eine Stammzelle und eine Zelle der Differenzierungsstufe 1, solch eine Zelle in 2 Zellen der Differenzierungsstufe 2, diese wiederum in 2 Zellen der Differenzierungsstufe 3 und schließlich die letzte Zwischenstufe in 2 funktionelle Zellen (siehe Abb. 8). Die neu entstandenen Zellen, mit Ausnahme der funktionellen, beginnen ihr Leben in Abhängigkeit von der Größe der Gesamtpopulation in den Phasen G_1 oder Q_1. Außerdem sind noch

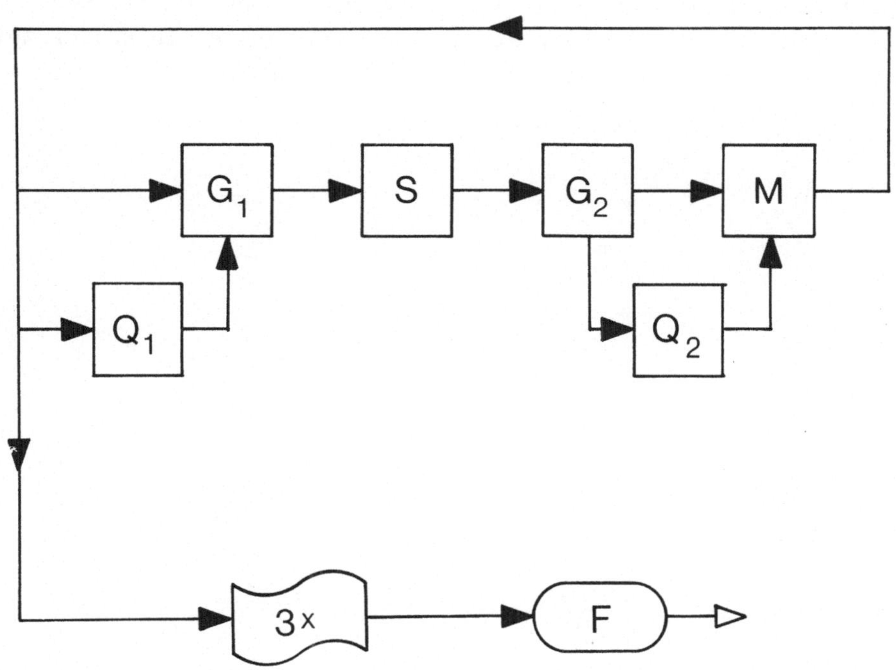

Abb. 8. Zellzyklusschema der Stammzellen
Der Zellzyklus der drei Differenzierungsstufen läuft analog ab, bei der Teilung erhöht sich die Differenzierungsstufe jeweils um eins bis die funktionelle Phase F erreicht ist.

die Phasenzeiten für Q_1 und Q_2 und die Übergangswahrscheinlichkeiten von G_2 nach Q_2 bzw. M von der Gesamtzellzahl abhängig. Die funktionel-

len Zellen durchlaufen keinen Zellzyklus mehr, ihr Leben besteht nur
aus einer Phase F mit 10 Subphasen. Mit Wahrscheinlichkeit 0.01 stirbt
eine Zelle am Ende einer Subphase, bezogen auf die zehn Subphasen bedeutet dies, daß bei etwa 9,5% der funktionellen Zellen ihr Tod durch
"Unfall" verursacht wird, während die restlichen als Folge des natürlichen Alterungsprozesses sterben. Zur Simulation dieses Beispiels
wurden für die Proliferationsphasen die von POST et al.(63-66) für
Leberzellen angegebenen Daten verwendet. Aus 10 Stammzellen, deren
Zahl durch die oben beschriebene Konstruktion konstant bleibt, entwickelt sich in einer anfangs überschießenden Reaktion eine Population von funktionellen Zellen (siehe Abb. 9+10). Die 3 Differenzierungsstufen zwischen den Stammzellen und den funktionellen wirken
als Multiplikationsmechanismus, durch den bei großem Bedarf, wie
hier zu Beginn der Simulation, die wenigen Stammzellen in kurzer Zeit
relativ viele funktionelle Zellen nachliefern können.

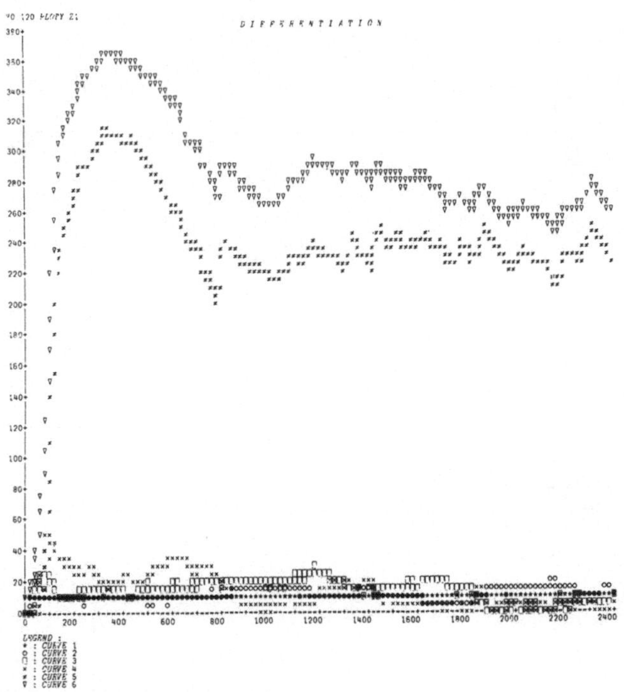

Abb. 9. Aufbau eines Gewebes
   * : St. Zellen, o : Stufe 1, ⊓ : Stufe 2
   x : Stufe 3, ≠ : funk.Zellen, ∇ : Gesamtzahl

Die Regulierung der Gesamtpopulation erfolgt nicht wie in den Beispielen 1 und 2 durch Vergrößerung der Zellverlustraten, sondern
durch Verlangsamung der "Nachlieferung". Mit wachsender Gesamtzellzahl beginnen immer mehr Stammzellen und Zellen der Differenzierungsstufen ihr Leben in der entsprechenden Q_1-Phase, die Übergangswahrscheinlichkeiten von G_2 nach Q_2 werden größer, und die erwarteten Durchlaufzeiten für die beiden Ruhephasen werden länger.

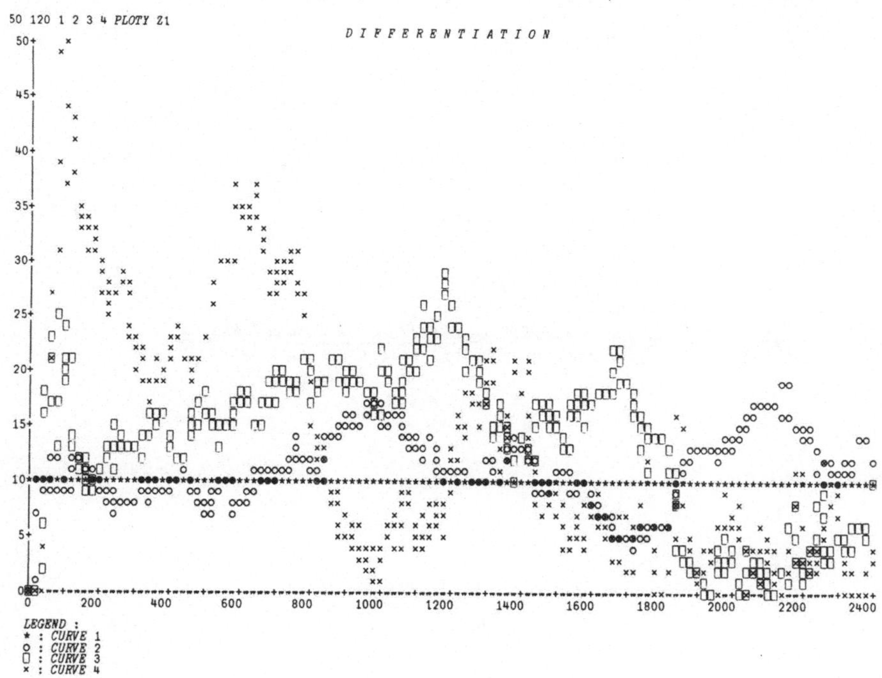

Abb. 10. Aufbau eines Gewebes (Zwischenstufen)
      * : St.Zellen, o : Stufe 1, □ : Stufe 2, x : Stufe 3

Die Auswirkung des Regelmechanismus auf die Differenzierungsstufen
ist in Abb. 10 zu erkennen. Wird durch äußere Einflüsse ein Teil der
funktionellen Zellen zerstört (siehe Abb. 11+12, nach 2400 Stunden
sterben die funktionellen Zellen mit Wahrscheinlichkeit 0.75), setzt
schon nach kurzer Zeit die Regeneration des Gewebes aus den Stammzellen ein. Durch die Verringerung der Gesamtpopulation wird die
"Bremswirkung" außer Kraft gesetzt, die wieder erhöhte Proliferations-
aktivität ist in Abb. 12 zu erkennen.

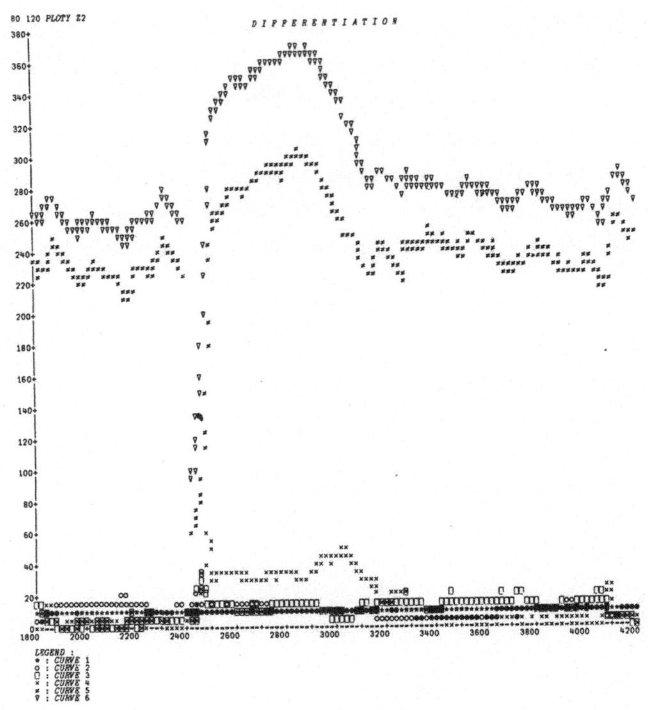

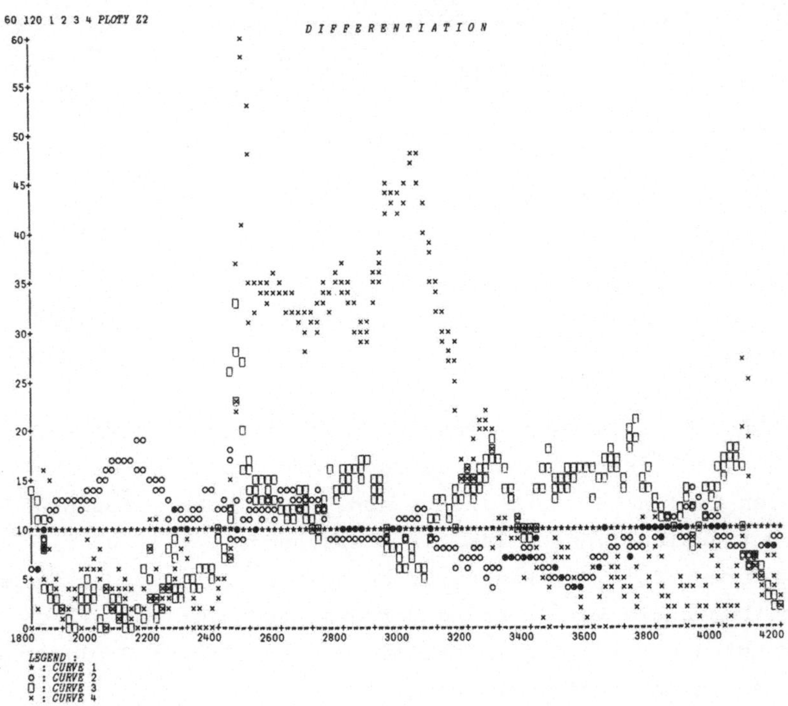

Abb. 11+12. *Regeneration eines Gewebes,* * : St. Zellen, o : Stufe 1, □ : Stufe 2, x : Stufe 3, ≠ : funk. Zellen, ▽ : Gesamtzahl

Die hier beschriebene Form der Regelung ist "schwächer" als die in
den Beispielen 1 und 2, denn dort würde die Verlangsamung der Proliferation nur die Wachstumsrate ändern, aber nicht zu einer Beschränkung der Population führen. Der Beispiel 3 zugrunde liegende
Prozeß ist bei konstanten Parametern durch die Stammzellenkonstruk-
tion einer jener oben erwähnten Spezialfälle von Verzweigungsprozes-
sen, deren Gesamtpopulation nicht ausstirbt, aber auch nicht unbeschränkt anwächst. Der Regelmechanismus beeinfluß nur die Gleichge-
wichtslage und führt zu einer schnellen Regeneration durch Aufhebung
der "Bremswirkung" bei großem Zellverlust.

Bemerkung zu den Simulationsparametern

Bei den Simulationsuntersuchungen bereitet die Wahl der Parameter
größere Schwierigkeiten. Angaben über die Phasenzeiten der Proliferationsphasen sind in der Literatur ausreichend zu finden, aber
darüber hinausgehende, für die Simulation notwendige Information wird
nur selten angegeben. So ist z.B. nur in wenigen Arbeiten die Varianz der Phasenzeiten aufgeführt (62). Die anderen, teilweise eng
miteinander verknüpften Parameter, wie Phasenzeiten der Ruhephasen,
Übergangs- bzw. Sterbe- und Teilungswahrscheinlichkeiten, müssen "geeignet" gewählt werden. Im Klartext bedeutet dies, daß man an Hand
von mehreren Simulationen mit verschiedenen Parametern "nach Augen-
maß" den "besten" Parametersatz auswählen muß.

Da die zur Untersuchung der Zellzykluskinetik meist verwendeten au-
toradiographischen Methoden sehr zeit- und arbeitsintensiv sind, wäre
zu wünschen, daß entweder mit neuen theoretischen Methoden diese Experimente besser ausgewertet werden könnten, oder aber daß mit neuen
experimentiellen und theoretischen Methoden (z.B. Micro-Flourometrie,
siehe 21,22) mehr Information über die bisher noch weitgehend nicht
untersuchten Parameter geliefert werden könnte. Mit einem vollständi-
geren Parametersatz müßte es möglich sein, durch Simulationsexperi-
mente die Auswirkung von Blockierung und Chemotherapie auf die nur
schwer angreifbaren nicht-proliferierenden Tumorzellen zu untersuchen
und auf diese Weise verschiedene Behandlungsstrategien zu studieren.

328

TABELLE DER SIMULATIONS-PARAMETER		BEISPIEL 1	BEISPIEL 2		BEISPIEL 3				SUB-PHASEN
		SARCOMA	TYP 1	TYP 2	STAMM	DIFF 1	DIFF 2	DIFF 3	
A:	Q1	15.6 - 46.8	32.0 - 128	16.5 - 66.0	4.5 - 225	4.5 - 225	4.5 - 225	4.5 - 225	1
	G1	1.4	37.7	19.1	9.0	9.0	9.0	9.0	5
	S	11.1	21.7	11.6	9.0	9.0	9.0	9.0	10
	G2	2.8	3.0	1.4	1.8	1.8	1.8	1.8	3
	Q2	3.1 - 9.3	3.0 - 15.0	1.4 - 7.0	0.9 - 45.0	0.9 - 45.0	0.9 - 45.0	0.9 - 45.0	1
	M	0.3	1.6	0.9	1.7	1.7	1.7	1.7	4
	M1	-	1.6	0.9	-	-	-	-	4
B:	Q1 - 0	0 - 0.5	0 - 0.5	0 - 0.5	-	-	-	-	
	G2 - Q2	0 - 0.7	0 - 0.5	0 - 0.5	0 - 0.5	0 - 0.5	0 - 0.5	0 - 0.5	
	Q2 - 0	0 - 0.5	0 - 0.49	0 - 0.5	-	-	-	-	
	Q2 - M1	-	0 - 0.02	0	-	-	-	-	
C:	Q1 + Q1	0.01 - 0.79	0.01 - 0.79	0.01 - 0.79	0 - 1	0.01 - 0.79	0.01 - 0.79	0.01 - 0.79	
	Q1 + G1	0.2	0.2	0.2	0	0.2	0.2	0.2	
	G1 + G1	0.79 - 0.01	0.79 - 0.01	0.79 - 0.01	1 - 0	0.79 - 0.01	0.79 - 0.01	0.79 - 0.01	
D:	N	250	250	300	220	240	260	280	

A: PHASENPARAMETER
ERWARTETE PHASENZEITEN IN STUNDEN UND ANZAHL DER SUBPHASEN
BEISPIEL 1: SIEHE Y.OKUMURA, T.MATSUZAWA (1975)
BEISPIEL 2: SIEHE F.BRESCIANI (1965)
BEISPIEL 3: SIEHE J.POST ET AL. (1963-1965)
        FUNKTIONELLE ZELLEN : 600 STUNDEN, 10 SUBPHASEN, STERBEWAHRSCHEINLICHKEIT 0.01

B: UEBERGANGSWAHRSCHEINLICHKEITEN

C: TEILUNGSWAHRSCHEINLICHKEITEN

D: REGELUNGSSCHRANKE

A P L - SIMULATIONSPROGRAMM

ZU BEISPIEL 1

```
     ∇ SIMUL I;BASIS;BASIS1;C;CD;CP;CU;CUS;DT;GAMMA;H;HU;I;IJ;J;K;
       N;PHMARK;STOP;T;T0;U0;U1;U2;X;Y;CGG1;CGG2;CGM;CGS;INT;SPT1M
       ;TRG1;TRG2;TRQ1;TRQ2;TRS;TSP2;U01G2;U01Q1;U01Q2;U02G2;U02Q1
       ;U02Q2;V1T1M;V2T1M
[1]    ⍝ VERSION VOM 23.09.1977 / 15:04:12 UHR
[2]    →2+⎕LC[1]
[3]   LOOPSTOP:→MARK,ρ⎕←' '
[4]    SIMBEGIN
[5]   LOOP:→Y/MARKTIME
[6]    →(~Y←0<N←+/+/C)/END
[7]    HU←⌽(1 1 ρ0⌈¯1+N÷RGS)⊥URF
[8]    U0[, 1 5 ;]←(U1[, 1 5 ;]+U2×H)÷1+H←0⌈INT×HU
[9]    CU←CU÷CUS←(CU←+\,C÷U0)[6]
[10] MARKTIME:T←T-(⊛(?BASIS)÷BASIS1)÷CUS
[11]   I←(IJ←1+ 6 1 ⊤CU+.<(?BASIS)÷BASIS)[2]
[12] MARK:→(T0>T)/PHMARK[IJ[1]]
[13]   CP←CP,[1]⍋CD[2;]
[14]   T0←ZEIT[2]+DT←T0
[15]   →(~DT∊AUSDRUCK)/MARK
[16]   CP←((1<ιρρCP)×ρCP)ρCP←CP,[1] CP
[17]   ⎕←2 SPV '     T  =',2⍕DT
[18]   ⎕←1 SPV 0⍪⍋CD[1;]
[19]   →((∨/ZEIT[1 4]≤DT,N),(DT∊STOP),1)/END,LOOPSTOP,MARK
[20] MQ1:C[1;I]←C[1;I]-1
[21]   H←(U01Q1[;I]+H×U02Q1[;I])÷1+H←0⌈INT[I]×(0⌈¯1+N÷RGS[I])⊥URQ1
[22]   →SPLITMARK,X←I,TRQ1[I;1+H+.<(?BASIS)÷BASIS;]
[23] MG1:CGG1[J;I]←CGG1[J←1+J+.<?¯1↑J←+\CGG1[;I];I]-1
[24]   →(J≥GAM[1;I])/2+⎕LC[1]
[25]   →LOOP,CGG1[J+1;I]←CGG1[J+1;I]+1
[26]   C[2;I]←C[2;I]-1
[27]   →SPLITMARK,X←I,TRG1[I;]
[28] MS:CGS[J;I]←CGS[J←1+J+.<?¯1↑J←+\CGS[;I];I]-1
[29]   →(J≥GAM[2;I])/2+⎕LC[1]
[30]   →LOOP,CGS[J+1;I]←CGS[J+1;I]+1
[31]   C[3;I]←C[3;I]-1
[32]   →SPLITMARK,X←I,TRS[I;]
[33] MG2:CGG2[J;I]←CGG2[J←1+J+.<?¯1↑J←+\CGG2[;I];I]-1
[34]   →(J≥GAM[3;I])/2+⎕LC[1]
[35]   →LOOP,CGG2[J+1;I]←CGG2[J+1;I]+1
[36]   C[4;I]←C[4;I]-1
[37]   H←(U01G2[;I]+H×U02G2[;I])÷1+H←0⌈INT[I]×(0⌈¯1+N÷RGS[I])⊥URG2
[38]   →SPLITMARK,X←I,TRG2[I;1+H+.<(?BASIS)÷BASIS;]
[39] MQ2:C[5;I]←C[5;I]-1
[40]   H←(U01Q2[;I]+H×U02Q2[;I])÷1+H←0⌈INT[I]×(0⌈¯1+N÷RGS[I])⊥URQ2
[41]   →SPLITMARK,X←I,TRQ2[I;1+H+.<(?BASIS)÷BASIS;]
[42] MM:CGM[J;I]←CGM[J←1+J+.<?¯1↑J←+\CGM[;I];I]-1
[43]   →(J≥GAM[4;I])/2+⎕LC[1]
[44]   →LOOP,CGM[J+1;I]←CGM[J+1;I]+1
[45]   C[6;I]←C[6;I]-1
```

```
[46]    H←(V1T1M+H×V2T1M)÷1+H←0⌈INT[1]×(0⌈¯1+N÷RGS[1])⊥RPT1M
[47]    →SPLITMARK,X←6ρSPT1M[TSP2[1+H+.<(?BASIS)÷BASIS;];]
[48]  SPLITMARK:→(X[2]=Y←0)/LOOP
[49]    C[X[2];X[1]]←C[X[2];X[1]]+1
[50]    →⎕LC[1]+GAMMAιX[2]
[51]    →SPLITEND,CGG1[X[3];X[1]]←CGG1[X[3];X[1]]+1
[52]    →SPLITEND,CGS[X[3];X[1]]←CGS[X[3];X[1]]+1
[53]    →SPLITEND,CGG2[X[3];X[1]]←CGG2[X[3];X[1]]+1
[54]    →SPLITEND,CGM[X[3];X[1]]←CGM[X[3];X[1]]+1
[55]  SPLITEND:→SPLITMARK,X←3↓X, 0 0 0
[56]  END:⎕←2 SPV '    E N D E '
[57]    H←27ρ'ZEITSCRANKE UEBERSCHRITTEN        '
[58]    H←H,27ρ'ZELLZAHL  >   ',(▼ZEIT[4]),15ρ' '
[59]    H←H,27ρ'ZELLZAHL  =   0',15ρ' '
[60]    ⎕←1 SPV(3 27 ρH)[((T>ZEIT[1]),(N>ZEIT[4]),N=0)/ι3;]
      ∇
```

Literatur

1. ATHREYA, K.B., NEY, P.E.(1972): Branching Processes. Berlin-Heidelberg-New York: Springer.
2. BARRET, J.C. (1966): A mathematical model of the mitotic cycle
   and its applications to the interpretation of percentage labeled
   mitoses data. J.Nat.Cancer Inst. 37, 443-450.
3. BARTLETT, M.S. (1969): Distributions associated with cell populations. Biometrika 56, 315-324.
4. BASERGA, R.(1968): Biochemistry of the cell cycle: a review.Cell
   Tissue Kinet. 1, 167-191.
5. BIGGELAAR, J.A.M. van den (1971): Timing of the phases of the
   cell cycle during the period of asynchronus division up to the
   49-cell stage in Lymnaea. J.Embryol.Exp.Morphol. 26, 367-391.
6. BRESCIANI, F.(1965): A comparison of the cell generative cycle
   in normal, hyperplastic and neoplastic mammary gland of the C3H
   mouse.Cellular Radiation Biology, 547-557, Baltimore:Williams
   and Wilks.
7. BRONK, B.V., DIENES, G.J., PASKIN, A.(1968): The stochastic theory
   of cell proliferation. Biophysical J.8, 1353-1398.
8. BULLOUGH, W.S. (1963): Analysis of the life cycle in mammalian
   cells. Nature 199, 859-860.
9. BURNS, F.J., TANNOCK, J.F. (1970): On the existence of a G0-phase
   in the cell cycle. Cell Tissue Kinet. 6, 87-95.
10. BURNS, V.W. (1956): Temporal studies of cell division. J.Cell Comp.
    Physiol. 47, 357-376.
11. COOK, J.R., COOK, B. (1962): Effect of nutrients on the variation
    of individual generation times.Exp.Cell Res. 28, 535-530.
12. COOPER, E.H. (1973): The biology of cell death in tumors. Cell
    Tissue Kinet. 6, 87-95.
13. COOPER, E.H., BEDFORD, J., KENNY, T.E. (1975): Cell death in
    normal and malignant tissues. Advanc.Cancer Res. 21,59-120.
14. CRANE, M.St.J., THOMAS, D.B. (1976): Cell-cycle, cell-shape mutant
    with features of the G0 state. Nature 261, 205-208.
15. DAWSON, K.B., MADOC-JONES, H., FIELD, E.O. (1965): Variations in
    the generation times of a strain of rat sarcoma cells in culture.
    Exp.Cell Res. 38, 75-84.

16. DOMBERNOWSKY, P., BICHEL, P., HARTMANN, N.R. (1974): Cytokinetic studies of the regenerative phase in the JB-1 ascites tumor. Cell Tissue Kinet. 7, 47-60.
17. DOMBERNOWSKY, P., BICHEL, P., HARTMANN, N.R.(1973): Cytokinetic analysis of the JB-1 ascites tumor at different stages of growth. Cell Tissue Kinet. 6, 347-357.
18. DONAGHEY, C.E., DREWINKO, B. (1975): A computer simulation program for the study of cellular growth kinetics and its application to the analysis of human lymphoma cells in vitro. Comp.Biomed.Res.8, 118-128.
19. DURAND, R.E. (1976): Cell cycle kinetics in an in vitro tumor model. Cell Tissue Kinet. 9, 403-412.
20. EPIFANOVA, O.I., TERSKIKH, V.V. (1969): On the resting periods in the cell life cycle. Cell Tissue Kinet. 2, 75-93.
21. FRIED, J. (1976): Method for the quantitative evaluation of data from microfluorometry. Comput.Biomed.Res. 9, 263-276.
22. FRIED, J., YATAGANAS, X., KITAHARA, T., PEREZ, A., FERGUSON, R., SULLIVAN, S., CLARKSON, B. (1976): Quantitative analysis of flow microflourometric data from asynchronous and drug-treated cell populations. Comput.Biomed.Res. 9, 277-290.
23. FROESE, G. (1964): The distribution and interdependence of generation times of HeLa cells. Exp.Cell Res. 35, 415-419.
24. FUJIMAGARI, T. (1972): Controlled Galton-Watson process and its asymptotic behavior. 2nd Japan-USSR Symp. on Probability Theory Vol. II, 252-262, Kyoto.
25. GELFANT, S. (1962): Initiation of mitosis in relation to the cell division cycle. Exp.Cell Res. 26, 395-403.
26. GILBERT, C.W. (1972): The labelled mitoses curve and the estimation of the parameters of the cell cycle. Cell Tissue Kinet.5, 53-63.
27. GRAY, J.W. (1976): Cell cycle analysis of perturbed cell populations: computer simulation of sequential DNA distributions. Cell tissue Kinet. 9, 499-516.
28. HAHN, G.M. (1970): A formalism describing the kinetics of some mammalian cell populations. Math.Biosci. 6, 295-304.
29. HARRIS, T.E. (1963): The Theory of Branching Processes. Berlin-Heidelberg-New York: Springer.
30. HARTMANN, N.R., GILBERT, C.W., JANSSON, B., MACDONALD, P.D.M., STEEL, G.G., VALLERON, A.-J. (1975): A comparison of computer methods for the analysis of fraction labelled mitoses curves. Cell Tissue Kinet. 8, 119-124.
31. HOEL, D.G., MITCHELL, T.J. (1971): The simulation, fitting, and testing of a stochastic cellular proliferation model. Biometrics 27, 191-199.
32. HOFFMAN, J.G. (1956): Digital computer studies of cell multiplication by Monte Carlo methods. J.Nat.Cancer Inst. 12, 175-188.
33. HSU, T.C. (1960): Generation time of HeLa cells determined from cine records. Tex.Rep.Biol.Med. 18, 31-33.
34. IOSIFESCU, M., TAUTU, P. (1973): Stochastic Processes and Applications in Biology and Medicine Vol.I&II. Berlin-Heidelberg-New York: Springer.
35. JAGERS, P. (1975): Branching Processes with Biological Applications. London-New York-Sydney-Toronto: Wiley.
36. JAGERS, P. (1975): The composition of branching populations: a mathematical result and its application to determine the incidence of death in cell proliferation. Math.Biosci. 8, 227-238.
37. JOCKUSCH, B.M. (1975): Neuere Forschungen über Zellzyklus und Kernteilung. Naturwissenschaften 62, 283-289.
38. KAUFFMAN, S.L. (1968): Lengthening of the generation cycle during embryonic differentation of the mouse neural tube. Exp.Cell Res. 49, 420-424.

39. KENDALL, D.G. (1948): On the role of variable generation time in the development of a stochastic birth process. Biometrika 35, 316-330.
40. KENDALL, D.G. (1949): Stochastic processes and population growth. J.R.Statist.Soc. B 11, 230-240.
41. KERR, J.F.R., SEARLE, J. (1972): A suggested explanation for the paradoxically slow growth rate of basal-cell carcinomas that contain numerous mitotic figures. J.Pathol. 107, 41-44.
42. KERR, J.F.R., WYLLIE, A.H., CURRIE, A.R. (1972): Apoptosis: a basic biological phenomenon with wide-ranging implications in tissue kinetics. Brit.J.Cancer 26, 239-257.
43. KIEFER, J. (1968): A model of feedback-controlled cell populations. J.Theor.Biol. 18, 263-279.
44. KIM, M. (1975): Mathematical description and analysis of cell cycle kinetics and the application to Ehrlich ascites tumor. J. Theor. Biol. 50, 437-459.
45. KIM, M., WOO, K.B. (1975): Kinetic analysis of cell size and DNA content distributions during tumor cell proliferation: Ehrlich ascites tumor study. Cell Tissue Kinet. 8, 197-218.
46. KLEIN, B., VALLERON, A.-J. (1975): Mathematical modelling of cell cycle and chrononbiology: preliminary results. Biomedicine 23, 214-217.
47. KOCH, A.L., SCHAECHTER, M. (1962): A model for statistics of the cell division process. J.Gen.Microbiol. 29, 435-454.
48. KUBITSCHEK, H.E. (1961): Normal distribution of cell generation rate. Exp.Cell Res. 26, 439-450.
49. KUBITSCHEK, H.E. (1962): Discrete distributions of generation rate. Nature 195, 350-351.
50. KUBITSCHEK, H.E. (1966): Bacterial generation times: ancestral dependence and dependence upon cell size.Exp.Cell Res.43,30-38.
51. KUBITSCHEK, H.E. (1976): Cell generation times: ancestral controls. Fifth Berkeley Symposium Vol.IV, 549-572.
52. KUBITSCHEK, H.E., CASSLE, M. (1966): Alternative states in control of the constancy and rate of cell division in Saccharomyces cerevisiae. Exp.Cell Res. 42, 281-290.
53. LAJTHA, L.G. (1963): On the concept of the cell cycle. J.Cell Comp.Physiol. 62, Suppl. 143.
54. LEE, L.-S. (1977): Transition-probability theory of cell proliferation and a biochemical approach to the kinematics of the cell cycle. Math.Biosci. 34, 111-130.
55. LIPOW, C. (1975): A branching model with population-size dependence. Adv.Appl.Prob. 7, 495-510.
56. LIPOW, C. (1977): Limiting diffusions for population-size dependent branching processes. J.Appl.Prob. 14, 14-24.
57. MACDONALD, P.D.M. (1974): On the statistics of cell proliferation. In: The Mathematical Theory of the Dynamics of Biological Populations (M.S.Bartlett, R.W.Hiorns eds.), 303-314,London:Academic Press.
58. MACDONALD, P.D.M. (1974): Stochastic models for cell proliferation. Lecture Notes in Biomath. 2, 155-161.
59. MITCHISON, J.M. (1973): Differentiation in the cell cycle. In: The Cell Cycle in Development and Differentiation (M.Balls,F.S. Billett eds.), 1-11, London: Univ.Press.
60. MODE, C.J. (1971): Multitype Branching Processes. New York-London-Amsterdam: Elsevier.
61. MODE, C.J. (1971): Multiple age-dependent branching process and cell cycle analysis. Math.Biosci. 10, 177-190.
62. OKUMURA, Y., MATSUZAWA, T. (1975): Instability of the duration of G_1-phase of Yoshida sarcoma and ascites hepatomas. Growth 39, 331-336.

63. POST, J., HOFFMAN, J. (1964): Changes in the replication times and patterns of the liver cell during the life of the rat.Exp. Cell Res. 36, 111-123.
64. POST, J., HOFFMAN, J. (1964): The replication time and pattern of carcinogen-induced hepatoma cells. J.Cell Biol. 22, 341-350.
65. POST, J, HOFFMAN, J. (1965): Further studies on the replication of rat liver cells in vivo. Exp.Cell Res. 40 ,333-339.
66. POST, J., HUANG, C.-Y., HOFFMAN, J. (1963): The replication time and pattern of the liver cell in the growing rat.J.Cell Biol.18, 1-12.
67. QUASTLER, H. (1963): The analysis of cell population kinetics. In: Cell Proliferation (L.T. Lamerton, R.M.Fry eds.), 18, Oxford: Blackwell.
68. RABES, H.M., WIRSCHING, R., TUCZEK, H.-V., ISELER, G. (1976): Analysis of cell cycle compartments of hepatocytes after partial hepatectomy. Cell Tissue Kinet. 9, 517-532.
69. RAHN, O. (1932): A chemical explanation of the variability of the growth rate. J.Gen.Physiol. 15, 257-277.
70. RITTGEN, W., TAUTU, P. (1976): Branching models for the cell cycle. Lecture Notes in Biomath. 11, 109-126.
71. ROGERS, T.D., SAMPSON, J.R. (1977): A random walk model of cellular kinetics. Int.J.Bio-Medical Computing 8, 45-60.
72. RUBIN, H. (1967): Cell growth as a function of cell density.Fifth Berkeley Symposium Vol.IV, 573-580.
73. SISKEN, J.E., MORASCA, L. (1965): Intrapopulation kinetics of the mitotic cycle. J.Cell Biol. 25, 179-189.
74. SMITH, J.A., MARTIN, L. (1974): Regulation of cell proliferation. In: Cell Cycle Controlls (G.M.Padilla, L.T.Cameron, A.Zimmerman eds.), 43-59, New York: Academic Press.
75. SUBRAMANIAN, G., RAMKRISHNA, D. (1971): On the solution of statistical models of cell populations. Math.Biosci.10,1-23.
76. SZEKELY, J.G., KENNEDY, G.G., HOFFMAN, J.G. (1972): A Monte Carlo simulation of clone growth. Cell Tissue Kinet.5, 203-213.
77. TAKAHASHI, M. (1966): Theoretical basis for the cell cycle analysis I.J.Theor.Biol. 13, 202-211.
78. TAKAHASHI, M. (1968): Theoretical basis for the cell cycle analysis II.J.Theor.Biol.18, 195-209.
79. TERZ, J.J., CURUTCHET, H.P., LAWRENCE, W. (1971): Analysis of the cell kinetics of human solid tumors. Cancer 28, 1100-1110.
80. TOBIAS, C.A. (1961): Quantitative approaches to the cell division process. Fourth Berkeley Symposium Vol.IV, 369-385.
81. TRUCCO, E. (1965): Mathematical models for cellular systems.The von Foerster equation I and II. Bull.Math.Biophys.27, 285-304 & 449-471.
82. WATSON, J.V. (1976): The cell proliferation kinetics of the EMT6/M/AC mouse tumor at four volumes during unperturbed growth in vitro. Cell Tissue Kinet. 9, 147-156.
83. WAUGH, W.A.O´N.(1972): The apparent´lag phase´in a stochastic population model in which there is no variation in the conditions of growth. Biometrics 28, 329-336.
84. WOO, K.B., WIIG, K.M., BRENKUS, L.M. (1975): Variation of cell kinetic parameters in relation to the growth rate of the Ehrlich ascites tumor. Cell Tissue Kinet. 8, 387-390.

Ein Simulationsmodell der Hämatopoese nach Strahlenschädigung

U. Ranft

Einführung

Untersuchungen der Hämatopoese nach Strahlenschädigung mittels Simulationsmodellen können im wesentlichen zwei Ziele verfolgen, die sowohl sich ergänzen als auch miteinander konkurrieren:

Zum einen ist es die Aufdeckung der Mechanismen der normalen Hämatopoese selber. Dabei dient die Strahlenschädigung als eine Störung des Systems, dessen Antwort auf diese Störung mit den entsprechenden Modellantworten verschiedener Modellansätze der Hämatopoese verglichen werden kann. Bei dieser Zielsetzung muß die Strahlenschädigung hinsichtlich Wirkung und Ausmaß als bekannt vorausgesetzt werden.

Zum anderen sind es die Schädigungen des Hämatopoesemechanismus durch die Bestrahlung. Hier nun werden verschiedene Schädigungsmöglichkeiten einer Bestrahlung mittels eines festen Modells der Hämatopoese simuliert und mit experimentellen Ergebnissen verglichen.

Die methodische Unterscheidung dieser beiden Zielrichtungen ist wichtig bei der Beurteilung der Simulationsergebnisse. Einerseits sichert sie die notwendige Abgrenzung zwischen Voraussetzung und Folgerung, andererseits liefert sie Kriterien für die Aussagekraft eines bestimmten Modells bei verschiedenen Fragestellungen. Das im folgenden vorgestellte Modell hat seinen Schwerpunkt in der Fragestellung nach der Art der Schädigung einer Bestrahlung niedriger Dosis (ca. 100 R); es verfolgt also die oben genannte zweite Zielrichtung. Das Simulationsmodell greift einen Modellansatz von OKUNEWICK und KRETCHMAR (6) auf und wendet ihn konsequent auf die Fragestellung an.

Beschreibung des Modells der Hämatopoese

Eine adäquate Beschreibung der Hämatopoese ist ein Kompartimentmodell, deren Kompartimente die verschiedenen Reifungsstadien der Blutzellen darstellen. Das folgende Modell beschränkt sich auf die Erythropoese als nur ein Zweig der Hämatopoese.

Am Beginn der Entwicklung der Erythrozyten steht ein Pool von pluripotenten Stammzellen, aus dem auch Zellen nicht-erythroiden Typs für die Granulozytopoese und Thrombozytopoese hervorgehen. Die Zellen, die als erythroider Typ den Stammzellenpool (Kompartiment S) verlassen, treten in ein Kompartiment D ein, in dem die Differenzierung und Reifung der Zellen noch mit Teilung verbunden ist. In drei Zyklen mit Teilung durchlaufen die Zellen Entwicklungsstufen als Proerythroblasten, Megaloblasten und Makroblasten.Unter Teilung und Reifung zu Normoblasten verlassen sie das Kompartiment D und setzen ohne Teilung ihren Reifungsprozess zu Retikulozyten im Kompartiment N fort. Im vierten und fünften Kompartiment R' und R halten sie sich als Knochenmark- bzw. periphere Retikulozyten auf, bevor sie als fertige rote Blutkörperchen ins Kompartiment RBC gelangen, das sie durch Tod verlassen. Die Reproduktion der Stammzellen im Kompartiment S wird beschrieben durch den sog. logistischen Ansatz für Wachstumsprozesse

$$\dot{x} = (a-bx)x.$$

Im quadratischen Rückkopplungsglied werden zusätzlich noch die Zellen des Kompartimentes D berücksichtigt. Zusammen mit dem Abfluß der im weiteren Reifungsprozeß sich differenzierenden Zellen erythroiden und nicht-erythroiden Typs ergibt sich die folgende Differentialgleichung zur Beschreibung von Kompartiment S:

$$(1a) \quad \dot{S} = a\,S - (e + g)\,S - b\,(S + \beta D)\,S$$

$$\text{mit } e : \text{Rate der Zellen erythroiden Typs,}$$
$$g : \text{Rate der Zellen nicht-erythroiden Typs}$$
$$\text{und } \beta = 1 + \frac{g}{e}\,.$$

Durch den Faktor β wird berücksichtigt, daß auch die nicht-erythroiden Zellen eines dem Kompartiment D entsprechenden Kompartimentes hemmend auf das Wachstum der Stammzellen wirken. Für die Parameter von (1a) gilt (siehe Anhang I) die Beziehung

$$(1b) \quad a - z = b (1 + 15 \, \tau \, z) \, S_\infty$$

$$\text{mit } z = e + g,$$

τ : Zellzyklusdauer in D (siehe unten)

und S_∞ : Anzahl der Stammzellen im stationären Zustand.

Kompartiment D zerfällt in vier Unterkompartimente, die den Reifungsstadien entsprechen. Die Zellen verweilen einen Zellzyklus lang in den Unterkompartimenten und gelangen nach Teilung in das folgende Unterkompartiment bzw. Kompartiment:

$$(2) \quad \begin{cases} \dot{D} = \dot{D}_1 + \dot{D}_2 + \dot{D}_3 + \dot{D}_4 \\[4pt] \dot{D}_i = r_i(t) - r_i(t - \tau) \; ; \; i = 1,2,3,4 \\[4pt] r_1 = e \, S \\[4pt] r_2 = 2 \, \varepsilon \, r_1(t - \tau) \\[4pt] r_3 = 2 \, \varepsilon \, r_2(t - \tau) \\[4pt] r_4 = 2 \, \varepsilon \, r_3(t - \tau) \end{cases}$$

mit Zellzyklusdauer $\tau = 0,5$ d
und Anteil reproduktionsfähiger Zellen ε (im folgenden $\varepsilon = 1$).

Das Kompartiment N wird als letztes Kompartiment durch Zellteilung erreicht und nach Reifung während einer Zyklusdauer dann verlassen:

$$(3) \quad \begin{cases} \dot{N} = r_5(t) - r_5(t - \tau) \\[4pt] r_5 = 2 \, \varepsilon \, r_4(t - \tau) \end{cases}$$

Knochenmark- und periphere Retikulozyten verweilen zwei bzw. drei Zellzyklen lang in ihren Kompartimenten R' und R:

$$(4) \quad \begin{cases} \dot{R}' = r_6(t) - r_6(t - 2\tau) \\[4pt] r_6 = r_5(t - \tau) \end{cases}$$

$$(5) \quad \begin{cases} \dot{R} = r_7(t) - r_7(t - 3\tau) \\[4pt] r_7 = r_6(6 - 2\tau) \end{cases}$$

Nach einer Lebensdauer von ca. 60 Tagen verlassen die Erythrozyten durch Tod das Kompartiment RBC:

$$(6) \quad \begin{cases} \dot{RBC} = r_8(t) - r_8(t - \tau_e) \\[2mm] r_8 = r_7(t - 3\tau) \\[2mm] \text{mit } \tau_e = 60 \text{ d.} \end{cases}$$

Durch das Gleichungssystem (1) - (6) ist das Modell der Hämatopoese vollständig beschrieben. In Abb. 1 (links) ist das Kompartimentmodell als Flußdiagramm dargestellt.

Zur Realisierung des Simulationsmodells werden alternativ zwei Verzögerungstypen für die Verzögerung der Raten in den Gleichungen (2) bis (6) angewandt. Zum einen ist es die exakte Verzögerung, zum anderen eine 5-fache Kaskade von Verzögerungsgliedern 1. Ordnung. Wie im Anhang II gezeigt wird, ist diese Verzögerung 5. Ordnung der Kaskade eine Näherung der exakten Verzögerung. Darüber hinaus bietet sich aber auch eine biologische Interpretation für ihre Anwendung an. Die Zyklusdauer der Zellen wird nicht exakt bei einer Dauer τ liegen, sondern um diese Dauer τ verteilt sein, so daß der Übergang einer synchronisierten Zellkultur zur nächsten Reifungsstufe eher s-förmig verläuft. In Abb. 2 ist die Antwort der 5-fachen Kaskade auf eine Sprungfunktion dargestellt. Sie zeigt den typischen s-förmigen Verlauf und ist bezüglich ihrer Ableitung ein Maß für die Verteilung der Zyklusdauer.

Hämatopoese nach Strahlenschädigung

Wie eingangs erwähnt, steht im Vordergrund der Untersuchung die Art der Schädigung im Hinblick auf das oben beschriebene Hämatopoesemodell. Die im folgenden betrachtete Schädigung erstreckt sich nur auf die Reproduktionsfähigkeit der Zellen. Ein Zugrundegehen der Zellen durch die Bestrahlung wird ausgeschlossen. Differenzierung und Reifung ist ebenfalls durch eine Strahlenschädigung nicht betroffen. Es werden also nur Zellen der Kompartimente S und D geschädigt; die übrigen Zellen bleiben ungeschädigt. Diese Annahme trifft in etwa zu, solange die Dosis unter 1500 R liegt. Bei einer effektiven Dosis von

Abb. 1. Flußdiagramm des Kompartimentmodells der normalen Hämatopoese (links)
und der Hämatopoese bei Strahlenschädigung (rechts)

$\longrightarrow$

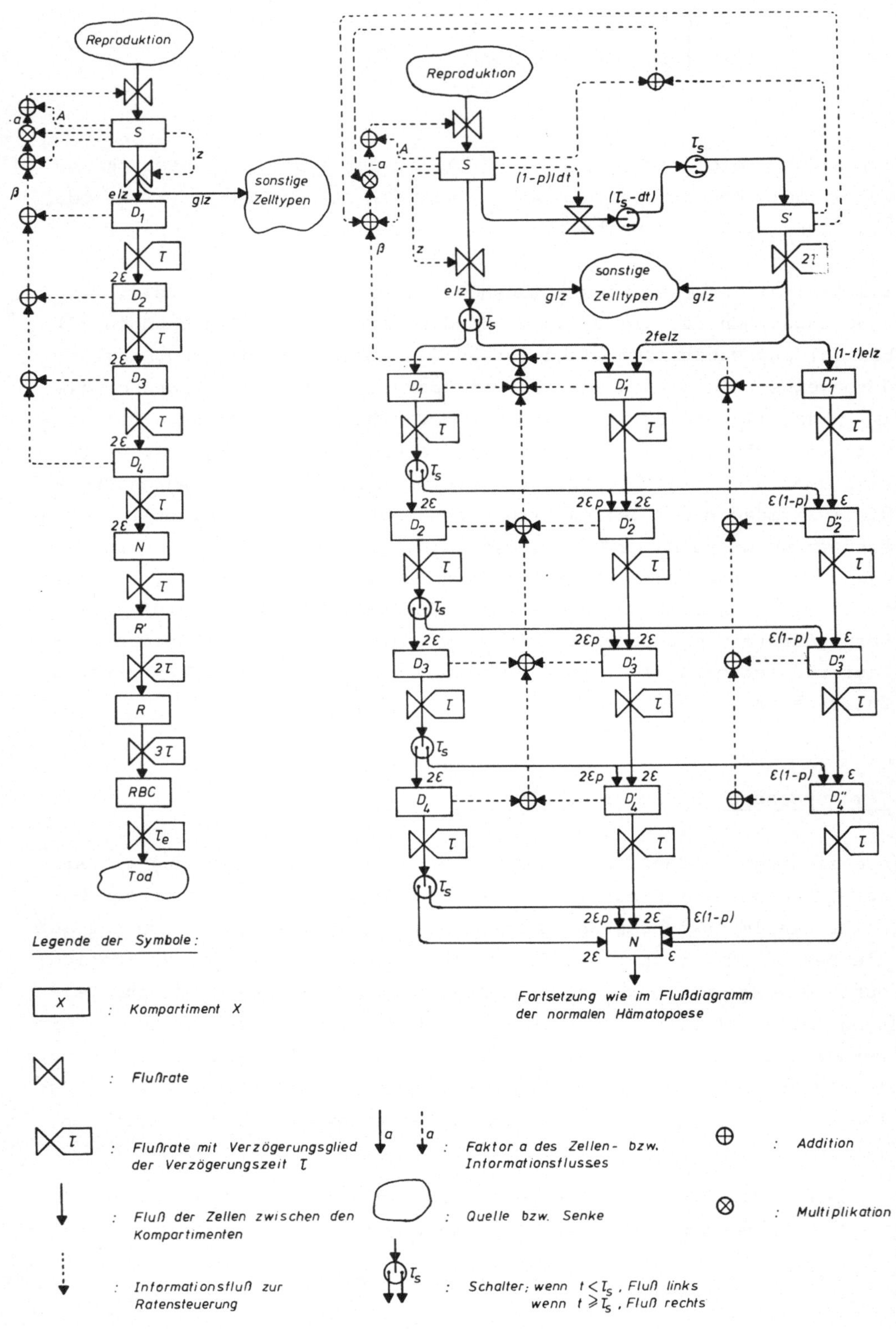

Legende der Symbole:

X : Kompartiment X

: Flußrate

$τ$: Flußrate mit Verzögerungsglied der Verzögerungszeit $τ$

a a : Faktor a des Zellen- bzw. Informationsflusses

⊕ : Addition

: Fluß der Zellen zwischen den Kompartimenten

: Quelle bzw. Senke

⊗ : Multiplikation

: Informationsfluß zur Ratensteuerung

T_s : Schalter; wenn $t < T_s$, Fluß links wenn $t \geq T_s$, Fluß rechts

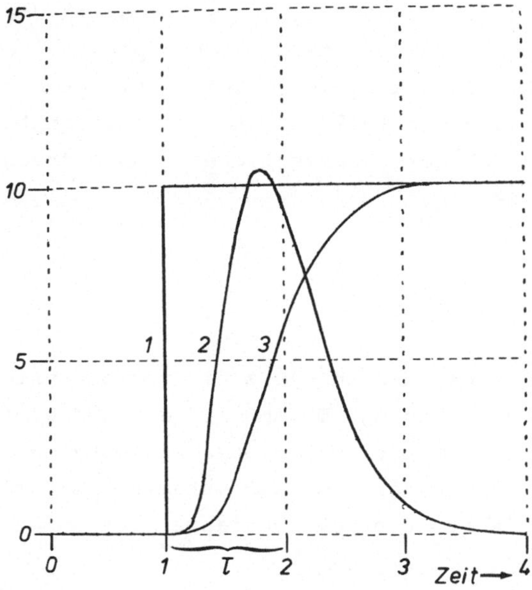

Abb. 2. Antwort (3) einer Verzögerung durch eine Kaskade von 5 Verzögerungs-
gliedern 1. Ordnung auf eine Sprungfunktion (1) und die Ableitung
der Antwort (2)

100 R dürfte die Reproduktionsfähigkeit von etwa 50% der reproduktionsfähigen Zellen zerstört werden (6). Im Falle der Schädigung von
Stammzellen liegt insofern eine Besonderheit vor, als sie nicht gänzlich ihre Reproduktionsfähigkeit verlieren, sondern nur als Stammzellen. Nach einer kurzen Erholungsphase von zwei Zellzyklen kann
der größte Teil nach Teilung den normalen Weg durch die folgenden
Reifungs- und Teilungsprozesse fortsetzen. Der Rest ist teilungsun-
fähig, kann aber sonst normal zu Erythrozyten reifen.

In Abb. 1 ist dargestellt (rechts), wie das Flußdiagramm des Kom-
partimentmodells bei Strahlenschädigung abzuändern ist, indem der
Teil der Kompartimentenkette der teilungsfähigen Zellen paralle
Ketten erhält. Das Kompartiment S' fängt den Bruchteil (1-p) re-
produktionsgeschädigter Stammzellen auf, das Kompartiment D_1' die
Bruchteile p und f ungeschädigter Zellen aus den Kompartimenten
S und S', die Kompartimente D_2', D_3' und D_4' den Bruchteil p unge-

schädigter Zellen aus D_1, D_2 und D_3 und schließlich die Kompartimente D_i'' (i=1,...,4) die reproduktionsgeschädigten Zellen aus S'(Bruchteil 1-f) und aus D_1, D_2 und D_3 (Bruchteil 1-p). Nach der Erholungszeit des Systems bildet die Teilkette der Kompartimente S - D_i' das entsprechende Teilstück der ursprünglichen, ungestörten Kompartimentkette der Hämatopoese.

Ergebnisse der Simulation

Zur digitalen Simulation standen die zwei Programmsysteme DYNAMO II (8) und CSMP (3) zur Verfügung. DYNAMO II läßt nur eine Verzögerung des Kaskaden-Typs zu, ist aber durch sein Dialogsystem wesentlich benutzerfreundlicher. In beiden Programmsystemen kommt als Integrationsalgorithmus das einfache Eulersche Verfahren zur Anwendung.

Drei verschiedene Aspekte stehen bei den im folgenden beschriebenen Simulationsläufen im Vordergrund: Die Auswirkung der beiden unterschiedlichen Verzögerungstypen, die Bedeutung der Modellparameter b und z (vgl. 1a/b) im Hinblick auf das Modellverhalten und die Strahlenschädigung ausgedrückt durch die Parameter p und f.

Um einen Vergleich der verschiedenen Modellantworten zu ermöglichen, wird für alle Parameterkombinationen die stationäre Stammzellenzahl S_∞= 3,0 · 10^8 Zellen gesetzt und das Verhältnis der Abgänge von Zellen nicht-erythroiden zu erythroiden Typs auf g/e = 1,7 festgelegt. In Tablle I sind die Parameterkombinationen der Abb. 3-5, 7, 8 und 10 zusammengestellt.

In Abb. 3 sind für alle 6 Kompartimente die Besetzungszahlen in Abhängigkeit von der Zeit bei Anwendung der beiden Verzögerungstypen dargestellt. Eine exakte Verzögerung erzeugt, wie zu erwarten, wesentlich größere und schärfere Amplitudenausschläge, die den physiologischen Verhältnissen weniger gut entsprechen als die geglätteten Verläufe mit Verzögerungsgliedern 5. Ordnung. Die biologische Interpretation eines Verzögerungsgliedes des Kaskaden-Typs als geeignetes Modell der Zellzyklusdauer findet also hier eine Bestätigung. Im weiteren finden deshalb nur noch Verzögerungsglieder 5. Ordnung Anwendung.

Der Einfluß des Produktionsparameters z beschränkt sich auf die absolute Größe der Besetzungszahlen der Kompartimente im Ruhezustand des

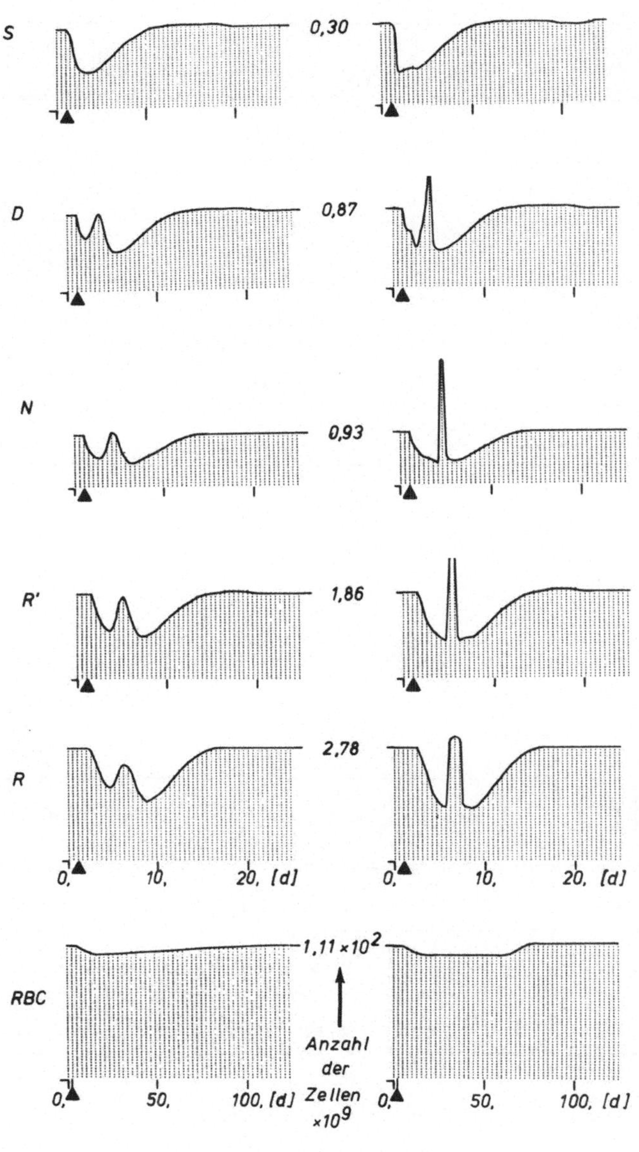

Abb. 3. Anzahl der Zellen der 6 Kompartimente des Hämatopoese-
modells nach Strahlenschädigung.
Links: Verzögerung 5. Ordnung des Kaskadentyps
Rechts:Exakte Verzögerung (Parameter siehe Tabelle I)

Abb. Nr.	z $[d^{-1}]$	a $[d^{-1}]$	b $[10^{-10}\ d^{-1}\ \text{Zellen}^{-1}]$	p	f
3	1,0	1,4	1,3	0,5	1,0
4	0,9	1,5	2,6	0,5	1,0
5	1,1	1,3	0,7	0,5	1,0
7	1,0	1,4	1,3	0,25	1,0
8	1,0	1,4	1,3	0,75	1,0
10	1,0	1,4	1,3	0,5	0,5

Tabelle I: Parameterkombination der
Abbildungen

$z\ [d^{-1}]$	S	D	N	R'	R	RBC
0,9	3,0	7,5	8,0	16,0	24,0	959,2
1,0	3,0	8,6	9,2	18,4	27,6	1088,8
1,1	3,0	9,2	9,8	19,5	29,3	1172,5

Tabelle II: Besetzungszahlen ($\times\ 10^{8}$) der
Kompartimente bei unterschiedlichen
Produktionsparametern

343

Systems. In Tabelle II sind die Besetzungszahlen der Kompartimente
bei drei verschiedenen z-Werten zusammengestellt.

Die Rückkkopplungskonstante b wirkt hauptsächlich auf das Verhalten
des Modells bei Rückkehr zum Ruhestand (Abb. 4 und 5).

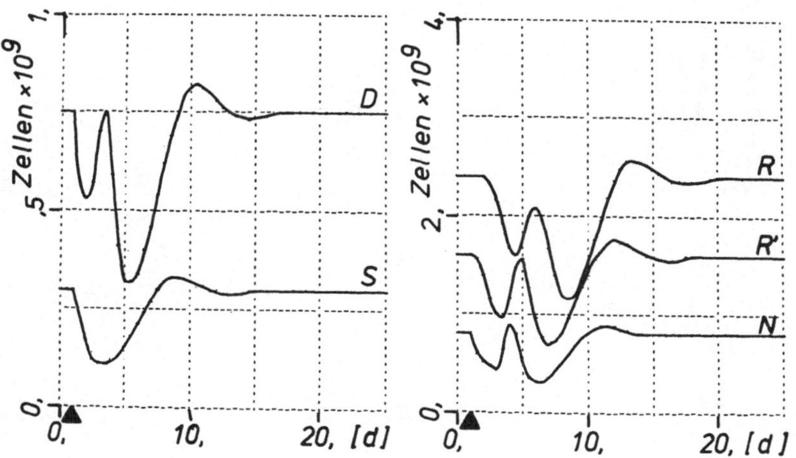

Abb. 4. Anzahl der Zellen der 5 Kompartimente S, D, N, R' und R
des Hämatopoesemodells nach Strahlenschädigung (Para-
meter siehe Tabelle I). Starke Rückkopplung (vgl. Text)

Wachsende Rückkopplung führt zu schnellerer Rückkehr zur Ausgangs-
lage und sogar zur Überschwingung und auch Unterschwingung (Abb. 4).
Neben unterschiedlichen Erholungszeiten, die um bis zu 10 Tagen bei
den gewählten Parameterwerten schwanken, wird dadurch auch der maximale relative Rückgang der Erythrozyten im Kreislauf beeinflußt
(Abb. 6).

Der Strahlenschädigungsparameter p, der den Bruchteil der ungeschä-
digten Zellen angibt, ist bestimmend für den maximalen Rückgang der
Besetzungszahlen der Kompartimente (Abb. 7 und 8) und hat damit auch
einen Einfluß auf die Systemerholungszeit (Schwankungen bis zu 15
Tagen bei den gewählten Parametern) und den maximalen Rückgang der
Erythrozyten im Kreislauf (Abb. 9). Bei Variation des Strahlenschä-
digungsparameters f, der den Bruchteil der im Kompartiment D noch
reproduktionsfähigen, aber als Stammzellen geschädigten Zellen des
Kompartimentes S angibt, zeigt sich deutlich sein Einfluß auf die

Amplitude des ersten Wiederanstiegs der Besetzungszahlen (Abb. 10).
Bei f=0,2 ist der Peak schon einem verminderten Abfall gewichen.Ver-
änderungen von f wirken sich nur geringfügig auf den maximalen relativen Rückgang der Erythrozyten aus.

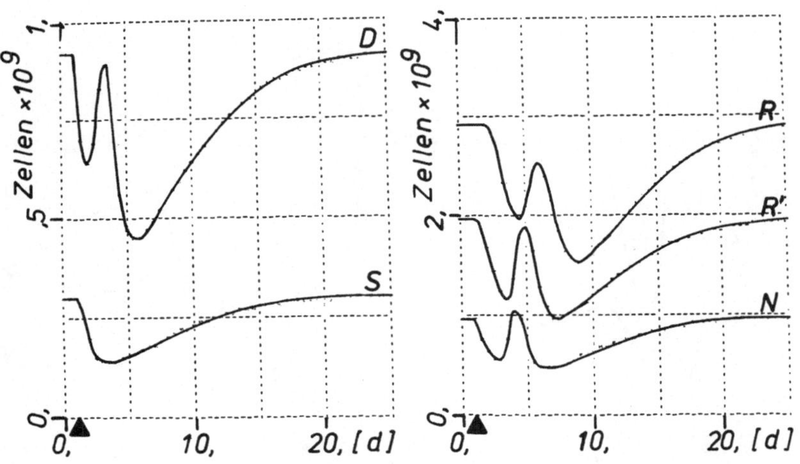

Abb. 5. Wie Abb. 4. Schwache Rückkopplung (vgl. Text)

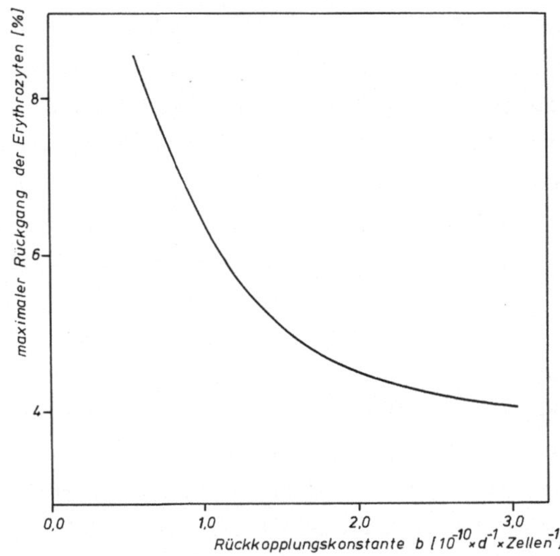

*Abb. 6. Maximaler relativer Rückgang der Erythrozyten im Kreislauf
(Kompartiment RBC) in Abhängigkeit vom Rückkopplungsparameter b*

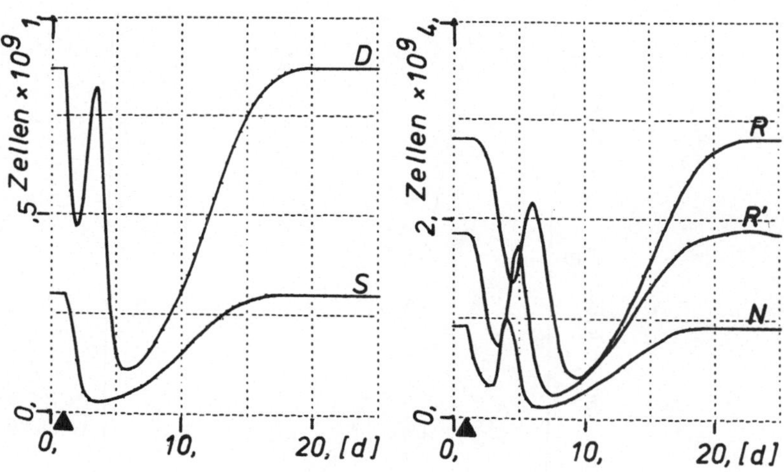

Abb. 7. Wie Abb. 4. Starke Strahlenschädigung (vgl. Text)

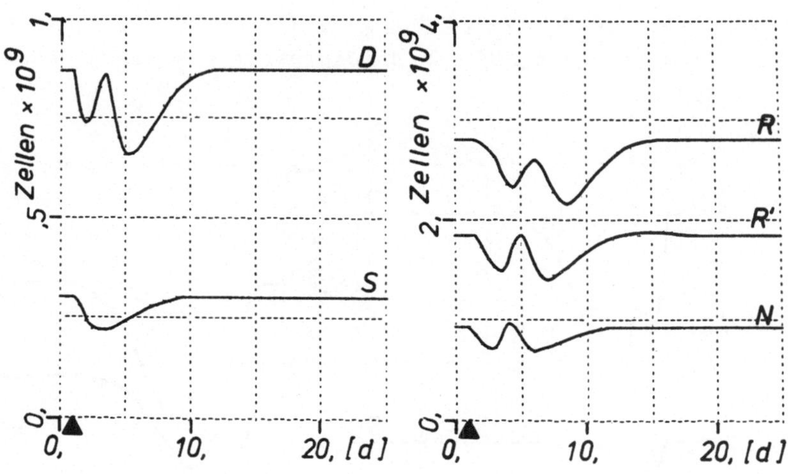

Abb. 8. Wie Abb. 4. Schwache Strahlenschädigung (vgl. Text)

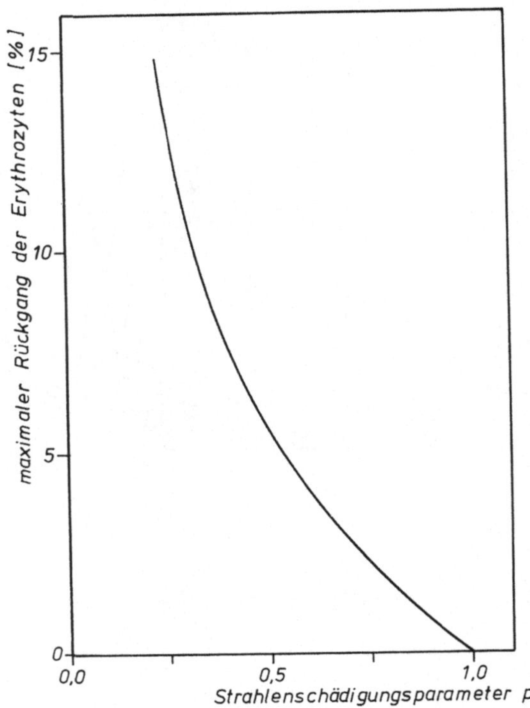

Abb. 9. Maximaler relativer Rückgang der Erythrozyten im Kreislauf
(Kompartiment RBC) in Abhängigkeit vom Strahlenschädigungsparameter p

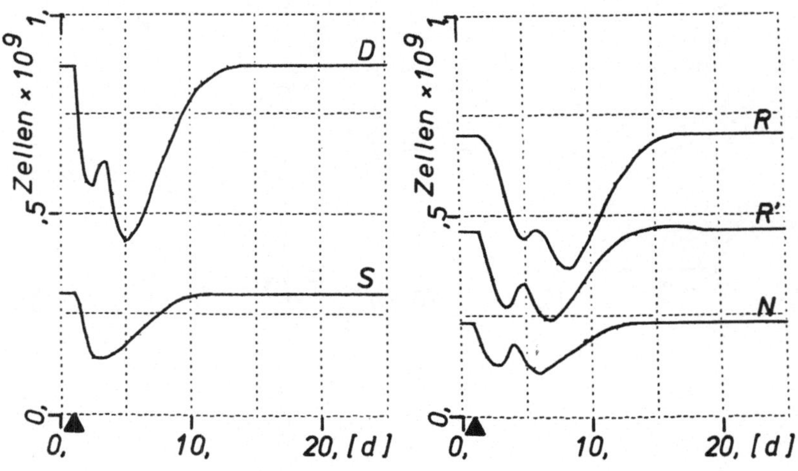

Abb.10. Wie Abb. 4. Starke Schädigung der Reproduktionsfähigkeit
der differenzierenden Zellen (vgl. Text)

Diskussion

Als besonderes Charakteristikum der Modellantwort auf Strahlenschädigung ist der Zwischenanstieg der Zellproduktion vor der eigentlichen
Erholung der Hämatopoese anzusehen. Experimentell läßt sich ein entsprechendes Verhalten zeigen (Abb. 11).

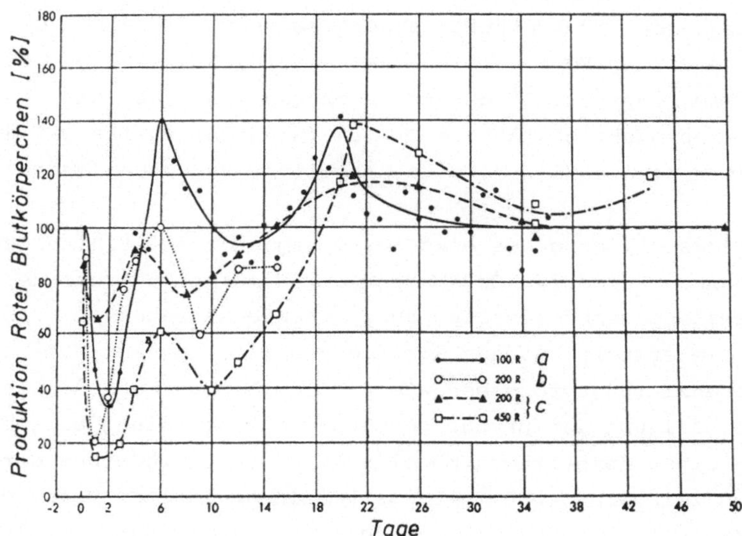

Abb. 11. Experimentelle Ergebnisse an Ratten dreier unabhängiger
Arbeitsgruppen [a: OKUNEWICK et al.(5), b: HARRISS (2),
c: BLACKETT und ROYLANCE (1)], die die Neubildung von
Erythrozyten (Einbau von Fe^{59}) nach Roentgenbestrahlung
verschiedener Dosen zeigen (6)

Im Modell wird der Zwischenanstieg dadurch verursacht, daß einem Teil
der geschädigten Stammzellen ihre Reproduktionsfähigkeit als differenzierende Zellen erhalten bleibt. Geht die Reproduktionsfähigkeit der
geschädigten Zellen gänzlich verloren, verschwindet auch der Peak.
Weitere Charakteristika der Modellantworten sind der maximale Abfall
der Zellzahlen und die Erholungszeit des Systems. Der maximale Rückgang der Zellzahlen in den einzelnen Kompartimenten wird maßgeblich
bestimmt durch den Anteil der geschädigten Zellen insgesamt, also
durch einen Strahlenschädigungsparameter. Die Erholungszeit ist ebenfalls von diesem Parameter abhängig; darüber hinaus wird sie aber
durch den Rückkopplungsparameter, einen Modellparameter, beeinflußt.

Hinsichtlich der Systemerholungszeit sind also Annahmen über die Hämatopoese und über die Strahlenschädigung in ihren Wirkungen nicht zu trennen. Dies ist insbesondere auch deshalb problematisch, als der Modellansatz von OKUNEWICK und KRETCHMAR im Hinblick auf die Regelung der Stammzellenproduktion und der Abgabe in den Reifungsprozeß zu Erythrozyten erhebliche Mängel aufweist (4). Einerseits, als rein heuristisch, ist er nicht auf zugrundeliegende biochemische und molekulare Vorgänge zurückgeführt; andererseits wird die Rolle des Erythropoetins in der Reproduktion ganz außer acht gelassen. Eine Rückkopplung vom Kompartiment der Erythrozyten (RBC) auf die Kompartimente der reproduktionsfähigen Zellen (S und D) dürfte bei der Reaktion auf Strahlenschädigung eine erhebliche Bedeutung haben.

Unter Berücksichtigung des eingangs Gesagten (vgl. Einführung) dürften die beiden folgenden Ergebnisse der Simulation trotz des mangelhaften Hämatopoesemodells eine ausreichende Aussagekraft haben, wobei sich die erstere Aussage auf die Modellierung von Zellteilungs- und Differenzierungsprozessen wie die Hämatopoese und die letztere auf die Schädigung der Erythropoese durch Bestrahlung beziehen: Bei Anwendung eines Kompartimentmodells kann die Verzögerung der Übergangsraten zwischen den Kompartimenten in geeigneter Weise durch eine Kaskade von Verzögerungsgliedern 1. Ordnung dargestellt werden. Der Zwischenanstieg in der Erythropoese nach Bestrahlung vor einer endgültigen Erholung kann auf eine Teilschädigung der Reproduktionsfähigkeit der Stammzellen (bzw. der reproduktionsfähigen Zellen überhaupt, was hier nicht gezeigt wurde) und eine Erholungsphase der geschädigten Zellen zurückgeführt werden.

Anhang I

Aus

$$\dot{D}_i = r_i(t) - r_i(t - \tau)$$

folgt unter der Voraussetzung, daß

$$r_i(t) = 0 \text{ für } t < 0$$

und $\quad r_i(t) = a_i \text{ mit } a_i = \text{const. für } t \text{ hinreichend groß,}$

(I,1) $\quad D_i(t) = \tau a_i$

für hinreichend große Zeiten t.

Für große Zeiten t - d.h. das System befindet sich im stationären Zustand - gilt:

$$a_1 = e \, S_\infty$$
$$a_2 = 2 \, e \, S_\infty$$
$$a_3 = 4 \, e \, S_\infty$$
$$a_4 = 8 \, e \, S_\infty \; .$$

Daraus und mit (I,1) folgt für die Besetzungszahl von D für hinreichend große Zeiten t

$$D = \sum_{i=1}^{4} D_i = 15 \, \tau \, e \, S_\infty \; .$$

Für den stationären Fall geht dann (1a) über in

$$0 = (a - z) \, S_\infty - b \, (1 + \beta \, 15 \, \tau \, e) \, S_\infty^{\,2} \; .$$

Es folgt unter den Voraussetzungen

$$a-z \neq 0 \quad \text{und} \quad S(0) \neq 0$$

und mit der Beziehung

$$e \, \beta = z$$

die Gleichung (1b).

Anhang II

Das Gleichungssystem für eine Verzögerung der Größe r um die Verzögerungszeit τ durch eine Kaskade von n Verzögerungsgliedern 1. Ordnung lautet

$$(\text{II,1}) \quad \begin{cases} x_0 = r_t \\[4pt] \dfrac{\tau}{n} \, \dot{x}_i + x_i = x_{i-1} \quad ; \; i=1,\ldots,n \\[4pt] x_n = r_{t-\tau} \; . \end{cases}$$

Im Bildraum der Laplace-Transformationen (o.B.d.A. $x_i(0)=0$) wird das Gleichungssystem dargestellt durch

$$\hat{r}_{t-\tau} = \frac{\hat{r}_t}{\left(1 + \dfrac{\tau}{n} \, s\right)^n} = \frac{\hat{r}_t}{\displaystyle\sum_{l=0}^{n} \frac{n!}{(n-l)! \; n^l} \, \frac{(\tau \, s)^l}{l!}}$$

Für die exakte Verzögerung

$$(II,2) \qquad r_{t-\tau} = r_t(t-\tau)$$

gilt im Bildraum der Laplace-Transformationen

$$\hat{r}_{t-\tau} = \frac{\hat{r}_t}{\displaystyle\sum_{l=0}^{\infty} \frac{(\tau\, s)^l}{l!}} \quad .$$

Da

$$\lim_{n \to \infty} \frac{n!}{(n-1)!\, n^l} = 1,$$

wenn l endlich bleibt, und

$$\frac{n!}{(n-1)!\, n^l} = 1 \quad \text{für } l=0,1$$

gilt, kann das Gleichungssystem (II,1) als Näherung der Gleichung (II,2) angesehen werden.

Literatur

1. BLACKETT, N.M., ROYLANCE, P.J. (1965): The recovery in erythro-poiesis and erythropoietic capacity following whole body irradiation, using Fe^{59} and bone marrow transplantation, Colloques Internationaux du Centre National de la Recherche Scientifique, Vol. 147, 55.
2. HARRISS, E.B. (1958): The effect of whole body irradiation on bone marrow as studied by radioactive iron incorporation, Strahlentherapie, Sonderbände Vol. 29, 308.
3. IBM (1972): CSMP/360 Continuous System Modeling Program, user's manual, IBM-form GH20-0367-4.
4. LAJTHA, L.G. (1971): "Models relevant to radiation effects on stem cell pools", Manual on Radiation Haematology, IAEA, Vienna, 151-157.
5. OKUNEWICK, J.P., HERRICK, S.E., HENNESSY, T.G. (1966): Oscillatory response in the recovery of erythropoiesis following sublethal x-irradiation, 3rd International Congress of Radiation Research, Abstracts, 170.
6. OKUNEWICK, J.P., KRETCHMAR, A.L. (1967): A mathematical model for post-irradiation hematopoietic recovery, RAND Corp.Res.Memo. RM-5272-PR.
7. OKUNEWICK, J.P., KRETCHMAR, A.L. (1968): "Mathematical model for post-irradiation haemopoisis", Effect of Radiation on Cellular Proliferation and Differentiation (Proc.Symp.Monaco, 1968), IAEA, Vienna, 259-273.
8. PUGH, A.L., III (1970): DYNAMO II user's manual, MIT Press, Cambridge, Massachusetts.

Variable Zeitverzögerungen bei der Blutbildung

H.E. Wichmann, B. Thomas

Zusammenfassung

Zur Beschreibung von Zellsystemen mit festen oder variablen Reifungszeiten werden gewöhnliche Differentialgleichungen sowie Differentialgleichungen mit festen oder veränderlichen Zeitverzögerungen eingesetzt. Zunächst wird geprüft, was bei Änderung der Zuflußrate und der Reifungszeit am isolierten Reifungscompartment geschieht. Dann wird ein einfacher Regelkreis betrachtet, bei dem die Zellzahl im Funktionscompartment plötzlich erhöht oder erniedrigt wird. Es zeigt sich, daß für variable Reifungszeiten gewöhnliche Differentialgleichungen qualitativ die gleichen Ergebnisse wie aufwendigere Ansätze liefern. Bei festen Reifungszeiten werden dagegen Differentialgleichungen mit Verzögerung benötigt.

Einleitung

Die Bildung der wichtigsten Blutzellen (Erythrozyten, Leukozyten, Thrombozyten) läuft grob vereinfacht folgendermaßen ab ((9) Abb. 1 und 2): Ausgehend von einem selbstregenerierenden Stammzellpool durchlaufen die Zellen mehrere Teilungs- und Reifungsstadien im Knochenmark, bevor sie im Blut oder Gewebe ihre Funktion übernehmen. Die Rückkopplung erfolgt indirekt über ein Hormon, das die Zahl der Zellteilungen sowie die Reifungs- und Teilungszeiten im Knochenmark innerhalb gewisser Grenzen beeinflußt.

Beim Versuch, mathematische Modelle derartiger Regelsysteme aufzustellen (5-8), tritt als Teilproblem die Frage nach der angemessenen Beschreibung variabler Teilungs- und Reifungszeiten auf, die hier untersucht werden soll. Sie ist von Bedeutung, wenn man Störungen des Gleichgewichtszustandes betrachtet, denn die mathematische Behandlung

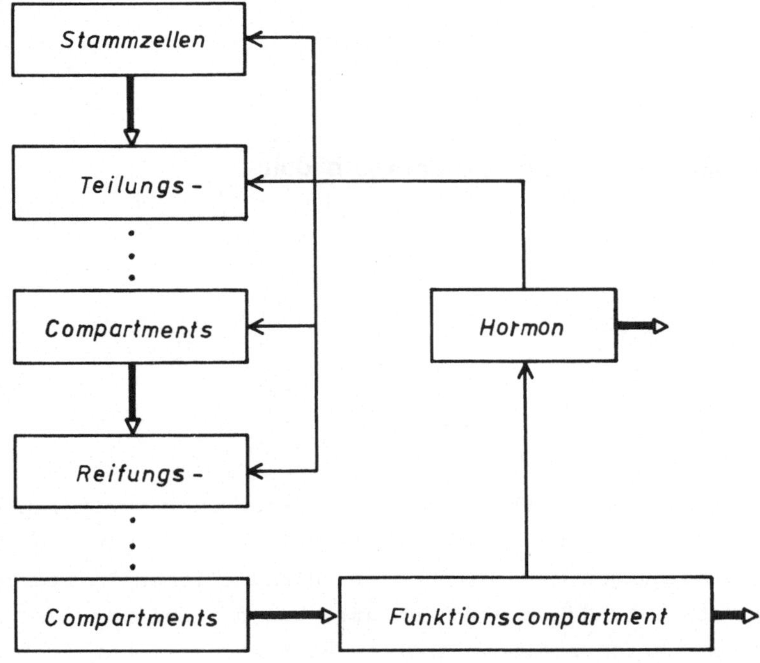

Abb. 1. Vereinfachtes Schema der Blutbildung (⟶ Übergänge von Zellen und Hormonen, ⟶ Regulationsmechanismen)

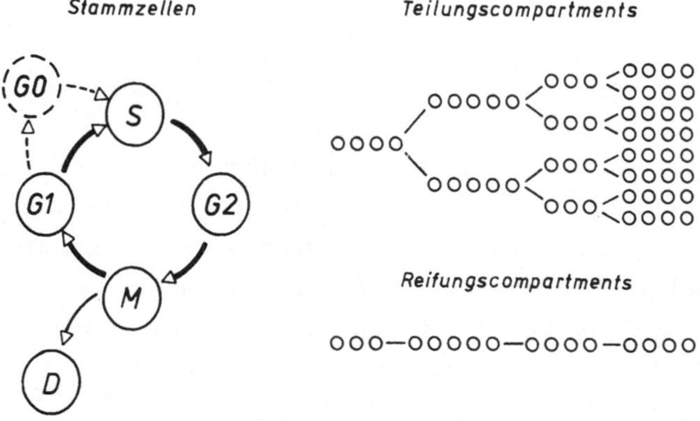

Abb. 2. Zellentwicklung in den verschiedenen Compartmenttypen (M: Mitosephase, G1: 1. Zwischenphase, S: Synthesephase, G2: 2. Zwischenphase, GO: Ruhephase; D: Zelle, die in die Differentiation geht)

der Zellentwicklungszeiten entscheidet darüber, ob das System stark oder schwach gedämpft ins Gleichgewicht zurückkehrt oder ungedämpft oszilliert. Ferner ist es wichtig, aus gleichwertigen Beschreibungsformen die einfachere (d.h. hier die numerisch leichter lösbare) auszuwählen, um auch komplizertere Zellsysteme untersuchen zu können.

Die Modellrechnungen wurden mit den Programmen DIFFSYS und RESYS zur numerischen Lösung von gewöhnlichen Differentialgleichungen bzw. von Differentialgleichungen mit fester oder variabler Retardierung (Zeitverzögerung) durchgeführt, die den BULIRSCH-STOER-Algorithmus verwenden (<u>2</u>,<u>3</u>).

Allgemeiner Ansatz

Für die Compartments in Abb. 1 kann man Bilanzgleichungen der Form

$$(1) \qquad \dot{Y}_i(t) = \dot{Y}_i^{in}(t) + \dot{Y}_i^{m}(t) - \dot{Y}_i^{out}(t), \quad i=1,\ldots,n$$

aufstellen, wobei $\dot{Y}_i^{in}$ die Zuflußrate, $\dot{Y}_i^{m}$ die Mitoserate und $\dot{Y}_i^{out}$ die Abwanderungsrate bezeichnen. Für das Stammzellcompartment ist $\dot{Y}_i^{in} = 0$, für die Teilungscompartments gilt $\dot{Y}_i^{m} = 0$ und bei Gesunden ist die Beziehung $\dot{Y}_i^{in} = \dot{Y}_{i-1}^{out}$ erfüllt. Zellzahlen und Hormonmenge hängen nur implizit von der Zeit ab, es liegt also ein autonomes Differentialgleichungssystem vor.

Ein isoliertes Reifungscompartment

Betrachten wir zunächst ein einzelnes Reifungscompartment. In diesem Spezialfall reduziert sich das System (1) auf die Gleichung

$$(2) \qquad \dot{Y}(t) = \dot{Y}^{in}(t) - \dot{Y}^{out}(t).$$

Zur Beschreibung der Abwanderungsrate sollen folgende 3 Ansätze verwendet werden, denen verschiedene Interpretationen der Zellreifung entsprechen und die zu unterschiedlichen Differentialgleichungstypen führen:
Bei der *random-Beschreibung* wird angenommen, daß die Zellen das Compartment zu beliebiger Zeit unabhängig von ihrer Aufenthaltsdauer verlassen können, wobei sie im Mittel den Zeitraum τ im Compartment verbringen. Aus Überlegungen zum Gleichgewichtszustand folgt

(3) $\qquad \dot{Y}^{out}(t) = \frac{1}{\tau} \dot{Y}(t)$

und Gleichung (2) wird eine *gewöhnliche Differentialgleichung* .

Nimmt man an, alle Zellen haben exakt die gleiche Aufenthaltsdauer τ, dann verlassen diejenigen das Compartment zur Zeit t, die bei t-τ hineingekommen sind. Man spricht von first in - first out - Beschreibung oder fifo - Beschreibung. Für konstantes τ liegt eine *fifo-Beschreibung mit fester Reifungszeit* vor und es gilt

(4) $\qquad \dot{Y}^{out}(t) = \dot{Y}^{in}(t-\tau)$ $\qquad$;

hier ist eine *Gleichung mit fester Retardierung* zu lösen.

Ist τ veränderlich, so sprechen wir von einer *fifo-Beschreibung mit variabler Reifungszeit*. Dieser entspricht eine *Gleichung mit variablerRetardierung*, welche die Form

(5) $\qquad \dot{Y}^{out}(t) = \dot{Y}^{in}(t-\tau) \cdot (1-\dot{\tau})$

mit der Nebenbedingung

$\qquad \dot{Y}^{out}(t) \geqslant 0$

annimmt. Der zusätzliche Term in Gleichung (5) stammt aus der Erhaltung der Zellzahlen. Die Nebenbedingung ergibt sich aus der Tatsache, daß ein Rückfluß von Zellen aus Folgecompartments biologisch nicht möglich ist.

Wir wollen im folgenden eine variable Reifungszeit betrachten, die zwischen der Hälfte und dem Doppelten ihres Gleichgewichtswertes τ_0 liegen kann (Abb. 3). Für das Reifungscompartment sollen dabei 4 Beschreibungsformen verwendet werden.

random: random-Compartment mit variablem $\tau \in [.5\,\tau_0, 2\,\tau_0]$.

fifo ‖ *random:* Parallelschaltung eines fifo - Compartments mit fester Retardierung $\tau' = \tau_0$ und eines random - Compartments mit variablem $\tau'' \in [\epsilon, 3\,\tau_0]$.

fifo-random: Hintereinanderschaltung eines fifo-Compartments mit fester Retardierung $\tau' = .5\,\tau_0$ und eines random-Compartments mit variablem $\tau'' \in [.5\,\epsilon, 1.5\,\tau_0]$.

fifo: fifo - Compartment mit variabler Retardierung $\tau \in [.5\,\tau_0, 2\,\tau_0]$.

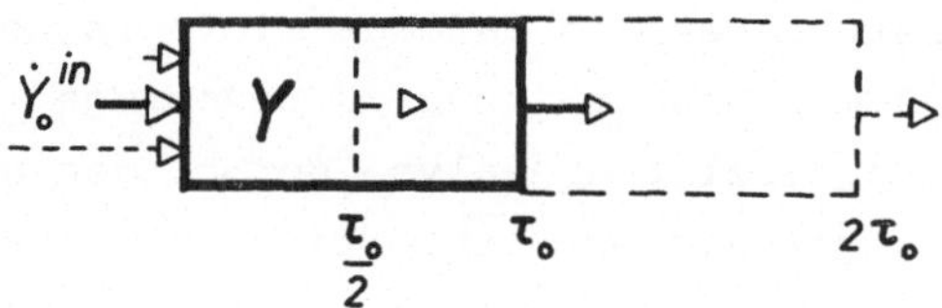

Abb. 3. Isoliertes Reifungscompartment, dessen Zuflußrate und Rei-
fungszeit jeweils halbiert oder verdoppelt werden können

Bei Parallel- und Hintereinanderschaltung wird das Reifungscompartment gemäß Abbildung 4 so in 2 Untercompartments aufgeteilt, daß für
die mittlere Reifungszeit (bei $\varepsilon \to 0$) ebenfalls $\tau \in [.5\tau_o, 2\tau_o]$ folgt.
Ferner sind beide Untercompartments für $\tau = \tau_o$ gleich groß.

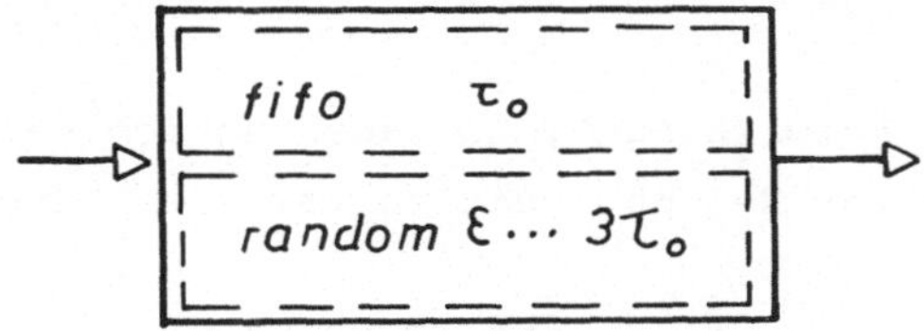

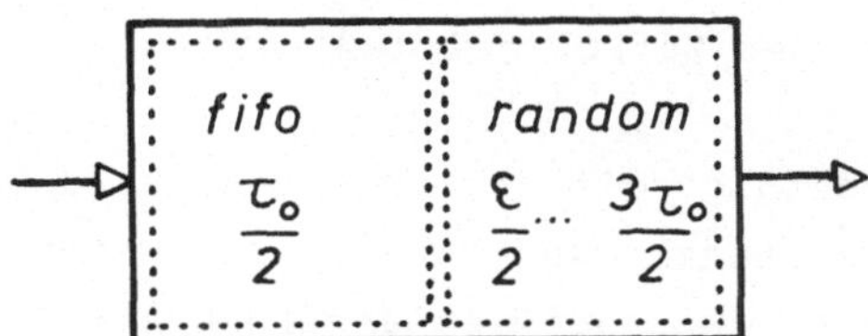

Abb. 4. Künstliche Aufspaltung des Reifungscompartments in ein fifo-
Compartment mit fester und ein random-Compartment mit varia-
bler Reifungszeit. Oben: Parallelschaltung fifo ∥ *random,*
unten: Hintereinanderschaltung fifo-random

Zytologische Untersuchungen der Reifungsvorgänge bei Blutzellen lassen zwar keine eindeutige Entscheidung zwischen den 4 Beschreibungsformen zu, es spricht jedoch einiges dafür, daß alle Zellen ungefähr

die gleiche Reifungszeit haben, so daß aus biologischer Sicht die fifo- und die fifo- random - Beschreibung zu bevorzugen sein dürften. Dennoch erscheint die zusätzliche Analyse der beiden anderen Ansätze sinnvoll, da diese bei geringerem mathematischen Aufwand möglicherweise das gleiche leisten wie die biologisch angemesseneren Beschreibungen.

Wie beeinflußt nun die plötzliche Verdopplung oder Halbierung der Zuflußrate oder der Reifungszeit die Zellzahlen im Reifungscompartment (Abb. 3)? Wir unterscheiden folgende Fälle:

$$
\text{a1:}\quad \dot{Y}^{in} = \begin{cases} \dot{Y}_o^{in} & t < t_o \\[2mm] 2Y_o^{in} & t_o \le t \end{cases}
\qquad\qquad
\text{b1:}\quad \tau = \begin{cases} \tau_o & t < t_o \\[2mm] 2\tau_o & t_o \le t \end{cases}
$$

$$
(6)\qquad
\text{a2:}\quad \dot{Y}^{in} = \begin{cases} \dot{Y}_o^{in} & t < t_o \\[2mm] .5\dot{Y}^{in} & t_o \le t \end{cases}
\qquad\qquad
\text{b2:}\quad \tau = \begin{cases} \tau_o & t < t_o \\[2mm] .5\tau_o & t_o \le t \end{cases}
$$

Abbildung 5 zeigt die Auswirkungen, die anschaulich bei einem fifo-Compartment mit variabler Reifungszeit zu erwarten sind.

Nach Verdopplung der Zuflußrate gemäß a1 wächst die Zellzahl von Y_o zur Zeit t_o linear auf $2Y_o$ zur Zeit $t_o + \tau_o$. Währenddessen ist die Abwanderungsrate unverändert; erst bei $t_o + \tau_o$ wird auch sie verdoppelt und der neue Gleichgewichtszustand ist erreicht. Analog läuft das Geschehen bei Halbierung der Zuflußrate (a2) ab.

Die Verdopplung der Reifungszeit (b1) führt dazu, daß zunächst die hinzukommenden Reifungsstadien unbesetzt sind. Nimmt man wie in Abbildung 5 an, daß die Reifungszeitverlängerung am Ende des Compartments geschieht, dann werden zunächst die 'Leerstellen' aufgefüllt. Während dieser Zeit erfolgt keine Abwanderung aus dem Compartment. Erst bei $t_o + \tau_o$ ist dieser Vorgang abgeschlossen und die alte Abwanderungsrate wird wieder angenommen. Es gibt aber auch biologische Argumente dafür, daß die neuen Reifungsstadien nicht am Ende des Compartments angehängt, sondern gleichmäßig über das Compartment verteilt werden. In diesem Fall würde die Abwanderungsrate im Mittel halbiert und der neue Gleichgewichtszustand würde erst zur Zeit $t_o + 2\tau_o$ angenommen.

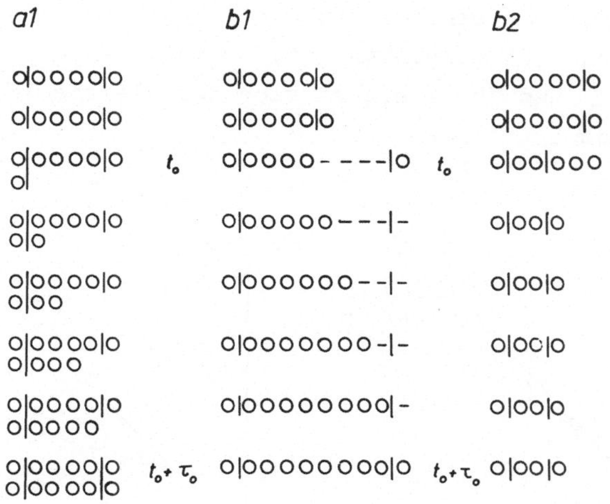

```
        a1                    b1                     b2

    o|ooooo|o             o|ooooo|o              o|ooooo|o
    o|ooooo|o             o|ooooo|o              o|ooooo|o
    o|ooooo|o      t₀     o|ooooo----|o    t₀    o|oo|ooo
    o|
    o|ooooo|o             o|oooooo---|-          o|oo|o
    o|o
    o|ooooo|o             o|ooooooo--|-          o|oo|o
    o|oo
    o|ooooo|o             o|oooooooo-|-          o|oc|o
    o|ooo
    o|ooooo|o             o|ooooooooo|-          o|oo|o
    o|ooooo
    o|ooooo|o     t₀+τ₀   o|ooooooooo|o   t₀+τ₀  o|oo|o
    o|ooooo|o
```

Abb. 5. *Auswirkung der Verdopplung der Zuflußrate (a1) bzw. der
         Verdopplung (b1) oder Halbierung (b2) der Reifungszeit bei
         einem fifo-Compartment. 0|0000|0 : Zufluß pro Zeiteinheit|
         Zellzahl im Compartment | Abwanderung pro Zeiteinheit,
         0 : Zellen, - : 'Leerstellen'*

Bei Halbierung der Reifungszeit (b2) ist das Ergebnis eindeutig: Alle jetzt 'überreifen' Zellen verlassen innerhalb kürzester Zeit das
Compartment und der neue Gleichgewichtszustand ist erreicht.

In Abbildung 6 sind die Zellzahlen bei Verdopplung oder Halbierung
von Zuflußrate bzw. Reifungszeit für die 4 Formen der Compartmentbe-
schreibung wiedergegeben. Bei a1 wächst Y bei der fifo-Beschreibung
zwischen t_0 und $t_0+\tau_0$ linear an, die random-Beschreibung liefert dagegen einen Anstieg gemäß $2 - \exp(-(t-t_0)/\tau_0)$. Die Kurven für Parallel-
und Hintereinanderschaltung liegen zwischen denen der fifo- und random-Beschreibung.

Während sich bei a2 hierzu spiegelbildliche Verläufe ergeben, ist
die Situation bei b1, der Verdopplung der Reifungszeit, anders.Hier
erfolgt der Anstieg mit $2 - \exp(-(t-t_0)/a\tau_0)$ für random-Beschreibung
(a=2), Parallel (a=3) - bzw. Hintereinanderschaltung (a=1.5). Bei
der fifo-Beschreibung (Gleichung (5)) ist die Nebenbedingung $\dot{Y}^{out}(t)$
$\geqslant 0$ zunächst nicht erfüllt, da aus Gleichung (6) für b1 $\dot{r}(t_0) = \infty$

folgt. Betrachtet man stattdessen die schnellste Vergrößerung von τ, die mit Gleichung (5) vereinbar ist, so folgt in diesem Fall $\dot{Y}^{out}(t)=0$ für $t_o \leq t < t_o + \tau_o$ und für Y ergibt sich der gleiche lineare Anstieg wie in Abbildung 5.

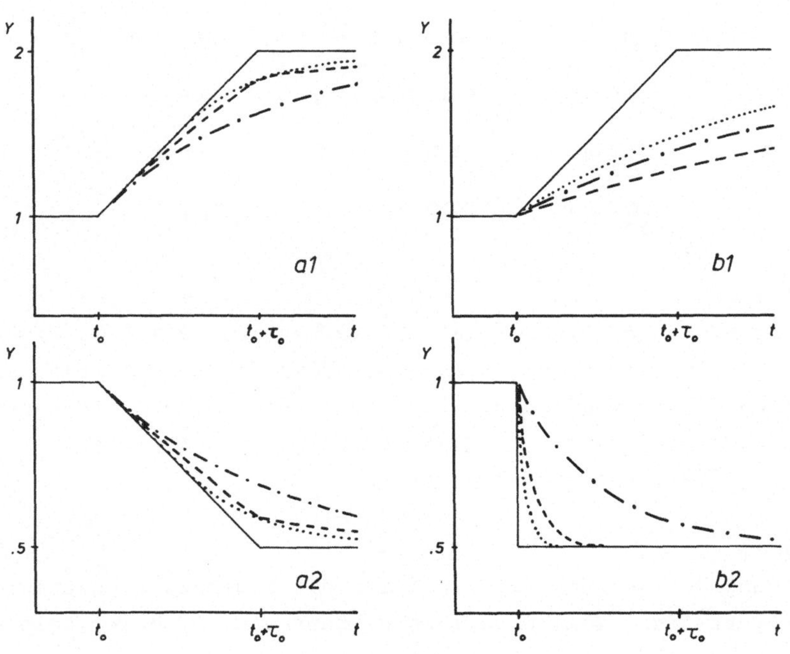

Abb. 6. Verhalten der Zellzahl Y im Reifungscompartment bei Verdopplung oder Halbierung der Zuflußrate (a1,a2) bzw. der Reifungszeit (b1,b2). (—— fifo-, - - - fifo ‖ random-, ··· fifo-random, -·-·- random-Beschreibung)

Bei Halbierung der Reifungszeit in b2 schließlich wird die Zellzahl bei fifo- und fifo- random-Beschreibung innerhalb kürzester Zeit halbiert, während dies bei der random-Beschreibung deutlich langsamer mit $.5 + .5 \exp(-(t-t_o)/ .5\tau_o)$ erfolgt.

Die entsprechenden Kurven für die Abwanderungsrate $\dot{Y}^{out}$ sind in Abbildung 7 dargestellt, wobei der unendlich hohe peak bei der fifo-Beschreibung in b2 als Kasten der Breite ε gezeichnet wurde.

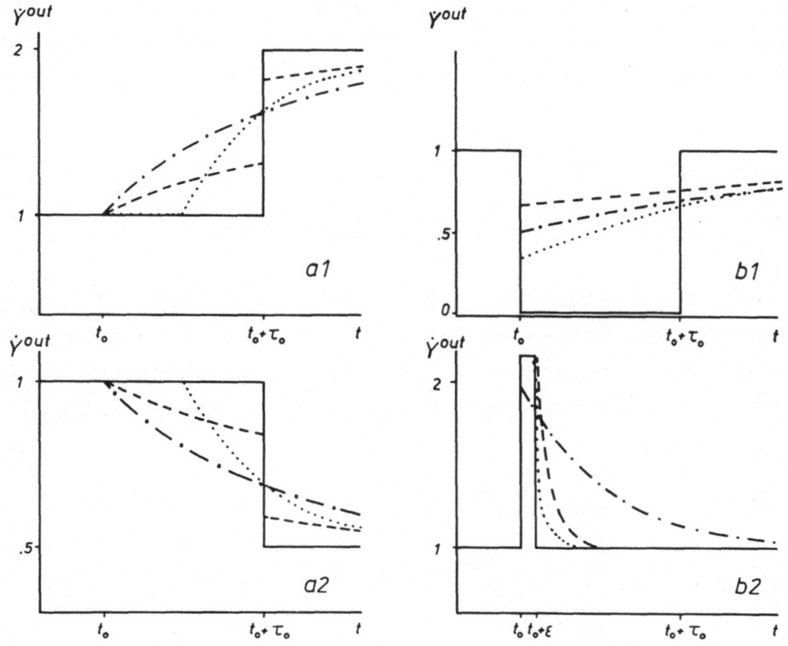

Abb. 7. Verhalten der Abwanderungsrate $\dot{Y}^{out}$ aus dem Reifungskompartment bei Verdopplung oder Halbierung der Zuflußrate (a1,a2) bzw. der Reifungszeit (b1,b2). Bedeutung der Kurven wie in Abb. 6

Beide Abbildungen zeigen, daß sich die 4 Beschreibungsarten bei Veränderung der Zuflußrate nicht so stark unterscheiden wie bei Veränderung der Reifungsdauer. Die auffallende Abweichung der fifo-Kurve in b1 von den übrigen folgt dabei allerdings aus der Annahme, daß die hinzukommenden Reifungsstadien hinten angehängt werden (Abb. 5). Werden sie gleichmäßig auf das Compartment verteilt, erfolgt der lineare Anstieg von Y halb so schnell wie in Abbildung 6 und $\dot{Y}^{out}$ in Abbildung 7 fällt nur auf .5 ab. Als Ergebnis kann man festhalten:

– Die variable Retardierung in der fifo-Beschreibung wird durch Parallel- und Hintereinanderschaltung (mit einer gewissen Einschränkung bei b1) gut approximiert. Dies gilt insbesondere für die physiologisch wichtigsten Situationen a1 und b2 (angeregte Produktion und beschleunigte Reifung).
– Bei allen Beschreibungen mit random-Anteil werden Veränderungen

innerhalb eines Compartments in den Folgecompartments weniger abrupt
spürbar. Insbesondere tritt ein veränderter Zufluß früher und eine
veränderte Reifungsdauer später als bei der fifo-Beschreibung in Erscheinung.

Ein einfacher Regelkreis mit positiver Rückkopplung

In Abbildung 8 ist ein einfacher Regelkreis dargestellt, der aus einem Compartment Y_1 von reifenden Zellen mit variabler Reifungszeit
$\tau_1(t)$, einem Funktionscompartment Y_2 mit fester Lebensdauer τ_2 der
Zellen und einem Hormoncompartment H zusammengesetzt ist. Hierfür
gelten die Gleichungen

$$(7) \quad \begin{cases} \dot{Y}_1(t) = \dot{Y}_1^{in}(t) - \dot{Y}_1^{out}(t) \quad , \quad \dot{Y}_2^{in}(t) = \dot{Y}_1^{out}(t) \\[2ex] \dot{Y}_2(t) = \dot{Y}_2^{in}(t) - \dot{Y}_2^{out}(t) \quad , \quad \dot{Y}_2^{out}(t) = \dot{Y}_2^{in}(t-\tau_2) \\[2ex] \dot{H}(t) = \alpha e^{-\beta Y_2(t)} - \gamma H(t) \end{cases}$$

mit

$$\dot{Y}_1^{out}(t) = \frac{1}{\tau_1(H(t))} \cdot Y_1(t)$$

für die random - Beschreibung und

$$\dot{Y}_1^{out}(t) = \dot{Y}_1^{in}(t-\tau_1(H(t)) \cdot \left[1 - \dot{\tau}_1(H(t)) \right]$$

für die fifo-Beschreibung sowie den entsprechenden Beziehungen für
Parallel- und Hintereinanderschaltung. Für die Y_2 - Abhängigkeit von
H und die H - Abhängigkeit von $\dot{Y}_1^{in}$ und τ_1 (Abb. 9) wurde hier eine
Form gewählt, die sich bei den Modellen der Erythropoese (5,6) und
der Thrombopoese (8) als brauchbar erwiesen hat.

Am Gleichungssystem (7) soll untersucht werden, wie sich eine plötzliche Veränderung der Zellzahl im Funktionscompartment auf das Regel-
system auswirkt. (Biologisch entspricht ein solcher Eingriff z.B.dem
Abtöten bzw. der Hypertransfusion reifer Zellen im Tierexperiment
oder dem akuten Blutverlust eines Menschen nach einer Operation oder
einem Unfall.) In der Darstellung (Abb. 10-12) beschränken wir uns
auf den Fall der Verringerung von Y_2 auf 10% des Gleichgewichtswertes, da die Rechnungen für andere Startwerte (50% und 200%) qualitativ die gleichen Ergebnisse liefern.

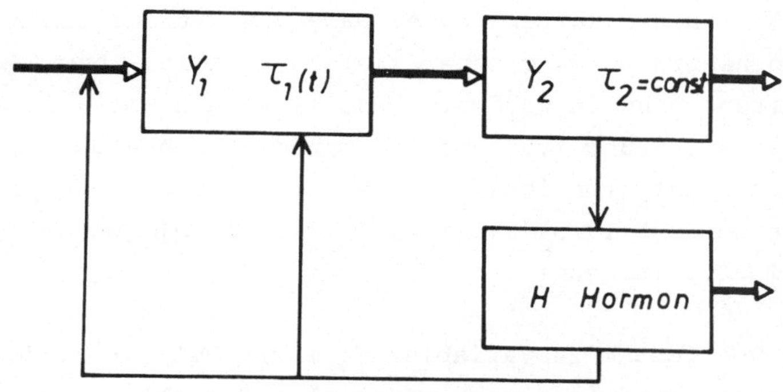

Abb. 8. Regelkreis mit einem Reifungscompartment Y_1, einem Funktionscompartment Y_2 und einem Hormoncompartment H
(⟹ Übergänge von Zellen und Hormonen, ⟶ Regulationsmechanismen)

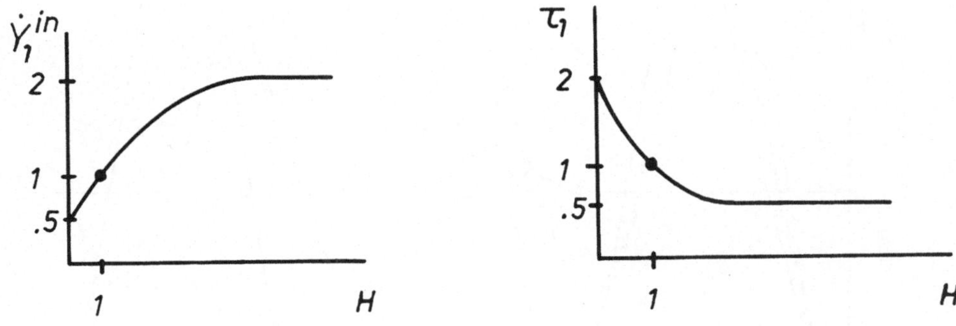

Abb. 9. Angenommene exponentielle Abhängigkeit der Zuflußrate $\dot{Y}_1^{in}$ und der Reifungsdauer τ_1 vom Hormon H

In Abbildung 10 ist zunächst die Reifungszeit τ_1 konstant gehalten worden. Das führt bei der fifo-Beschreibung von Y_1 zu ungedämpften Oszillationen für Y_2 zwischen .5 und 2, die sich in dem Sinne 'ver-

stärken', daß sich die Kurven in der Nähe der Extrema zunehmend diesen Schranken nähern. Demgegenüber liefern Parallel- bzw. Hintereinanderschaltung schwach gedämpfte Oszillationen mit anfänglichen
Extrema von etwa .75 und 1.5, und die random-Beschreibung in Y_1 führt
zu einer stark gedämpften Schwingung von Y_2. Die Periodenlänge der
Oszillationen beträgt $T \approx 3.1$ (fifo), $T \approx 2.8$ (fifo $\|$ random und fifo-
random) und $T \approx 2.4$ (random).

Der Übergang von festem zu variablem τ_1 führt bei der random-Beschreibung des Reifungscompartments zu einer etwa doppelt so schnellen Os-
zillation von Y_2 bei angenähert gleichem Dämpfungsverhalten (Abbildung 11). Hier scheint die untere Schranke der Reifungszeit, $\tau_1 = .5$,
den entscheidenden Einfluß auf die Periodenlänge ($T \approx 2.4 \rightarrow T \approx 1.2$)
zu haben.

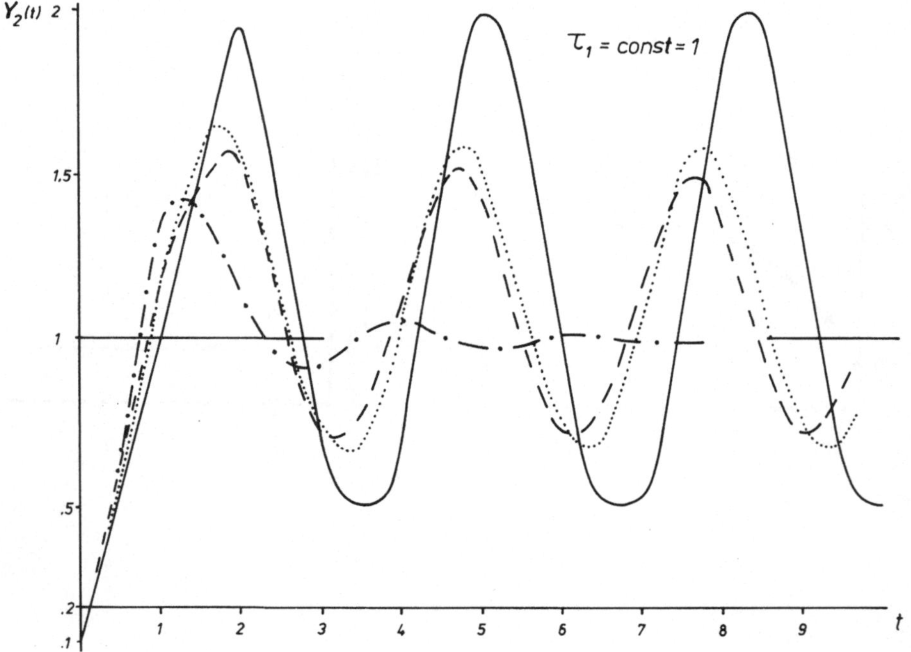

Abb. 10. Verhalten der Zellzahl im Funktionscompartment Y_2 nach
plötzlicher Verringerung auf 10% des Gleichgewichtswer-
tes bei fester Reifungszeit τ_1 (—— fifo-, --- fifo $\|$ random-,
··· fifo-random-, -·-·- random-Beschreibung im Reifungs-
compartment Y_1)

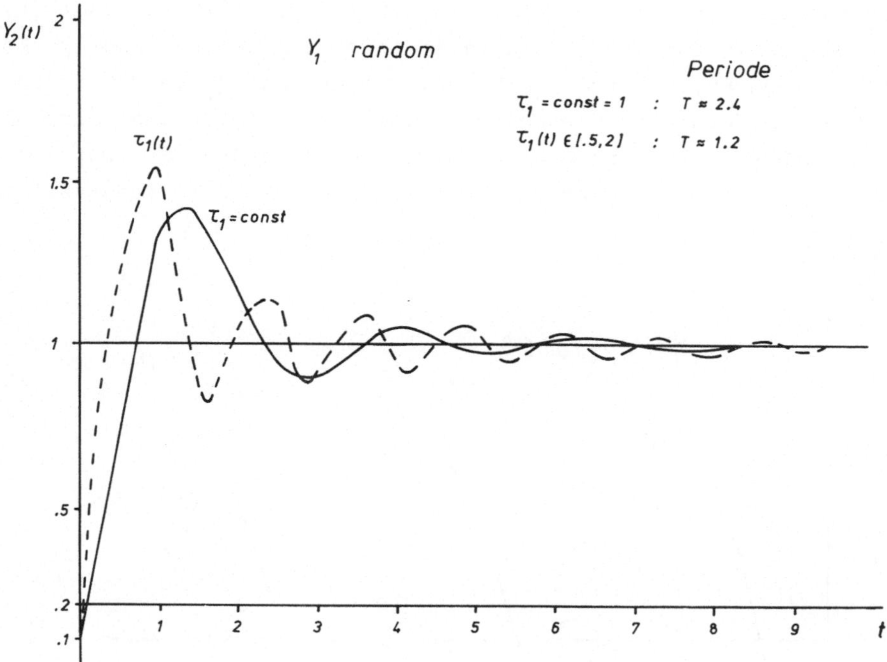

Abb. 11. Verhalten der Zellzahl im Funktionscompartment Y_2 nach plötzlicher Verringerung auf 10% des Gleichgewichtswertes bei random-Beschreibung im Reifungscompartment Y_1 und fester bzw. variabler Reifungszeit τ_1

In Abbildung 12 sind die entsprechenden Kurven für die fifo $\|$ random-Beschreibung von Y_1 dargestellt. Der Übergang zu variablem τ_1 verändert hier das Oszillationsverhalten von Y_2 völlig: Die Periode verkürzt sich von $T \approx 2.8$ auf $T \approx 1.2$ und aus der schwachen wird eine starke Dämpfung. Obwohl die random- und fifo $\|$ random-Kurven sich für feste Reifungszeiten stark unterscheiden, sind sie für variables τ_1 qualitativ gleichwertig.

Das gleiche Verhalten wie bei der Parallelschaltung in Abbildung 12 ergibt sich für die Hintereinanderschaltung, die deshalb nicht gesondert dargestellt ist.

Für die fifo-Beschreibung mit variablem τ_1 steht die entsprechende Rechnung noch aus; Differentialgleichungssysteme, bei denen gleichzeitig variable und feste Retardierungen auftreten ($\tau_1(t)$ und τ_2), können mit dem verwendeten Integrationsprogramm bisher nicht gelöst werden. Berechnungen mit einem random-Compartment Y_2 zeigen indes ein ähnliches Verhalten wie bei Parallel- und Hintereinanderschaltung: Verstärkte Dämpfung und verkürzte Periodenlänge der Oszillationen von Y_2 beim Übergang von fester zu variabler Reifungszeit τ_1.

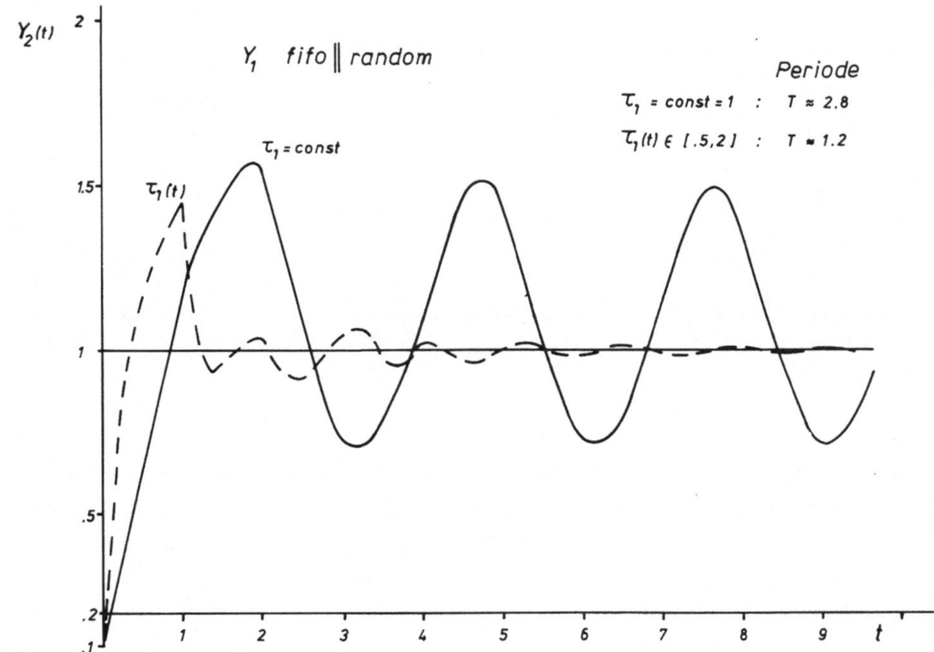

Abb. 12. *Verhalten der Zellzahl im Funktionscompartment Y_2 nach plötzlicher Verringerung auf 10% des Gleichgewichtswertes bei fifo‖random-Beschreibung im Reifungscompartment Y_1 und fester bzw. variabler Reifungszeit τ_1*

Interpretation der Ergebnisse

Obwohl die obigen Untersuchungen noch unvollständig sind und vor allem die Übertragbarkeit auf komplexere Regelsysteme sowie der Einfluß anderer Zustandsabhängigkeiten bei den Reifungszeiten genauer geprüft werden müssen, ergeben sich bereits einige praktische Gesichtspunkte für die Modellbildung:

Hängt die Reifungszeit deutlich vom Zustand des Regelkreises ab (Abbildungen 11 und 12), dann führen random- , fifo|| random-, fifo-random- und wahrscheinlich auch die fifo-Beschreibung mit variabler Retardierung des Reifungscompartments bei Störungen des Gleichgewichtszustandes zu stark gedämpften Oszillationen im Funktionscompartment. In diesem Fall sind die Verfahren in etwa als gleichwertig anzusehen, so daß es ausreichen dürfte, wenn man die random-Beschreibung als mathematisch einfachstes Verfahren verwendet.

Steht man insbesondere vor der Alternative, eine variable Reifungszeit durch eine random-Beschreibung oder eine fifo-Beschreibung mit fester Retardierung zu approximieren, dann ist die random-Beschreibung vorzuziehen. Dies steht in Einklang mit entsprechenden Modelluntersuchungen für erythropoetische Knochenmarkzellen bei Ratten (1).

Ist die Reifungszeit vom Zustand des Regelsystems unabhängig (Abbildung 10), dann führen die Ansätze mit fifo-Anteil zu schwach gedämpften oder ungedämpften Oszillationen. Entsprechende experimentelle und klinische Verlaufsformen werden für Systeme gefunden, bei denen der Rückkopplungsmechanismus nicht mehr funktioniert. Die wichtigsten Erkrankungen der Blutbildung, bei denen eine derartige autonome Proliferation erfolgt, sind die Leukosen (4). Hier scheint eine Verwendung der random-Beschreibung nicht angebracht.

Die Übertragung dieser Ergebnisse auf teilungsfähige Zellen in der Differentiation ist möglich, wenn die einzelnen Teilungscompartments identifiziert werden können und eine einfache Struktur wie in Abbildung 2 vorliegt. Dann gilt nämlich $\dot{Y}_i^{\,in} = 2\,\dot{Y}_{i-1}^{\,out}$ und die Compartments können wie Reifungscompartments behandelt werden. Für die Stammzellen sowie für komplizierter proliferierende Zellsysteme sind allerdings andere Ansätze erforderlich.

Die Autoren danken Herrn S. Gontard für die Hilfe beim Schreiben des Manuskripts und beim Anfertigen der Zeichnungen.

Literatur

1. HANNA,I.R.A.; TARBUTT, R.G.: The relationship between cell maturation and proliferation in the erythroid system of the rat. Cell Tissue Kinet. 4 (1971) 47-59.

2. THOMAS, B.: Numerische Behandlung von retardierten Differentialgleichungen mit Hilfe der Extrapolationsmethode und Anwendungen
   auf retardierte Randwertprobleme. Diplomarbeit Köln (1973).
3. THOMAS, B.; WICHMANN, H.E.: Numerische Behandlung von Differentialgleichungen mit Zeitverzögerungen. Tagungsbericht des Workshops 'Simulationsmethoden in der Medizin und Biologie' Hannover
   (1977).
4. VODOPICK, H.; RUPP, E.M.; EDWARDS, C.L.; GOSWITZ, F.A.; BEAUCHAMP,
   J.J.: Spontaneous cyclic leukocytosis and thrombocytosis in
   chronic granulocytic leukemia. N.Engl.J.Med. 286 (1972),284-290.
5. WICHMANN, H.E.: Untersuchung eines nichtlinearen Differentialgleichungssystems und seine Anwendung auf den Regelkreis der Bildung roter Blutzellen (Erythropoese) beim Menschen, Dissertation
   Köln (1976).
6. WICHMANN, H.E.; SPECHTMEYER, H.; GERECKE, D.; GROSS, R.: A mathematical model of erythropoiesis in man. In: Berger, J.; Buehler,
   W.; Repges, R.; Tautu, P.: Mathematical models in medicine. Lecture notes in biomathematics Vol. 11. Springer Berlin (1976) ,
   159-179.
7. WICHMANN, H.E.; SPECHTMEYER, H.: Modelle zur Hämopoese (Computersimulation). In Schumacher, K.; Grosser, K.D.: Aktuelle Probleme
   der inneren Medizin. Schattauer Stuttgart (1977).
8. WICHMANN, H.E.; SPECHTMEYER, H.; GROSS, R.: Thrombocytopenia and
   thrombocytosis in rats. Comparison of model calculations and experimental data. Brit.J. Hämatol. (Eingereicht).
9. WILLIAMS, W.J.; BEUTLER, E.; ERSLEV, A.J.; RUNDLES, R.W.: Hematol-
   ogy. McGraw-Hill New York (1972).

Ansätze zur Simulation von normalen und malignen Zellerneuerungsprozessen mit Hilfe regelungstechnischer Methoden

W. Düchting

Einführung

Die Erforschung der Vorgänge, die bei der Teilung und Differenzierung
von Zellen ablaufen, ist in den letzten Jahren intensiviert worden.

Von der biochemischen und genetischen Seite aus versuchen Wissenschaftler mit modernsten physikalischen Meßmethoden die Prozesse
während eines Zellzyklus zu studieren (1,2,3). Zahlreiche Physiologen beschäftigen sich darüber hinaus mit der Erforschung der Kinetik
ganzer Zell-Compartments. Mathematiker, Physiker und Informatiker
wiederum versuchen die von den experimentell arbeitenden Wissenschaft-
lern ermittelten Kurven theoretisch zu interpretieren (4,5), indem
sie Methoden wie z.B. die stochastische Theorie der Zellprolifera-
tion (6) oder die Automatentheorie (7) bei der Modellbildung und Simulation von Zellwachstumsprozessen einsetzen.

Von einem Beitrag der Ingenieurwissenschaften - hier speziell der Regelungstechnik - beim Studium der Zellvermehrungsvorgänge soll im
folgenden näher berichtet werden. Dabei wird die Frage aufgeworfen,
ob man nicht generell bei der Interpretation von malignen Erkrankungen von monoton oder oszillatorisch instabil gewordenen Zellvermeh-
rungsregelkreisen ausgehen sollte (8...14).

Wenn man sich vorstellt, daß der Zellvermehrungsprozeß Regulationsmechanismen unterliegt, dann läßt sich in einem ersten Schritt das
zunächst grobe Strukturbild der Abb. 1 entwickeln. In diesem wird
das Regulatorgen als Regler betrachtet, durch dessen Aktivitäten,z.B.
durch die Produktion von Enzymen, die Regelstrecke, d.h. der Tei-
lungsmechanismus der restlichen Zellkomponenten, gesteuert wird. Mögliche Störgrößen wie Viren, Strahlen, physikalische oder chemische
Agenzien wirken in dem Regelkreis sowohl auf die Regelstrecke als auch
auf den Regler ein. Sie sind in der Lage, z.B. Strukturveränderungen

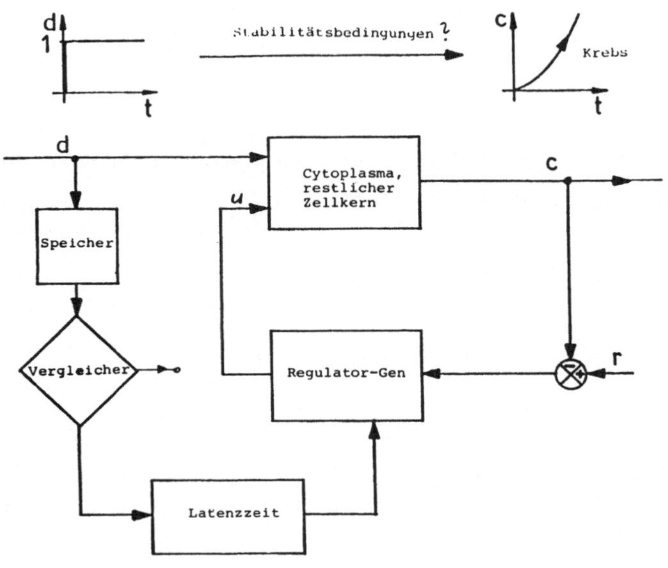

Regelgröße c: Abweichung der Zellzahlen vom stationären
               Zustand

Führungsgröße r : z. B. Hormone

Störgrößen d : Karzinogene, z. B. Teerdämpfe, mechanische
                Reize, Strahlen, Viren, chronische Entzündungen

Stellgröße u : Produktion von spezifischen Regulationsstoffen
                z. B. Enzyme

Abb. 1. Strukturbild eines Zellvermehrungs-Regelkreises

des Regulatorgens vorzunehmen und dadurch den Regelkreis instabil zu
machen. Die Sprungantwort des Systems führt in diesem Fall (s.Abb. 1)
zu dem monoton ansteigenden Verlauf der Zellzahlen (Regelgröße)c=f(t)
und kann als Tumorerkrankung (cancer) interpretiert werden.

Obwohl die folgenden regelungstechnischen Modelle und Simulationen
für verschiedene Zellsysteme Gültigkeit haben, ist in den einzelnen
Entwicklungsstufen immer beispielhaft auf den Fall der Erythropoese,
d.h. der Bildung von roten Blutkörperchen, Bezug genommen worden.

Ausgangspunkt für die Systemanalyse waren u.a. experimentell gefundene oszillierende Kurvenverläufe (Abb. 2) verschiedener Blutkörperchen bei Auftreten von malignen Erkrankungen des blutbildenden Systems,wie sie z.B. in der Arbeit von KENNEDY (15) beschrieben worden
sind.

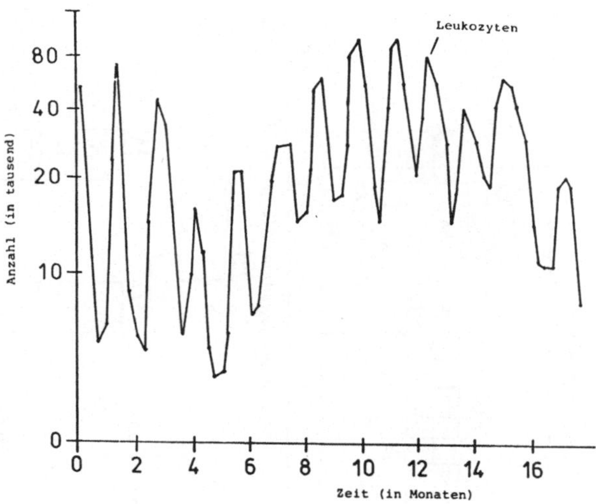

*Abb. 2. Oszillationen von Leukozyten bei einer chronischen
Leukämie (15)*

Dynamische Untersuchungen mit einem Makromodell

1. Regelkreismodell der Erythropoese

Wenn man von dem Beispiel der Erythropoese ausgeht, so spielt sich
der Vorgang der Bildung der roten Blutkörperchen, bei der im stationären Zustand ein Gleichgewicht zwischen Zellerneuerung und -un-
tergang besteht, in folgenden Schritten ab:

Betrachtet man als Führungsgröße W im Erythropoese-Regelkreis (Abb.3)
den Gewebesauerstoff, so erfolgt nach Meinung einiger Physiologen
bei einer Regeldifferenz XD = W - X zwischen der Führungsgröße W
(Sollwert) und der Regelgröße X (Ist-Erythrozytenzahl) über das in
der Niere gebildete Hormon Erythropoietin eine Rückwirkung auf den
(determinierten) Stammzellenspeicher auf dem Weg über die äußere
Rückführungsschleife. Als Antwort gibt der determinierte Stammzellenspeicher im Knochenmark die Zellen Y3 in den Proliferationsspeicher
ab, den man sich ebenfalls als im Knochemark befindlich denken kann.
In diesem findet in einzelnen Stufen eine Zellvermehrung mit gleichzeitiger Zelldifferenzierung zu den orthochromatischen Normoblasten
Y45 statt. Letztere treten über den Reifungs- und Funktionsspeicher,
in dem keine Zellvermehrung mehr stattfindet, als Retikulozyten bzw.

Erythrozyten in die Blutbahn ein und werden schließlich nach einer Lebensdauer von ca. 120 Tagen abgebaut.

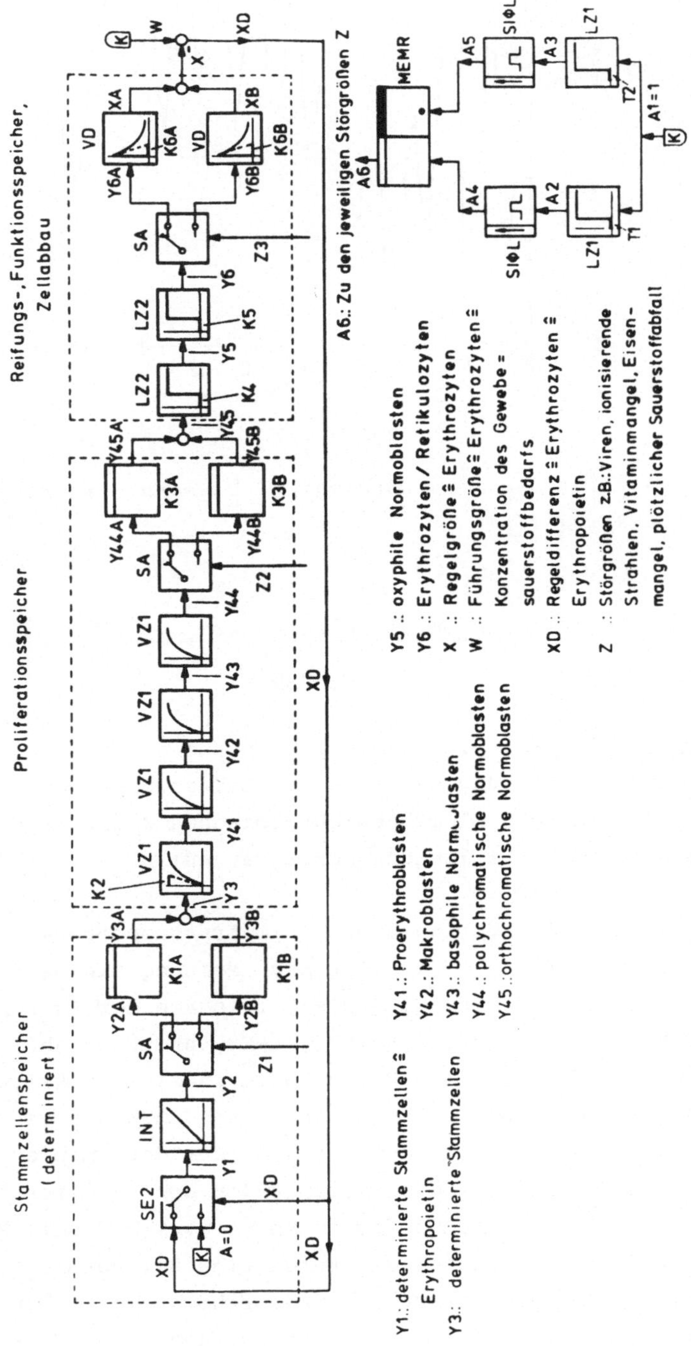

Abb. 3. Erythropoese-Regelkreismodell mit Parameteränderungen als Störgrößen

Aus regelungstechnischer Sicht wird das Zeitverhalten der Zellen im
Stammzellenspeicher durch einen Integrierblock INT mit vorgeschalte-
tem Schaltglied SE2, das das An- und Abschalten von Gen-Aktivitäten
symbolisiert, nachgebildet. Die Proportionalglieder K1 und K3 geben
die Verstärkungsfaktoren in den einzelnen Stufen an, während die VZ1-
Blöcke Verzögerungsglieder, die LZ2-Blöcke Tot- bzw. Laufzeitglieder
sowie der VD-Block das für den Zellabbau in Frage kommende verzögert
differenzierende Glied darstellen.

Auf den Erythropoese-Regelkreis können an den verschiedenen Stellen
Störgrößen Z1 bis Z3 aufgebracht werden, die z.B. das Einwirken von
Viren, Strahlen, Vitamin- oder Eisenmangel bzw. plötzlich auftreten-
de Blutungen simulieren sollen.

Bei der Erythropoese liegen in Wirklichkeit mehrfach vermaschte innere Rückkoppelungsmechanismen vor. Deshalb bedarf das bisher beschriebene Modell folgender Ergänzungen:

Nach der CHALONE-Hypothese (16) produziert jeder Zelltyp gleichzeitig gewebespezifische und artunabhängige Hemmstoffe (Regulatorsub-
stanzen), die als Proteine das Gewebewachstum hemmen und im Fall der
Erythropoese auf die Vorgängerzellen des Proliferationsspeichers hemmend zurückwirken. Dieser Mechanismus wird in Abb. 4 durch die rechte
innere unterlagerte CHALONE-Regelschleife dargestellt. Darüber hinaus
wird vermutet, daß die produzierten determinierten Stammzellen direkt
auf ihren eigenen Speicher zurückwirken. Dieser Mechanismus wird in
Abb.4 durch die linke unterlagerte innere Stammzellenspeicher-Regel-
schleife angedeutet.

2. Ergebnisse der Computersimulationen

Die Computersimulationen mit den entwickelten Regelkreismodellen sind
mit Hilfe der blockorientierten Simulationssprache ASIM (Analoge
SIMulation) der Firma AEG-Telefunken auf einem Digitalrechner der
Firma AEG-Telefunken Typ 440 durchgeführt worden.

Eine gewisse Schwierigkeit bei der Aufbereitung der fürdie Simulation
benötigten biologischen Daten stellt die Ermittlung der Systemparameter dar. Diese wurden für den Erythropoese-Regelkreis aus den zur
Zeit vorliegenden experimentellen Daten über Zellteilung, -produktion,

-wanderung und -Lebenszeiten ermittelt, bzw. sinnvoll angenommen (<u>17</u>).

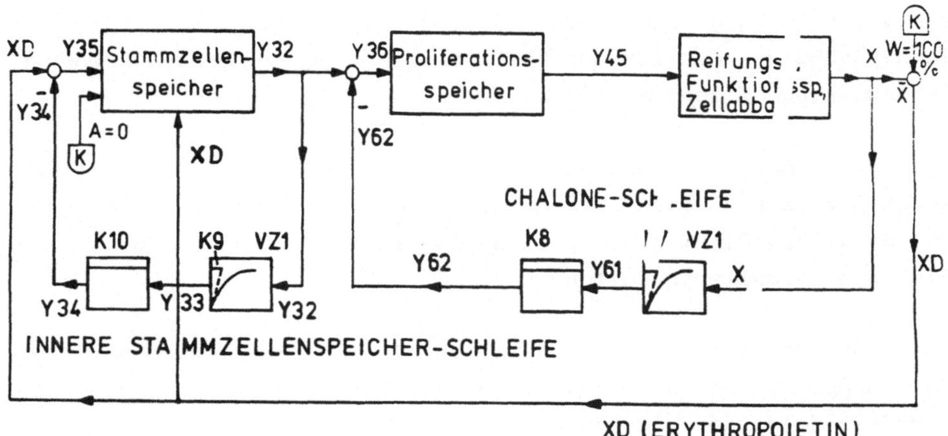

X.: Regelgröße ≙ Erythrozyten
W.: Führungsgröße ≙ Erythrozyten ≙ Konzentration des Gewebesauerstoffbedarfs
Störgrößen.: Parameteränderungen in den Rückkopplungsverstärkungsfaktoren K8 u.K10

Abb. 4. Mehrfach vermaschtes Erythropoese-Regelkreismodell
(vereinfacht)

Für das in Abb. 3 entwickelte Erythropoese-Regelkreismodell führt
die Computersimulation, wenn man zur Zeit T = 50 Tagen plötzlich
die Parameter K1 und K3 vergrößert, d.h. sowohl die Produktionsrate
im Stammzellenspeicher als auch die Verstärkung im Proliferationsspeicher beträchtlich erhöht, zu dem in Abb. 5 skizzierten gestrichel-
ten stabilen Übergangsverhalten der Regelgröße X = f(T), d.h. des
Erythrozytenverlaufes.

Nimmt man jedoch gleichzeitig noch einen strukturellen Fehler im
Schaltmechanismus des Stammzellenspeichers an, z.B. einen dauernd
geschlossenen Schalter SE2, dann ergibt sich in Abb. 5 der oszillatorisch aufklingende Erythrozytenverlauf, d.h. der Regelkreis ist
strukturinstabil geworden.

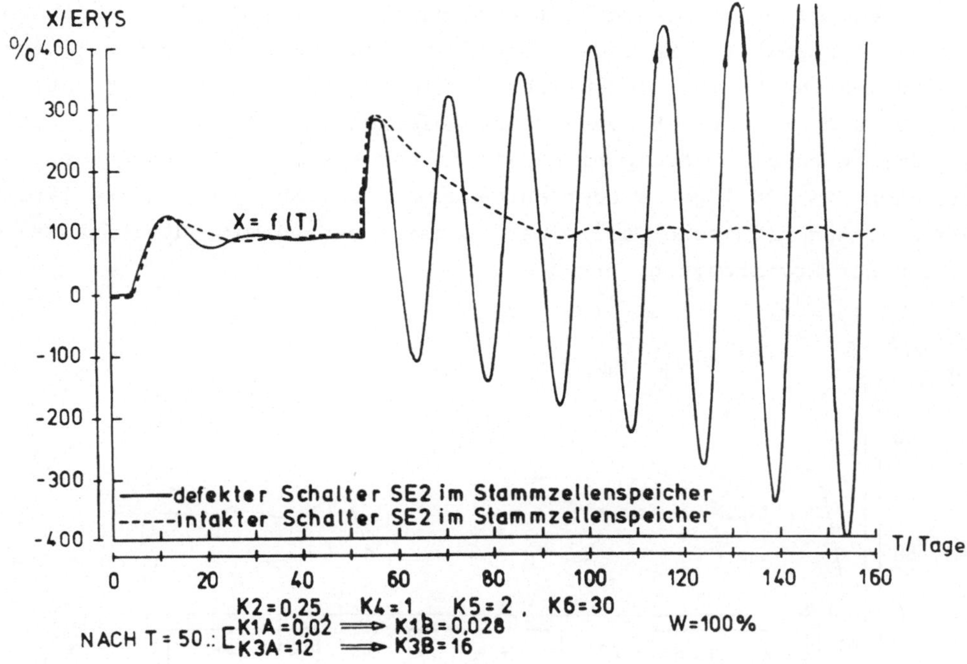

Abb. 5. Erythrozytenverlauf X = f (T)
Störgröße: Strukturänderung des Schalters SE2
im Stammzellenspeicher

Klinisch würde dieser Fall der neoplastisch veränderten Erythropoese
etwa dem der Erythroleukämie entsprechen. Obwohl die aufklingenden
Oszillationen in diesem Fall höchstens während der ersten Halbwelle
gemessen werden können, zeigt sich jedoch bereits hier der große Vorteil regelungstechnischer Simulationen biologischer Vorgänge. Dieser
besteht darin, daß es möglich ist, isolierte Defekte in einem komplexen System, die selbst experimentell nicht meßbar sind, in einem
Modell, s. auch (18), nachzubilden, ihre Auswirkungen zu studieren
und Vorschläge zur Verbesserung der Systemdynamik zu machen. Letztere könnten für das in Abb. 5 gezeigte Beispiel in der Forderung bestehen, ein Medikament zu entwickeln, das die Faktoren K1 und K3 so
stark reduziert, daß der Regelkreis trotz des defekten Schalters SE2
ein stabiles Verhalten behält.

Als entgegengesetzter Extremfall wird nun in Abb. 6 der Fall angenommen, daß zur Zeit T = 50 Tagen plötzlich eine Änderung des Parameters K10 der inneren Stammzellenspeicher-Schleife auftritt. Man erkennt aus Abb. 6 sehr deutlich einen stark abfallenden Erythrozytenverlauf X = f(T), wenn die Störung nicht wie in dem ausgezogenen Kurvenverlauf nach T = 100 Tagen wieder aufgehoben wird. Auf diese Weise läßt sich z.B. der klinische Fall einer aplastischen Anämie, d.h. die Reduktion der Erythrozyten, erklären.

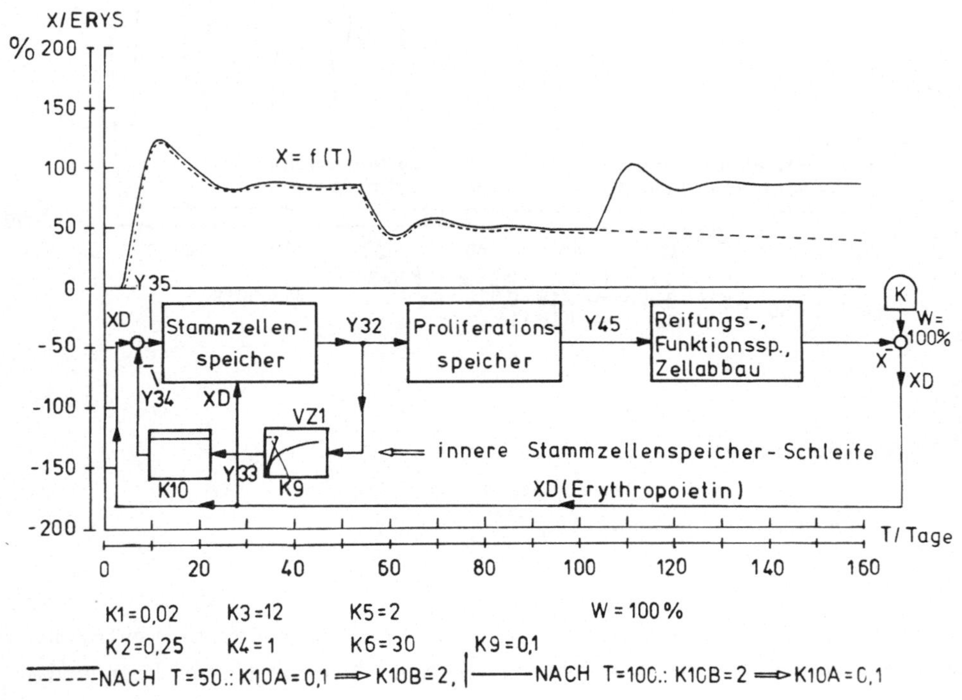

Abb. 6. Erythrozytenverlauf X = f(T)
Störgröße: Änderung des Verstärkungsfaktors K10
in der unterlagerten Stammzellenspeicher-Schleife

Dynamische Untersuchungen mit einem verallgemeinerten mehrschleifigen Zellcompartmentmodell

1. Verallgemeinertes Regelkreismodell

Das in dem ersten Abschnitt entwickelte Erythropoese-Regelkreismodell

besitzt den Nachteil, daß mit diesem Makromodell lediglich das Zeitverhalten der Erythrozyten *global* ermittelt werden kann, und es nicht
möglich ist, das Verhalten einer einzelnen Zelle zu studieren und diese auf ihrem Weg durch verschiedene Compartments zu verfolgen.

Auf diesem Gebiet haben einige Wissenschaftler neue Ansätze z.B. mit
Hilfe der Differenzengleichungen oder des Entscheidungsbaumes formuliert. Von der regelungstechnischen Seite aus wird dagegen in dieser Arbeit versucht, ein verallgemeinertes Zellerneuerungsregelkreis-
modell zu entwickeln, das folgenden Spezifikationen genügt:

- Mit dem mehrschleifigen Regelkreismodell soll es möglich sein,
  das Zeitverhalten der Zellen in jedem einzelnen Compartment zu
  studieren,
- jedes einzelne Compartment enthält die Nachbildung einzelner
  Zellen als "Subsysteme",
- in jedem Augenblick sollen die Existenz und der Aufenthalts-
  ort einer einzelnen Zelle feststellbar sein,
- die mittlere Lebensdauer einer jeden Zelle soll beliebig einstellbar und veränderbar sein,
- jede einzelne Zelle soll durch äußere Einwirkung zu jedem beliebigen Zeitpunkt gezielt vernichtet werden können,
- Strukturveränderungen können das Auftreten von Zusatzimpulsen
  in den einzelnen Rückführungsschleifen bewirken.

Mit diesen Vorgaben läßt sich das in Abb. 7 skizzierte verfeinerte
Regelkreismodell entwickeln, das jetzt nicht nur analoge,sondern auch
digitale Komponenten wie logische Entscheidungsglieder sowie Memory-
Blöcke MEMR enthält.

Bei der Erläuterung des Modells geht man von einem unbegrenzten Vor-
rat an undeterminierten Stammzellen aus, die durch das ständig vorhandene Signal AO3 symbolisiert werden. Der Zellteilungs- und -dif-
ferenzierungsprozeß läuft von dort in verschiedenen gleichstrukturier-
ten Compartments ab, die hintereinandergeschaltet sind. Jedes Compartment enthält eine begrenzte Anzahl lebensfähiger Zellen. Die Anordnung der Zellen in einem Compartment sagt jedoch nichts über deren räumliche Lage im wirklichen Organismus aus. Dort können vielmehr
z.B. die Zellen Z1.5, Z2.12 und Z.34 nebeneinander angeordnet sein.

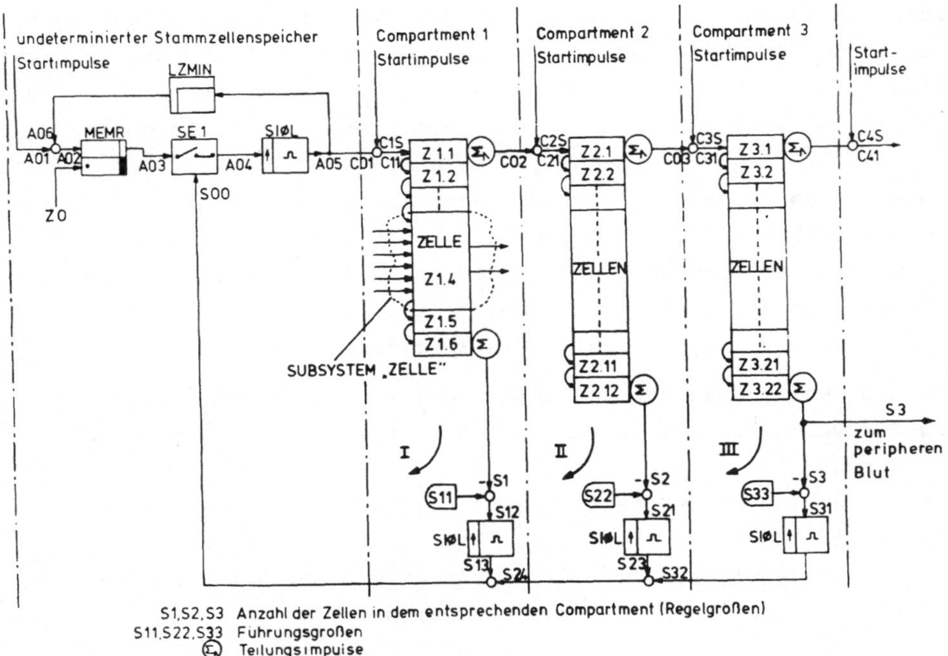

*Abb. 7. Vereinfachtes Strukturbild des Zellvermehrungsregelkreis-
modells*

Eine spezielle interne Schaltung sorgt für die Erzeugung von Teilungs-
impulsen zur Bildung von Tochterzellen, wenn eine sich in Teilung
befindliche Zelle in das nachfolgende Compartment eintritt. In diesem durchlaufen die Teilungsimpulse, z.B. C21, einen Suchprozeß, um
jeweils einen noch nicht belegten (freien, leeren) Platz zu finden.

Mit Hilfe einer Verknüpfungsschaltung läßt sich die Existenz einer
jeden vorhandenen lebenden Zelle in dem entsprechenden Compartment
ermitteln und registrieren. Die jeweilige Summe der augenblicklich
in einem Compartment vorhandenen Zellen, z.B. S2 in der Regelschleife II, wird mit der entsprechenden Führungsgröße, hier mit S22, verglichen. Tritt eine bestimmte Regeldifferenz auf, dann wird in der
Rückführschleife ein Impuls, z.B. S23, erzeugt, der ein humorales
Signal symbolisiert und auf den Stammzellenspeicher zurückwirkt.Dort
wird der Schalter SE1, der die Aktivität der Gene simuliert, kurz-
zeitig geschlossen und dadurch eine Stammzelle, z.B. für die erythro-

zytische Reihe, freigegeben.

Die Erstbelegung der Compartments erfolgt mit Hilfe der in Abb. 7
angedeuteten "Startimpulse". Weitere innere Regelschleifen, die die
einzelnen Compartments untereinander über Parameterveränderungen beeinflussen, sind aus Gründen der Übersichtlichkeit in Abb. 7 nicht
mit eingezeichnet worden. In der "Automatentheorie" würde man das
entwickelte Modell ein "asynchrones Schaltwerk" nennen, bei dem der
Ausgangszustand des Automaten (des Modells) von seiner Vorgeschichte abhängig ist.

Das in Abb. 7 angedeutete Subsystem "Zelle" enthält, wie in Abb. 8
skizziert, 6 Eingangs- und 3 Ausgangskanäle. Über den Eingang C laufen die Teilungsimpulse ein, die, wenn die Zelle belegt ist, sofort
über den Ausgang D mit dem Eingang der nächstfolgenden Zelle des
Compartments verbunden werden. Über den Ausgang AA wird angezeigt,
ob eine Zelle existiert, und über den Kanal RA erfolgt die Meldung
über den Zeitpunkt des Verschwindens bzw. des Absterbens einer Zelle.
Störgrößen, d.h. Löschimpulse, lassen sich über den Eingang ZA jederzeit auf die Zelle bringen. Über TA ist die mittlere Lebensdauer einer Zelle einstellbar, und eine Veränderung derselben kann schließlich über die Kanäle UA und VA erfolgen.

Das regelungstechnische Detail-Blockschaltbild der internen Ver-
schaltung dieser Prozesse ist in Abb. 8 aus Platzgründen ohne Erläuterungen wiedergegeben und bereits für eine Computersimulation zugeschnitten worden. Betrachtet man Abb. 8 in Verbindung mit Abb. 7, so
läßt sich der große Programmumfang abschätzen, der zur Simulation dieses verfeinerten Regelkreismodells mit seiner komplizierten Struktur
erforderlich ist. Aus diesen Gründen mußte eine Begrenzung der Anzahl
der Zellen auf insgesamt 40 vorgenommen werden, obwohl natürlich eine
Simulation von Systemen mit mehreren tausend Zellen wünschenswert wäre.

2. Ergebnisse der Computersimulationen

Die Computersimulationen mit Hilfe des verallgemeinerten Regelkreis-
modelles nach Abb. 7 werden wie die im ersten Abschnitt mit der blockorientierten Simulationssprache ASIM auf einem Digitalrechner durchgeführt.

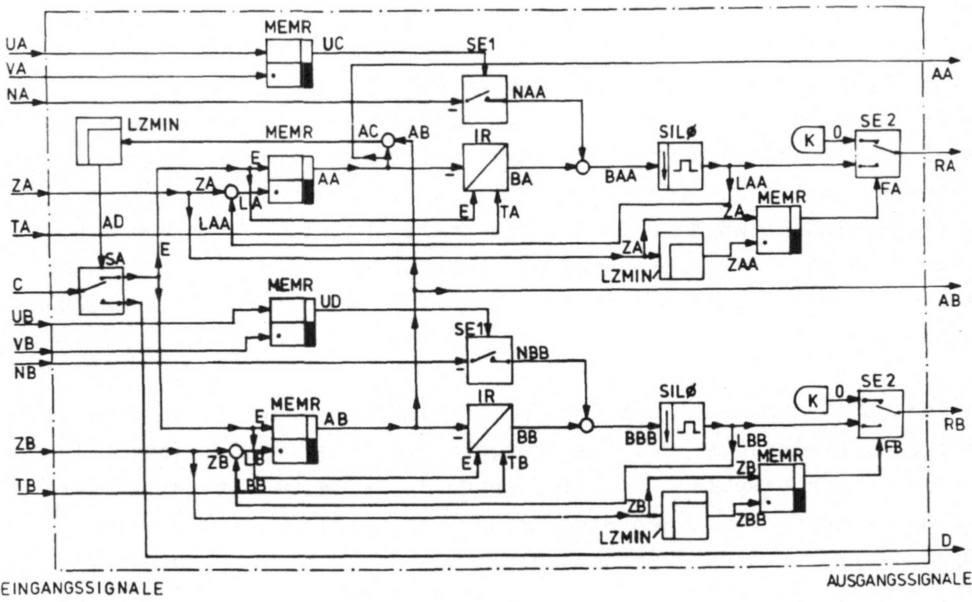

Abb. 8. Strukturbild eines einzelnen Zellpaares (Subsystem)

Die Startimpulse und Führungsgrößen sind dabei so programmiert worden, daß die Zahl der Zellen im Mittel

       - zwei ($\widehat{=}$ S1) im Compartment 1,

       - vier ($\widehat{=}$ S2) im Compartment 2,

       - acht ($\widehat{=}$ S3) im Compartment 3

beträgt.

Der in der Praxis am häufigsten vorkommende Fall ist der, daß einzelne sich in der DNS-Phase befindliche Zellen verschiedener Compartments durch äußere Störgrößen direkt oder indirekt vernichtet
und die aufgetretenen Regeldifferenzen über mehrere interne Regelschleifen ausgeregelt werden. In Abb. 9 sind die Ergebnisse für ein
solches Beispiel dargestellt. Wie aus dem Verlauf IMP = f(T) ersichtlich ist, tritt als Regelkreis *aktiv* lediglich die Regelschleife I (Abb. 7) in Erscheinung, d.h. in den Schleifen II und III werden bei der vorliegenden Konfiguration der gestörten Zellen keine

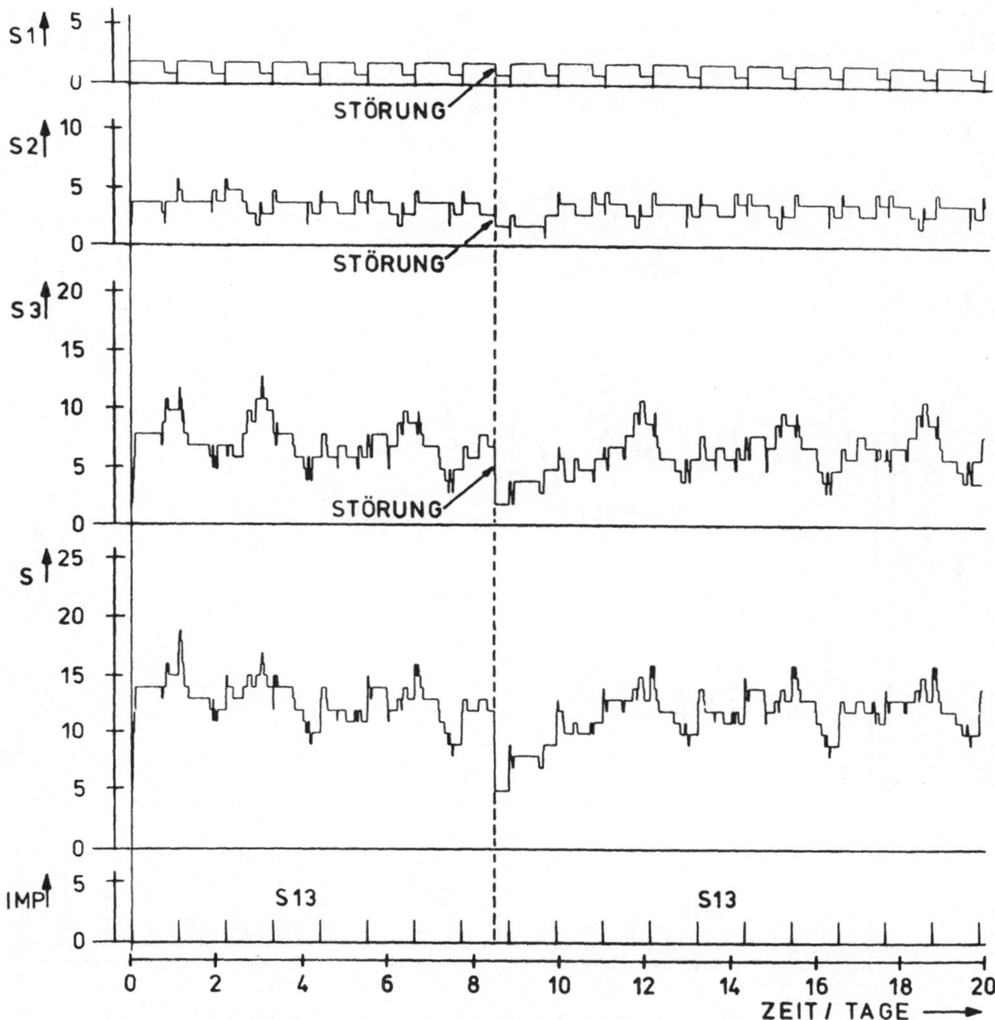

Abb. 9. Zeitlicher Verlauf der Zellvermehrung mit Störimpulsen zur Zeit T = 8,5 auf die Zellen Z1.1, Z2.3, Z.3.1 bis Z3.5

Rückführimpulse zum Stammzellenspeicher erzeugt. Die Regelschleifen II und III dienen somit als redundante Reserveschaltung für eventuell auftretende Störfälle. Dieser Mechanismus inspiriert Assoziationen zu den biologisch wirklich ablaufenden Vorgängen, wie z.B. dem Immunitätsgeschehen.

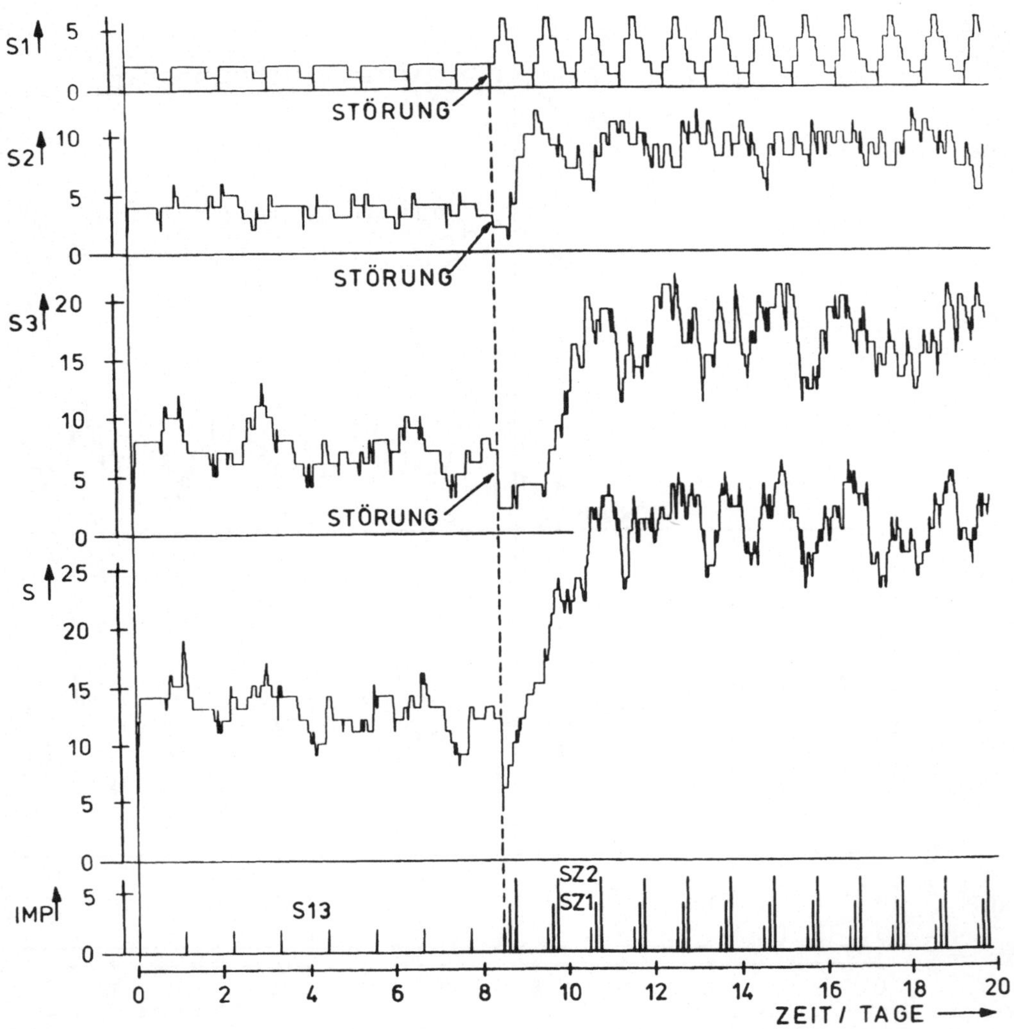

S1, S2, S3.: Anzahl der Zellen in dem entsprechenden Compartment
S.: Anzahl der gesamten Zellen (S = S1 + S2 + S3)
IMP.: Rückführimpulse   S13, S23, S32

*Abb. 10. Zeitlicher Verlauf der Zellvermehrung mit Störimpulsen zur
Zeit T = 8.5 auf die Zellen Z1.1, Z2.3, Z3.1 bis Z3.5 sowie gleichzeitig halbierter Lebensdauer der Zellen im Compartment 1 und zwei Zusatzimpulsen nach dem Rückführimpuls
der Regelschleife I*

Überlagert man in einem gestörten Fall gleichzeitig *parametrische*
Änderungen,wie die Halbierung der Lebensdauer der Zellen im Com-

partment 1,und *strukturelle* Änderungen,wie z.B. ein Aufbringen von
ständigen Zusatzimpulsen in der Rückführungsschleife, so erhält man
die in Abb. 10 dargestellten Ergebnisse. Diesen Kurvenverläufen ist
sehr eindeutig der im Fall einer Hyperplasie bzw. im Fall einer Ma-
lignität beobachtbare unkontrollierte ansteigende tumorähnliche Verlauf der Zellzahlen in den einzelnen Compartments zu entnehmen. Es
wäre wünschenswert, wenn experimentell arbeitende Kollegen durch die
vorliegenden Ergebnisse angeregt würden, weitere gezielte Versuche
zur Bestätigung dieser Modellvorstellungen zu planen.

Zusammenfassung

In diesem Beitrag ist der Versuch unternommen worden, normale und ma-
ligne Zellerneuerungssysteme regelungstechnisch zu interpretieren.
Mit Hilfe von Simulationsläufen auf einem Digitalrechner wurde jeweils
der zeitliche Verlauf der Zellzahlen ermittelt.

Die erzielten Ergebnisse lassen erkennen:

1. Die entwickelten regelungstechnischen Modelle ermöglichen, völlig verschiedene Erkrankungen des blutbildenden Zellerneuerungs-
   systems mit ein- und demselben Modell zu erklären.
2. Es wird der Vorschlag unterbreitet, Krebserkrankungen als instabil gewordene Regelkreise zu interpretieren und entsprechend den
   Stabilitätsbedingungen gezielt nach den Ursachen für das Auftreten der Instabilitäten zu suchen.
3. Zur Verifizierung der unter 2. aufgeführten Hypothese sollten
   weitere gezielte experimentelle Versuchsreihen angesetzt werden. Ausgangspunkt hierfür könnte die experimentelle Variation
   eines Parameters in einem einschleifigen Regelkreis sein, nachdem zuvor die übrigen Regelschleifen durch einen Blocker unterbrochen worden sind.

Literatur

1. RAJEWSKI, M.F.: Proliferative parameters of mammalian cell systems
   and their rôle in tumor growth and carcinogenesis, Zeitschrift für
   Krebsforschung, 78 (1972), S.12-30.
2. PRESCOTT, D.M.: Regulation of cell reproduction, Cancer Research,
   28 (1968), S. 1815-1820.

3. TSANEV, R. and SENDOV, B.I.: Possible molecular mechanism for cell differentiation in multicellular organisms, Journal of Theoretical Biology, 30 (1971), S. 337-393.
4. RUBINOW, S.I. and LEBOWITZ, J.L.: A mathematical model of neutrophil production and control in normal man, Journal of Theoretical Biology, 1 (1975), S. 187-225.
5. ZEIGLER, B.P. and WEINBERG, R.: System theoretic analysis of models: Computer simulation of a living cell, Journal of Theoretical Biology, 29 (1970), S. 35-56.
6. BRONK, B.V., DIENES, G.H. and PASKIN, A.: The stochastic theory of cell proliferation, Biophysical Journal, Vol. 8 (1968),S.1353-1398.
7. YAMADA, H. and AMOROSO, S.: Tessellation automata, Information and Control, 14 (1969), S. 299-317.
8. DÜCHTING, W.: Krebs, ein instabiler Regelkreis, Versuch einer Systemanalyse, Kybernetik, Bd. 5, Heft 2 (1968), S. 70-77.
9. DÜCHTING, W.: Spezifische Immunitätsbildung - ein kybernetisches Denkmodell, messen - steuern - regeln, Heft 6 (1970), S.216-222.
10. DÜCHTING, W.: Entwicklung eines Erythropoese-Regelkreismodelles zur Computersimulation, Blut, Band XXVII (1973), S. 342-350.
11. DÜCHTING, W.: Computersimulationen von Zellerneuerungssystemen, Blut, Bd. 31, Heft 6 (1975), S. 371-388.
12. DÜCHTING, W.: Computer Simulation of Abnormal Erythropoiesis - an Example of Cell Renewal Regulating Systems, Biomedizinische Technik, Bd. 21, Heft 2 (1976), S. 34-43.
13. DÜCHTING, W.: Computer Models of the Cancer Problem, in: Progress of Cybernetics and Systems Research, Vol. III, Hemisphere Publishing Cooporation, Washington (in press).
14. DÜCHTING, W.: A Cell Kinetic Study on the Cancer Problem Based on the Automatic Control Theory Using Digital Simulation,Journal of Cybernetics, Vol. 6 (1976), S. 139-172.
15. KENNEDY, B.J.: Cyclic leukocyte oscillations in chronic myelogenous leukemia during hydroxyurea therapy, Blood, Vol. 35, No. 6(1970), S. 751-760.
16. Chalones: Concepts and current researches, edit. by STANTON, M.F., National Cancer Institute Monograph, US Government Printing Office, Washington, 1973.
17. COVELLI, V., BRIGANTI, G. and SILINI, G.: An analysis of bone marrow erythropoiesis in the mouse, Cell Tissue Kinetics, 5(1972), S. 41-51.
18. WHELDON, T.E., KIRK, J. and FINLAY, H.M.: Cyclical granulopoiesis in chronic granulocytic leukemia: A simulation study, Blood, Vol. 43, No. 3 (1974), S. 379-387.
19. KIM, M., BAHRAMI, K. and WOO, K.B.: Mathematical description and analysis of cell cycle kinetics and the application to Ehrlich Ascites Tumor, Journal of Theoretical Biology, 50 (1975), S.437-459.
20. VALLERON, A.-J. and FRINDEL, E.: Computer simulation of growing cell populations, Cell Tissue Kinetics, 6 (1973), S. 69-79.

Optimierung von Diagnose und Therapie

Kollimatoreigenschaften – Simulation mit Monte–Carlo–Rechnungen

H.-J.Helmeke, E.G.H.Jahns†

Zur bildlichen Darstellung radioaktiver Aktivitätsverteilungen im Gewebe wird ein Kollimator-Detektor-System benutzt. In der Szintigraphie werden hierfür sowohl Scanner als auch Gammakameras eingesetzt. Beide Systeme benötigen einen Kollimator zur Fokussierung der im Gewebe emittierten Gammastrahlung. Entscheidend für die Güte der Abbildung sind die Eigenschaften des Kollimators.

Die geometrischen Kollimatordaten wie Länge, Lochradius, Septenstärke und Fokusentfernung bestimmen die Ausbeute, Auflösung und, entsprechend der Quantenenergie, die Penetration der Gammastrahlung durch die Septen. Unter der Annahme, daß das Kollimatormaterial für Gammaquanten bestimmter Energie eine genügend hohe Absorption aufweist, sind die Kollimatoreigenschaften ausreichend gut mit Näherungsformeln vorherzusagen. Höhere Quantenenergien verlangen eine Berücksichtigung der Penetration.

Mathematische Ausdrücke zur Beschreibung der Penetration sind nur mit Näherungen zu erhalten, die die Aussagekraft der Ergebnisse stark einschränken. Wir haben deshalb die Emission von Gammaquanten und deren Wechselwirkung mit Bleikollimatoren mit Monte-Carlo-Rechnungen simuliert (<u>1</u>).

Abb. 1 erläutert den Programmablauf. Zu Beginn wird die hexagonale Lochanordnung berechnet, und für jeden Aufpunkt eine Reihe unveränderlicher Daten pro Kollimatorloch in einem mehrdimensionalen Feld abgespeichert. Vom Aufpunkt, der Punktquelle, wird in den Raumwinkel Ω geschossen. Der Raumwinkel ist bestimmt durch die Lage des Aufpunktes und den Detektordurchmesser. Indem ψ-Werte zwischen 0 und 2π und h von 0 bis h_{max} annehmen, wird eine gleichmäßige Bedeckung der durch den Raumwinkel gegebenen Kugeloberfläche erreicht. Dies entspricht der isotopen Strahlungsverteilung eines punktförmigen Gammastrahlers.

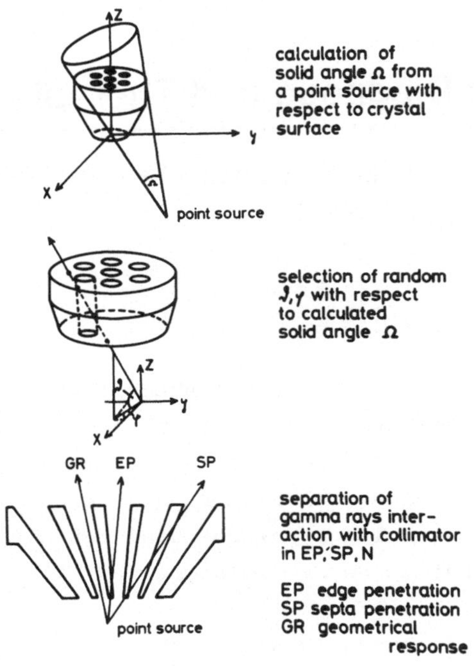

Abb. 1.

h und ψ werden durch zwei voneinander unabhängige Zufallsgeneratoren bestimmt. Durch eine Transformation wird die durch h und ψ gegebene Strahlrichtung in ein auf den Kollimator bezogenes Koordinatensystem überführt. Die Strecke bis zum Eintritt des Strahls in den Kollimator und diejenige bis zum Austritt von der Punktquelle aus gesehen werden berechnet. Die Differenz ergibt den maximal zur Verfügung stehenden Bleiweg im Kollimator.

Eine erneute Transformation des Richtungskosinus des Strahls in das Lochsystem, die Lochachse ist als z-Achse zu betrachten, wird durchgeführt. Die Schnittpunkte des Lochs mit dem Strahl werden durch eine Gleichung zweiter Ordnung bestimmt. Über Ausschlußkriterien, Betrachtung der Diskriminanten, wird der Rechenweg abgebrochen, wenn der Strahl ein Loch nicht schneidet. Erfolgt ein Schnitt, so wird die Strahlstrecke im Loch berechnet. Diese verbleibende Luftweglänge wird von der zuvor angegebenen Bleiweglänge subtrahiert. Sind alle Kollimatorlöcher für einen Strahl derart abgearbeitet, so wird über die verbleibende Bleiweglänge und dem der Energie entsprechenden Absorptionskoeffizienten gewichtet der Penetrationsanteil bestimmt.

Mit diesem Verfahren wird differenziert nach geometrischem Anteil, Ecken- und Septen-Penetration. Pro Punktquelle muß einige zehntausendmal geschossen werden, um eine ausreichende Statistik für die einzelnen Anteile zu erzielen. Trotz der vielen sich wiederholenden Rechnungen werden Rechenzeiten zwischen 10μs und 15μs auf einer CDC-Anlage (CYBER-76) für normale Kollimatoren pro Loch und Strahl erreicht.

In dem eben beschriebenen Programm wird nur mit der Absorption gerechnet. In einer erweiterten Version wird die Wechselwirkung der Gammaquanten mit dem Kollimator über den Compton- und Photo-Effekt nachvollzogen. Die Paarbildung blieb unberücksichtigt, da die in der Szintigraphie verwandten Gammaenergien unterhalb der Schwellenenergie für Paarbildung liegen oder aber der Wirkungsquerschnitt hierfür einen zu vernachlässigenden Anteil liefert.

Abb. 2 zeigt den Programmablauf dieser Version. Mit n_{start} und n_{max} wird zunächst abgefragt, ob die vorgegebene Schußzahl pro Aufpunkt erreicht ist. Wie zuvor beschrieben, werden dann sowohl die Strahlenrichtung als auch die Bleiweglänge berechnet. Über die bekannten physikalischen Beziehungen werden der Absorptionskoeffizient in Abhängigkeit von der Energie für Photoabsorption und Comptoneffekt in Blei bestimmt.

Unter Berücksichtigung der jeweils berechneten Absorptionskoeffizienten wird mit einem Zufallsgenerator gewürfelt, ob eine Wechselwirkung des Quants innerhalb der Bleiweglänge in Strahlrichtung stattfindet. Gibt es keine Wechselwirkung und trifft der Strahl den Detektor, so wird der geometrische Anteil um 1 erhöht. Trifft er nicht, so ist das Quant für die Ausbeute verloren und das Programm fährt fort mit einem neuen Strahl.

Hat es eine Wechselwirkung gegeben, so wird mit einem weiteren unabhängigen Generator, gewichtet mit den Absorptionskoeffizienten, nach Photo- oder Compton-Effekt unterschieden. Beim Photoeffekt ist das Quant wiederum verloren und das Programm startet mit einem neuen Strahl.

Beim Comptoneffekt wird mit weiteren Zufallsgeneratoren der Streuwinkel θ nach KAHN (2)bestimmt. Daraus resultiert die Energie des

Flussdiagramm der Subroutine PHOCOM

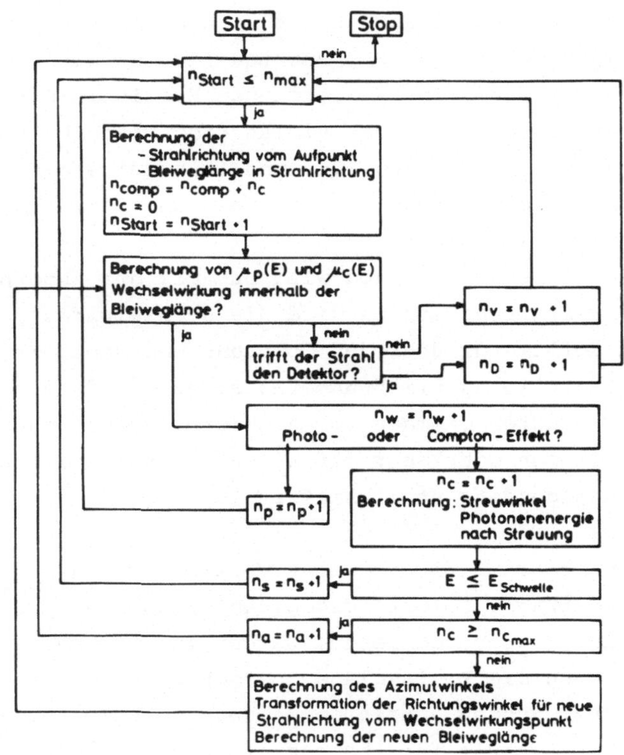

Abb. 2.

gestreuten Quants. Im Programm sind zwei frei wählbare Schwellen eingebaut. Es kann abgebrochen werden, wenn eine vorgegebene untere Ener-
gieschwelle erreicht wird oder die Zahl der Comptoneffekte vom Ur-
strahl ausgehend überschritten wird. Sind alle Bedingungen erfüllt,
und es kann mit dem gestreuten Quant weitergerechnet werden, wird der
Azimutwinkel gewürfelt. Vom Wechselwirkungspunkt aus wird in der neuen
Strahlrichtung die Bleiweglänge ermittelt und der Richtungskosinus in
das Grundsystem transformiert. Die Schleife wird wieder durchlaufen
bis durch eines der Abbruchkriterien mit einem neuen Strahl vom Aufpunkt aus gestartet wird.

Die Rechenzeit liegt im Vergleich zum ersten Modell bis zu einem Faktor 5 höher. Der Faktor ist naturgemäß stark von der Quantenenergie
abhängig. Eine hohe Energie begünstigt den Comptoneffekt und erhöht
somit den Rechenaufwand.

Zum Abschluß sollen einige der mit diesen Programmen erzielten Ergebnisse aufgezeigt werden. Die Grunddaten der 19-Loch-Kollimatoren sind:

$$A = 8 \quad mm$$
$$L = 100 \; mm$$
$$S = 0,6 \; mm$$
$$F = 120 \; mm$$

Abb. 3 zeigt die Bleiweglängenverteilung im Kollimator mit verschiedenen Punktquellen. Die Quellen wurden vom Mittelpunkt in der Fokus-
ebene nach außen verlagert. Die Auflösung dieses Kollimators betrug
8 mm. Bei x = 8 mm, die Punktquelle hat also das Ende des geometrischen Gesichtsfeldes erreicht, nimmt die Eckenpenetration schnell ab.
Die kürzeren Bleiweglängen verschwinden schließlich,und es ist nur
noch Septenpenetration möglich.

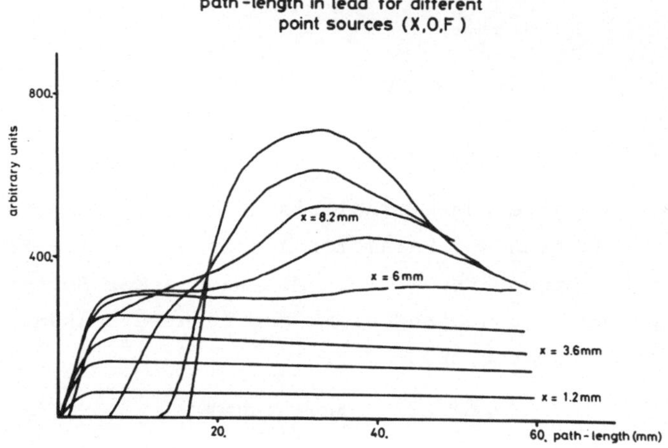

Abb. 3. Vgl. Text

Abb. 4 stellt das Verhalten der Penetration für eine Flächenquelle
dar. Die Septenstärke wurde variiert. Die kürzeren Bleiweglängen nehmen mit sinkender Septenstärke zu und damit steigt der Penetrationsanteil gemäß dem Absorptionsgesetz.

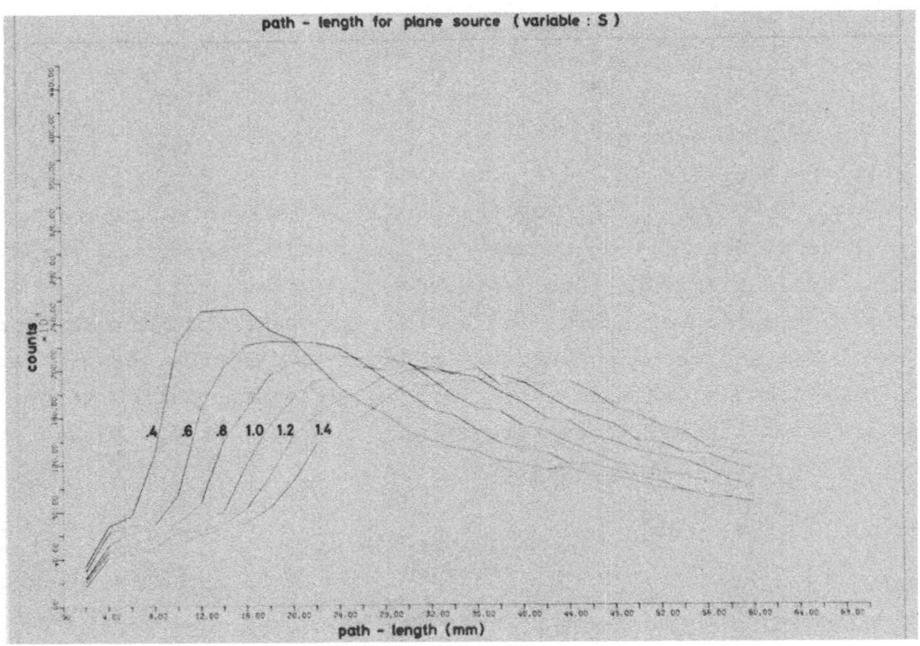

Abb. 4. Vgl. Text

Abb. 5 gibt das Verhalten des Verhältnisses geometrischer Ausbeute zu
Penetration als Funktion der Parameter Auflösung, Kollimatorlänge,
Fokusabstand und Septenstärke wieder. Mit wachsender Septenstärke,
Kollimatorlänge und Fokusabstand nimmt der Penetrationsanteil ab und
mit ansteigender Auflösung zu.

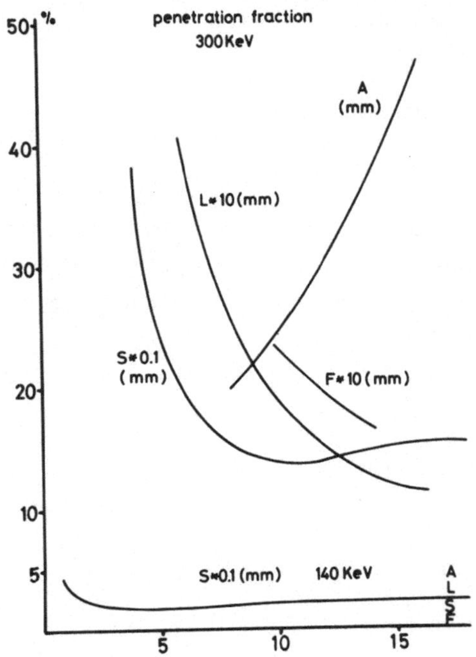

Abb. 5. Vgl. Text

Abb. 6 zeigt die den Kollimator beschreibende Line - Spread-Function für verschiedene Abstände der Linienquelle vom Kollimator. Auf der linken Seite sind jeweils die gemessenen Werte und rechts die berechneten aufgetragen. Es erfolgte eine Aufteilung in geometrischen Anteil, Septen- und Ecken-Penetration. Die Summe aller Anteile entspricht insbesondere bei großen Quellenabständen nicht ganz dem gemessenen Verlauf. Die Ursache liegt begründet in der teilweise erheblichen Fertigungstoleranz der Kollimatoren im Vergleich zum mathematisch berechneten System. Meßwerte mit einem idealen Kollimator werden den berechneten Werten im Rahmen der Statistik entsprechen.

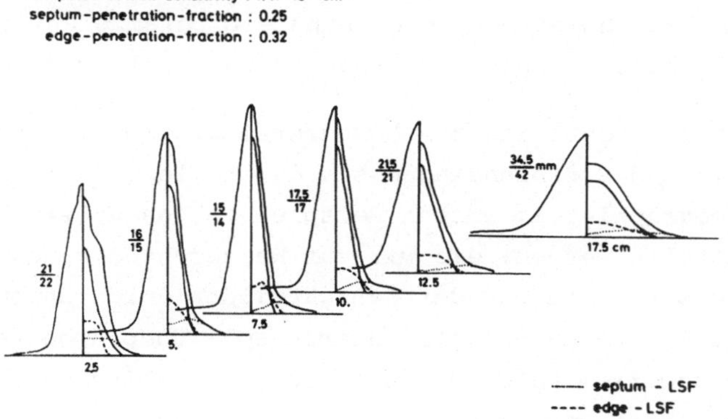

Abb. 6. Vgl. Text

Literatur

1. JAHNS, E.G.H., H.-J. Helmeke: Prediction of Collimator Performance by Monte-Carlo-Techniques. Medical Radionuclide Imaging, Vol. 1, IAEA, Vienna, 1977.
2. KAHN, H.: Applications on Monte Carlo. RM-1237-AEC, The Rand Corporation Santa Monica, California, 1956.

Computersimulation in Anwendung für Strahlentherapie und Strahlendiagnostik[*]

G. Hehn

Kurzfassung:

Für die neuen Technologien wie Kerntechnik und Raumfahrttechnik ist
die Computersimulation zur Beschreibung von Strahlenfeldern und deren
Auswirkung auf den Menschen mit großem Aufwand entwickelt worden. Wir
haben diese Simulationsmethoden und Computerprogramme auf aktuelle
Probleme der Strahlentherapie und Strahlendiagnostik spezialisiert.

An zwei Beispielen möchte ich die Computersimulation in Anwendung für
Strahlentherapie und Strahlendiagnostik darstellen. Sehr aktuell ist
die Computertomographie. Im ersten Beispiel sollen unsere Simulationsmethoden vorgestellt werden, die wir zur Weiterentwicklung des Verfahrens und zur besseren Deutung der Schichtbilder durchführen. Weiterhin
aktuell ist die Neutronentherapie. Hierzu soll über Arbeiten berichtet werden, die zum Ziel haben, die strahlenphysikalischen und strahlenbiologischen Basisinformationen der Neutronentherapie quantitativ zu
korrelieren und für die Computerbestrahlungsplanung im klinischen Routinebetrieb zum Einsatz zu bringen.

1. Einleitung

Für die neuen Technologien Kerntechnik und Raumfahrttechnik ist die
Computersimulation zur Beschreibung von Strahlenfeldern und deren
Auswirkung auf den Menschen mit großem Aufwand entwickelt worden. Wir
haben diese Simulationsmethoden und Computerprogramme auf aktuelle
Probleme der Strahlentherapie und Strahlendiagnostik spezialisiert
und angewendet. In der Computertomographie können Simulationsmethoden zur Weiterentwicklung des Verfahrens und zur Überprüfung und
besseren Deutung der resultierenden Schichtbilder eingesetzt werden.
Die Verwendung von Neutronen für die Computertomographie läßt sich
hierbei mit geringem Aufwand studieren. In der Strahlentherapie geht
es vor allem um die Verbesserung der Bestrahlungsplanung, indem man

* Wir danken der Deutschen Forschungsgemeinschaft für die partielle
  Förderung dieses Forschungsvorhabens.

die Dosisverteilung im Patienten sichtbar darstellt. Der besondere
Vorteil der Computersimulation besteht darin, daß wichtige Körperinhomogenitäten voll berücksichtigt werden können. Für die Neutronentherapie reicht die Information über den Ortsverlauf der Dosis im
Patienten nicht aus, da die biologische Wirkung sich mit der Variation
des Neutronenspektrums und des Dosisanteils von Sekundärgammastrahlen merklich ändert. Deswegen interessieren neben Isodosen vor allem
Isoeffektkurven, die die gemessenen Zellüberlebensanteile als Funktion der Strahlendosis berücksichtigen. Das Ziel dieser Computerar-
beiten ist es, die strahlenphysikalischen und strahlenbiologischen
Basisinformationen der Neutronentherapie zu korrelieren und für die
Bestrahlungsplanung im klinischen Routinebetrieb zum Einsatz zu bringen.

2. Computertomographie

Ebenso wie bei der konventionellen Röntgendiagnostik wird in der Computertomographie der zu untersuchende Körperteil mit Hilfe einer externen Röntgenquelle durchstrahlt. Im Unterschied zur konventionellen Röntgendurchleuchtung erfolgt die Durchstrahlung des Objekts durch
eine Vielzahl von engen Strahlenbündeln, die aus verschiedenen Richtungen den Körper in einer Querschnittsebene durchsetzen. Aus den Meßwerten der transmittierten Strahlen kann man mit Hilfe einer Compu-
terrechnung auf den lokalen effektiven Schwächungskoeffizienten zu-
rückschließen und damit Bilder von Körperquerschnitten erstellen,die
den bisherigen röntgendiagnostischen Verfahren überlegen sind. Für jedes Strahlenbündel lassen sich die Meßwerte der transmittierten Strahlung mit dem effektiven Schwächungskoeffizienten des durchstrahlten
Objekts über eine Absorptionsgleichung gemäß Abb. 1 Gl. 1 verknüpfen.
In dieser Bilanzgleichung sind die Strömungs- und Absorptionsverluste
(links) dem Quellgewinn (rechts)gleichgesetzt. Diese Differentialgleichung läßt sich in eine Integralbeziehung nach Abb. 1 Gl. 2 umformen
und zweckmäßigerweise über ein Diskretisierungsverfahren nach Abb. 1
Gl. 3 in eine lineare Bestimmungsgleichung für den lokalen effektiven Schwächungskoeffizienten bringen, wobei jedem Strahlenbündel eine
Gleichung zugeordnet ist. Das gekoppelte Gleichungssystem aller Strahlenbündel wird dann nach bewährten Verfahren z.B. nach der Convolu-
tionsmethode gelöst und schließlich das Tomogrammbild in der Regel aus
256 x 256 Bildelementen aufgebaut.

Differentialbeziehung

(1) $\qquad \vec{\Omega} \cdot \nabla R(r) \quad + \quad \mu(r) \cdot R(r) \qquad = \quad Q \cdot \Sigma_D$

Strömungs- + Absorptionsterm   = Quellterm

mit $\quad R(r)$ Integrales Detektorsignal
$\quad r$ Ortskoordinate längs Strahlenachse
$\quad \vec{\Omega}$ Strahlrichtung
$\quad \mu(r)$ lokaler effektiver Schwächungskoeffizient
$\quad Q \cdot \Sigma_D$ Quellstärke gewichtet mit Detektoransprech-
wahrscheinlichkeit Σ_D

Integralbeziehung

(2) $\qquad \ln R/R_O \; = \; -\int\limits_o^r \mu(r') \, dr'$

mit $\qquad R_O \; = \; Q \cdot \Sigma_D / 4 \, \pi \, r^2$
Referenzdetektorsignal in Luft

Diskretisierung

(3) $\qquad \ln R/R_O \; \approx \; -\sum\limits_i \mu_i \cdot \Delta x_i$

mit $\qquad \mu_i$ effektiver Schwächungskoeffizient im Bildelement i entlang der Strahlachse r
$\qquad \Delta x_i$ Sehnenlänge im Bildelement i

Abb. 1. Computertomographie − effektiver Schwächungskoeffizient
und Detektorsignal

2.1 Simulation des Tomogramms

Um die Eignung verschiedener Röntgenstrahlenspektren und anderer Strah-
lenarten z.B. von Neutronen für die Computertomographie zu prüfen,
haben wir einen Simulator entworfen, mit dem man die Funktionsweise
des Tomographiegeräts, den Strahlendurchgang durch ein vorgegebenes
Phantom und die zugehörige Dosisbelastung bestimmen kann. In Abb. 2
ist die Relation zwischen Simulation und Messung schematisch dargestellt. Ausgehend von einem vorgegebenen Quellspektrum des Röntgen-
oder Neutronengenerators berechnet man die Aufhärtung der Strahlung
durch Zusatzfilter und die Formung des engen Strahlenbündelns durch
den Quellkollimator. Damit ergibt sich die Konfiguration des Strah-
lenbündels, das auf den Patienten auftrifft. Hiernach wird der Strahlendurchgang durch ein vorgegebenes Körperphantom simuliert. Um die
komplexe äußere und innere Geometrie des Körperquerschnitts von Patienten möglichst gut erfassen und gleichzeitig viele verschiedenartige Gewebezusammensetzungen berücksichtigen zu können, wird die Berechnung der transmittierten Strahlung in mehreren Schichten durchgeführt. Die Basis bilden Transportrechnungen für Einzelstrahlen durch
den Körper, deren Resultate mit Hilfe der linearen Störungsrechnung
auf kleine Änderungen der Gewebezusammensetzungen extrapoliert werden. Auf diese Weise wird die Vielfalt der benötigten Transmissions-
lösungen für den Zirkularscan aufgebaut, wobei im Gegensatz zur Messung das Detektorsignal in spektraler Form anfällt. Dadurch ergeben
sich zwei Wege der Rekonstruktion des Phantombildes. Das erste Verfahren geht analog zur Erzeugung des Tomogrammbildes vom integralen
Detektorsignal aus und durchläuft dann die notwendige Spektralkorrektur zur Kompensation der unterschiedlichen Aufhärtung der Einzelstrahlen. Anschließend erfolgt die Rückprojektion der effektiven
Schwächungskoeffizienten aus den korrigierten Detektorsignalwerten
des Zirkularscans nach bewährten Standardverfahren z.B. der Convo-
lutionsmethode. Der zweite Weg der Rekonstruktion des Phantombildes
ist aufwendiger aber genauer. Hierbei benutzt man mit Vorteil die
spektrale Information des Detektorsignals, das bei der Simulation
im Gegensatz zur Messung anfällt. Man führt dabei die Rückprojektion
in einzelnen Energiegruppen durch und überlagert dann die Energie-
gruppenbilder gewichtet mit dem mittleren Detektorspektrum zum Phantombild, das die effektiven Schwächungskoeffizienten der Standard-
gewebearten des vorgegebenen Phantoms darstellt.

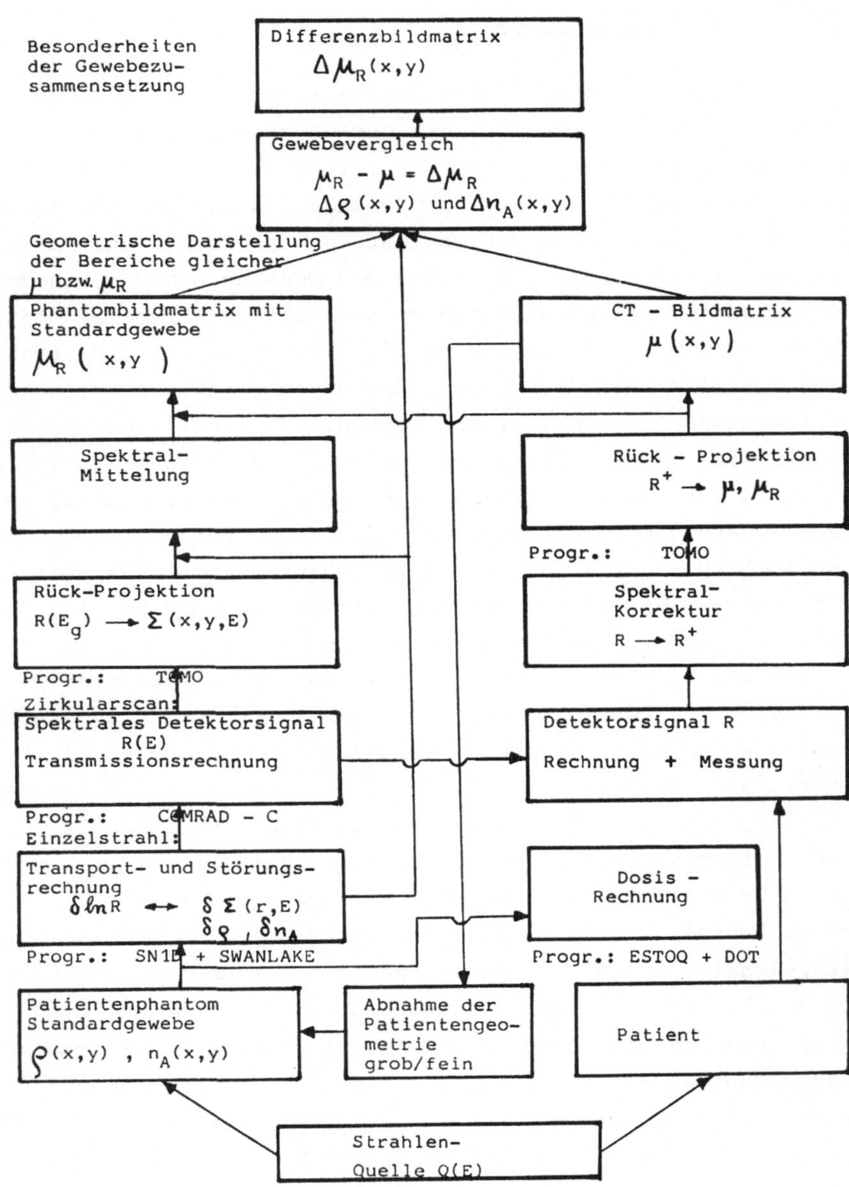

Abb. 2 . Computertomographie - Simulation und Messung

Die wesentlichen Grundgleichungen, auf denen die Simulation des Tomogramms basiert, sind in Abb. 3 zusammengefaßt. Ausgehend von der Lösung der Strahlentransportgleichung (Gl. 3) und der adjungierten Gleichung (Gl. 4) kann man mit Hilfe der linearen Störungsrechnung die Sensitivität des Detektorsignals bezüglich lokaler Variationen der atomaren Gewebezusammensetzung im Phantom bestimmen (Gl. 1), wobei jede spezielle Gewebeart durch die atomaren Wirkungsquerschnitte charakterisiert ist. Die Korrelationsgröße zwischen Variation des Wirkungsquerschnittes (Gewebezusammensetzung) und Variation des Detektorsignals kann man nach Gl. 2 für jedes Strahlenbündel ermitteln und damit die Auswirkungen geringster Variationen in der Gewebezusammensetzung auf das Detektorsignal studieren.

Lineare Störungsrechnung

Sensitivitätsanalyse des Detektorsignals bezüglich lokaler Variation der atomaren Gewebezusammensetzung im Phantom

$$(1) \qquad \delta R/R \quad = \quad S\,(\delta \Sigma / \Sigma)$$

mit Sensitivitätskoeffizient

$$(2) \qquad S \quad = \quad \frac{1}{R} \, \langle \, \Phi^+ \, , \, L_\Sigma \Phi \rangle$$

und

$\delta R/R$ relative Variation des Detektorsignals R

$\delta \Sigma / \Sigma$ relative Variation des Wirkungsquerschnittes

$\Phi(\vec{r}, E, \vec{\Omega})$ Photonenflußdichte

(3) aus Transportgleichung $L\,\Phi = Q$

       mit L   Transportoperator

          Q   Quellstärke

$\Phi^+(\vec{r}, E, \vec{\Omega})$ Adjungierte Flußdichte

(4) aus adjungierter Transportgleichung $L^+ \Phi^+ = \Sigma_D$

       mit L^+ adjungierter Transportoperator

        Σ_D Detektoransprechwahrscheinlichkeit

R   Detektorsignal

$$R = \langle \Phi \Sigma_D \rangle$$

$$= \langle \Phi^+ Q \rangle$$

L_Σ Transportoperator des Wirkungsquerschnittes

Abb. 3. Simulation des Computertomogramms – Theoretische Grundlagen

2.2 Anwendungen der Simulation

Die Geräte für die Computertomographie sind in ihrem Aufbau und vor
allem in ihrer Funktionsweise komplizierter als die bisherigen Geräte
der Röntgendiagnostik. Innerhalb weniger Jahre sind mehrere Geräte-
generationen auf dem Markt und der stationäre Zustand ist noch nicht
abzusehen. In diesem Entwicklungszustand ist ein Simulator für die
Computertomographie in Ergänzung zum Experiment besonders wertvoll.
Hochdifferentielle Informationen über Strahlenfelder können in der Regel einfacher durch Simulation als durch Messungen gewonnen werden.Die
spektralen Teilchenflußdichten im Quellbereich, im quellseitigen Fil-
ter und Kollimator, in den verschiedenen Gewebeschichten des Körper-
phantoms, im detektorseitigen Kollimator und im Detektor selbst sind
der Messung schwer zugänglich, aber kein Problem für die Simulation.
Die Bestimmung der geeigneten Spektralkorrektur des Detektorsignals
zur Kompensation unterschiedlicher Aufhärtung der Einzelstrahlen ist
ein typisches Simulatorproblem.

Für den Simulator ist es weiterhin keine Schwierigkeit, zwischen ungestreuten Strahlen und Streustrahlung zu diskriminieren. Die Streu-
strahlenkorrektur ist bei der Anwendung von schnellen Neutronen für
die Tomographie wichtig. Aber auch für Röntgenstrahlen ist die Verschiebung des effektiven Schwächungskoeffizienten durch Streustrahlung nicht vernachlässigbar. Das betrifft vor allem die Kurzzeittomo-
graphen mit Fanbeamkonfiguration, wo der Einzeldetektor die Streustrahlung nicht nur von dem eigenen Strahlenbündel, sondern auch von
den übrigen Strahlenbündeln erhält.

Prinzipiell dient der Simulator der Weiterentwicklung und Optimierung
der Computertomographie, wobei neben der Geräteentwicklung vor allem
an die optimale Anwendung gedacht ist. Einer besonders guten Bildqua-
lität, die man beim Tomogramm anstreben wird, steht die relativ hohe
Dosisbelastung des Patienten entgegen. Hinzu kommt, daß man die geeignete Röhrenspannung eventuell mit Zusatzfilter wählen kann. Das Auffinden des Optimums für eine Reihe typischer Diagnostikprobleme läßt
sich am besten mit dem Simulator durchführen. Hierbei ist es nicht
notwendig, wie zur Geräteüberprüfung mit Standardphantomen zu arbeiten. Wie in Abb. 2 gezeigt wird, kann das vorzugebende Körperphantom
weitgehend an den realen Körperquerschnitt eines Patienten angepaßt
werden. Bei Vorliegen eines Tomogramms wird zunächst die Patienten-

geometrie einschließlich innerer Organdimensionen abgenommen und für jede Gewebeart eine mittlere Standardzusammensetzung vorgegeben. Vergleicht man das resultierende Phantombild mit dem Tomogramm des Patienten, so ergibt die Differenz der Schwächungskoeffizienten ein integrales Maß für die individuellen Besonderheiten der Gewebezusammensetzung des Patienten, die man als Variation einer effektiven Dichte interpretieren und zur Anpassung des Phantoms verwenden kann. Liegt ein zweites Tomogramm des Patienten vor, das mit veränderter Röhrenspannung aufgenommen wurde oder - waswegen komplimentärer Wirkungsquerschnitte noch besser wäre - mit schnellen Neutronen erzielt wurde, so kann man hierfür das gleiche Verfahren zur Bestimmung der effektiven Dichte anwenden und letztendlich feststellen, in welchen Bereichen die Dichtekorrektur zum Standardgewebe die gleiche ist und offensichtlich ausreicht und wo zusätzlich Verschiebungen zu schwereren oder leichteren Atomen iterativ mit dem Simulator ermittelt werden können. Damit ergeben sich aus dem Abgleich zwischen Phantombild und Tomogramm des Patienten die gesuchten individuellen Besonderheiten der Gewebezusammensetzung. Diese individuellen Abweichungen können innerhalb der bekannten Streubreite in der Zusammensetzung und Dichte bestimmter Gewebearten liegen, was durch Simulation der Grenzwerte überprüft werden kann, oder sie werden als größere Anomalie erkannt, die man weiter diagnostizieren muß.

Bei der Computertomographie mit Röntgenstrahlen werden vor allem Konzentrationsunterschiede der schweren Elemente sichtbar. Differenzen in der Wasserstoffkonzentration können mit Röntgenstrahlen nicht erfaßt werden. Hierfür bieten sich schnelle Neutronen an, deren Schwächungskoeffizient im Weichgewebe zu zwei Drittel vom Wasserstoff bestimmt wird. Abb. 4 zeigt den Verlauf einer simulierten Tomogrammzeile eines Kopfphantoms für drei verschiedene Neutronenquellen: einen (D,T)-Generator mit 15 MeV Neutronen, eine Cf-252-Quelle mit Spaltspektrum und einen (D,D)-Generator mit 2-3 MeV Neutronen. Für den effektiven Schwächungskoeffizienten wird jeweils ein Bereich angegeben, der in allen drei Fällen bei maximaler Dosisbelastung von 5 rem aus dem Meßfehler des Detektorsignals resultiert. Hinzu kommt vor allem der Fehler der Rückprojektion, so daß der Gesamtfehler den zwei- bis dreifachen Wert annehmen kann. Unter Beachtung dieser Unsicherheit kann man feststellen, daß mit schnellen Neutronen eine Struktur des Gehirns im Tomogramm ersichtlich ist. Weiterhin ist bei Neutronen die Knochentransparenz wesentlich besser als bei Röntgenstrahlen, so daß die Abschattung der benachbarten Bereiche geringer

ist. Anomalien im Knochenbereich können besser dargestellt werden.
Jedoch die wesentlichen Anwendungen für Neutronen sind die Fälle,bei
denen Unterschiede in der Wasserstoffkonzentration sichtbar gemacht
werden sollen.

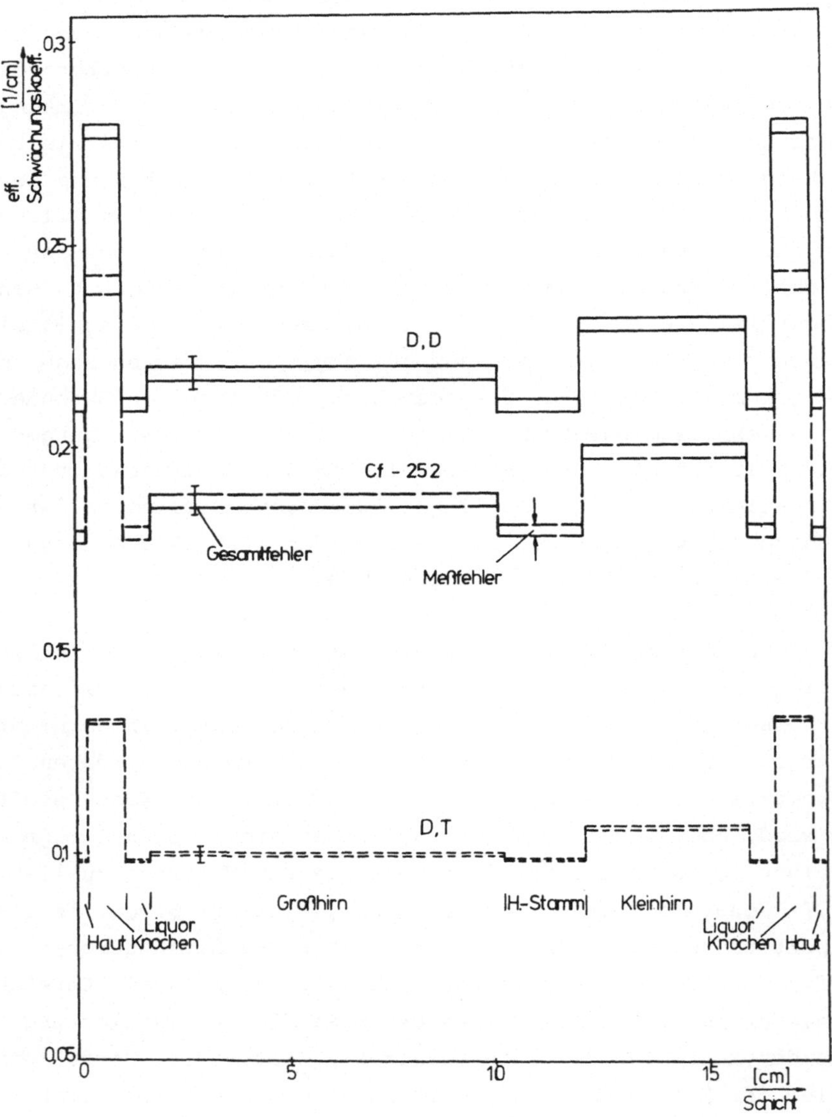

Abb. 4. Computertomographie mit schnellen Neutronen

3. Strahlentherapie mit schnellen Neutronen

Krebserkrankungen sind heute die zweithäufigste Todesursache nach
Kreislauferkrankungen. Die überwiegende Zahl aller Krebspatienten
werden kurativ oder palliativ strahlenbehandelt. Der Einsatz modern-
ster Großbestrahlungsgeräte wie Kobaltanlagen, Betatrone und Linear-
beschleuniger hat in Verbindung mit individueller Computerbestrahlungsplanung zur optimalen Anwendung von Gammastrahlen und Elektro-
nen geführt. Eine weitere Steigerung der Heilungserfolge erhofft man
sich nun durch zusätzlichen Einsatz von dichtionisierenden Strahlen,
die im Krebsgewebe mit Hilfe schneller Neutronen erzeugt werden können. Die ersten Erfolge im Hammersmith Hospital in London haben dazu
geführt, daß die Neutronentherapie heute weltweit klinisch erprobt
wird. In biologischen Vorversuchen war gezeigt worden, daß die Relative Biologische Wirksamkeit der Neutronen eine große von der Zellart
abhängige Variabilität aufweist und daß ihre Wirkung in anoxischen
Zellen günstiger ist als bei konventioneller Strahlentherapie. Beide
biologischen Effekte möchte man in der Neutronentherapie mit Vorteil
ausnutzen. Man hat jedoch mit gerätetechnischen und physikalischen
Nachteilen zu kämpfen. Die Neutronengeneratoren haben für die klinische Strahlenanwendung eine relativ kleine Quellstärke, sind wegen
ihrer großen Strahlenabschirmung noch größer und schwerer als Betatrone und haben im Vergleich zu konventionellen Strahlentherapieein-
heiten eine schlechte Kollimation des Nutzstrahls. Der Verlauf der
Tiefendosis im Bestrahlungspatienten ist etwas ungünstiger als der
von Kobaltstrahlen. Außerdem ist die Strahlenqualität in starkem Maße
ortsabhängig. Neben der primären Neutronenstrahlung hat man den variablen Dosisanteil der Sekundärgammastrahlen bei der Bestimmung der
Strahlenwirkung getrennt zu berücksichtigen. Die Relative Biologische
Wirkung des Strahlenfeldes einer Neutronentherapieeinheit ist aber
nicht nur von der Dosisrelation von Neutronen- und Gammastrahlen abhängig,sondern auch vom Spektrum der Neutronen und dessen Änderung
mit der Eindringtiefe in das Gewebe. Diese benötigten Informationen
über die Strahlenqualität lassen sich am besten durch Simulation des
Strahlenfeldes bestimmen, wobei zusätzlich der Einfluß von Inhomogenitäten im Bestrahlungspatienten berücksichtigt werden kann.

3.1 Simulation von physikalischen Strahlenfeldgrößen

Die modernen Großrechenanlagen helfen uns, die Modellvorstellung, die
wir von der Wirklichkeit haben, mit enormen Zeitverkürzungen gegenüber
früher zu behandeln. Voraussetzung ist nur, daß die Modellparameter
aus Messungen gut bekannt sind. Dies ist der Fall bei den Wirkungs-
querschnitten von Neutronen- und Gammastrahlen, da sie als Basisgrößen
bei der Entwicklung der Kerntechnik mit Vorrang ermittelt werden muß-
ten. Die Simulation von physikalischen Strahlenfeldgrößen für die Neutronentherapie ist deswegen allein eine Frage der Weiterentwicklung
oder Spezialisierung vorhandener Rechenprogramme und deren Anwendung,
da die Grundlagen vorhanden sind (3). Besondere Vorteile gegenüber
dem experimentellen Verfahren ergeben sich bei der Optimierung von Be-
strahlungsgeräten, bei denen eine Vielzahl von Varianten untersucht
werden müssen. Wir haben zunächst mit Hilfe der Computersimulation Kollimatoren von Zyklotron- und D,T- Neutronenquellen optimiert, um den
bestmöglichen Nutzstrahl zu bestimmen (2,5), den man bei Neutronenthe-
rapieanlagen erzielen kann. Hiernach haben wir den Verlauf der Tiefendosis von Neutronen- und Gammastrahlen im homogenen Wasserphantom
berechnet und zur Adjustierung der unbekannten Gammaquellstärke des
Targets die Rechenwerte mit der Messung verglichen. Bei der Simulation
läßt sich anschließend allein durch Veränderung der Wirkungsquerschnitte im Phantom die Auswirkung von wichtigen Körperinhomogenitäten studieren (1), die man bei der Bestrahlungsplanung berücksichtigen muß.
Schließlich koppelten wir die Rechenprogramme zur Bestimmung der Tiefendosis im Phantom über eine Dosisbibliothek mit einem Programm zur
Bestrahlungsplanung, wie es in Abb. 5 in der linken Bildhälfte dargestellt ist. Der Einsatz des Computers zur Bestrahlungsplanung ist eine wichtige Voraussetzung, wenn unter Berücksichtigung der individuellen Körpergeometrie und Gewebeinhomogenitäten die Bestrahlung physikalisch optimal sein soll. Bei der Neutronentherapie reicht jedoch
die quantitative Bestimmung der Tiefendosis nicht aus. Man muß zusätzlich die variable Zusammensetzung von Neutronen- und Gammadosis berechnen und die Verschiebung des Neutronenspektrums mit der Eindringtiefe kennen, um die bekannten Unterschiede in der Wirkung berücksichtigen zu können.

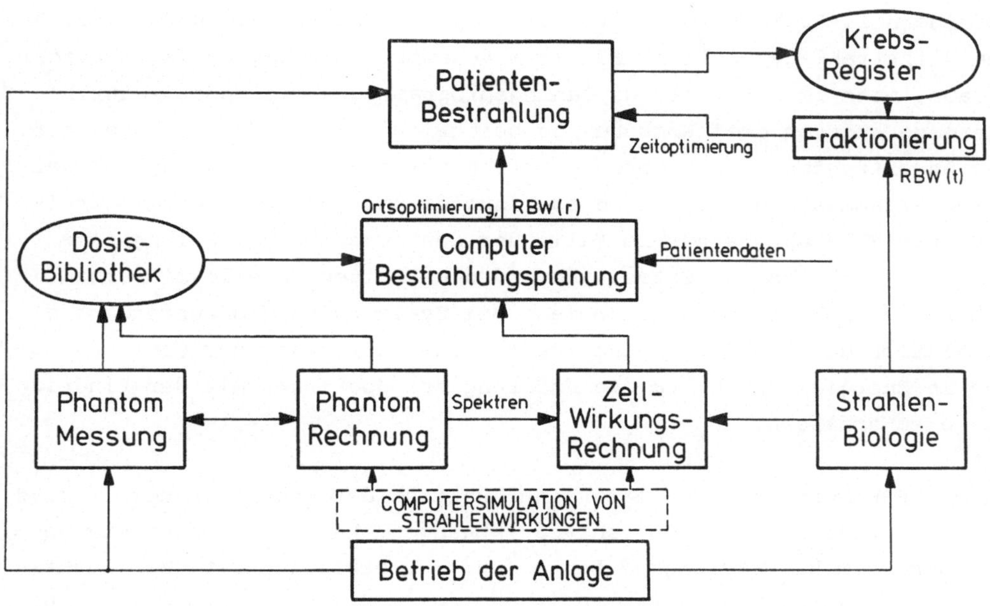

Abb. 5. Neutronentherapie - Simulation und Messung

3.2 Simulation der Neutronenwirkung

Der Einsatz des Computers zur individuellen Bestrahlungsplanung ist
bei Neutronen in besonderem Maße notwendig, weil damit die Möglichkeit gegeben ist, die Strahlenkomponenten mit unterschiedlicher Wirkung getrennt zu bestimmen. Andererseits liegt es nahe, daß man zusätzlich zu den Dosiskomponenten auch die strahlenbiologischen Meßwerte quantitativ berücksichtigt. Wir kennen für eine Reihe von Zell-
arten die Relative Biologische Wirkung(RBW)als Funktion der Neutronen-
energie.Weiterhin wurden in großer Zahl Zellüberlebenskurven gemessen,
um die Unterschiede in der Wirkung von Elektronen- und Gammastrahlen
der konventionellen Strahlentherapie und der Neutronenwirkung zu bestimmen, bevor man mit den klinischen Versuchen begonnen hatte. Für
die Bestrahlungsplanung kann man nun die vorhandenen Meßwerte durch
ein Modell zur Zellwirkung approximieren (<u>4</u>), und mit diesen biologischen Detektoren die Gesamtwirkung von gemischten Neutronen- und Gam-

mafeldern in Funktion des Ortes entlang des Nutzstrahls und seitlich vom Nutzstrahl darstellen. Für 15 MeV-Neutronentherapieanlagen reicht es aus, wenn im Bestrahlungsplanungsprogramm die Tiefendosis durch Überlagerung von drei Komponenten beschrieben wird: den Dosisverlauf der ungestreuten Quellneutronen, der Neutronenstreustrahlung und der Sekundärgammastrahlung. Bei dieser Aufteilung ist der Energiemittelwert des RBW-Faktors nur im Falle der Neutronenstreustrahlung eine schwache Funktion des Ortes, während die übrigen Anteile mit einem konstanten RBW-Faktor hinzukommen. Bei Zyklotronanlagen erfordert die Simulation der RBW-Dosis eine zusätzliche Aufteilung der Quellneutronen in Energiegruppen, um die Änderung des Spektrums mit der Eindringtiefe zu erfassen.

Da die RBW-Werte nicht allein eine Funktion der Neutronenenergie sind, sondern zusätzlich vom Dosisniveau abhängen, kann die Berechnung von RBW-Dosen im Bestrahlungspatienten nur als erster Schritt zur quantitativen Erfassung der Strahlenwirkung gelten. Der Computeraufwand bei der Bestrahlungsplanung ist nur geringfügig größer, wenn man Zellüberlebensraten simuliert und die Resultate in Form von Isoeffektkurven darstellt (6).

Literatur

1. BÖHM, EISSA, HEHN, PFISTER, STILLER: Transport calculations,analytical representation of absorbed dose and determination of isoeffect curves for therapy with fast neutrons. 3. Symposium on Neutron Dosimetry in Biology and Medicine, München, 23.-27.5.1977.
2. HEHN, BECKER: Optimization of a collimator for 14 MeV neutrons. EUR 4896, 1974.
3. HEHN, PFISTER, PRILLINGER, BÖHM: Compι tersimulation zur Verbesserung der Strahlentherapie. Atomkernenergie 26(3), 1975.
4. KATZ, ACKERSON, HOMAYOONFAR, SHARMA: Inactivation of cells by heavy ion bombardment. Rad. Res. 47, 1971.
5. PFISTER: Neutron collimator calculation. NEA-CPL Newsletter No.17, 1974.
6. PFISTER, BÖHM, HEHN, PRILLINGER: Computer treatment planning for neutron therapy including radiobiological effects. 6. Int. Conference on the Use of Computers in Radiation Therapy, Göttingen, 18.-23.9.1977.

Über Herz–Kreislaufmodelle bei der Radiokardiographie

D.P.Pretschner

Abstract [*]

Moderne Gamma-Kameras mit angeschlossenem Digitalrechner erlauben Registrierung und Analyse des Durchflusses eines Aktivitäts-Bolus durch beide Herzhälften und Lungen mit hinreichend genauer zeitlicher und örtlicher Auflösung. Mit verschiedenen radioaktiven Tracern lassen sich *nicht invasiv* über dem zentralen Kreislauf orts- und zeitabhängige Indikator-Dilutionskurven gewinnen, deren Auswertung die Abschätzung zahlreicher hämodynamischer Größen von klinischem Wert erlaubt.

Zur Parameter-Estimation werden Simulationen herangezogen, die von Compartment- und Dispersionsmodellen ausgehen. Die häufig dabei benutzten mathematischen Modelle, die diskutiert werden, spiegeln in ihren Gleichungssystemen zwei physikalische Annahmen über das Herz-Kreislaufsystem wider:
1) veränderliche Volumina bei pulsierendem Fluß
2) konstante Volumina bei kontinuierlichem Fluß.

Neben deterministischen Ansätzen mit Berücksichtigung der einzelnen Herzkammern haben sich descriptive Verfahren wie z.B. zur Bestimmung des HZV oder des Links-Rechts-Shunts in der Praxis bewährt.

Beim Aufstellen der Systemgleichungen wird besonderer Wert auf klinische Anwendbarkeit gelegt. Probleme bei der Auswertung der am Krankenbett gewonnenen radiocardiographischen Meßwerte werden diskutiert. Praktische Fälle und Simulationsläufe mit verschiedenen Modellgleichungen werden demonstriert.

---

[*] Das Manuskript des Referates lag bei Drucklegung des Tagungsberichtes nicht vor.

Mathematische Modellierung der Atemmechanik

D. Schmid, M. Baum, N. Mendler, J. A. Richter

Abstract [*]

Die Überwachung der Lungenfunktion mit computerunterstützten Systemen, insbesondere während der Respiratorbeatmung, ist bis heute wesentlich unvollkommener realisiert als etwa jene der Kreislaufgrößen:
Die Meßverfahren zur Erfassung von Atmungsgrößen sind technisch aufwendiger, zum anderen fehlt es an definierten Algorithmen zur Verknüpfung der physiologischen Parameter. Ein System zur Atmungsüber-
wachung besteht aus mehreren Funktionsgruppen zur Analyse von: Atemmechanik, Atemgasen und Blutgasen. Hier soll speziell auf den Komplex der Atemmechanik eingegangen werden.

Meßbare Parameter sind Druck und Strömung; berechnet werden sollen
Resistance und Compliance. Dabei hängt bisher die Qualität der er-
rechneten Ergebnisse direkt von der Qualität der Erkennung charakteristischer Punkte im Verlauf der Zeitfunktion der Meßgrößen (z.B.
Spitzendruck, Plateaudruck, Triggerpunkte) ab. In der Praxis ist die
exakte Erkennung solcher Kurvenpunkte durch Artefakte erschwert,die
durch pneumatische Schwingungen im System Respirator-Patient (z.B.
Bewegung, Resonanz) entstehen. Zum anderen führt eine Berechnung aus
Stichproben zu markanten Zeitpunkten dazu, daß Resistance und Compliance als unabhängig von der momentan herrschenden Strömung bzw.
vom applizierten Volumen betrachtet werden, was physiologisch und
physikalisch nicht der Fall ist. Insbesondere ist die Resistance
eine nichtlineare Funktion des instantanen Volumens. Diese Restriktionen können umgangen werden, wenn es gelingt, das dynamische Verhalten der Lunge mit Hilfe eines mathematischen Modells zu beschreiben: Die Lunge wird als black box betrachtet, an der zwar das Verhalten von Druck, Strömung und Volumen am Eingang meßbar ist, ihr
innerer Aufbau aus resistiven, elastischen und trägen Widerständen

---

[*] Das Manuskript des Referates lag bei Drucklegung des Tagungsberichtes nicht vor.

jedoch nicht bekannt ist. Dieses System läßt sich analog zu einem
elektrischen Schwingkreis mathematisch beschreiben. Führt man für
die resistive Komponente (R_1) noch die geforderte Nichtlinearität
ein, die sich durch eine quadratische Komponente (R_2) approximieren
läßt, erhält man als systembeschreibende Gleichung:

$$P = \frac{1}{C} * V + R_1 * \frac{dV}{dt} + R_2 * \frac{dV^2}{dt} + I * \frac{d^2V}{dt^2}$$

Simulationen ergaben in Übereinstimmung mit Meßwerten in vivo, daß
das letzte (träge) Glied im Falle der Lunge vernachlässigt werden
kann. Damit bietet sich die Möglichkeit, die gesuchten Größen Resistance und Compliance mit Methoden der Ausgleichsrechnung durchzuführen, wodurch Artefakte und Schwingungen statistisch unterdrückt
werden. Für einen Prozeßrechner (PDP 11/10) wurde ein Programmsystem
entwickelt, das die genannte Problematik on line in Echtzeit löst.Da-
bei werden die Größen Druck, Strömung und Volumen mit einer Abtast-
rate von 100 Hz digitalisiert und doppelt gepuffert jeweils für Inspiration und Expiration gespeichert. Die Ausgleichsrechnung liefert
die drei Konstanten der Modellgleichung (C,R_1,R_2) für jede Ein- und
Ausatemphase. Die Rechenintensität dieser Methode führte zur Entwicklung spezieller real-time Algorithmen, wie z.B. Verfahren zur Matri-
zenmultiplikation und -Inversion, modifizierte Cholesky-Verfahren.

Durch diese Leistungen ermöglicht das Programm die kontinuierliche
Echtzeitüberwachung der wesentlichen atemmechanischen Parameter und
schafft damit die Voraussetzungen für eine meßwertgesteuerte Beatmung.

Simulation der Plasminogen–Streptokinase Reaktion und ihre Anwendung auf Diagnostik und Therapie

O. Richter, E. Jacobi

I Allgemeines Modell der Hämostase und Lyse

1. Reaktionsschema

Das Blutgerinnungssystem besteht aus Kaskaden von Enzym-Enzym Reaktionen. Die Enzyme der einzelnen Stufen, die Gerinnungsfaktoren, liegen in inaktiver Form im Blut vor, als Proenzyme. Nach der Theorie von SEEGERS (7) bilden einige der Proenzyme einen Komplex, den Prethrombinkomplex, der bei der Aktivierung in die einzelnen Faktoren zerfällt. Nach neuesten Erkenntnissen trifft jedoch die Wasserfalltheorie von MACFARLANE (5) und von DAVIE und RATNOF (1) zu.

Dieses Reaktionsschema hat die in Abb.1 dargestellte allgemeine Form, wobei x_i die Proenzymkonzentrationen und x_{ia} die Enzymkonzentrationen der i-ten Stufe bezeichnen. Ein solches Reaktionsschema läßt sich als enzymatischer Meßverstärker charakterisieren: Das Eingangssignal "Gewebsläsion (z.B. Thrombozytenfaktor III)" wird in der Enzymkaskade verstärkt und umgewandelt in das aktivierte Proenzym der Endstufe.

Bei der Gerinnung wird das Enzym Thrombin aktiviert, das Fibrinogen in Fibrinmonomere spaltet, welche spontan zu einem Gerinnsel aggregieren.

Bei der Hämolyse wird das Proenzym Plasminogen (y_n) in seine aktivierte Form (y_{na}) übergeführt, in die Protease Plasmin. Plasmin spaltet die Peptidbindungen von Fibrinogen und von Fibrinpolymeren. Beide Enzymsysteme werden durch Inhibitoren kontrolliert. Thrombin und der Faktor Xa werden durch Antithrombin III irreversibel gehemmt.

Plasmin wird durch α-Antitrypsin irreversibel inaktiviert, beide Enzyme werden reversibel inhibiert durch das α_2-Makroglobulin, das somit ein Gleichgewicht zwischen Hämostase und Lyse einstellt.

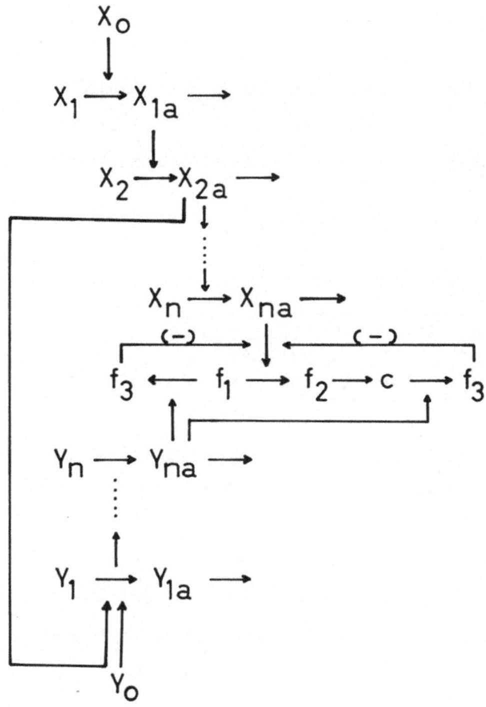

Abb. 1. Allgemeines Reaktionsschema der Hämostase und Lyse ohne Differenzierung zwischen exogenem und endogenem Gerinnungssystem. Das Eingangssignal "Läsion" (Plättchenfaktor III, Gewebefaktor) bewirkt, daß das Enzym Thrombin (x_n) über eine Enzymkaskade aktiviert wird. Thrombin wandelt Fibrinogen (f_1) in Fibrinmonomere (f_2) um, die spontan zu einem Gerinnsel (c) aggregieren.
Die Auflösung von Gerinnseln geschieht durch das Enzym Plasmin (y_{na}), das ebenfalls durch eine Enzymkaskade aktiviert wird. Die Aktivierung dieser Kaskade wird u.a. durch die Aktivierung der Gerinnungskaskade initiiert. Die bei der Lyse entstehenden Spaltprodukte (f_3) hemmen die Wirkung des Thrombins.

Die Spaltprodukte des Fibrinogens und der Fibrinpolymere (f_3) hemmen die Aktivität von Thrombin.

2. Mathematisches Modell

Ein kinetisches Modell solcher Enzymkaskaden läßt sich allgemein formulieren durch ein System von nichtlinearen Differentialgleichungen
für die Proenzyme x_i und die aktivierten Enzyme x_{ia}:

$$(1) \qquad \dot{x}_1 = u_1 - v_1(x_1, x_o, \ldots)$$

$$(2) \qquad \dot{x}_{1a} = v_1(x_1, x_o, \ldots) - v_{-1}(x_{1a})$$

$$\ldots\ldots\ldots\ldots\ldots\ldots\ldots\ldots\ldots\ldots\ldots\ldots$$

$$(3) \qquad \dot{x}_i = u_i - v_i(x_{i-1,a}, x_i, \ldots)$$

$$(4) \qquad \dot{x}_{ia} = v_i(x_{i-1,a}, x_i, \ldots) - v_{-i}(x_{ia}, \ldots)$$

Das letzte aktivierte Proenzym der Gerinnungskaskade, Thrombin (x_{na}),
bewirkt die Umwandlung des Fibrinogens (f_1) in die Fibrinmonmere
(f_2).

Für die Aktivierung des Plasminogens existiert eine ähnliche Enzymkaskade, in der auf der Endstufe das Plasmin (y_{na}) erzeugt wird.
Beide Enzyme, x_{na} und y_{na}, wirken auf das Fibrinogen-Fibrin System:

$$(5) \qquad \dot{f}_1 = - w_1(f_1, x_{na}, \ldots) - w_2(f_1, y_{na}, \ldots) + u_f$$

$$(6) \qquad \dot{f}_2 = w_1(f_1, x_{na}, \ldots) - w_3(f_2, y_{na}, \ldots)$$

$$(7) \qquad \dot{f}_3 = w_2(f_1, y_{na}, \ldots) + w_3(f_2, y_{na}, \ldots) - w_{-3}(f_3)$$

Die u_i sind (konstante) Biosyntheseraten der Proenzyme (Gerinnungsfaktoren). Die Terme $v_i(x_i, x_{i-1,a}, \ldots)$ sind die Geschwindigkeiten der
Enzym-Enzym Reaktionen, wobei das aktivierte Proenzym auf der (i-1)-ten
Stufe als "Enzym" das Substrat "Proenzym der i-ten Stufe" in das aktivierte Proenzym umwandelt. Die Terme v_{-i} sind die Zerfallsgeschwin-
digkeiten der Enzyme. Die Reaktionsgeschwindigkeiten können noch
rückgekoppelt sein mit anderen Systemkomponenten, was durch die Punkte in den Klammern angedeutet wird.

Im einfachsten Fall läuft eine enzymatische Reaktion ab nach der
MICHAELIS-MENTEN Gleichung:

$$(8) \qquad v_i = \frac{k_i x_{i-1,a} x_i}{x_i + K_i}$$

K_i ist die MICHAELISkonstante und k_i wird als katalytische Konstante bezeichnet. K_i und k_i liegen für die meisten Faktoren vor. Wie HEMKER & HEMKER (2) gezeigt haben, ist (8) auch dann noch eine brauchbare Näherung, wenn $x_{i-1,a}$ zeitabhängig ist.

Die Terme w_i haben analoge Bedeutung wie die v_i für das Fibrinogen-Fibrin System. u_f bedeutet die Biosyntheserate des Fibrinogens. Wichtige Meßgröße des Gerinnungssystems ist die Gerinnungszeit t_c, die definiert wird durch:

$$(9) \qquad f_2(t_c) = c_{krit}$$

d.h., ein Gerinnsel bildet sich, wenn eine kritische Konzentration von Fibrinmonomeren erreicht ist (c_{krit}).

II Simulation des Plasminogen Meßsystems

1. Simulation von Meßverfahren in der Gerinnungsdiagnostik

Zur Messung der einzelnen Faktoren benutzt man Teilsysteme des Gerinnungssystems, die den zu messenden Faktor nicht enthalten. Die Reaktion wird in Gang gesetzt durch Zugabe von Patientenplasma, das diesen Faktor enthält: Gemessen wird die Gerinnungszeit. Ein solches Meßsystem stellt einen enzymatischen Meßverstärker dar: Das Eingangssignal "Konzentration des Faktors y_k" wird über eine Enzymkaskade verstärkt und letztlich umgewandelt in die Meßgröße "Gerinnungszeit".

Zwischen der Gerinnungszeit t_c, den Konzentrationen des Testansatzes y_i, $i = 1, \ldots n$, $i = k$ und der Konzentration y_k besteht allgemein folgende Beziehung:

$$(10) \qquad t_c = f(y_k, y_i)$$

Die Größen y_i weisen Variationen auf, bedingt durch
1. das Herstellungsverfahren des Ansatzes
2. "Verunreinigung" des Ansatzes durch das Humanplasma, das ebenfalls die Komponenten des Testansatzes enthält.

An ein geeignetes Meßsystem muß daher die Forderung gestellt werden, von den Variationen der y_i möglichst unabhängig zu sein, d.h.

$$(11) \qquad \frac{\partial t_c}{\partial Y_i} \ll \frac{\partial t_c}{\partial Y_k}$$

Die Simulation von Meßverfahren in der Gerinnungsdiagnostik hat also letztlich zum Ziel, Parameterbereich zu ermitteln, für die die Bedingung (11) erfüllt ist.

Ein wichtiges Teilziel auf diesem Wege ist die Entwicklung von mathematischen Modellen von Reaktionsmechanismen des Blutgerinnungssystems.

Simulation bedeutet in diesem Zusammenhang die numerische Lösung von Differentialgleichungssystemen für eine große Anzahl von Parametersätzen.

2. Das Plasminogen Meßsystem

Plasminogen ist die inaktive Form des Plasmins. Die Aktivierung erfolgt in vivo über eine Enzymkaskade ähnlich der Gerinnungskaskade. Plasminogen hat die Eigenschaft, mit Streptokinase einen Komplex zu bilden, den sogenannten Aktivator. Dieser Aktivator wandelt Plasminogen in Plasmin um. Während die Aktivatorbildung mit Streptokinase streng spezifisch ist für Humanplasminogen, wirkt der Aktivator unspezifisch auf Plasminogen verschiedener Herkunft, z.B. auch auf Rinderplasminogen. Deshalb ist es möglich, mit Hilfe von Rinderplasminogen einen enzymatischen Meßverstärker für Humanplasminogen zu "bauen" (4). Der Aktivator wandelt Rinderplasminogen in Rinderplasmin um: Das Rinderplasminogensystem ist der Verstärker des Testansatzes. Die Aktivität des Rinderplasminogens ist einfach zu messen durch den inhibierenden Effekt der Fibrinogen-Fibrin Spaltprodukte auf die Gerinnselbildung: Nach einer bestimmten Inkubationszeit wird dem Ansatz, bestehend aus Rinderplasminogen, Rinderfibrinogen, Streptokinase und Humaplasminogen, Thrombin zugegeben. Die Gerinnungszeit ist umso länger je mehr Spaltprodukte vorhanden sind und ist daher eine Funktion des zu messenden Humanplasminogens (Abb. 2).

3. Mathematisches Modell des Meßsystems

Das in Abb. 2 dargestellte Reaktionsschema läßt sich durch das folgende Gleichungssystem beschreiben, wobei die Bezeichnungen gelten:

y_1 : Humanplasminogen

y_{1a} : Aktivator (Plasminogen-Streptokinase Komplex)

y_2 : Rinderplasminogen

y_{2a} : Rinderplasmin

y_3 : Thrombin

f_1 : Fibrinogen

f_2 : Fibrin

f_3 : Fibrinogen-Fibrin Spaltprodukte

$$(12) \qquad \dot{y}_1 = - k_1 \, y_1$$

$$(13) \qquad \dot{y}_{1a} = k_1 \, x_{1a} - k_a \, y_{1a}$$

$$(14) \qquad \dot{y}_{2a} = \frac{k_2 y_{1a} y_2}{y_2 + K_2}$$

$$(15) \qquad \dot{f}_1 = \frac{k_3 y_{2a} f_1}{f_1 + K_3} - I(t_{ink}) \; \frac{y_3 k_4 f_1}{(f_1 + K_4)\,(1 + \frac{f_3}{K_I})}$$

$$(16) \qquad \dot{f}_2 = \frac{k_3 y_{2a} f_1}{K_3 + f_1}$$

$$(17) \qquad y_{2a} + y_2 = \text{const} = y_{2o}$$

$$(18) \qquad f_1 + f_2 + f_3 = \text{const} = f_o$$

$$(19) \qquad I(t_{ink}) = \begin{cases} 0 & t < t_{ink} \\ 1 & t \geqslant t_{ink} \end{cases}$$

Gleichung (12) beschreibt die Bildung des Aktivators aus Humanplasminogen und Streptokinase, d.h. den Verbrauch des Humanplasminogens.
Da Streptokinase im Überschuß zugegeben wird, läßt sich die Kinetik
durch eine Reaktionslgeichung 1. Ordnung darstellen.

Gleichung (13) beschreibt Produktion und Zerfall des Aktivators. Gleichung (14) beschreibt die Umwandlung des Rinderplasminogens in Rinderplasmin. Diese Reaktion ist die eigentliche Verstärkerreaktion
des Testansatzes.

Die Aktivierung des Rinderplasminogens (Gl. 12-14) verläuft "schnell"
im Vergleich zur Lyse des Fibrinogens und der Gerinnselbildung, so
daß man für analytische Lösungen das schnelle und langsame System
getrennt rechnen kann. Während der Inkubationszeit wird Fibrinogen
durch Rinderplasmin gespalten (1. Term der Gl. 15). Durch Zugabe von
Thrombin (y_3) nach der Inkubationszeit wird Fibrinogen zusätzlich in
Fibrin umgewandelt (2. Term der Gl. 15). Dieser Prozeß wird beschrieben durch die Funktion $I(t_{ink})$. Die Umwandlung von f_1 in f_2 wird
durch die Spaltprodukte f_3 gehemmt: Diese Hemmung wird durch ein en-
zymkinetisches Modell mit nichtkompetitiver Hemmung beschrieben.Der
nichtkompetitive Hemmungstyp wurde angenommen, da der Effekt der Hemmung durch die Spaltprodukte auch bei hohen Fibrinogenkonzentrationen

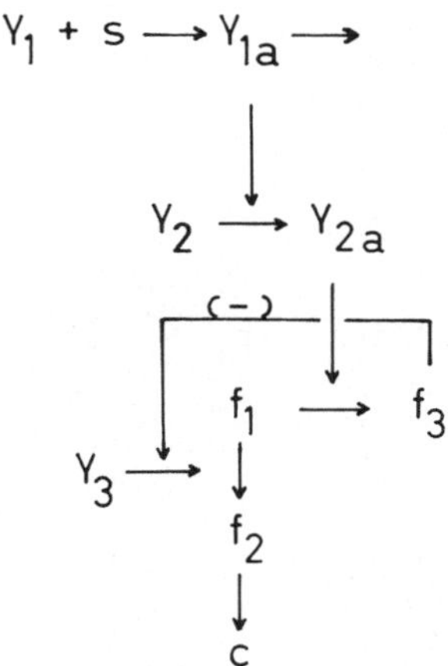

Abb. 2. Reaktionsschema des Plasminogen Meßsystems. Humanplas-
minogen (y_1) bildet mit Streptokinase (s) einen Aktivator
(y_{1a}), der Rinderplasminogen (y_2) in Rinderplasmin (y_{2a})
umwandelt. Rinderplasmin spaltet das im Testansatz vor-
handene Rinderfibrinogen (f_1), und es entstehen Spalt-
produkte (f_3). Nach einer Inkubationszeit von einigen
Minuten (z.B. 3 Minuten) wird Thrombin (y_3) zugegeben und
die Gerinnungszeit gemessen. Die während der Inkubations-
zeit entstandenen Spaltprodukte hemmen die Gerinnselbil-
dung, so daß die Gerinnungszeit des Testansatzes über
die "Verstärkerkaskade" von der Humanplasminogenkonzen-
tration gesteuert wird.

nicht verschwindet. Gleichungen (17 und 18) sind die Erhaltungssätze
für das Rinderplasminogen und das Fibrinogen-System.

4. Näherungslösungen

Für kleine und hohe Konzentrationsbereiche erhält man asymptotische
Lösungen für die Gerinnungszeit als Funktion der Systemparameter,wo-
bei die Gerinnungszeit definiert ist durch Gl. (9) (<u>6</u>):

$$(20) \qquad t_c = \frac{A}{f_o} (1 + B \, y_{2o} \, y_{1o} \, t_{ink}) (1 + C \, y_{2o} f_o y_{1o} \, t_{ink})$$

Gl. (20) gilt im Bereich kleiner Konzentrationen, d.h. alle Konzentrationen sind kleiner als die entsprechende MICHAELISkonstante.
Für hohe Konzentrationen erhält man asymptotisch:

$$(21) \qquad t_c = D (1 + E \, y_{1o} \, t_{ink})$$

Im Grenzfall hoher Konzentrationen ist die Gerinnungszeit also proportional der Humanplasminogenkonzentration y_{1o} und hängt nicht mehr
von den anderen Konzentrationen ab. Die Steigung der Eichkurve wird
bestimmt durch den Parameter Inkubationszeit t_{ink}.

Im Grenzfall kleiner Konzentrationen hängt die Gerinnungszeit von
allen anderen Konzentrationen ab. A, B, C, D und E setzen sich zusammen aus den kinetischen Konstanten des Systems.

5. Simulation

Simulationen wurden durchgeführt, um die Parametersensitivität der
Eichkurven zu testen. Unter Parameter sind hier die Parameter des
Testansatzes verstanden, d.h. die Konzentrationen von Fibrinogen und
Plasminogen. Da die Konzentrationsbereiche, für die man die oben angegebenen asymptotischen Lösungen erhält, physiologisch nicht mehr
sinnvoll sind, ist eine Analyse des dynamischen Verhaltens des Systems nur durch Simulation möglich.

Die Gleichungen wurden numerisch gelöst durch die Subroutine HPCG
(IBM, SSP), ein Integrationsverfahren 4. Ordnung basierend auf HAM-
MINGs modifiziertem Predictor-Korrektor Verfahren.

Zur Erstellung einer Eichkurve löst das Programm die Gleichungen für jeden Wert y_{1o} und berechnet die Gerinnungszeit. Je nach Bedarf können auch die zeitlichen Verläufe der Konzentrationen ausgegeben werden.

Das Programm erlaubt einen begrenzten Dialog mit dem Benutzer, der vor jedem Lauf einen neuen Parametersatz eingeben kann. Die Rechnungen wurden durchgeführt auf der TR 445 des Rechenzentrums der Universität Düsseldorf.

6. Zeitlicher Verlauf der Konzentrationen

Abb. 3 zeigt die Verlaufskurven von Fibrinogen und Fibrin für kleine (1), mittlere (2) und hohe (3) Konzentrationen von Humanplasminogen. Die Inkubationszeit beträgt 3 Minuten. Der Computerlauf wird beendet, wenn die Fibrinmonomere die kritische Konzentration c_{krit} erreicht haben. Das entspricht experimentell der Messung der Gerinnungszeit in einem Koagulometer: Das Gerät stoppt die Zeit bis sich Fibrinpolymere zwischen zwei Elektroden ausgebildet haben. Die oberen Kurven sind die Verlaufskurven des Fibrinogens: Während der Inkubationszeit nimmt das Fibrinogen ab durch die Spaltung durch Rinderplasmin. Der Verlauf des Fibrins nach der Zugabe von Thrombin (untere Kurven) hängt dann ab von der noch vorhandenen Fibrinogenmenge und von den Spaltprodukten.

Abb. 4 zeigt den zeitlichen Verlauf der Komponenten des "schnellen" Systems (Humanplasminogen, Rinderplasminogen, Aktivator). Während Humanplasminogen und der Aktivator verschwinden, erreicht die Rinderplasminkonzentration asymptotisch einen konstanten Wert. Die Verlaufskurve des Rinderplasmins wurde im Maßstab 1:10 verkleinert: Das Eingangssignal Humanplasminogen wird also ungefähr 10-fach verstärkt.

7. Eichkurven

Durch Verdünnung der Patientenplasmaprobe, die das zu messende Humanplasminogen enthält, werden die Störungen durch "Verunreinigung" durch die Probe klein gehalten. Experimentell wird folgendermaßen vorgegangen: Die Probe aus Standardhumanplasma wird vorverdünnt zum

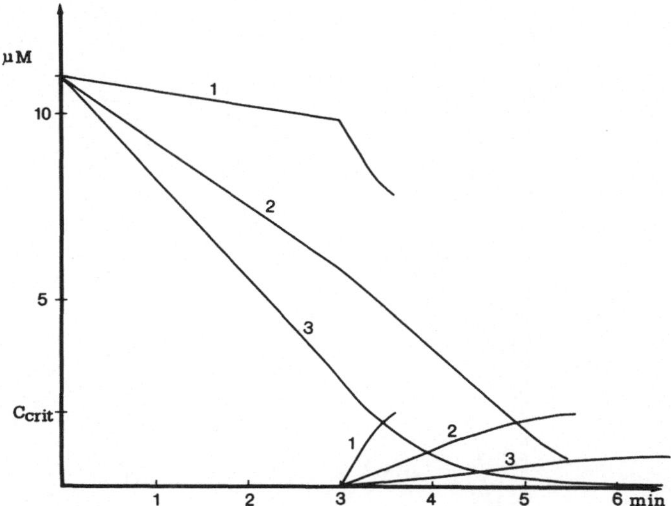

Abb. 3. Verlaufskurven von Fibrinogen (obere Kurven) und Fibrin
(untere Kurven) für kleine (1), mittlere (2) und hohe (3)
Konzentrationen von Humanplasminogen. Nach einer Inkuba-
tionszeit von 3 Minuten wird Thrombin zugegeben.

Beispiel im Verhältnis 1:20. Von dem vorverdünnten Humanplasma wird
eine Verdünnungsreihe hergestellt und die entsprechenden Gerinnungszeiten werden gemessen. Dabei wird der 1. Wert der Verdünnungsreihe
als 100% Wert definiert.

Abb. 5 zeigt einige vom Computer erzeugte Eichkurven für verschiedene Testansätze. Die Parametersätze dieser Eichkurven sind in Tabelle 1 zusammengefaßt.

Die Eichkurven (1) und (4) unterscheiden sich nur durch die Vorver-
dünnung des Humanplasmas. Bei Kurve (1) entspricht der 100% Wert
einer Verdünnung 1:100, bei Kurve (4) einer Verdünnung von 1:20. Bei
der Verdünnung 1:20 ist die Verstärkung bereits so groß, daß für den
100% Wert die kritische Konzentration der Fibrinmonomere c_{krit} nicht
mehr erreicht wird: Die Gerinnungszeit wird unendlich. Eine höhere
Verdünnung z.B. 1:500 bewirkt, daß die Eichkurve nur noch sehr flach
verläuft (hier nicht gezeigt), so daß bei der gewählten Inkubationszeit von 3 Minuten eine Verdünnung in der Größenordnung von 1:100
optimal erscheint.

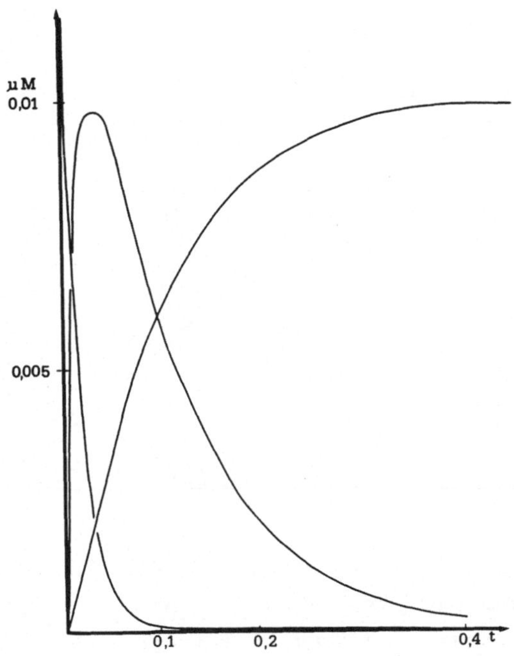

Abb. 4. Verlaufskurven von Humanplasminogen (fallende Kurve), Aktivator (mittlere Kurve) und Rinderplasmin. Die Verlaufskurve des Rinderplasmins ist im Maßstab 1:10 verkleinert

Die Variation des Rinderplasminogens hat in diesem Bereich nur einen geringen Einfluß auf die Eichkurve, was Kurve (2) zeigt: Hier wurde die Rinderplasminogenkonzentration verdoppelt. Kurve (3) zeigt den Effekt der Inkubationszeit auf die Eichkurve: Diese Kurve resultiert aus einer Inkubationszeit von 5 Minuten. Die Punkte auf Kurve (1) stellen Meßwerte des endgültigen Testansatzes dar.

Konzentrationen

Eichkurve	1	2	3	4
Rinderplasminogen	1.75	3.5	1.75	1.75
Rinderfibrinogen	11.1	11.1	11.1	11.1
Humanplasminogen (100% Wert)	0.015	0.015	0.015	0.75
Inkubationszeit	3.	3.	5.	3.

Konzentrationsangaben in μM, Inkubationszeit in Minuten.

Kinetische Konstanten

k_1	k_a	k_2	K_2	k_3	K_3	$y_3 k_3$	K_4	K_I	c_{krit}
50	10	100	0.25	4.	0.25	1.72	0.1	2.25	1

Die Dimension dieser Konstanten sind μM bzw. μM/min.
Diese Konstanten wurden zum Teil der Literatur entnommen und zum Teil aus eigenen Meßdaten abgeschätzt.

Tabelle 1: Kinetische Konstanten und Konzentrationen des Plasminogen-
meßsystems

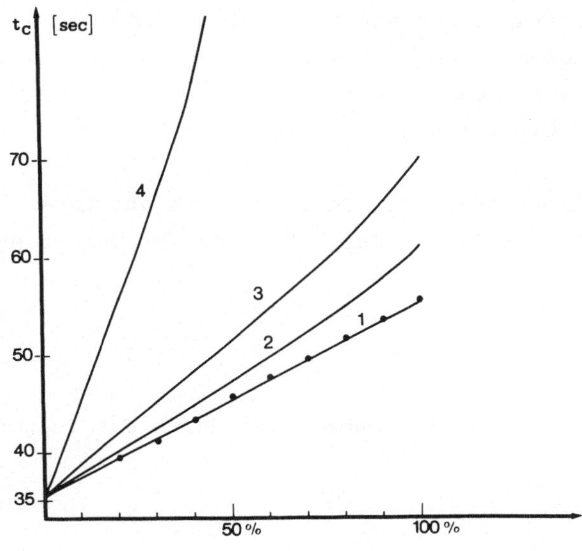

Abb. 5.
Abhängigkeit der Ge-
rinnungszeit von
Humanplasminogen für
verschiedene Test-
ansätze (s.Text)

8. Diskussion

Durch Zusammenwirken von Computersimulation und Experiment kann die Anzahl der Experimente reduziert werden. Die Simulationen geben Aufschluß darüber, in welchen Konzentrationsbereichen die Experimente anzusetzen sind, um einen optimalen Effekt zu erzielen. Da es sich im vorliegenden Fall um in vitro Experimente handelt, bei denen der Experimentator selbst die Parameter bestimmt, sind zumindest semiquantitative Voraussagen möglich. Wegen der Vielzahl von Wechselwirkungen ist die Aussagekraft für in vivo Prozesse nur sehr begrenzt.

III Simulation der Streptokinasetherapie

1. Reaktionsschema

Ziel der Streptokinasetherapie ist es, das körpereigene Plasminogen in Plasmin umzuwandeln, um die Auflösung von Thromben zu beschleunigen. Streptokinase bildet, wie bei dem Plasminogenmeßsystem, einen Aktivator mit Plasminogen, der seinerseits Plasminogen in Plasmin umwandelt (Abb. 6).

Da Streptokinase im Vergleich zu Plasminogen nur ein geringes Molekulargewicht besitzt, können Streptokinasemoleküle in Thromben hineindiffundieren und dort das eingeschlossene Plasminogen aktivieren.

Ein Problem bei dieser Therapie besteht in der Dosierung der Streptokinase. Da aus Plasminogen sowohl Aktivator als auch Plasmin gebildet wird, bewirkt eine zu hohe Dosierung, daß zuviel Plasminogen in Aktivator umgewandelt wird, anstatt in Plasmin (3).

Da durch die fibrinolytische Aktivität Spaltprodukte entstehen, läßt sich die Therapie kontrollieren durch Messung der Thrombinzeit.

2. Mathematisches Modell

Das in Abb. 6 dargestellte Reaktionsschema wird durch das folgende Gleichungssystem beschrieben.

Bezeichnungen:

y_1 : Plasminogen

s : Streptokinase

y_a : Aktivator (Plasminogen-Streptokinasekomplex)

y_{1a} : Plasmin

v_o : Infusionsrate von Streptokinase

K_s : Eliminationskonstante von Streptokinase

u_1 : Biosyntheserate von Plasminogen

$$(22) \qquad \dot{s} = v_o - k_1\, s\, y_1 - K_s\, s$$

$$(23) \qquad \dot{y}_1 = - k_1\, s\, y_1 - k_2\, y_a\, y_1 + u_1 - K_1\, y_1$$

$$(24) \qquad \dot{y}_{1a} = k_2\, y_a\, y_1 - K_2\, y_{1a}$$

$$(25) \qquad \dot{y}_a = k_1\, s\, y_1 - K_3\, y_a$$

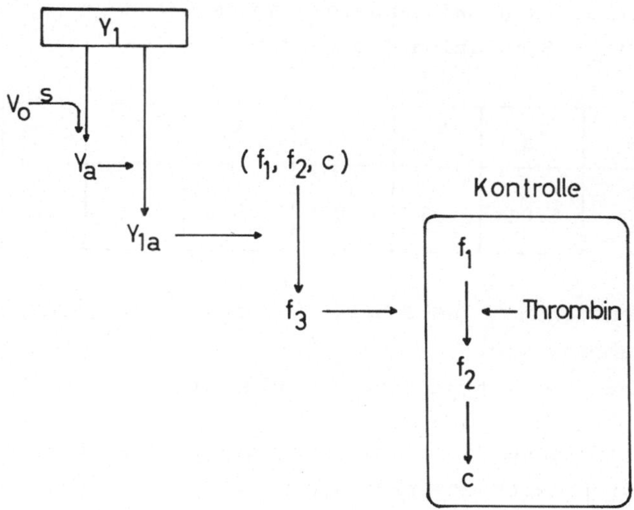

Abb. 6. *Schema der Streptokinasetherapie. Plasminogen (y_1) wird mit Streptokinase (s) in den Aktivator y_a umgewandelt, welcher Plasminogen in Plasmin (y_{1a}) umwandelt. Plasmin spaltet die Komponenten des Fibrinogen-Fibrin Systems (f_1,f_2,c). Die Kontrolle der Therapie erfolgt u.a. durch Messung der Thrombinzeit, da diese von der Spaltprodukt-konzentration (f_3) abhängt.*

Gleichung (22) beschreibt die Infusion (v_o) von Streptokinase, den Verbrauch durch die Reaktion mit Plasminogen und die Elimination aus dem Blut (K_s s).

Plasminogen (Gl. 23) wird verbraucht durch die Reaktion mit Streptokinase (1. Term) und durch die Umwandlung zu Plasmin (2. Term).Die beiden letzten Terme beschreiben die Biosynthese (u_1) und die Elimination. Gleichungen (24 und 25) beschreiben die Produktion und den Zerfall von Plasmin (Gl. 24) und des Aktivators (Gl. 25).

3. Simulation

Das Gleichungssystem wurde numerisch gelöst mit dem in Tabelle 2 angegebenen Parametersatz. Variiert wurde die Infusionsrate von Streptokinase. Das Programm berechnet zusätzlich die Umwandlung von Fibrinogen in Spaltprodukte und gibt die jeweiligen Gerinnungszeiten aus. Die Infusionsrate kann während des Laufes geändert werden, so daß eine interaktive Simulation der Therapie möglich ist.

k_1	K_s	k_2	u_1^+	K_1	K_2	K_3
50	0.01	25	0.076	0.006	0.5	2

Dimensionen: $^+$ µMol/h/Blutvolumen, alle anderen Angaben in µM.

Anfangskonzentrationen von Plasminogen: 1.1 µM $\hat{=}$ 100%

Tabelle 2: Kinetische Konstanten und Anfangskonzentrationen des Streptokinasetherapiemodells

Da jedoch noch genaue Schätzungen der relevanten kinetischen Konstanten fehlen, läßt sich das Programm noch nicht einsetzen zu einer optimalen Therapiesteuerung. Im folgenden werden daher nur einige qualitative Ergebnisse von Simulationsläufen dargestellt, die sich nicht auf einen konkreten Fall beziehen.

Abb. 7 zeigt die Verlaufskurven von Plasminogen, Aktivator und Plas-

min bei einer Infusionsrate von 10^7 Streptokinaseeinheiten/h (1 Strep-
tokinaseeinheit = $0.18 \cdot 16^{-6}$ µ mol). Diese hohe Infusionsrate führt
zu einem raschen Plasminogenverbrauch: Der größte Teil des Plasminogens wird in Aktivator umgewandelt.

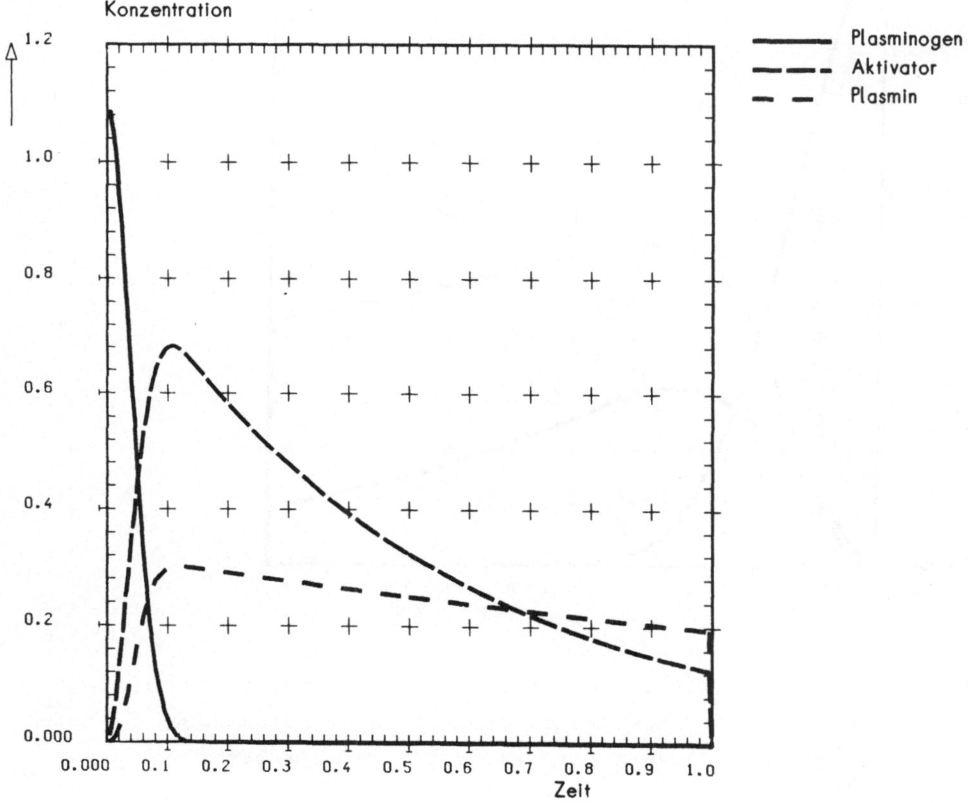

*Abb. 7. Zeitlicher Verlauf von Plasminogen, Aktivator und Plasmin
bei einer Infusionsrate von 10^7 E Streptokinase/h. Es entsteht mehr Aktivator als Plasmin (Zeiteinheit h)*

Bei einer Dosierung von $2 \cdot 10^6$ Streptokinaseeinheiten/h (Abb. 8)
entsteht mehr Plasmin als Aktivator. Bei einer niedrigen Dosierung
(500 000 E/h) ist das Verhältnis von Plasminogen zu Aktivator noch
günstiger. Nachteilig ist hier, daß der Anstieg des Plasmins sehr
langsam erfolgt (Abb. 9).

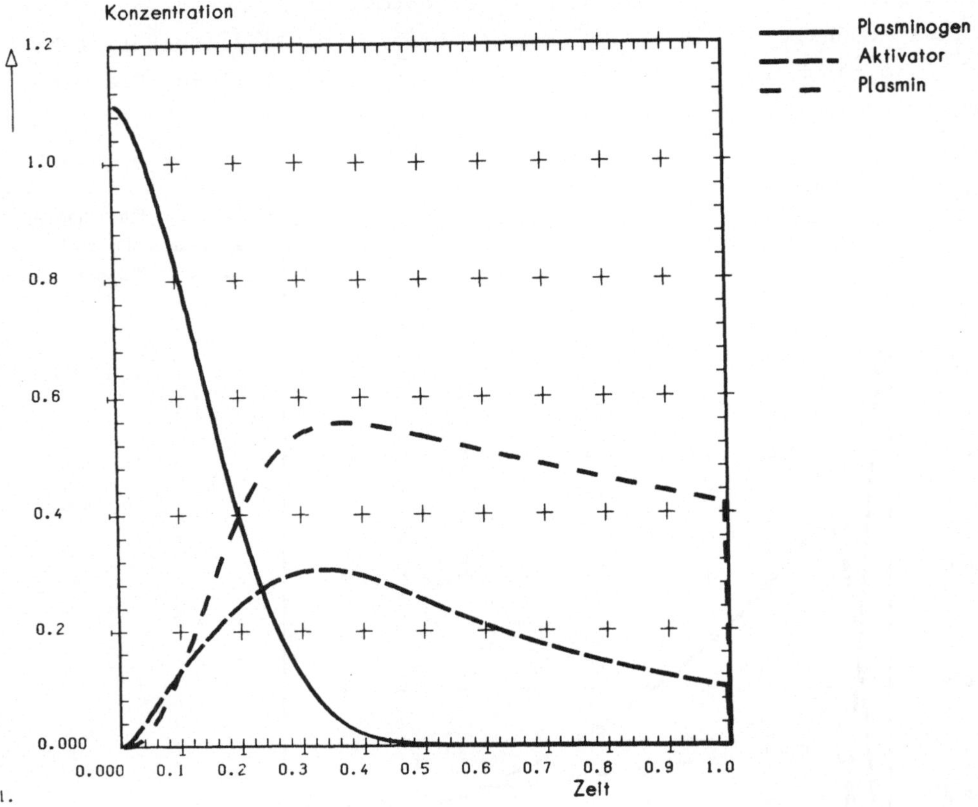

Abb. 8. Zeitlicher Verlauf von Plasminogen, Aktivator und Plasmin bei einer Infusionsrate von $2 \cdot 10^6$ E Streptokinase. Es entsteht mehr Plasmin als Aktivator (Zeiteinheit h)

4. Diskussion

Die obigen Beispiele der Therapiesimulation zeigen, in welcher Weise
die Simulation eingesetzt werden kann zu einer optimalen Therapiesteuerung. Voraussetzung für eine solche Anwendung sind aber genaue
Kenntnisse der kinetischen Konstanten einzelner Patienten und der
interindividuellen Variation dieser Konstanten. So ist die Frage
noch ungeklärt, ob die kinetischen Konstanten der Streptokinase-
Plasminogen Reaktion starke patientenabhängige Variationen aufweisen
oder ob man sie als "konstant" ansehen kann.

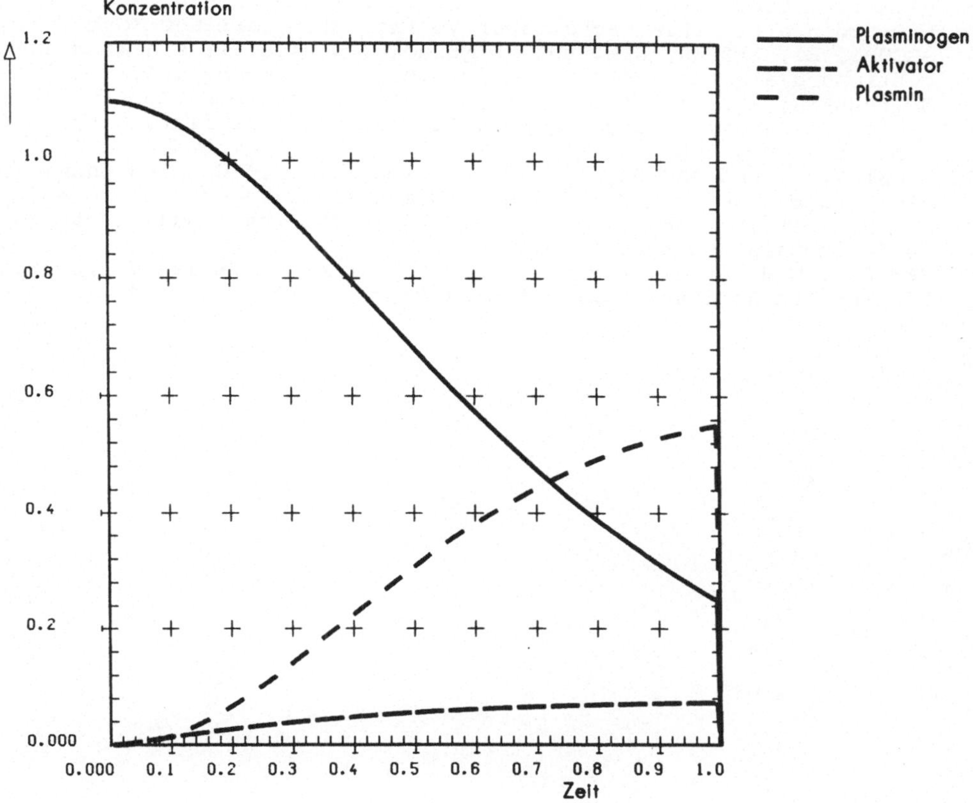

Abb. 9. Zeitlicher Verlauf von Plasminogen, Aktivator und Plasmin bei einer Infusionsrate von $0.5 \cdot 10^6$ E Streptokinase (Zeiteinheit h)

Selbst wenn eine solche Anwendung zum jetzigen Zeitpunkt noch nicht realisiert werden kann, tragen Simulationsmodelle entscheidend bei zu einem Verständnis des Systems Blutgerinnung, das intuitive Einsicht allein nicht vermitteln kann.

Literatur

1. DAVIE, E.W. und RATNOFF, O.D. (1964): Waterfall sequence for Intrinsic Blood Clotting, Science 145, 1310.
2. HEMKER, H.C. und HEMKER, P.C. (1969): Kinetic Aspects of the Interaction of Blood Clotting Enzymes, Thromb. Diath.Haemorrh. 13, 155.

3. HIEMEYER, von, Hrsg.(1971): Die thrombolytische Behandlung des Myokardinfarktes,F.K. Schattauer Verlag, Stuttgart-New York.
4. JACOBI, E., KARGES, H.E. und HEIMBURGER, N. (1976): Plasminogenbestimmung als Routinetest, Deutsch.Med. Wochenschr.101, 1220.
5. MACFARLANE, R.G. (1964): An Enzyme Cascade in Blood Clotting Mechanisms and its Function as a Biochemical Amplifier, Nature (London), 202, 498.
6. RICHTER, O. und JACOBI, E. (1977): Simulation of Coupled Enzyme Assays for a New Determination of Human Plasminogen, Thrombos. and Haemost., 1, 38, 47 (Abstracts VIth International Congress on Thrombosis and Haemostasis).
7. SEEGERS, W.H. et al. (1950): Some Properties of Purified Prothrombin and its Activation with Sodium Citrate, Blood 5, 421.

Ökonomische Systeme

Über die Entwicklung von Simulationsmodellen für den Stoffwechsel als Grundlage zur individuellen Fütterung von Milchkühen

W.Paul

Einleitung und biologische Grundtatsachen

Nach neueren Untersuchungen(2) lassen sich in der Milchviehhaltung durch
gezielte individuelle Fütterung beachtliche Kosteneinsparungen erreichen. Notwendige Voraussetzungen für ein individuelles Management von
Milchkühen sind sowohl die technischen Realisierungen als auch die
Erarbeitung geeigneter Fütterungsstrategien. Es liegt nahe, letztge-
nannten Problemkreis auch mit Hilfe von Modellen zu untersuchen. Der
folgende Beitrag befaßt sich am genannten Beispiel mit einigen Möglichkeiten der Modellierung in unterschiedlichem Komplexitätsgrad.Die
bisher damit gesammelten Erfahrungen sind auch auf andere Gebiete der
Biologie übertragbar.

Zunächst einige Grundtatsachen zum biologischen System Milchkuh. Unter allen zur Erhaltung und zur Milchproduktion notwendigen Faktoren
spielt der Energiehaushalt eine hervorragende Rolle. Viele Fütterungs-
empfehlungen gehen davon aus, daß in erster Näherung alle anderen
notwendigen Futterinhaltsstoffe in ausreichendem Maße vorhanden sein
werden. Unter dieser Voraussetzung ist die aufgenommene Energiemenge
die Haupteingangsgröße. Die aufgenommene Bruttoenergie verteilt sich
nach den klassischen Regeln der Tierernährung wie in Abb. 1 angegeben.
Von der Bruttoenergie bleibt nach Abzug der Kot-, Urin-, Gas- und
Wärmeverluste schließlich die Nettoenergie übrig, welche für die Erhaltung und Produktion verwendet wird. Typische Produktionszweige
sind z.B. die Milchbildung und die Mast.

Es ist nun aber so, daß die Milchbildung der Menge nach nicht etwa
allein dem folgt, was an Nettoenergie angeboten wird. Vielmehr folgt
die tägliche Milchmenge in erster Linie einer genetisch und hormonell
vorgegebenen Laktationskurve, Abb. 2. Nach der Geburt eines Kalbes
steigt die tägliche Milchmenge sofort steil an, um nach ca. 30 bis 60
Tagen ein Maximum zu erreichen. Die tägliche Milchmenge sinkt dann
im Verlauf der weiteren Laktation langsam aber stetig ab.

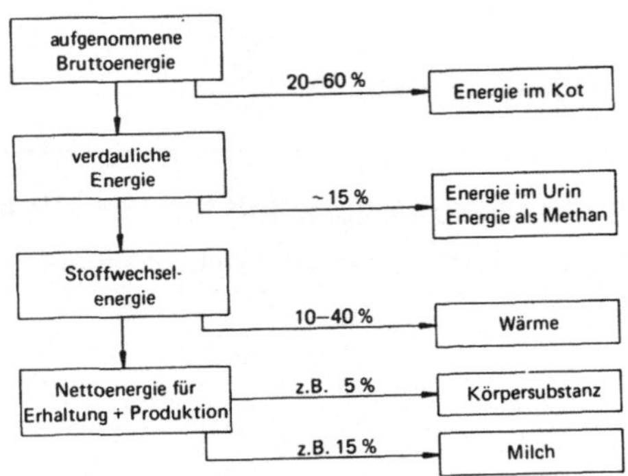

Abb. 1. Schema der Energieverzweigung

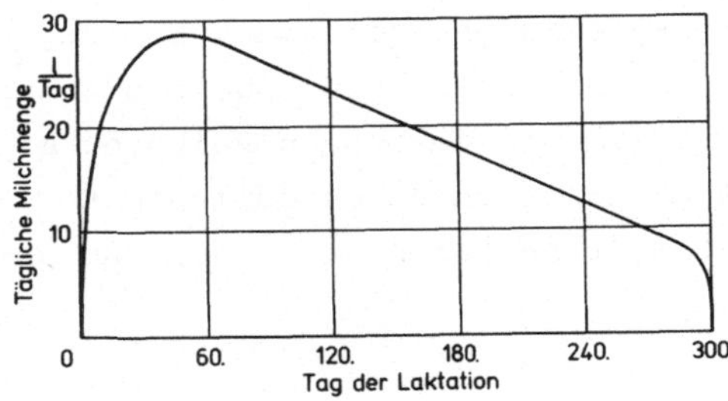

Abb. 2. Laktationskurve einer Milchkuh

Die Laktationskurve ist nicht zu verstehen als absolut fest vorgegebene Größe, sondern vielmehr als eine Art Sollkurve, um die herum die
wirkliche tägliche Milchmenge schwankt. Abb. 3 zeigt einen Ausschnitt
aus dem fallenden Teil einer gemessenen Laktationskurve. Trotz aller
zufälligen Abweichungen von der idealisierten Sollkurve hat das biologische System Milchkuh doch das Bestreben, die Laktationskurve ein-
zuhalten. Aufgrund seiner Energiepuffer (Fettpolster) ist es dazu auch
recht gut in der Lage.

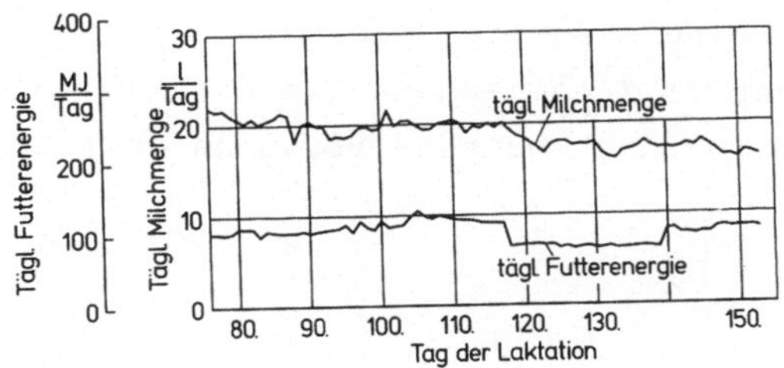

Abb. 3. Gemessene tägliche Milch- und Futtermenge

Beschreibung mit Hilfe von Übertragungsfunktionen

Die wenigen geschilderten biologischen Gegebenheiten legen es nun nahe, an den gewählten Problemkreis mit einer 'black-box' Philosophie
heranzugehen. Sie besteht darin, daß man sich nicht darum kümmert,
was in dem betrachteten System vorgeht. Vielmehr sollen allein aus
Beobachtung von Eingangs- und Ausgangsgrößen Schlüsse auf das dazwi-
schenliegende Übertragungsverhalten gezogen werden. Das Übertragungsverhalten (zeitliche Änderung des Ausgangs als Abweichung von der
Sollkurve nach Änderung des Eingangs) soll, wie in der klassischen
Regelungstechnik üblich, als linearer Frequenzgang dargestellt werden. Als Testsignale am Eingang dienten Sprungfunktion (wie in Abb.3
dargestellt) und stochastische Eingangsfolgen. Außer den immer zur
Darstellung verwendeten Größen Futterenergie und Milchmenge wurden
weitere Eingangs- und Ausgangsgrößen beobachtet, wie z.B. Rohfaser,
Rohprotein, Rohfett etc. gemäß Weender Analyse am Eingang und Körper-
gewicht und Milchfett am Ausgang.

Die Analyse der gemachten Versuche ergab, daß sich das Verhalten der
Kuh nur sehr unvollständig mit einfachen linearen Übertragungsfunktionen beschreiben läßt. Das erkennt man nicht nur anschauungsmäßig
an der in Abb. 3 dargestellten Milchmenge, sondern das ergibt auch
eine genaue mathematische Auswertung der Zeitreihen nach den in (1)
angegebenen Methoden. In Abb. 4 ist z.B. die Kreuzkorrelation zwischen Futterenergie und Milchmenge einer bestimmten Kuh herausgegriffen. Nach einem in (1) angegebenen Rechengang, auf dessen Darlegung
hier verzichtet wird, ergibt sich, daß die beobachteten Korrelations-
werte von 0,2 oder 0,3 nicht aussagekräftig genug sind, entsprechende Übertragungsfunktionen daraus abzuleiten. Inwieweit lineare Über-

tragungsfunktionen eine adäquate Beschreibungsform für eingeschränkte Problemstellungen im Zusammenhang mit dem Management von Milchkühen sein können, wird durch weitere Versuche geklärt werden.

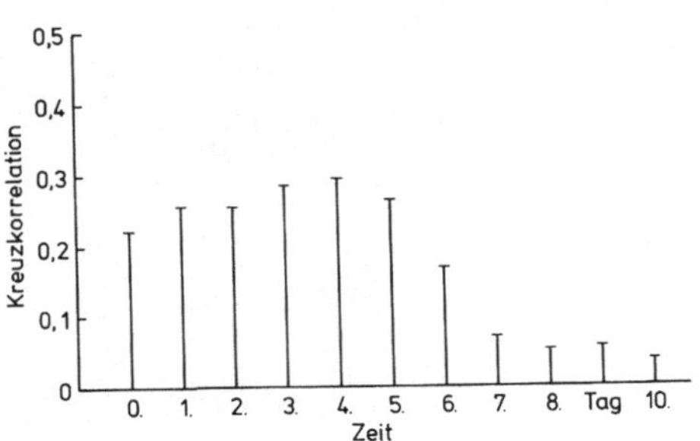

Abb. 4. Kreuzkorrelation zwischen täglicher Futter- und Milchmenge

Ein Kompartmentmodell

Nach dem Scheitern des Versuches, das Globalverhalten von Milchkühen
allgemeingültig mit den linearen Übertragungsfunktionen der klassischen Regelungstechnik zu beschreiben, wurde als nächster Ansatz ein
Kompartmentmodell gewählt, Abb. 5. In dem Modell sind die Hauptener-

$$y_1^t = 0,252 \; e^{0,0174 t_G} \; [MJ/Tag] \; \text{Trächtigkeit}$$

$$y_2^t = -8,4 + 0,59 (y_4^{t-1})^{0,75} [MJ/Tag] \; \text{Grundumsatz + Wärmehaus-}$$
$$\text{halt}$$

$$y_3^t = L \frac{ME - y_1^{t-1} - y_2^{t-1}}{20 - ME - y_1^{t-1} - y_2^{t-1}} \; [MJ/Tag] \; \text{Milchbildung}$$

$$y_4^t = \begin{cases} 5,35 (ME - y_1^{t-1} - y_2^{t-1} - y_3^{-1}) & \text{für ( )} < 0 \; [MJ/Tag] \; \text{Fettabbau} \\ 5,80 (ME - y_1^{t-1} - y_2^{t-1} - y_3^{t-1}) & \text{für ( )} > 0 \; [MJ/Tag] \; \text{Fettanla-} \end{cases}$$
$$\text{gerung}$$

$$y_5^t = y_5^{t-1} + y_4^t / 36,8 \; [kg] \; \text{Gewicht}$$

$$L = 80 (t/7)^{0,15} e^{-0,025 t/7} [MJ/Tag] \text{Laktationskurve}$$

$$t = \text{Tag der Laktation}$$

$$t_G = \text{Tag der Trächtigkeit}$$

$$ME = \text{. verdauliche Energie}$$

Abb. 5. Ein einfaches Kompartmentmodell für den Energieverbrauch
bei Milchkühen

gieverbraucher der Milchkuh, nämlich Trächtigkeit, Grundumsatz, Wärmehaushalt, Milchbildung und Fetthaushalt, herausgezogen. Ansatz und
Parameterwerte ergeben sich aus der klassischen Literatur des Fach-
gebietes Tierernährung, z.B. in (3). Die Parameterwerte sind dabei
die Durchschnittswerte vieler Milchkühe in unterschiedlichem Zustand.
Das Kompartmentmodell ist um einen einfachen Ansatz für den Übergang
von Bruttoenergie zur verdaulichen Energie gemäß Abb. 1 erweitert.

Einige Ergebnisse des Differenzengleichungsmodells sind in Abb. 6
dargestellt. Es wurde per Simulation die Auswirkung verschiedener
Fütterungsstrategien auf die Milchleistung einer gesamten Laktations-
periode berechnet. Die Unterschiede bei einer konstanten Futtermenge,
einer Futtermenge nach einem Standardfütterungssystem sowie einer mit
Hilfe der dynamischen Optimierung ermittelten, für angenommene Milch-
und Futterpreise geltenden optimalen Strategie sind aufgetragen. Ohne
weiter auf die Ergebnisse eingehen zu wollen, kann gesagt werden,daß
obiges Kompartmentmodell für überschlägige Simulationen geeignet zu
sein scheint. Bei exakterer Betrachtung und dem Versuch der Anwendung in der praktischen Tierhaltung stößt man jedoch schnell auf Grenzen. Diese Grenzen sind nur allzu natürlich. Ein derart konzentrier-
tes Kompartmentmodell der komplexen biologischen Wirklichkeit ist
von vornherein auf die sehr eingeschränkte, gerade interessierende
Fragestellung ausgelegt. Die vielfältigen internen Regulationen und
externen Störgrößen des realen biologischen Systems sind im Modell
nicht berücksichtigt.

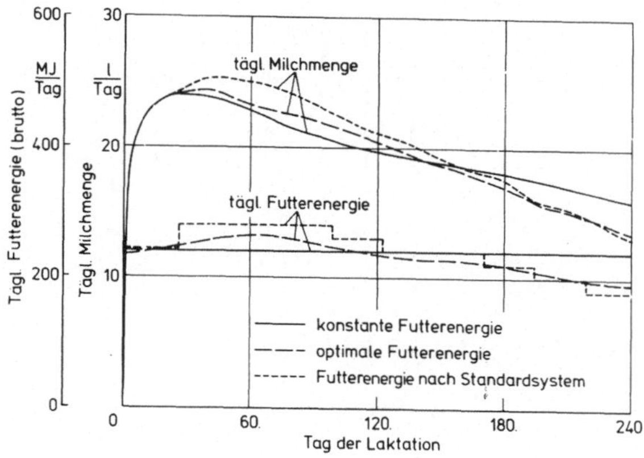

*Abb. 6. Simulation der Auswirkung verschiedener Fütterungsstrate-
gien auf die Milchleistung mit Hilfe des Kompartmentmodells*

Gesamtmodell, Metabolismusmodell

Aber gerade um die Erfassung der in ihren Auswirkungen doch sehr weitreichenden inneren Regelmechanismen und äußeren Einflußgrößen geht es beim dritten Ansatz zur Modellierung der Funktion einer Milchkuh.Der Ansatz besteht in dem Versuch, in einem Gesamtmodell das vielfältig existierende Einzelwissen vieler Teilaspekte zusammenzubringen und mit Hilfe des Rechners zu verkoppeln. Als Teilmodelle sind die Problemkreise Metabolismus, Wärmehaushalt, Kreislauf, Atmung, Verdauung,Futteraufnahme, Milchbildung und Salzhaushalt vorgesehen. Anhand des zentralen Metabolismusmodells soll der Grad der Modellierung erläutert werden.

Für das Metabolismusmodell wird der Körper der Milchkuh zunächst in einige wichtige Organe gemäß Abb. 7 aufgeteilt. Das zentrale Transportmedium für die Versorgung und Entsorgung der einzelnen Organe ist das Blut. Die einzelnen Organe sind auf der Basis der bekannten biochemischen Umsatzraten der einzelnen Metaboliten nachgebildet. Anhand des besonders einfachen Muskelmodells (Abb. 8) kann das Prinzip erläutert werden. Danach gehen die Blutinhaltsstoffe von der Blutebene über die extrazelluläre Ebene in die Zellen gemäß eines Austauschprozesses. In der Zelle werden sie je nach Bedarf oxidiert und zur Energieabgabe verwendet oder zwischengespeichert.

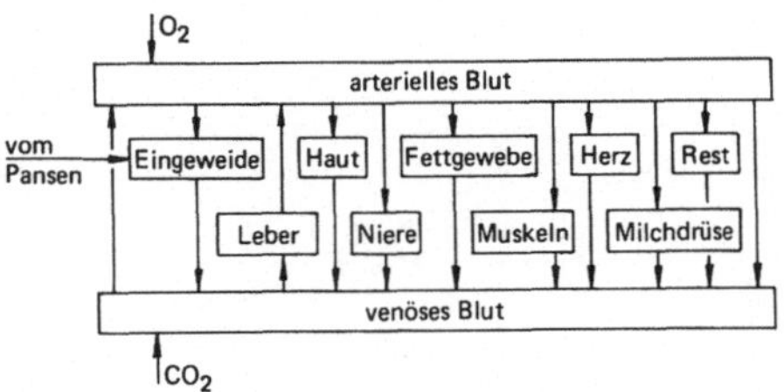

Abb. 7. Struktur des Metabolismusmodells

Das gesamte Metabolismusmodell ähnelt dem in (4) angegebenem Modell. Aufgrund der bekannten biochemischen Umsatzraten können die Konzentrationen der einzelnen Metaboliten in den verschiedenen Organen auf den verschiedenen Ebenen in Form von Differentialgleichungen beschrie-

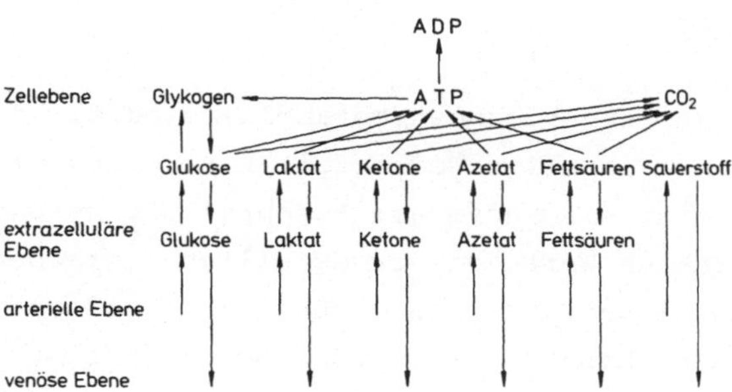

Abb. 8. Schema des Muskelmodells

ben werden. Zugrundegelegt wurde dabei meist ein Reaktionsmechanismus
1. Ordnung. Das Modell besteht aus ca. 300 miteinander verkoppelten
Differentialgleichungen. Ein erstes Ergebnis dieses Metabolismusmodells ist in Abb. 9 dargestellt. Es zeigt die Entwicklung einiger Metaboliten im arteriellen Blut nach einer künstlichen Infusion von Nährstoffen in den Pansen (Sprungeingang). Die Entwicklung entspricht qualitativ den beobachteten Werten. Der starke Sauerstoffrückgang ist auf
die fehlende Ausregelung durch ein entsprechendes Atmungsmodell zu-
rückzuführen.

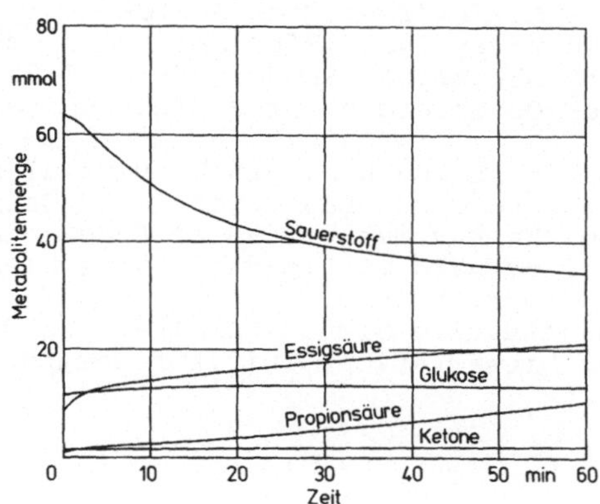

Abb. 9. Metabolitenmenge nach einer künstlichen Fütterung

Wertung und Ausblick

Mit dem hier nur kurz angerissenen Metabolismusmodell als zentralem
Teil eines noch nicht in allen Teilmodellen fertigen Gesamtmodells
einer Milchkuh scheint eine adäquate Beschreibung gefunden zu sein.
Auf den eingeschränkten Wert der vorgestellten einfachen Modelle als
Hilfsmittel zur Ableitung von Regeln für das praktische Handeln sei
nochmals hingewiesen. Risiken bei großen Modellen sind jedoch ebenfalls gegeben. Die Gefahr zu großer Modelle liegt in der großen Zahl
der zu bestimmenden Parameter. Sind sie nur unzureichend zahlenmäßig
bekannt, so kann durch den damit verbundenen hohen Freiheitsgrad
leicht jedes beliebige Ergebnis erzielt werden. Ist das Modell jedoch stark strukturiert, dann kann man einzelne Teilmodelle, einzelne Hypothesen, die Auswirkung einzelner eventuell unbekannter Parameter getrennt analysieren und auf ihre Auswirkungen untersuchen.Ein
großes Modell ergibt sich dann einfach als strenge systematische
Wissensordnung des betrachteten Gebietes. Es ist ein geeignetes Mittel, Eingriffe und Änderungen in ihren vielfältig gekoppelten Auswirkungen sichtbar zu machen.

Literatur

1. BOX, G.P.E. und G.M. JENKINS: Time Series Analysis - Forecasting
   and Control. Holden-Day Inc. 1976, San Francisco.
2. Landbauforschung Völkenrode, Sonderheft 35 (1976): Wirtschaftliche Bedeutung der Optimierung der Produktionsverfahren in der
   Milcherzeugung.
3. MOE, P.W., H.F. TYRELL and W.P. FLATT: Partial Efficiency of
   Energy Use for Maintenance, Lactation, Body Gain and Gestation
   in the Dairy Cow. Energy Metabolism of Farm Animals. Proceedings
   of the 5th Symposium held at Vitznau, Switzerland, 1970. Juris
   Druck und Verlag, Zürich 1970.
4. SMITH, N.E.: Quantitative Simulation Analysis of Ruminant Metabolic Functions. Dissertation, Univ. of California, Davis 1970.

Biologisch–ökonomische Simulationsmodelle zur Berechnung der Wirtschaftlichkeit von Obstkulturen unter verschiedenen natürlichen und wirtschaftlichen Bedingungen

F. Winter

Der Landwirt erzeugt biologische Produkte mit ökonomischer Zielsetzung. Biologische und ökonomische Probleme sind für ihn miteinander verknüpft. Die Trennung existiert nur in Lehre und Forschung.

Simulationsmodelle können diese Verknüpfung biologischer und ökonomischer Fragen nachvollziehen, wie ich es am Digitalrechner in einem Modell über die Wirtschaftlichkeit von Apfelpflanzungen versuche.

Input sind eine Reihe unabhängiger Variabler, Parameter, auf die der Produzent nicht unmittelbar Einfluß hat, wie die natürlichen Wachstumsbedingungen (ökologische Parameter) im Gebiet, die Preise für Betriebsmittel und das erzeugte Produkt, sowie die Löhne für die Arbeitskräfte, weiterhin die Wachstumseigenschaften der zu untersuchenden Sorte (genetische Parameter).

Wichtigste Output-Größe ist der wirtschaftliche Nutzen, ausgedrückt in Geldeinheiten, z.B. das Unternehmereinkommen.

Zwischen Input und Output liegen Transformationsketten, die teilweise miteinander verknüpft sind und Rückkopplungen enthalten.

Bei der Synthese eines komplexen Modells zeigt sich, daß die einzelnen Funktionen oder Subsysteme meist relativ gut untersucht oder leicht zu definieren sind. Was das Gesamtsystem schwer überschaubar macht, ist seine Komplexität. Gerade hier liegt eine Stärke der Computersimulation, nämlich daß man ein Subsystem in systematischer Arbeit definieren und verifizieren kann, daß man sich danach dem nächsten Subsystem zuwenden kann, sobald es im Modell definiert und als realitätsnah getestet ist.

Beispiel eines solchen Subsystems ist die Pflückleistung(Abb.1a-c),d.h. die pflückbare Menge in kg je Stunde.Sie ist negativ mit der Baumgröße korreliert, jedoch positiv mit der Fruchtgröße und der Dichte des

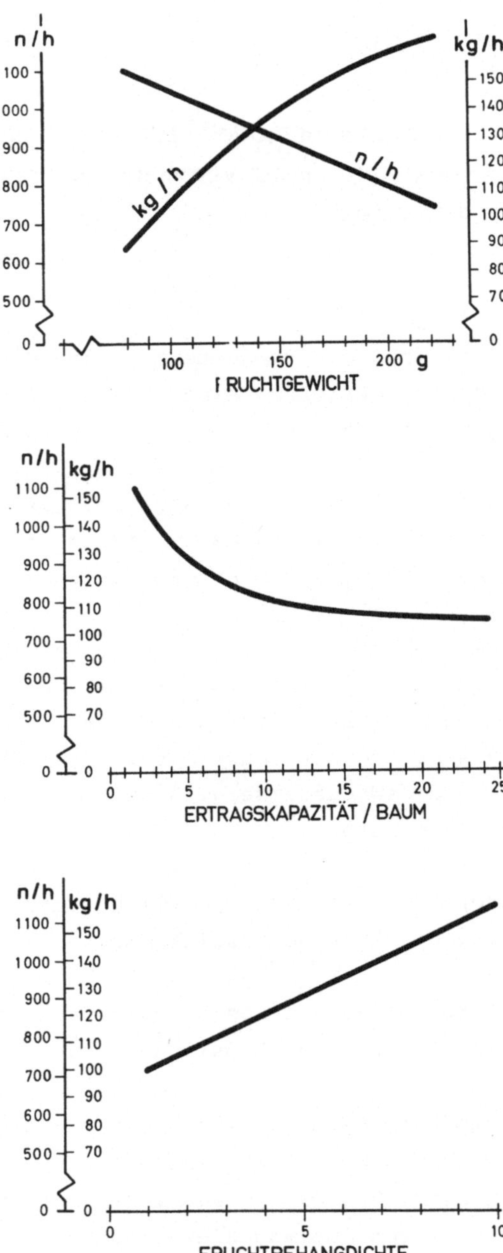

Abb. 1a-c. Abhängigkeit der Pflückleistung in Anzahl Früchten je Stunde (n/h) und in Kilogramm je Stunde (kg/h) bei sonst konstanten Bedingungen vom Fruchtgewicht (a), von der Ertragskapazität der Bäume (Fläche der Kronensilhouette in m²)(b) und von der Fruchtbehangdichte (c), aus (1)

Fruchtbehanges am Baum. Die Fruchtgröße ihrerseits ist wiederum eine
Funktion der Behangdichte, aber auch des Baumalters, der Sorte, der
Klima- und Bodenbedingungen. Welche Pflückleistung nun wirklich unter bestimmten Bedingungen zugrundegelegt werden kann, ist ohne ein
klares System kaum überschaubar. Jede einzelne der Funktionen hingegen ist mit guter Annäherung an die Realität relativ einfach zu finden.

Am Ende ist die Pflückleistung Bestandteil der Gesamtkalkulation und
schlägt sich im Output, dem Unternehmereinkommen, nieder.

Gegenstand verschiedener Simulationsläufe im synthetischen Modell sind
vor allem:

- Varianten in der Erstellung und Bewirtschaftung der Obstpflan-
  zungen, die dem Produzenten als 'Freiheitsgerade' offenstehen.
- Varianten in den natürlichen Voraussetzungen, die einen Vergleich der Wettbewerbslage zwischen verschiedenen Anbaugebie-
  ten erlauben.
- Varianten in den wirtschaftlichen Voraussetzungen, vor allem
  in Löhnen und Preisen.

Durch Kombination aller dieser Prämissen ergibt sich eine Vielzahl
möglicher Varianten.

Ein Beispiel möchte ich dazu noch anführen:

Den Verlauf des Unternehmereinkommens bei verschiedenen Bepflanzungs-
dichten und die Bedeutung des Preises der Jungbäume für das Ergebnis.

Wer viele Bäume je Flächeneinheit pflanzt, muß viel Geld für die Neu-
pflanzung investieren. Andererseits darf er höhere Anfangserträge erwarten, weil die Flächenerträge solange proportional zur Baumzahl ansteigen, bis durch Licht-, Wurzel- und Raumkonkurrenz eine negative
Wechselwirkung eintritt. Außerdem bieten die bei dichter Pflanzweise
kleiner bleibenden Bäume Vorteile beim Pflücken, weil auch im fortge-
schrittenen Baumalter alle Früchte vom Boden aus zu erreichen sind.
Jeder einzelne der Einflußfaktoren ist relativ klar zu definieren, das
komplexe Ergebnis für verschiedene Pflanzabstände zeigt Abb. 2, ausgedrückt durch das Unternehmereinkommen als Funktion des Alters der
Obstpflanzungen.Man erkennt,daß unter den hier zugrundeliegenden Prä-

missen die verschiedenen Systeme nach etwa 6 Jahren sehr ähnliche De-
fizite um 10.000,00 DM/ha aufweisen. Vor- und Nachteile haben sich
also kompensiert. Danach aber wird der wirtschaftliche Vorteil der
Dichtpflanzungen deutlich.

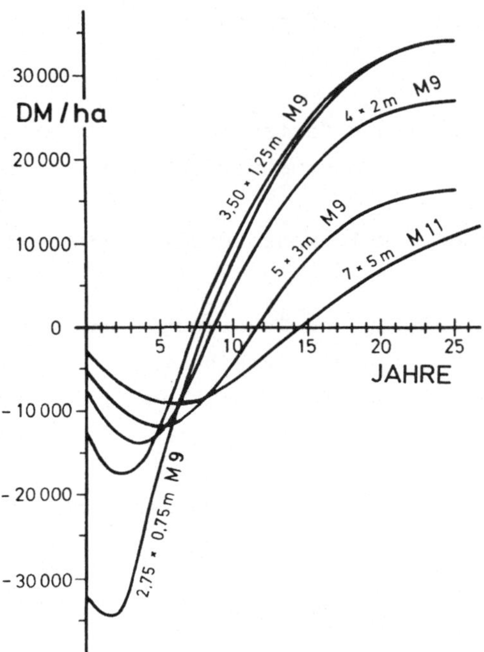

*Abb. 2. Unternehmereinkommen je ha bei verschiedenen Pflanzsystemen
der Apfelsorte 'Golden Delicious' und den Obstpreisen eines
'Normaljahres' als Funktion des Alters der Pflanzung, aus (1)*

Ein anderes Beispiel zeigt den Einfluß des Pflanzmaterial(Baum-)-
preises auf das wirtschaftliche Ergebnis nach 12 Jahren, ausgedrückt
im mittleren jährlichen Unternehmereinkommen. Wenn ein Jungbau 3,00
DM kostet, so ergibt sich hier ein breites Optimum, das möglicherweise noch über 5000 Bäume/ha liegt. Aber der Anstieg bei mehr als 2500
Bäumen je ha ist unerheblich (Abb. 3).

Verdoppelt man den Baumpreis, so wird das Maximum erwartungsgemäß tie-
fer, aber auch schmaler. Es verschiebt sich in den Bereich von 2500
Bäumen/ha.

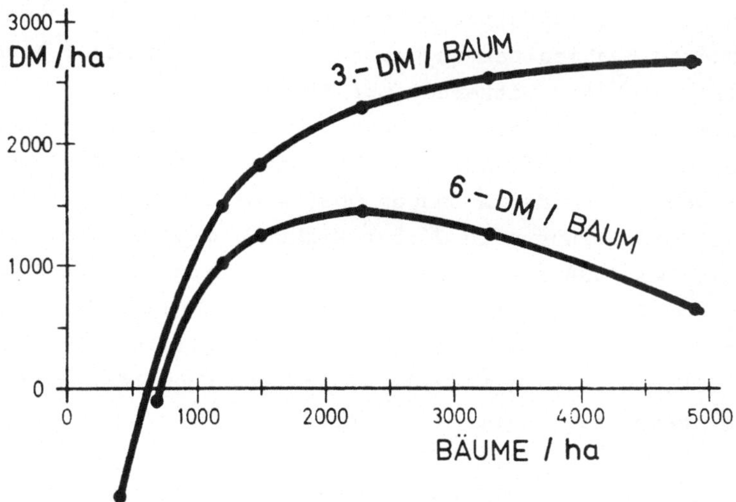

*Abb. 3. Mittleres jährliches Unternehmereinkommen nach 12 Jahren
als Funktion der Bepflanzungsdichte und bei 2 verschiedenen
Preisen für das Pflanzmaterial, aus(1)*

Aus beiden Funktionen kann man schließen, daß man mit einer Bepflanzungsdichte von 2500 B/ha ziemlich unabhängig vom Baumpreis nicht
weit vom Optimum entfernt liegen dürfte.

Große Bedeutung für die Differenzierungsmöglichkeiten in einem solchen Modell hat der Zeitvorschub Δ t. Die vorher erwähnten Beispiele
stammen aus einem Modell, wo ein ganzes Jahr im Leben einer Obst-
pflanzung nur einen Schritt ausmacht. Solche großen Zeitvorschübe
sind bei diesem Objekt möglich, weil eine ganze Reihe von Parametern
als Summenwert einer Vegetationszeit bzw. eines Jahres definiert werden können, so die Menge des Erntegutes, die erzielten Preise, die
Löhne, Betriebsmittelkosten usw.

Eine wesentlich weitergehende Differenzierung wird erreicht, wenn der
Zeitvorschub auf einen Tag oder besser noch einen Halbtag, d.h. Tag
einerseits, Nacht andererseits, verkleinert wird. Dann kann der Wit-
terungsverlauf bestimmter Jahre mit seinen täglichen Einflüssen auf
die Entwicklung der Vegetation, aber auch der Krankheiten und Schäd-

linge, im Modell berücksichtigt werden. Davon können die notwendigen
Bewirtschaftungsmaßnahmen termingerecht abgeleitet werden. Auch unmittelbar wirkt sich die Witterung auf die Bewirtschaftung aus, z.B.
indem an Regentagen nicht gepflückt werden kann. Bei Zeitvorschüben
von einer Woche und weniger kann darüber hinaus der *Arbeitszeitbedarf*
mitsimuliert werden, so daß Aussagen über Arbeitsspitzen und deren
Kosten, sowie Optimierungen in dieser Richtung möglich sind. Es besteht kein Zweifel, daß ein großer Teil des Restfehlers bei der Interpretation von Pflanzenerträgen auf einer zu wenig differenzierten
Analyse spezifischer Witterungseinflüsse in bestimmten Entwicklungs-
phasen der Pflanzen beruht. Modelle mit halbtägigem oder stündlichem
Zeitvorschub lassen hier vertiefte Einsichten erwarten.

Die Entwicklung eines Apfelbaumes von der Vegetationsruhe bis zur vol-
len Blüte können wir mit dem Temperaturverlauf als Input in einem Modell recht realitätsnah simulieren. Die Standardabweichung am Blüh-
tag beträgt nur ± 1.5 Tage. Damit sind auch andere Eigenschaften simulierbar, die mit der Vegetationsentwicklung, der Phänologie, korreliert sind, wie die Frostresistenz. Dabei wird die tägliche Abfrage
möglich, ob die nächtliche Minimumtemperatur die jeweilige kritische
Schwelle unterschritten hatte, d.h. ob ein Frostschaden eingetreten
ist (Abb.4). Damit sind wir wiederum bei den ökonomischen Auswirkungen angelangt.

Natürlich sind wir noch weit davon entfernt, den biologisch-ökonomi-
schen Prozeß der Obstproduktion auch nur simplifiziert im Modell nachzuvollziehen.

Ich wollte aber versuchen darzulegen, daß die Simulationstechnik ein
ausgezeichnetes Mittel ist, um bei obstbaulichen Produktionsprozessen

- schwer überschaubare, komplexe Systeme zu entwirren
- Ergebnisse analytischer Arbeiten zu synthetisieren
- die Kooperation verschiedener Fachgebiete zu fördern
- Kenntnislücken aufzudecken und Versuchsfragen zu präzisieren
- den Aufwand an praktischen Experimenten zu reduzieren, und
  zwar a) durch Zeitraffung b) durch Einengung der Versuchsfrage
- die Zeit als wichtige Dimension in pflanzlichen Entwicklungs-
  prozessen besser zu berücksichtigen
- ein lebendiges Protokoll des jeweiligen Kenntnisstandes mit
  der Möglichkeit praktischer Nutzanwendung darzustellen.

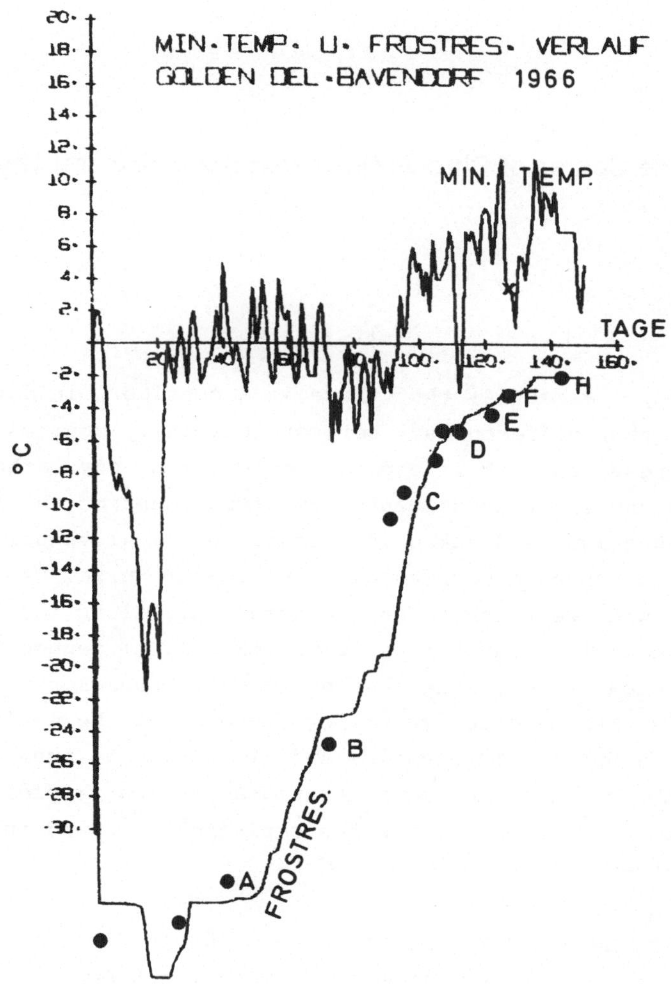

Abb. 4. Simulierter Verlauf der Frostresistenz eines Apfelbaumes der Sorte 'Cox Orange' vom 1. - 150. Tag 1966 und experimentelle Ergebnisse zwischen den Phänphasen A-H (nach Fleckinger), sowie tägliche Minimumtemperaturen, aus (2)

Literatur:

1. WINTER, F.: A Simulation Model for Studying the Efficiency of Apple and Pear Orchards. - Gartenbauwiss. 41 (1), S.26-34,1976.

2. WINTER, F.: Ein Simulationsmodell über die Phänologie und den Verlauf der Frostresistenz von Apfelbäumen. - Oecol. Plant. 8 (2), S. 141-152, 1973.

Simulating the Course of Chronic Diseases: Screening and Therapeutic Problems

P. Tautu

1.

It is already claimed (4) that there is a considerable difference -
among many other differences - between university courses in mathematics and research work in applied mathematics, say mathematical
biology. In universities students are given equation and coefficients
for these equations and asked to produce numerical values for the
solutions. In research work happens just the reverse. We obtain from
experiments what we think to be the numerical values for the solutions
of *unknown* equations and our principal task is to deduce the form of
equations actually governing the investigated phenomenon. In order to
achieve this task we often must conjecture about the explicit forms
of some fundamental relationships and, in addition, must surmise the
basic variables. Sometimes many relationships must rapidly be tested
or adjusted in concordance with the empirical data and in such situation the mathematician needs a computer.

This suggests us a new kind of trial procedure which we would like to
call *in numero* experiment, in analogy with the known *in vitro* and *in
vivo* biological experiments. We borrowed this term from S. SHEA and
A. BARTHOLOMAY (41) who intended to point out that the *in numero*
experiment of a mathematical model for a complicated biological process may add a new dimension in biomedical research (see also 2, 3).
Such experiments are completely *repeatable* and *nondestructive* while
experiments with real systems may be *costly* or in some situations
impossible (50). An *in numero* experiment has at least two peculiari-
ties:
  (i)   a comprehensive mathematical model constitutes its core,
  (ii) some of its variables are deduced (or approximated) from
        the empirical data.

The first feature actually differentiates an *in numero* experiment from
the simulation of a computer model. *In numero* experiments are accordingly placed at the interface between the real system, its mathemati-

cal model and the computer simulation. It is known that a successful
computation depends on a judicious combination of mathematical analysis
and numerical experimentation. The second feature warrants the repli-
cative validity of the mathematical model, at least partially, because
such numerical experiment matches some data acquired by deduction from
the real system. For example, in a screening model (7), the age fre-
quency distribution of breast cancer initiation is approximated from
the knowledge of the age incidence distribution of breast cancer and
the annual incidence rate.

In the present paper we would like to expose some simple models for
screening and therapy of chronic diseases, with particular reference
to the cancer disease of the breast. Our main aim is to show the
utility of *in numero* experiments for improving mathematical models
which describe illness processes, their detection and control. In the
case of cancer diseases such models have some advantages because the
key process is the tumour growth-and-invasion process. The construction of nice mathematical models of this process must be our principal
task.

2.

In clinical medicine the experimental research is forcedly very lim-
ited(see e.g. 48). Paradoxically, clinical medicine is the field
where mathematical models (and the corresponding *in numero* experiments)
are nowadays inevitable and strongly needed *if progress is to be made*.
The situation definitely illustrates a quotation inserted in E. MODE's
1966 book on probability and statistics: "There is nothing so fertile
in utilities as abstraction".

But the sufficient arguments in favour of mathematical models in clinical medicine lie in what we should like to call the KNOX's *axions*
(29), i.e.
1. All rational decisions depend upon predictions.
2. All rational predictions depend upon models.

For the study of the evolution of chronic diseases the construction of
a mathematical model is of first necessity, because the effects of
screening procedures or of therapy can subsequently be formulated in
a transformed process. The mathematical models able to describe the
course of a (chronic) desease are all of probabilistic nature. We thus
define a *stochastic illness model* as the abstract scheme used to re-

present the transitions of an individual from an apparently healthy
state to different preclinical and clinical states characterizing a
chronic disease (45). The transitions are governed by probability
laws. A *clinical process* (27, p. 240) is therefore a subprocess
representing the segment containing the clinical states only.

But a patient may have more than one disease at a time - for instance,
consider the non-neoplastic disease of a cancer patient (33). One may
distinguish in this way between *patient - oriented models* and *disease-
oriented models* (47). A disease-oriented stochastic model describes
the transitions of a patient in a finite set of pre-established states
of *one* disease without taking into consideration the simultaneous presence of another clinical syndromes or episodic diseases. Moreover,
we introduced in 1973 the *controlled illness process* in order to in-
clude the effects of therapeutic actions (see also 46).

There exist very few disease-oriented stochastic models for the can-
cerous disease of the breast. We suggested (27,p. 243) the use of a
finite Markov chain whose states are defined by a system of vectors
of binary numbers. Each vector represents the condition of one of the
following four elements: the primary tumour, regional lymph nodes
invasion, metastases, and the existence of markers or some signs of
gravity (e.g. hormonal status). For instance, the state [(1,0,0,0),
(0,0,0,0), (0,0,0,0), (0,0,0,0)] describes a woman's status having a
single small breast tumor (>1.9 cm average diam.), without adenopathy,
without metastases, without pregnancy or breast feeding. The evolution
is marked by changing the number of the next digit, i.e. the presence
of a tumour with size 2,0 - 2,9 cm is denoted in the tumour vector by
(1,1,0,0).

A workable probability model has been reported in 1969 by L.BLUMENSON
and I.D.J. BROSS (9). The criteria adapted for their model are speci-
fied in Table 1.

With the notation above the status of a woman having a small tumour,
two positive nodes and no metastases is represented by the 3-digit
vector (1,1,0).

The authors systematically analyzed this model in order to show the
therapeutic implications (42) as well as the statistical aspects
(13,14).

T: tumour	N: lymph nodes	R: recurrence	Digits
No tumour	No cancerous nodes	Not clinically detectable	0
Small tumour (average diam. < 5 cm)	1-3 positive (cancerous) nodes	Clinically detectable	1
Large tumour (average diam. > 5 cm)	>3 positive nodes		2

Table 1

E.G. KNOX (28,29) realized a simulation mimicking "in a simple prag-
matic manner" the life history of a cohort of 10.000 women supposed
to have some risk for breast cancer. The "core" of the simulation
system is a simple transition scheme, where clinical grading ("low"
and "high") and temporal ("early" and "late") criteria are introduced
for classifying the states of this illness process. Thus, 25 states
are considered, namely, 1) normal, 2) biopsied normal, 3) preclinical
cancer of breast, low grade, 4) preclinical cancer of breast, high
grade, 5) early clinical breast cancer, low grade, ..., 9) treated
early,..., 11) treated late,..., 25) death.

This simulation system depends upon the input specifications of the
life-table appropriate to the population, the registration of recognized pathological states, the specification of the natural history
of the disease, and the specification of the properties of the screening tests to be offered. For instance, the transition rates were
adjusted until the outcomes of simulated runs gave agedistributed
onset rates and mortality rates which matched observed registrations
and mortalities. Every preclinical and clinical state was assigned a
fatality rate which was varied systematically according to grade and
stage (e.g. low-grade cancers died at 3/4 the mortality rate of high-
grade late cancers; treated high-grade late cancer was allocated the
same mortality as untreated low-grade late cancer, etc.). It is in-

teresting to mention the fact that *different* formulations proved capable of mimicking observed mortality curves. A possible explanation could be that these formulations are unidentifiable.

The sensitivities for palpation and mammography assumed on the basis of a large number of observations in the preliminary HIP results (Health Insurance Plan of Great New York). On the basis of reasonable limits a (slightly generous) sensitivity of 40% was attributed to mammography and 45% to palpation. But in the final HIP reports (11) the sensitivity of screening and clinical procedures is evaluated in relationship with the type of carcinoma (infiltrating and non-infiltrating ductal carcinomas) and the tumour size. Some of these results (per cent estimation of tumour size using three detection methods) by infiltrating carcinomas are presented in Table 2 (11,p. 501).

Tumour size	Clinical (palpation)	Mammography	Combined
0.0 - 0.9 cm	8.3	-	
1.0 - 1.9 cm	41.7	52.6	40.0
2.0 - 2.9 cm	33.3	31.6	20.0
3.0 - 3.9 cm	12.5	10.5	26.7
4.0 - cm	4.2	5.3	13.3

Table 2

There was a higher percentage of large infiltrating carcinomas found in the control group than in the study group as a result of small carcinoma detection by screening procedures.

E.G. KNOX simulated the effect of screening procedures as well as the cost of the screening programme. His conclusions are the following: if 50% of the adult female population of England and Wales (there are 8.8×10^6 women aged 40 to 69 years) could be induced to undertake such examination programme, there would be a saving of 8.8% of current mortality at an annual cost of 120.000 urine tests,1.1 million palpation and 0.6 million mammograms. In the final HIP reports it is emphasized that the gross benefit of screening for breast cancer by the combined modalities of examination in the HIP study was zero under

age 50 and approximately 40% reduction in mortality from the disease
over age 50. The following table 3(11,p.477) shows the benefit
attributable to mammography in terms of lives saved per 100.000
"average U.S." women screened (single screening).

Age at examination (yr.)	Estimated lives saved per 100.000 screened
35	0
40	0
45	0
50	10
55	11
60	14
65	14

Table 3

It is then assumed that "this reflects some difference in the nature
of the disease or some difference in the effectiveness of the screening procedures, or both, which becomes apparent at about age 50".
Such a conclusion swells our thesis on the necessity of constructing
new comprehensive mathematical illness models, disease-oriented as
well as patient-oriented.

4.

The *in numero* experiments carried out by J.D.J. BROSS and L.BLUMENSON
(15) are based on a mathematical model for cancer disease of breast
and on a general model of screening. The parameters whose variation
to be considered are divided into three categories as follows:

(i) parameters of the natural history of the disease: the age distribution R(a) of tumour initiation, the tumour doubling time D, the
relations between tumour size and, on the one side, the probability
that the woman solicits treatment or, on the other side, the risk
the tumour is "late" (incurable by radical mastectomy alone).

(ii) screening parameters: age a^* when screening begins, the interval
h between screening examinations, the sensitivity of screening procedures, and the risk that a woman misses a scheduled examination.

(iii) population parameters, i.e. the choice of the population to be
screened. For the authors, the prototype calculations assume a random
sample of 100.000 U.S. women of ages 25 - 90 years whose normalized
age distribution is the same as all U.S. women of age 25 - 90.

The main aim of these *in numero* experiments was the computation of
screening effectiveness. The fractional decrease in the number of
late cases remaining undiscovered in the screened population,compared
with a control population, was chosen as a measure of screening effectiveness; this seems to be a genuine measure of *screening* and not
survival (see e.g. 11), because the mortality rate is also dependent
on the therapy effectiveness, individual factors and tumour type.The
computation of screening effectiveness obviously implies the calculation of the number of early and late discovered cases and of the
number of early and late cases remaining undiscovered. According to
the experiment for periodic screening, it results that each month
14.3 cases are discovered of which 7.8 are early and 6.5 are late.
The number of lives saved is 14 per year per 100.000 mammographies,
which seems to be a generous result (see e.g. 34, 24).

5.

In some screening models for chronic diseases three epochs are taken
into account, namely the time of disease initiation, the time of first
detectable signs (i.e. when an individual is in a preclinical state),
and the time a disease becomes "terminal" (i.e. when the patient enters
in the set of absorbing states). Corresponding to these epochs, one
can associate to the "chronologic" age of a patient an age $\tilde{a}$ when the
considered chronic disease is initiated and, furthermore, the age a^*
when he enters in the screening programme.

Let us consider first the time x since the initiation of disease
began (called "progress of disease" by L. BLUMENSON (6)). Let X be
a random variable representing the time of disease detection by
present-day (clinical) methods. In other words, X is the "silent interval" between the disease initiation and its clinical discovery.

The probability that the disease is not detected by clinical procedures by the time its progress is x can be written as

$$F(x) = \Pr\{X > x\}.$$

Then $1 - F(x)$ is the distribution of the silent interval *without* screening examinations. In the ("ideal") case when a disease is detected only by screening procedures, $1 - F(\tilde{a},x)$ will be the conditional probability that the silent interval is less than x, given that the chronic disease begun when the patient was of age $\tilde{a}$ and the only modality to detecting the disease is a screening examination.

Let us now consider a new random variable Y representing the time of disease detection by screening procedures only. The probability that the disease is not detected at a screening examination by time x can be written as

$$G(x) = \Pr\{Y > x\}.$$

The function $G(x)$ refers only to individuals with a chronic disease of progress x when they receive a screening examination, namely at ages a_k^*, $k \geq 1$ being the number of examinations. Set h as the period between examinations. Then an individual is screened at ages $a_k^* = a_1^* + (k-1)h$.

Using both functions F and G we can write the probability that the chronic disease is detected at the first screening examination as $F(x)[1-G(x)]$, because the probability of detection before the first clinical examination is $1-F(x)$ and X and Y are both mutually independent. Also, the probability that the disease is not detected before the second screening examination is $F(x+h)\,G(x)$.

An explicit form of $F(x)$ can be obtained considering that, in fact, the silent interval X is dependent on the values of some indicator of disease progression, e.g. tumour growth in the case of breast cancer. Two rough assumptions are made: (i) the tumour grows exponentially with a doubling time of D months; (ii) a primary tumour may be detected when it has an average diameter of 1 cm (see Table 2). Simple calculations show that a tumour has a diameter of 1 mm after 20 D and a diameter of 1 cm after 30 D (about 1 billion tumour cells). Almost half of breast tumours may be rapidly growing (D: only 25 days) while others might be as slow as 76 days or more (38).

Because the tumour cannot be clinically detected when it is smaller than 1 cm diameter, it follows that for $0 < x < 30\,D$, $F(x) = 1$. For $x > 30\,D$, the conditional probability of clinical detection during a small time interval $(x, x + \Delta x)$, given no detection before x, is taken as proportional to the number of times the tumour doubled its volume during the interval $(30\,D, x)$ multiplied by Δx.

Then we have

$$F(x) = \begin{cases} 1, & \text{if } x \leqslant 30\,D \\[2em] \exp\left\{-\dfrac{1}{2}\,\alpha\,\dfrac{(x-30\,D)^2}{D}\right\}, & \text{if } x > 30\,D, \end{cases}$$

where α is the proportionality constant.

Function G is considered as the screening sensitivity function $(\underline{6},\underline{7})$. There is no perfect screening method so that $G(x) \equiv 0$ for all x. We must then consider a threshold θ below which there is no detection so that

$$G(x) = \begin{cases} 1, & \text{if } 0 \leqslant x \leqslant \theta \\[2em] 0, & \text{if } \theta < x. \end{cases}$$

A new important function which indicates the disease evolution is function $Q(x)$ which is defined as the probability that the chronic disease is not in a "terminal" state by time x,

$$Q(x) = \Pr\{S > x\},$$

where S is a random variable representing the time the chronic disease enters in the set of absorbing states. For instance, in the case of cancer of breast, $Q(x)$ would be the probability that the patient has not metastases (lung, bones, etc.). The conditional probability that a metastasis was formed in the small time interval $(x, x + \Delta x)$, given that it was not initiated before x, is taken as proportional to the number of time the tumour doubled its volume in the time interval $(0,x)$, multiplied by the number of times it doubles its volume in the interval of length x. Then we have

449

$$Q(x) = \exp\left\{-\frac{1}{2}\gamma\frac{x^2}{D^2}\right\},$$

where γ is a proportionality constant.

The effects of screening examinations in the population at risk can
be studied as follows. Let y be the time since the screening programme began. Denote by $N_1(x,y)$ dxdy the number of individuals by
whom the chronic disease of progress $(x, x + dx)$ was detected in the
screening-time interval $(y, y+dy)$, and denote by $N_2(x,y)$ dx dy the
number of screened individuals with undetected disease during $(y, y
+ dy)$. We assume that before screening begins the screened population
is in the same steady state condition as the nonscreened population
so that for $y \leq 0$,

$$N_1(x,y) = -kF'(x)$$

$$\text{where } k = \frac{m}{T}, \text{ with}$$

$$m = \int_0^\infty R(a)\,da,$$

T being a time interval of fixed length ($<<1$ year) and $R(a)$ the rate
at which individuals of age a have the chronic disease initiated. Also
in the steady state for $y = 0$, $N_2(x,y) = kF(x)$.

The effectiveness ε of a screening programme is defined (6) as the
fractional decrease in the number of patients in terminal ("late")
state of disease who where not detected in the screened population at
risk, compared with the nonscreened population. Formally we have

$$\varepsilon(y) = \frac{\int_0^\infty N_2(x,y)\,[1-Q(x)]\,dx}{\int_0^\infty kF(x)\quad[1-Q(x)]\,dx}.$$

Because in the formula above only the number of undetected cases are
involved, a theorem (7) gives the relation between N_2 and N_1:

$$N_2(x,y) = \begin{cases} kF(x-y) - \int_{x-y}^x N_1(u_1,u-x+y)\,du, & \text{for } y<x \\[2ex] k - \int_0^x N_1(u,u-x+y)\,du, & \text{for } y \geq x \end{cases}$$

where

$$k = \frac{\int_0^\infty R(a)\,da}{T}.$$

In order to express N_2 as a function of screening sensitivity G, it is necessary to introduce the hypothesis of an "ideal" population where a chronic disease is detected only be screening procedures.

Let $N_2^*(x,y)\,dx$ be the number of undetected cases at time y in this "ideal" population when the disease progress is $(x,x+dx)$. For $y = 0$, $N_2(x,y) \equiv k$.

The function $N_2^*(x,y)$ depends only on $G(x)$ and $R(a)$. Since F and G are assumed independent, it follows that for all y

$$N_2(x,y) = F(x)\, N_2^*(x,y).$$

The numerator in the effectiveness formula can be written as

$$\int_0^\infty F(x)\, N_2^*(x,y)\, [1-Q(x)]\, dx$$

which equals the number of late (terminal undiscovered) cases. Since the total discovered during the unit time at y is $\int_0^\infty N_1(x,y)\, dx$, it follows that the total number of detected individuals having the chronic disease is

$$Z(y) = k - \frac{d}{dy}\left(\int_0^\infty F(x)\, N_2^*(x,y)\, dx\right).$$

If $G(x)$ has a threshold θ, then $N_2^*(x,y;\theta)$ has the following equivalents

$$N_2^*(x,y;\theta) = \begin{cases} \int_0^\infty R(a)\,da, & \text{for} \begin{cases} y < 0 \ , \forall x, \text{ or} \\ y > 0 \ , \forall x < \theta \end{cases} \\[2ex] \int_0^\infty R(a)\,da - \int_{\max(x-y,\theta)}^x R^*(a)\,da, & \text{for} \begin{cases} 0 \leqslant y \leqslant h \text{ and } x-y \geqslant \theta \\ \text{or} \\ \theta \leqslant x \leqslant \theta+h \text{ and } 0 \leqslant x-y \leqslant \theta \\ \text{or} \\ \theta \leqslant x \leqslant \theta+h \text{ and } x-y \leqslant 0 \end{cases} \\[2ex] \int_0^{a_1^*-x} R(a)\,da, & \text{for } y \geqslant h \text{ and } x \geqslant \theta+h \end{cases}$$

where $\qquad R^*(a) = \sum_{k=1}^{\infty} R(a_k^*-a) \equiv \frac{1}{h}\int_{a_1^*-h}^{\infty} R(a)\,da.$

$$\text{Practically } R^*(a) = \frac{m}{h}.$$

Consider now a two-stage screening examination where first stage has a false negative rate α for all asymptomatic patientes with chronic disease of progress $x > \Theta$, and the second stage is perfect with threshold Θ. The sensitivity function is

$$G(x) = \begin{cases} 1, & \text{for } x < \Theta \\ \\ \alpha, & \text{for } x > \Theta \end{cases}$$

Then the new function $N_2^*(x,y;\Theta,\alpha)$ is

$$N_2^*(x,y;\Theta,\alpha) = \begin{cases} \int_0^\infty R(a)\,da, & \text{for } \begin{cases} y \leqslant 0,\ \forall x \\ \text{or} \\ y > 0,\ \forall x \leqslant \Theta \end{cases} \\ \\ \int_0^\infty R(a)\,da - (1-\alpha) \sum_{k=1}^{j} \alpha^{k-1} \int_{a_k^* - x}^{\infty} R(a)\,da - \\ \qquad - (1-\alpha)\,\alpha^j \int_{\max(x-y,\Theta)}^{x-jh} R^*(a)\,da, \\ \qquad\qquad \text{for } \begin{cases} x-y \geqslant \Theta \text{ and } jh < y < (j+1)h \\ \text{or} \\ x-y \leqslant \Theta \text{ and } jh < x \leqslant \Theta + (j+1)h. \end{cases} \end{cases}$$

Calculations showed that the one-stage programme reaches the steady
state after y = 12 months, while the two-stage programme attains it
at y = 26 months ($\underline{8}$). The fact that the steady state is almost at-
tained by h=12 months for a screening programme (with false negative
rate α =0.54) is related to the "self-discovery" function F(x). The
benefit/risk ration (with benefit defined as additional lives saved,
and risk as cases of breast cancer caused by mammography) would range
from 0.45 to 1.8 for one stage screening, and from 0.90 to 3.6 for
two stage screening.

6.

It is perhaps necessary to mention that in the above model for screening the transitions from preclinical states to a clinical state are
not explicitly taken into consideration. This was the main question
in the original mathematical theory of screening for chronic diseases
($\underline{51}$,see also $\underline{39}$). Other measures of a screening programme, e.g. mean
number of screening tests per person, mean number of false positive
responses, etc., were studied by A. SHAHANI and D. CREASE ($\underline{40}$).

In a previous paper ($\underline{46}$) we suggested the exploitation of the theory
of searching processes as a stochastic approach to the screening prob-

lem. Assume, for example, that there are $m > 1$ preclinical states of a chronic disease (e.g. "tumour states" as tumour sizes classes:0-1 cm, 1-2 cm, etc.). Let σ_t, $1 \leq \sigma_t \leq m$, be the event that state σ_t must be detected at time t, if during time t-1 this state was not discovered. The *searching process* is thus the sequence $\{\sigma_t\}_{t>1}$. Two main assumptions must be pointed out for this process: (i) the patient sojourns in a state i, $1 \leq i \leq m$, during the search, (ii) the m states can be searched one at a time.

For the process $\{\sigma_t\}_{t>1}$ the *search space* is the discrete space X comprising m preclinical states. Let p_i be the probability that the patient is in state $i \in X$. (In the case of a cancer disease we identify the state (size) of a tumour - which is the object (the *target*) of our search - with the patient carrying this tumor). The function p is called the *target distribution* on X if $p:X \rightarrow [0,1]$ and $\sum_{i \in X} p_i = 1$.

The other ingredients are the following:
(i) A *detection function* on X is the function $\delta:X \times [0,\infty) \rightarrow [0,1]$ such that $\delta(i,\phi)$ is the conditional probability of detecting state i with ϕ amount effort, given that the patient is in state $i \in X$. Effort may be anything that is appropriate for a particular search - e.g. material used (in mammography, thermography, etc.), time spent, money, and so on.

(ii) The *allocation* on X is the function $f:X \rightarrow [0,\infty)$ giving the amount of effort put in the discovery of each state of X.

(iii) A *cost function* on X is a function $c:X \times [0,\infty) \rightarrow [0,\infty)$ such that $c_{i,\phi}$ gives the cost of applying ϕ amount effort in detecting state $i \in X$.

The search theory is strongly operationally-oriented so that its main aim is the finding of the optimal search policy. A searching sequence is optimal if it maximizes among all searching sequences the total expected cost. The detection function δ gives us the means of evaluating the effectiveness of search effort in terms of probabilities of patient's detection.

A simple case is the following (43). Let F be the set of allocations on the search space X. For $f \in F$ let $P(f)$ be the probability of detecting a patient in a preclinical state with allocation f:

453

$$P(f) = \sum_{i \in X} p_i \delta(i, f_i).$$

The total cost resulting from the allocation $f \in F$ is

$$C(f) = \sum_{i \in X} c_{i, f_i}.$$

If we conjecture that C' constrains the cost of the search, the practical problem is to find a function $f^* \in F$ such that $C(f) \leq C'$ and

$$P(f^*) = \max\{ P(f) \text{ over allocations } f \in F \text{ such that } C(f) \leq C'\}.$$

In other words, the problem is to find an allocation on X that maximizes the detection probability, subject to a given constraint of effort. Of course, other measure of optimization can be considered (see e.g. the dynamic programming models: 25, 26).

Some simple results in the search theory must be carefully interpreted in the case of screening. Suppose, for example, that the detection function δ is exponential with ϕ_i as the time necessary to investigate a patient supposed to be in state i. Let α_i be the probability that the tumour has not been detected after spending ϕ_i effort. The posterior probability that there ist a tumour in state i, given the failure of detection, is

$$\frac{p_i}{\alpha_i} \left[1 - \delta(i, \phi_i)\right].$$

Thus, if δ is exponential, looking for a state $i \in X$ with the highest value of $p_i [1 - \delta(i, \phi_i)]$ is equivalent to searching in the state with the highest posterior probability. The probability of detecting a patient in state i in the next increment h of time, given the failure to detect it previously, is

$$\text{Pr}\{\text{detection in time } \phi + h \mid \text{failure by time } \phi\} = \frac{\delta(\phi + h) - \delta(\phi)}{1 - \delta(\phi)} =$$

$$= 1 - e^{-h},$$

that is, this probability is independent of the amount ϕ of previous effort. Then, the optimal short-term policy, if the detection function is exponential, should be to guide the next increment of effort in the state(s) with the highest posterior probabilities.

This does not mean the orientation of search efforts for detecting
large tumours - which is not the purpose of screening procedures -
but the detection of patients in a preclinical state among high-risk
individuals (with higher posterior probabilities than other individuals). Such an interpretation seems to be in agreement with the
"searching for a gold coin" problem (25). Recent results (1) clearly
show the connection between information theory and search theory; it
is proved that the allocation of search effort that maximizes the
detection probability also maximizes the entropy of the posterior
distribution, when a constraint on total search effort exists.

It is more realistic to assume that during the screening programme
the patient can move from one preclinical state to another preclinical
state. The simplest situation can be visualized as a motion between
two states (say, small and large tumours), and can be described as a
discrete or continuous-time Markov process. The existence probabilities p_i, that is, the probability that a patient is in state $i(i=1,2)$
at time $t \geqslant 0$, must also be expressed in terms of the transition rates
λ_{12} and λ_{21}. The characteristic system of differential equation is

$$\frac{dp_1(t)}{dt} = - [\lambda_{12} + \delta_1 f(t)]p_1(t) + \lambda_{21}p_2(t),$$

$$\frac{dp_2(t)}{dt} = \lambda_{12}p_1(t) - (\lambda_{21} + \delta_2[1-f(t)]p_2(t).$$

We built up in this way a simple detection model with a "target" whose
motion obeys a Markov chain or Markov process. The above description
for two states can be generalized to m>2 states but solving the corresponding optimization problem is extremely difficult. In the simple
case the problem is to find a function $f^*(t)$ that minimizes $\alpha(\tau) =$
$p_1(\tau) + p_2(\tau)$ for a given τ; if this function is independent of τ, it
also minimizes the expected time to detection. Even in this case the
solutions are not easily obtained (see e.g. 21).

Search models give us no direct information concerning the effects of
a screening programme in a population but, hopefully, a *screening
policy* to minimizing the number of examinations or to maximizing the
detection probability after a given number of examinations.

7.

In numero experiments for therapy models - or much more better, for
controlled illness processes - are, without doubt, different for computer treatment algorithms or for computer-based patient monitoring.
It is easy to see the difference when one examines the difficulties
of computer recommended antihypertensive therapy (20): the knowledge
of blood pressure alone is insufficient in defining the goals of
treatment. Age, sex, evidence of coexistent heart, renal and cere-
brovascular disease, retinal abnormalities and, perhaps, peripheral
vein renin activity, all appear to influence the morbidity (and
mortality) that is conferred by a given elevation of blood pressure.
The first simple conclusion to be inferred is that any treatment
algorithm overlooking the natural history of a disease and taking its
stand on the control of one single disease variable (e.g. hypertension)
is deficient. It does not take into consideration the dynamics (i.e.
the interaction and regulation) of the numerous components of a
chronic desease. Furthermore, such a computer algorithm neglects the
fundamental goal of therapeutic actions: we do not treat high blood
pressure but the hypertensive *disease*, also, we do not treat tumour
growth but the cancer *disease*.

However, the *in numero* experiments for a mathematical growth model
are really enlightening when mechanisms of growth and its control are
subsumed. For instance, L. BLUMENSON (3) associated a computer programme for a mathematical model of granulopoiesis with a computer programme for 5-fluorouracil schedule, so that it was possible to cal-
culate a prediction for the hour-by-hour response of an "ideal" patient
to the drug.

But growth in itself is a complicated process. There is no more "simple"
equation of growth if explanatory niceties are required. We must take
into account that in a growing cell population there exist at least
three different subpopulations having specific features: the stem
fraction, the proliferative and nonproliferative fraction. Even the
exponential equation $x(t)=x(0)e^{at}$ must then be broken. It was suggested
(32) that the growth of an irradiated tumour (a hepatoma) must be expressed as
$$x(t) = x(u) \ [b + (1-b) \ e^{a't}],$$
where u (= 14 days) is the time between tumour inoculation and tumour

irradiation, a' is the growth rate after irradiation and b is the volume of cells which no longer serve to increase the volume x of the tumour, either because they have ceased to proliferate or because they die and are replaced by other mass of cells of roughly equal volume. In fact, it is b, the nonproliferative fraction of cells, that increases as a function of dose.

It was already observed (37) that the Gompertz function - frequently used to describe the growth of most experimental tumours and some human tumours - is actually the simultaneous solution of the two differential equations

$$\frac{dx(t)}{dt} = k_1 x(t) g(t),$$

$$\frac{dg(t)}{dt} = -k_2 g(t),$$

where $k_2 g(t)$ stands for the "instantaneous growth fraction" or, more precisely, represents not only the total number of cells in mitosis, but incorporates the cell loss associated with cell death or other removal processes that occur during unperturbed growth, as well as changes in tumour vascularity, hydration, and content of non-malignant cells (36). The solution of the above equation can be written in the form

$$x(t) = x(0) \exp\left\{\frac{k_1}{k_2} g(0) \, [1 - \exp\{-k_2 t\}]\right\}.$$

If the tumour is set back with effective therapy a new function $\gamma(x;t)$ must be associated which represents the growth-inhibitory influence (reflecting both the level of therapy at time t and the tumour sensitivity at size x). The corresponding equation indicates that during the increment of time dt the tumour volume x(t) is incremented by a volume g(x)x(t) but decremented by a certain volume $\gamma(x;t)$ which depends on the level of therapy (36).

These examples clearly show that the construction of comprehensive mathematical models for chronic diseases and their therapy, namely controlled illness processes, is the central point of the mathematical research in this field. Besides some general models (45,46), there are more specific models as e.g. "controlled lethal growth processes" (35,19, see also 27, p. 257).

Suppose, for instance that the malignant cell population grows according to a linear pure birth stochastic process with birth parameters (b_i), $i \geqslant 0$, and "termination" parameters $(d_i(h_o))$, until either the host dies or a treatment is initiated. The treatment history will be denoted by h. Consider a control action (treatment) that is applied at discrete points of time and has the effect to kill a proliferating cancer cell with probability $q = 1 - p$. The survival probability of j cancer cells among the x cells present at some point of time is

$$P_j = \binom{x}{j} p^{x-j} q^j, \quad 0 \leqslant j \leqslant x.$$

The survival probability p will depend on the dose of the anticancer agent and on the type of cancer cells susceptible to this agent. The clinician must choose a value of p in such a way that a great number of cancer cells would be killed without irreversibly damaging the host's normal cells.

His main problem is to maximize the expected lifetime of his patient or, alternatively, the probability of living at least t years by choosing the best spacing and therapy levels. The optimization problem is one of maximizing the expected first-passage times and the probability of tumour cells extinction.

Suppose that a patient was treated k-1 times (k-1 treatment periods). Let $P^{(k)}(j|x, h_o)$ be the conditional probability that he survives k treatment periods and that after the k-th period he still carries j cancer cells, given that he began the first treatment period with x malignant cells and a treatment history h_o. Let $\tau(j\ h_k)$ be the expected length of a treatment period given that the host began it with j cancer cells and a treatment history h_k. Then we can write the expected total patient's life as

$$L(x,h_o) = \tau(x,h_o) + \sum_{k=1}^{\infty} \sum_{j=0}^{\infty} P^{(k)}(j|x,h_o)\,\tau(j,h_k).$$

An explicit expression for L can be deduced by introducing the birth and death parameters b and d, of the malignant population, considering that a patient cannot be (detected and) treated until the malignant population reaches a size $Z(>x)$. Thus

$$L_z(x,h_o) = \sum_{y=x}^{z-1} \frac{1}{b_y} \prod_{j=x}^{y} \frac{b_j}{b_j+d_j(h_o)} +$$

$$+ \sum_{k=1}^{\infty} \left(\prod_{n=o}^{k-1} \Psi(\lambda,h_n) \right) \cdot \left(\prod_{m=x}^{z-1} \frac{b_m}{b_m+d_m(h_o)} \right) \cdot$$

$$\prod_{r=1}^{k-1} \left[\sum_{j=0}^{z} B(j,z;\lambda) \prod_{m=j}^{z-1} \left(\frac{b_m}{b_m+d_m(h_r)} \right) \right] \cdot$$

$$\sum_{j=0}^{z} B(j,z;\lambda) \sum_{y=j}^{z-1} [b_y+d_y(h_k)]^{-1} \prod_{m=j}^{y-1} \frac{b_m}{b_m+d_m(h_k)} \; ,$$

where $B(j,z;\lambda)$ is the probability that j cells out of a population of z cancer cells survive a treatment at level λ and $\Psi(\lambda,h_n)$ is the host's survival probability to a treatment level λ, when his treatment history is h_n (see eq.22 in 19).

Appendix 1

In Section 5 the hypothesis that tumour grow exponentially was introduced. This implies the hypotheses that all cells divide with an invariant cycle-time and that there does not exist cell loss, cell migration or resting fraction. Such a cell growth is impossible for a long time interval but it was claimed (e.g. 38) that for moderate-sized tumours (up to 2 cm diameter) constant growth rates prevail over a significant part of the tumour's life.

We mentioned in the last section a second deterministic hypothesis about cell growth, namely the Gompertzian growth. It is advanced (22) that Gompertz curves computed from growth data approach reality only when they are calculated over a wide range of choosed variable (e.g. tumour weight), 1000-fold or more. (A method for fitting an extended Gompertz function was recently (1977) published by E. GOCKA and L. REED(23)).

If the hypothesis of exponential growth (more precisely: of an exponential *phase* of growth!) is choosen, the doubling time D remains constant over time:

$$D = \frac{\ln 2}{a} \quad .$$

If the above hypothesis is replaced by a Gompertzian one, D is no more constant:

$$D(t) = -\frac{1}{2} \ln (1-\ln 2 \frac{a}{b} e^{at}) \ ,$$

where a and b are the two parameters of the Gompertz function.

Computer simulations (kindly made by Mr. W. RITTGEN) clearly show the difference.

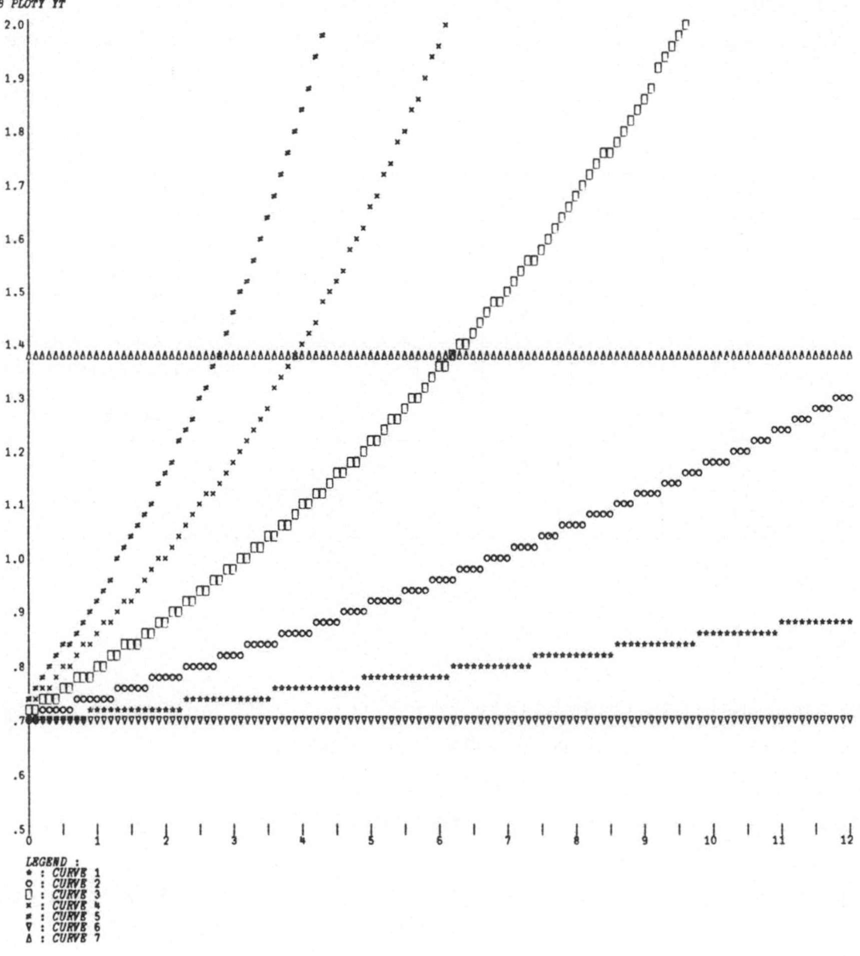

*Fig. 1. The doubling time curves for exponential growth, exponential growth with cell loss, and Gompertzian growth. 1) Exponential function with parameter a=1, without cell loss (∇); 2) Exponential function with a=1 and cell loss c=0.5 (Δ); 3) Gompertz function with a=1 and b=0.02 (curve 1 *), b=0.05 (curve 2 0), b=0.10 (curve 3 Π), b=0.15 (curve 4 x), and b=0.2 (curve 5 ≠).*
Initially x (0)=1. Abscissa: time t, ordinate: doubling time D

460

It is necessary to mention that some growth functions - like exponential, Gompertz, logistic, etc. - are, in fact, special or limiting cases of a "generic growth function" (see 49).

$$x = \frac{x_\infty}{\left(1+ [1+gk_1k_2 \ (t-C)]^{-1/k_2}\right)^{1/k_1}} \ ,$$

where $k_1 > 0$; $- 1 < k_2 < 1/k_1$; g is the intrinsic growth constant, C is an integration constant and $x_\infty = \lim\limits_{t \to \infty} x(t)$. The special cases are shown in Table 4.

$k_1=1$	$k_1 \to 0$	$k_2 \to 0$	$gk_1^{(1+k_2)}$	Function
*				Hyperlogistic
*		*		Logistic (Verhulst)
		*		Bertalanffy-Richards
	*		*	Hyper-Gompertz
	*	*	*	Gompertz
	*	*	*	Exponential (with $x_\infty \to \infty$ and $k_1 \ k_2 \to 0$)

Table 4

Appendix 2

In BLUMENSON-BROSS probability model for growth and spread of breast cancer (1969) two time intervals are essential:
x, the "delay time", i.e. the interval from the time that the tumour is just detectable (1 cm diameter) until it is surgically removed (mastectomy);
y, the time from tumour initiation until the removal of metastases.

The probability of detecting a primary tumour prior x is deduced as

$$P(x) = 1-\exp \{- \tfrac{1}{2} \alpha x^2 \ D\},$$

where α is a proportionality factor.

Further, the probability that a recurrence is initiated in the interval $(0,y)$ is

$$P(y) = 1-\exp \{-\tfrac{1}{2} \gamma Y^2\} \ ,$$

where γ is a proportionality constant.

Let $Pr(N=0|x)Pr(R=1|x)$ be the (conditional) probability that a woman had negative nodes at mastectomy but a recurrence was detected within 18 months after surgical intervention (see Table 1). The first probability is

$$Pr(N=0|x) = \exp\{-\beta u\}$$

where u is the time since tumour initiation and β a constant interpreted as a measure of the subceptibility of lymph nodes to malignant invasion. It is originally assumed that the number of positive nodes follows a modified Poisson distribution with parameter depending on u.

It is supposed that metastatic malignant cells grow following the same law of growth as the primary tumour, with a time delay of 30 D to be detected. Then the delay of detecting metastases can be approximated as $(30+\bar{x})D$, where $\bar{x}$ is the expected delay time for the primary tumour. If $\bar{x} \leqslant 7$, $x < 7$ corresponds to small tumours and $x > 7$ to large tumours. Then

$$Pr\{N=1|x\}=\begin{cases} 1 - \exp\{-\tfrac{1}{2}\gamma(x - \bar{x} + \tfrac{18}{D})^2\} \ , \ \text{for } x < 7 \\[2mm] \exp\{-\tfrac{1}{2}\gamma(x-\bar{x})^2\}\,[1-\exp\{-\tfrac{1}{2}\gamma(\tfrac{18}{D})^2 + \\[2mm] + \tfrac{18}{D}\gamma\bar{x}\}\exp\{-\tfrac{18}{D}\gamma x\}] \ , \ \text{for } x > 7 \end{cases}$$

Coupling these probabilities we have

$$Pr(T=1,N=0,R=1)=Pr(\text{patient enters the study})^{-1}.$$
$$\int_0^7 Pr(N=0|x)Pr(R=1|x)\,dP(x).$$

In order to simplify the formula above, a function G,
$$G(a,b,g,h)=\int_a^b \exp\{-gx^2-hx\}\,dP(x)$$
is introduced. We obtain

$$Pr(T=1,N=0,R=1)=Pr(\text{patient enters the study})^{-1}\exp\{-30\beta\}[G(0,\bar{x},0,\beta)+$$
$$\exp\{-\tfrac{1}{2}\gamma x^2\}G(\bar{x},7,\tfrac{1}{2}\gamma,\beta-\gamma\bar{x})-\exp\{-\tfrac{1}{2}\gamma(\tfrac{18}{D}-\bar{x})^2\}.$$
$$G(0,7,\tfrac{1}{2}\gamma,\beta+\gamma(\tfrac{18}{D}-\bar{x}))]].$$

(see eq. 30 in BLUMENSON and BROSS,(9)).

Literatur

1. BARKER, W.H. II(1977): Information theory and the optimal detection
   search. Operations Res. $\underline{25}$, 304-314.
2. BARTHOLOMAY, A.F.(1968): Some general ideas on deterministic and
   stochastic models of biological systems. In: Quantitative Biology
   of Metabolism (A. Locker ed.),pp.45-60. Berlin-Heidelberg-New York,
   Springer-Verlag.
3. BARTHOLOMAY, A.F.(1973): Mathematical medicine, an introductory
   discussion of its meaning and significance in medicine and medical
   eduction. Bull.Math.Biol. $\underline{35}$, 173-182.
4. BELLMAN, R.(1962): Mathematical experimentation and biological
   research. Fed.Proc. $\underline{21}$, 109-111.
5. BLUMENSON, L.E.(1973): A comprehensive modeling procedure for the
   human granulopoietic system: Over-all view and summary of data.
   Blood $\underline{42}$, 303-313.
6. BLUMENSON, L.E.(1976): When is screening effective in reducing the
   death rate? Math. Biosci. $\underline{30}$, 273-303.
7. BLUMENSON, L.E.(1977 a): Detection of disease with periodic screening: Transient analysis and application to mammography examination.
   Math. Biosci. $\underline{33}$, 73-106.
8. BLUMENSON, L.E. (1977 b). Compromise screening strategies for
   chronic disease. Math. Biosci. $\underline{34}$, 79-94.
9. BLUMENSON, L.E., BROSS, I.D.J. (1969): A mathematical analysis of
   the growth and spread of breast cancer. Biometrics $\underline{25}$, 95-109.
10. BRENNER, M.W., HOLSTI, L.R., PERTTALA, Y.(1967): The study by
    graphical analysis of the growth of human tumours and metastases
    of the lung. Brit.J.Cancer $\underline{21}$, 1-13.
11. BRESLOW, L., THOMAS, L.B., UPTON, A.C.(1977): Final reports of the
    National Cancer Institute ad hoc working groups on mammography in
    screening for breast cancer - and a summary report of their joint
    findings and recommendations. J.Natl.Cancer Inst. $\underline{59}$, 470-541.
12. BROSS, I.D.J. (1972): Scientific strategies in human affairs:Use
    of deep mathematical models. Trans.N.Y.Acad.Sci.,Ser.II.$\underline{34}$,187-199.
13. BROSS, I.D.J., BLUMENSON, L.E. (1968): Statistical testing of a
    deep mathematical model for human breast cancer. J.Chron.Dis. $\underline{21}$,
    493-506.
14. BROSS, I.D.J., BLUMENSON, L.E.(1971): Predictive designs of ex-
    periments using deep mathematical models. Cancer $\underline{28}$, 1637-1646.
15. BROSS, I.D.J., BLUMENSON, L.E. (1976): Screening random asymptomat-
    ic women under 50 by annual mammographies: does it make sense?
    J.Surg.Oncol. $\underline{8}$, 437-445.
16. BRUNTON, G.F., WHELDON, T.E. (1977): Prediction of the complete
    growth pattern of human multiple myeloma from restricted initial
    measurements. Cell Tissue Kinet. $\underline{10}$, 591-594.
17. BRUNTON, G.F., WHELDON, T.E. (1978): Characteristic species
    dependent growth patterns of mammalian neoplasms. Cell Tissue
    Kinet. $\underline{11}$, 161-175.
18. CHAMBERLAIN, J., GINKS, S., ROGERS, P., NATHAN, B.E., PRICE,J.L.,
    BURN, J. (1975): Validity of clinical examination and mammography
    as screening tests for breast cancer. Lancet $\underline{2}$,1026-1030.
19. CHERNIAVSKY, E.A., TAYLOR, H.M. (1972): Control of a general lethal
    growth process. Math.Biosci. $\underline{13}$, 235-252.
20. COE, F.L., NORTON, E., OPARIL, S., TATAR, A., PULLMAN, T.N.(1977):
    Treatment of hypertension by computer and physician. A prospective
    controlled study. J.Chron.Dis. $\underline{30}$, 81-92.
21. DOBBIE, J.M. (1974): A two-cell model for search for a moving
    target. Operations Res. $\underline{22}$, 79-92.

22. DURBIN, P.W., JEUNG, N., WILLIAMS, M.H., ARNOLD, J.S.(1967):Construction of a growth curve for mammary tumors of the rat.Cancer Res. 27, 1341-1347.
23. GOCKA, E.F., REED, L.J. (1977): A method of fitting non-symmetric Gompertz functions for characterising malignant growth. Intern.J. Bio-Med.Comp. 8, 247-254.
24. GUR, D., SASHIN, D. (1977): Evaluation of benefits and risks of breast cancer screening. Radiology 124, 261-262.
25. HALL, G.J. (1976): Sequential search with random overlook probabilities. Ann. Statist. 4, 807-816.
26. HALL, G.J. (1977): Strongly optimal policies in sequential search with random overlook probabilities. Ann.Statis. 5, 124-135.
27. IOSIFESCU, M., TAUTU, P. (1973): Stochastic Processes and Applications in Biology and Medicine, Vol.2: Models. Berlin-Heidelberg-New York: Springer-Verlag.
28. KNOX,E.G. (1973): A simulation system for screening procedures. In: The Future and Present Indicatives. Problems and Progress in Medical Care (G. McLachlan ed.), pp.17-55.Oxford:Oxford Univ.Press.
29. KNOX, E.G. (1975 a): Biological simulation and health care planning. Bull. Intern.Statist.Inst. 46, Book 1,pp.279-294.
30. KNOX, E.G. (1975 b): Computer simulation studies of alternative population screening policies. In: Systems Aspects of Health Planning (N. Bailey, M.Thompson,eds.), pp.191-199. Amsterdam. North-Holland.
31. LESTER, R.G. (1977): Risk versus benefit in mammography. Radiology 124, 1-6.
32. LOONEY, W.B., TREFIL, J.S., SCHAFFNER, J.C., KOVACS, C.J.,HOPKINS, H.A. (1975): Solid tumor models for the assessment of different treatment modalities. I.Radiation-induced changes in growth rate characteristics of a solid tumor model. Proc.Natl.Acad.Sci.USA, 72, 2662-2666.
33. LOWITZ, B.B. (1977): Nononcologic disease in patients with cancer. Western J.Med. 127, 5-14.
34. MOSKOWITZ, M., KERIAKES, J., SAENGER; E.L., PEMMARAJU, S., KUMAR, A., TAFEL, G. (1976): Breast cancer screening. Benefit and risk for the first annual screening. Radiology 120, 431-432.
35. NEUTS, M.F. (1968): Controlling a lethal growth process. Math. Biosci. 2, 41-55.
36. NORTON, L., SIMON, R. (1977): Tumor size, sensitivity to therapy, and design of treatment schedules. Cancer Treatm.Rep. 61,1307-1317.
37. NORTON, L., SIMON, R., BRERETON, H.D., BOGDEN, A.E. (1976):Predicting the course of Gompertzian growth. Nature 264, 542-545.
38. PEARLMAN, A.W. (1976): Breast cancer-Influence of growth rate on prognosis and treatment evaluation. A study based on mastectomy scar recurrences. Cancer 38, 1826-1833.
39. PROROK, P.C. (1976): The theory of periodic screening. I,II. Advances Appl. Probability 8, 127-143; 460-476.
40. SHAHANI, A.K., CREASE, D.M. (1977): Towards efficient screening for an early detection of disease. Medcomp 77, pp.421-438. Uxbridge: Online.
41. SHEA, S.M., BARTHOLOMAY, A.F. (1965): In'numero studies in a cell renewal system: The priodically adjusted cell renewal process. J.Theor. Biol.9, 389-413.
42. SLACK, N.H., BLUMENSON, L.E., BROSS, I.D.J. (1969):Therapeutic implications from a mathematical model characterizing the course of breast cancer. Cancer 24, 960-971.
43. STONE, L.D. (1975): Theory of Optimal Search. New York: Academic Press.
44. TALLIS, G.M., LEPPARD, P., SARFATY, G. (1976): On the optimal allocation of clinical treatments. Math. Biosci. 28, 331-334.

45. TAUTU, P. (1973): Controlled Markov chains in medicine. Proc.4th
    Conf.on Probability Theory (B.Bereanu, M.Iosifescu,T.Postelnicu,
    P.Tautu,eds.),pp. 461-469. Bucuresti: Ed.Academiei.
46. TAUTU, P. (1977): Processus patho-clinique:détection et contrôle.
    In: Systems Science in Health Care (A.M. Doblentz, J.R.Walter,eds.).
    pp. 153-165.London: Taylor & Francis.
47. TAUTU, P., WAGNER,G. (1978): The process of medical diagnosis:
    Routes of mathematical investigations. Methods Inform.Med. 17,1-10.
48. TUKEY, J.W. (1977): Some thoughts on clinical trials, especially
    problems of multiplicity. Science 198, 679-684.
49. TURNER, M.E., BRADLEY, E.L., KIRK, K.A. (1976): A theory of growth.
    Math. Biosci. 29, 367-373.
50. ZEIGLER, B.P. (1976): Theory of Modelling and Simulation. New York:
    Wiley.
51. ZELEN, M., FEINLEIB, M. (1969): On the theory of screening for
    chronic diseases. Biometrika $\underline{56}$, 601-614.

Operationale Simulationsmodelle zur Unterstützung von Management–Entscheidungen in Krankenhäusern verschiedener Organisationsformen

G.Korzen, T.Kunstleben

Zusammenfassung

Simulationssysteme sind idealisierte Beschreibungsformen der Realität, die bestimmte Eigenschaften schwerpunktmäßig abbilden. Dieser Denkansatz erschien zunächst recht vielversprechend, scheiterte jedoch an der wenig benutzerorientierten Ergebnispräsentation. Die Modelle enthielten darüber hinaus nicht den gedanklichen Hintergrund des Benutzers und stießen deshalb häufig auf Unverständnis.

Die isolierte Simulation überschaubarer Teilstrukturen läßt sich nicht als schlichte Addition zu einem Gesamtsystem vereinigen. Im Einzelfall haben die Ergebnisse jedoch schon zu recht brauchbaren Hinweisen für die Gestaltung des Arbeitsprozesses geführt. Um das Gesamtsystem beschreiben zu können, bedarf es zunächst eines "Top-Modell", das definierte Schnittstellen für die weitere Disaggregation zur Verfügung stellt. Dadurch lassen sich die darunter liegenden Hierarchieebenen integrieren. Es muß möglich sein, die Ergebnisausgabe auf wesentliche Aspekte zu beschränken, die dem Mitarbeiter der jeweiligen Organisationsstufe eine Orientierung auf einen Blick gestatten. Durch Parametervariationen kann man auf diese Weise die treibenden Kräfte des Systems für jede Ebene ermitteln. Kritische Parameterkonstellationen, sowie Engpäße des Systems werden so transparent.

1. Einleitung

Ohne ausreichende Zieldefinition führen isolierte Rationalisierungsversuche an Teilbereichen nicht zum gewünschten Erfolg. Gesamtziele können jedoch nur auf der Top-Management-Ebene formuliert werden.Der Unterstützung dieses Anliegens dient unser Simulationssystem. Aufgabe des Systems soll sein, dem Krankenhausmanager auf einen Blick die Auswirkungen seiner Entscheidungen auf das zukünftige Betriebsgeschehen darzulegen. Obwohl dieser Bereich weniger vorstrukturiert ist, sollte der Versuch unternommen werden, da es sich hierbei um eine logische Fortsetzung der Einführung des kaufmännischen Rechnungswesens handelt.

2. Vorstellung des Arbeitskreises "Medizinische Informatik" am Fachbereich Kybernetik der Technischen Universität Berlin

An der Technischen Universität Berlin hat sich ein Arbeitskreis konstituiert, der sich mit der Anwendung von Methoden der Informatik im Gesundheitswesen beschäftigt. Speziell sollen Methoden der industriellen Rationalisierung in Verbindung mit automatischer Datenverarbeitung auf Bereiche des Gesundheitswesens übertragen werden.

Seit ca. 2 Jahren werden in Zusammenarbeit mit dem Klinikum Steglitz der Freien Universität Berlin, dem Krankenhausbetrieb Spandau und den zuständigen Dienststellen des Senators für Gesundheit und Umweltschutz Lehrveranstaltungen durchgeführt.

3. Zum Begriff der Simulation

Wie allgemein bekannt sein dürfte, ist Simulation das Operieren mit einem materiellen oder ideellen Abbild (Modell) der Realität (Abb.1,2).

Nachteil: Ein Modell ist ärmer als die Realität
Vorteil: Es lassen sich Situationen, die in der Realität nicht
          vorkommen, darstellen (idealisieren)

Bezüglich der Simulationsmethodologie werden wir uns im wesentlichen an die von Naylor vorgeschlagene Verfahrensweise halten.

4. Skizze des Simulationsmodells

4.1. Theoretische Begründung

Aus der Betriebswirtschaftslehre sind Kriterien bekannt, die einen optimalen Betriebszustand beschreiben. Aufgrund der mit betrieblichen Mitteln nur schwer zu beeinflussenden äußeren Umgebung sind, um das System in diesem Bereich zu belassen, Anpassungsmaßnahmen notwendig.

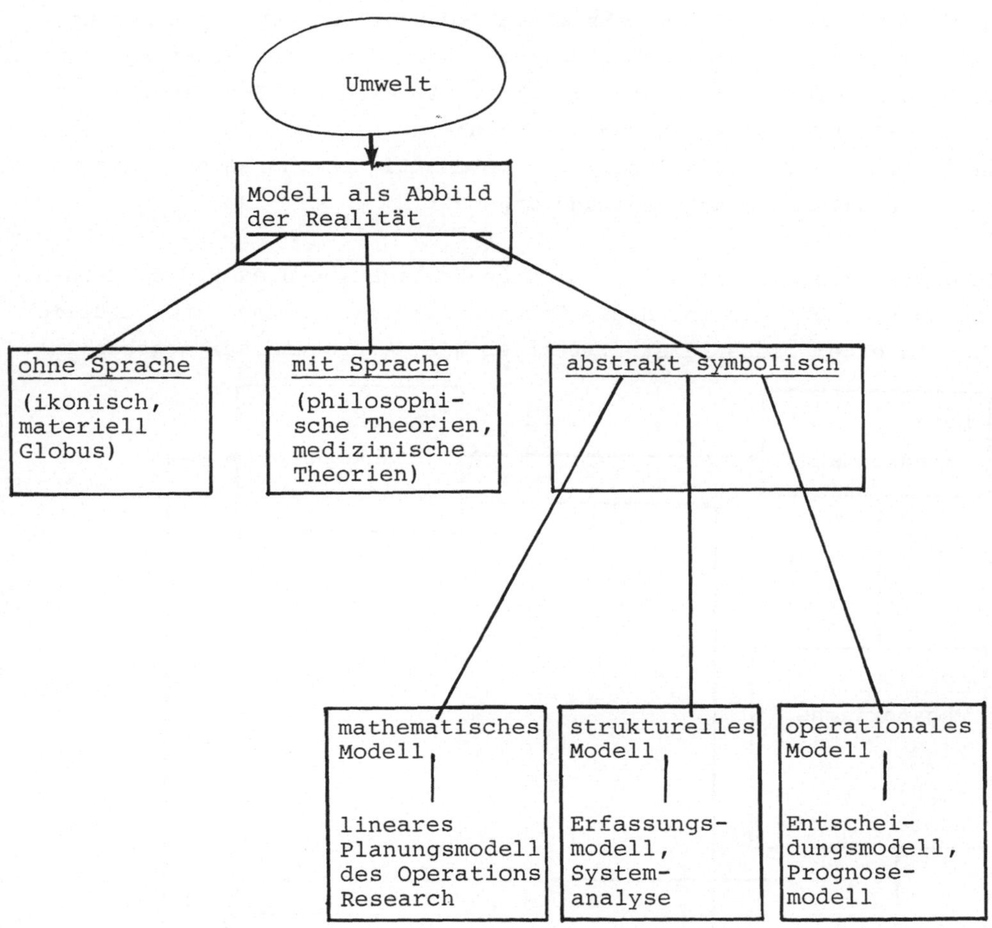

Abb. 1. Zum Modellbegriff

Diese sind im wesentlichen

1. Intensitätsmäßige Anpassung
2. Zeitliche Anpassung
3. Quantitative Anpassung.

Zu 1. Bei konstanten Betriebszeiten bedeutet das eine Veränderung
des menschlichen Arbeitsfaktors oder der technischen Aggregate.
Zu 2. Bei konstanter Arbeitsproduktivität wird die Betriebszeit variiert (pro Tag, Woche oder Monat).
Zu 3. Hierbei wird die Anzahl von Beschäftigten und technischen Ag-
gregaten der Auftragslage angepaßt.

In der Praxis wird in der Regel eine Kombination dieser drei Maßnahmen zu beobachten sein. Diese Steuerungsmöglichkeiten sind natürlich
auch in einem Dienstleistungsbetrieb wie im Krankenhaus gegeben(15).

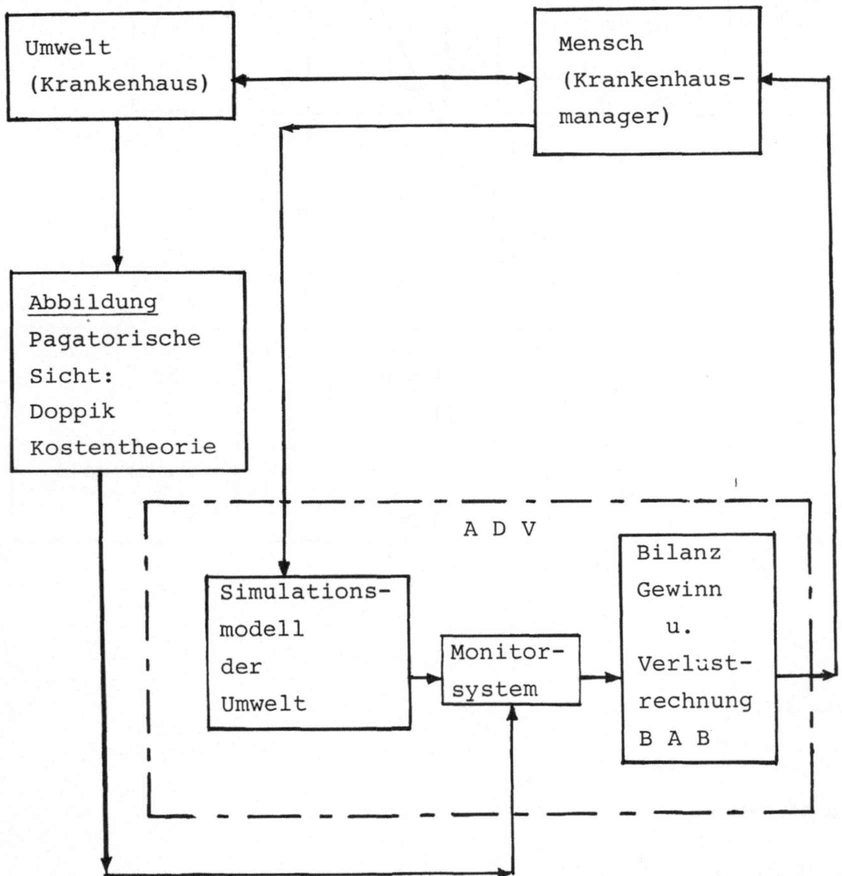

Abb. 2. Das Simulationsmodell und seine Beziehung zur Umwelt

4.2. Kerngrößen

Unser Modell des Prozeßgeschehens sieht dazu die folgenden Kerngrößen
vor:

1. Warteschlange [Pflegetag]
2. Auftragsbestand [Pflegetag]
3. Nicht verrechenbare Tage [Pflegetag]
4. Arbeitskapazität [Pflegetage/Woche]
5. Auslastungsbudget [DM].

Ein entsprechender Formelapparat nimmt nun die Anpassungen in Abhängigkeit vom Auftragsbestand und der Höhe der Warteschlange vor. Er
wirkt dabei besonders auf die Levelgröße "Arbeitskapazität". Die Warteschlange wird zur Dämpfung der zufallsabhängigen Auftragseingangs-
schwankungen benutzt. Dieses Verfahren ist in der Praxis des Kranken-
hausbetriebes üblich. Die übrigen Größen dienen zur Darstellung des
weiteren betrieblichen Geschehens. Die Größen sind untereinander komplex vermascht. Die Ergebnisse sind somit aus der Anschauung alleine
schwierig zu interpretieren.

4.3. Ergebnispräsentation

Problem jeder Simulation ist die Präsentation der Ergebnisse. Erst
wenn der Benutzer seinen gedanklichen Hintergrund in der Darstellung
wiederfindet, kann man davon ausgehen, daß die Ergebnisse akzeptiert
werden. Physikalische Prozesse werden im allgemeinen als Kurven auf
Blattschreibern oder Plottern protokolliert. Die gleiche Darstellung
von Simulationsergebnissen kommt deshalb der Denkweise von Technikern
entgegen.

Der Prozeß der betrieblichen Leistungserstellung wird üblicherweise
in Geld bewertet. Die Sprache der Bilanz und der Gewinn- und Verlustrechnung als Ergebnis der doppelten Buchführung ist deshalb für Be-
triebswirte und Verwaltungsfachleute die geeignete Darstellungsform.
Der Vollständigkeit halber sei hier angemerkt, daß eine Ergebnispräsentation in bildhaften Strukturen der ärztlichen Schlußweise unseres
Erachtens am nächsten kommt.

Selbstverständlich wird zum Aufbau unseres Modells der bereits existierende Wissensstand berücksichtigt. In erster Linie sind hier die
doppelte Buchführung und die Kostentheorie zu nennen. Diese Theorien
haben zu einer weitgehenden Formalisierung der Erfassung des Betriebs-
geschehens geführt. Die Einbeziehung der gleichen Formen ins Simulationsmodell führen zu einer ähnlichen Transparenz des Systems. Zur
Implementierung bieten sich höhere Simulationssprachen wie CSMP oder

DYNAMO III an. Mit den Elementen dieser Sprache lassen sich in einfacher Weise "Werkzeuge" formulieren, die den im Betrieb gebräuchlichen Darstellungsformen entsprechen (Konten, Budgets, etc.).

BILANZ AM ENDE DER PERIODE 2

```
AKTIVA
-----------------------------------------------------------------
I.ANLAGEVERMOEGEN
  SACHANLAGEN
      GRUNDSTUECKE U. GEBAEUDE      9224471.
      MASCH.U.GESCH.AUSST.          4458855.
      ANL. IM BAU                   6075087.
                                  -----------
                                   19758400.
      FINANZANLAGEN                   651946.              20410336.
                                  -----------

II.UMLAUFVERMOEGEN
  VORRAETE
      STOFFE                        8264720.
      ERZEUGNISSE                   3495495.
                                  -----------
                                   11760215.
  AND. GEGENST. D. UV.
      FORDERUNGEN                  17783088.
      ZAHLUNGSMITTEL                 347025.
                                  -----------
                                   18130112.              29890320.
III.RECHNUNGSABGRENZUNG                                          0.
                                  ----------------------------------
  BILANZSUMME                                             50300656.
                                                        ============


PASSIVA
-----------------------------------------------------------------
I.GRUNDKAPITAL                                            6598400.
II.OFF. RUECKLAGEN                                        1785286.
III.RUECKSTELLUNGEN                                       1000000.
IV.WERTBERICHTIGUNG                                       4536225.
V.LANGFR. VERBINDLK.                                      6430075.
VI.ANDERE VERBINDLK.
   LIEFERANTEN                      4549199.
   KURZ- BIS MITTELFRISTIGE        18213792.             22762976.
                                  -----------
VII.RECHNUNGSABGRENZUNG                                   5492731.
VIII.BILANZGEWINN                                         1695206.
                                  ----------------------------------
  BILANZSUMME                                             50300880.
                                                        ============
```

Abb. 3. Darstellung des Simulationsergebnisses (14)

Zur Steuerung des Betriebes lassen sich grob drei Leitungsebenen angeben. Top-, Middle- und Betriebliche Ebene. Unser Modell besteht nun

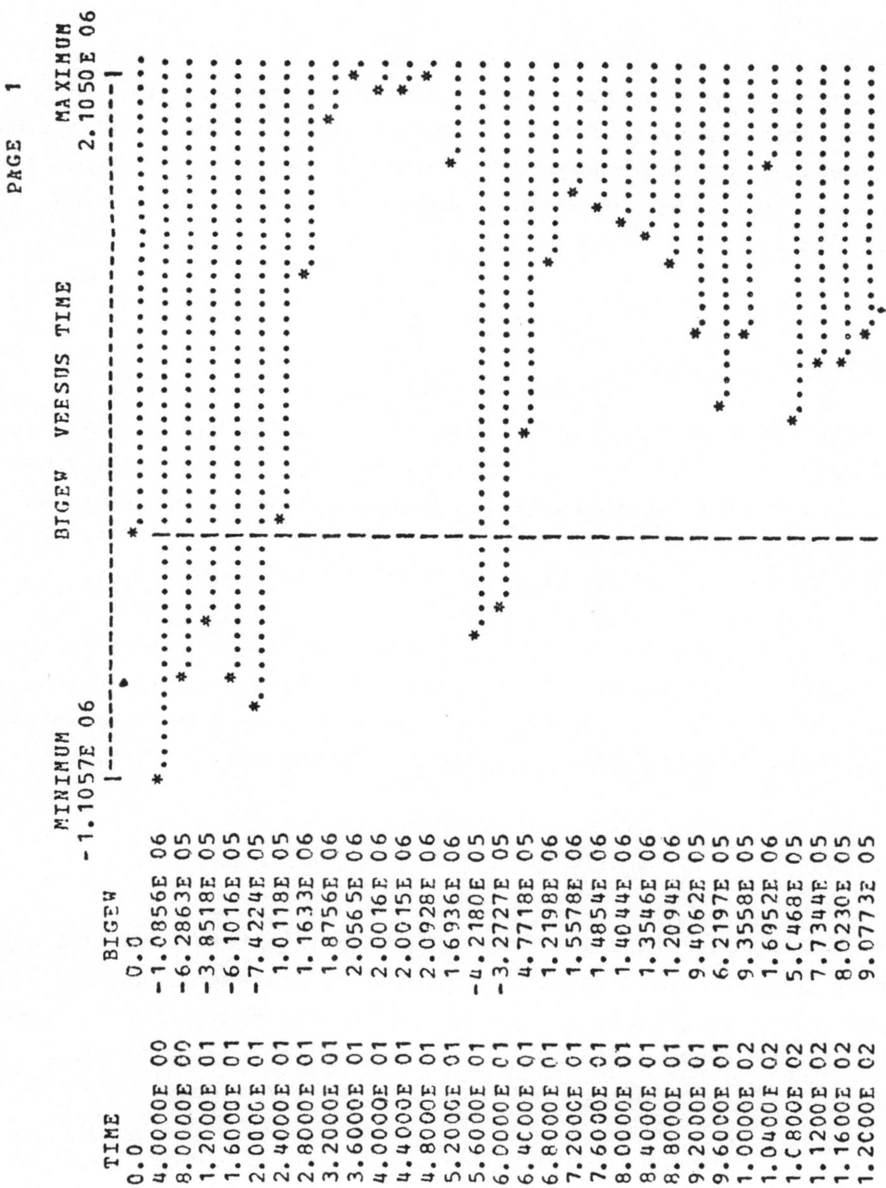

Abb. 4. Verlauf des simulierten Bilanzgewinnes über 2 Perioden (14)

aus einem funktionalen Teil, der das Betriebsgeschehen simuliert.Hier
werden kontinuierlich Geschäftsvorfälle erzeugt, die über zwei Moni-
torsysteme registriert werden. Das eine dient der Information des Top-

Managements. Es erfaßt die Geschäftsvorfälle doppisch, und führt im
Ergebnis zur Bilanz und zur Gewinn- und Verlustrechnung. Das zweite
erfaßt - zur Zeit noch exemplarisch - diese Geschehnisse auf einer
Middle-Management-Ebene in Form sogenannter Budgets. Zur Präsentation
eignet sich hier der Betriebsabrechnungsbogen. Selbstverständlich lassen sich alle im System vorkommenden Größen zusätzlich als Kurven
über der Zeit ausgeben.

4.4. Benutzerorientierung

Für interaktives Arbeiten steht ein benutzerfreundliches Dialogsystem
zur Verfügung. Der Anwender kann sich dadurch weitgehend auf die Lösung seines Problems konzentrieren. Eine Sitzung am Datensichtgerät
mag sich folgendermaßen abspielen:
Der Dialog verschafft dem Benutzer Eingriffsmöglichkeiten in die Pa-
rameterstruktur des Modells. Durch Eingabe von Daten, die z.B. aus
dem Rechnungswesen des Krankenhauses stammen, wird das Modell mit An-
fangssetzungen versorgt. Nach Beendigung des Simulationslaufes lassen sich dann anhand der Ergebnisse die Auswirkungen der eingegebenen
Parameter kontrollieren, z.B. in ihrer Auswirkung auf die Bilanz.

4.5. Ziele

Ziel der Simulation soll sein, die Auslastung in Abhängigkeit von den
exogenen Größen in einem günstigen Bereich zu belassen. Darüber hinaus sollen Hinweise geliefert werden, wie die notwendigen Anpassungsmaßnahmen durchzuführen sind, ohne einzelne Systemkomponenten und
hier speziell die menschliche Arbeitskraft zu überfordern.

5. Einschätzung und Konsequenzen

Abschließend sei festgestellt:
Top down- und bottom up approach stehen sich grundsätzlich kontra-
diktorisch gegenüber. Der Blick von oben ergibt zwar eine gute Übersicht, die Detailstrukturen bleiben jedoch unscharf. Die Aussagen
sind nicht direkt operational. Die genaue Analyse einzelner Details
bezahlt man durch erheblichen Verlust der Übersicht. Die Systemanalyse bedient sich deshalb folgerichtig beider Methoden.

Technizistische Lösungsansätze ohne strukturelle Verbesserungen sind
kaum von Erfolg gekrönt. Krankenhäuser benötigen deshalb eine füh-
rungsorientierte Organisationsstruktur mit mehr Kompetenzen für die
Krankenhausleitung. Solche Organisationsformen sind aus der Wirtschaft bekannt. Die dazu notwendige Reform kann allerdings nur von
den Trägern und den politisch Verantwortlichen durchgeführt werden.

Literatur

1. ADAM, D.: "Krankenhausmanagement im Konfliktfeld zwischen medizinischen und wirtschaftlichen Zielen". Betriebswirtschaftlicher
   Verlag Dr.Th. Gabler, Wiesbaden 1972.
2. BEKEY, A.G., SCHWARTZ, MORTON, D.: "Hospital Informations Systems"
   Marcel Dekker, Inc., New York, 1972.
3. EICHORN, S.: "Arbeitsabläufe auf Krankenstationen", Forschungs-
   berichte des Landes NRW Nr. 626, Deutsches Krankenhausinstitut
   Düsseldorf, Westdeutscher Verlag, Köln u. Opladen 1959.
4. EICHORN, S.: "Krankenhausbetriebslehre", Band 2, Verlag W. Kohlhammer, Stuttgart, Berlin, Köln, Mainz 1973.
5. ELFERT, F.W., LAUX, E.: "Zur Organisation kommunaler Krankenhäuser". Verlag W. Kohlhammer, Stuttgart, Berlin, Köln, Mainz 1964.
6. ELM, W.A.: "Das Management-Informationssystem als Mittel der Un-
   ternehmensführung", Walter de Gruyter Verlag, Berlin, New York,
   1972.
7. GRIFFITH, J.R.: "Quantitative Techniques for Hospital Planings
   and Control". Lexington Books D.C. Heath and Company Lexington,
   Mass., Toronto, London 1972.
8. GROCHLA, E.: "Management-Informationssysteme". Betriebswirtschaftlicher Verlag Dr. Th. Gabler, Wiesbaden 1971.
9. GVISIANI, D.M.: "Management: Eine Analyse bürgerlicher Theorien
   von Organisation und Leitung". Verlag Marxistische Blätter GmbH.,
   Frankfurt/M., 1974.
10. KOREIMANN, D.S.: "Methoden und Organisation von Management-Infor-
    mations-Systemen". Walter de Gruyter Verlag, Berlin, New York 1971.
11. LÖFFELHOLZ, J.: "Repetitorium der Betriebswirtschaftslehre". Be-
    triebswirtschaftlicher Verlag Dr. Th. Gabler, Wiesbaden 1970.
12. PETERSMANN, L.: "Die Kostenstellenrechnung im Rechnungswesen des
    Krankenhauses". Verlag W. Kohlhammer, Stuttgart, Berlin, Köln,
    Mainz, 1974.
13. PROGNOS AG.: "Simulation als Instrument der Planung in Wirtschaft
    und Verwaltung". Verlag Moderne Industrie AG., Zürich 1973.
14. STÜBEL, G.: "Methodologische und Softwareengineering-orientierte
    Untersuchung für ein Unternehmensmodell verschiedener Strukturiert-
    heitsgrade". Promotionsarbeit Universität Stuttgart 1975.
15. Datenverarbeitungsprojekt: "Einheitliche Buchhaltung und Betriebs-
    abrechnung in Krankenhäusern". Band 6, Anwendung der Teilkosten-
    rechnung im Krankenhaus. Herausgeber: Projektleitung im Statisti-
    schen Landesamt, Rheinland-Pfalz, Bad Ems.

Lagerhaltungsmodelle für Blutbanken

B. Page

1. Das Problem
Gegenüberstellung von industrieller Lagerhaltung und Lagerhaltung in Blutbanken

Industrielle Lagerhaltungssysteme unterscheiden sich von Lagerhaltungssystemen in Blutbanken insofern, als

- eine planmäßige Herstellung des Produktes Blutkonserve nicht möglich, sondern man auf freiwillige Blutspender angewiesen ist;
- eine höchst ungleiche Verteilung der Blutgruppen in der Bevölkerung vorliegt (von weniger als 1% für AB - bis 37% für A+), was zu einer sehr unterschiedlichen Nachfrage für die einzelnen Arten des Produktes (= Blutgruppen) führt;
- eine beschränkte Lebensdauer der Produkte von 3 bis 4 Wochen vorliegt, danach sind die Konserven für die Bluttransfusion nicht mehr einsetzbar und müssen als verfallen angesehen werden;
- neben der stochastischen Nachfrage auch ein stochastisches Angebot an Blutkonserven existiert, da die Spender in der Regel nach eigenem Belieben und zufällig in einer Blutbank auftauchen;
- und vor allem eine Zurückweisung von dringenden Konservenanforderungen wegen der damit verbundenen Gefährdung der Gesundheit der Patienten nicht zulässig ist, während man in der industriellen Lagerhaltung durchaus einen bestimmten Teil nicht befriedigter Nachfrage in Kauf nimmt.

Das Versorgungssystem für Blutkonserven

Das Versorgungssystem für Blutkonserven zum Zwecke der Bluttransfusion in einer Region ist in der Abb. 1 dargestellt.

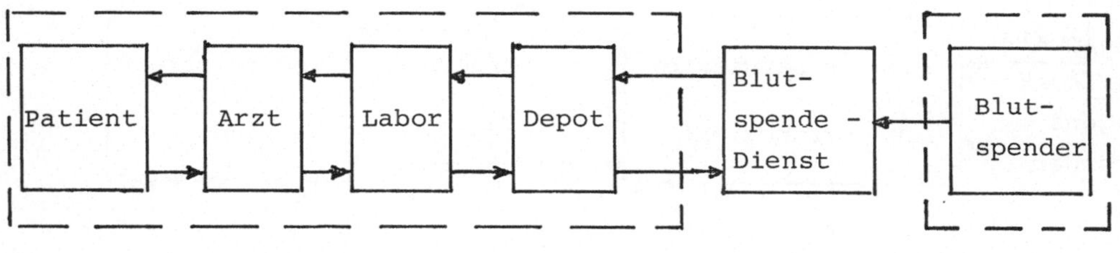

Abb. 1. Das Versorgungssystem für Blutkonserven

Die Kette beginnt mit einem Patienten, dessen Arzt entscheidet, daß
eine Bluttransfusion notwendig ist und mit einer Probe des Patientenblutes eine Bestellung über eine bestimmte Anzahl entsprechender Blutkonserven an das serologische Labor aufgibt. Dort wird die Blutgrup-
penbestimmung des Patientenblutes vorgenommen und die zugehörigen Konserven aus dem Lager angefordert. Das Konservenlager eines Krankenhauses bezieht regelmäßige Lieferungen von einem Blutspendedienst in
der Region, der wiederum sein Blut von freiwilligen Spendern erhält.
Im Labor wird mittels der Verträglichkeitsprobe die Kompatibilität
zwischen Patienten- und Spenderblut sichergestellt und dann die Reservierung der bestellten Konserven für den betreffenden Patienten bis
zur Transfusion vorgenommen.

Das Reservierungsprinzip für Blutkonserven

Konserven, die für einen Patienten angefordert und deren Verträglich-
keit mit dem Patientenblut im Labor ausgetestet wurde, werden in der
Regel nur für diesen einen Patienten bis zur erfolgten Transfusion
bzw. bis zur Aufhebung der Reservierung durch den behandelnden Arzt
reserviert. Sie stehen für andere Patienten während dieser Reservie-
rungsperiode nicht zur Verfügung. Ein Lagerhaltungssystem in einer
Blutbank besteht demzufolge aus einem reservierten Konservenbestand
und einem nicht reservierten Konservenbestand (siehe Abb. 2).

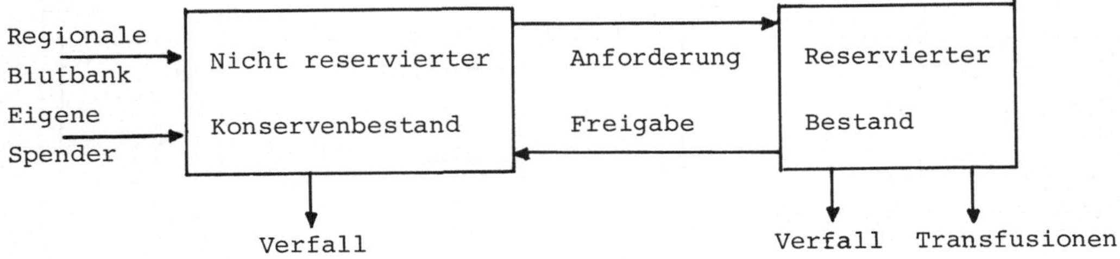

Abb. 2. Das Reservierungsprinzip für Blutkonserven

Schwachstellen in Blutbanksystemen

Besondere Schwachstellen in Blutbanken bestehen vor allem in:

- der mangelnden Steuerungsmöglichkeit der in der Regel nach eigenem Belieben erscheinenden Blutspender;
- der fehlenden Übersicht über den Verbleib der Konserven sowohl
  in der regionalen Blutbank nach Auslieferung an die Krankenhäuser als auch in den Krankenhäusern selbst bezüglich ihrer Sta-
  tionen;
- dem unvernünftigen Bestellverhalten der Krankenhäuser, die oft
  bemüht sind, besonders bei seltenen Blutgruppen einen über-
  proportional hohen Lagerbestand zu halten;
- den zu hohen Konservenanforderungen der Ärzte, die aufgrund
  eines überhöhten Sicherheitsbedürfnisses häufig wesentlich mehr
  Konserven für einen Patienten reservieren, als tatsächlich notwendig wäre.

Die genannten Schwachstellen führen in vielen regionalen Blutbanksystemen zu hohen Konservenverlusten durch Überalterung und zu hohen
Fehlmengen, die häufig kostenintensive, außerplanmäßige Lieferungen
von Blutkonserven vom regionalen Blutspendedienst an die Krankenhäuser notwendig machen.

2. Bisherige Forschungsergebnisse

Seit längerer Zeit haben sich Wissenschaftler vor allem in den USA
bemüht, mathematische Modelle auf Lagerhaltungsprobleme in Blutban-

ken anzuwenden. Dabei bediente man sich einem weitreichenden Methoden-
spektrum, das von einfachen deterministischen Modellen in Form eines
Gleichungssystems (3) bzw. empirischer Beziehungen (2),(10) und einfacher statistischer Prognosegleichungen (11), über klassische Lager-
haltungsansätze (6) und Markovketten (7) bis hin zu komplexen Simulationsmodellen (1,4,5,9) reicht.

Bei einigen Modellen ging es nur um die Festsetzung von optimalen
Konservenbeständen und Bestellmengen in den Krankenhäusern (2,3,4,6,
10), bei anderen auch um die Untersuchung alternativer Operationsregeln. So werden mit dem Markovansatz (7) die Lagerhaltungsdiszipli-
nen FIFO und LIFO gegenübergestellt; das Modell von JENNINGS (5) dien-
te zur Untersuchung verschiedener Zentralisierungsstufen der Blut-
konservenlagerhaltung in einer Region mit mehreren Krankenhäusern.
BRILL und THOMAS (1) testen mit ihrem Simulationsmodell verschiedene
Strategien für die Einfrierung von Blutkonserven mittels eines Zen-
trifugen-Gefriersystems in einer klinikeigenen Blutbank.

Die analytischen Ansätze beschreiben aufgrund der einschränkenden
Modellannahmen nur unzureichend die komplexen Abläufe in Blutbanksystemen. Ihre Ergebnisse sind daher nur wenig verwertbar und gehen
über grobe Faustregeln für optimale Konservenbestände oder Bestellmengen nicht hinaus. Die Simulationsmodelle dagegen bilden die Abläufe in Blutbanksystemen auf verschiedenen Komplexitätsebenen ab,
ohne an die strengen mathematischen Voraussetzungen der analytischen
Methoden gebunden zu sein. Ihre Ergebnisse sind wegen der größeren
Realitätsnähe der Modelle meistens aussagefähiger. Mit ihnen lassen
sich alternative Operationsregeln testen, deren Praxiseinsatz sich
anhand der Modellergebnisse entscheiden läßt.

Die meisten Forschungsbeiträge beschäftigen sich mit Lagerhaltungs-
gesichtspunkten in klinikeigenen Blutbanken. Regionale Lagerhaltungssysteme finden weniger Beachtung (5,8). Dieses geringere Interesse an den regionalen Aspekten läßt sich auf das privatisierte
Gesundheitswesen in den USA zurückführen, wo regionale Planungspro-
bleme aufgrund der geringeren Kompetenzen der betreffenden Institu-
tionen in der Regel weniger Bedeutung besitzen.

3. Ein Simulationsmodell zur Untersuchung alternativer Lagerhaltungspolitiken in einem regionalen Blutbanksystem

Datenerfassung

Der erste Schritt zur Modellkonstruktion war eine umfangreiche Systemanalyse und Datenerfassung in der zentralen, regionalen Blutbank in
Berlin, dem Berliner Blutspender Dienst und in einem städtischen Krankenhaus. Dadurch gelang es, Schätzungen für Modellparameter und Verteilungen wie Verfallsquote, Fehlmengenquote, Auslieferungsalter,
durchschnittliches Alter der Konserven bei der Transfusion, Patienten
und Blutspender, Anteil der Notfälle, Reservierungszeit, Transfusionswahrscheinlichkeit reservierter Konserven, angeforderte Konserven je
Patient und Kosten abzuleiten.

Struktur des Modells und Ablauf der Ereignisse

Die regionale Blutbank hat in dem Modell die Funktion des alleinigen
Versorgers der Krankenhäuser der Region mit Blutkonserven. Sie er-
hält das Blut von zufällig erscheinenden Dauer- bzw. Gelegenheits-
spendern und von Sofortspendern, die dann einbestellt werden, wenn im
Gesamtsystem keine Konserve der benötigten Blutgruppe verfügbar ist.
Die Struktur des Modells ist in der Abb. 3 dargestellt.

Das Ablaufdiagramm in Abb. 4 zeigt den sequentiellen Ablauf der Ereignisse im Blutbankmodell.

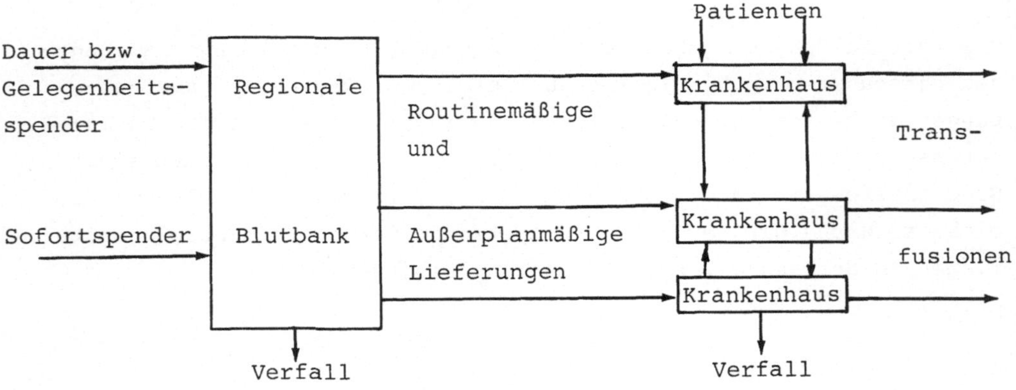

Abb. 3. Struktur des Modells

Implementierung
____

Die Implementierung des Modells erfolgte in der Simulationssprache
SIMSCRIPT II.5 auf einer IBM 370/158 mit 2 Mbyte Kernspeicher. Das
Programmsystem ist modular aufgebaut und besteht aus 30 Routinen und
ca. 2.500 Zeilen Programmcode.

Ein Simulationslauf von 1.400 Tagen Simulationszeit - diese Länge
eines Simulationslaufes war notwendig, um die vorgegebene Genauigkeit
(Konfidenzintervalle) der Ausgabeergebnisse zu erreichen - benötigte
eine CPU-Zeit von annähernd 500 Sekunden.

4. Optimale Verfahren der Lagerhaltung in einem regionalen Blutbank-
system
____

Optimalitätsmaße
____

Als erster Schritt in einer Modellstudie zur Untersuchung alternativer Operationsregeln sind Vergleichskriterien (Optimalitätsmaße) zu
definieren.

Neben den allgemein üblichen Optimalitätsmaßen Konservenverfall,Fehl-
mengen, durchschnittliches Alter der Konserven bei der Transfusion
in der Literatur wurden als übergeordnetes Zielkriterium die (Lager-
haltungs-)Kosten je transfundierter Konserve eingeführt, in die der
Konservenverfall und Fehlbedarf unmittelbar über die durch sie ver-
ursachten Kosten eingehen.

Heuristisches Verteilungsmodell für Blutkonserven
____

Das Heuristische Verteilungsmodell wurde entwickelt, um eine ange-
messene Verteilung der Konservenbestände auf die Krankenhäuser der
Region zu erreichen. Es besteht aus zwei Teilen:

1. Berechnung von Soll-Lagerbeständen für die regionale Blutbank und jedes Krankenhaus bezüglich jeder Blutgruppe.
2. Tägliche Zuteilung der Konserven an die Krankenhäuser in
   drei Schritten:
   a) Zuteilung der vorbestellten Konserven an die Kranken-
      häuser

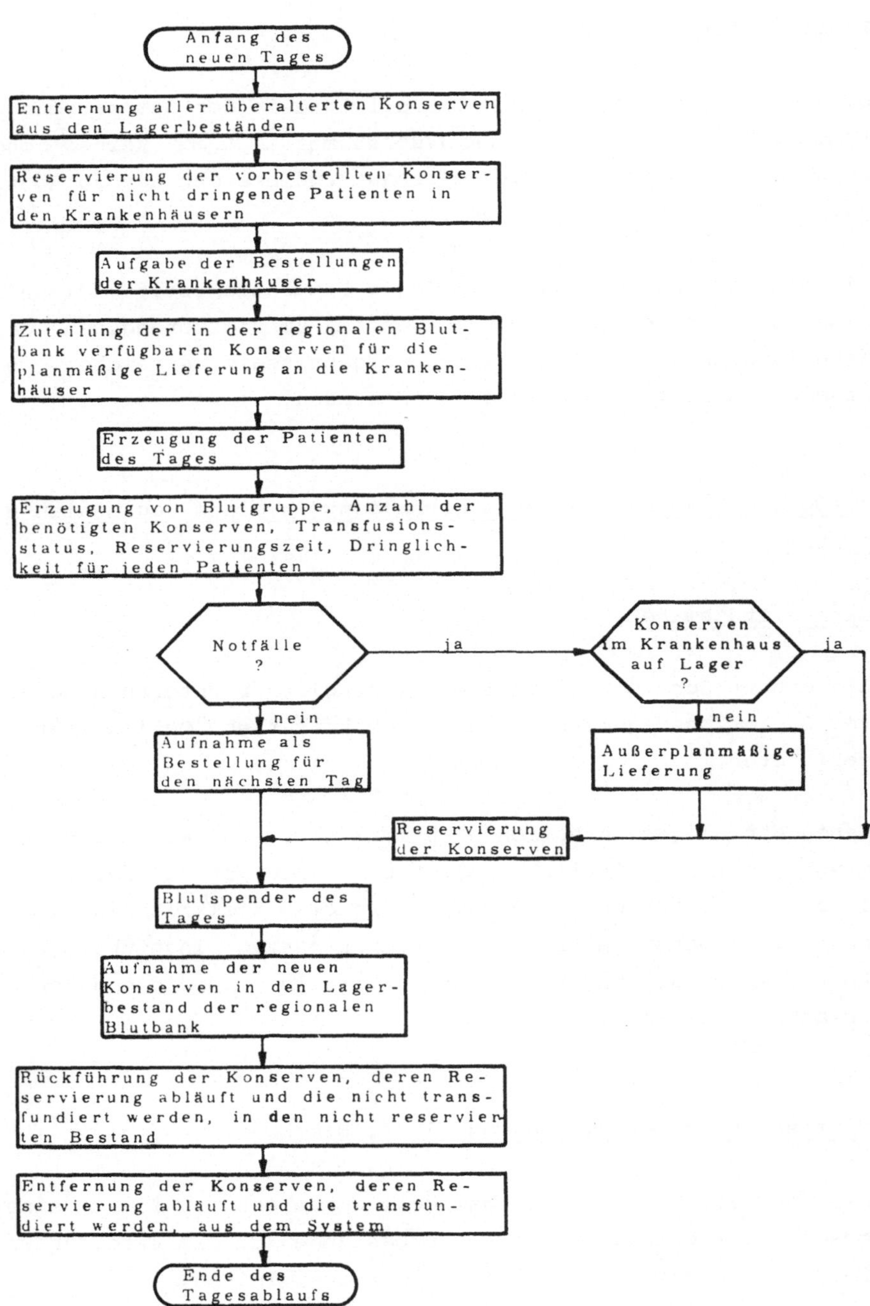

Abb. 4. Ablauf der Ereignisse im Modell

b) Zuteilung von Konserven an Krankenhäuser mit einem Bestand
   kleiner als der Minimalbestand
c) Zuteilung an Krankenhäuser, die bereits aufgrund von a) oder
   b) an diesem Tage beliefert werden müssen, zwecks Auffüllung
   ihrer Lagerbestände.

Bestellverfahren für Blutspender

Das Bestellverfahren für Blutspender soll der bedarfsorientierten
Steuerung des Konservenangebots dienen. Es besteht aus zwei Teilen:

1. Lagerbestandsprognose für die folgende Woche
2. Einbestellung von Blutspendern für den gleichen Wochentag der
   folgenden Woche.

Recycling-Verfahren für Blutkonserven

Das Recycling-Verfahren bezieht sich auf die Umverteilung von älte-
ren Blutkonserven von Krankenhäusern mit niedrigerer Transfusionswahrscheinlichkeit für diese Konserven nach Krankenhäusern mit mehr
Patienten, wo eine höhere Transfusionswahrscheinlichkeit für diese
Konserven besteht.

5. Erste Simulationsergebnisse

Erste Simulationsläufe haben gezeigt, daß das Modell das reale Blut-
banksystem hinreichend genau nachbildet (vergleiche Tabelle 1). Abweichungen lassen sich anhand der Modellannahmen begründen. Die
schrittweise Einführung der unter 4. skizzierten optimalen Verfahren der Lagerhaltung von Blutkonserven in das Modell (Aktivierung
im Simulationsprogramm über Parametersteuerung) führte zu der erwarteten sukzessiven Reduzierung der Lagerhaltungskosten. In dem Soll-
Modell eines regionalen Blutbanksystems, für das die Simulationsergebnisse in der Tabelle 1 ebenfalls festgehalten sind, wurden die
drei genannten Verfahren zusammen eingesetzt. Dadurch gelang es, die
Lagerhaltungskosten fast auf ein Drittel zu senken.

Ergebnisse \\ System	Reales System	Ist-Modell	Soll-Modell
Kosten je transf. Konserve (DM)	19,37	19,70	7,34
Fehlmengen (%)	18,8	18,76	10,11
Verfall (%)	18,25	18,29	4,8
Tansfusions-alter (Tage)	9,83	9,86	9,79
Auslieferungs-alter (Tage)	3,98	3,33	3,15
Sofort-spenden (%)	ca. 5	1,97	3,76
Reservierungen je Konserve	1,42	1,44	1,67

Tabelle 1: Simulationsergebnisse

Literatur

1. BRILL, E.A. und THOMAS, M.U.: Managing a Community Hospital Blood Bank with a Freezer System. Technical Report Nr. NPS 55ZG 55TO74011, Naval Postgraduate School, Monterey, California 1974.
2. BRONDHEIM, E.L. et al.: Setting Inventory Levels for Hospital Blood Banks, Transfusion 16, No. 1 (1976).
3. HURLBURT, E.L. and JONES, A.R.: Blood Bank Inventory Control, Transfusion 4 (1964) S. 126 ff.
4. JENNINGS, J.B.: Hospital Blood Bank Whole Blood Inventory Control, Technical Report No. 27, Operations Research Center, M.I.T., Cambridge 1967.
5. JENNINGS, J.B.: Inventory Control in Regional Blood Banking Systems, Technical Report No. 53, Operations Research Center, M.I.T., Cambridge 1970.
6. MILLARD, D.W.: Industrial Inventory Models as Applied to the Problem of Inventory Whole Blood, in: Industrial Engineering Analysis of a Hospital Blood Laboratory, Engineering Experiment Station Bulletin 180, Ohio State University, Columbus, 1960.
7. PEGELS, C.C. und JELMERT, A.E.: An Evaluation of Blood Inventory Policies: A Markov Chain Application, Operations Research (18), 1970:
8. PEGELS, C.C. and WALLACE, E.L.: Analysis and Design of a Model Regional Blood Management System, in: Developments in Operations Research, Vol. 2, New York, 1971, S. 527 ff.
9. RABINOWITZ, M.: Hospital Blood Banking: An Inventory System for distinguishable, perishable Items, Dissertation, The City University of New York, 1970.
10. SILVER, A. and SILVER, A.M.: An Empirical Inventory Control System for Hospital Blood Banks, Hospitals 38 (1964), S. 56 ff.
11. SONNENDECKER, I.P.: A Model for Forecasting Whole Blood Requirements of a Hospital Blood Laboratory, in: Industrial Engineering Analysis of a Hospital Blood Laboratory, Engineering Experiment Station Bulletin 180, Ohio State University Columbus, 1960.

Lernprozesse

Wenn die Zeit schneller läuft – Über Lernprozesse bei der interaktiven Simulation[*]

A. Gebert

Einleitung

Die Psychologie untersucht das Erleben und Verhalten des normalen
Menschen und *nicht* den Computer oder Computerprogramme. Aus psycho-
logischer Sicht ergeben sich deshalb vorwiegend kritische Anmerkun-
gen zur Computersimulation. Der Mensch - in der psychologischen Terminologie etwas unglücklich als Versuchsperson (Vp) bezeichnet - wird
derzeit nicht an der Computer-Simulation beteiligt, obwohl die technischen Voraussetzungen dafür durchaus gegeben sind.

Ursprünglich wurden nur wissenschaftliche Experimente, wie z.B. Mo-
dellversuche im Windkanal, Tierexperimente, Planspiele im Sandkasten
usw., als Simulation bezeichnet. Es liegt nahe, "Computer-Simulierer"
zu fragen, ob sie sich noch mit *der Sache selbst* beschäftigen. M.E.
bedeutet es überhaupt *keinen* Erkenntnisgewinn, wenn man bereits bis
ins kleinste Detail analysierte Vorgänge auf dem Computer nachbildet.
Wozu dann also Computersimulation?

Vergleicht man bereits erkannte empirische Daten mit dem Programm-
output, so ist der Computer bloß *Rechenhilfe*. Möglicherweise wird
durch die Übersetzung in eine Computersprache eine Präzisierung ausschließlich verbal konzipierter Theorien erzwungen; COLBY's Programm
(vgl. 13) zur Simulation eines neurotischen Prozesses ist hierfür ein
gutes Beispiel. Es zeigt aber, daß vor der Programmierung alle Fakten
bekannt sein müssen. Ein Erkenntnisfortschritt ist demnach auch bei
einer mehr oder weniger gegebenen Isomorphie zwischen Realität und
Computer-output nicht möglich.

---

* Ein ausführlicher, kostenpflichtiger Institutsbericht kann beim
  Verfasser angefordert werden.

Einige Psychologen bezeichnen fälschlicherweise die Verwendung von Zufallszahlen in Monte-Carlo-Studien als Simulation. ÜBERLA (14,S. 284) weist z.B. aufgrund solcher Berechnungen die Robustheit der Faktorenanalyse gegenüber der Verwendung ungeeigneter Input-Daten nach. Sinnvoller ist in diesem Fall eine einfache Transformation in zulässige Werte (vgl. 5), was auch wissenschaftstheoretisch befriedigender ist, da die durch ein aufwendiges "trial and error"-Vorgehen gewonnenen Einsichten höchstens als Hypothesen anzusehen sind. Nicht per Zufall, sondern aufgrund mathematisch-statistischer, d.h. theoretischer Ansätze gelang JÖRESKOG (7,8) die entscheidende Weiterentwicklung der faktorenanalytischen Methoden.

Betrachtet man die durch den Club of Rome popularisierten Weltmodelle, so muß man den ersten Programmautoren (3,9) noch Grundlagenforschung zugestehen. Ich frage mich jedoch manchmal, ob die Abnehmer (vgl.10) möglicherweise nur deshalb so viel mit diesen Computerprogrammen experimentieren, um sie kennenzulernen.

Am deutlichsten zeigt sich dieser Lernprozeß bei der *interaktiven Simulation*, die dem Experten den Eingriff in die Auswertung schon während des Programmlaufs ermöglicht. Da er laufend Informationen über die Entwicklung - z.B. auf einem Bildschirm - erhält, kann er zu Planungsmaßnahmen oder sonstigen Eingriffen veranlaßt werden, deren Auswirkungen er sofort (auf dem Bildschirm) übersehen und verstehen kann. BOSSEL & STROBEL (2) beschreiben diesen Lernprozeß bei der interaktiven Simulation mit FORRESTER's Weltmodell WORLD 2. M.E. ist jedoch der Lernprozeß der Experten nicht so interessant wie der Lernprozeß normaler Versuchspersonen.

Beteiligt man Laien an Simulationsexperimenten, so entstehen ganz andere Probleme. Während Experten sich für "allgemein" richtige Lösungen entscheiden, treffen Laien eher irrationale und vor allem recht unterschiedliche Entscheidungen, da jeder andere Wert- und Zielvorstellungen optimieren möchte. Da Laien die komplexen Zusammenhänge nicht durchschauen, entwickelt sich häufig ein Verhalten, das mit dem Aberglauben vergleichbar ist.

Bewertungskriterien und Ziele

Es leuchtet ein, daß Prognosen von Experten, die nur meßbare Größen
und vorhersehbare Entwicklungen berücksichtigen, unvollständig oder
gar falsch sein müssen, da sich die Wert- und Zielvorstellungen der
Betroffenen laufend ändern. Als der Beruf des Lehrers nicht besonders
attraktiv war, sagte PICHT eine "Bildungskatastrophe" voraus. Die -
u.a. auch durch die Prognose selbst - stark gestiegene Attraktivität
des Lehrerberufs führte jedoch zum Gegenteil: zur Lehrerarbeitslosig-
keit. Ähnliche Fehlprognosen ergeben sich immer dann, wenn psycholo-
gisches Wissen über den Menschen und sein Verhalten nicht berücksichtigt wird.

Die Grundlagen für umfassende Entscheidungsanalysesysteme stammen von
RAIFFA (<u>11</u>) und SCHLAIFER (<u>12</u>), die die statistische Entscheidungs-
theorie erweiterten. Die wichtigste Erweiterung besteht darin, das
meist sehr allgemein gehaltene unkontroverse Gesamtziel zu operatio-
nalisieren. "Lebensqualität", "ein gutes Krankenhaus", "eine schöne
Stadt", "eine wirkliche Demokratie" sind Beispiele für abstrahierte
Ziele. Im Rahmen der Stadtplanung haben BAUER et al. (<u>1</u>) gezeigt,
wie ein solches Superziel eine Zielhierarchie ergibt, wenn auf nied-
rigeren Abstraktionsniveaus Teilziele formuliert werden, die auf der
untersten Ebene durch meßbare Attribute oder Kriterien die höheren
Ziele ausreichend beschreiben.

Eine Hierarchie von Teil- und Zwischenzielen sollte nicht von unten
her konstruiert werden. Betrachtet man z.B. die Gewinn- und Verlustrechnung in Krankenhäusern, wie es KORZEN und KUNSTLEBEN (im Rahmen
dieses Workshops) dargestellt haben, so ergibt sich als Oberziel das
"kostengünstige Krankenhaus". Ob sich für ein in bezug auf die Be-
triebskosten optimiertes Krankenhaus überhaupt noch Patienten finden,
ist allerdings fraglich.

Es empfiehlt sich daher, die Zielhierarchie von *oben* her zu konstruieren, da nur auf diese Art und Weise deutlich wird, welche Teilziele
aus forschungsökonomischen oder pragmatischen Gründen vorerst unberücksichtigt bleiben.

Bewertungssystem

Da für jedes Abstraktionsniveau der Zielhierarchie die relative Bedeutung für das Gesamtziel bestimmt werden kann, läßt sich auch immer
der meist nur unvollständig operationalisierbare Bereich angeben, der
im konkreten Fall berücksichtigt werden kann. Wird z.B. ein Stadtgebiet saniert, indem man objektiv "veraltete" Wohnungen abreißt, so werden viele Bewohner ihre neuen Wohnungen am Stadtrand - so wie es geplant wurde - tatsächlich besser finden. Die extrem unterschiedliche
Bewertung ganz bestimmter Teilziele führt jedoch dazu, daß einige Bewohner - ganz entgegen der rationalen Planung - ins Unglück gestürzt
werden. Ein Stadtplaner, der alle Bevölkerungs- und Interessengruppen
bei seiner Planung auch im Hinblick auf die für ihn irrationalen Verhaltensweisen berücksichtigt, könnte möglicherweise erreichen, daß
weniger ältere Menschen Selbstmord begehen und sich weniger junge Familien total verschulden, wenn sie von Sanierungsmaßnahmen betroffen
werden.

Entsprechende Beispiele lassen sich auch für die großen, hochmodernen
Universitätskliniken finden.

Aufgabe des Planers, der bisher nur seine eigenen Erfahrungen bei der
Simulation berücksichtigt hat, ist es deshalb, nicht nur die Bewertungskriterien und Ziele der Betroffenen zum gegenwärtigen Zeitpunkt
zu erheben, er muß auch versuchen, die Entwicklung und Veränderung
dieser Ziele zu erfassen. Dazu ist es notwendig, neben dem eigentlichen Simulationsmodell noch ein weiteres Modell zu programmieren, das
zu jedem Zeitpunkt der Simulation eine *Bewertung* des Systemzustands
für verschiedene Interessengruppen ermöglicht.

Ein sehr einfaches Modell ergibt sich, wenn man die Zielhierarchie
von verschiedenen Interessengruppen gewichten läßt und für jedes Kriterium auf der untersten operationalisierten Ebene eine *Funktion* bestimmt, die angibt, in welchem Ausmaß das jeweilige Kriterium erfüllt
ist. Meßbare Kriterien für ein gutes Krankenhaus könnten z.B. die Tagespflegesätze in DM, die Anzahl der mißlungenen Operationen, die Zeit,
die der Arzt oder die Krankenschwester für den einzelnen Patienten
aufbringen kann, usw. sein. Zu Beginn eines Simulationsexperiments werden Krankenkassenversicherte die Tagespflegesätze sehr gering achten
und andere Kriterien für viel wichtiger halten. Während sich für die

Tagespflegesätze vermutlich ein umgekehrt u-förmiger Kurvenverlauf
ergibt, dürfte sich bei wachsender Anzahl der mißlungenen Operationen
eine immer geringere Erfüllung dieses wichtigen Kriteriums ergeben.
Dieses Beispiel zeigt, daß schon ein einziges Kriterium entscheidende
Bedeutung erlangen kann. Spätestens dann, wenn jede Operation miß-
lingt, werden alle anderen Kriterien überflüssig. BAUER et al. (1, S.
53) haben für solche Fälle den Begriff "kritischer Wert" vorgeschla-
gen.

Normalerweise werden sich die Attributenwerte in einem realistischen
Bereich bewegen, so daß die Funktion, die angibt, inwieweit das Kriterium erfüllt ist, unabhängig von allen anderen Teilzielen festgelegt und auch von den Versuchspersonen problemlos erfragt werden kann.

Will man dagegen Wechselwirkungen (vgl. 4, 6) explizit berücksichtigen, so genügen die üblichen rating-Verfahren nicht, sondern es empfiehlt sich, für jeweils 2 Kriterien verschiedene Indifferenzkurven
zu bestimmen, wie es in der Ökonomie bei der Konstruktion von Preis-
und Nachfragefunktionen üblich ist.

Änderung der Bewertung

Betrachten wir das oben angesprochene Beispiel der Simulation eines
Krankenhauses, so wird nach einigen Experimenten auch der Krankenkassenversicherte die Abhängigkeit der Tagespflegesätze von den Per-
sonalkosten erkennen und seine Bewertung ändern.

Ein Paradigma für die *Adaptation* an die Realität liegt dann vor,wenn
sich die Funktion für die Zielerfüllung des Zielkriteriums verschiebt.
Eine solche Rechtsverschiebung der oben genannten u-Funktion für den
Zusammenhang zwischen Tagespflegesatz und Kriteriumsgewicht fordern
die Versuchspersonen, wenn eine hohe Inflationsrate zugrundegelegt
wird.

Solche Adaptationsprozesse sind reversibel. Fragt man z.B. nach der
gerade noch akzeptierten Luftverschmutzung, so gibt jemand, der in
der Innenstadt arbeitet und draußen im Grünen wohnt, zwei verschiedene Antworten, je nachdem, wann und wo die Befragung durchgeführt
wird.

Ändern dagegen die teilnehmenden Versuchspersonen ihre Zielgewichtung, so entspricht dies einer Veränderung *sozialer Werte*. Führt ein Lernprozeß zu einer solchen Änderung in einem der Ziele, so verschieben sich alle anderen Ziele ebenfalls. Während früher bei der Arbeitsplatzwahl noch das Einkommen der wichtigste Faktor war, steht dieses Kriterium nach neuesten Erhebungen erst an 7. Stelle. Sicherheit, persönliche Beziehungen zu Arbeitskollegen und Zufriedenheit haben dafür stark an Bedeutung zugenommen.

Als *konservative* Planung möchte ich den Fall bezeichnen, daß die operationalisierten Attributenwerte auf der untersten Ebene der Zielhierarchie geändert werden. Dies wäre z.B. gegeben, wenn Politiker beschließen, ein Krankenhaus zu subventionieren, damit die Tagespflegesätze sinken.

In der Realität sind diese 3 Formen eines Lernprozesses vermengt,das Simulationsexperiment gestattet jedoch eine Analyse jeder einzelnen Veränderung. Sollte es gelingen, die Veränderung der Ziele, Kriterien und Bewertungsmaßstäbe für die Zukunft einigermaßen verläßlich vorherzusagen, so könnten die Zukunftsprognosen ebenfalls eher zutreffen als bisher. Durch exaktere Berechnungen ist das vermutlich nicht möglich. Allerdings erfordert ein solches Vorgehen umfangreiche Experimente mit Versuchspersonen - keinesfalls reicht es aus, diese Versuchspersonen bzw. entsprechende Daten vom Computer mittels eines Zufallsgenerators zu erzeugen. Die Ergebnisse würden nur die Vermutungen des Programmautors widerspiegeln.

Literatur

1. BAUER,V., GEBERT,A. & MEISE, J.: Urban System Studies, Part One, Evaluation in Urban Planning. Battelle-Bericht, Frankfurt 1973.
2. BOSSEL, H. & STROBEL, M.: Mehrdimensionale Orientierung bei rationaler Planung und Entscheidung: Experimente mit einem Weltmodell. Karlsruhe, Institut für Systemtechnik und Innovationsforschung (ISI), April 1977.
3. FORRESTER, J.W.: Der teuflische Regelkreis, Stuttgart, Deutsche Verlagsanstalt, 1972.
4. GEBERT, A.:A three-component-model for changement. SMEP-Conference, Noordwijk ann Zee, Sept. 1976.
5. GEBERT, A.: Jäger's Phi (G) als Item-Interkorrelationsmaß für Faktorenanalysen. Psychologische Beiträge, 1977a, 19, 401-404.
6. GEBERT, A.: Prüfung von Wechselwirkungen in 2^2 faktoriellen Blockplänen mittels simultaner W-Tests. Psychologische Beiträge,1977b, 19, 121-129.

7. JÖRESKOG, K.G.: Some contributions to maximum likelihood factor analysis. Psychometrika, 1967, 32, 443-482.
8. JÖRESKOG, K.G.: Simultaneous factor analysis in several populations. Psychometrika, 1971, 36, 409-426.
9. MEADOWS, D., MEADOWS, D., ZAHN, E. & MILLING, P.: Die Grenzen des Wachstums. Stuttgart, Deutsche Verlagsanstalt, 1972.
10. MESAROVIC, E. & PESTEL, E. (Ed): Multilevel Computer Model of World Development System. Wien, International Institute of Applied System Analysis, 1974.
11. RAIFFA, H.: Decision analysis. New York, Addison Wesley, 1968.
12. SCHLAIFER, R.: Analysis of decisions under uncertainty. New York, McGraw-Hill, 1969.
13. TOMKINS, S.S. & MESSICK, S.: Computer-Simulation of Personality. New York, Wiley, 1963.
14. ÜBERLA, K.: Faktorenanalyse. Berlin, Springer, 1971^2.

Sachverzeichnis

Der Buchstabe "f" hinter der Seitenzahl bedeutet, daß das Sachwort auf den folgenden Seiten des jeweiligen Referates noch öfters auftritt.

"⟶ " verweist auf ein entsprechendes Sachwort im Verzeichnis.

Medizinische Informatik und Statistik